鸿蒙 HarmonyOS 应用开发从入门到精通

柳伟卫◎编著

内容提要

华为自主研发的HarmonyOS（鸿蒙系统）是一款面向未来、面向全场景（移动办公、运动健康、社交通信、媒体娱乐等）的分布式操作系统。本书采用HarmonyOS 2.0版本作为基石，详细介绍如何基于HarmonyOS进行应用的开发，包括HarmonyOS架构、DevEco Studio、应用结构、Ability、任务调度、公共事件、通知、剪贴板、Java UI、JS UI、多模输入、线程管理、视频、图像、相机、音频、媒体会话管理、媒体数据管理、安全管理、二维码、通用文字识别、蓝牙、WLAN、网络管理、电话服务、设备管理、数据管理等多个主题。本书辅以大量的实战案例，图文并茂，让读者易于理解和掌握。同时，本书的案例选型偏重于解决实际问题，具有很强的前瞻性、应用性和趣味性。加入HarmonyOS生态，让我们一起构建万物互联的新时代！

本书主要面向的是对移动应用或对HarmonyOS应用感兴趣的学生、开发人员和架构师。

图书在版编目(CIP)数据

鸿蒙HarmonyOS应用开发从入门到精通 / 柳伟卫编著. -- 北京 : 北京大学出版社，2022.4
ISBN 978-7-301-32853-8

Ⅰ. ①鸿… Ⅱ. ①柳… Ⅲ. ①移动终端－应用程序－程序设计 Ⅳ. ①TN929.53

中国版本图书馆CIP数据核字(2022)第020824号

书　　名　鸿蒙HarmonyOS应用开发从入门到精通
HONGMENG HarmonyOS YINGYONG KAIFA CONG RUMEN DAO JINGTONG
著作责任者　柳伟卫　编著
责任编辑　王继伟　吴秀川
标准书号　ISBN 978-7-301-32853-8
出版发行　北京大学出版社
地　　址　北京市海淀区成府路205 号　100871
网　　址　http://www. pup. cn　　新浪微博：@ 北京大学出版社
电子信箱　pup7@ pup. cn
电　　话　邮购部 010-62752015　发行部 010-62750672　编辑部 010-62570390
印 刷 者　三河市北燕印装有限公司
经 销 者　新华书店
787毫米×1092毫米　16开本　38印张　862千字
2022年4月第1版　2022年4月第1次印刷
印　　数　1—3000册
定　　价　119.00 元

前言

Preface

写作背景

中国信息产业一直是“缺芯少魂”，其中的“芯”指的是芯片，而“魂”则是指操作系统。自 2019 年 5 月 16 日起，美国陆续把包括华为在内的中国高科技企业列入其所谓的“实体清单”（Entities List），标志着科技再次成为中美博弈的核心领域。

随着谷歌暂停与华为的部分合作，包括软件和技术服务的转让，华为在国外市场面临升级 Android 版本、搭载谷歌服务等方面的困境。在这种背景下，华为顺势推出 HarmonyOS，以求在操作系统领域不受制于人。

HarmonyOS 是一款面向未来、面向全场景（移动办公、运动健康、社交通信、媒体娱乐等）的全新分布式操作系统。作为操作系统领域的新成员，HarmonyOS 势必会面临 Bug 多、学习资源缺乏等众多困难。为此，笔者在开源社区以开源方式推出了免费系列学习教程《跟老卫学 HarmonyOS 开发》①，以帮助 HarmonyOS 爱好者入门。同时，为了让更多的人了解并使用 HarmonyOS，笔者将自身工作、学习中遇到的问题、难点进行了总结，形成了本书，以填补市场空白。

内容介绍

全书大致分为三部分：

（1）入门（1 ~ 4 章）：介绍 HarmonyOS 的背景、开发环境搭建，并创建一个简单的 HarmonyOS 应用。

（2）进阶（5 ~ 27 章）：介绍 HarmonyOS 核心功能的开发，内容包括 Ability、UI 开发、线程管理、视频、图像、相机、音频、媒体会话管理、媒体数据管理、安全管理、二维码、通用文字识别、蓝牙、WLAN、网络管理、电话服务、设备管理、数据管理等。

（3）实战（28 ~ 31 章）：演示 HarmonyOS 在各类场景下的综合实战案例，包括车机应用、智能穿戴应用、智慧屏应用和手机应用。

源代码

本书提供的素材和源代码可从以下网址下载：https://github.com/waylau/harmonyos-tutorial。

---

① 《跟老卫学 HarmonyOS 开发》主页见 https://github.com/waylau/harmonyos-tutorial。

读者也可以扫描下方二维码关注“博雅读书社”微信公众号，输入本书 77 页的资源下载码，即可获得本书的配套学习资源。

本书采用的技术及相关版本

技术的版本非常重要，因为不同版本之间存在兼容性问题，而且不同版本的软件对应的功能也不同。本书列出的技术在版本上相对较新，都经过了笔者的大量测试。因此，读者在自行编写代码时可以参考本书列出的版本，从而避免因版本兼容性产生的问题。建议读者将相关开发环境设置得与本书一致，或者不低于本书所列配置。详细的版本配置参考如下。

- 操作系统：Windows10 64 位。
- 内存：8GB 及以上。
- 硬盘：100GB 及以上。
- 分辨率：1280 × 800 像素及以上。
- DevEco Studio 2.1 Beta 2。

勘误和交流

本书如有勘误，会在以下网址发布：https://github.com/waylau/harmonyos-tutorial/issues。

由于笔者能力有限、时间仓促，书中难免有疏漏之处，欢迎读者批评指正。读者可以通过以下方式与笔者联系。

- 博客：https://waylau.com。
- 邮箱：waylau521@gmail.com。
- 微博：http://weibo.com/waylau521。
- GitHub：https://github.com/waylau。

致谢

感谢北京大学出版社的各位工作人员为本书的出版所做的努力。

感谢我的父母、妻子 Funny 和两个女儿。由于撰写本书，牺牲了很多陪伴家人的时间，在此感谢他们对我的理解和支持。

感谢关心并支持我的朋友、读者和网友，特别感谢华为技术有限公司的李毅、欧建深对于本书内容方面的指导。

柳伟卫

目录
Contents

第 1 章 鸿蒙缘起——HarmonyOS 简介 1

1.1 HarmonyOS 产生的背景 2

1.2 特性简介 4

1.3 架构简介 8

1.4 获取开发支持 10

第 2 章 先利其器——开发环境搭建 11

2.1 注册华为开发者联盟账号 12

2.2 下载安装 DevEco Studio 16

2.3 设置 DevEco Studio 18

2.4 DevEco Studio 功能简介 23

2.5 DevEco Studio 常见问题小结 27

第 3 章 牛刀小试——开发第一个 HarmonyOS 应用 30

3.1 创建一个新工程 31

3.2 运行工程 32

3.3 在真机中运行应用 35

3.4 使用 DevEco Studio 预览器 37

第 4 章 应用初探——探索 HarmonyOS 应用 38

4.1 App 39

4.2 Ability 41

4.3 库文件 42

4.4 资源文件 42

4.5 配置文件 45

4.6 pack.info 53

第 5 章 Ability 基础知识 54

5.1 Ability 概述 55

5.2 Ability 的三层架构 56
5.3 Page Ability 59
5.4 实战：多个 AbilitySlice 间的路由和导航 62
5.5 Page 与 AbilitySlice 生命周期 67
5.6 实战：Page 与 AbilitySlice 生命周期示例 70
5.7 Service Ability 77
5.8 实战：Service Ability 生命周期示例 81
5.9 Data Ability 89
5.10 实战：DataAbilityHelper 访问文件 90
5.11 实战：DataAbilityHelper 访问数据库 98
5.12 Intent 106

第 6 章 Ability 任务调度 114

6.1 分布式任务调度概述 115
6.2 分布式任务调度能力简介 116
6.3 分布式任务调度实现原理 118
6.4 实现分布式任务调度 120
6.5 实战：分布式任务调度启动远程 FA 121
6.6 实战：分布式任务调度启动和关闭远程 PA 129

第 7 章 Ability 公共事件与通知 139

7.1 公共事件与通知概述 140
7.2 公共事件服务 141
7.3 实战：公共事件服务发布事件 146
7.4 实战：公共事件服务订阅事件 149
7.5 高级通知服务 152
7.6 实战：通知发布与取消 156

第 8 章 剪贴板 159

8.1 剪贴板概述 160
8.2 场景简介 160
8.3 接口说明 160
8.4 实战：写入剪贴板数据 162
8.5 实战：读取剪贴板数据 165

第 9 章 用 Java 开发 UI 169

9.1 用 Java 开发 UI 概述 170
9.2 组件与布局 171
9.3 实战：XML 创建布局 172
9.4 实战：Java 创建布局 176

9.5 实战：常用显示类组件——Text 179
9.6 实战：常用显示类组件——Image 189
9.7 实战：常用显示类组件——ProgressBar 192
9.8 实战：常用交互类组件——Button 194
9.9 实战：常用交互类组件——TextField 204
9.10 实战：常用交互类组件——Checkbox 208
9.11 实战：常用交互类组件——RadioButton/RadioContainer 210
9.12 实战：常用交互类组件——Switch 214
9.13 实战：常用交互类组件——ScrollView 216
9.14 实战：常用交互类组件——Tab/TabList 217
9.15 实战：常用交互类组件——Picker 221
9.16 实战：常用交互类组件——ListContainer 225
9.17 实战：常用交互类组件——RoundProgressBar 228
9.18 实战：常用交互类组件——DirectionalLayout 230
9.19 实战：常用交互类组件——DependentLayout 234
9.20 实战：常用交互类组件——StackLayout 237
9.21 实战：常用交互类组件——TableLayout 238

第 10 章 用 JS 开发 UI 240

10.1 用 JS 开发 UI 概述 241
10.2 实战：创建 JS FA 应用 242
10.3 组件与布局 246
10.4 实战：点赞按钮 247
10.5 实战：JS FA 调用 PA 249

第 11 章 多模输入 UI 开发 255

11.1 多模输入概述 256
11.2 接口说明 256
11.3 实战：多模输入事件 259

第 12 章 线程管理 262

12.1 线程管理概述 263
12.2 场景介绍 263
12.3 接口说明 265
12.4 实战：线程管理示例 266
12.5 线程间通信概述 270
12.6 实战：线程间通信示例 272

第 13 章 视频 276

13.1 视频概述 277

13.2　实战：媒体编解码能力查询 277
13.3　实战：视频编解码 280
13.4　实战：视频播放 285
13.5　实战：视频录制 291

第 14 章　图像 296

14.1　图像概述 297
14.2　实战：图像解码和编码 297
14.3　实战：位图操作 303
14.4　实战：图像属性解码 309

第 15 章　相机 313

15.1　相机概述 314
15.2　实战：创建相机设备 315
15.3　实战：配置相机设备 322
15.4　实战：捕获相机帧 326

第 16 章　音频 332

16.1　音频概述 333
16.2　实战：音频播放 333
16.3　实战：音频采集 339
16.4　实战：短音播放 344

第 17 章　媒体会话管理 350

17.1　媒体会话管理概述 351
17.2　接口说明 352
17.3　实战：AVSession 媒体框架客户端 355
17.4　实战：AVSession 媒体框架服务端 360

第 18 章　媒体数据管理 364

18.1　媒体数据管理概述 365
18.2　实战：获取媒体元数据 365
18.3　实战：媒体存储数据操作 370
18.4　实战：获取视频与图像缩略图 377

第 19 章　安全管理 383

19.1　权限基本概念 384
19.2　权限运作机制 384
19.3　权限约束与限制 385
19.4　应用权限列表 385
19.5　应用权限开发流程 387

19.6 生物特征识别认证概述 393

19.7 生物特征识别运作机制 393

19.8 生物特征识别约束与限制 393

19.9 生物特征识别开发流程 394

第 20 章 二维码 397

20.1 二维码概述 398

20.2 场景介绍 399

20.3 接口说明 399

20.4 实战：生成二维码 399

第 21 章 通用文字识别 404

21.1 通用文字识别概述 405

21.2 场景介绍 406

21.3 接口说明 406

21.4 实战：通用文字识别示例 407

第 22 章 蓝牙 413

22.1 蓝牙概述 414

22.2 实战：传统蓝牙本机管理 415

22.3 实战：传统蓝牙远端设备操作 422

22.4 实战：BLE 扫描和广播 429

第 23 章 WLAN 436

23.1 WLAN 概述 437

23.2 实战：WLAN 基础功能 438

23.3 实战：配置不信任热点 445

23.4 实战：WLAN 消息通知 449

第 24 章 网络管理 455

24.1 网络管理概述 456

24.2 实战：使用当前网络打开一个 URL 链接 456

24.3 实战：使用当前网络进行 Socket 数据传输 462

24.4 实战：流量统计 467

第 25 章 电话服务 473

25.1 电话服务概述 474

25.2 实战：获取当前蜂窝网络信号信息 474

25.3 实战：观察蜂窝网络状态变化 479

第 26 章 设备管理 486

26.1 设备管理概述 487

26.2 实战：传感器示例 490
26.3 实战：Light 示例 495
26.4 实战：获取设备的位置 499
26.5 实战：（逆）地理编码转化 505

第 27 章 数据管理 510

27.1 数据管理概述 511
27.2 关系型数据库 511
27.3 对象关系映射数据库 516
27.4 实战：使用对象关系映射数据库 520
27.5 轻量级偏好数据库 531
27.6 实战：使用轻量级偏好数据库 534
27.7 数据存储管理 540
27.8 实战：使用数据存储管理 541

第 28 章 综合案例 1：车机应用 545

28.1 案例概述 546
28.2 代码实现 546
28.3 应用运行 553

第 29 章 综合案例 2：智能穿戴应用 555

29.1 案例概述 556
29.2 代码实现 557
29.3 应用运行 563

第 30 章 综合案例 3：智慧屏应用 564

30.1 案例概述 565
30.2 代码实现 565
30.3 应用运行 575

第 31 章 综合案例 4：手机应用 577

31.1 案例概述 578
31.2 代码实现 578
31.3 应用运行 598

参考文献 599

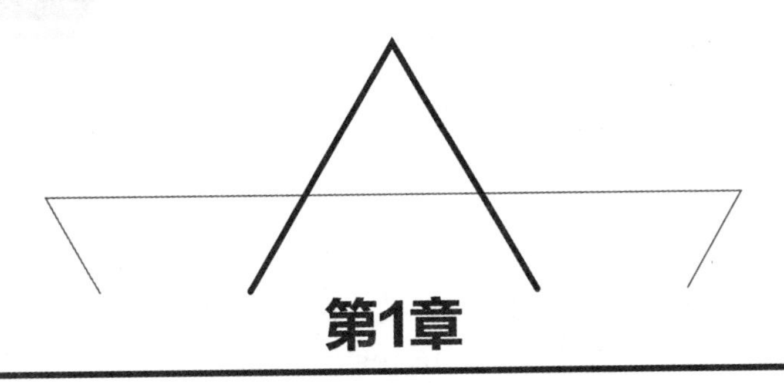

第1章 鸿蒙缘起——HarmonyOS简介

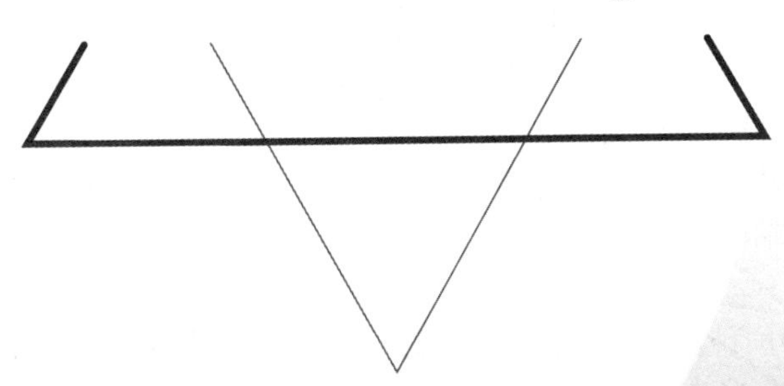

鸿蒙是中国古代传说中的一个时代，传说在开天辟地之前，世界是一团混沌的元气，这种自然的元气称为鸿蒙。本章介绍 HarmonyOS（鸿蒙系统）产生的历史背景、特点及技术架构。

1.1 HarmonyOS产生的背景

2020年9月10日，华为开发者大会2020（HDC.Together）正式在华为东莞松山湖基地拉开帷幕，华为如期为消费者带来了众多软件创新，其中最受期待的莫过于华为鸿蒙HarmonyOS 2.0的正式发布。

那么到底什么是HarmonyOS？为什么需要HarmonyOS？

1.1.1 为什么需要HarmonyOS

2019年5月16日，美国商务部宣布将华为等70家关联企业列入其所谓的“实体清单”（Entities List）。这意味着，今后如果没有美国政府的批准，华为将无法向美国企业购买元器件和技术。“实体清单”是美国为维护其国家安全利益而设立的出口管制条例，在未得到许可证前，美国各出口商不得帮助这些名单上的企业获取受本条例管辖的任何物项。简单地说，“实体清单”就是一份“黑名单”，一旦进入此榜单，实际上是剥夺了相关企业在美国的贸易机会。

随着中国国力的崛起，自2019年5月16日起，美国的“实体清单”不断扩容，体现了美国对中国高科技企业的限制升级，科技再次成为中美博弈的核心领域。

作为中国科技领域的头部企业，华为在美国的打压政策中首当其冲。华为虽然早就建立了自己的芯片企业——海思，但海思生产的芯片还不能完全覆盖自己的产品线，华为依然需要直接采购美国芯片厂商的产品。受到“实体清单”的影响，美国全面封锁华为在全球的芯片采购，直接导致华为忍痛出售旗下手机品牌——荣耀①。

不仅是芯片等硬件产品，在“实体清单”的限制下，软件等技术同样受到限制。谷歌已暂停与华为的部分合作，包括软件和技术服务的转让。华为在国外市场面临着升级Android版本、搭载谷歌服务等方面的困境。

早在1999年，中国科技部部长徐冠华曾说：“中国信息产业缺芯少魂。”其中，芯指的是芯片，而魂则是指操作系统。当时，中国曾大力扶持国产芯片和操作系统，也曾诞生过一些亮眼的产品，如红旗Linux、龙芯等。然而，20多年过去了，中国依然缺芯少魂，这次美国对华为的封杀，第一个禁的是芯片，第二个禁的就是操作系统。

为了避免被人“卡脖子”，华为展开了自救和反击。2019年5月17日凌晨2点，华为海思总裁何庭波发表致员工的一封信②，信中称，“公司多年前做出了极限生存的假设，预计有一天，所有美国的先进芯片和技术将不可获得”，而华为“为了这个以为永远不会发生的假设，数千海思儿女走上了科技史上最为悲壮的长征，为公司的生存打造‘备胎’”。信中称：“今天，命运的年轮转到这个极限而黑暗的时刻，超级大国毫不留情地中断全球合作的技术与产业体系，做出了最疯狂的决定，在毫无依据的条件下，把华为公司放入了实体名单。”信中还称：“今后的路，不会再有另一个10年来打造备胎然后换胎了，缓冲区已经消失，每一个新产品一出生，将必须同步‘科技自立’的方案。”

因此，在该背景下，除了加大海思的研发投入之外，华为开源了自己的操作系统——HarmonyOS。正如其中文“鸿蒙”的寓意，HarmonyOS将会开启一个开天辟地的时代。2020年12月

---

① 该报道可见 http://www.yidianzixun.com/article/T_00b2I0Kf?COLLCC=2344939848&s=op398&appid=s3rd_op398。
② 该报道可见 https://baijiahao.baidu.com/s?id=1633767680924123225&wfr=spider&for=pc。

16 日，华为发布 HarmonyOS 2.0 手机开发者 Beta 版本，这意味着 HarmonyOS 已能够覆盖手机应用场景。

1.1.2 HarmonyOS概述

HarmonyOS 在 2019 年 8 月 9 日华为开发者大会上首次公开亮相，华为消费者业务 CEO 余承东进行主题演讲。在演讲中，余承东正式公开了 HarmonyOS，并确认 HarmonyOS 的核心能力将会以 OpenHarmony 项目的方式分阶段逐步开源①。

HarmonyOS 也称为鸿蒙、鸿蒙系统，或者鸿蒙 OS，是一个全新的面向全场景的分布式操作系统。HarmonyOS 以人为中心，将人、设备、场景有机地联系在一起，尤其是面向 IoT（Internet of Things，物联网）领域，将多种智能设备的体验进行系统级融合，使得人、设备、场景不再是孤立的存在，为用户适应不同场景带来最佳体验。

HarmonyOS 是一款面向未来、面向全场景（移动办公、运动健康、社交通信、媒体娱乐等）的分布式操作系统。在传统的单设备系统能力的基础上，HarmonyOS 提出了基于同一套系统能力、适配多种终端形态的分布式理念，能够支持手机、平板、智能穿戴（Wearable）、智慧屏（TV）、车机（Car）等多种终端设备。

对消费者而言，HarmonyOS 用一个统一的软件系统，从根本上解决了消费者使用大量终端体验割裂的问题。HarmonyOS 能够将生活场景中的各类终端进行能力整合，可以实现不同的终端设备之间的快速连接、能力互助、资源共享，匹配合适的设备，为消费者提供统一、便利、安全、智慧化的全场景体验。

对应用开发者而言，HarmonyOS 采用了多种分布式技术，整合各种终端硬件能力，形成一个虚拟的“超级终端”。开发者可以基于“超级终端”进行应用开发，使得应用程序的开发实现与不同终端设备的形态差异无关。这能够让开发者聚焦上层业务逻辑，而无须关注硬件差异，更加便捷、高效地开发应用。

对设备开发者而言，HarmonyOS 采用了组件化的设计方案，可以按需调用“超级终端”能力，带来“超级终端”的创新体验。HarmonyOS 根据设备的资源能力和业务特征进行灵活裁剪，满足不同形态的终端设备对于操作系统的要求。

举例来说，当用户走进厨房，用 HarmonyOS 手机一接触微波炉，就能实现设备极速联网；用 HarmonyOS 手机接触一下豆浆机，立刻就能实现无屏变有屏。

自 HarmonyOS 诞生以来，经过一年多的发展，人们终于迎来了 HarmonyOS 2.0，HarmonyOS 也带来了更多惊喜。

首先，HarmonyOS 2.0 在分布式能力上进行了全面提升，升级后的分布式软总线、分布式数据管理和分布式安全为开发者和消费者都带来了不少新鲜感。

分布式软总线让多设备融合为“一个设备”，带来设备内和设备间高吞吐、低时延、高可靠的流畅连接体验。分布式数据管理让跨设备数据访问如同访问本地，大大提升了跨设备数据远程读写和检索性能等。

分布式安全确保正确的人用正确的设备正确使用数据。当用户进行解锁、付款、登录等行为时，

---

① 开源地址见 https://gitee.com/openharmony。

系统会主动拉出认证请求，并通过分布式技术可信互联能力，协同身份认证确保正确的人；HarmonyOS 能够把手机的内核级安全能力扩展到其他终端，进而提升全场景设备的安全性，通过设备能力互助，共同抵御攻击，保障智能家居网络安全；HarmonyOS 通过定义数据和设备的安全级别，对数据和设备都进行了分类分级保护，确保数据流通安全可信。

HarmonyOS 不是手机系统的一个简单的替代，它是面向未来全场景融合的操作系统，其核心底座就是分布式技术，一方面其分布式技术有了本质提升；另一方面除了支持华为自身的设备之外，也开始支持第三方设备。目前，华为已经与美的、九阳、老板等设备厂商达成了合作，搭载了 HarmonyOS 2.0 的诸多设备也将陆续与广大消费者见面。

1.1.3 HarmonyOS应用开发

为了进一步扩大 HarmonyOS 的生态圈，面对广大的硬件设备厂商，HarmonyOS 通过 SDK（Software Development Kit，软件开发工具包）、源代码、开发板 / 模组和 HUAWEI DevEco Studio 等装备共同构成了完备的开发平台与工具链，让 HarmonyOS 设备开发易如反掌。

应用创新是一款操作系统发展的关键，应用开发体验更是如此。一条完整的应用开发生态中，应用框架、编译器、IDE（Intergeated Development Environment，集成开发环境）、API（Application Program Interface，应用程序接口）、SDK 都是必不可少的。为了赋能开发者，HarmonyOS 提供了一系列构建全场景应用的完整平台工具链与生态体系，助力开发者，让应用能力可分可合可流转，轻松构筑全场景创新体验。

本书就是介绍如何针对 HarmonyOS 进行应用的开发。可以预见的是，HarmonyOS 必将是近些年的热门话题。对于能在早期投身于 HarmonyOS 开发的技术人员而言，其意义不亚于当年 Android 的开发，HarmonyOS 必将带给开发者广阔的前景。同时，基于 HarmonyOS 提供的完善的平台工具链与生态体系，笔者相信广大的读者一定也能轻松入门 HarmonyOS。

5G 网络准备就绪，物联网产业链也已经渐趋成熟，在物联网即将爆发的前夜，正亟须一套专为物联网准备的操作系统，而华为的 HarmonyOS 正逢其时。Windows 成就了微软，Android 成就了谷歌，HarmonyOS 是否能成就华为，让我们拭目以待。

1.2 特性简介

概括来说，HarmonyOS 具备如下特性。

1.2.1 硬件互助，资源共享

HarmonyOS 把各终端硬件的能力虚拟成可共享的能力资源池，让应用通过系统调用其所需的硬件能力。在该架构下，硬件能力类似于活字印刷术中的一个个单字字模，可以被无限次重复使用。简单来说，各终端实现了硬件互助、资源共享。应用拥有了调用远程终端的能力，像调用本地终端一样方便；而用户收获一个多设备组成的超级终端。能够实现这些的原因主要基于以下几方面。

1. 分布式软总线

分布式软总线是多种终端设备的统一基座，为设备之间的互联互通提供了统一的分布式通信能力，能够快速发现并连接设备，高效地分发任务和传输数据。分布式软总线如图 1-1 所示。

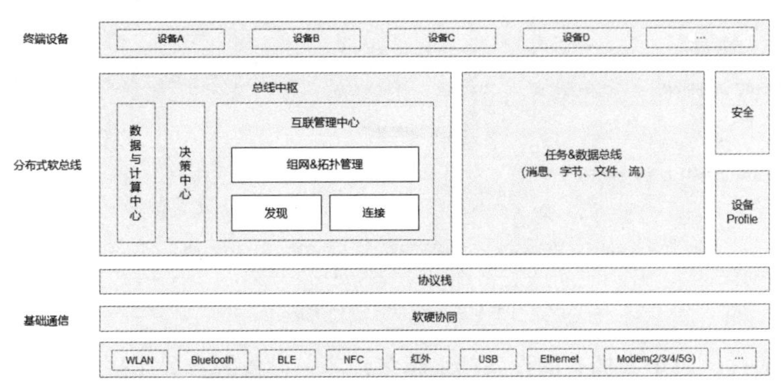

图1-1　分布式软总线

简言之，分布式软总线提供了多设备连接能力。

2. 分布式设备虚拟化

分布式设备虚拟化平台可以实现不同设备的资源融合、设备管理、数据处理，多种设备共同形成一个超级虚拟终端。针对不同类型的任务，分布式设备虚拟化平台为用户匹配并选择能力合适的执行硬件，让业务连续地在不同设备间流转，充分发挥不同设备的资源优势。分布式设备虚拟化如图 1-2 所示。

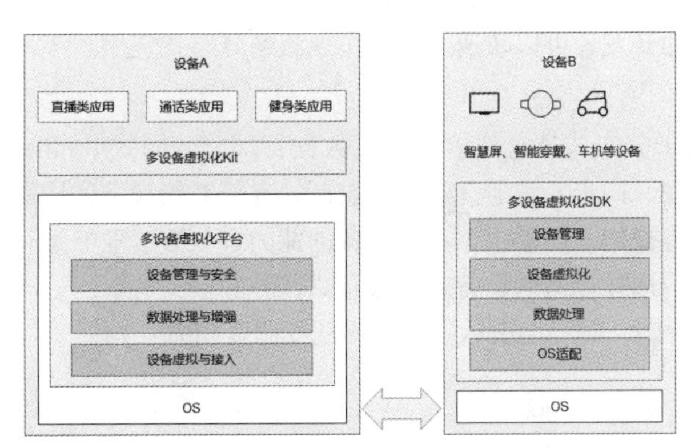

图1-2　分布式设备虚拟化

以无人机为例，传统的无人机视频分享方式如下。

（1）拍摄无人机的画面。

（2）将无人机拍摄的视频保存下来。

（3）通过通信软件将视频进行分享。

而在分布式设备虚拟化后，无人机可以被当作手机的一个摄像头，在视频通话软件中，可以直接将无人机的摄像头进行实时分享。

3. 分布式数据管理

分布式数据管理基于分布式软总线的能力，实现应用程序数据和用户数据的分布式管理。用户数据不再与单一物理设备绑定，业务逻辑与数据存储分离，应用跨设备运行时数据无缝衔接，为打造一致、流畅的用户体验创造了基础条件。分布式数据管理如图 1-3 所示。

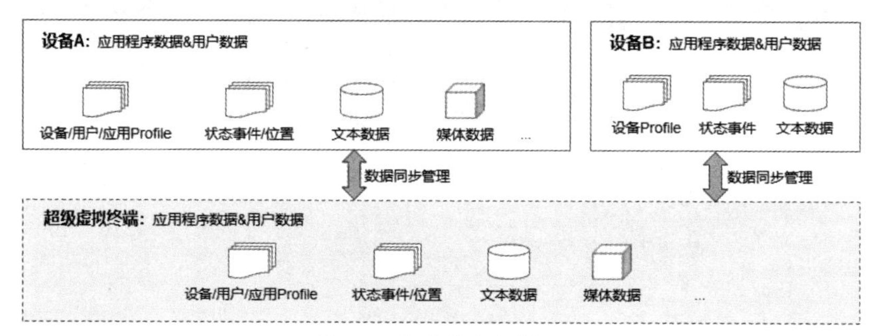

图1-3　分布式数据管理

在全场景新时代，每个人拥有的设备越来越多，单一设备的数据往往无法满足用户的诉求，数据在设备间的流转变得越来越频繁。以一组照片数据在手机、平板、智慧屏和 PC 之间相互浏览和编辑为例，需要考虑到照片数据在多设备间如何存储、共享和访问。HarmonyOS 分布式数据管理的目标就是为开发者在系统层面解决这些问题，让应用开发变得简单。它能够保证多设备间的数据安全，解决多设备间数据同步、跨设备查找和访问的各种关键技术问题。

HarmonyOS 分布式数据管理对开发者提供分布式数据库、分布式文件系统和分布式检索能力，开发者在多设备上开发应用时，对数据的操作、共享、检索可以跟使用本地数据一样处理，为开发者提供便捷、高效和安全的数据管理能力，大大降低了应用开发者实现数据分布式访问的门槛。同时，由于在系统层面实现了这样的功能，因此可以结合系统资源调度，大大提升跨设备数据远程访问和检索性能，让更多的开发者可以快速上手，实现流畅分布式应用。

4. 分布式任务调度

分布式任务调度基于分布式软总线、分布式数据管理、分布式 Profile 等技术特性，构建统一的分布式服务管理（发现、同步、注册、调用）机制，支持对跨设备的应用进行远程启动、远程调用、远程连接以及迁移等操作，能够根据不同设备的能力、位置、业务运行状态、资源使用情况，以及用户的习惯和意图，选择合适的设备运行分布式任务。

图 1-4 以应用迁移为例，简要地展示了分布式任务调度能力。

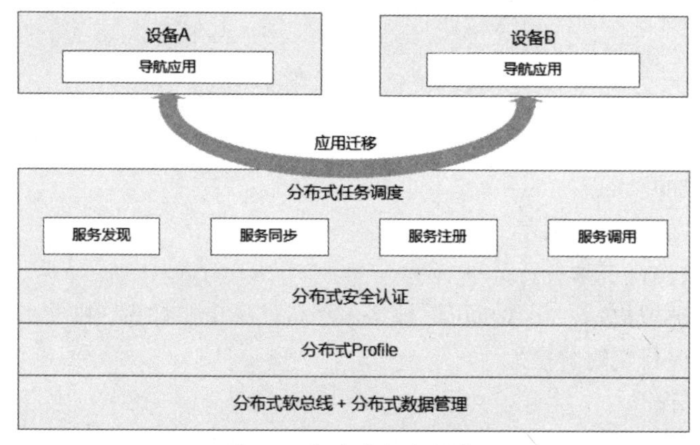

图1-4　分布式任务调度

在传统的终端设备上进行跨设备的应用访问时，需要应用自己完成服务发现、连接、命令监听、命令解析等一系列工作，无论是应用开发者自己开发还是使用第三方的库，都让应用开发过程变得沉重。分布式任务调度就是在系统层面为应用提供了通用的分布式服务，让应用开发可以聚焦在业务实现上。HarmonyOS 在分布式任务调度上充分考虑了应用开发者的使用便利性，提供了应用信息自动同步能力，通过查询远程 Ability 接口，既可以指定 Ability 查询设备列表，也可以指定设备标识查询 Ability 列表，开发者可以根据实际场景灵活使用。在 API 形式上保持了和本地使用基本一致，仅仅增加了远程设备标识的参数，这让开发者使用起来完全没有障碍，开发者生态十分友好。例如，在手机和手表间进行应用协同，在游乐场游玩的场景，用户可以全程不使用手机，解决了在游乐场游玩过程中手机容易丢失、损坏的痛点，非常好地提升了用户体验。

1.2.2　一次开发，多端部署

HarmonyOS 提供了用户程序框架、Ability 框架以及 UI（User Interface，用户界面）框架，支持应用开发过程中对多终端的业务逻辑和界面逻辑进行复用，能够实现应用的一次开发、多端部署，提升了跨设备应用的开发效率。一次开发、多端部署如图 1-5 所示。

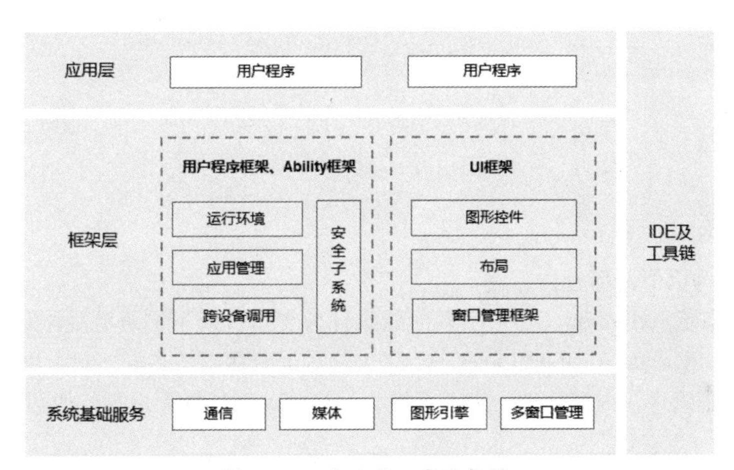

图1-5　一次开发、多端部署

1.2.3　统一OS，弹性部署

HarmonyOS 通过组件化和小型化等设计方法，支持多种终端设备按需弹性部署，能够适配不同类别的硬件资源和功能需求。HarmonyOS 支撑通过编译链关系去自动生成组件化的依赖关系，形成组件树依赖图。HarmonyOS 支撑产品系统的便捷开发，降低硬件设备的开发门槛。

（1）支持各组件的选择（组件可有可无）：根据硬件的形态和需求，可以选择所需的组件。

（2）支持组件内功能集的配置（组件可大可小）：根据硬件的资源情况和功能需求，可以选择配置组件中的功能集。例如，选择配置图形框架组件中的部分控件。

（3）支持组件间依赖的关联（平台可大可小）：根据编译链关系，可以自动生成组件化的依赖关系。例如，选择图形框架组件，将会自动选择依赖的图形引擎组件等。

1.3 架构简介

HarmonyOS 整体遵从分层架构设计，从下向上依次为内核层、系统服务层、框架层和应用层。系统功能按照系统→子系统→功能 / 模块逐级展开，在多设备部署场景下，支持根据实际需求裁剪某些非必要的子系统或功能 / 模块。HarmonyOS 技术架构如图 1-6 所示。

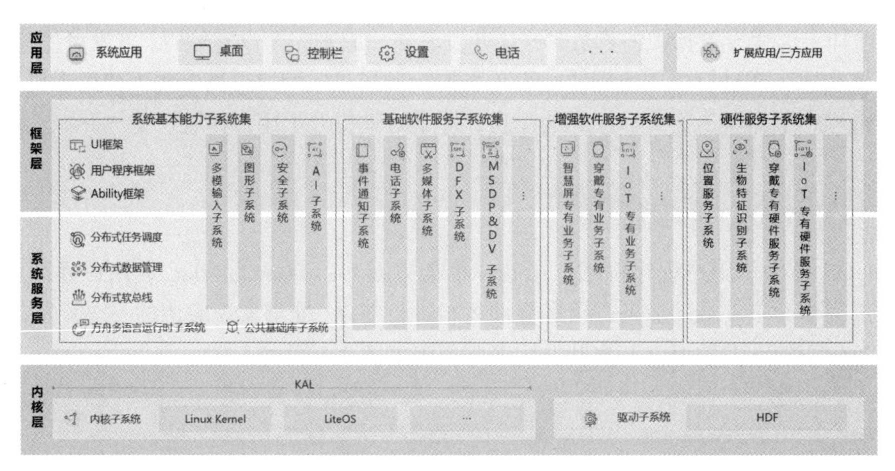

图1-6 HarmonyOS技术架构

1.3.1 内核层

内核层主要分为以下两部分。

（1）内核子系统：HarmonyOS 采用多内核设计，支持针对不同资源受限设备选用适合的 OS 内核。内核抽象层（Kernel Abstract Layer，KAL）通过屏蔽多内核差异，对上层提供基础的内核能力，包括进程 / 线程管理、内存管理、文件系统、网络管理和外设管理等，如图 1-7 所示。

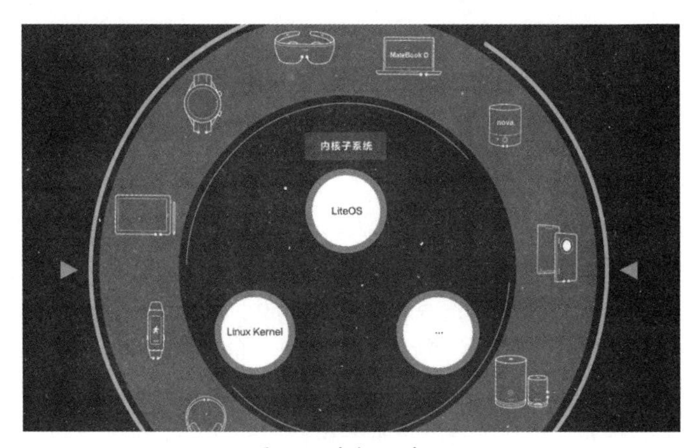

图1-7 内核子系统

（2）驱动子系统：硬件驱动框架（HarmonyOS Driver Foundation，HDF）是 HarmonyOS 硬件生态开放的基础，提供统一外设访问能力、驱动开发和管理框架。

1.3.2 系统服务层

系统服务层是 HarmonyOS 的核心能力集合，通过框架层对应用程序提供服务。系统服务层的能力集合如图 1-8 所示，该层包含以下几部分。

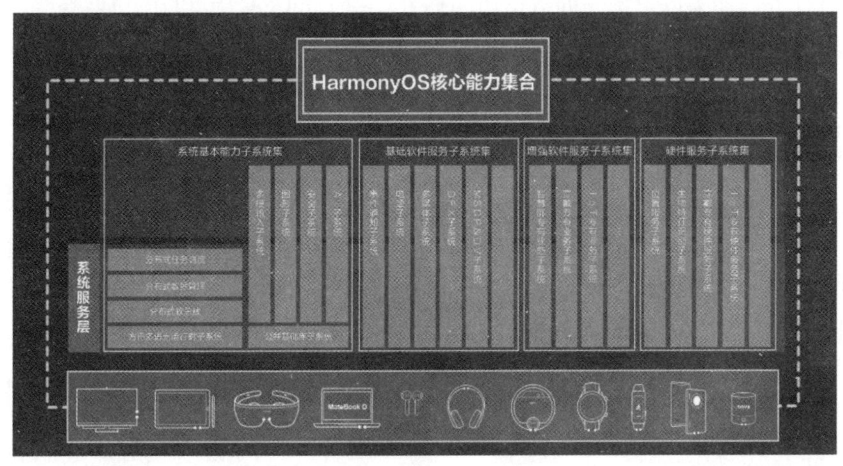

图1-8　系统服务层

（1）系统基本能力子系统集：为分布式应用在 HarmonyOS 多设备上的运行、调度、迁移等操作提供了基础能力，由分布式软总线、分布式数据管理、分布式任务调度、方舟多语言运行时、公共基础库、多模输入、图形、安全、AI 等子系统组成。其中，方舟多语言运行时提供了 C/C++/JS（Java Script）多语言运行时和基础的系统类库，也为使用方舟编译器静态化的 Java 程序（应用程序或框架层中使用 Java 语言开发的部分）提供运行时。

（2）基础软件服务子系统集：为 HarmonyOS 提供公共的、通用的软件服务，由事件通知、电话、多媒体、DFX（Design For X）、MSDP&DV 等子系统组成。

（3）增强软件服务子系统集：为 HarmonyOS 提供针对不同设备的、差异化的能力增强型软件服务，由智慧屏专有业务、穿戴专有业务、IoT 专有业务等子系统组成。

（4）硬件服务子系统集：为 HarmonyOS 提供硬件服务，由位置服务、生物特征识别、穿戴专有硬件服务、IoT 专有硬件服务等子系统组成。

根据不同设备形态的部署环境，基础软件服务子系统集、增强软件服务子系统集、硬件服务子系统集内部可以按子系统粒度裁剪，每个子系统内部又可以按功能粒度裁剪。

1.3.3 框架层

框架层为 HarmonyOS 应用开发提供了 Java/C/C++/JS 等多语言的用户程序框架、Ability 框架和两种 UI 框架（包括适用于 Java 语言的 Java UI 框架、适用于 JS 语言的 JS UI 框架），以及各种软硬件服务对外开放的多语言框架 API。根据系统的组件化裁剪程度不同，HarmonyOS 设备支持的 API 也会有所不同。

图 1-9 展示了框架层涵盖的功能。

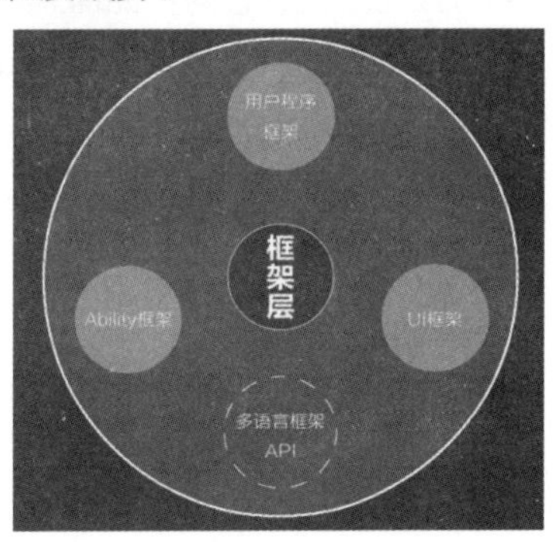

图1-9　框架层

1.3.4 应用层

应用层包括系统应用和第三方非系统应用。HarmonyOS 的应用由一个或多个 FA（Feature Ability）或 PA（Particle Ability）组成。其中，FA 有 UI 界面，提供与用户交互的能力；而 PA 无 UI 界面，提供后台运行任务的能力以及统一的数据访问抽象。基于 FA/PA 开发的应用能够实现特定的业务功能，支持跨设备调度与分发，为用户提供一致、高效的应用体验。

图 1-10 展示的是一个视频通话应用的组成。

在一个视频通话应用中，往往会有一个作为视频通话的主界面 FA，和若干个 PA 组成。FA 提供 UI 界面用于与用户进行交互，PA1 用于摄像头视频采集，PA2 用于视频美颜处理，PA3 用于超级夜景处理。这些 FA、PA 可以按需下载、加载和运行。

图 1-11 展示了不同设备下载相同应用时的不同表现。当手机下载该应用时，将同时拥有 FA 主界面、PA1 摄像头视频采集、PA2 视频美颜处理、PA3 超级夜景能力；而当智慧屏下载该应用时，如果智慧屏不支持视频美颜处理、超级夜景能力，则只会下载 FA 主界面、PA1 摄像头视频采集。

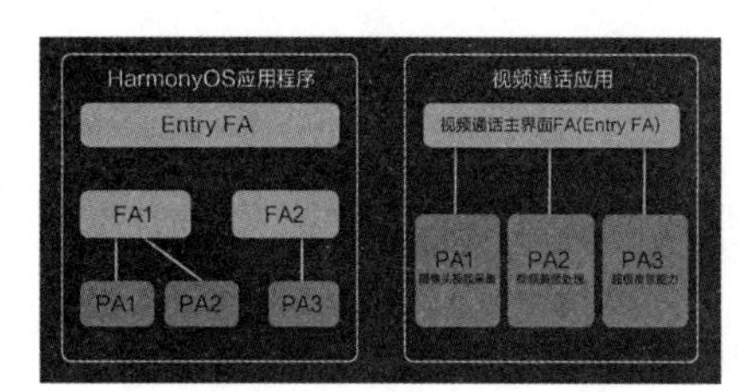

图1-10　视频通话应用的组成

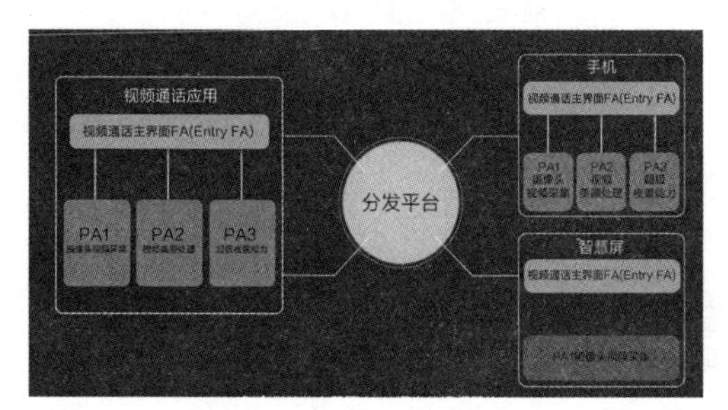

图1-11　不同设备下载相同应用时的不同表现

1.4 获取开发支持

本书主要面向 HarmonyOS 应用开发，有关本书的任何问题，读者都可以在本书的主页（https://github.com/waylau/harmonyos-tutorial/issues）进行提问。

除此之外，读者可以从以下网址获取最新的 HarmonyOS 应用开发资讯。

- HarmonyOS 官网：https://www.harmonyos.com。
- OpenHarmony：https://gitee.com/openharmony。
- 华为开发者联盟：https://developer.huawei.com/consumer/cn/forum/blockdisplay?fid=0101303901040230869。
- 51CTO：https://harmonyos.51cto.com。
- 电子发烧友论坛：https://bbs.elecfans.com/harmonyos。
- CSDN：https://blog.csdn.net/harmonycommunity。

第2章

先利其器——开发环境搭建

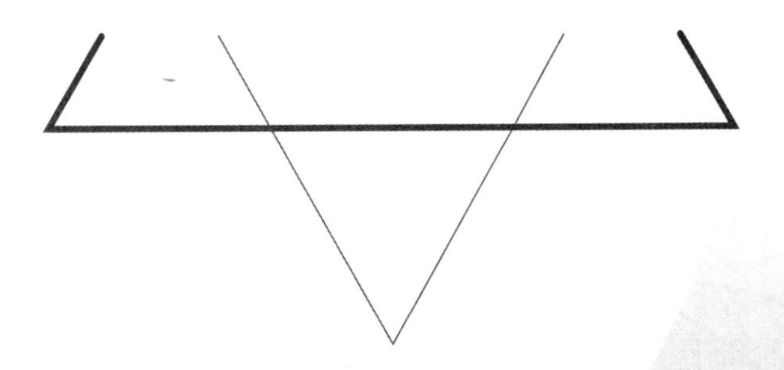

本章介绍 HarmonyOS 开发环境搭建。DevEco Studio 是开发 HarmonyOS 应用最常用的工具，本章将详细介绍 DevEco Studio 的安装和配置，以及一些常用的开发技巧。

2.1 注册华为开发者联盟账号

要进行 HarmonyOS 应用的开发，开发者首先要具有华为开发者联盟账号。华为开发者联盟开放了诸多能力和服务，助力联盟成员打造优质应用。开发者需要注册华为开发者联盟账号，并且实名认证才能享受联盟开放的各类能力和服务。

账号注册完成后，可选择认证成为企业开发者或个人开发者。本节主要介绍如何认证成为个人开发者。

2.1.1 开发者享受的权益

个人开发者和企业开发者的权益如表 2-1 所示。从表 2-1 中可以看到，企业开发者比个人开发者享受的服务更多。

表2-1 个人开发者和企业开发者的权益

开发者类型	享受的服务/权益
个人开发者	应用市场、主题、商品管理、账号、PUSH、新游预约、互动评论、社交、HUAWEI HiAI、手表应用市场等
企业开发者	应用市场、主题、首发、支付、游戏礼包、应用市场推广、商品管理、游戏、账号、PUSH、新游预约、互动评论、社交、HUAWEI HiAI、手表应用市场、运动健康、云测、智能家居等

2.1.2 注册、认证准备的资料

对于个人开发者而言，注册、认证华为开发者联盟账号需要准备的资料如下。

- 注册：可接收验证码的手机号码或电子邮箱地址。
- 人工审核：身份证原件正反面扫描件或照片、手持身份证正面照片。
- 个人银行卡认证：个人银行卡号。

华为开发者联盟将在 1 ~ 3 个工作日内完成审核。审核完成后，将向提交的认证信息中的联系人邮箱发送审核结果。

2.1.3 注册账号

注册华为开发者联盟账号的步骤如下。

1. 进入注册页面

打开华为开发者联盟官网（https://developer.huawei.com/consumer/cn），单击“注册”按钮，进入注册页面。

2. 进行注册

可以通过电子邮箱或手机号码注册华为开发者联盟账号。

如果使用电子邮箱注册，则应输入正确的电子邮箱地址和验证码，设置密码后，单击“注册”按钮，如图 2-1 所示。

如果使用手机号码注册，则应输入正确的手机号码和验证码，设置密码后，单击“注册”按钮，如图 2-2 所示。

图2-1　电子邮箱注册页面　　　　图2-2　手机号码注册页面

2.1.4　登录账号

华为商城账号、华为云账号和花粉论坛账号均可登录华为开发者联盟。

登录华为开发者联盟官网，单击“登录”按钮，进入图 2-3 所示登录界面。输入账号密码，单击“登录”按钮即可；或使用华为移动服务 App 扫一扫登录联盟。

图2-3　登录页面

2.1.5　实名认证

华为开发者支持企业身份验证和个人身份验证。本节主要介绍个人身份验证过程。

打开华为开发者联盟官网，登录账号，单击“管理中心”按钮，跳转到开发者实名认证页面，如图 2-4 所示。

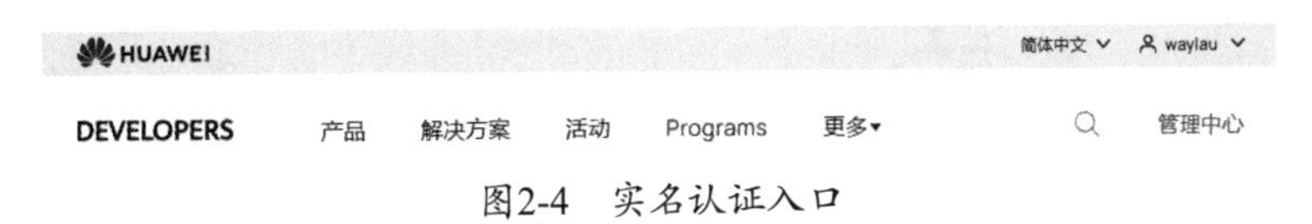

图2-4　实名认证入口

1. 选择认证方式

在开发者实名认证页面中单击图 2-5 所示的“个人开发者”图标或“下一步”按钮，进入个人认证方式选择页面。

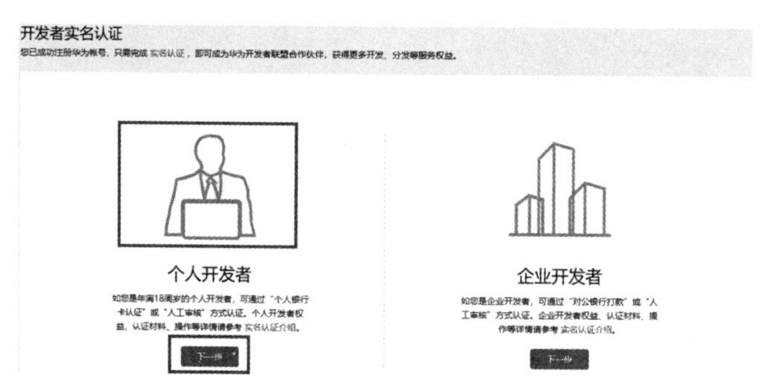

图2-5　实名认证页面

个人实名认证方式有两种：个人银行卡认证和身份证人工审核认证。用户应根据上架应用的敏感性选择认证方式，如图 2-6 所示。

开发者实名认证

您已成功注册华为帐号，只需完成实名认证，即可成为华为开发者联盟合作伙伴，获得更多开发、分发等服务权益。

*请问您是否有以下敏感应用上架到应用市场：　○ 是　○ 否

一级分类	二级分类	三级分类			
游戏	游戏	全部游戏分类			
应用	金融理财	银行 贷款	股票基金	理财	记账
	运动健康	运动	健康	养生	医疗
	影音娱乐	电视 直播	视频 电台	音乐 电视	K歌
	新闻阅读	电子书 动漫	新闻 幽默	杂志 体育	有声读物
	社交通讯	聊天	社区	通讯	婚恋
	实用工具	浏览器	工具		

上一步　下一步

图2-6　选择认证方式

如需上架的是敏感应用，则选中“是”单选按钮，单击“下一步”按钮，进入个人银行卡认证页面；如需上架的是非敏感应用，则选中“否”单选按钮，单击“下一步”按钮，进入身份证人工审核认证页面，如图 2-7 所示。

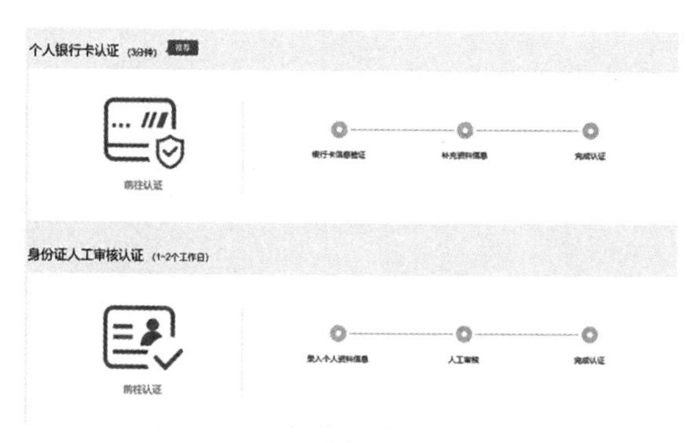

图2-7　选择应用类型

2. 个人银行卡认证

进入图 2-8 所示的个人银行卡认证页面。

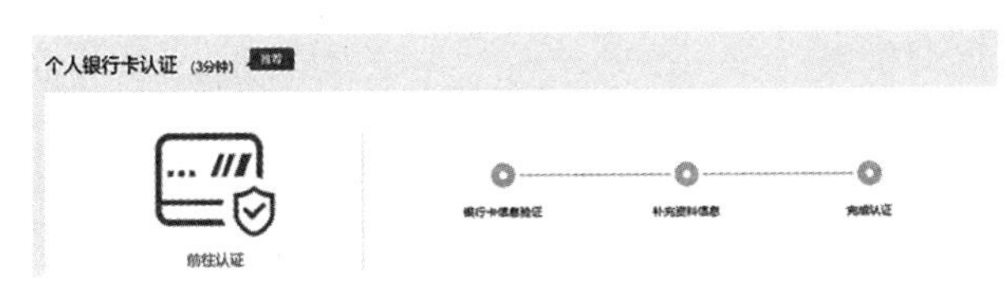

图2-8　个人银行卡认证页面

完善银行卡信息，如填写的信息正确，则单击“下一步”按钮，跳转到完善银行卡信息页面，如图 2-9 所示。

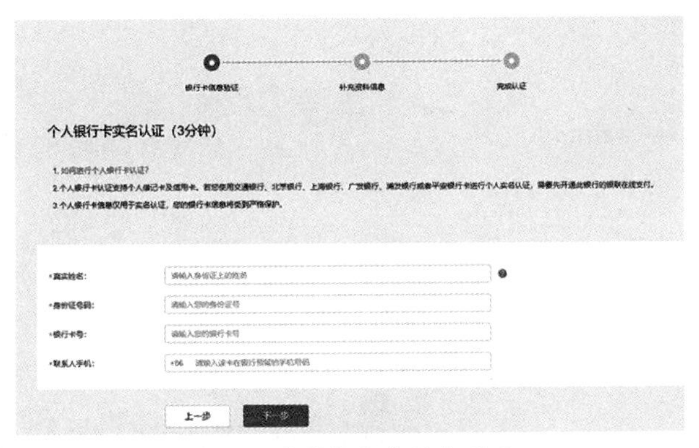

图2-9　完善银行卡信息页面

完善个人信息，签署《华为开发者联盟与隐私的声明》和《华为开发者服务协议》，单击“提交”按钮，完成认证，如图 2-10 所示（标有红色星号“*”的项目是必填项）。

图2-10　完善个人信息

3. 身份证人工审核认证

身份证人工审核认证页面如图 2-11 所示。

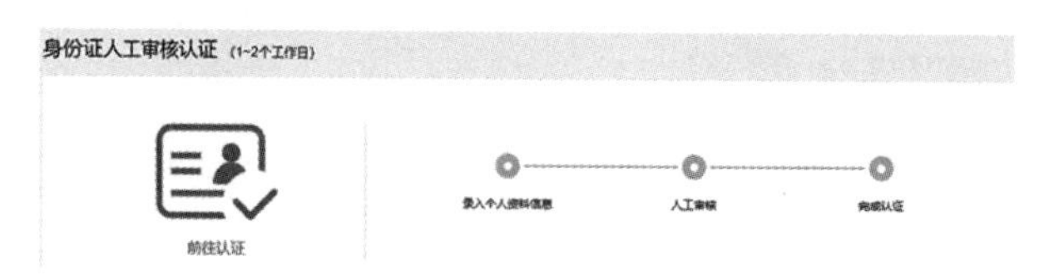

图2-11　人工审核认证页面

完善个人信息，签署《华为开发者联盟与隐私的声明》和《华为开发者服务协议》，单击“下一步”按钮，等待审核，审核结果会在 1 ~ 2 个工作日发送至联系人邮箱，如图 2-12 所示（标有红色星号“*”的项目是必填项）。

图2-12　完善个人信息

2.2 下载安装DevEco Studio

HUAWEI DevEco Studio（以下简称 DevEco Studio）是基于 IntelliJ IDEA Community 开源版本打造，面向华为终端全场景多设备的一站式 IDE，为开发者提供工程模板创建、开发、编译、调试、发布等 E2E（End to End，端到端）的 HarmonyOS 应用开发服务。通过使用 DevEco Studio，开发者可以更高效地开发具备 HarmonyOS 分布式能力的应用，进而提升创新效率。

作为一款开发工具，除了具有基本的代码开发、编译构建及调测等功能外，DevEco Studio 还具有如下特点。

（1）多设备统一开发环境：支持多种 HarmonyOS 设备的应用开发，包括手机（Phone）、平板（Tablet）、车机（Car）、智慧屏（TV）、智能穿戴（Wearable），轻量级智能穿戴（LiteWearable）和智慧视觉（Smart Vision）设备。

（2）支持多语言的代码开发和调试：包括 Java、XML（Extensible Markup Language）、C/C++、JS（JavaScript）、CSS（Cascading Style Sheets）和 HML（HarmonyOS Markup Language）。

（3）支持 FA（Feature Ability）和 PA（Particle Ability）快速开发：通过工程向导快速创建 FA/PA 工程模板，一键式打包成 HAP（HarmonyOS Ability Package）。

（4）支持分布式多端应用开发：一个工程和一份代码可跨设备运行，支持不同设备界面的实时预览和差异化开发，实现代码的最大化重用。

（5）支持多设备模拟器：提供多设备的模拟器资源，包括手机、平板、车机、智慧屏、智能穿戴设备的模拟器，方便开发者高效调试。

（6）支持多设备预览器：提供 JS 和 Java 预览器功能，可以实时查看应用的布局效果，支持实时预览和动态预览；同时还支持多设备同时预览，查看同一个布局文件在不同设备上的呈现效果。

DevEco Studio 支持 Windows 和 Mac 版本，两个版本的安装步骤类似，因此下面将只针对 Windows 操作系统的软件安装方式进行介绍。

2.2.1 运行环境要求

为保证 DevEco Studio 正常运行，建议读者的计算机配置满足如下要求。

（1）操作系统：Windows10 64 位。

（2）内存：8GB 及以上。

（3）硬盘：100GB 及以上。

（4）分辨率：1280 像素 ×800 像素及以上。

2.2.2 下载和安装Node.js

Node.js 软件仅在使用到 JS 语言开发 HarmonyOS 应用时才需要安装，如使用其他语言开发，则不用安装 Node.js，可跳过此章节。

登录 Node.js 官方网站（https://nodejs.org/en/download），下载 Node.js 安装软件包。

双击下载后的软件包进行安装，全部按照默认设置单击 Next 按钮，直至 Finish。安装过程中，Node.js 会自动在系统的 path 环境变量中配置 node.exe 的目录路径。

有关 Node.js 的更多内容，可以参与笔者所著的《Node.js 企业级应用开发实战》（北京大学出版社，2020）。

2.2.3 下载和安装DevEco Studio

DevEco Studio 的编译构建依赖 JDK，DevEco Studio 预置了 Open JDK，版本为 1.8，安装过程中会自动安装 JDK。

进入 HUAWEI DevEco Studio 产品页（https://developer.harmonyos.com/cn/develop/deveco-studio），下载 DevEco Studio 安装包。双击下载的 deveco-studio-xxxx.exe，进入 DevEco Studio 安装向导，在图 2-13 所示界面选中 DevEco Studio launcher 复选框，单击 Next 按钮，直至安装完成。

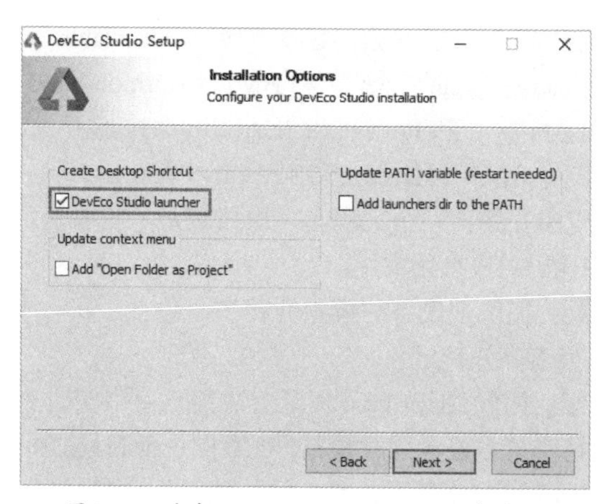

图2-13 选中DevEco Studio launcher复选框

DevEco Studio 安装完成（图 2-14）后，先不要选中 Run DevEco Studio 复选框，而应根据配置开发环境，检查和配置开发环境。

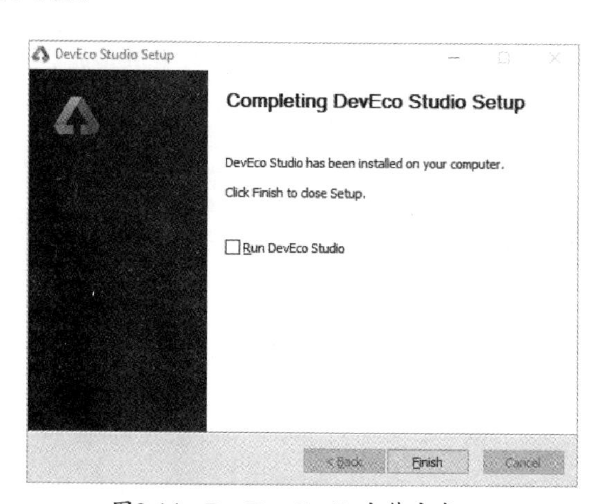

图2-14 DevEco Studio安装完成

2.3 设置DevEco Studio

DevEco Studio 开发环境依赖于网络环境，需要连接网络才能确保工具的正常使用，可以根据如下两种情况配置开发环境。

（1）如果可以直接访问 Internet，则只需设置 npm 仓库和下载 HarmonyOS SDK。

（2）如果不能直接访问 Internet，则需要通过代理服务器进行访问。读者应根据本章节内容逐条设置开发环境。

2.3.1　设置npm

1. 设置npm代理

只有在同时满足以下两个条件时才需要配置 npm 代理，否则可跳过本章节。

（1）使用 JS 语言开发 HarmonyOS 应用。

（2）网络不能直接访问 Internet，而需要通过代理服务器才可以访问。这种情况下，配置 npm 代理，便于从 npm 服务器下载 JS 依赖。

打开命令行工具，按照如下方式进行 npm 代理设置和验证。

如果使用的代理服务器需要认证，则按照如下方式进行设置（对 user、password、proxyserver 和 port 按照实际代理服务器进行修改）：

```
npm config set proxy http://user:password@proxyserver:port
npm config set https-proxy http://user:password@proxyserver:port
```

如果使用的代理服务器不需要认证（不需要账号和密码），则按照如下方式进行设置：

```
npm config set proxy http://proxyserver:port
npm config set https-proxy http://proxyserver:port
```

npm 代理设置完成后，执行如下命令进行验证：

```
npm info express
```

验证结果如图 2-15 所示，说明代理设置成功。

```
C:\Users\          >npm info express

express@4.17.1 | MIT | deps: 30 | versions: 264
Fast, unopinionated, minimalist web framework
http://expressjs.com/

keywords: express, framework, sinatra, web, rest, restful, router, app, api

dist
.tarball: https://registry.npmjs.org/express/-/express-4.17.1.tgz
.shasum: 4491fc38605cf51f8629d39c2b5d026f98a4c134
.integrity: sha512-mHJ9O79RqluphRrcw2X/GTh3k9tVv8YcoyY4Kkh4WDMUYKRZUq0h1o0w2rrrxBqM7VoeUVqgb27xlEMXTnYt4g==
.unpackedSize: 208.1 kB

dependencies:
accepts: ~1.3.7            cookie: 0.4.0       finalhandler: ~1.1.2          path-to-regexp: 0.1.7
array-flatten: 1.1.1       debug: 2.6.9        fresh: 0.5.2                  proxy-addr: ~2.0.5
body-parser: 1.19.0        depd: ~1.1.2        merge-descriptors: 1.0.1      qs: 6.7.0
content-disposition: 0.5.3 encodeurl: ~1.0.2   methods: ~1.1.2               range-parser: ~1.2.1
content-type: ~1.0.4       escape-html: ~1.0.3 on-finished: ~2.3.0           safe-buffer: 5.1.2
cookie-signature: 1.0.6    etag: ~1.8.1        parseurl: ~1.3.3              send: 0.17.1
(...and 6 more.)

maintainers:
- dougwilson <doug@somethingdoug.com>
- jasnell <jasnell@gmail.com>
- mikeal <mikeal.rogers@gmail.com>

dist-tags:
latest: 4.17.1       next: 5.0.0-alpha.8

published a year ago by dougwilson <doug@somethingdoug.com>
```

图2-15　npm代理设置成功

2. 设置npm镜像仓库

国内或者企业内部环境访问 npm 官网仓库速度往往比较慢。为了提升下载 JS SDK 时，使用 npm 安装 JS 依赖的速度，需要设置 npm 镜像仓库。

国内有非常多的网址都提供了 npm 镜像仓库，如淘宝（http://registry.npm.taobao.org）、华为（https://mirrors.huaweicloud.com/repository/npm）。

重新设置 npm 仓库地址，用法如下：

```
npm config set registry https://mirrors.huaweicloud.com/repository/npm/
```

2.3.2 设置Gradle代理

如果网络不能直接访问 Internet，而需要通过代理服务器才可以访问，则需要设置 Gradle 代理来访问和下载 Gradle 所需的依赖，否则可跳过本章节。

打开“此电脑”，在文件夹地址栏中输入 %userprofile%，进入个人用户界面。创建一个文件夹，命名为 .gradle。如果已有 .gradle 文件夹，则跳过此操作。进入 .gradle 文件夹，新建一个名为 gradle.properties 的文件，如图 2-16 所示。

图2-16 gradle.properties文件

打开 gradle.properties 文件，添加如下脚本并保存：

```
systemProp.http.proxyHost=proxy.server.com
systemProp.http.proxyPort=8080
systemProp.http.nonProxyHosts=*.company.com|10.*|100.*
systemProp.http.proxyUser=userId
systemProp.http.proxyPassword=password
systemProp.https.proxyHost=proxy.server.com
systemProp.https.proxyPort=8080
systemProp.https.nonProxyHosts=*.company.com|10.*|100.*
systemProp.https.proxyUser=userId
systemProp.https.proxyPassword=password
```

代理服务器、端口、用户名、密码和不使用代理的域名应根据实际代理情况进行修改，其中不使用代理的 nonProxyHosts 的配置间隔符是“|”。

2.3.3 设置DevEco Studio代理

如果网络不能直接访问 Internet，而需要通过代理服务器才可以访问，则需要设置 DevEco Studio 代理来访问和下载外部资源，否则可跳过本章节。

运行已安装的 DevEco Studio，首次使用时应选择 Do not import settings，单击 OK 按钮。

根据 DevEco Studio 欢迎界面的提示，单击 Setup Proxy 按钮（图 2-17），或者在欢迎页选择

Configure → Settings → Appearance & Behavior → System Settings → HTTP Proxy 命令，进入 HTTP Proxy 设置界面。

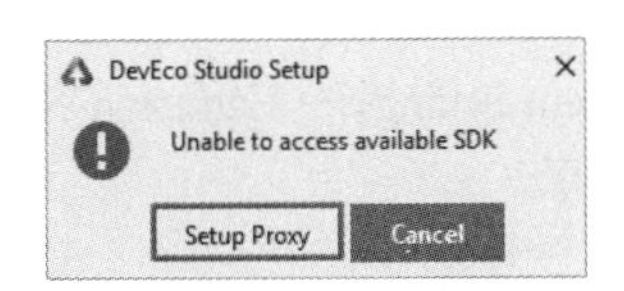

图2-17　设置DevEco Studio代理

设置 DevEco Studio 的 HTTP Proxy 信息，内容如下。

（1）HTTP 配置项：设置代理服务器信息。

① Host name：代理服务器主机名或 IP 地址。

② Port number：代理服务器对应的端口号。

③ No proxy for：不需要通过代理服务器访问的 URL（Uniform Resource Locator，统一资源定位符）或者 IP 地址（地址之间用英文逗号分隔）。

（2）Proxy authentication 配置项：如果代理服务器需要通过认证鉴权才能访问，则需要设置该配置项，否则可跳过。

① Login：访问代理服务器的用户名。

② Password：访问代理服务器的密码。

③ Remember：勾选，记住密码。

配置完成后，单击 Check connection 按钮，输入网络地址（如 https://waylau.com），检查网络连通性。如提示 Connection successful，则表示代理设置成功。单击 OK 按钮，完成 DevEco Studio 代理设置。

DevEco Studio 代理设置完成后，会提示安装 HarmonyOS SDK，可以单击 Next 按钮，将其下载到默认目录中；如果想更改 SDK 的存储目录，则单击 Cancel 按钮，并根据下载的 HarmonyOS SDK 进行操作。

2.3.4　下载HarmonyOS SDK

Devco Studio 提供了 SDK Manager 统一管理 SDK 及工具链，下载各种编程语言的 SDK 包时，SDK Manager 会自动下载该 SDK 包依赖的工具链。

SDK Manager 提供了多种编程语言的 SDK 包和工具链，具体说明如表 2-2 所示。

表2-2　SDK及工具链

包名	说明	默认是否下载
Native	C/C++语言SDK包	×
JS	JS语言SDK包	×
Java	Java语言SDK包	√
Toolchains	SDK工具链，HarmonyOS应用开发必备工具集，包括编译、打包、签名、数据库管理等工具的集合	√
Previewer	HarmonyOS应用预览器，在开发过程中可以动态预览Phone、TV、Wearable、LiteWearable等设备的应用效果，支持JS和Java应用预览	×

由此可见，DevEco Studio 天然支持使用 Java 语言来开发 HarmonyOS。如果是其他编程语言，如 JS，则需要额外自行安装 JS SDK。

选择 Configure → Settings 命令或者按 Ctrl + Alt + S 组合键，弹出 Settings for New Projects 对话框。进入 Appearance & Behavior → System Settings → HarmonyOS SDK 界面，单击 Edit 按钮，设置 HarmonyOS SDK 存储路径，如图 2-18 所示。

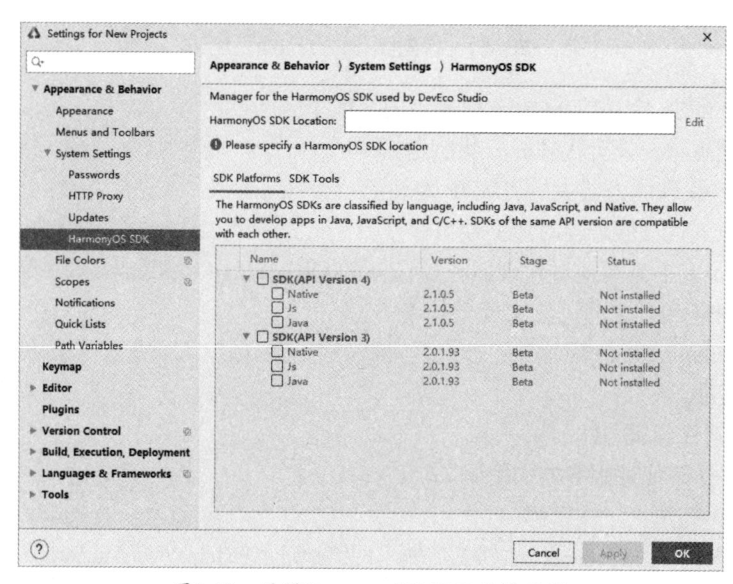

图2-18　设置HarmonyOS SDK存储路径

HarmonyOS SDK 存储路径（不能包含中文）设置完成后，单击 Next 按钮，在弹出的 License Agreement 对话框中单击 Accept 按钮，开始下载 SDK。如果本地已有 SDK 包，则选择本地已有 SDK 包的存储路径，DevEco Studio 会增量更新 SDK 及工具链。

等待 HarmonyOS SDK 及工具下载完成，单击 Finish 按钮，可以看到默认的 SDK Platforms → Java 及 SDK Tools → Toolchains 已完成下载，如图 2-19 所示。

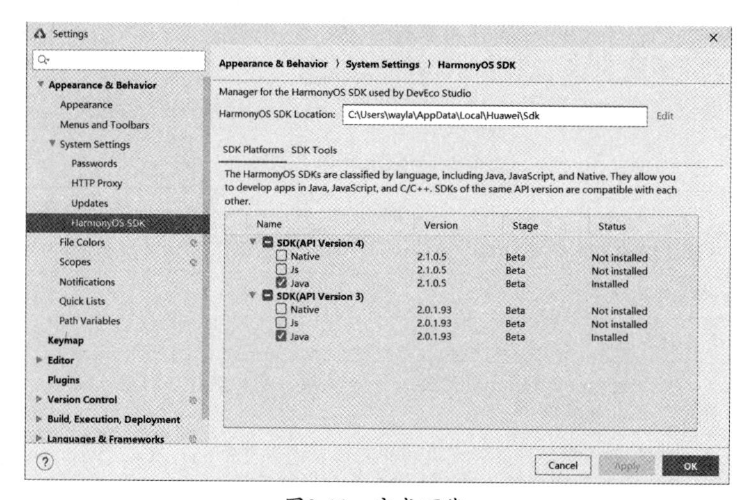

图2-19　完成下载

如果工程还会用到 JS 或者 C/C++ 语言，则在 SDK Platform 中选中对应的 SDK 包，单击 Apply 按钮，SDK Manager 会自动将 SDK 包和工具链下载到前面设置的 SDK 存储路径中，如图 2-20 所示。

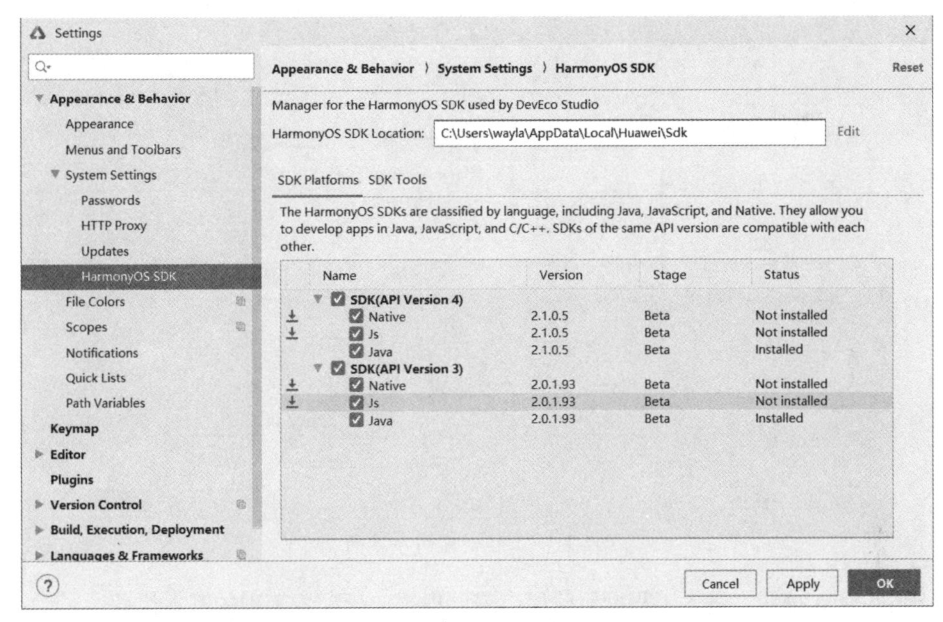

图2-20　下载JS或者C/C++语言SDK和工具链

开发环境配置完成后，可以通过运行 HelloWorld 工程来验证环境设置是否正确。

2.4 DevEco Studio功能简介

下面介绍 DevEco Studio 的常用功能。

2.4.1 创建新的工程

当开始开发一个 HarmonyOS 应用时，首先需要根据工程创建向导，创建一个新的工程，工具会自动生成对应的代码和资源模板。

1. 创建和配置新工程

（1）通过如下两种方式打开工程创建向导界面。

①如果当前未打开任何工程，则可以在 DevEco Studio 的欢迎页选择 Create HarmonyOS Project，开始创建一个新工程。

②如果已经打开了工程，则可以选择 File → New → New Project 命令，创建一个新工程。

（2）根据工程创建向导选择需要进行开发的设备类型，并选择对应的 Ability 模板，如图 2-21 所示。

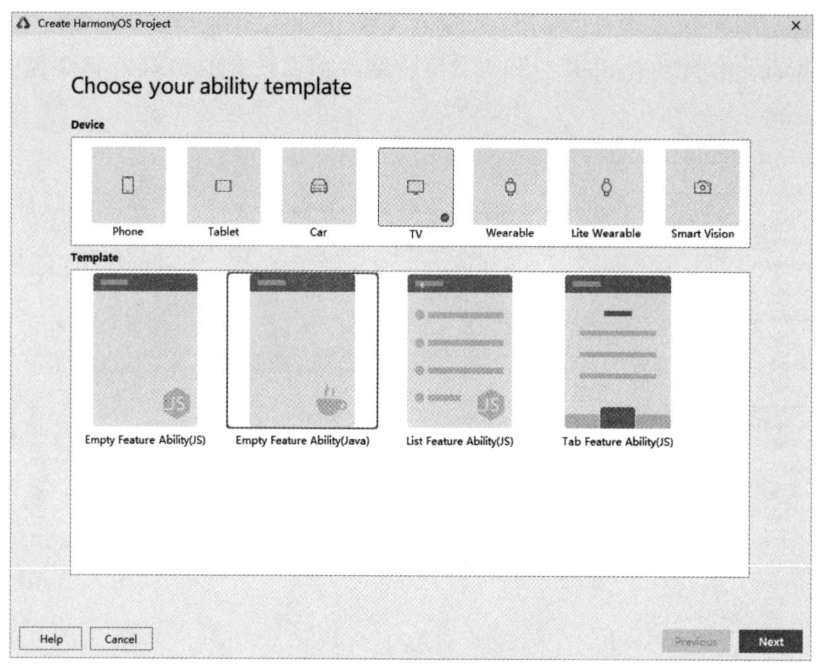

图2-21 工程创建向导界面

（3）单击 Next 按钮，进入工程配置阶段，需要根据向导配置工程的基本信息。

① Project Name：工程名称，可以自定义。

② Package Name：软件包名称。默认情况下，应用 ID 也会使用该名称。应用发布时，应用 ID 需要唯一。

③ Save Location：工程文件本地存储路径，存储路径中不能包含中文字符。

④ Compatible SDK：兼容的 SDK 版本。

（4）单击 Finish 按钮，工具会自动生成示例代码和相关资源，等待工程创建完成。

2. 打开现有工程

打开现有工程时应注意，待导入的工程文件存储路径不能包含中文字符。打开现有工程包括如下两种方式。

（1）如果当前未打开任何工程，则可以在 DevEco Studio 的欢迎页选择 Open Project，打开现有工程。

（2）如果已经打开了工程，则可以选择 File → Open 命令打开现有工程。

打开现有工程时，DevEco Studio 会提醒用户可以选择在新的窗口打开工程，或者选择在当前窗口打开工程。

2.4.2 添加Module

Module 是 HarmonyOS 应用的基本功能单元，包含源代码、资源文件、第三方库及应用清单文件，每一个 Module 都可以独立进行编译和运行。一个 HarmonyOS 应用通常会包含一个或多个 Module，因此可以在工程中创建多个 Module，每个 Module 分为 Ability 和 Library（HarmonyOS

Library 和 Java Library）两种类型。

以 HarmonyOS 工程为例，在一个 App 中，对于同一类型设备有且只有一个 Entry Module，其余 Module 的类型均为 Feature。因此，在创建一个类型为 Ability 的 Module 时，应遵循如下原则。

（1）若新增 Module 的设备类型为已有设备，则 Module 的类型将自动设置为 Feature。

（2）若新增 Module 的设备类型为当前还没有创建 Module，则 Module 的类型将自动设置为 Entry。

新增Module

（1）通过如下两种方法在工程中添加新的 Module。

方法 1：将鼠标指针移到工程目录顶部并右击，在弹出的快捷菜单中选择 New → Module 命令，开始创建新的 Module。

方法 2：选择 File → New → Module 命令，开始创建新的 Module。

（2）在 New Project Module 对话框中选择 Module 对应的设备类型和模板，如图 2-22 所示。

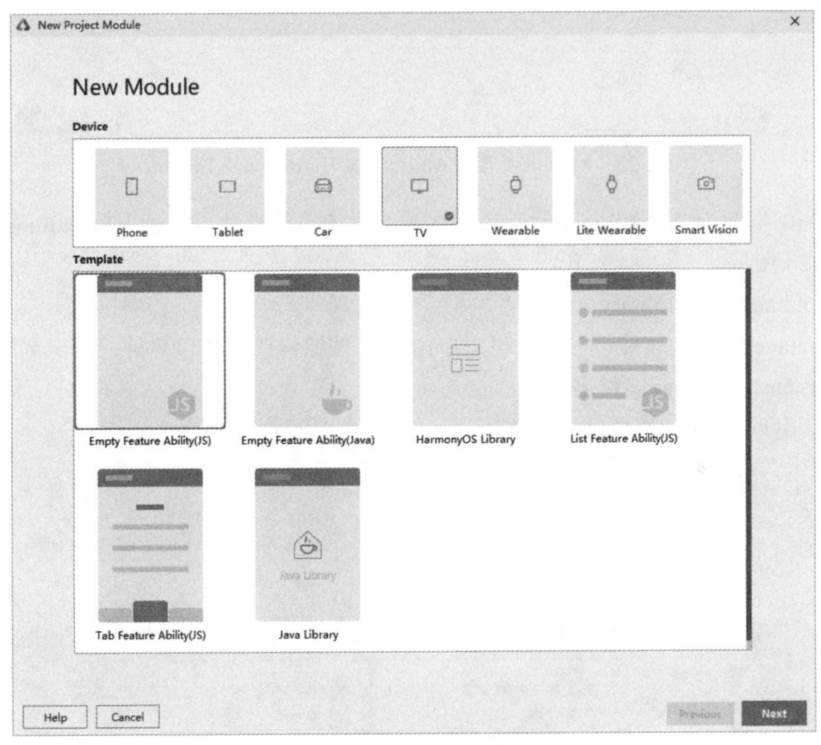

图2-22　选择Module对应的设备类型和模板

（3）单击 Next 按钮，在 Module 配置页面设置新增 Module 的基本信息。

①当 Module 类型为 Ability 或者 HarmonyOS Library 时，应根据如下内容进行设置，完成后单击 Next 按钮，如图 2-23 所示。

a. Application/Library name：新增 Module 所属的类名称。

b. Module Name：新增模块的名称。

c. Module Type：仅 Module 类型为 Ability 时存在，工具自动根据设备类型下的模块进行设置。

d. Package Name：软件包名称，可以单击 Edit 按钮修改默认包名称，需全局唯一。

e. Compatible SDK：兼容的 SDK 版本。

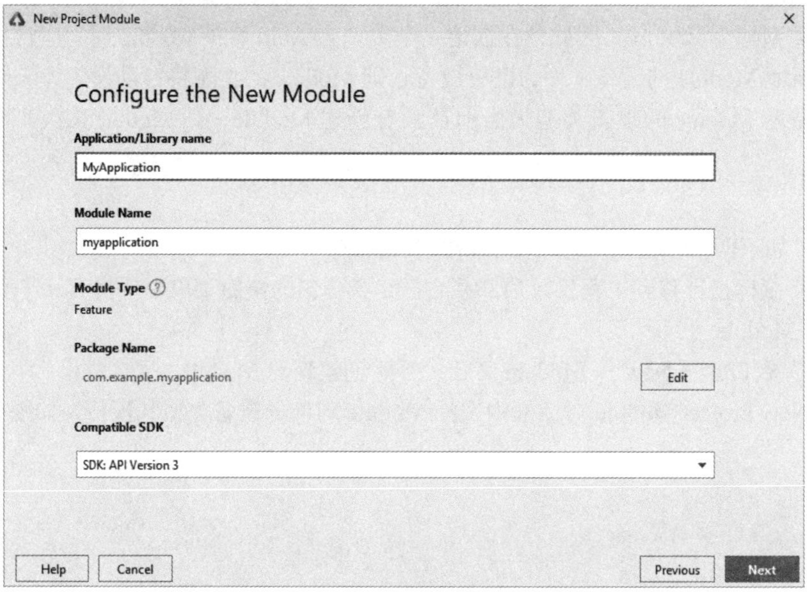

图2-23　Module类型为Ability或者HarmonyOS Library

②当 Module 类型为 Java Library 时，应根据如下内容进行设置，完成后单击 Finish 按钮，完成创建，如图 2-24 所示。

a. Library name：Java Library 类名称。

b. Java package name：软件包名称，可以单击 Edit 按钮修改默认包名称，需全局唯一。

c. Java class name：class 文件名称。

d. Create.gitignore file：是否自动创建 .gitignore 文件，选中表示创建。

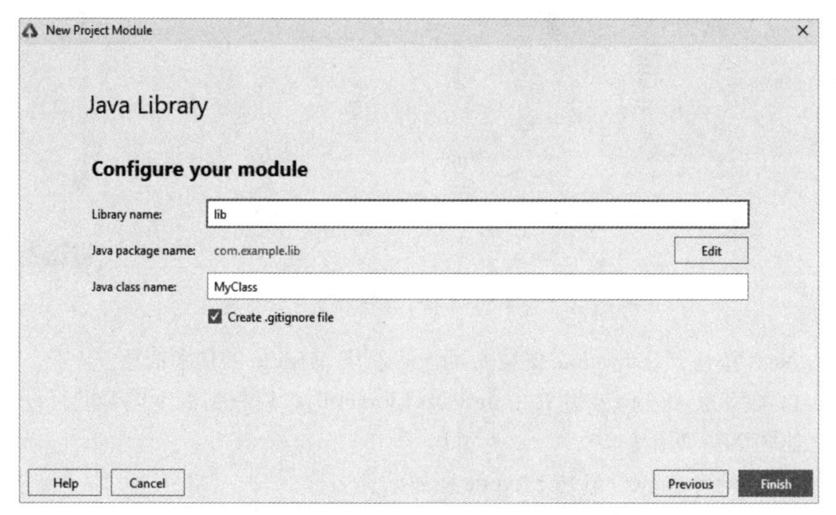

图2-24　Module类型为Java Library

（4）设置新增 Ability 或 HarmonyOS Library 的 Page Name。若该 Module 的模板类型为 Ability，还需要设置 Visible 参数，表示该 Ability 是否可以被其他应用调用。

①勾选（true）：可以被其他应用调用。

②不勾选（false）：不可被其他应用调用。

（5）单击 Finish 按钮，等待创建完成后，即可在工程目录中查看和编辑新增的 Module。

2.4.3 删除Module

为防止开发者在删除 Module 的过程中误将其他模块删除，DevEco Studio 提供了统一的模块管理功能，模块必须在模块管理中被移除后才允许删除。

选择 File → Project Structure 命令，弹出 Project Structure 对话框，选择 Modules，选择需要删除的 Module，如图 2-25 所示，单击“-”按钮，并在弹出的对话框中单击 Yes 按钮。

然后在工程目录中选中该模块，右击，在弹出的快捷菜单中选择 Delete 命令，并在弹出的对话框中单击 Delete 按钮。

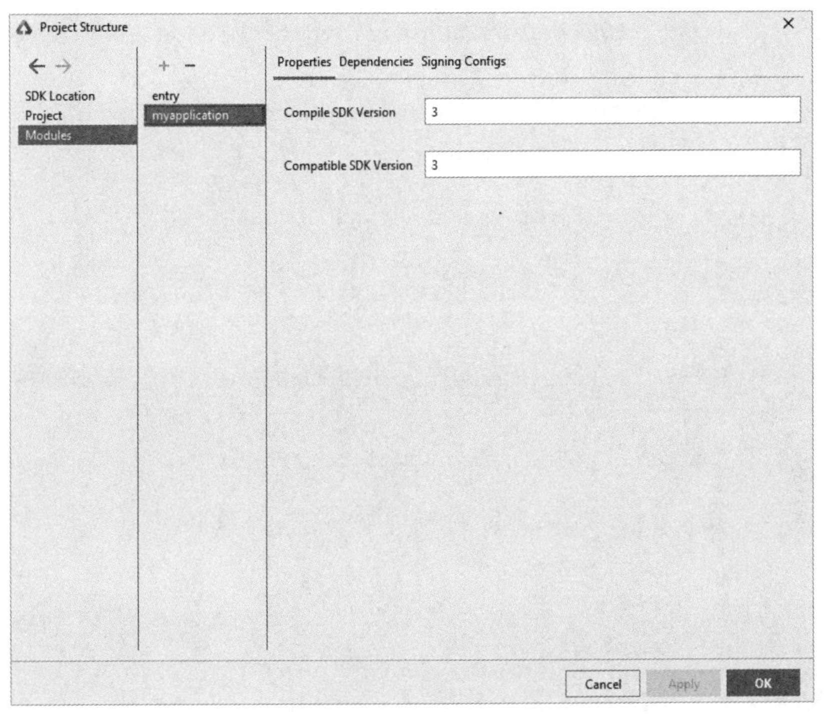

图2-25　删除Module

2.5 DevEco Studio常见问题小结

以下是使用 DevEco Studio 过程中可能出现的问题。

2.5.1 问题1：访问Gradle仓库慢

1. 问题

由于国内环境或者企业内网环境问题，访问 Maven 仓库往往比较困难，此时可以设置 Gradle 仓库镜像。

2. 解决

解决该问题的步骤如下。

（1）在用户目录新建一个 .gradle 文件夹，比如我的机器登录账户是 waylau, 那么具体路径为 C:\Users\waylau.gradle。

（2）在该目录下新建一个 init.gradle 文件，放入以下内容：

```
allprojects {
    buildscript {
        repositories {
            mavenLocal()
            maven {
                url 'https://repo.huaweicloud.com/repository/maven/'
            }
            maven {
                url 'https://developer.huawei.com/repo/'
            }
        }

        dependencies {
        }
    }
    repositories {
        mavenLocal()
        maven {
            url 'https://repo.huaweicloud.com/repository/maven/'
        }
        maven {
            url 'https://developer.huawei.com/repo/'
        }

    }

}

settingsEvaluated { settings ->
    settings.pluginManagement {
        plugins {
        }
        resolutionStrategy {
        }
        repositories {
            maven {
                url 'https://repo.huaweicloud.com/repository/maven/'
            }
            maven {
                url 'https://developer.huawei.com/repo/'
            }
        }
    }
}
```

2.5.2 问题 2： 模拟器端口被占用无法启动

1. 问题

在内网环境下首次使用 DevEco Studio 创建应用时，可能会报如下问题：

```
server not running; starting it at tcp:5037
```

2. 原因

默认端口被占用，需要重新指定一个。

3. 解决

在系统变量中加一个 HDC_SERVER_PORT，值为想要使用的端口，图 2-26 中指定使用的是 7035 端口，这样模拟器即能正常启动。

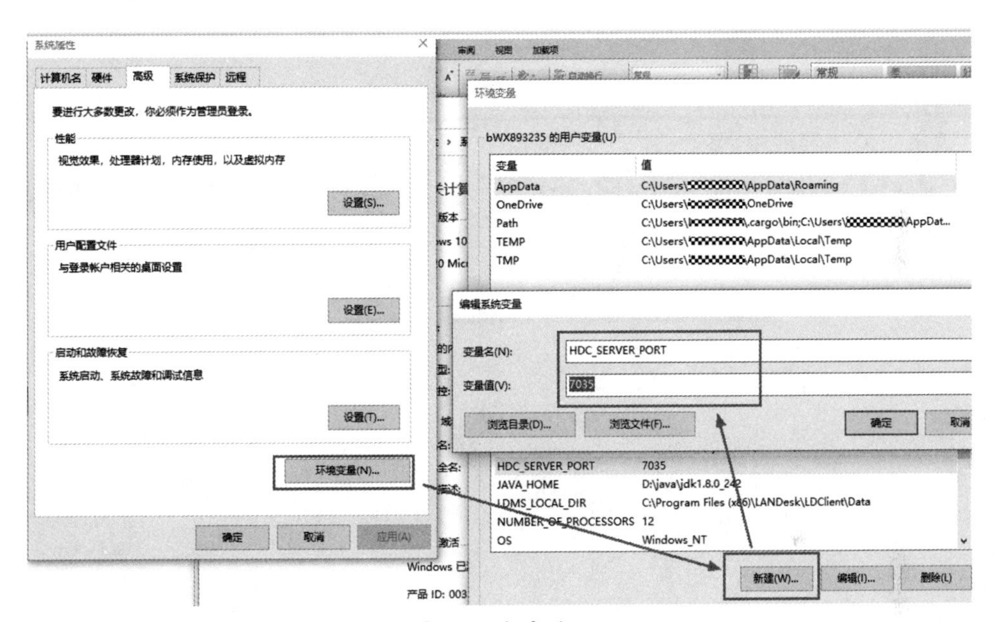

图2-26　指定端口

第3章

牛刀小试——开发第一个HarmonyOS应用

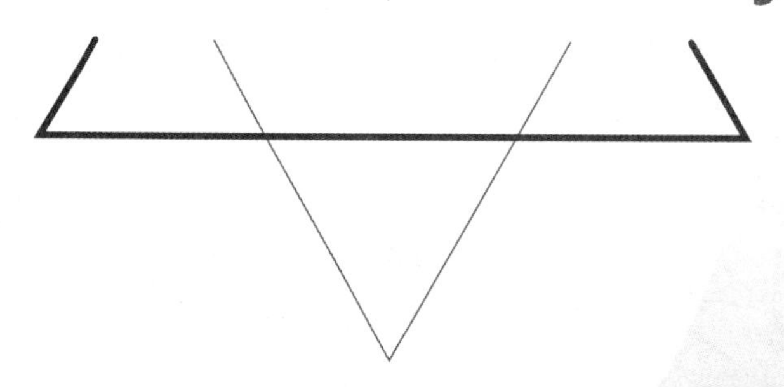

本章演示了如何基于 DevEco Studio 开发第一个 HarmonyOS 应用。本章将不费“一枪一弹”（不用编写一行代码），开发出一个能够直接运行的 HarmonyOS 应用。

3.1 创建一个新工程

根据上一章的学习，我们已经安装好了 DevEco Studio，终于可以进入激动人心的开发环节了。本节将演示如何基于 DevEco Studio 开发第一个 HarmonyOS 应用。按照编程惯例，第一个应用称为 Hello World 应用。

1. 选择创建新工程

打开 DevEco Studio，单击 Create HamonyOS Project 按钮，来创建一个新工程。

2. 选择设备应用类型的模板

此时，可以看到如图 3-1 所示的界面，在该界面中可以选择不同设备应用类型的模板，包括手机、平板、智能穿戴、智慧屏、车机等多种终端设备等。这里选择 Car 以及一个空的 Empty Feature Ability（Java）。有关 Ability 的概念将在 4.2 节介绍，这里可以简单地认为 Ability 是应用的一个功能。换言之，这里将要创建的是一个没有功能的应用。单击 Next 按钮，进行下一步。

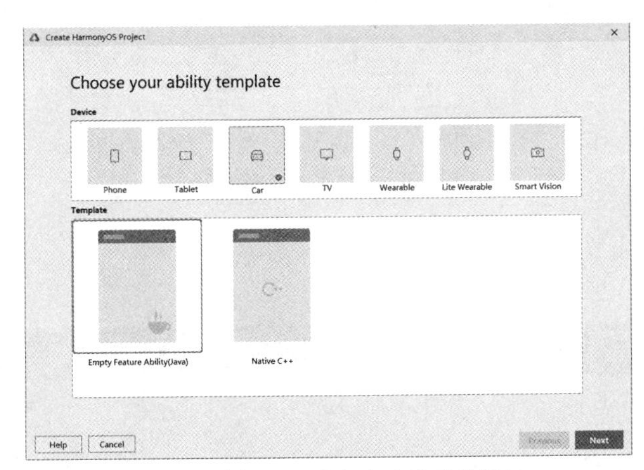

图3-1　选择不同设备应用类型的模板

3. 配置项目的信息

在图 3-2 所示界面中配置项目的信息，如项目名称、包名、位置、SDK 版本等。

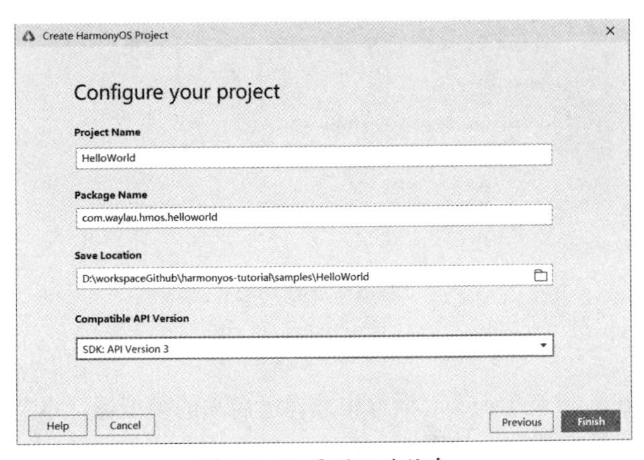

图3-2　配置项目的信息

4. 自动生成工程代码

单击 Finish 按钮，DevEco Studio 即创建好了整个应用，并且自动生成了工程代码，如图 3-3 所示。由于 HarmonyOS 应用是采用 Gradle 构建的，因此可以在控制台看到会自动下载 Gradle 安装包。Gradle 下载完成之后，就会对工程进行配置，因此可以看到控制台配置成功的提示信息。

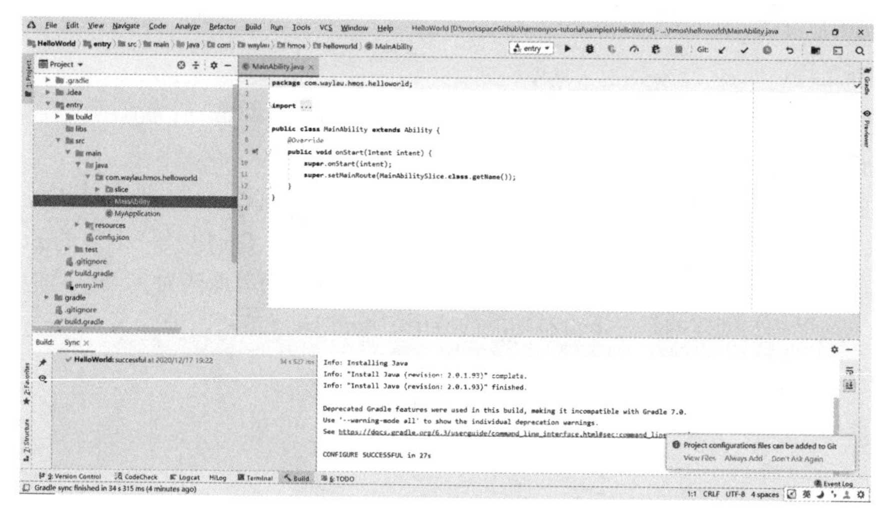

图3-3　自动生成工程代码

3.2 运行工程

1. 单击运行按钮

单击 DevEco Studio 工具栏中的点击运行按钮（三角形，如图 3-4 所示）运行工程，或使用默认快捷键 Shift+F10 运行工程。

VCS Window Help HelloWorld - MainAbility.java [entry]

MainAbility　entry　No Devices　Git:

MainAbility.java

```
1   package com.waylau.hmos.helloworld;
2
3   import ...
6
7   public class MainAbility extends Ability {
8       @Override
9       public void onStart(Intent intent) {
10          super.onStart(intent);
11          super.setMainRoute(MainAbilitySlice.class.getName());
12      }
13  }
```

图3-4　运行工程

2. 选择模拟器

在弹出的 Select Deployment Target 对话框中选择已启动的模拟器。本节工程使用了 Car 模板，但默认没有提供 Car 应用的模拟器，如图 3-5 所示。

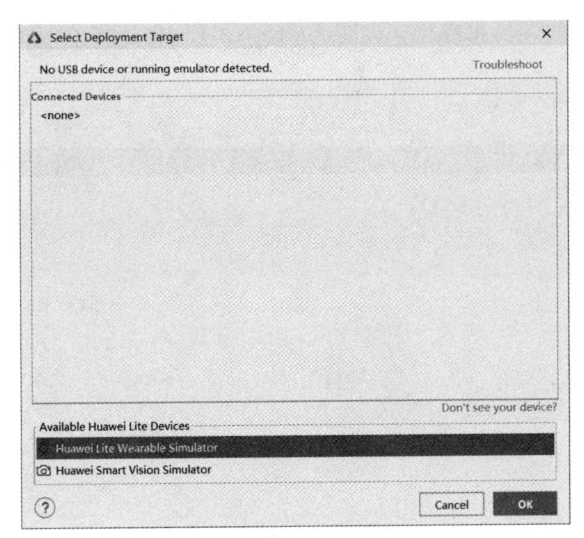

图3-5　没有Car应用的模拟器

3. 启动模拟器

没有 Car 应用的模拟器是无法运行 Car 应用的。因此，需要在 DevEco Studio 中选择 Tools → HVD Manager 命令，启动 Car 应用的模拟器，如图 3-6 所示。

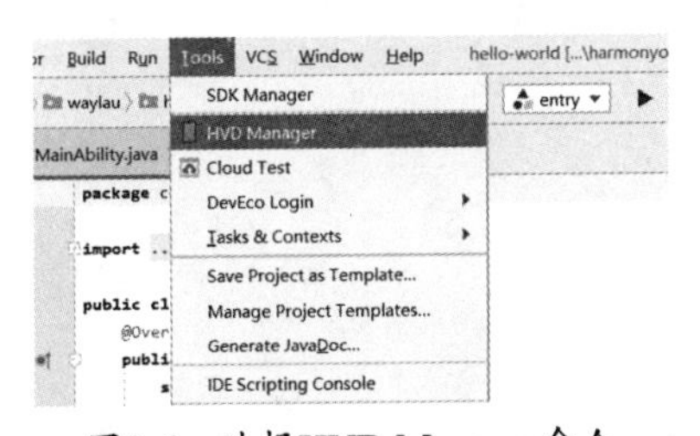

图3-6　选择HVD Manager命令

访问 HVD Manager 页面，此时需要用华为开发者账号进行登录，并根据提示对设备进行授权，如图 3-7 所示。

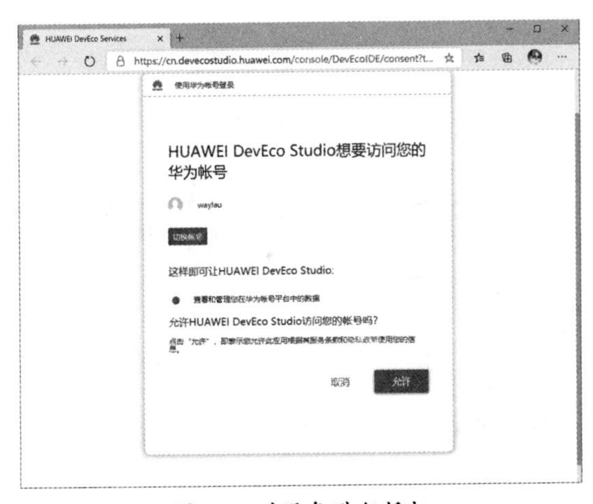

图3-7　对设备进行授权

单击“允许”按钮进行下一步操作，如图 3-8 所示，代表授权已经成功。

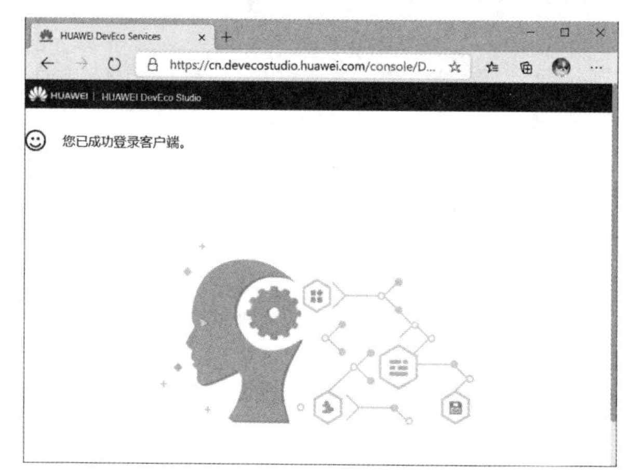

图3-8　授权成功

授权成功之后，再次返回 DevEco Studio，此时可以看到图 3-9 所示设备模拟器列表，列表中就包含了 Car 模拟器。选择 Car 模拟器，这时能看到 Car 模拟器已经启动，如图 3-10 所示。

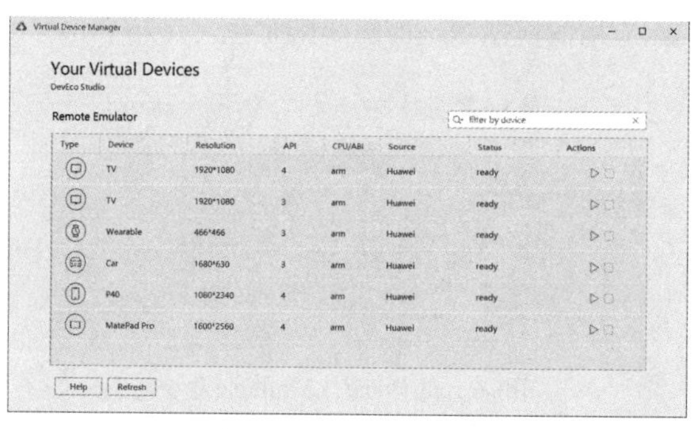

图3-9　启动Car模拟器

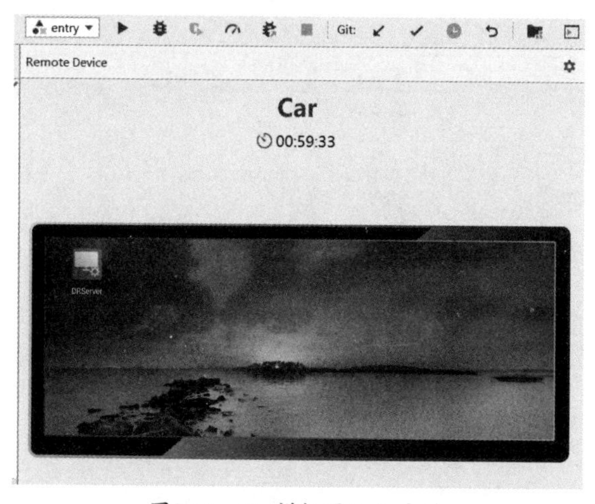

图3-10　Car模拟器已经启动

4. 再次运行工程

再次运行工程，此时就能选中 Car 模拟器，即图 3-11 中的 CDC。最终，工程运行效果如图 3-12 所示。

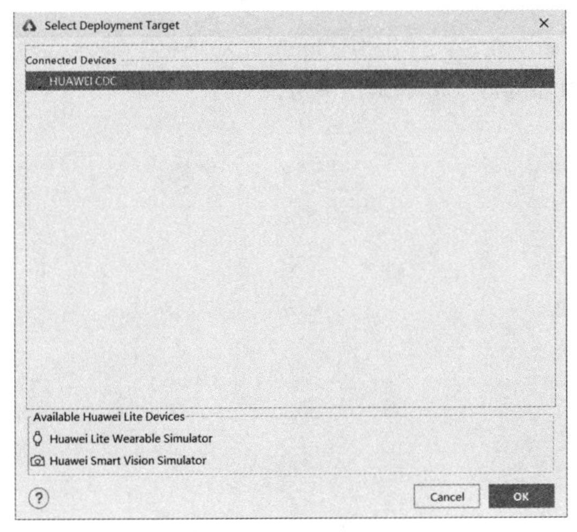

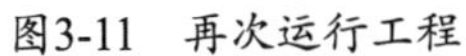
图3-11　再次运行工程

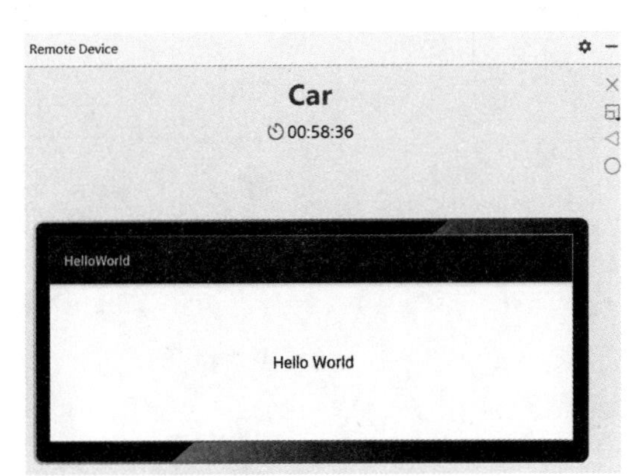

图3-12　工程运行效果

这样，就实现了一个应用的开发和运行。

3.3 在真机中运行应用

3.2 节介绍了应用的开发，以及如何在 Car 模拟器中运行，这种运行方式称为远程模拟器运行。远程模拟器支持 Phone、Tablet、Car、TV、Wearable 等设备。本节将介绍如何使应用在真实的设备中运行。

3.3.1 连接真实的设备

一般可以用 USB 或 IP 方式连接实体设备，支持 USB 方式连接的有 Phone、Tablet、Car、Wearable 等设备，支持 IP 方式连接的有 TV 等设备。

以下是连接不同设备的具体步骤。

1. Phone或者Tablet

（1）在 Phone 或者 Tablet 中打开开发者模式。可在“设置”→“关于手机 / 关于平板”中连续多次单击“版本号”按钮，直到提示“您正处于开发者模式”即可。

（2）使用 USB 方式将 Phone 或者 Tablet 与 PC 端进行连接。

（3）在 Phone 或者 Tablet 中，USB 连接方式选择“传输文件”。

（4）在 Phone 或者 Tablet 中，选择“设置”→“系统和更新”→“开发人员选项”选项，打开“USB 调试”开关。

2. TV

（1）将 TV 和 PC 连接到同一网络或设置为同一个网段。

（2）获取 TV 端的 IP 地址。

（3）TV 上的 5555 端口为打开状态。

（4）在 DevEco Studio 中选择 Tools → IP Connect 命令，弹出 IP Connect 对话框，输入连接设备的 IP 地址，单击地址，连接正常后，设备状态为 online，如图 3-13 所示。

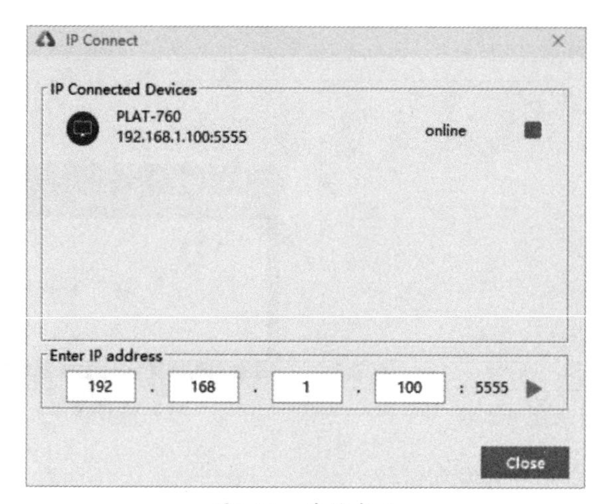

图3-13　连接成功

3. Car或者Wearable

在 Car 或者 Wearable 中，可以直接使用 USB 方式，来连接 Car 或者 Wearable 与 PC 端。

3.3.2　运行应用

假设要在真实 Car 设备中运行 HelloWorld 应用，则步骤如下。

（1）使用 USB 方式连接 Car 设备和开发 PC。

（2）在 DevEco Studio 菜单栏中选择 Run → Run 'entry' 命令，或按 Shift+F10 组合键运行应用，如图 3-14 所示。

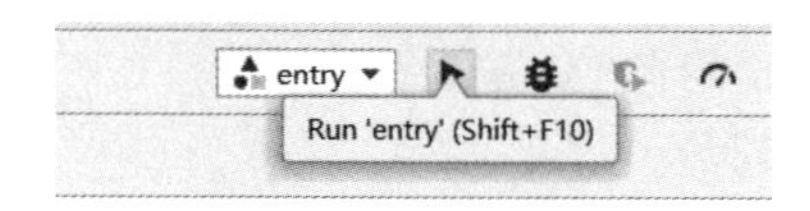

图3-14　运行应用

（3）在弹出的界面中选择已连接的 Car 设备，单击 OK 按钮。

（4）DevEco Studio 将会启动 HAP 的编译构建和安装。安装成功后，Car 会自动运行安装的 HarmonyOS 应用。

3.4 使用DevEco Studio预览器

前面章节中介绍了如何创建一个最为简单的 HelloWorld 应用，并且可以通过设备模拟器或者真机运行应用。

但是，使用设备模拟器或者真机运行应用有一个缺点，即启动相对来说比较慢。如果只是调试一个简单的界面，却要等待非常久的时间，那很有可能会让人失去耐心。此时，推荐的方式是使用预览器。

1. 安装预览器

在使用预览器查看应用界面的 UI 效果前，需要确保 HarmonyOS SDK → SDK Tools 中已下载 Previewer 资源，如图 3-15 所示。

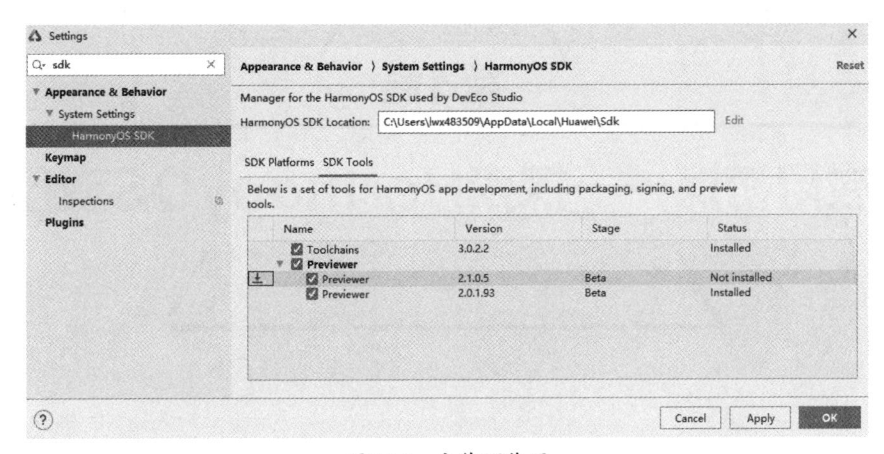

图3-15　安装预览器

如果 Previewer 资源不具备，则单击前面的下载按钮进行预览器的下载”。

2. 打开预览器

打开预览器有以下两种方式。

（1）选择 View → Tool Windows → Previewer 命令，打开预览器。

（2）在编辑窗口右上角的侧边工具栏中单击 Previewer 按钮，打开预览器。

预览显示效果如图 3-16 所示。

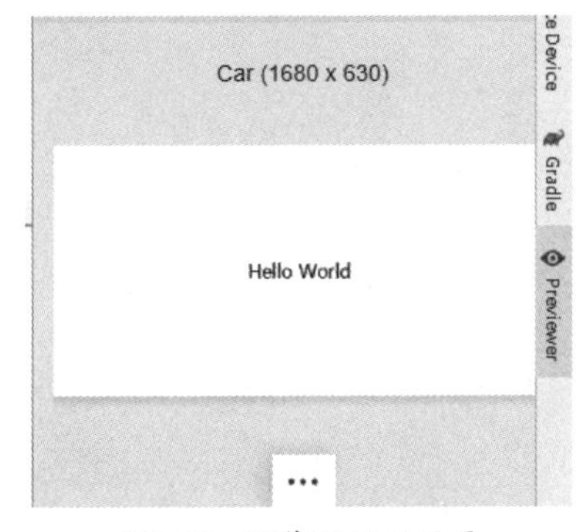

图3-16　预览器显示效果

第4章

应用初探——探索HarmonyOS应用

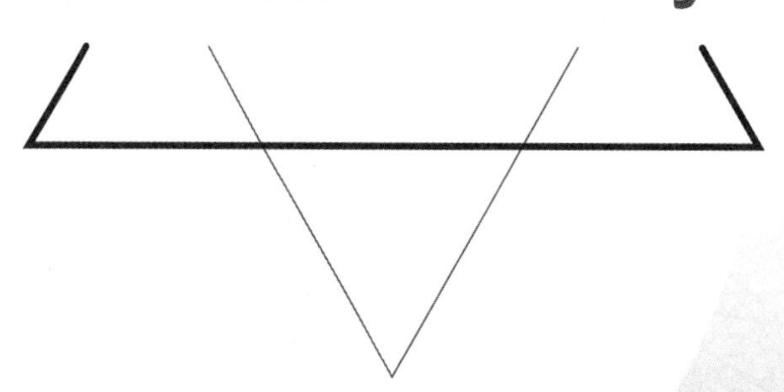

第 3 章没有使用代码轻松创建了一个能够运行的 HarmonyOS 应用。那么，该 HarmonyOS 应用中包含哪些内容？它为什么可以直接在设备上运行呢？本章将进行深入探索。

4.1 App

DevEco Studio 自动创建的目录结构如图 4-1 所示。那么，这些目录结构到底是什么含义？每个文件的作用是什么？这些都是本章将要探索的话题。

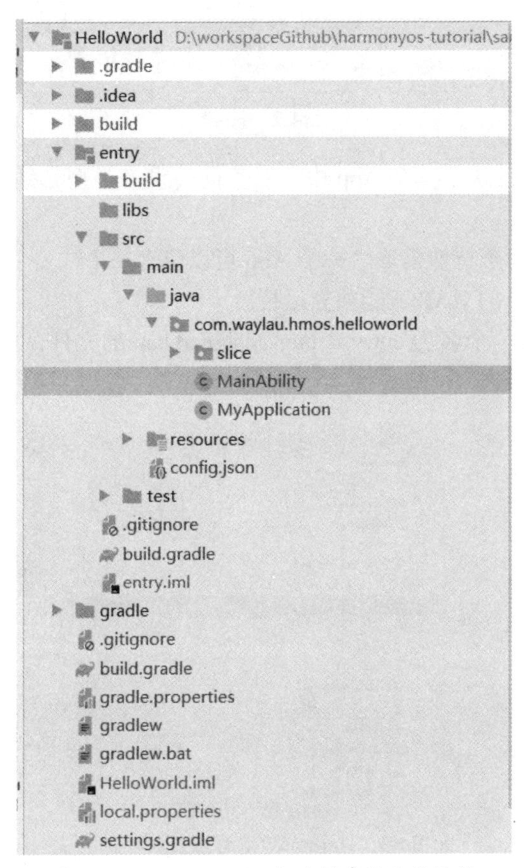

图4-1　DevEco Studio自动创建的目录结构

4.1.1 App概述

App 就是应用。例如，在 Android 手机上安装一个软件，这个软件就称为 App。

Android 平台是以 APK（Android Application Package，Android 应用程序包）形式发布的，当要在 Android 手机上安装一个 App 时，首先是要找到该 App 对应的 APK 安装包，执行该 APK 安装包即可。

同理，HarmonyOS 的应用软件包以 App Pack（Application Package）形式发布，它由一个或多个 HAP 以及描述每个 HAP 属性的 pack.info 组成。HAP 是 Ability 的部署包，HarmonyOS 应用代码围绕 Ability 组件展开。

一个 HAP 是由代码、资源、第三方库及应用配置文件组成的模块包，可分为 entry 和 feature 两种模块类型，如图 4-2 所示。

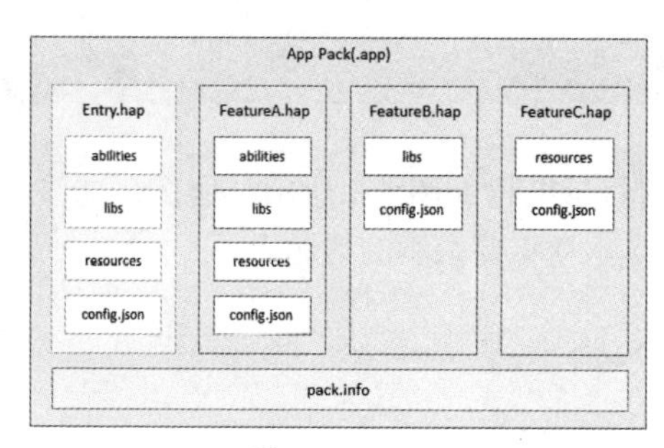

图4-2　HAP

（1）entry：应用的主模块。一个 App 中，对于同一设备类型必须有且只有一个 entry 类型的 HAP，可独立安装运行。

（2）feature：应用的动态特性模块。一个 App 可以包含一个或多个 feature 类型的 HAP，也可以不包含。只有包含 Ability 的 HAP 才能独立运行。

应用的 build 目录下有一个名为 entry-debug-unsigned.hap 的文件，如图 4-3 所示，该文件就是 HarmonyOS 的应用软件包。

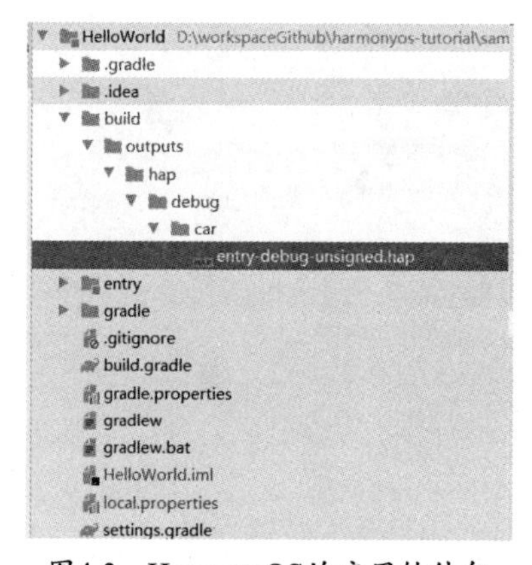

图4-3　HarmonyOS的应用软件包

4.1.2　代码层次的应用

在代码层次，可以看到图 4-4 所示的 MyApplication 就是整个应用的入口。

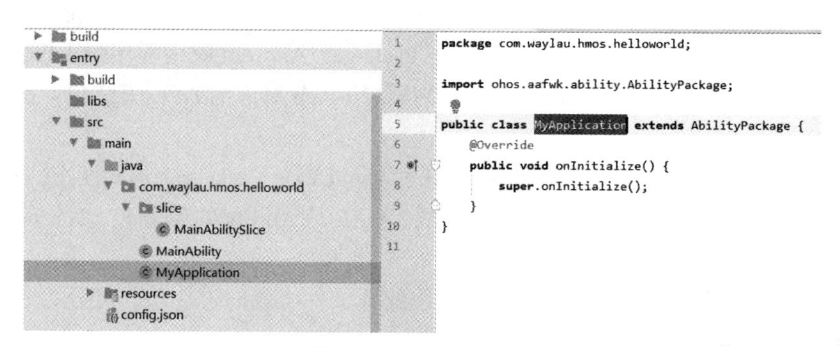

图4-4　MyApplication

从代码中可以看到，MyApplication 继承自 AbilityPackage。AbilityPackage 是用来初始化每个 HAP 的基类。

4.2 Ability

Ability 是应用所具备的能力的抽象，一个应用可以包含一个或多个 Ability。Ability 分为两种类型，即 FA 和 PA。

1. Ability类

FA/PA 是应用的基本组成单元，能够实现特定的业务功能。两者的主要区别是 FA 有 UI 界面，而 PA 无 UI 界面。

如图 4-5 所示，MainAbility 就是一个 FA。

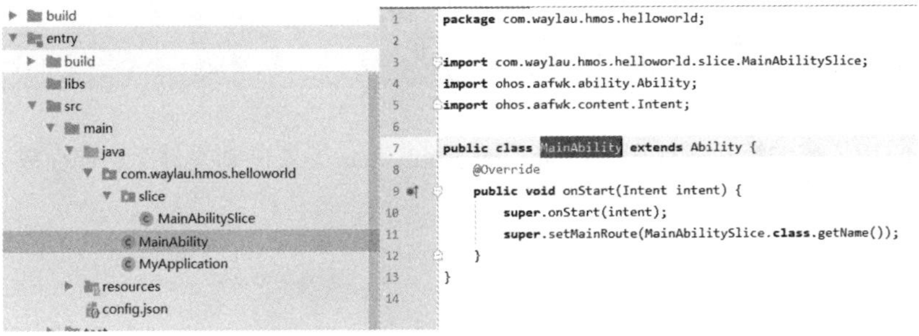

```
package com.waylau.hmos.helloworld;

import com.waylau.hmos.helloworld.slice.MainAbilitySlice;
import ohos.aafwk.ability.Ability;
import ohos.aafwk.content.Intent;

public class MainAbility extends Ability {
    @Override
    public void onStart(Intent intent) {
        super.onStart(intent);
        super.setMainRoute(MainAbilitySlice.class.getName());
    }
}
```

图4-5 MainAbility

2. AbilitySlice类

MainAbility 继承自 Ability 类。同时，从代码中可以看出，MainAbility 设置了一个路由，可以路由到 MainAbilitySlice。MainAbilitySlice 继承自 AbilitySlice 类（图 4-6），而 AbilitySlice 就是用于呈现 UI 界面的。

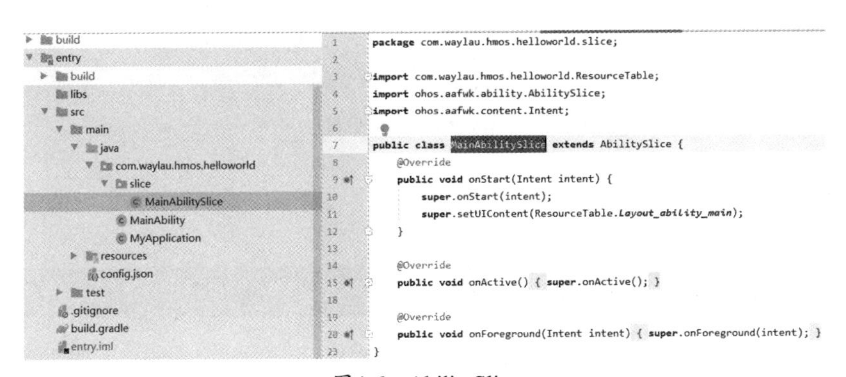

图4-6 AbilitySlice

3. UI界面

打开 resources 的 base 目录，如图 4-7 所示，该 base 目录就是整个应用使用的 UI 界面元素。

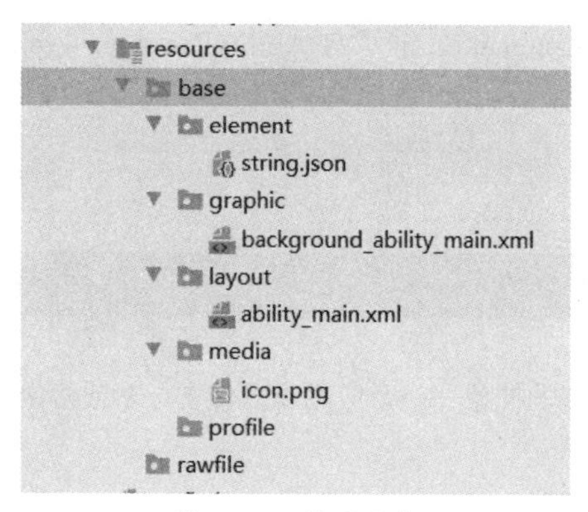

图4-7　UI界面元素

有关 Ability 的内容，还将在后续章节继续深入探讨。

4.3 库文件

库文件是应用依赖的第三方代码（如 so、jar、bin、har 等二进制文件），都存放在 libs 目录中。libs 目录位置如图 4-8 所示。

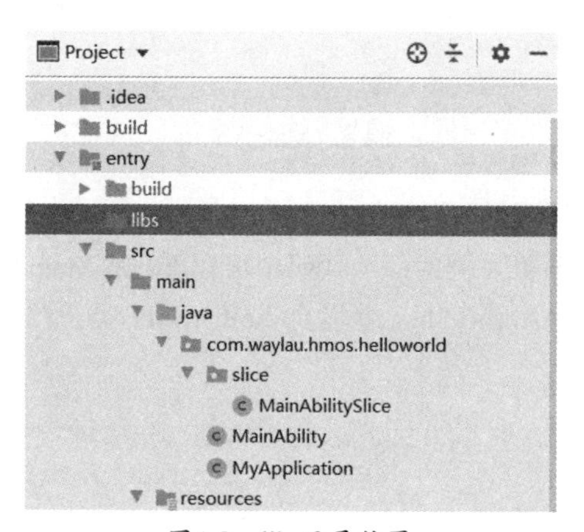

图4-8　libs目录位置

4.4 资源文件

HarmonyOS 应用采用 Gradle 进行项目管理，因此与 Maven 类似，应用的资源文件（字符串、图片、音频等）都存放于 resources 目录下，便于开发者使用和维护，如图 4-9 所示。

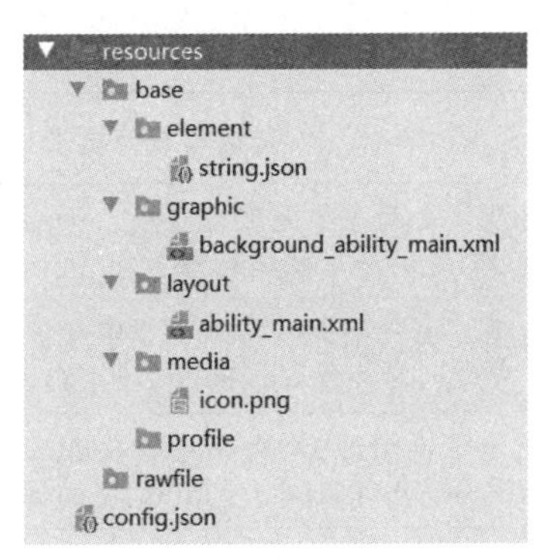

图4-9　resources目录

resources 目录包括两大类，一类为 base 目录与限定词目录，另一类为 rawfile 目录，详见表 4-1。

表4-1　resources的两大类目录

分类	base目录与限定词目录	rawfile目录
组织形式	按照两级目录形式进行组织，目录命名必须符合规范，以便根据设备状态匹配相应目录下的资源文件。 一级子目录为base目录和限定词目录。base目录是默认存在的目录，当应用的resources资源目录中没有与设备状态匹配的限定词目录时，会自动引用该目录中的资源文件；限定词目录需要开发者自行创建，目录名称由一个或多个表征应用场景或设备特征的限定词组合而成。 二级子目录为资源目录，用于存放字符串、颜色、布尔值等基础元素，以及媒体、动画、布局等资源文件	支持创建多层子目录，目录名称可以自定义，文件夹内可以自由放置各类资源文件。rawfile目录的文件不会根据设备状态匹配不同的资源
编译方式	目录中的资源文件会被编译成二进制文件，并赋予资源文件ID	目录中的资源文件会被直接打包进应用，不经过编译，也不会被赋予资源文件ID
引用方式	通过指定资源类型（type）和资源名称（name）来引用	通过指定文件路径和文件名来引用

4.4.1　限定词目录

限定词目录可以由一个或多个表征应用场景或设备特征的限定词组合而成，包括语言、文字、国家或地区、横竖屏、设备类型和屏幕密度六个维度，限定词之间通过下划线（_）或者中划线（-）连接。开发者在创建限定词目录时，需要掌握限定词目录的命名要求以及限定词目录与设备状态的匹配规则。

1. 限定词目录的命名要求

（1）限定词的组合顺序：语言 _ 文字 _ 国家或地区 - 横竖屏 - 设备类型 - 屏幕密度。开发者可以根据应用的使用场景和设备特征，选择其中的一类或几类限定词组成目录名称。

（2）限定词的连接方式：语言、文字、国家或地区之间采用下划线（_）连接，其他限定词之间均采用中划线（-）连接，如 zh_Hant_CN、zh_CN-car-ldpi。

（3）限定词的取值范围：每类限定词的取值必须符合表 4-2 中的要求，否则将无法匹配目录中的资源文件。

表4-2　限定词取值要求

限定词类型	含义与取值要求
语言	表示设备使用的语言类型，由两个小写字母组成，如zh表示中文，en表示英语。其详细取值范围参见ISO 639-1（ISO制定的语言编码标准）
文字	表示设备使用的文字类型，由一个大写字母（首字母）和三个小写字母组成，如Hans表示简体中文，Hant表示繁体中文。其详细取值范围参见ISO 15924（ISO制定的文字编码标准）
国家或地区	表示用户所在的国家或地区，由2~3个大写字母或者三个数字组成，如CN表示中国，GB表示英国。其详细取值范围参见ISO 3166-1（ISO制定的国家和地区编码标准）
横竖屏	表示设备的屏幕方向，取值包括vertical（竖屏）和horizontal（横屏）
设备类型	表示设备的类型，取值包括Phone（手机）、Tablet（平台）、Car（车机）、Tv（智慧屏）、Wearable（智能穿戴）等
屏幕密度	表示设备的屏幕密度（单位为dpi）。sdpi表示小规模的屏幕密度（Small-scale Dots Per Inch），适用于dpi取值为(0, 120]的设备；mdpi表示中规模的屏幕密度（Medium-scale Dots Per Inch），适用于dpi取值为(120, 160]的设备；ldpi表示大规模的屏幕密度（Large-scale Dots Per Inch），适用于dpi取值为(160, 240]的设备；xldpi表示特大规模的屏幕密度（Extra Large-scale Dots Per Inch），适用于dpi取值为(240, 320]的设备；xxldpi表示超大规模的屏幕密度（Extra Extra Large-scale Dots Per Inch），适用于dpi取值为(320, 480]的设备；xxxldpi表示超特大规模的屏幕密度（Extra Extra Extra Large-scale Dots Per Inch），适用于dpi取值为(480, 640]的设备

2. 限定词目录与设备状态的匹配规则

在为设备匹配对应的资源文件时，限定词目录匹配的优先级从高到低依次为区域（语言 _ 文字 _ 国家或地区）> 横竖屏 > 设备类型 > 屏幕密度。

如果限定词目录中包含语言、文字、横竖屏、设备类型限定词，则对应限定词的取值必须与当前的设备状态完全一致，该目录才能参与设备的资源匹配。例如，限定词目录 zh_CN-car-ldpi 不能参与 en_US 设备的资源匹配。

4.4.2　资源组目录

在 base 目录与限定词目录下可以创建资源组目录（包括 element、media、animation、layout、graphic、profile），用于存放特定类型的资源文件。

1. element

element 表示元素资源，以下每一类数据都采用相应的 JSON 文件来表征。

- boolean：布尔型。
- color：颜色。
- float：浮点型。
- intarray：整型数组。
- integer：整型。
- pattern：样式。
- plural：复数形式。
- strarray：字符串数组。

- string：字符串。

element 目录中的文件名称建议与如下文件名保持一致：boolean.json、color.json、float.json、intarray.json、integer.json、pattern.json、plural.json、strarray.json、string.json。每个文件中只能包含同一类型的数据。

2. media

media 表示媒体资源，包括图片、音频、视频等非文本格式的文件。其文件名可自定义，如 icon.png。

3. animation

animation 表示动画资源，采用 XML 文件格式。其文件名可自定义，如 zoom_in.xml。

4. layout

layout 表示布局资源，采用 XML 文件格式。其文件名可自定义，如 home_layout.xml。

5. graphic

graphic 表示可绘制资源，采用 XML 文件格式。其文件名可自定义，如 notifications_dark.xml。

6. profile

profile 表示其他类型文件，以原始文件形式保存。其文件名可自定义。

4.5 配置文件

HarmonyOS 应用的每个 HAP 的根目录下都存在一个 config.json 配置文件，如图 4-10 所示。

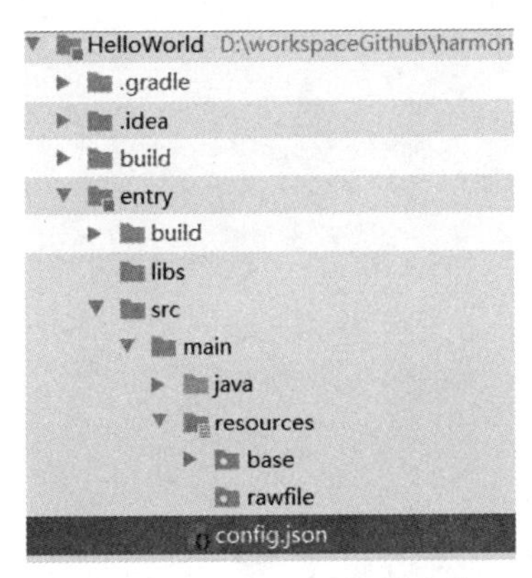

图4-10 config.json配置文件

配置文件内容主要涵盖以下三个方面。

（1）应用的全局配置信息：包含应用的包名、生产厂商、版本号等基本信息。

（2）应用在具体设备上的配置信息：包含应用的备份恢复、网络安全等能力。

（3）HAP 包的配置信息：包含每个 Ability 必须定义的基本属性（如包名、类名、类型以及 Ability 提供的能力）以及应用访问系统或其他应用受保护部分所需的权限等。

4.5.1 配置文件的组成

config.json 配置文件采用 JSON 文件格式，其中包含一系列配置项，每个配置项由属性和值两部分构成。

（1）属性：属性出现顺序不分先后，且每个属性最多只允许出现一次。

（2）值：每个属性的值为 JSON 的基本数据类型（数值、字符串、布尔值、数组、对象或者 null 类型）。

应用的 config.json 配置文件由 app、deviceConfig 和 module 三个部分组成，缺一不可，其内部结构说明参见表 4-3。

表4-3 配置文件的内部结构说明

属性名称	含义	数据类型	是否可缺省
app	表示应用的全局配置信息。同一个应用的不同HAP包的app配置必须保持一致	对象	否
deviceConfig	表示应用在具体设备上的配置信息	对象	否
module	表示HAP包的配置信息。该标签下的配置只对当前HAP包生效	对象	否

以下是 HelloWorld 应用的配置文件：

```
{
 "app": {
   "bundleName":"com.waylau.hmos.helloworld",
   "vendor":"waylau",
   "version": {
     "code": 1,
     "name":"1.0"
   },
   "apiVersion": {
     "compatible": 3,
     "target": 3
   }
  },
 "deviceConfig": {},
 "module": {
   "package":"com.waylau.hmos.helloworld",
   "name":".MyApplication",
   "deviceType": [
     "car"
   ],
   "distro": {
     "deliveryWithInstall": true,
     "moduleName":"entry",
     "moduleType":"entry"
   },
   "abilities": [
      {
       "skills": [
          {
           "entities": [
             "entity.system.home"
           ],
           "actions": [
```

```
                "action.system.home"
              ]
            }
          ],
          "orientation":"landscape",
          "name":"com.waylau.hmos.helloworld.MainAbility",
          "icon":"$media:icon",
          "description":"$string:mainability_description",
          "label":"HelloWorld",
          "type":"page",
          "launchType":"standard"
        }
      ]
    }
}
```

接下来详解介绍上述配置的含义。

4.5.2　app对象的内部结构

app 对象包含应用的全局配置信息，内部结构说明如下。

- bundleName：表示应用的包名，用于标识应用的唯一性。包名是由字母、数字、下划线（_）和点号（.）组成的字符串，必须以字母开头，支持的字符串长度为 7~127 字节。包名通常采用业界常用的反域名形式表示（如 com.waylau.hmos）。建议第一级为域名扩展名 com，第二级为厂商 / 个人名，第三级为应用名，也可以采用多级。
- vendor：表示对应用开发厂商的描述，字符串长度不超过 255 字节。该值可缺省，缺省值为空。
- version：表示应用的版本信息。
  ① code：表示应用的版本号，对用户不可见。其取值为大于零的整数。
  ② name：表示应用的版本号，用于向用户呈现。其取值可以自定义。
- apiVersion：表示应用依赖的 HarmonyOS 的 API 版本。
  ① compatible：表示应用运行需要的 API 最小版本。其取值为大于零的整数。
  ② target：表示应用运行需要的 API 目标版本。其取值为大于零的整数。可缺省，缺省值为应用所在设备的当前 API 版本。
  ③ releaseType：表示应用运行需要的 API 目标版本的类型。其取值为 CanaryN（受限发布的版本）、BetaN（公开发布的 Beta 版本）或者 Release（公开发布的正式版本），其中 N 代表大于零的整数。其值可缺省，缺省值为 Release。

4.5.3　deviceConfig对象的内部结构

deviceConfig 包含在具体设备上的应用配置信息，可以包含 default、phone、tablet、tv、car、wearable、liteWearable 和 smartVision 等属性。default 标签内的配置适用于所有设备，其他设备类型如果有特殊需求，则需要在该设备类型的标签下进行配置。

- default：表示所有设备通用的应用配置信息。
- phone：表示手机类设备的应用信息配置。
- tablet：表示平板的应用配置信息。

- tv：表示智慧屏特有的应用配置信息。
- car：表示车机特有的应用配置信息。
- wearable：表示智能穿戴特有的应用配置信息。
- liteWearable：表示轻量级智能穿戴特有的应用配置信息。
- smartVision：表示智能摄像头特有的应用配置信息。

default、phone、tablet、tv、car、wearable、liteWearable 和 smartVision 等对象的内部结构说明参见表 4-4。

表4-4　不同设备的内部结构说明

属性名称	含义	数据类型	是否可缺省
process	表示应用或者Ability的进程名。如果在deviceConfig标签下配置了process标签，则该应用的所有Ability都运行在该进程中。如果在abilities标签下也为某个Ability配置了process标签，则该Ability就运行在该进程中。该标签仅适用于car、tablet、tv、phone、wearable	字符串	可缺省，缺省为应用的软件包名
direct Launch	表示应用是否支持在设备未解锁状态直接启动。如果配置为true，则表示应用支持在设备未解锁状态下启动。使用场景举例：应用支持在设备未解锁情况下接听来电。该标签仅适用于phone、tablet、tv、car、wearable	布尔类型	可缺省，缺省为false
support Backup	表示应用是否支持备份和恢复。如果配置为false，则不支持为该应用执行备份或恢复操作。该标签仅适用于phone、tablet、tv、car、wearable	布尔类型	可缺省，缺省为false
compress NativeLibs	表示libs库是否以压缩存储方式打包到HAP包。如果配置为false，则libs库以不压缩的方式存储，HAP包在安装时无须解压libs，运行时会直接从HAP内加载libs库。该标签仅适用于phone、tablet、tv、car、wearable	布尔类型	可缺省，缺省为true
network	表示网络安全性配置。该标签允许应用通过配置文件的安全声明来自定义其网络安全，无须修改应用代码	对象	可缺省，缺省为空

表 4-4 中的 network 对象的内部结构说明如表 4-5 所示。

表4-5　network对象的内部结构说明

属性名称	含义	数据类型	是否可缺省
uses Cleartext	表示是否允许应用使用明文网络流量（如明文HTTP）。如果配置为true，则允许应用使用明文流量的请求；如果配置为false，则拒绝应用使用明文流量的请求	布尔类型	可缺省，缺省为false

（续表）

属性名称	含义	数据类型	是否可缺省
securityConfig	表示应用的网络安全配置信息	对象	可缺省，缺省为空

表 4-5 中的 securityConfig 对象的 domainSettings 属性的内部结构说明如表 4-6 所示。

表4-6　securityConfig对象的domainSettings属性的内部结构说明

属性名称	含义	数据类型	是否可缺省
cleartextPermitted	表示自定义的网域范围内是否允许明文流量传输。当usesCleartext和securityConfig同时存在时，自定义网域是否允许明文流量传输以cleartextPermitted的取值为准。如果配置为true，则允许明文流量传输；如果配置为false，则拒绝明文流量传输	布尔类型	否
domains	表示域名配置信息，包含两个参数：subDomains和name。subDomains（布尔类型）表示是否包含子域名。如果为true，则此网域规则将与相应网域及所有子网域（包括子网域的子网域）匹配；否则，该规则仅适用于精确匹配项。name（字符串）表示域名名称	对象数组	否

deviceConfig 示例如下：

```
"deviceConfig": {
   "default": {
       "process":"com.huawei.hiworld.example",
       "directLaunch": false,
       "supportBackup": false,
       "network": {
           "usesCleartext": true,
           "securityConfig": {
               "domainSettings": {
                   "cleartextPermitted": true,
                   "domains": [
                       {
                           "subDomains": true,
                           "name":"example.ohos.com"
                       }
                   ]
               }
           }
       }
   }
}
```

4.5.4 module对象的内部结构

module 对象包含 HAP 包的配置信息，内部结构说明参见表 4-7。

表4-7 module对象的内部结构说明

属性名称	含义	数据类型	是否可缺省
package	表示HAP的包结构名称，在应用内应保证唯一性。采用反向域名格式（建议与HAP的工程目录保持一致）。字符串长度不超过127字节。该标签仅适用于phone、tablet、tv、car、wearable	字符串	否
name	表示HAP的类名。采用反向域名方式表示，前缀需要与同级的package标签指定的包名一致，也可采用以“.”开头的命名方式。字符串长度不超过255字节。该标签仅适用于phone、tablet、tv、car、wearable	字符串	否
description	表示HAP的描述信息。字符串长度不超过255字节。如果字符串超出长度或者需要支持多语言，可以采用资源索引方式添加描述内容。该标签仅适用于phone、tablet、tv、car、wearable	字符串	可缺省，缺省值为空
supportedModes	表示应用支持的运行模式，当前只定义了驾驶模式（drive）。该标签仅适用于car	字符串数组	可缺省，缺省值为空
deviceType	表示允许Ability运行的设备类型。系统预定义的设备类型包括phone、tablet、tv、car、wearable、liteWearable等	字符串数组	否
distro	表示HAP发布的具体描述。该标签仅适用于phone、tablet、tv、car、wearable	对象	否
abilities	表示当前模块内的所有Ability。采用对象数组格式，其中每个元素表示一个Ability对象	对象数组	可缺省，缺省值为空
js	表示基于JS UI框架开发的JS模块集合，其中每个元素代表一个JS模块的信息	对象	可缺省，缺省值为空
shortcuts	表示应用的快捷方式信息。采用对象数组格式，其中每个元素表示一个快捷方式对象	对象数组	可缺省，缺省值为空
defPermissions	表示应用定义的权限。应用调用者必须申请这些权限，才能正常调用该应用	对象数组	可缺省，缺省值为空
reqPermissions	表示应用运行时向系统申请的权限	对象数组	可缺省，缺省值为空

表 4-7 中的 distro 对象的内部结构说明参见表 4-8。

表4-8 distro对象的内部结构说明

属性名称	含义	数据类型	是否可缺省
deliveryWithInstall	表示当前HAP是否支持随应用安装。如果配置为true，则支持随应用安装；如果配置为false，则不支持随应用安装。	布尔类型	否
moduleName	表示当前HAP的名称	字符串	否
moduleType	表示当前HAP的类型，包括两种类型：entry和feature	字符串	否

表 4-7 中的 abilities 对象的内部结构说明参见表 4-9。

表4-9　abilities对象的内部结构说明

属性名称	含义	数据类型	是否可缺省
name	表示Ability名称。取值可采用反向域名方式表示，由包名和类名组成，如com.example.myapplication.MainAbility；也可采用以“.”开头的类名方式表示，如“.MainAbility”。该标签仅适用于phone、tablet、tv、car、wearable	字符串	否
description	表示对Ability的描述。取值可以是描述性内容，也可以是对描述性内容的资源索引，以支持多语言	字符串	可缺省，缺省值为空
icon	表示Ability图标资源文件的索引。取值示例：$media:ability_icon。如果在该Ability的skills属性中，actions的取值包含action.system.home，entities的取值包含entity.system.home，则该Ability的icon将同时作为应用的icon。如果存在多个符合条件的Ability，则取位置靠前的Ability的icon作为应用的icon	字符串	可缺省，缺省值为空
label	表示Ability对用户显示的名称。取值可以是Ability名称，也可以是对该名称的资源索引，以支持多语言。如果在该Ability的skills属性中，actions的取值包含action.system.home，entities的取值包含entity.system.home，则该Ability的label将同时作为应用的label。如果存在多个符合条件的Ability，则取位置靠前的Ability的label作为应用的label	字符串	可缺省，缺省值为空
uri	表示Ability的统一资源标识符，格式为[scheme:][//authority][path][?query][#fragment]	字符串	可缺省，但对于data类型的Ability不可缺省
launchType	表示Ability的启动模式，支持standard和singleton两种模式。 1）standard：表示该Ability可以有多实例。standard模式适用于大多数应用场景。 2）singleton：表示该Ability只可以有一个实例。例如，具有全局唯一性的呼叫来电界面即采用singleton模式。 该标签仅适用于phone、tablet、tv、car、wearable	字符串	可缺省，缺省值为standard
visible	表示Ability是否可以被其他应用调用。如果配置为true，则可以被其他应用调用；如果配置为false，则不能被其他应用调用	布尔类型	可缺省，缺省值为false
permissions	表示其他应用的Ability调用此Ability时需要申请的权限。通常采用反向域名格式，取值可以是系统预定义的权限，也可以是开发者自定义的权限。如果是自定义权限，则取值必须与defPermissions标签中定义的某个权限的name标签值一致	字符串数组	可缺省，缺省值为空
skills	表示Ability能够接收的Intent的特征	对象数组	可缺省，缺省值为空
deviceCapability	表示Ability运行时要求设备具有的能力，采用字符串数组的格式表示	字符串数组	可缺省，缺省值为空

（续表）

属性名称	含义	数据类型	是否可缺省
type	表示Ability的类型。如果配置为page，则表示基于Page模板开发的FA，用于提供与用户交互的能力；如果配置为service，则表示基于Service模板开发的PA，用于提供后台运行任务的能力；如果配置为data，则表示基于Data模板开发的PA，用于对外部提供统一的数据访问抽象	字符串	否
orientation	表示该Ability的显示模式。该标签仅适用于page类型的Ability。如果配置为unspecified，则由系统自动判断显示方向；如果配置为landscape，则为横屏模式；如果配置为portrait，则为竖屏模式；如果配置为followRecent，则跟随栈中最近的应用	字符串	可缺省，缺省值为unspecified
backgroundModes	表示后台服务的类型，可以为一个服务配置多个后台服务类型。该标签仅适用于service类型的Ability。如果配置为dataTransfer，则通过网络/对端设备进行数据下载、备份、分享、传输等业务；如果配置为audioPlayback，则为音频输出业务；如果配置为audioRecording，则为音频输入业务；如果配置为pictureInPicture，则为画中画、小窗口播放视频业务；如果配置为voip，则为音视频电话、VOIP业务；如果配置为location，则为定位、导航业务；如果配置为bluetoothInteraction，则为蓝牙扫描、连接、传输业务；如果配置为wifiInteraction，则为WLAN扫描、连接、传输业务；如果配置为screenFetch，则为录屏、截屏业务	字符串数组	可缺省，缺省值为空
readPermission	表示读取Ability的数据所需的权限。该标签仅适用于data类型的Ability。取值为长度不超过255字节的字符串。该标签仅适用于phone、tablet、tv、car、wearable	字符串	可缺省，缺省为空
writePermission	表示向Ability写数据所需的权限。该标签仅适用于data类型的Ability。取值为长度不超过255字节的字符串。该标签仅适用于phone、tablet、tv、car、wearable	字符串	可缺省，缺省为空
directLaunch	表示Ability是否支持在设备未解锁状态直接启动。如果配置为true，则表示Ability支持在设备未解锁状态下启动。如果deviceConfig和abilities中同时配置了directLaunch，则采用Ability对应的取值；如果同时未配置，则采用系统默认值	布尔值	可缺省，缺省为false
configChanges	表示Ability关注的系统配置集合。当已关注的配置发生变更后，Ability会收到onConfigurationUpdated回调。如果配置为locale，则表示语言区域发生变更；如果配置为layout，则表示屏幕布局发生变更；如果配置为fontSize，则表示字号发生变更；如果配置为orientation，则表示屏幕方向发生变更；如果配置为density，则表示显示密度发生变更	字符串数组	可缺省，缺省为空

（续表）

属性名称	含义	数据类型	是否可缺省
mission	表示Ability指定的任务栈。该标签仅适用于page类型的Ability。默认情况下应用中所有Ability同属一个任务栈。该标签仅适用于phone、tablet、tv、car、wearable	字符串	可缺省，缺省为应用的包名
targetAbility	表示当前Ability重用的目标Ability。该标签仅适用于page类型的Ability。如果配置了targetAbility属性，则当前Ability（别名Ability）的属性中仅name、icon、label、visible、permissions、skills生效，其他属性均沿用targetAbility中的属性值。目标Ability必须与别名Ability在同一应用中，且在配置文件中目标Ability必须在别名之前进行声明。该标签仅适用于phone、tablet、tv、car、wearable	字符串	可缺省，缺省值为空，表示当前Ability不是一个别名Ability
multiUserShared	表示Ability是否支持多用户状态进行共享，该标签仅适用于data类型的Ability。当配置为true时，表示在多用户下只有一份存储数据。需要注意的是，该属性会使visible属性失效。该标签仅适用于phone、tablet、tv、car、wearable	布尔类型	可缺省，缺省值为false
supportPipMode	表示Ability是否支持用户进入PIP模式（用于在页面最上层悬浮小窗口，俗称“画中画”，常见于视频播放等场景）。该标签仅适用于page类型的Ability。该标签仅适用于phone、tablet、tv、car、wearable	布尔类型	可缺省，缺省值为false

更多配置项的含义请参阅官方文档。

4.6 pack.info

pack.info 用于描述应用软件包中每个 HAP 的属性，由 IDE 编译生成，应用市场根据该文件进行拆包和 HAP 的分类存储。HAP 的具体属性如下。

- delivery-with-install: 表示该 HAP 是否支持随应用安装。其中，true 表示支持随应用安装，false 表示不支持随应用安装。
- name：HAP 文件名。
- module-type：模块类型，值为 entry 或 feature。
- device-type：表示支持该 HAP 运行的设备类型。

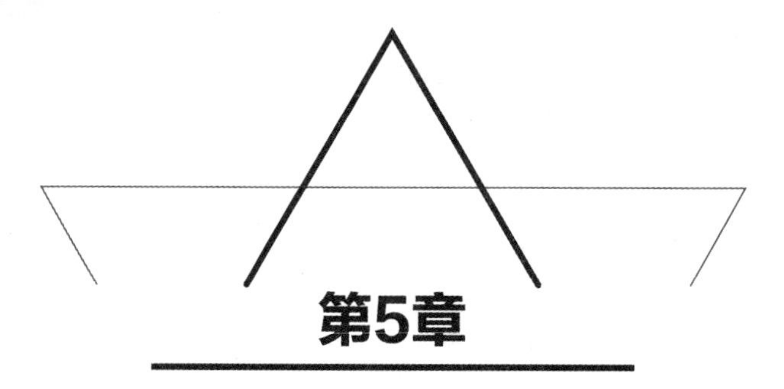

第5章

Ability基础知识

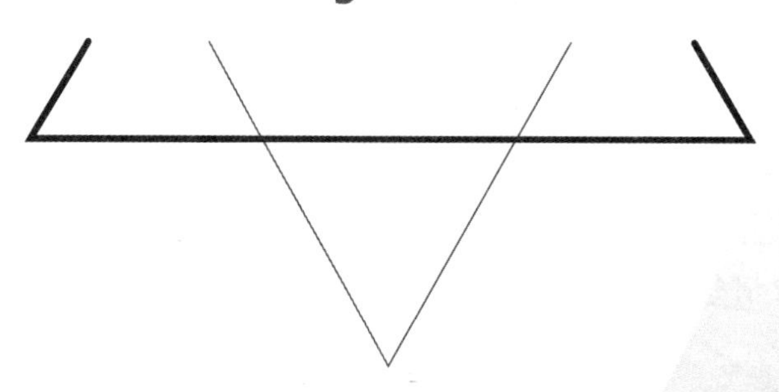

本章介绍 Ability 的基础知识。Ability 是 HarmonyOS 应用所具备能力的抽象，也是 HarmonyOS 应用程序的非常重要的核心组成部分。

5.1 Ability概述

在 HarmonyOS 应用中有一个非常核心的概念，即 Ability。正如其字面含义，Ability 可以理解为 HarmonyOS 应用所具备能力的抽象。一个 HarmonyOS 应用可以具备多少种能力，也就会包含多少个 Ability。HarmonyOS 支持应用以 Ability 为单位进行部署。Ability 主要分为两种类型，即 FA 和 PA。每种类型为开发者提供了不同的模板，以便实现不同的业务功能。例如，在 DevEco Studio 中创建 HelloWorld 应用时，默认选择的就是一个空的 FA 模块，如图 5-1 所示。

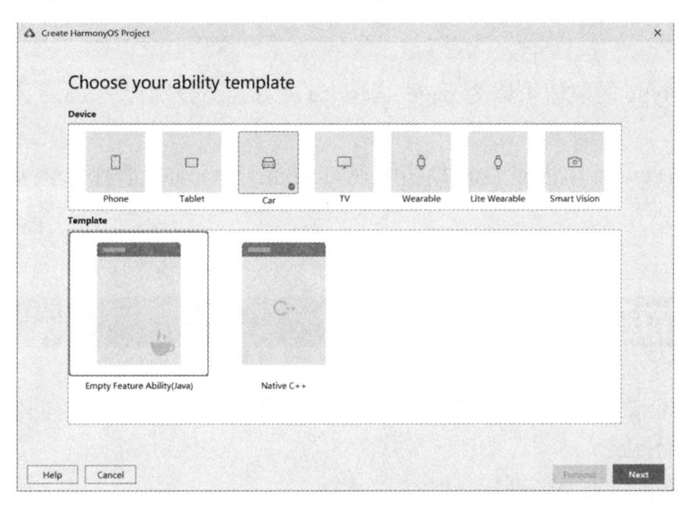

图5-1　选择空的FA模板

1. FA

FA 支持 Page Ability。就目前而言，Page 模板是 FA 唯一支持的模板，用于提供与用户交互的能力。一个 Page 实例可以包含一组相关页面，每个页面用一个 AbilitySlice 实例表示。简言之，FA 就是承担前端与用户交互功能。

2. PA

PA 支持 Service Ability 和 Data Ability 两种。其中，Service 模板用于提供后台运行任务的能力，Data 模板用于对外部提供统一的数据访问抽象。

3. Ability的配置

在配置文件（config.json）中注册 Ability 时，可以通过配置 Ability 元素中的 type 属性来指定 Ability 模板类型。这里以 HelloWorld 应用为例：

```
...
"abilities": [
    {
   "skills": [
        {
       "entities": [
           "entity.system.home"
        ],
       "actions": [
           "action.system.home"
```

```
            ]
            }
        ],
        "orientation":"landscape",
        "name":"com.waylau.hmos.helloworld.MainAbility",
        "icon":"$media:icon",
        "description":"$string:mainability_description",
        "label":"HelloWorld",
        "type":"page",
        "launchType":"standard"
        }
]
...
```

在上述示例中，type 的取值可以为 page、service 或 data，分别代表 Page 模板、Service 模板或 Data 模板。

基于 Page 模板、Service 模板或 Data 模板实现的 Ability 分别可以简称为 Page、Service 或 Data。

5.2 Ability的三层架构

如果读者有大型企业级应用开发经验，则对于分层架构肯定不会陌生。同样，Ability 也采用分层架构。本节讨论以下话题：

（1）为什么需要将应用程序进行分层？

（2）如果不分层，系统将会出现哪些问题？

（3）常见的分层方式有哪些？

（4）Ability 是如何进行分层的？

5.2.1 应用的分层

随着面向对象程序设计和设计模式的出现，人们发现，现实生活中的建筑学有很多理论可以用来指导软件工程（程序的开发）。例如，在开发时，首先会对要盖的楼房进行评估和核算（软件项目管理）；然后根据需求设计楼房的图纸（软件设计），并把楼房的地基、骨架搭建出来（搭建框架）；接着根据不同工种将人员进行分工，如砌墙、贴砖（前端编码、后台编码）；最后进行验收测试，交付给用户使用。

软件应用开发与建筑学的分层目的是一致的，都是旨在根据不同的业务、不同的技术、不同的组织，结合灵活性、可维护性、可扩展性等多种因素，将应用系统划分成不同的部分，并使这些部分彼此之间相互分工、相互协作，从而体现出最大化价值。对于一个良好分层的应用来说，其一般具备如下特点。

1. 按业务功能进行分层

分层就是将相关的业务功能的类或组件放置在一起，而将不相关的业务功能的类或组件隔离开。例如，将与用户直接交互的部分称为表示层，将实现逻辑计算或者业务处理的部分称为业务层，将与数据库“打交道”的部分称为数据访问层。

2. 良好的层次关系

设计良好的架构分层是上层依赖于下层，而下层支撑起上层，但却不能直接访问上层，层与层之间通过协作共同完成特定的功能。

3. 每一层都能保持独立

层能够被单独构造，也能被单独替换，最终不会影响整体功能。例如，可以将整个数据持久层的技术从 Hibernate 变成 EclipseLink，而不对上层业务逻辑功能造成影响。

5.2.2 不分层的应用架构

为了更好地理解分层的好处，首先来看不分层的应用架构是如何运作的。

这里以一个 Web 应用程序为例。在 Web 应用程序开发早期，所有的逻辑代码并没有明显的层次区分，因此代码之间的调用是相互交错的，整体代码看上去错综复杂。例如，在早期使用诸如 ASP（Active Server Pages，动态服务器页面）、JSP（Java Server Pages，Java 服务器页面）以及 PHP（Hypertext Preprocessor，超文本预处理）等动态网页技术时，常会将所有的页面逻辑、业务逻辑以及数据库访问逻辑放在一起，很多时候就在 JSP 页面中写 SQL 语句，编码风格完全是过程化的。

以下代码就是一个 JSP 访问 SQL Server 数据库的示例：

```
<%@ page language="java" contentType="text/html; charset=UTF-8" pageEncoding=
 "UTF-8"%>
<%@ page import ="java.sql.*"%>
<!DOCTYPE html PUBLIC"-//W3C//DTD XHTML 1.0 Transitional//EN"
"http://www.w3.org/TR/xhtml1/DTD/xhtml1-transitional.dtd">
<html xmlns="http://www.w3.org/1999/xhtml">
<head>
</head>
<body>
<%

// 创建数据库连接
Class.forName("com.microsoft.sqlserver.jdbc.SQLServerDriver");
String url="jdbc:sqlserver://localhost:1433;databaseName=Book;user=sa;
password=";
PreparedStatement pstmt;
String sql ="insert into students (UserName,WebSite) values(?,?)";
int returnValue = 0;
try{
    pstmt = (PreparedStatement) conn.prepareStatement(sql);
    pstmt.setString(1, student.getName());
    pstmt.setString(2, student.getSex());
    returnValue = pstmt.executeUpdate();

    // 判断是添加成功还是失败
    if(returnValue == 1){
        out.print("<li>添加成功！ ");
        out.print("<li>returnValue =" + returnValue);
    } else {
        out.print("<li>添加失败！ ");
    }
}catch(Exception ex){
    out.print(ex.getLocalizedMessage());
}finally{
    try{
```

```
        if(pstmt != null){
            pstmt.close();
            pstmt = null;
        }
        if(cn != null){
            conn.close();
            conn = null;
        }
    }catch(Exception e){
        e.printStackTrace();
    }
}
%>
</body>
</html>
```

先不论这段代码是否正确，从实现功能上来说，这段代码既处理了数据库的访问操作，还做了页面的表示，其中又夹杂着业务逻辑判断。所幸这段代码不长，读下来还能够理解，但如果是更加复杂的功能，这种代码肯定是非常不清晰的，维护起来也相当麻烦。

早期的这种不分层的架构主要存在如下弊端。

（1）代码不够清晰，难以阅读。

（2）代码职责不明，难以扩展。

（3）代码错综复杂，难以维护。

（4）代码不做分工，难以组织。

5.2.3 应用的三层架构

目前比较常用的、典型的应用软件倾向于使用三层架构（Three-Tier Architecture），即表示层（Presentation Layer）、业务层（Business Layer）和数据访问层（Data Access Layer），如图 5-2 所示。

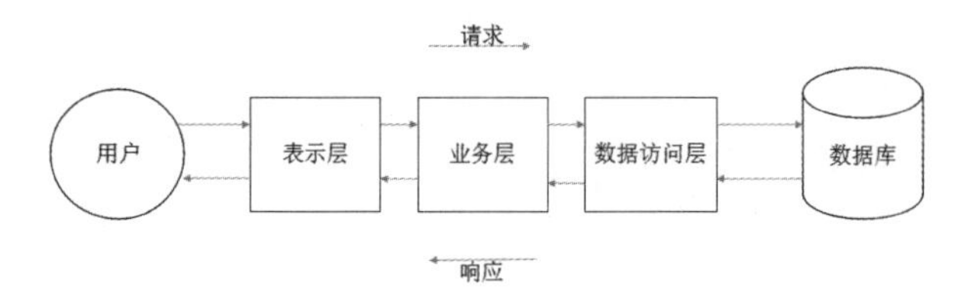

图5-2　三层架构

（1）表示层：提供与用户交互的界面。GUI（Graphical User Interface，图形用户界面）和 Web 页面是表示层的两个典型例子。

（2）业务层：也称为业务逻辑层，用于实现各种业务逻辑，如处理数据验证、根据特定的业务规则和任务响应特定的行为。

（3）数据访问层：也称为数据持久层，负责存放和管理应用的持久性业务数据。

三层构架中的每一个层都需要不同的技能。

（1）表示层需要 HTML（HyperText Markup Language，超文本标记语言）、CSS、JS 等前端技能，以及具备 UI 设计能力。

（2）业务层需要编程语言技能，以便计算机可以处理业务规则。

（3）数据访问层需要具有数据定义语言（Data Definition Language，DDL）、数据操纵语言（Data Manipulation Language，DML）以及数据库设计形式的 SQL 技能。

虽然一个人有可能拥有所有上述技能，但这样的人是相当罕见的。在具有大型软件应用程序的大型组织中，将应用程序分割为单独的层，使得每个层都可以由具有相关专业技能的不同团队开发和维护。

一个良好分层的架构系统应遵循如下分层原则。

（1）每层的代码必须包含可以单独维护的单独文件。

（2）每层只能包含属于该层的代码。因此，业务逻辑只能驻留在业务层，表示逻辑只能驻留在表示层，而数据访问逻辑只能驻留在数据访问层。

（3）表示层只能接收来自外部代理的请求，并向外部代理返回响应。其通常是一个人，但也可能是另一个软件。

（4）表示层只能向业务层发送请求，并从业务层接收响应，而不能直接访问数据库或数据访问层。

（5）业务层只能接收来自表示层的请求，并返回对表示层的响应。

（6）业务层只能向数据访问层发送请求，并从其接收响应，而不能直接访问数据库。

（7）数据访问层只能从业务层接收请求并返回响应，而不能发出请求到除了它支持的数据库管理系统（DataBase Management System，DBMS）以外的任何东西。

（8）每层应完全不知道其他层的内部工作原理。例如，业务层可以对数据库一无所知，并且可以不知道或不必关心数据访问对象的内部工作原理。业务层可以不知道或不关心表示层如何处理它的数据。表示层可以获取数据并构造 HTML 文档、PDF 文档、CSV 文件或以某种其他方式处理它，但是这与业务层完全无关。

（9）每层应当可以用具有类似特征的替代组件来交换这个层，使得整体可以继续工作。

简言之，在一开始设计应用时就要考虑系统的架构设计，以及如何将系统进行有效的分层。由于系统架构设计属于比较高级别的话题，因此本书不会涉及太多，对这方面感兴趣的读者可以参阅笔者所著的《分布式系统常用技术及案例分析》一书，该书的第 2 章详细介绍了软件系统的常见架构体系。

5.2.4　Ability的三层架构

从应用的三层架构中可以很容易识别出，Ability 同样遵循图 5-2 所示的三层架构。其中，Page Ability 代表表示层，Service Ability 代表业务层，Data Ability 代表数据访问层。

因此，开发人员在设计 Ability 时应先考虑该 Ability 需要完成什么功能，以及代表哪个层次的业务。

5.3　Page Ability

正如前文所述，Page Ability 代表应用的表示层的功能，用于提供与用户交互的能力。

5.3.1 Page Ability基本概念

目前来说，Page 模板（以下简称 Page）是 FA 中唯一支持的模板。

一个 Page 可以由一个或多个 AbilitySlice 构成，AbilitySlice 是指应用的单个页面及其控制逻辑的总和。

在 HelloWorld 应用中，MainAbility 类就是一个 Page，代码如下：

```
public class MainAbility extends Ability {
    @Override
    public void onStart(Intent intent) {
        super.onStart(intent);
        super.setMainRoute(MainAbilitySlice.class.getName());
    }
}
```

在 HelloWorld 应用中，MainAbility 这个 Page 是由一个 AbilitySlice 构成的，该 AbilitySlice 就是 MainAbilitySlice 类，代码如下：

```
public class MainAbilitySlice extends AbilitySlice {
    @Override
    public void onStart(Intent intent) {
        super.onStart(intent);
        super.setUIContent(ResourceTable.Layout_ability_main);
    }

    @Override
    public void onActive() {
        super.onActive();
    }

    @Override
    public void onForeground(Intent intent) {
        super.onForeground(intent);
    }
}
```

5.3.2 多个AbilitySlice构成一个Page

当一个 Page 由多个 AbilitySlice 共同构成时，这些 AbilitySlice 页面提供的业务能力应具有高度相关性。例如，新闻浏览功能可以通过一个 Page 来实现，其中包含两个 AbilitySlice：一个 AbilitySlice 用于展示新闻列表，另一个 AbilitySlice 用于展示新闻详情。Page 和 AbilitySlice 的关系如图 5-3 所示。

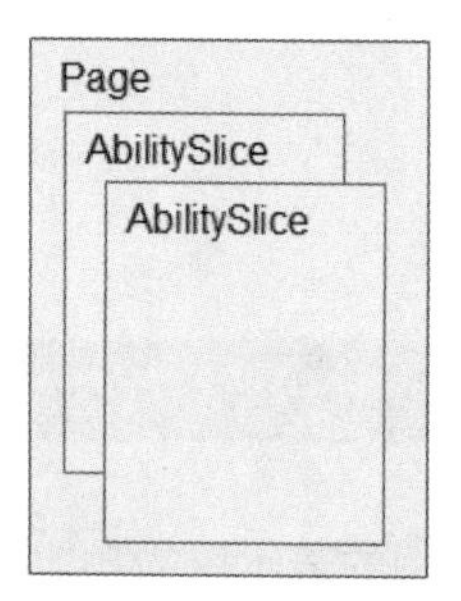

图5-3　Page和AbilitySlice的关系

相比于桌面场景，移动场景下应用之间的交互更为频繁。通常，单个应用专注于某个方面的能力开发，当它需要其他能力辅助时，会调用其他应用提供的能力。例如，快递应用提供了联系快递员的业务功能入口，当用户在使用该功能时，会跳转到通话应用的拨号页面。与此类似，HarmonyOS 支持不同 Page 之间的跳转，并可以指定跳转到目标 Page 中某个具体的 AbilitySlice。

5.3.3 AbilitySlice路由配置

虽然一个 Page 可以包含多个 AbilitySlice，但是 Page 进入前台时界面默认只能展示一个 AbilitySlice。默认展示的 AbilitySlice 是通过 setMainRoute() 方法来指定的。

例如，在 HelloWorld 应用中，MainAbility 类就指定了 MainAbilitySlice 类作为默认展示的 AbilitySlice，代码如下：

```
public class MainAbility extends Ability {
    @Override
    public void onStart(Intent intent) {
        super.onStart(intent);

        // 指定默认展示的 AbilitySlice
        super.setMainRoute(MainAbilitySlice.class.getName());
    }
}
```

如果需要更改默认展示的 AbilitySlice，可以通过 addActionRoute() 方法为此 AbilitySlice 配置一条路由规则。setMainRoute() 方法与 addActionRoute() 方法的使用示例如下：

```
public class MainAbility extends Ability {
    @Override
    public void onStart(Intent intent) {
        super.onStart(intent);

        // 指定默认展示的 AbilitySlice
        super.setMainRoute(MainAbilitySlice.class.getName());

        // 配置路由规则
        addActionRoute("action.pay", PayAbilitySlice.class.getName());
    }
}
```

5.4 节将完整展示如何实现 AbilitySlice 的路由和导航。

5.3.4 不同Page间导航

不同 Page 中的 AbilitySlice 相互不可见，因此无法通过 present() 或 presentForResult() 方法直接导航到其他 Page 的 AbilitySlice。

AbilitySlice 作为 Page 的内部单元，以 Action 的形式对外暴露，因此可以通过配置 Intent 的 Action 导航到目标 AbilitySlice。Page 间的导航可以使用 startAbility() 或 startAbilityForResult() 方法，获得返回结果的回调为 onAbilityResult()。在 Ability 中，调用 setResult() 方法可以设置返回结果，详细用法可参考 5.12 节中的示例。

5.4 实战：多个AbilitySlice间的路由和导航

Page 模板用于提供与用户交互的能力。一个 Page 可以由一个或多个 AbilitySlice 构成。当一个 Page 由多个 AbilitySlice 共同构成时，这些 AbilitySlice 页面提供的业务能力应具有高度相关性。本节主要演示当一个 Page 包含多个 AbilitySlice 时，这些 AbilitySlice 之间是如何路由和导航的。

5.4.1 创建应用

采用 Car 设备类型，创建一个名为 AbilitySliceNavigation 的应用，如图 5-4 所示。该应用主要用于测试 AbilitySlice 之间的路由和导航。

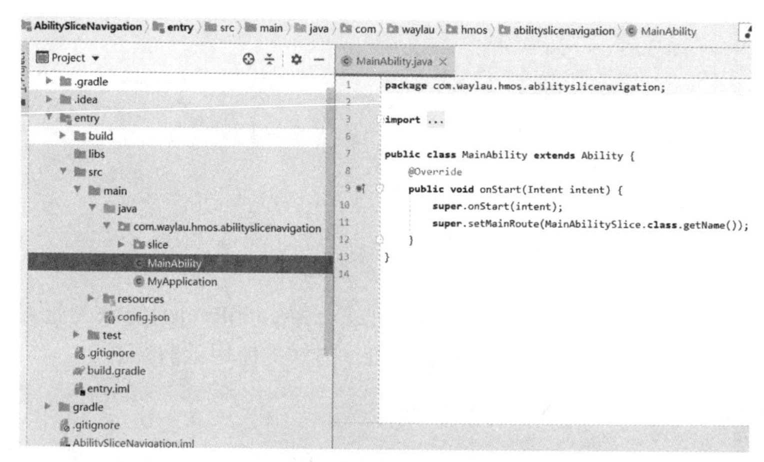

图5-4 AbilitySliceNavigation应用

5.4.2 创建多个AbilitySlice

在初始化应用时，AbilitySliceNavigation 应用已经包含一个主 AbilitySlice，代码如下：

```
public class MainAbilitySlice extends AbilitySlice {
    @Override
    public void onStart(Intent intent) {
        super.onStart(intent);

        super.setUIContent(ResourceTable.Layout_ability_main);
    }

    @Override
    public void onActive() {
        super.onActive();
    }

    @Override
    public void onForeground(Intent intent) {
        super.onForeground(intent);
    }
}
```

因此，还需要再新增一个 AbilitySlice。复制 MainAbilitySlice 的代码，创建一个 PayAbilitySlice，代码如下。目前，MainAbilitySlice 和 PayAbilitySlice 的代码完全相同。

```java
package com.waylau.hmos.abilityslicenavigation.slice;

import com.waylau.hmos.abilityslicenavigation.ResourceTable;
import ohos.aafwk.ability.AbilitySlice;
import ohos.aafwk.content.Intent;

public class PayAbilitySlice extends AbilitySlice {
    @Override
    public void onStart(Intent intent) {
        super.onStart(intent);
        super.setUIContent(ResourceTable.Layout_ability_main);
    }

    @Override
    public void onActive() {
        super.onActive();
    }

    @Override
    public void onForeground(Intent intent) {
        super.onForeground(intent);
    }
}
```

5.4.3 新增PayAbilitySlice样式布局

为了体现 MainAbilitySlice 和 PayAbilitySlice 的不同，我们需要在“面子”上“整容”一下。在 layout 目录下新建一个 ability_pay.xml，如图 5-5 所示。

图5-5　ability_pay.xml

ability_pay.xml 的内容如下：

```xml
<?xml version="1.0" encoding="utf-8"?>
<DirectionalLayout
    xmlns:ohos="http://schemas.huawei.com/res/ohos"
    ohos:height="match_parent"
    ohos:width="match_parent"
```

```
    ohos:orientation="vertical">

    <Text
        ohos:id="$+id:text_pay"
        ohos:height="match_parent"
        ohos:width="match_content"
        ohos:background_element="$graphic:background_ability_main"
        ohos:layout_alignment="horizontal_center"
        ohos:text="Pay me the money"
        ohos:text_size="50"
    />

</DirectionalLayout>
```

ability_pay.xml 的内容基本上复制的是 ability_main.xml，其主要差异如下。

（1）id 设置为 $+id:text_pay。

（2）text 设置为 Pay me the money。

ability_main.xml 是提供给 MainAbilitySlice 使用的，而 ability_pay.xml 则是提供给 PayAbilitySlice 使用的。

5.4.4 设置PayAbilitySlice样式布局

设置了 ability_pay.xml 之后，即可使用该样式布局。参考如下代码，通过 super.setUIContent() 指定新增的样式布局即可：

```
public class PayAbilitySlice extends AbilitySlice {
    @Override
    public void onStart(Intent intent) {
        super.onStart(intent);

        // 指定 ability_pay.xml 定义的 UI
        super.setUIContent(ResourceTable.Layout_ability_pay);
    }

    @Override
    public void onActive() {
        super.onActive();
    }

    @Override
    public void onForeground(Intent intent) {
        super.onForeground(intent);
    }
}
```

5.4.5 实现AbilitySlice之间的路由和导航

实现 AbilitySlice 之间的路由和导航的步骤如下。

1. 设置路由

在 MainAbility 中，通过 addActionRoute() 方法添加到 PayAbilitySlice 的路由，代码如下：

```
package com.waylau.hmos.abilityslicenavigation;

import com.waylau.hmos.abilityslicenavigation.slice.MainAbilitySlice;
import com.waylau.hmos.abilityslicenavigation.slice.PayAbilitySlice;
import ohos.aafwk.ability.Ability;
import ohos.aafwk.content.Intent;

public class MainAbility extends Ability {
    @Override
    public void onStart(Intent intent) {
        super.onStart(intent);

        // 指定默认显示的 AbilitySlice
        super.setMainRoute(MainAbilitySlice.class.getName());

        // 使用 addActionRounte() 方法添加路由
        addActionRoute("action.pay", PayAbilitySlice.class.getName());
    }
}
```

其中，action.pay 指定路由动作的名称。该名称还需要在 config.json 的 actions 数组中进行添加，配置如下：

```
"abilities": [
   {
    "skills": [
       {
        "entities": [
          "entity.system.home"
         ],
        "actions": [
          "action.system.home",
          "action.pay"   // 指定路由动作的名称
         ]
       }
     ],
    "orientation":"landscape",
    "name":"com.waylau.hmos.abilityslicenavigation.MainAbility",
    "icon":"$media:icon",
    "description":"$string:mainability_description",
    "label":"AbilitySliceNavigation",
    "type":"page",
    "launchType":"standard"
   }
 ]
```

2. 设置单击事件触发导航

在 MainAbilitySlice 中为文本设置了单击事件，以便能够触发导航到 PayAbilitySlice，代码如下：

```
package com.waylau.hmos.abilityslicenavigation.slice;

import com.waylau.hmos.abilityslicenavigation.ResourceTable;
import ohos.aafwk.ability.AbilitySlice;
import ohos.aafwk.content.Intent;
import ohos.agp.components.Text;

public class MainAbilitySlice extends AbilitySlice {
    @Override
```

```
    public void onStart(Intent intent) {
        super.onStart(intent);

        // 指定 ability_main.xml 定义的 UI
        super.setUIContent(ResourceTable.Layout_ability_main);

        // 添加单击事件触发导航
        Text text = (Text) findComponentById(ResourceTable.Id_text_helloworld);
        text.setClickedListener(listener ->
                present(new PayAbilitySlice(), new Intent()));
    }

    @Override
    public void onActive() {
        super.onActive();
    }

    @Override
    public void onForeground(Intent intent) {
        super.onForeground(intent);
    }
}
```

上述代码中，当发起导航的 AbilitySlice 和导航目标的 AbilitySlice 处于同一个 Page 时，可以通过 present() 方法实现导航。

同理，在 PayAbilitySlice 中为文本设置了单击事件，以便能够触发导航到 MainAbilitySlice，代码如下：

```
package com.waylau.hmos.abilityslicenavigation.slice;

import com.waylau.hmos.abilityslicenavigation.ResourceTable;
import ohos.aafwk.ability.AbilitySlice;
import ohos.aafwk.content.Intent;
import ohos.agp.components.Text;

public class PayAbilitySlice extends AbilitySlice {
    @Override
    public void onStart(Intent intent) {
        super.onStart(intent);

        // 指定 ability_pay.xml 定义的 UI
        super.setUIContent(ResourceTable.Layout_ability_pay);

        // 添加单击事件触发导航
        Text text = (Text) findComponentById(ResourceTable.Id_text_pay);
        text.setClickedListener(listener ->
                present(new MainAbilitySlice(), new Intent()));
    }

    @Override
    public void onActive() {
        super.onActive();
    }

    @Override
    public void onForeground(Intent intent) {
        super.onForeground(intent);
```

```
    }
}
```

5.4.6　运行

运行应用，选中 MainAbility 类，再点击预览器（Previewer），可以看到图 5-6 所示的界面效果。

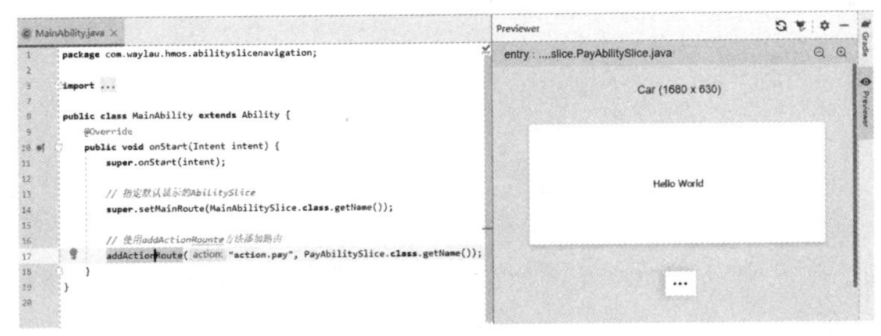

图5-6　预览器显示界面

单击文本 Hello World，可以切换到 Pay me the money 界面，如图 5-7 所示。

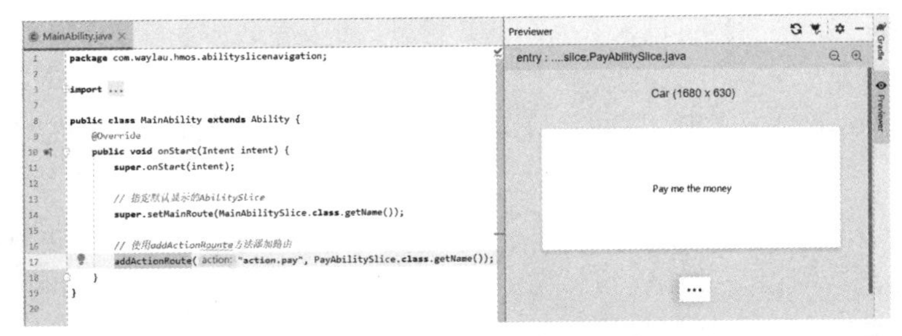

图5-7　切换到Pay me the money界面

单击文本 Pay me the money，可以切换到 Hello World 界面，至此实现了同个 Page 下多个 AbilitySlice 之间的路由和导航。

5.5　Page与AbilitySlice生命周期

本节介绍 Page 与 AbilitySlice 的生命周期。系统管理或用户操作等行为均会引起 Page 实例在其生命周期的不同状态之间进行转换。Ability 类提供的回调机制能够让 Page 及时感知外界变化，从而正确地应对状态变化（如释放资源），这有助于提升应用的性能和稳健性。

5.5.1　Page生命周期

Page 生命周期的不同状态转换及其对应的回调如图 5-8 所示。

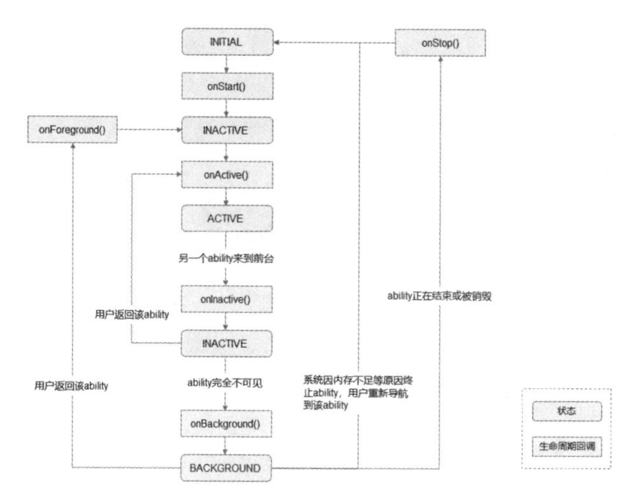

图5-8　Page生命周期的不同状态转换及其对应的回调

Page 生命周期包含以下回调方法。

1. onStart()

当系统首次创建 Page 实例时，触发该回调。对于一个 Page 实例，该回调在其生命周期过程中仅触发一次，Page 在该逻辑后将进入 INACTIVE 状态。开发者必须重写该方法，并在此配置默认展示的 AbilitySlice。

例如，在 HelloWorld 应用中，经常会在 onStart() 回调方法中设置默认显示的 AbilitySlice，代码如下：

```
@Override
public void onStart(Intent intent) {
    super.onStart(intent);

    // 指定默认显示的 AbilitySlice
    super.setMainRoute(MainAbilitySlice.class.getName());
}
```

2. onActive()

Page 会在进入 INACTIVE 状态后来到前台，然后系统调用此回调。Page 在此之后进入 ACTIVE 状态，该状态是应用与用户交互的状态。Page 将保持在此状态，除非某类事件发生导致 Page 失去焦点，如用户单击返回键或导航到其他 Page。当此类事件发生时，会触发 Page 回到 INACTIVE 状态，系统将调用 onInactive() 回调。此后，Page 可能重新回到 ACTIVE 状态，系统将再次调用 onActive() 回调。因此，开发者通常需要成对实现 onActive() 和 onInactive()，并在 onActive() 中获取在 onInactive() 中被释放的资源。

3. onInactive()

当 Page 失去焦点时，系统将调用此回调，此后 Page 进入 INACTIVE 状态。开发者可以在此回调中实现 Page 失去焦点时应表现的恰当行为。

4. onBackground()

如果 Page 不再对用户可见，系统将调用此回调通知开发者用户进行相应的资源释放，此后 Page 进入 BACKGROUND 状态。开发者应该在此回调中释放 Page 不可见时无用的资源，或在此回调中执行较为耗时的状态保存操作。

5. onForeground()

处于 BACKGROUND 状态的 Page 仍然驻留在内存中，当重新回到前台时（如用户重新导航到此 Page），系统将先调用 onForeground() 回调通知开发者，而后 Page 的生命周期状态回到 INACTIVE 状态。开发者应当在此回调中重新申请在 onBackground() 中释放的资源，最后 Page 的生命周期状态进一步回到 ACTIVE 状态，系统将通过 onActive() 回调通知开发者用户。

6. onStop()

系统将要销毁 Page 时，将会触发此回调函数，通知用户进行系统资源的释放。销毁 Page 的可能原因包括以下几个方面。

（1）用户通过系统管理能力关闭指定 Page，如使用任务管理器关闭 Page。

（2）用户行为触发 Page 的 terminateAbility() 方法调用，如使用应用的退出功能。

（3）配置变更导致系统暂时销毁 Page 并重建。

（4）系统出于资源管理目的，自动触发对处于 BACKGROUND 状态 Page 的销毁。

5.5.2 AbilitySlice生命周期

AbilitySlice 作为 Page 的组成单元，其生命周期依托于其所属 Page 生命周期。AbilitySlice 和 Page 具有相同的生命周期状态和同名的回调（图 5-8），当 Page 生命周期发生变化时，它的 AbilitySlice 也会发生相同的生命周期变化。此外，AbilitySlice 还具有独立于 Page 的生命周期变化，这发生在同一 Page 中的 AbilitySlice 之间导航时，此时 Page 的生命周期状态不会改变。

AbilitySlice 生命周期回调与 Page 的相应回调类似，因此不再赘述。由于 AbilitySlice 承载具体的页面，因此开发者必须重写 AbilitySlice 的 onStart() 回调，并在此方法中通过 setUIContent() 方法设置页面。例如，在 AbilitySliceNavigation 应用中，经常会在 onStart() 回调方法中通过 super.setUIContent() 指定新增的样式布局，代码如下：

```
@Override
public void onStart(Intent intent) {
       super.onStart(intent);

    // 指定 ability_pay.xml 定义的 UI
    super.setUIContent(ResourceTable.Layout_ability_pay);
}
```

AbilitySlice 实例创建和管理通常由应用负责，系统仅在特定情况下会创建 AbilitySlice 实例。例如，通过导航启动某个 AbilitySlice 时由系统负责实例化，但是在同一个 Page 中不同的 AbilitySlice 间导航时则由应用负责实例化。

5.5.3 Page与AbilitySlice生命周期关联

当 AbilitySlice 处于前台且具有焦点时，其生命周期状态随着所属 Page 的生命周期状态的变化而变化。当一个 Page 拥有多个 AbilitySlice 时，如在 AbilitySliceNavigation 应用中，MainAbility 下有 MainAbilitySlice 和 PayAbilitySlice，当前 MainAbilitySlice 处于前台并获得焦点，并即将导航到 PayAbilitySlice，在此期间的生命周期状态变化顺序如下。

（1）MainAbilitySlice 从 ACTIVE 状态变为 INACTIVE 状态。

（2）PayAbilitySlice 从 INITIAL 状态首先变为 INACTIVE 状态，然后变为 ACTIVE 状态（假定此前 PayAbilitySlice 未曾启动）。

（3）MainAbilitySlice 从 INACTIVE 状态变为 BACKGROUND 状态。

对应两个 slice 的生命周期方法回调顺序为 MainAbilitySlice.onInactive() → PayAbilitySlice.onStart() → PayAbilitySlice.onActive() → MainAbilitySlice.onBackground()。

在整个流程中，MainAbility 始终处于 ACTIVE 状态。但是，当 Page 被系统销毁时，其所有已实例化的 AbilitySlice 将联动销毁，而不仅是处于前台的 AbilitySlice。

5.6 实战：Page与AbilitySlice生命周期示例

为了更好地理解 Page 与 AbilitySlice 生命周期，本节将用一个示例来演示。采用 Car 设备类型，创建一个名为 PageAndAbilitySliceLifeCycle 的应用。

5.6.1 修改MainAbilitySlice

在初始化应用时，PageAndAbilitySliceLifeCycle 应用已经包含一个主 AbilitySlice，即 MainAbilitySlice。对 MainAbilitySlice 进行修改，代码如下：

```
package com.waylau.hmos.pageandabilityslicelifecycle.slice;

import com.waylau.hmos.pageandabilityslicelifecycle.ResourceTable;
import ohos.aafwk.ability.AbilitySlice;
import ohos.aafwk.content.Intent;
import ohos.agp.components.Text;
import ohos.hiviewdfx.HiLog;
import ohos.hiviewdfx.HiLogLabel;

public class MainAbilitySlice extends AbilitySlice {

    static final HiLogLabel logLabel =
        new HiLogLabel(HiLog.LOG_App, 0x00001,"MainAbilitySlice");

    @Override
    public void onStart(Intent intent) {
        super.onStart(intent);
        super.setUIContent(ResourceTable.Layout_ability_main);

        // 添加单击事件触发导航
        Text text = (Text) findComponentById(ResourceTable.Id_text_helloworld);
        text.setClickedListener(listener ->
                present(new PayAbilitySlice(), new Intent()));

        HiLog.info(logLabel,"onStart");
    }

    @Override
    public void onActive() {
```

```
        super.onActive();
        HiLog.info(logLabel,"onActive");
    }

    @Override
    public void onForeground(Intent intent) {
        super.onForeground(intent);
        HiLog.info(logLabel,"onForeground");
    }

    @Override
    public  void onInactive() {
        HiLog.info(logLabel,"onInactive");
    }

    @Override
    public  void onBackground() {
        HiLog.info(logLabel,"onBackground");
    }

    @Override
    public  void onStop() {
        HiLog.info(logLabel,"onStop");
    }

}
```

在 MainAbilitySlice 类中：

（1）MainAbilitySlice 重写了 AbilitySlice 的生命周期回调方法。

（2）在每个生命周期回调方法中，通过 HiLog 日志工具将状态进行输出，以便能够在控制台看到实时的状态。

（3）在 Text 中增加了单击事件，以便导航到其他 AbilitySlice。

5.6.2　增加PayAbilitySlice

复制 MainAbilitySlice 的代码，创建一个 PayAbilitySlice 类并进行修改。PayAbilitySlice 代码如下：

```
package com.waylau.hmos.pageandabilityslicelifecycle.slice;

import com.waylau.hmos.pageandabilityslicelifecycle.ResourceTable;
import ohos.aafwk.ability.AbilitySlice;
import ohos.aafwk.content.Intent;
import ohos.agp.components.Text;
import ohos.hiviewdfx.HiLog;
import ohos.hiviewdfx.HiLogLabel;

public class PayAbilitySlice extends AbilitySlice {

    static final HiLogLabel logLabel = new HiLogLabel(HiLog.LOG_App,
     0x00001,"PayAbilitySlice");

    @Override
    public void onStart(Intent intent) {
        super.onStart(intent);
        super.setUIContent(ResourceTable.Layout_ability_pay);
```

```
        // 添加单击事件触发导航
        Text text = (Text) findComponentById(ResourceTable.Id_text_pay);
        text.setClickedListener(listener ->
                present(new MainAbilitySlice(), new Intent()));

        HiLog.info(logLabel,"onStart");
    }

    @Override
    public void onActive() {
        super.onActive();
        HiLog.info(logLabel,"onActive");
    }

    @Override
    public void onForeground(Intent intent) {
        super.onForeground(intent);
        HiLog.info(logLabel,"onForeground");
    }

    @Override
    public  void onInactive() {
        HiLog.info(logLabel,"onInactive");
    }

    @Override
    public  void onBackground() {
        HiLog.info(logLabel,"onBackground");
    }

    @Override
    public  void onStop() {
        HiLog.info(logLabel,"onStop");
    }

}
```

在 PayAbilitySlice 类中：

（1）PayAbilitySlice 重写了 AbilitySlice 的生命周期回调方法。

（2）在每个生命周期回调方法中，通过 HiLog 日志工具将状态进行输出，以便能够在控制台看到实时的状态。

（3）在 Text 中增加了单击事件，以便导航到其他 AbilitySlice。

5.6.3　新增PayAbilitySlice样式布局

在 layout 目录下新建一个 ability_pay.xml，提供给 PayAbilitySlice 样式布局使用，代码如下：

```
<?xml version="1.0" encoding="utf-8"?>
<DirectionalLayout
    xmlns:ohos="http://schemas.huawei.com/res/ohos"
    ohos:height="match_parent"
    ohos:width="match_parent"
    ohos:orientation="vertical">
```

```
    <Text
        ohos:id="$+id:text_pay"
        ohos:height="match_parent"
        ohos:width="match_content"
        ohos:background_element="$graphic:background_ability_main"
        ohos:layout_alignment="horizontal_center"
        ohos:text="Pay me the money"
        ohos:text_size="50"
    />

</DirectionalLayout>
```

5.6.4　实现AbilitySlice之间的路由

为了实现 AbilitySlice 之间的路由和导航，在 MainAbility 中，通过 addActionRoute() 方法添加到 PayAbilitySlice 的路由，代码如下：

```
package com.waylau.hmos.abilityslicenavigation;

import com.waylau.hmos.abilityslicenavigation.slice.MainAbilitySlice;
import com.waylau.hmos.abilityslicenavigation.slice.PayAbilitySlice;
import ohos.aafwk.ability.Ability;
import ohos.aafwk.content.Intent;

public class MainAbility extends Ability {
    @Override
    public void onStart(Intent intent) {
        super.onStart(intent);

        // 指定默认显示的 AbilitySlice
        super.setMainRoute(MainAbilitySlice.class.getName());

        // 使用 addActionRounte() 方法添加路由
        addActionRoute("action.pay", PayAbilitySlice.class.getName());
    }
}
```

其中，上述 action.pay 是指定路由动作的名称。该名称还需要在 config.json 的 actions 数组中进行添加，配置如下：

```
"abilities": [
   {
    "skills": [
       {
        "entities": [
          "entity.system.home"
         ],
        "actions": [
          "action.system.home",
          "action.pay"   // 指定路由动作的名称
         ]
       }
     ],
    "orientation":"landscape",
    "name":"com.waylau.hmos.abilityslicenavigation.MainAbility",
    "icon":"$media:icon",
```

```
    "description":"$string:mainability_description",
    "label":"AbilitySliceNavigation",
    "type":"page",
    "launchType":"standard"
  }
]
```

5.6.5 运行

在 Car 模拟器中运行该应用，如图 5-9 所示。

图5-9 在Car模拟器中运行应用

此时，能看到控制台输出如下内容：

```
12-26 10:20:27.317 11194-11194/com.waylau.hmos.pageandabilityslicelifecycle
 I 00001/MainAbilitySlice: onStart
12-26 10:20:27.325 11194-11194/com.waylau.hmos.pageandabilityslicelifecycle
 I 00001/MainAbilitySlice: onActive
```

从上述日志可以看出，MainAbilitySlice 已经启动并处于 ACTIVE 状态。

单击文本 Hello World，可以切换到 Pay me the money 界面，如图 5-10 所示。

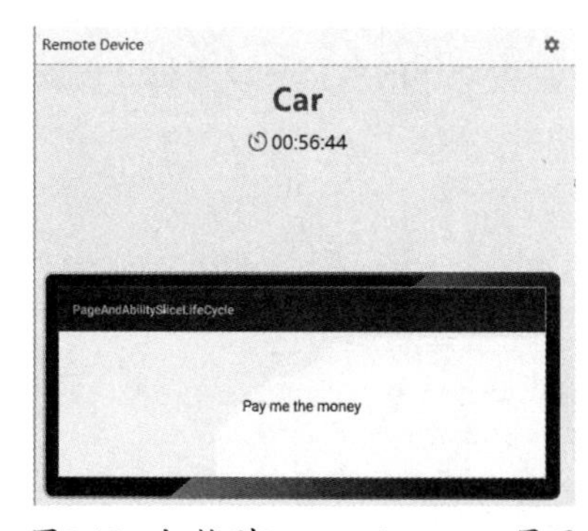

图5-10 切换到Pay me the money界面

此时，能看到控制台输出如下内容：

```
12-26 10:22:34.885 11194-11194/com.waylau.hmos.pageandabilityslicelifecycle
 I 00001/MainAbilitySlice: onInactive
12-26 10:22:34.893 11194-11194/com.waylau.hmos.pageandabilityslicelifecycle
```

```
 I 00001/PayAbilitySlice: onStart
12-26 10:22:34.895 11194-11194/com.waylau.hmos.pageandabilityslicelifecycle
 I 00001/PayAbilitySlice: onActive
12-26 10:22:34.895 11194-11194/com.waylau.hmos.pageandabilityslicelifecycle
 I 00001/MainAbilitySlice: onBackground
```

从上述日志可以看出，MainAbilitySlice 失去了焦点并处于 INACTIVE 状态，而 PayAbilitySlice 启动并处于 ACTIVE 状态，最终 MainAbilitySlice 进入 BACKGROUND 状态。

再次单击文本 Pay me the money，可以切换到 Hello World 界面，如图 5-11 所示。

图5-11　切换到Hello World界面

此时，能看到控制台输出如下内容：

```
12-26 10:28:37.006 11194-11194/com.waylau.hmos.pageandabilityslicelifecycle
 I 00001/PayAbilitySlice: onInactive
12-26 10:28:37.007 11194-11194/com.waylau.hmos.pageandabilityslicelifecycle
 I 00001/MainAbilitySlice: onStart
12-26 10:28:37.008 11194-11194/com.waylau.hmos.pageandabilityslicelifecycle
 I 00001/MainAbilitySlice: onActive
12-26 10:28:37.008 11194-11194/com.waylau.hmos.pageandabilityslicelifecycle
 I 00001/PayAbilitySlice: onBackground
```

从上述日志可以看出，PayAbilitySlice 失去了焦点并处于 INACTIVE 状态，而 MainAbilitySlice 启动并处于 ACTIVE 状态，最终 PayAbilitySlice 进入 BACKGROUND 状态。

单击模拟器的 Back 按钮，返回 Pay me the money 界面，如图 5-12 所示。

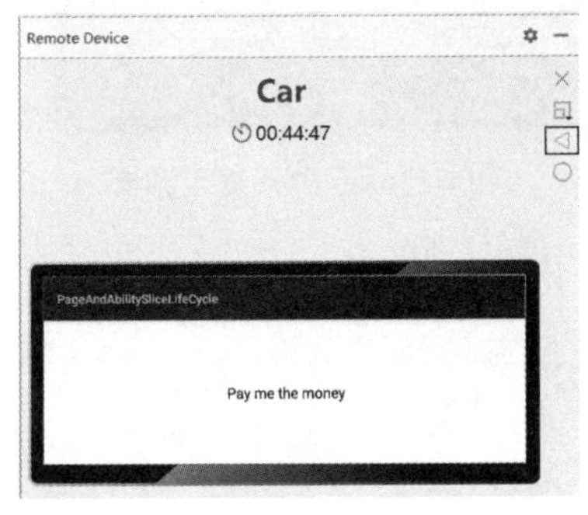

图5-12　返回Pay me the money界面

此时，能看到控制台输出如下内容：

```
12-26 10:34:16.099 11194-11194/com.waylau.hmos.pageandabilityslicelifecycle
 I 00001/MainAbilitySlice: onInactive
12-26 10:34:16.099 11194-11194/com.waylau.hmos.pageandabilityslicelifecycle
 I 00001/PayAbilitySlice: onForeground
12-26 10:34:16.102 11194-11194/com.waylau.hmos.pageandabilityslicelifecycle
 I 00001/PayAbilitySlice: onActive
12-26 10:34:16.102 11194-11194/com.waylau.hmos.pageandabilityslicelifecycle
 I 00001/MainAbilitySlice: onBackground
12-26 10:34:16.102 11194-11194/com.waylau.hmos.pageandabilityslicelifecycle
 I 00001/MainAbilitySlice: onStop
```

从上述日志可以看出，MainAbilitySlice 失去了焦点并处于 INACTIVE 状态，而 PayAbilitySlice 重新回到前台并处于 ACTIVE 状态，最终 MainAbilitySlice 进入 BACKGROUND 状态并被销毁。

再次单击模拟器的 Back 按钮，返回 Hello World 界面。此时，能看到控制台输出如下内容：

```
12-26 10:40:55.901 11194-11194/com.waylau.hmos.pageandabilityslicelifecycle
 I 00001/PayAbilitySlice: onInactive
12-26 10:40:55.902 11194-11194/com.waylau.hmos.pageandabilityslicelifecycle
 I 00001/MainAbilitySlice: onForeground
12-26 10:40:55.904 11194-11194/com.waylau.hmos.pageandabilityslicelifecycle
 I 00001/MainAbilitySlice: onActive
12-26 10:40:55.904 11194-11194/com.waylau.hmos.pageandabilityslicelifecycle
 I 00001/PayAbilitySlice: onBackground
12-26 10:40:55.905 11194-11194/com.waylau.hmos.pageandabilityslicelifecycle
 I 00001/PayAbilitySlice: onStop
```

从上述日志可以看出，PayAbilitySlice 失去了焦点并处于 INACTIVE 状态，而 MainAbilitySlice 重新回到前台并处于 ACTIVE 状态，最终 PayAbilitySlice 进入 BACKGROUND 状态并被销毁。

再次单击模拟器的 Back 按钮，返回到了系统主界面，如图 5-13 所示。

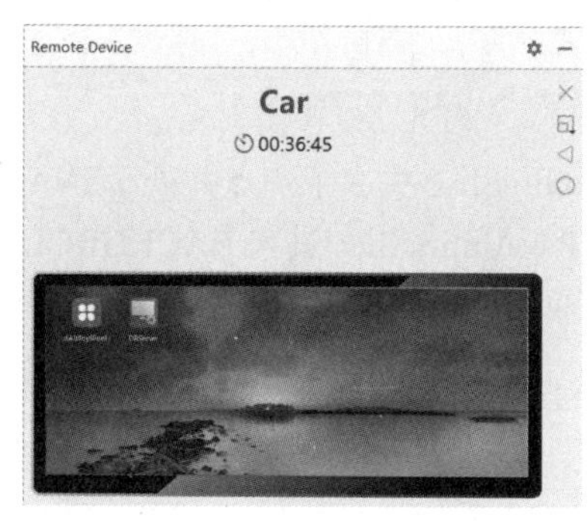

图5-13　返回系统主界面

此时，能看到控制台输出如下内容：

```
12-26 10:42:54.947 11194-11194/com.waylau.hmos.pageandabilityslicelifecycle
 I 00001/MainAbilitySlice: onInactive
12-26 10:42:55.749 11194-11194/com.waylau.hmos.pageandabilityslicelifecycle
 I 00001/MainAbilitySlice: onBackground
12-26 10:42:55.756 11194-11194/com.waylau.hmos.pageandabilityslicelifecycle
 I 00001/MainAbilitySlice: onStop
```

从上述日志可以看出，MainAbilitySlice 先处于 INACTIVE 状态，接着进入 BACKGROUND 状态，最后被销毁。

单击系统主界面 PageAndAbilitySliceLifeCycle 应用图标，将进入 PageAndAbilitySliceLifeCycle 应用，如图 5-14 所示。

图5-14　进入PageAndAbilitySliceLifeCycle应用

此时，能看到控制台输出如下内容：

```
12-26 10:48:23.960 11194-11194/com.waylau.hmos.pageandabilityslicelifecycle
 I 00001/MainAbilitySlice: onStart
12-26 10:48:23.969 11194-11194/com.waylau.hmos.pageandabilityslicelifecycle
 I 00001/MainAbilitySlice: onActive
```

从上述日志可以看出，MainAbilitySlice 启用并处于 ACTIVE 状态。

5.7 Service Ability

基于 Service 模板的 Ability 简称 Service，其主要用于后台运行任务，如执行音乐播放、文件下载等，但不提供用户交互界面。Service 可由其他应用或 Ability 启动，即使用户切换到其他应用，Service 仍将在后台继续运行。

Service 是单实例的。在一个设备上，相同的 Service 只会存在一个实例。如果多个 Ability 共用该实例，则只有当与 Service 绑定的所有 Ability 都退出后，Service 才能退出。由于 Service 是在主线程里执行的，因此如果在 Service 中的操作时间过长，开发者必须在 Service 里创建新的线程来处理，防止造成主线程阻塞，应用程序无响应。

有关线程方面的内容，可以参见第 12 章相关内容。

5.7.1 创建Service

接下来介绍如何创建一个 Service。

1. 继承Ability

每个 Service 也都是 Ability 的子类，需要实现 Service 相关的生命周期方法。

Ability 为 Service 提供了以下生命周期方法，用户可以重写这些方法来添加自己的处理。

（1）onStart()：该方法在创建 Service 时调用，用于 Service 的初始化。在 Service 的整个生命周期只会调用一次 onStart() 方法，调用时传入的 Intent 应为空。该方法在前面章节的 Page 中已经做了介绍。

（2）onCommand()：在 Service 创建完成之后调用，该方法在客户端每次启动该 Service 时都会调用，用户可以在该方法中做一些调用统计、初始化类的操作。

（3）onConnect()：在 Ability 和 Service 连接时调用，该方法返回 IRemoteObject 对象，用户可以在该回调函数中生成对应 Service 的 IPC 通信通道，以便 Ability 与 Service 交互。Ability 可以多次连接同一个 Service，系统会缓存该 Service 的 IPC 通信对象，只有第一个客户端连接 Service 时，系统才会调用 Service 的 onConnect() 方法生成 IRemoteObject 对象，而后系统会将同一个 RemoteObject 对象传递至其他连接同一个 Service 的所有客户端，而无须再次调用 onConnect() 方法。

（4）onDisconnect()：在 Ability 与绑定的 Service 断开连接时调用。

（5）onStop()：在 Service 销毁时调用。Service 应通过实现此方法来清理任何资源，如关闭线程、注册的侦听器等。该方法在前面章节的 Page 中已经做了介绍。

创建 Service 的示例代码如下：

```
public class ServiceAbility extends Ability {
    @Override
    public void onStart(Intent intent) {
        super.onStart(intent);
    }

    @Override
    public void onCommand(Intent intent, boolean restart, int startId) {
        super.onCommand(intent, restart, startId);
    }

    @Override
    public IRemoteObject onConnect(Intent intent) {
        super.onConnect(intent);
        return null;
    }

    @Override
    public void onDisconnect(Intent intent) {
        super.onDisconnect(intent);
    }

    @Override
    public void onStop() {
        super.onStop();
    }
}
```

2. 注册Service

Service 也需要在应用配置文件中进行注册，注册类型 type 需要设置为 service。配置内容如下：

```
{
  "module": {
      "abilities": [
          {
              "name":".ServiceAbility",
```

```
                "type":"service",
                "visible": true
                 ...
            }
        ]
        ...
    }
    ...
}
```

5.7.2　启动Service

接下来介绍通过 startAbility() 方法启动 Service 以及对应的停止方法。

1. 启动Service

Ability 为开发者提供了 startAbility() 方法来启动另外一个 Ability。因为 Service 也是 Ability 的一种，开发者同样可以通过将 Intent 传递给该方法来启动 Service。Ability 不仅支持启动本地 Service，还支持启动远程 Service。

开发者可以通过构造包含 DeviceId、BundleName 与 AbilityName 的 Operation 对象来设置目标 Service 信息，这三个参数的含义如下。

（1）DeviceId：表示设备 ID。如果是本地设备，则可以直接留空；如果是远程设备，则可以通过 ohos.distributedschedule.interwork.DeviceManager 提供的 getDeviceList 获取设备列表。

（2）BundleName：表示包名称。

（3）AbilityName：表示待启动的 Ability 名称。

启动本地设备 Service 的示例代码如下：

```
Intent intent = new Intent();
Operation operation = new Intent.OperationBuilder()
        .withDeviceId("")
        .withBundleName("com.huawei.hiworld.himusic")
        .withAbilityName("com.huawei.hiworld.himusic.ServiceAbility")
        .build();
intent.setOperation(operation);
startAbility(intent);
```

启动远程设备 Service 的代码示例如下：

```
Operation operation = new Intent.OperationBuilder()
        .withDeviceId("deviceId")
        .withBundleName("com.huawei.hiworld.himusic")
        .withAbilityName("com.huawei.hiworld.himusic.ServiceAbility")
        .withFlags(Intent.FLAG_ABILITYSLICE_MULTI_DEVICE)
         // 设置支持分布式调度系统多设备启动的标识
        .build();
Intent intent = new Intent();
intent.setOperation(operation);
startAbility(intent);
```

执行上述代码后，Ability 将通过 startAbility() 方法启动 Service。

（1）如果 Service 尚未运行，则系统会先调用 onStart() 方法初始化 Service，再回调 Service 的

onCommand() 方法启动 Service。

（2）如果 Service 正在运行，则系统会直接回调 Service 的 onCommand() 方法启动 Service。

2. 停止Service

Service 一旦创建就会一直保持在后台运行，除非必须回收内存资源，否则系统不会停止或销毁 Service。开发者可以在 Service 中通过 terminateAbility() 方法停止本 Service 或在其他 Ability 调用 stopAbility() 方法停止 Service。

停止 Service 时同样支持停止本地设备 Service 和停止远程设备 Service，使用方法与启动 Service 一样。一旦调用停止 Service 的方法，系统便会尽快销毁 Service。

5.7.3 连接Service

如果 Service 需要与 Page Ability 或其他应用的 Service Ability 进行交互，则应创建用于连接的 Connection。Service 支持其他 Ability 通过 connectAbility() 方法与其进行连接。

在使用 connectAbility() 处理回调时，需要传入目标 Service 的 Intent 与 IAbilityConnection 的实例。IAbilityConnection 提供了两个方法供开发者实现，其中 onAbilityConnectDone() 方法用来处理连接的回调，onAbilityDisconnectDone() 方法用来处理断开连接的回调。

连接 Service 的示例代码如下：

```
// 创建连接回调实例
private IAbilityConnection connection = new IAbilityConnection() {
    // 连接到 Service 的回调
    @Override
    public void onAbilityConnectDone(ElementName elementName,
        IRemoteObject iRemoteObject, int resultCode) {
        // Client 侧需要定义与 Service 侧相同的 IRemoteObject 实现类
        // 开发者获取服务端传过来的 IRemoteObject 对象，并从中解析出服务端传过来的信息
    }

    // 断开与连接的回调
    @Override
    public void onAbilityDisconnectDone(ElementName elementName, int re
     sultCode) {
    }
};

// 连接 Service
connectAbility(intent, connection);
```

同时，Service 侧也需要在 onConnect() 方法中返回 IRemoteObject 对象，从而定义与 Service 进行通信的接口。onConnect() 方法需要返回一个 IRemoteObject 对象，HarmonyOS 提供了 IRemoteObject 的默认实现，用户可以通过继承 LocalRemoteObject 来创建自定义的实现类。Service 侧把自身的实例返回给调用侧的示例代码如下：

```
// 创建自定义 IRemoteObject 实现类
private class MyRemoteObject extends LocalRemoteObject {
    public MyRemoteObject() {
        super("MyRemoteObject");
    }
}
```

```
// 把 IRemoteObject 返回给客户端
@Override
protected IRemoteObject onConnect(Intent intent) {
    return new MyRemoteObject();
}
```

5.7.4　Service Ability生命周期

与 Page 类似，Service Ability 也拥有生命周期，如图 5-15 所示。

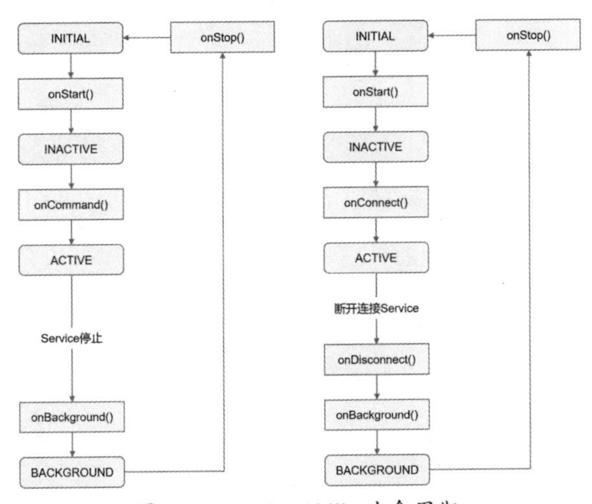

图5-15　Service Ability生命周期

根据调用方法的不同，其生命周期有以下两种路径。

（1）启动 Service：该 Service 在其他 Ability 调用 startAbility() 方法时创建，然后保持运行。其他 Ability 通过调用 stopAbility() 方法停止 Service，Service 停止后，系统会将其销毁。

（2）连接 Service：该 Service 在其他 Ability 调用 connectAbility() 方法时创建，客户端可通过调用 disconnectAbility() 方法断开连接。多个客户端可以绑定到相同 Service，而且当所有绑定全部取消后，系统即会销毁该 Service。

5.8　实战：Service Ability生命周期示例

为了更好地理解 Service Ability 的生命周期，本节将用一个示例来演示。采用 Car 设备类型，创建一个名为 ServiceAbilityLifeCycle 的应用。

5.8.1　创建Service

在 DevEco Studio 中，可以通过图 5-16 所示方式创建一个 Empty Service Ability。

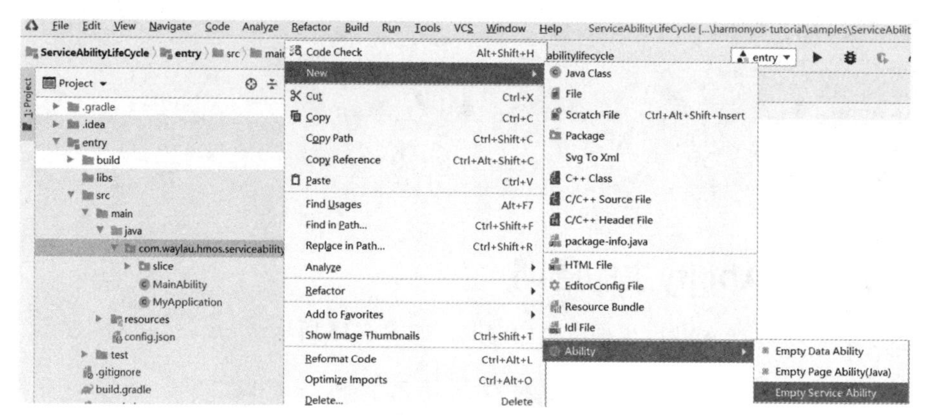

图5-16　创建一个Empty Service Ability

根据图 5-17 所示引导，创建一个名为 TimeServiceAbility 的 Service。

New Ability

Configure Ability

Service Name: TimeServiceAbility

Package name: com.waylau.hmos.serviceabilitylifecycle

Enable background mode:

Help　Cancel　Previous　Finish

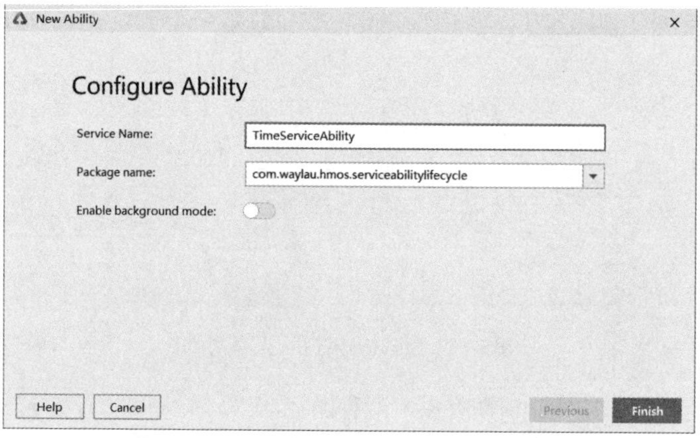

图5-17　创建一个名为TimeServiceAbility的Service

注意：上述步骤中的 Enable backgroud mode（后台模式）先不要启用。

在自动创建的 TimeServiceAbility 的基础上，修改代码如下：

```
package com.waylau.hmos.serviceabilitylifecycle;

import ohos.aafwk.ability.Ability;
import ohos.aafwk.content.Intent;
import ohos.rpc.IRemoteObject;
import ohos.hiviewdfx.HiLog;
import ohos.hiviewdfx.HiLogLabel;

import java.time.LocalDateTime;

public class TimeServiceAbility extends Ability {
    private static final HiLogLabel LOG_LABEL =
            new HiLogLabel(HiLog.LOG_App, 0x00001,"TimeServiceAbility");

    private TimeRemoteObject timeRemoteObject = new TimeRemoteObject();

    @Override
    public void onStart(Intent intent) {
```

```
        HiLog.info(LOG_LABEL,"onStart");
        super.onStart(intent);
    }

    @Override
    public void onBackground() {
        super.onBackground();
        HiLog.info(LOG_LABEL,"onBackground");
    }

    @Override
    public void onStop() {
        super.onStop();
        HiLog.info(LOG_LABEL,"onStop");
    }

    @Override
    public void onCommand(Intent intent, boolean restart, int startId) {
        super.onCommand(intent, restart, startId);
        HiLog.info(LOG_LABEL,"onCommand");
    }

    @Override
    public IRemoteObject onConnect(Intent intent) {
        super.onConnect(intent);
        HiLog.info(LOG_LABEL,"onConnect");

        LocalDateTime now = LocalDateTime.now();
        timeRemoteObject.setTime(now);

        return timeRemoteObject;
    }

    @Override
    public void onDisconnect(Intent intent) {
        super.onDisconnect(intent);
        HiLog.info(LOG_LABEL,"onDisconnect");
    }
}
```

其中，timeRemoteObject 是一个 IRemoteObject 子类的实例，可以通过 timeRemoteObject 将当前时间返回给调用侧。

同时，在配置文件中会自动新增 TimeServiceAbility 相关的配置信息，代码如下：

```
"abilities": [
    {
   "skills": [
        {
       "entities": [
           "entity.system.home"
        ],
       "actions": [
           "action.system.home"
        ]
        }
    ],
   "orientation":"landscape",
```

```
"name":"com.waylau.hmos.serviceabilitylifecycle.MainAbility",
"icon":"$media:icon",
"description":"$string:mainability_description",
"label":"ServiceAbilityLifeCycle",
"type":"page",
"launchType":"standard"
 },
 // 新增的 TimeServiceAbility
 {
"name":"com.waylau.hmos.serviceabilitylifecycle.TimeServiceAbility",
"icon":"$media:icon",
"description":"$string:timeserviceability_description",
"type":"service"
 }
]
```

5.8.2 创建远程对象

timeRemoteObject 是 TimeRemoteObject 类的实例。TimeRemoteObject 类是远程对象，继承自 LocalRemoteObject，代码如下：

```
package com.waylau.hmos.serviceabilitylifecycle;

import ohos.aafwk.ability.LocalRemoteObject;

import java.time.LocalDateTime;

public class TimeRemoteObject extends LocalRemoteObject {
    private LocalDateTime time;

    public TimeRemoteObject() {
    }

    public void setTime(LocalDateTime time) {
        this.time = time;
    }

    public LocalDateTime getTime() {
        return time;
    }
}
```

同时，Service 侧也需要在 onConnect() 方法中返回 IRemoteObject 对象。

5.8.3 修改MainAbilitySlice

修改 MainAbilitySlice，代码如下：

```
package com.waylau.hmos.serviceabilitylifecycle.slice;

import com.waylau.hmos.serviceabilitylifecycle.ResourceTable;
import com.waylau.hmos.serviceabilitylifecycle.TimeRemoteObject;
import ohos.aafwk.ability.AbilitySlice;
import ohos.aafwk.ability.IAbilityConnection;
```

```
import ohos.aafwk.content.Intent;
import ohos.aafwk.content.Operation;
import ohos.agp.components.Text;
import ohos.bundle.ElementName;
import ohos.hiviewdfx.HiLog;
import ohos.hiviewdfx.HiLogLabel;
import ohos.rpc.IRemoteObject;

import java.time.LocalDateTime;

public class MainAbilitySlice extends AbilitySlice {
    private static final HiLogLabel LOG_LABEL =
            new HiLogLabel(HiLog.LOG_App, 0x00001,"MainAbilitySlice");
    private TimeRemoteObject timeRemoteObject;

    @Override
    public void onStart(Intent intent) {
        super.onStart(intent);
        super.setUIContent(ResourceTable.Layout_ability_main);

        // 添加单击事件
        Text textStart = (Text) findComponentById(ResourceTable.Id_text_start);
        textStart.setClickedListener(listener -> {
            // 启动本地服务
            startupLocalService(intent);

            // 连接本地服务
            connectLocalService(intent);
        });

        // 添加单击事件
        Text textStop = (Text) findComponentById(ResourceTable.Id_text_stop);
        textStop.setClickedListener(listener -> {
            // 断开本地服务
            disconnectLocalService(intent);

            // 关闭本地服务
            stopLocalService(intent);
        });


        HiLog.info(LOG_LABEL,"onStart");
    }

    @Override
    public void onActive() {
        super.onActive();
    }

    @Override
    public void onForeground(Intent intent) {
        super.onForeground(intent);
    }

    /**
     * 启动本地服务
     */
    private void startupLocalService(Intent intent) {
```

```
        //Intent intent = new Intent();
        // 构建操作方式
        Operation operation = new Intent.OperationBuilder()
                // 设备 ID
                .withDeviceId("")
                // 包名称
                .withBundleName("com.waylau.hmos.serviceabilitylifecycle")
                // 待启动的 Ability 名称
                .withAbilityName("com.waylau.hmos.serviceabilitylifecycle.
                 TimeServiceAbility")
                .build();
        // 设置操作
        intent.setOperation(operation);
        startAbility(intent);

        HiLog.info(LOG_LABEL,"startupLocalService");
    }

    /**
     * 关闭本地服务
     */
    private void stopLocalService(Intent intent) {
        stopAbility(intent);

        HiLog.info(LOG_LABEL,"stopLocalService");
    }

    // 创建连接回调实例
    private IAbilityConnection connection = new IAbilityConnection() {
        // 连接到 Service 的回调
        @Override
        public void onAbilityConnectDone(ElementName elementName,
                IRemoteObject iRemoteObject, int resultCode) {
            // Client 侧需要定义与 Service 侧相同的 IRemoteObject 实现类
            // 开发者获取服务端传过来 IRemoteObject 对象，并从中解析出服务端传过来的信息
            timeRemoteObject = (TimeRemoteObject) iRemoteObject;

            HiLog.info(LOG_LABEL,"onAbilityConnectDone, time: %{public}s",
                timeRemoteObject.getTime());
        }

        // 断开与连接的回调
        @Override
        public void onAbilityDisconnectDone(ElementName elementName, int
         resultCode) {
            HiLog.info(LOG_LABEL,"onAbilityDisconnectDone");
        }
    };

    /**
     * 连接本地服务
     */
    private void connectLocalService(Intent intent) {
        // 连接 Service
        connectAbility(intent, connection);

        HiLog.info(LOG_LABEL,"connectLocalService");
    }
```

```
    /**
     * 断开连接本地服务
     */
    private void disconnectLocalService(Intent intent) {
        // 断开连接 Service
        disconnectAbility(connection);

        HiLog.info(LOG_LABEL,"disconnectLocalService");
    }
}
```

上述代码中，在 onStart() 方法中增加了对 Text 的事件监听。当单击 textStart 按钮时，会启动本地服务、连接本地服务；当单击 textEnd 按钮时，会断开本地服务、关闭本地服务。

5.8.4　修改ability_main.xml

修改 ability_main.xml，代码如下：

```
<?xml version="1.0" encoding="utf-8"?>
<DirectionalLayout
    xmlns:ohos="http://schemas.huawei.com/res/ohos"
    ohos:height="match_parent"
    ohos:width="match_parent"
    ohos:orientation="vertical">

    <Text
        ohos:id="$+id:text_start"
        ohos:height="match_content"
        ohos:width="match_content"
        ohos:background_element="$graphic:background_ability_main"
        ohos:layout_alignment="horizontal_center"
        ohos:text="Start"
        ohos:text_size="50"
        />

    <Text
        ohos:id="$+id:text_stop"
        ohos:height="match_parent"
        ohos:width="match_content"
        ohos:background_element="$graphic:background_ability_main"
        ohos:layout_alignment="horizontal_center"
        ohos:text="End"
        ohos:text_size="50"
        />

</DirectionalLayout>
```

上述代码主要定义了两个 Text，一个用于触发 Start 单击事件，另一个用于触发 End 单击事件。

5.8.5　运行

在 Car 模拟器中运行该应用，如图 5-18 所示。

图5-18 在Car模拟器中运行应用

此时，能看到控制台输出如下内容：

```
12-26 22:23:13.496 28370-28370/? I 00001/MainAbilitySlice: onStart
```

从上述日志可以看出，MainAbilitySlice 已经启动。

单击文本 Start，触发单击事件，此时能看到控制台输出如下内容：

```
12-26 22:24:15.739 28370-28370/com.waylau.hmos.serviceabilitylifecycle I
 00001/MainAbilitySlice: startupLocalService
12-26 22:24:15.745 28370-28370/com.waylau.hmos.serviceabilitylifecycle I
 00001/MainAbilitySlice: connectLocalService
12-26 22:24:15.748 28370-28370/com.waylau.hmos.serviceabilitylifecycle I
 00001/TimeServiceAbility: onStart
12-26 22:24:15.750 28370-28370/com.waylau.hmos.serviceabilitylifecycle I
 00001/TimeServiceAbility: onCommand
12-26 22:24:15.764 28370-28370/com.waylau.hmos.serviceabilitylifecycle I
 00001/TimeServiceAbility: onConnect
12-26 22:24:15.771 28370-28370/com.waylau.hmos.serviceabilitylifecycle I
 00001/MainAbilitySlice: onAbilityConnectDone, time: 2020-12-26T22:24:15.769
```

当单击文本 Start 时，会启动本地服务、连接本地服务。而 TimeServiceAbility 也分别执行 onStart、onCommand 以及 onConnect 等生命周期，并将当前时间返回给 MainAbilitySlice。

单击文本 End，触发单击事件，此时能看到控制台输出如下内容：

```
12-26 22:26:27.502 28370-28370/com.waylau.hmos.serviceabilitylifecycle I
 00001/MainAbilitySlice: disconnectLocalService
12-26 22:26:27.505 28370-28370/com.waylau.hmos.serviceabilitylifecycle I
 00001/MainAbilitySlice: stopLocalService
12-26 22:26:27.508 28370-28370/com.waylau.hmos.serviceabilitylifecycle I
 00001/TimeServiceAbility: onDisconnect
12-26 22:26:27.513 28370-28370/com.waylau.hmos.serviceabilitylifecycle I
 00001/TimeServiceAbility: onBackground
12-26 22:26:27.513 28370-28370/com.waylau.hmos.serviceabilitylifecycle I
 00001/TimeServiceAbility: onStop
```

当单击文本 End 时，会断开本地服务、关闭本地服务。而 TimeServiceAbility 也分别执行 onDisconnect、onBackground 以及 onStop 等生命周期。

5.9 Data Ability

使用 Data 模板的 Ability 简称 Data，主要职责是管理其自身应用和其他应用存储数据的访问，并提供与其他应用共享数据的方法。Data 既可用于同设备不同应用的数据共享，也支持跨设备不同应用的数据共享。

数据的存储方式多种多样，可以是传统意义上的数据库系统，也可以是本地磁盘上的文件。Data 对外提供对数据的增、删、改、查以及打开文件等接口，这些接口的具体实现由开发者提供。

5.9.1 URI

Data 的提供方和使用方都通过 URI（Uniform Resource Identifier，统一资源定位符）来标识一个具体的数据，如数据库中的某个表或磁盘上的某个文件。HarmonyOS 的 URI 基于 URI 通用标准，具体格式如图 5-19 所示。

scheme://[authority]/[path][?query][#fragment]

协议方案名　设备ID　资源路径　查询参数　访问的子资源

图5-19　URI格式

（1）scheme：协议方案名，固定为 dataability，代表 Data Ability 使用的协议类型。

（2）authority：设备 ID。如果为跨设备场景，则为目标设备的 ID；如果为本地设备场景，则不需要填写。

（3）path：资源路径，代表特定资源的位置信息。

（4）query：查询参数。

（5）fragment：访问的子资源。

以下是具体的 URI 示例：

```
// 跨设备场景
dataability://device_id/com.waylau.hmos.dataabilityhelperaccessfile.dataa
bility.persondata/person/10

// 本地设备
dataability:///com.waylau.hmos.dataabilityhelperaccessfile.dataability.
persondata/person/10
```

5.9.2 访问Data

可以通过 DataAbilityHelper 类访问当前应用或其他应用提供的共享数据。DataAbilityHelper 作为客户端，与提供方的 Data 进行通信。Data 接收到请求后，执行相应的处理，并返回结果。Data-AbilityHelper 提供了一系列与 Data Ability 对应的方法。

下面介绍 DataAbilityHelper 的具体使用步骤。

1. 声明使用权限

如果待访问的 Data 声明了访问需要权限，则访问此 Data 需要在配置文件中声明需要此权限。声明请参考权限申请字段说明，代码如下：

```
"reqPermissions": [
    {
        "name":"com.waylau.hmos.dataabilityhelperaccessfile.DataAbili
ty.DATA"
    }
]
```

2. 创建DataAbilityHelper

DataAbilityHelper 为开发者提供了 creator() 方法来创建 DataAbilityHelper 实例。该方法为静态方法，有多个重载。最常见的方法是通过传入一个 context 对象创建 DataAbilityHelper 对象。

以下为获取 helper 对象示例：

```
DataAbilityHelper helper = DataAbilityHelper.creator(this);
```

3. 访问Data Ability

DataAbilityHelper 为开发者提供了一系列的接口来访问不同类型的数据，如文件或者数据库等。

（1）访问文件：DataAbilityHelper 为开发者提供了 FileDescriptor openFile(Uri uri, String mode) 方法来操作文件。此方法需要传入两个参数，其中 uri 用来确定目标资源路径；mode 用来指定打开文件的方式，可选方式包含 r（读）、w（写）、rw（读写）、wt（覆盖写）、wa（追加写）、rwt（覆盖写且可读）。该方法返回一个目标文件的 FD（File Descriptor，文件描述符），把文件描述符封装成流，即开发者可对文件流进行自定义处理。

（2）访问数据库：DataAbilityHelper 为开发者提供了增、删、改、查以及批量处理等方法来操作数据库。

5.10 实战：DataAbilityHelper访问文件

本节演示如何通过 DataAbilityHelper 类访问当前应用的文件数据。采用 Car 设备类型，创建一个名为 DataAbilityHelperAccessFile 的应用。

5.10.1 创建DataAbility

在 DevEco Studio 中，可以通过图 5-20 所示方式创建一个 Empty Data Ability。

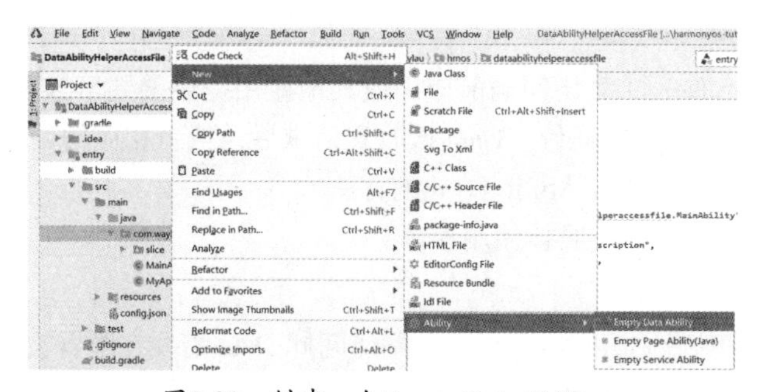

图5-20 创建一个Empty Data Ability

根据图 5-21 所示引导，创建一个名为 UserDataAbility 的 Data。

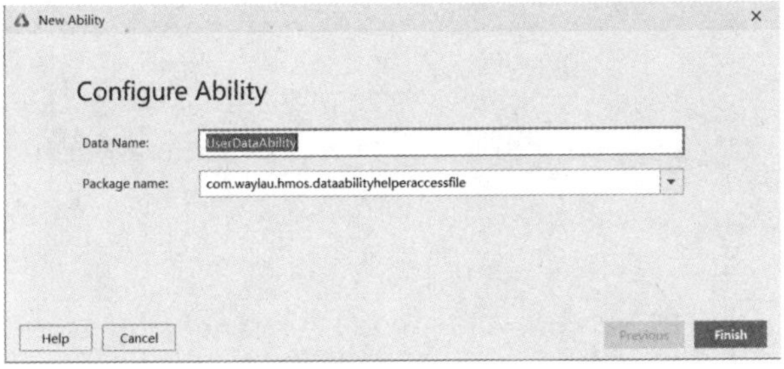

图5-21　创建一个名为UserDataAbility的Data

UserDataAbility 代码如下：

```
package com.waylau.hmos.dataabilityhelperaccessfile;

import ohos.aafwk.ability.Ability;
import ohos.aafwk.content.Intent;
import ohos.data.resultset.ResultSet;
import ohos.data.rdb.ValuesBucket;
import ohos.data.dataability.DataAbilityPredicates;
import ohos.hiviewdfx.HiLog;
import ohos.hiviewdfx.HiLogLabel;
import ohos.utils.net.Uri;
import ohos.utils.PacMap;

import java.io.FileDescriptor;

public class UserDataAbility extends Ability {
    private static final HiLogLabel LABEL_LOG = new HiLogLabel(3,0xD001100,
     "Demo");

    @Override
    public void onStart(Intent intent) {
        super.onStart(intent);
        HiLog.info(LABEL_LOG,"UserDataAbility onStart");
    }

    @Override
    public ResultSet query(Uri uri, String[] columns, DataAbilityPredicates
     predicates) {
        return null;
    }

    @Override
    public int insert(Uri uri, ValuesBucket value) {
        HiLog.info(LABEL_LOG,"UserDataAbility insert");
        return 999;
    }

    @Override
    public int delete(Uri uri, DataAbilityPredicates predicates) {
        return 0;
    }

    @Override
```

```
    public int update(Uri uri, ValuesBucket value, DataAbilityPredicates
     predicates) {
        return 0;
    }

    @Override
    public FileDescriptor openFile(Uri uri, String mode) {
        return null;
    }

    @Override
    public String[] getFileTypes(Uri uri, String mimeTypeFilter) {
        return new String[0];
    }

    @Override
    public PacMap call(String method, String arg, PacMap extras) {
        return null;
    }

    @Override
    public String getType(Uri uri) {
        return null;
    }
}
```

在创建的时候就会自动生成了一些代码，包括基本的增删改查、打开文件、获取 URI 类型、获取文件类型、还有一个回调。再加上一个 onStart 方法，总共是 9 个。

UserDataAbility 自动在配置文件中添加了相应的配置，内容如下：

```
"abilities": [
    {
   "skills": [
        {
       "entities": [
           "entity.system.home"
        ],
       "actions": [
           "action.system.home"
        ]
        }
    ],
   "orientation":"landscape",
   "name":"com.waylau.hmos.dataabilityhelperaccessfile.MainAbility",
   "icon":"$media:icon",
   "description":"$string:mainability_description",
   "label":"DataAbilityHelperAccessFile",
   "type":"page",
   "launchType":"standard"
    },
    // 新增 UserDataAbility 配置
    {
   "permissions": [
       "com.waylau.hmos.dataabilityhelperaccessfile.DataAbilityShellPro
        vider.PROVIDER"
    ],
   "name":"com.waylau.hmos.dataabilityhelperaccessfile.UserDataAbility",
```

```
    "icon":"$media:icon",
    "description":"$string:userdataability_description",
    "type":"data",
    "uri":"dataability://com.waylau.hmos.dataabilityhelperaccessfile.
     UserDataAbility"
    }
]
```

从上述配置可以看出，type 类型设置为 data；uri 为对外提供的访问路径，全局唯一；permissions 为访问该 Data Ability 时需要申请的访问权限。

5.10.2 修改UserDataAbility

由于本示例只涉及文件，因此修改 UserDataAbility 时只需重写 onStart() 和 openFile() 方法，代码如下：

```
package com.waylau.hmos.dataabilityhelperaccessfile;

import ohos.aafwk.ability.Ability;
import ohos.aafwk.content.Intent;
import ohos.data.resultset.ResultSet;
import ohos.data.rdb.ValuesBucket;
import ohos.data.dataability.DataAbilityPredicates;
import ohos.global.resource.RawFileEntry;
import ohos.global.resource.Resource;
import ohos.hiviewdfx.HiLog;
import ohos.hiviewdfx.HiLogLabel;
import ohos.rpc.MessageParcel;
import ohos.utils.net.Uri;
import ohos.utils.PacMap;

import java.io.*;
import java.nio.file.Paths;

public class UserDataAbility extends Ability {
    private static final HiLogLabel LABEL_LOG = new HiLogLabel(HiLog.LOG_
     App, 0x00001,"UserDataAbility");

    private File targetFile;

    @Override
    public void onStart(Intent intent) {
        super.onStart(intent);
        HiLog.info(LABEL_LOG,"UserDataAbility onStart");

        try {
            // 初始化目标文件数据
            initFile();
        } catch (IOException e) {
            e.printStackTrace();
        }
    }

    private void initFile() throws IOException {
        // 获取数据目录
        File dataDir = new File(this.getDataDir().toString());
```

```
        if(!dataDir.exists()){
            dataDir.mkdirs();
        }

        // 构建目标文件
        targetFile = new File(Paths.get(dataDir.toString(),"users.txt").
         toString());

        // 获取源文件
        RawFileEntry rawFileEntry = this.getResourceManager().getRawFileEn
         try("resources/rawfile/users.txt");
        Resource resource = rawFileEntry.openRawFile();

        // 新建目标文件
        FileOutputStream fos = new FileOutputStream(targetFile);

        byte[] buffer = new byte[4096];
        int count = 0;

        // 源文件内容写入目标文件
        while((count = resource.read(buffer)) >= 0){
            fos.write(buffer,0,count);
        }

        resource.close();
        fos.close();
    }

    @Override
    public FileDescriptor openFile(Uri uri, String mode) {
        FileDescriptor fd = null;

        try {
            // 获取目标文件 FileDescriptor
            FileInputStream fileIs = new FileInputStream(targetFile);
            fd = fileIs.getFD();

            HiLog.info(LABEL_LOG,"fd: %{public}s", fd);
        } catch (IOException e) {
            e.printStackTrace();
        }

        // 创建 MessageParcel
        MessageParcel messageParcel = MessageParcel.obtain();

        // 复制 FileDescriptor
        fd = messageParcel.dupFileDescriptor(fd);
        return fd;
    }

    ...
}
```

上述代码中：

（1）initFile() 方法用于将源文件写入目标文件。this.getDataDir() 方法可以获取数据目录，目标文件最终写入该目录下。

（2）HarmonyOS 提供了一个 ResourceManager 资源管理器，通过该资源管理器可以方便地读取 resouece 目录下的资源文件。其中，RawFileEntry 代表 rawfile 目录下的文件。可以通过 rawFileEntry.openRawFile() 方法方便地获取指定文件。

（3）在方法返回前，需要通过 MessageParcel 对 FileDescriptor 进行复制。

5.10.3　创建文件

在 resouece 目录的 rawfile 目录下创建图 5-22 所示的测试用文件。

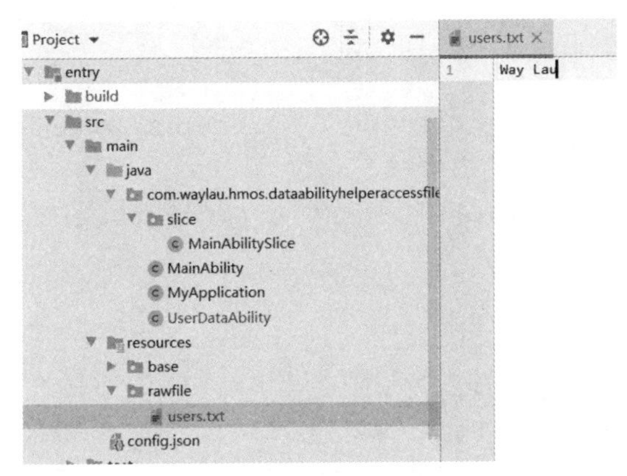

图5-22　测试用文件

该文件的测试内容比较简单，就是一个用户的名字，代码如下：

```
Way Lau
```

5.10.4　修改MainAbilitySlice

修改 MainAbilitySlice 的 onStart() 方法，代码如下：

```
package com.waylau.hmos.dataabilityhelperaccessfile.slice;

import com.waylau.hmos.dataabilityhelperaccessfile.ResourceTable;
import ohos.aafwk.ability.AbilitySlice;
import ohos.aafwk.ability.DataAbilityHelper;
import ohos.aafwk.ability.DataAbilityRemoteException;
import ohos.aafwk.content.Intent;
import ohos.agp.components.Text;
import ohos.hiviewdfx.HiLog;
import ohos.hiviewdfx.HiLogLabel;
import ohos.utils.net.Uri;

import java.io.*;

public class MainAbilitySlice extends AbilitySlice {
    private static final HiLogLabel LABEL_LOG = new HiLogLabel(HiLog.LOG_
     App, 0x00001,"MainAbilitySlice");

    @Override
    public void onStart(Intent intent) {
```

```
        super.onStart(intent);
        super.setUIContent(ResourceTable.Layout_ability_main);

        // 添加单击事件，触发访问数据
        Text text = (Text) findComponentById(ResourceTable.Id_text_hellow
         orld);
        text.setClickedListener(listener -> this.getFile());
    }

    private void getFile() {
        DataAbilityHelper helper = DataAbilityHelper.creator(this);

        // 访问数据用的 URI， 注意用三个斜杠
        Uri uri =
            Uri.parse("dataability:///com.waylau.hmos.dataabilityhelperac-
             cessfile.UserDataAbility");

        //  用 DataAbilityHelper 的 openFile() 方法访问文件
        try {
            FileDescriptor fd = helper.openFile(uri,"r");

            HiLog.info(LABEL_LOG,"fd: %{public}s", fd);
            HiLog.info(LABEL_LOG,"file content: %{public}s", FileUtils.
             getFileContent(fd));
        } catch (DataAbilityRemoteException | IOException e) {
            e.printStackTrace();
        }
    }
    ...
}
```

上述代码中：

（1）在 Text 中添加单击事件，触发访问文件的操作。

（2）getFile() 方法用于访问文件。借助 DataAbilityHelper 类的 openFile() 方法，访问当前 User-DataAbility 提供的文件数据。

（3）FileUtils.getFileContent() 方法用于将文件内容转为字符串，这样可以在日志中方便查看文件的具体内容。FileUtils 工具类将在 5.10.5 小节介绍。

注意：上述代码中访问的 URI 与 UserDataAbility 在配置文件中的添加的 URI 基本一致，唯一的区别是上述代码中访问的 URI 用三个斜杠。

5.10.5 创建FileUtils类

FileUtils 类是一个工具类，其中 getFileContent() 方法用于将文件内容转为字符串，代码如下：

```
package com.waylau.hmos.dataabilityhelperaccessfile;

import java.io.FileDescriptor;
import java.io.FileInputStream;
import java.io.IOException;

public class FileUtils {

    /**
```

```
     * 输出文件内容
     * @param fd
     * @return 文件内容
     * @throws IOException
     */
    public static String getFileContent(FileDescriptor fd) throws IOExcep
     tion {
        // 根据 FileDescriptor 创建 FileInputStream 对象
        FileInputStream fis = new FileInputStream(fd);

        int b = 0;
        StringBuilder sb = new StringBuilder();
        while((b = fis.read()) != -1){
            sb.append((char)b);
        }
        fis.close();

        return sb.toString();
    }
}
```

5.10.6　运行

运行应用后，效果如图 5-23 所示。

图5-23　应用运行效果

单击文本 Hello World，触发访问文件操作，可以看到控制台 HiLog 输出内容如下：

```
01-03 10:43:22.054 6457-6533/? I 00001/UserDataAbility: UserDataAbility
 onStart
01-03 10:43:26.204 6457-6457/com.waylau.hmos.dataabilityhelperaccessfile I
 00001/UserDataAbility: fd: java.io.FileDescriptor@98b9a7c
01-03 10:43:26.205 6457-6457/com.waylau.hmos.dataabilityhelperaccessfile I
 00001/MainAbilitySlice: fd: java.io.FileDescriptor@3850b5a
01-03 10:43:26.206 6457-6457/com.waylau.hmos.dataabilityhelperaccessfile I
 00001/MainAbilitySlice: file content: Way Lau
```

至此，DataAbilityHelper 访问文件的示例演示完毕。

5.11 实战：DataAbilityHelper访问数据库

5.10 节演示了如何通过 DataAbilityHelper 类访问当前应用的文件数据。本节将演示如何通过 DataAbilityHelper 类访问当前应用的数据库数据。采用 Car 设备类型，创建一个名为 DataAbility-HelperAccessDatabase 的应用。

5.11.1 创建DataAbility

在 DevEco Studio 中创建一个名为 UserDataAbility 的 Data，如图 5-24 所示。

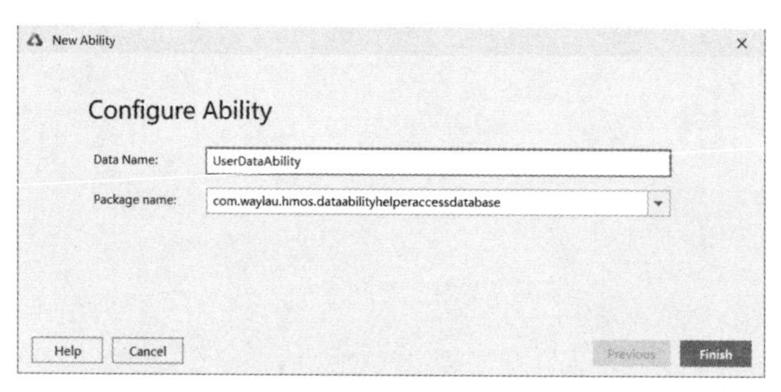

图5-24 创建一个名为UserDataAbility的Data

UserDataAbility 初始化时代码如下：

```
package com.waylau.hmos.dataabilityhelperaccessdatabase;

import ohos.aafwk.ability.Ability;
import ohos.aafwk.content.Intent;
import ohos.data.resultset.ResultSet;
import ohos.data.rdb.ValuesBucket;
import ohos.data.dataability.DataAbilityPredicates;
import ohos.hiviewdfx.HiLog;
import ohos.hiviewdfx.HiLogLabel;
import ohos.utils.net.Uri;
import ohos.utils.PacMap;

import java.io.FileDescriptor;

public class UserDataAbility extends Ability {
    private static final HiLogLabel LABEL_LOG = new HiLogLabel(3, 0xD001100,
     "Demo");

    @Override
    public void onStart(Intent intent) {
        super.onStart(intent);
        HiLog.info(LABEL_LOG,"UserDataAbility onStart");
    }

    @Override
    public ResultSet query(Uri uri, String[] columns, DataAbilityPredicates
     predicates) {
        return null;
    }
```

```
    @Override
    public int insert(Uri uri, ValuesBucket value) {
        HiLog.info(LABEL_LOG,"UserDataAbility insert");
        return 999;
    }

    @Override
    public int delete(Uri uri, DataAbilityPredicates predicates) {
        return 0;
    }

    @Override
    public int update(Uri uri, ValuesBucket value, DataAbilityPredicates
     predicates) {
        return 0;
    }

    @Override
    public FileDescriptor openFile(Uri uri, String mode) {
        return null;
    }

    @Override
    public String[] getFileTypes(Uri uri, String mimeTypeFilter) {
        return new String[0];
    }

    @Override
    public PacMap call(String method, String arg, PacMap extras) {
        return null;
    }

    @Override
    public String getType(Uri uri) {
        return null;
    }
}
```

UserDataAbility 自动在配置文件中添加了相应的配置，内容如下：

```
"abilities": [
    {
   "skills": [
        {
       "entities": [
           "entity.system.home"
        ],
       "actions": [
           "action.system.home"
        ]
        }
    ],
   "orientation":"landscape",
   "name":"com.waylau.hmos.dataabilityhelperaccessdatabase.MainAbility",
   "icon":"$media:icon",
   "description":"$string:mainability_description",
   "label":"DataAbilityHelperAccessDatabase",
   "type":"page",
   "launchType":"standard"
```

```
    },
    // 新增UserDataAbility配置
    {
   "permissions": [
       "com.waylau.hmos.dataabilityhelperaccessdatabase.DataAbilityShell
        Provider.PROVIDER"
    ],
   "name":"com.waylau.hmos.dataabilityhelperaccessdatabase.UserDataAbility",
   "icon":"$media:icon",
   "description":"$string:userdataability_description",
   "type":"data",
   "uri":"dataability://com.waylau.hmos.dataabilityhelperaccessdata base.
    UserDataAbility"
    }
]
```

从上述配置中可以看出，type 类型设置为 data；uri 为对外提供的访问路径，全局唯一；permissions 为访问该 Data Ability 时需要申请的访问权限。

5.11.2 初始化数据库

HarmonyOS 关系型数据库对外提供通用的操作接口，底层使用 SQLite 作为持久化存储引擎，支持 SQLite 具有的所有数据库特性，包括但不限于事务、索引、视图、触发器、外键、参数化查询和预编译 SQL 语句。初始化数据库，代码如下：

```
public class UserDataAbility extends Ability {
    private static final HiLogLabel LABEL_LOG =
            new HiLogLabel(HiLog.LOG_App, 0x00001,"UserDataAbility");
    private static final String DATABASE_NAME ="RdbStoreTest.db";
    private static final String TABLE_NAME ="user_t";
    private RdbStore store = null;

    @Override
    public void onStart(Intent intent) {
        super.onStart(intent);
        HiLog.info(LABEL_LOG,"UserDataAbility onStart");

        // 创建数据库连接，并获取连接对象
        DatabaseHelper helper = new DatabaseHelper(this);
        StoreConfig config = StoreConfig.newDefaultConfig(DATABASE_NAME);
        RdbOpenCallback callback = new RdbOpenCallback() {

            // 初始化数据库
            public void onCreate(RdbStore store) {
                store.executeSql("CREATE TABLE IF NOT EXISTS" + TABLE_NAME +
                        "(user_id INTEGER PRIMARY KEY, user_name TEXT NOT
                         NULL, user_age INTEGER)");
            }

            @Override
            public void onUpgrade(RdbStore store, int oldVersion, int
             newVersion) {
            }
        };

        store = helper.getRdbStore(config, 1, callback, null);
```

```
    }

    ...
```

上述代码中：

（1）初始化了一个名为 RdbStoreTest.db 的数据库。

（2）创建了一个名为 user_t 的表结构。该表包含 user_id、user_name 和 user_age 三个字段，其中 user_id 为主键。

（3）初始化了 RdbStore，用于方便后续关系型数据库（Relational DataBase，RDB）的管理。

5.11.3　重写query()方法

重写 UserDataAbility 的 query() 方法，代码如下：

```
@Override
public ResultSet query(Uri uri, String[] columns, DataAbilityPredicates
predicates) {

    if (store == null) {
        HiLog.error(LABEL_LOG,"failed to query, ormContext is null");
        return null;
    }

    // 查询数据库
    RdbPredicates rdbPredicates = DataAbilityUtils.createRdbPredicates
     (predicates, TABLE_NAME);
    ResultSet resultSet = store.query(rdbPredicates, columns);
    if (resultSet == null) {
        HiLog.info(LABEL_LOG,"resultSet is null");
    }

    // 返回结果
    return resultSet;
}
```

上述代码中：

（1）DataAbilityUtils 工具类将入参 DataAbilityPredicates 转换为 RdbStore 所能处理的 RdbPredicates。

（2）通过 RdbStore 查询所需要的字段。

5.11.4　重写insert()方法

重写 UserDataAbility 的 insert() 方法，代码如下：

```
@Override
public int insert(Uri uri, ValuesBucket value) {
    HiLog.info(LABEL_LOG,"UserDataAbility insert");

    // 参数校验
    if (store == null) {
        HiLog.error(LABEL_LOG,"failed to insert, ormContext is null");
        return -1;
```

```
    }

    // 插入数据库
    long userId = store.insert(TABLE_NAME, value);

    return Integer.valueOf(userId +"");
}
```

上述代码中，通过 RdbStore 插入表对应的数据；RdbStore 插入数据后的返回值是该插入数据的主键，即 user_id 字段值。

5.11.5 重写update()方法

重写 UserDataAbility 的 update() 方法，代码如下：

```
@Override
public int update(Uri uri, ValuesBucket value, DataAbilityPredicates predicates) {
    if (store == null) {
        HiLog.error(LABEL_LOG,"failed to update, ormContext is null");
        return -1;
    }

    RdbPredicates rdbPredicates =
            DataAbilityUtils.createRdbPredicates(predicates, TABLE_NAME);
    int index = store.update(value, rdbPredicates);
    return index;
}
```

上述代码中，DataAbilityUtils 工具类将入参 DataAbilityPredicates 转换为 RdbStore 所能处理的 RdbPredicates；通过 RdbStore 更新了对应条件的数据，更新后返回的 value 值代表更新的数量。

5.11.6 重写delete()方法

重写 UserDataAbility 的 delete() 方法，代码如下：

```
@Override
public int delete(Uri uri, DataAbilityPredicates predicates) {
    if (store == null) {
        HiLog.error(LABEL_LOG,"failed to delete, ormContext is null");
        return -1;
    }

    RdbPredicates rdbPredicates =
        DataAbilityUtils.createRdbPredicates(predicates, TABLE_NAME);
    int value = store.delete(rdbPredicates);
    return value;
}
```

上述代码中，DataAbilityUtils 工具类将入参 DataAbilityPredicates 转换为 RdbStore 所能处理的 RdbPredicates；通过 RdbStore 删除了对应条件的数据，删除后返回的 value 值代表删除的数量。

5.11.7 修改MainAbilitySlice

修改 MainAbilitySlice 的 onStart() 方法，代码如下：

```
package com.waylau.hmos.dataabilityhelperaccessdatabase.slice;

import com.waylau.hmos.dataabilityhelperaccessdatabase.ResourceTable;
import ohos.aafwk.ability.AbilitySlice;
import ohos.aafwk.ability.DataAbilityHelper;
import ohos.aafwk.ability.DataAbilityRemoteException;
import ohos.aafwk.content.Intent;
import ohos.agp.components.Text;
import ohos.data.dataability.DataAbilityPredicates;
import ohos.data.rdb.ValuesBucket;
import ohos.data.resultset.ResultSet;
import ohos.hiviewdfx.HiLog;
import ohos.hiviewdfx.HiLogLabel;
import ohos.utils.net.Uri;

public class MainAbilitySlice extends AbilitySlice {
    private static final HiLogLabel LABEL_LOG =
        new HiLogLabel(HiLog.LOG_App, 0x00001,"MainAbilitySlice");

    @Override
    public void onStart(Intent intent) {
        super.onStart(intent);
        super.setUIContent(ResourceTable.Layout_ability_main);

        // 添加单击事件，触发访问数据
        Text text = (Text) findComponentById(ResourceTable.Id_text_helloworld);
        text.setClickedListener(listener -> this.doDatabaseAction());
    }

    private void doDatabaseAction() {

        DataAbilityHelper helper = DataAbilityHelper.creator(this);
        // 访问数据用的 URI，注意用三个斜杠
        Uri uri =
            Uri.parse("dataability:///com.waylau.hmos.dataabilityhelperac-
             cessdatabase.UserDataAbility");
        String[] columns = {"user_id","user_name","user_age"};

        // 查询
        doQuery(helper, uri, columns);

        // 插入
        doInsert(helper, uri, columns);

        // 查询
        doQuery(helper, uri, columns);

        // 更新
        doUpdate(helper, uri, columns);

        // 查询
        doQuery(helper, uri, columns);

        // 删除
```

```
        doDelete(helper, uri, columns);

        // 查询
        doQuery(helper, uri, columns);
    }

    private void doQuery(DataAbilityHelper helper, Uri uri, String[] columns) {
        // 构造查询条件
        DataAbilityPredicates predicates = new DataAbilityPredicates();
        predicates.between("user_id", 101, 200);

        // 进行查询
        ResultSet resultSet = null;
        try {
            resultSet = helper.query(uri, columns, predicates);

        } catch (DataAbilityRemoteException e) {
            e.printStackTrace();
        }

        if (resultSet != null && resultSet.getRowCount() > 0) {
            // 在此处理 ResultSet 中的记录
            while (resultSet.goToNextRow()) {
                // 处理结果
                HiLog.info(LABEL_LOG,"resultSet user_id： %{public}s,
                    user_name： %{public}s, user_age： %{public}s",
                    resultSet.getInt(0), resultSet.getString(1), resultSet.
                     getInt(2));
            }
        } else {
            HiLog.info(LABEL_LOG,"resultSet is null or row count is 0");
        }
    }

    private void doInsert(DataAbilityHelper helper, Uri uri, String[] columns) {
        // 构造查询条件
        DataAbilityPredicates predicates = new DataAbilityPredicates();
        predicates.between("user_Id", 101, 103);

        // 构造插入数据
        ValuesBucket valuesBucket = new ValuesBucket();
        valuesBucket.putInteger(columns[0], 101);
        valuesBucket.putString(columns[1],"Way Lau");
        valuesBucket.putInteger(columns[2], 33);

        try {
            int result = helper.insert(uri, valuesBucket);
            HiLog.info(LABEL_LOG,"insert result： %{public}s", result);
        } catch (DataAbilityRemoteException e) {
            e.printStackTrace();
        }
    }

    private void doUpdate(DataAbilityHelper helper, Uri uri, String[] columns) {
        // 构造查询条件
        DataAbilityPredicates predicates = new DataAbilityPredicates();
        predicates.equalTo("user_id", 101);
```

```
        // 构造更新数据
        ValuesBucket valuesBucket = new ValuesBucket();
        valuesBucket.putInteger(columns[0], 101);
        valuesBucket.putString(columns[1],"Way Lau");
        valuesBucket.putInteger(columns[2], 35);

        try {
            int result = helper.update(uri, valuesBucket, predicates);

            HiLog.info(LABEL_LOG,"update result:  %{public}s", result);
        } catch (DataAbilityRemoteException e) {
            e.printStackTrace();
        }
    }


    private void doDelete(DataAbilityHelper helper, Uri uri, String[] columns) {
        // 构造查询条件
        DataAbilityPredicates predicates = new DataAbilityPredicates();
        predicates.equalTo("user_id", 101);

        try {
            int result = helper.delete(uri, predicates);

            HiLog.info(LABEL_LOG,"delete result:  %{public}s", result);
        } catch (DataAbilityRemoteException e) {
            e.printStackTrace();
        }
    }

    @Override
    public void onActive() {
        super.onActive();
    }

    @Override
    public void onForeground(Intent intent) {
        super.onForeground(intent);
    }
}
```

上述代码中：

（1）在 Text 中添加单击事件，触发访问数据库的操作。

（2）doDatabaseAction() 方法用于执行数据库操作。借助 DataAbilityHelper 类的方法，访问当前 UserDataAbility 提供的数据库数据，分别执行了查询、插入、查询、更新、查询、删除和查询动作。

注意：上述代码中访问的 URI 与 UserDataAbility 在配置数据库中的添加的 URI 基本一致，唯一的区别是上述代码中访问的 URI 用三个斜杠。

5.11.8　运行

运行应用后，效果如图 5-25 所示。

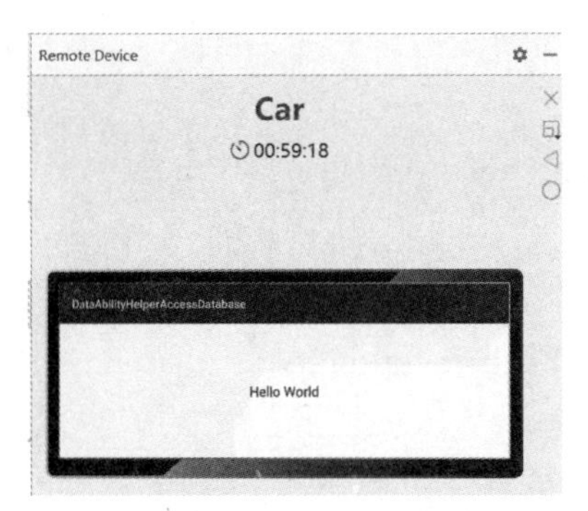

图5-25　应用运行效果

单击文本 Hello World，触发访问数据库操作，可以看到控制台 HiLog 输出内容如下：

```
01-02 23:29:45.275 22633-22703/com.waylau.hmos.dataabilityhelperaccessdata
 base I 00001/UserDataAbility: UserDataAbility onStart
01-02 23:30:38.333 22633-22633/com.waylau.hmos.dataabilityhelperaccessdata
 base I 00001/MainAbilitySlice: resultSet is null or row count is 0
01-02 23:30:38.334 22633-22633/com.waylau.hmos.dataabilityhelperaccessdata
 base I 00001/UserDataAbility: UserDataAbility insert
01-02 23:30:38.338 22633-22633/com.waylau.hmos.dataabilityhelperaccessdata
 base I 00001/MainAbilitySlice: insert result: 101
01-02 23:30:38.348 22633-22633/com.waylau.hmos.dataabilityhelperaccessdata
 base I 00001/MainAbilitySlice: resultSet user_id: 101, user_name: Way
 Lau, user_age: 33
01-02 23:30:38.353 22633-22633/com.waylau.hmos.dataabilityhelperaccessdata
 base I 00001/MainAbilitySlice: update result: 1
01-02 23:30:38.357 22633-22633/com.waylau.hmos.dataabilityhelperaccessdata
 base I 00001/MainAbilitySlice: resultSet user_id: 101, user_name: Way
 Lau, user_age: 35
01-02 23:30:38.361 22633-22633/com.waylau.hmos.dataabilityhelperaccessdata
 base I 00001/MainAbilitySlice: delete result: 1
01-02 23:30:38.364 22633-22633/com.waylau.hmos.dataabilityhelperaccessdata
 base I 00001/MainAbilitySlice: resultSet is null or row count is 0
```

从上述运行日志，可以验证程序的运行状态。

（1）执行查询，数据库中的数据为空。

（2）插入一条用户数据，该数据的 user_id 是 101。

（3）执行查询，返回 user_id 是 101 的用户数据，其中 user_name 是 Way Lau，user_age 是 33。

（4）执行更新操作。

（5）执行查询，可以看到 user_id 是 101 的用户数据，user_age 被改为 35。

（6）执行删除操作。

（7）执行查询，数据库中的数据为空。

5.12 Intent

在 HarmonyOS 中，Intent 是对象之间传递信息的载体。例如，当一个 Ability 需要启动另一个

Ability 时，或者一个 AbilitySlice 需要导航到另一个 AbilitySlice 时，可以通过 Intent 指定启动的目标同时携带相关数据。

Intent 的构成元素包括 Operation 与 Parameters。

5.12.1　Operation与Parameters

Operation 由表 5-1 所示的属性组成。

表5-1　Operation的属性

属性	描述
Action	表示动作，通常使用系统预置Action，应用也可以自定义Action。例如，IntentConstants.ACTION_HOME表示返回桌面动作
Entity	表示类别，通常使用系统预置Entity，应用也可以自定义Entity。例如，Intent.ENTITY_HOME表示在桌面显示图标
URI	表示URI描述。如果在Intent中指定了URI，则Intent将匹配指定的URI信息，包括scheme、schemeSpecificPart、authority和path信息
Flags	表示处理Intent的方式。例如，Intent.FLAG_ABILITY_CONTINUATION标记在本地的一个Ability是否可以迁移到远端设备继续运行
BundleName	表示包描述。如果在Intent中同时指定了BundleName和AbilityName，则Intent可以直接匹配到指定的Ability
AbilityName	表示待启动的Ability名称。如果在Intent中同时指定了BundleName和AbilityName，则Intent可以直接匹配到指定的Ability
DeviceId	表示运行指定Ability的设备ID

除上述属性之外，开发者也可以通过 Parameters 传递某些请求所需的额外信息。Parameters 是一种支持自定义的数据结构。

当 Intent 用于发起请求时，根据指定元素的不同，启动分为两种类型：

（1）如果同时指定了 BundleName 与 AbilityName，则根据 Ability 的全称（如 com.waylau.hmos.PayAbility）直接启动应用。

（2）如果未同时指定 BundleName 和 AbilityName，则根据 Operation 中的其他属性启动应用。

5.12.2　根据Ability的全称启动应用

通过构造包含 BundleName 与 AbilityName 的 Operation 对象，可以启动一个 Ability，并导航到该 Ability。

在 5.8 节的 ServiceAbilityLifeCycle 应用中，启动本地服务的方式就是根据 Ability 的全称启动应用的一个示例，代码如下：

```
/**
* 启动本地服务
*/
private void startupLocalService(Intent intent) {
    // 构建操作方式
    Operation operation = new Intent.OperationBuilder()
```

```
            // 设备 ID
            .withDeviceId("")
            // 包名称
            .withBundleName("com.waylau.hmos.serviceabilitylifecycle")
            // 待启动的 Ability 名称
            .withAbilityName("com.waylau.hmos.serviceabilitylifecycle.
             TimeServiceAbility")
            .build();
    // 设置操作
    intent.setOperation(operation);
    startAbility(intent);

    HiLog.info(LOG_LABEL,"startupLocalService");
}
```

在上述代码中，通过 Intent 中的 OperationBuilder 类构造 operation 对象，指定设备 ID（空串表示当前设备）、应用包名和 Ability 名称。

5.12.3 根据Operation的其他属性启动应用

有些场景下，开发者需要在应用中使用其他应用提供的某种能力，而不感知提供该能力的具体是哪一个应用。例如，开发者需要通过浏览器打开一个链接，而不关心用户最终选择哪一个浏览器应用，则可以通过 Operation 的其他属性（除 BundleName 与 AbilityName 之外的属性）描述需要的能力。如果设备上存在多个应用提供同种能力，系统则弹出候选列表，由用户选择由哪个应用处理请求。以下示例展示使用 Intent 跨 Ability 查询天气信息。

创建一个名为 IntentOperationWithAction 的 Car 设备类型应用。

1. 创建Page

通过 DevEco Studio 创建一个关于天气信息的 Page，如图 5-26 所示。

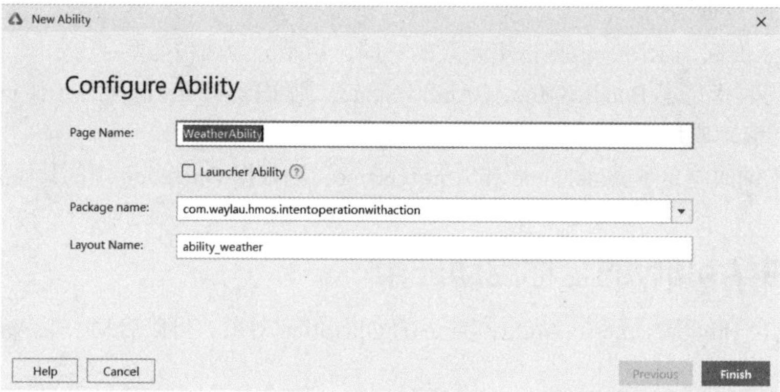

图5-26　创建Page

自动创建如下 WeatherAbilitySlice 类：

```
package com.waylau.hmos.intentoperationwithaction.slice;

import com.waylau.hmos.intentoperationwithaction.ResourceTable;
import ohos.aafwk.ability.AbilitySlice;
import ohos.aafwk.content.Intent;
```

```
import ohos.hiviewdfx.HiLog;
import ohos.hiviewdfx.HiLogLabel;

public class WeatherAbilitySlice extends AbilitySlice {
    @Override
    public void onStart(Intent intent) {
        super.onStart(intent);
        super.setUIContent(ResourceTable.Layout_ability_weather);
    }

    @Override
    public void onActive() {
        super.onActive();
    }

    @Override
    public void onForeground(Intent intent) {
        super.onForeground(intent);
    }
}
```

WeatherAbility 使用的布局名称是 ability_weather。修改 ability_weather.xml，内容如下：

```
<?xml version="1.0" encoding="utf-8"?>
<DirectionalLayout
    xmlns:ohos="http://schemas.huawei.com/res/ohos"
    ohos:height="match_parent"
    ohos:width="match_parent"
    ohos:orientation="vertical">

    <Text
        ohos:id="$+id:text_weather"
        ohos:height="match_parent"
        ohos:width="match_content"
        ohos:background_element="$graphic:background_ability_weather"
        ohos:layout_alignment="horizontal_center"
        ohos:text="Weather"
        ohos:text_size="50"
        />

</DirectionalLayout>
```

上述布局会在页面正中显示 Weather 字样。

2. 配置路由

修改配置文件，增加 action.weather 路由信息，内容如下：

```
"abilities": [
      {
       "skills": [
          {
           "entities": [
             "entity.system.home"
           ],
           "actions": [
             "action.system.home"
           ]
          }
        ],
```

```
        "orientation":"landscape",
        "name":"com.waylau.hmos.intentoperationwithaction.MainAbility",
        "icon":"$media:icon",
        "description":"$string:mainability_description",
        "label":"IntentOperationWithAction",
        "type":"page",
        "launchType":"standard"
      },
      {
        "skills": [
          {
            "actions": [
              "action.weather" // 指定路由的动作
            ]
          }
        ],
        "orientation":"landscape",
        "name":"com.waylau.hmos.intentoperationwithaction.WeatherAbility",
        "icon":"$media:icon",
        "description":"$string:weatherability_description",
        "label":"entry",
        "type":"page",
        "launchType":"standard"
      }
    ]
```

上述配置，是为了配置路由以便支持以此 action 导航到对应的 AbilitySlice。

3. 修改WeatherAbility

重写 WeatherAbility 类的 onActive() 方法，代码如下：

```
package com.waylau.hmos.intentoperationwithaction;

import com.waylau.hmos.intentoperationwithaction.slice.WeatherAbilitySlice;
import ohos.aafwk.ability.Ability;
import ohos.aafwk.content.Intent;
import ohos.hiviewdfx.HiLog;
import ohos.hiviewdfx.HiLogLabel;

public class WeatherAbility extends Ability {
    private static final HiLogLabel LABEL_LOG =
            new HiLogLabel(HiLog.LOG_App, 0x00001,"WeatherAbility");
    private final static int CODE = 1;
    private static final String TEMP_KEY ="temperature";

    @Override
    public void onStart(Intent intent) {
        super.onStart(intent);
        super.setMainRoute(WeatherAbilitySlice.class.getName());
    }

    @Override
    protected void onActive() {
        HiLog.info(LABEL_LOG,"before onActive");

        super.onActive();

        Intent resultIntent = new Intent();
        resultIntent.setParam(TEMP_KEY,"17");
```

```
        setResult(CODE, resultIntent); // 暂存返回结果

        HiLog.info(LABEL_LOG,"after onActive");
    }
}
```

上述代码中：

（1）resultIntent 是 Intent 的示例，用于返回结果。

（2）通过 Parameters 的方式传递天气信息。Parameters 是一种支持自定义的数据结构，通过 setParam() 方法，将温度 17 放到 resultIntent 中。

（3）调用 setResult() 方法暂存返回结果。

4. 修改MainAbilitySlice

MainAbilitySlice 作为请求方，修改代码如下：

```
package com.waylau.hmos.intentoperationwithaction.slice;

import com.waylau.hmos.intentoperationwithaction.ResourceTable;
import ohos.aafwk.ability.AbilitySlice;
import ohos.aafwk.content.Intent;
import ohos.aafwk.content.Operation;
import ohos.agp.components.Text;
import ohos.hiviewdfx.HiLog;
import ohos.hiviewdfx.HiLogLabel;

public class MainAbilitySlice extends AbilitySlice {
    private static final HiLogLabel LABEL_LOG =
            new HiLogLabel(HiLog.LOG_App, 0x00001,"MainAbilitySlice");
    private final static int CODE = 1;
    private static final String TEMP_KEY ="temperature";

    @Override
    public void onStart(Intent intent) {
        super.onStart(intent);
        super.setUIContent(ResourceTable.Layout_ability_main);

        // 添加单击事件， 触发请求
        Text text = (Text) findComponentById(ResourceTable.Id_text_hellow
         orld);
        text.setClickedListener(listener -> this.queryWeather());
    }
    private void queryWeather() {
        HiLog.info(LABEL_LOG,"before queryWeather");

        Intent intent = new Intent();

        Operation operation = new Intent.OperationBuilder()
                .withAction("action.weather")
                .build();
        intent.setOperation(operation);

        // 上述方式等同于 intent.setAction("action.weather");

        startAbilityForResult(intent, CODE);
    }
```

```
    @Override
    protected void onAbilityResult(int requestCode, int resultCode, Intent
     resultData) {
        HiLog.info(LABEL_LOG,"onAbilityResult");

        switch (requestCode) {
            case CODE:
                HiLog.info(LABEL_LOG,"code 1 result: %{public}s",
                        resultData.getStringParam(TEMP_KEY));
                break;
            default:
                HiLog.info(LABEL_LOG,"defualt result: %{public}s", re
                 sultData.getAction());
                break;
        }
    }

    ...
}
```

上述代码中：

（1）Text 中增加了单击事件以触发请求，并路由到 action.weather。

（2）重写了 onAbilityResult() 方法，用来接收请求的返回值。注意，resultData 获取的返回参数的值是字符串，因此需要用 getStringParam() 方法；如果是整型，则可以使用 getIntParam() 方法。

5. 运行应用

运行应用，界面效果如图 5-27 所示。

单击文本 Hello World，触发路由到 action.weather 的请求，界面效果如图 5-28 所示。

图5-27　应用运行效果

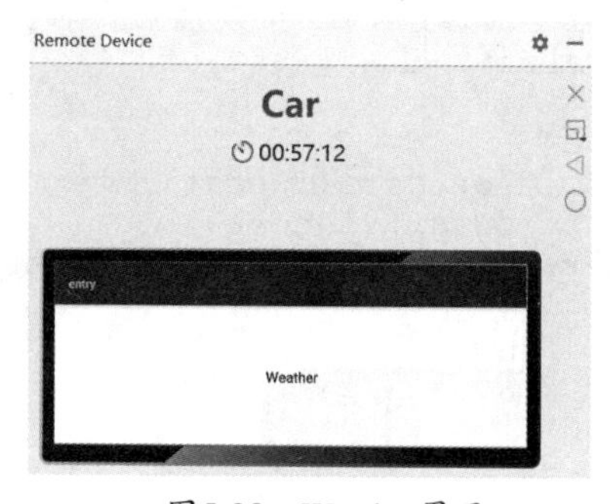

图5-28　Weather界面

此时，控制台 HiLog 输出内容如下：

```
01-04 00:46:11.175 5821-5821/com.waylau.hmos.intentoperationwithaction I
 00001/MainAbilitySlice: before queryWeather
01-04 00:46:11.374 5821-5821/com.waylau.hmos.intentoperationwithaction I
 00001/WeatherAbility: before onActive
01-04 00:46:11.375 5821-5821/com.waylau.hmos.intentoperationwithaction I
 00001/WeatherAbility: after onActive
```

单击模拟器返回按钮，返回 Hello World 界面，如图 5-29 所示。

图5-29 返回Hello World界面

此时，控制台 HiLog 输出内容如下：

```
01-04 00:49:57.127 5821-5821/com.waylau.hmos.intentoperationwithaction I
 00001/MainAbilitySlice: onAbilityResult
01-04 00:49:57.127 5821-5821/com.waylau.hmos.intentoperationwithaction I
 00001/MainAbilitySlice: code 1 result: 17
```

从上述日志文件中也可以看出，MainAbilitySlice 已经能够获取 WeatherAbility 的返回值，温度是“17”。

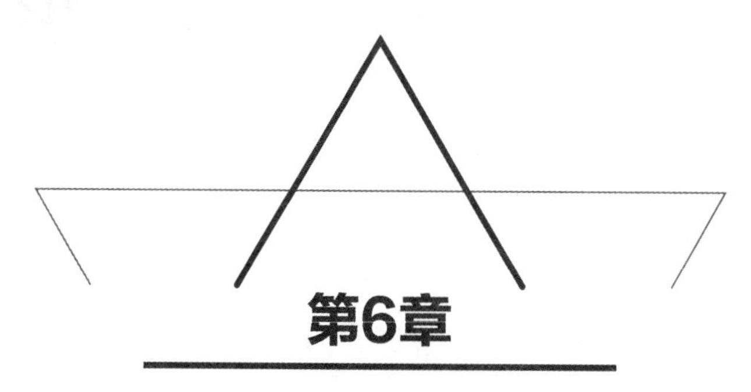

第6章 Ability任务调度

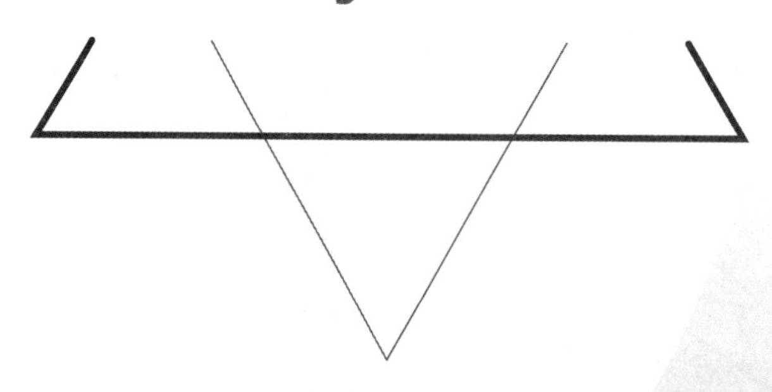

在 HarmonyOS 中，分布式任务调度平台对搭载 HarmonyOS 的多设备构筑的“超级虚拟终端”提供统一的组件管理能力，为应用定义统一的能力基线、接口形式、数据结构、服务描述语言，屏蔽硬件差异；支持远程启动、远程调用、业务无缝迁移等分布式任务。

分布式任务调度平台在底层实现 Ability 跨设备的启动、关闭、连接、断开连接以及迁移等能力，实现跨设备的组件管理。

6.1 分布式任务调度概述

分布式任务调度的核心价值主要体现在以下几个方面。

6.1.1 超级虚拟终端的能力互助

在 HarmonyOS 中，分布式任务调度平台是支持超级虚拟终端的关键技术和能力，提供针对多设备场景下的统一的组件管理能力。

图 6-1 展示了分布式任务调度平台在 HarmonyOS 中的地位。分布式任务调度平台助力超级虚拟终端实现两方面的能力互助：

（1）硬件能力，如在手机中玩游戏时，玩家将游戏画面切换到大屏电视上；

（2）软件能力，如在骑行过程中，骑手通过手表获取到手机所提供的地图定位服务。

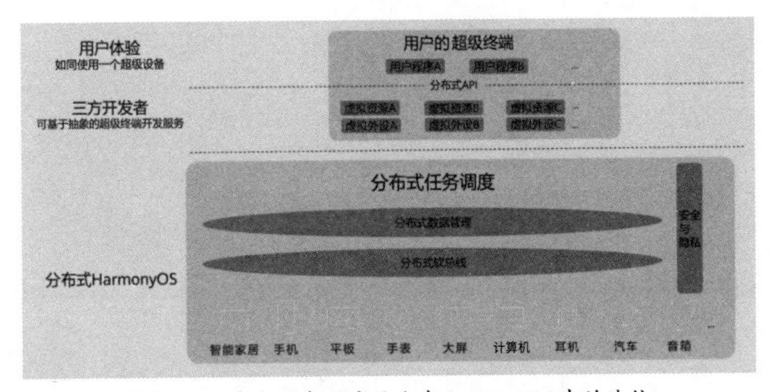

图6-1　分布式任务调度平台在HarmonyOS中的地位

6.1.2 跨设备软件访问的系统服务

传统的跨设备软件开发是极其烦琐的，主要体现在以下几个方面。

（1）平台烦琐。目前，针对硬件而言，CPU 处理器技术架构主要分为 X86 和 ARM（Advanced RISC Machines）而针对操作系统而言，主流程的平台有 Linux、MacOS、Windows、Android 等。开发者不得不针对不同的平台进行兼容性开发，这带来了极大的开发难度和工作量。因此，有些软件厂商只针对部分平台推出软件，如微信聊天软件在 Windows、MacOS、Android 平台下就能提供丰富的功能，而在 Linux 平台下却没有对应的安装包。

（2）开发复杂。开发一个分布式系统本身是复杂的，需要考虑设备通信、序列化、事务、安全性、可用性等方面的内容，如果开发者需要自己从零开始构建一套分布式系统，则开发工作相当复杂。对此有兴趣的读者可以参阅笔者所著的《分布式系统常用技术及案例分析》。

为了降低开发者开发跨设备的应用的难度，分布式任务调度平台提供了跨设备软件访问的系统服务。借助分布式任务调度平台，开发者在调用跨设备的服务时，实际上与调用本地服务没有差别。

图 6-2 展示了跨设备之间的软件访问。

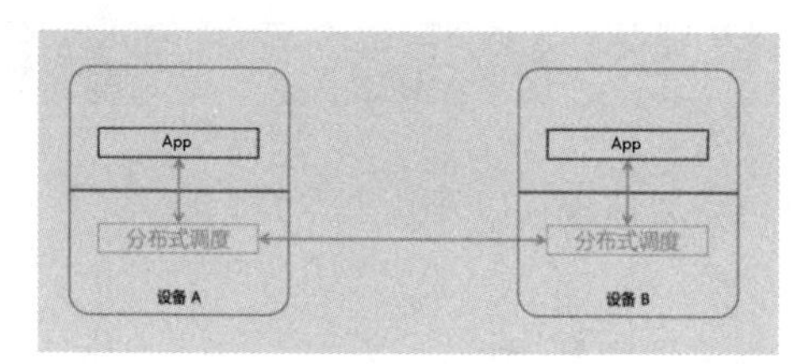

图6-2　跨设备之间的软件访问

6.1.3　全场景下的任务调度

分布式任务调度既支持 HarmonyOS 的富设备，也支持 HarmonyOS 的轻设备；除此之外，通过 HarmonyOS 分布式中间件，还能支持其他 OS 的任务调度。

图 6-3 展示了 HarmonyOS 与 HarmonyOS 设备之间以及 HarmonyOS 与其他 OS 之间的任务调度。

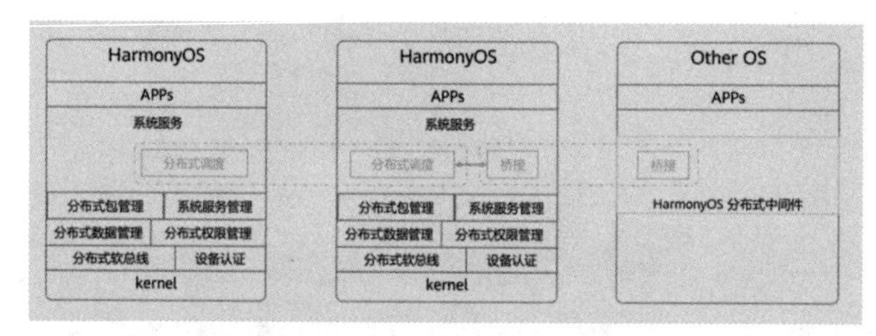

图6-3　HarmonyOS与HarmonyOS设备之间以及与其他OS之间的任务调度

6.2　分布式任务调度能力简介

分布式任务调度平台在 HarmonyOS 底层实现 Ability 跨设备的组件管理、控制和访问，如图 6-4 所示。

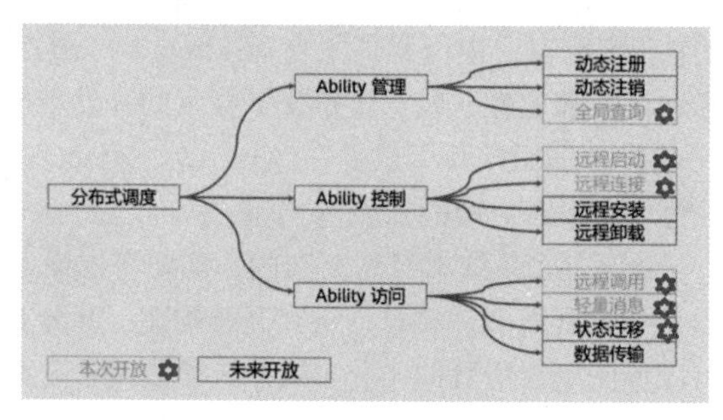

图6-4　分布式任务调度能力

截至目前，分布式任务调度平台已经开放的功能如下。

（1）全局查询：支持查询在相同组网下到底有哪些设备、这些设备是在线的还是离线的等。

（2）启动和关闭：向开发者提供管理远程 Ability 的能力，即支持启动 Page 模板的 Ability，以及启动、关闭 Service 和 Data 模板的 Ability。

（3）连接和断开连接：向开发者提供跨设备控制服务（Service 和 Data 模板的 Ability）的能力，开发者可以通过与远程服务连接及断开连接实现获取或注销跨设备管理服务的对象，达到和本地一致的服务调度。

（4）迁移能力：向开发者提供跨设备业务的无缝迁移能力，开发者可以通过调用 Page 模板 Ability 的迁移接口将本地业务无缝迁移到指定设备中，打通设备间的壁垒。

（5）轻量通信：可以通过远程对象的方式实现设备之间的轻量通信。

1. 全局查询

图 6-5 所示为全局查询。

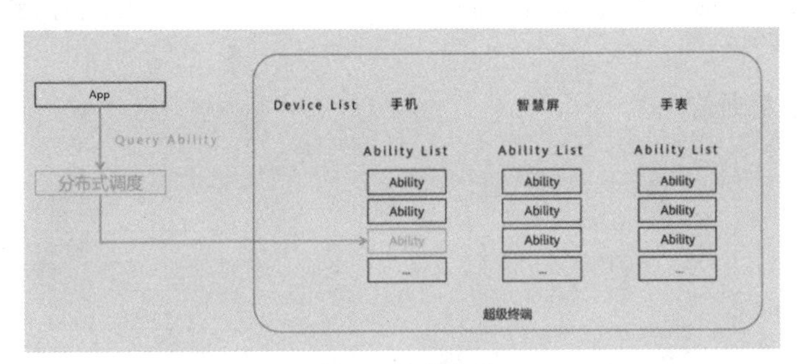

图6-5　全局查询

全局查询可以分为两个维度：针对设备的查询以及针对 Ability 的查询。其中，针对设备的查询是指在相同组网下，支持查询该网络下到底有哪些设备、这些设备是在线的还是离线的、该设备具备哪些 Ability 等；针对 Ability 的查询是指查询到底哪些设备支持具体的特定功能，如当需要进行投屏时可以查看周边哪些设备支持投屏功能。

2. 启动和关闭

图 6-6 所示为启动和关闭。

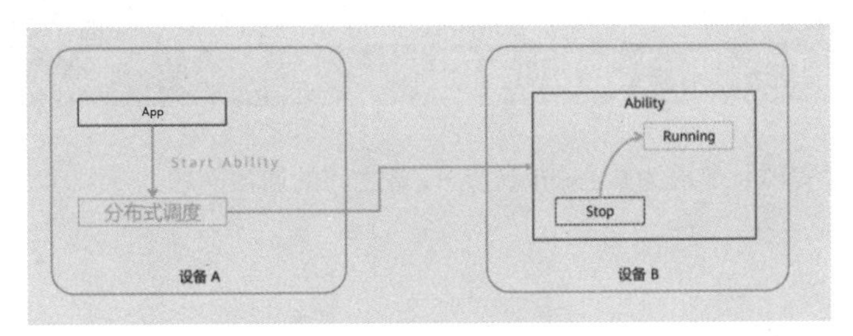

图6-6　启动和关闭

与 PC 不同，移动终端的一个短板在于其硬件资源和电池存在一定瓶颈，这决定了在为移动终端设计 Ability 时，这些 Ability 需要按需启动或者关闭。分布式任务调度平台提供了管理远程 Ability 的能力，即支持启动 Page 模板的 Ability，以及启动、关闭 Service 和 Data 模板的 Ability。

3. 连接和断开连接

图 6-7 所示为连接和断开连接。

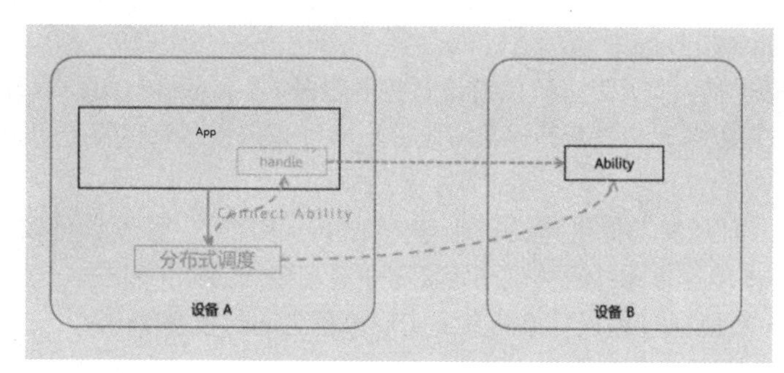

图6-7　连接和断开连接

在连接到远程设备之后，即可对设备进行一系列的操作。操作完成之后，也可以断开连接。

4. 轻量通信

图 6-8 所示为轻量通信。

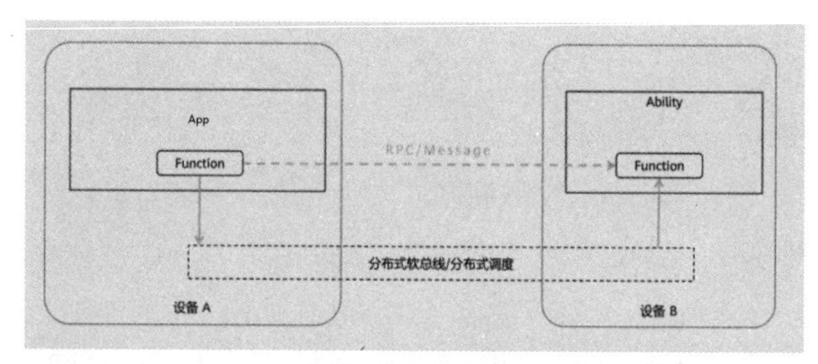

图6-8　轻量通信

轻量通信本质是指，以 RPC（Remote Procedure Call，远程过程调用）或者消息的方式，实现设备之间的通信。这使得设备在调用其他方法时与调用本地方法类似。

6.3 分布式任务调度实现原理

分布式任务调度实现原理最为核心的问题是设备之间的通信问题。

6.3.1 PRC

PRC 主要涉及三方面内容，即接口定义、序列化和反序列化。要实现 PRC，必须要实现 IRemoteBroker 接口；同时，需要在本地及对端分别实现对外接口一致的代理。一个具备加法能力的代理示例代码如下：

```
public class MyRemoteProxy implements IRemoteBroker{
    private static final int ERR_OK = 0;
    private static final int COMMAND_PLUS = IRemoteObject.MIN_TRANSACTION_ID;
    private final IRemoteObject remote;

    public MyRemoteProxy(IRemoteObject remote) {
```

```
        this.remote = remote;
    }

    @Override
    public IRemoteObject asObject() {
        return remote;
    }

    public int plus(int a, int b) throws RemoteException {
        MessageParcel data = MessageParcel.obtain();
        MessageParcel reply = MessageParcel.obtain();

        // option 不同的取值决定了采用同步或异步方式跨设备控制 PA
        // 本例需要同步获取对端 PA 执行加法的结果，因此采用同步方式，即 MessageOp
        // tion.TF_SYNC
        // 具体 MessageOption 的设置可参考相关 API 文档
        MessageOption option = new MessageOption(MessageOption.TF_SYNC);
        data.writeInt(a);
        data.writeInt(b);

        try {
            remote.sendRequest(COMMAND_PLUS, data, reply, option);
            int ec = reply.readInt();
            if (ec != ERR_OK) {
                throw new RemoteException();
            }
            int result = reply.readInt();
            return result;
        } catch (RemoteException e) {
            throw new RemoteException();
        } finally {
            data.reclaim();
            reply.reclaim();
        }
    }
}
```

6.3.2　HarmonyOS设备之间的通信

HarmonyOS 设备之间的通信原理如图 6-9 所示。

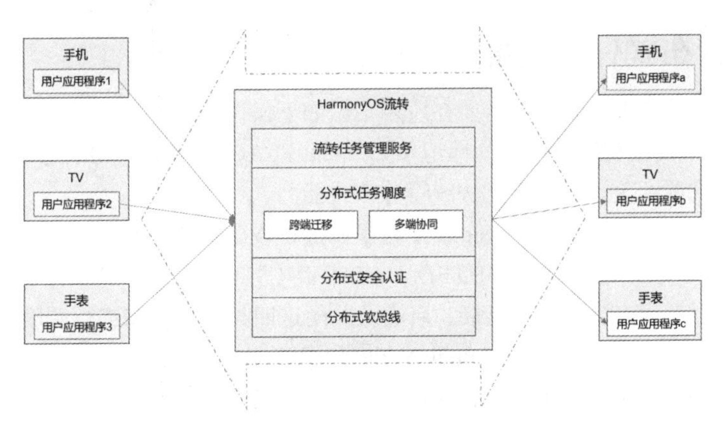

图6-9　HarmonyOS设备之间的通信原理

无论是调用本地设备还是远程设备的 Ability，HarmonyOS 都是通过 RemoteObject 来实现的。当初次调用远程设备时，会先通过分布式调度平台获取远程设备的一个句柄，在后续的通信过程中，本地设备就可以不必再依赖分布式调度平台而直接通过句柄与远程设备进行通信，从而提升了通信效率。

6.3.3 HarmonyOS设备与其他OS设备之间的通信

HarmonyOS 设备与其他 OS 设备之间的通信原理如图 6-10 所示。

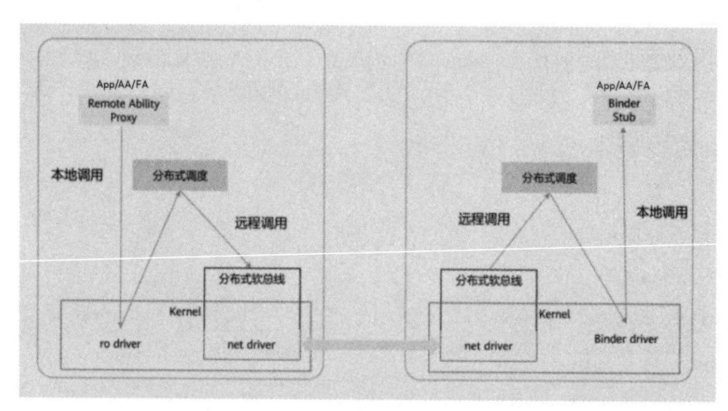

图6-10 HarmonyOS设备与其他OS设备之间的通信原理

与 HarmonyOS 设备之间的通信不同，HarmonyOS 设备与其他 OS 设备之间无法直接通过句柄进行调用，因此分布式调度平台充当了 HarmonyOS 设备与其他 OS 设备之间的代理。所有的通信必须经过分布式调度平台，分布式调度平台会做调用过程中的序列化和反序列化。因此，从通信效率而言，HarmonyOS 设备与其他 OS 设备之间的通信效率肯定要低于 HarmonyOS 设备之间的通信效率。

6.4 实现分布式任务调度

在了解了分布式任务调度的实现原理之后，接下来介绍如何实现分布式任务调度。

6.4.1 实现分布式任务调度

要实现分布式任务调度，开发者需要在应用中做如下操作。

（1）在 Intent 中设置支持分布式的标记（如 Intent.FLAG_ABILITYSLICE_MULTI_DEVICE 表示该应用支持分布式调度），否则将无法获得分布式能力。

（2）在 config.json 中的 reqPermissions 字段里添加多设备协同访问的权限申请：三方应用使用 {“name”：“ohos.permission.DISTRIBUTED_DATASYNC”}。

（3）PA 的调用支持连接及断开连接、启动及关闭这四类行为，在进行调度时：

①必须在 Intent 中指定 PA 对应的 bundleName 和 abilityName。

②当需要跨设备启动、关闭或连接 PA 时，需要在 Intent 中指定对端设备的 deviceId。可通过如设备管理类 DeviceManager 提供的 getDeviceList 获取指定条件下匿名化处理的设备列表，

实现对指定设备 PA 的启动 / 关闭以及连接管理。

（4）FA 的调用支持启动和迁移行为，在进行调度时：

①当启动 FA 时，需要开发者在 Intent 中指定对端设备的 deviceId、bundleName 和 abilityName。

②实现相同 bundleName 和 abilityName 的 FA 要实现跨设备迁移，需要指定迁移设备的 deviceId。

6.4.2 分布式任务调度支持的场景

根据 Ability 模板及意图的不同，分布式任务调度向开发者提供以下六种能力：启动远程 FA、启动远程 PA、关闭远程 PA、连接远程 PA、断开连接远程 PA 和 FA 跨设备迁移。下面以设备 A（本地设备）和设备 B（远端设备）为例进行场景介绍。

（1）设备 A 启动设备 B 的 FA：在设备 A 上通过本地应用提供的启动按钮启动设备 B 上对应的 FA。例如，设备 A 控制设备 B 打开相册，只需开发者在启动 FA 时指定打开相册的意图即可。

（2）设备 A 启动设备 B 的 PA：在设备 A 上通过本地应用提供的启动按钮启动设备 B 上指定的 PA。例如，开发者在启动远程服务时通过意图指定音乐播放服务，即可实现设备 A 启动设备 B 音乐播放的能力。

（3）设备 A 关闭设备 B 的 PA：在设备 A 上通过本地应用提供的关闭按钮关闭设备 B 上指定的 PA。类似启动的过程，开发者在关闭远程服务时通过意图指定音乐播放服务，即可实现关闭设备 B 上该服务的能力。

（4）设备 A 连接设备 B 的 PA：在设备 A 上通过本地应用提供的连接按钮连接设备 B 上指定的 PA。连接后，通过其他功能相关按钮实现控制对端 PA 的能力。通过连接关系，开发者可以实现跨设备的同步服务调度，实现如大型计算任务互助等价值场景。

（5）设备 A 与设备 B 的 PA 断开连接：在设备 A 上通过本地应用提供的断开连接按钮将之前已连接的 PA 断开连接。

（6）设备 A 的 FA 迁移至设备 B：设备 A 上通过本地应用提供的迁移按钮将设备 A 的业务无缝迁移到设备 B 中。通过业务迁移能力，打通设备 A 和设备 B 间的壁垒，实现如文档跨设备编辑、视频从客厅到房间跨设备接续播放等场景。

6.5 实战：分布式任务调度启动远程FA

分别创建名为 DistributedSchedulingStartRemoteFA 和 RemoteFA 的 Car 设备类型应用，用于演示分布式任务调度时如何启动远程 FA。

在“设备 A 启动设备 B 的 FA”场景中，DistributedSchedulingStartRemoteFA 作为设备 A 角色，而 RemoteFA 应用作为设备 B 角色。

6.5.1 修改RemoteFA应用

RemoteFA 应用作为被调用方，修改内容比较简单。

1. 修改ability_main.xml

修改 ability_main.xml 文件，代码如下：

```
<?xml version="1.0" encoding="utf-8"?>
<DirectionalLayout
    xmlns:ohos="http://schemas.huawei.com/res/ohos"
    ohos:height="match_parent"
    ohos:width="match_parent"
    ohos:orientation="vertical">

    <Text
        ohos:id="$+id:text_helloworld"
        ohos:height="match_parent"
        ohos:width="match_content"
        ohos:background_element="$graphic:background_ability_main"
        ohos:layout_alignment="horizontal_center"
        ohos:text="I am Remote FA"
        ohos:text_size="50"
    />

</DirectionalLayout>
```

上述修改只是将显示文本内容改为了 I am Remote FA，在预览器中预览效果，如图 6-11 所示。

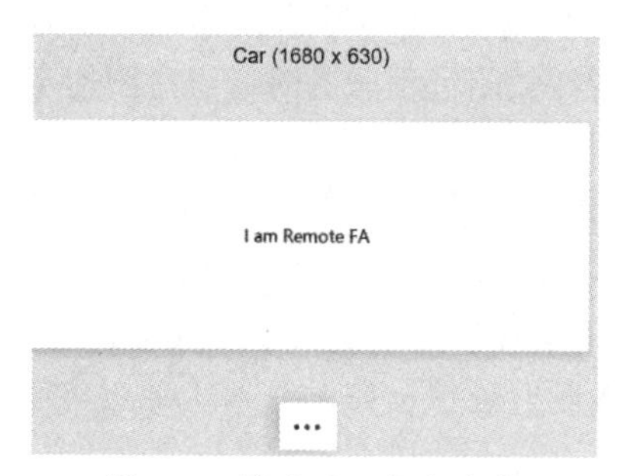

图6-11　修改显示文本内容

2. 修改配置文件

修改配置文件，代码如下：

```
"abilities": [
    {
   "skills": [
       {
      "entities": [
          "entity.system.home"
       ],
      "actions": [
          "action.system.home"
       ]
       }
    ],
   "orientation":"landscape",
   "name":"com.waylau.hmos.remotefa.MainAbility",
   "icon":"$media:icon",
   "description":"$string:mainability_description",
   "label":"RemoteFA",
   "type":"page",
```

```
   "launchType":"standard",
    // 对其他应用可见
   "visible":true
    }
],
// 声明多设备协同访问的权限
"reqPermissions": [
    {
   "name":"ohos.permission.DISTRIBUTED_DATASYNC"
    }
]
```

上述代码中的主要改动点如下。

（1）设置 visible 为 true，这样就能被其他应用发现。

（2）reqPermissions 声明多设备协同访问的权限 ohos.permission.DISTRIBUTED_DATASYNC。

6.5.2　修改DistributedSchedulingStartRemoteFA应用

DistributedSchedulingStartRemoteFA 应用作为调用方，修改内容相对来说比较多。

1. 修改ability_main.xml

修改 ability_main.xml 文件，代码如下：

```
<?xml version="1.0" encoding="utf-8"?>
<DirectionalLayout
    xmlns:ohos="http://schemas.huawei.com/res/ohos"
    ohos:height="match_parent"
    ohos:width="match_parent"
    ohos:orientation="vertical">

    <Text
        ohos:id="$+id:text_helloworld"
        ohos:height="match_parent"
        ohos:width="match_content"
        ohos:background_element="$graphic:background_ability_main"
        ohos:layout_alignment="horizontal_center"
        ohos:text="Start Remote FA"
        ohos:text_size="50"
    />

</DirectionalLayout>
```

上述修改只是将显示文本内容改为了 Start Remote FA，在预览器中预览效果，如图 6-12 所示。

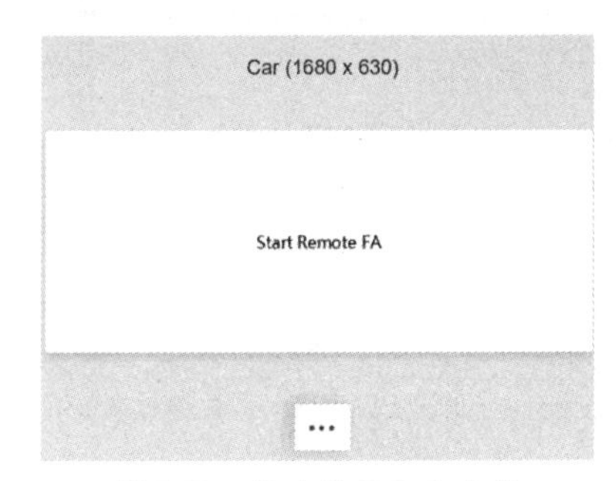

图6-12　修改显示文本内容

2. 修改配置文件

修改配置文件，代码如下：

```
// 声明权限
"reqPermissions": [
      {
       "name":"ohos.permission.DISTRIBUTED_DATASYNC"
      },
      {
       "name":"ohos.permission.DISTRIBUTED_DEVICE_STATE_CHANGE"
      },
      {
       "name":"ohos.permission.GET_DISTRIBUTED_DEVICE_INFO"
      },
      {
       "name":"ohos.permission.GET_BUNDLE_INFO"
      }
   ]
```

上述主要改动点是新增了 reqPermissions，声明多设备协同访问的权限、查询设备列表权限及查询设备信息的权限。

3. 修改MainAbilitySlice

修改 MainAbilitySlice，代码如下：

```
package com.waylau.hmos.distributedschedulingstartremotefa.slice;

import com.waylau.hmos.distributedschedulingstartremotefa.DeviceUtils;
import com.waylau.hmos.distributedschedulingstartremotefa.ResourceTable;
import ohos.aafwk.ability.AbilitySlice;
import ohos.aafwk.ability.IAbilityContinuation;
import ohos.aafwk.content.Intent;
import ohos.aafwk.content.IntentParams;
import ohos.aafwk.content.Operation;
import ohos.agp.components.Text;
import ohos.hiviewdfx.HiLog;
import ohos.hiviewdfx.HiLogLabel;


public class MainAbilitySlice extends AbilitySlice implements IAbilityContinuation {
    private static final String TAG = MainAbilitySlice.class.getSimple
Name();
    private static final HiLogLabel LABEL_LOG =
            new HiLogLabel(HiLog.LOG_App, 0x00001, TAG);

    private static final String BUNDLE_NAME ="com.waylau.hmos.remotefa";
    private static final String ABILITY_NAME = BUNDLE_NAME +".MainAbility";

    @Override
    public void onStart(Intent intent) {
        super.onStart(intent);
        super.setUIContent(ResourceTable.Layout_ability_main);

        // 添加单击事件来触发
        Text text = (Text) findComponentById(ResourceTable.Id_text_helloworld);
        text.setClickedListener(listener -> startRemoteFA());
    }
```

```
// 启动远程 PA
private void startRemoteFA() {
    HiLog.info(LABEL_LOG,"before startRemoteFA");

    String deviceId = DeviceUtils.getDeviceId();

    HiLog.info(LABEL_LOG,"get deviceId: %{public}s", deviceId);

    Intent intent = new Intent();
    Operation operation;

    // 指定待启动 FA 的 bundleName 和 abilityName
    if (deviceId.isEmpty()) {
        // 不涉及分布式
        operation = new Intent.OperationBuilder()
                .withDeviceId(deviceId)
                .withBundleName(BUNDLE_NAME)
                .withAbilityName(ABILITY_NAME)
                .build();
        intent.setOperation(operation);
    } else {
        // 设置分布式标记，表明当前涉及分布式能力
        operation = new Intent.OperationBuilder()
                .withDeviceId(deviceId)
                .withBundleName(BUNDLE_NAME)
                .withAbilityName(ABILITY_NAME)
                .withFlags(Intent.FLAG_ABILITYSLICE_MULTI_DEVICE)
        // 设置分布式标记
                .build();
    }

    intent.setOperation(operation);

    // 通过 AbilitySlice 包含的 startAbility 接口实现跨设备启动 FA
    startAbility(intent);

    HiLog.info(LABEL_LOG,"after startRemoteFA");
}


@Override
public void onActive() {
    super.onActive();
}

@Override
public void onForeground(Intent intent) {
    super.onForeground(intent);
}

@Override
public boolean onStartContinuation() {
    return true;
}

@Override
public boolean onSaveData(IntentParams intentParams) {
    return true;
}
```

```
    @Override
    public boolean onRestoreData(IntentParams intentParams) {
        return true;
    }

    @Override
    public void onCompleteContinuation(int i) {

    }
}
```

上述代码中：

（1）实现了 IAbilityContinuation 接口。

（2）DeviceUtils.getDeviceId() 方法主要用于返回设备 Id。该方法内部调用 DeviceManager 的 getDeviceList 接口，通过 FLAG_GET_ONLINE_DEVICE 标记获得在线设备列表，并从中选择任意一个（这里是选第一个）作为返回设备 Id。

（3）在 onStart() 方法中的 Text 上增加了单击事件，用于触发 startRemoteFA() 方法。

（4）执行 startRemoteFA() 方法。该方法中：

①指定待启动 FA 的 bundleName 和 abilityName；

②这里需要判断 deviceId 是否为空字符。如果不是，则设置分布式标记，表明当前涉及分布式能力；如果是，则说明没有远程设备，就启动本地设备的 FA。

③通过 AbilitySlice 包含的 startAbility 接口实现跨设备启动 FA。

4. 新增DeviceUtils

DeviceUtils 类是查询设备列表的工具类，核心内容如下：

```
package com.waylau.hmos.distributedschedulingstartremotefa;

import ohos.distributedschedule.interwork.DeviceInfo;
import ohos.distributedschedule.interwork.DeviceManager;
import ohos.hiviewdfx.HiLog;
import ohos.hiviewdfx.HiLogLabel;

import java.util.ArrayList;
import java.util.List;

public class DeviceUtils {
    private static final String TAG = DeviceUtils.class.getSimpleName();
    private static final HiLogLabel LABEL_LOG =
            new HiLogLabel(HiLog.LOG_App, 0x00001, TAG);

    private DeviceUtils() {
    }

    // 获取当前组网下可迁移的设备 id 列表
    public static List<String> getAvailableDeviceId() {
        List<String> deviceIds = new ArrayList<>();

        List<DeviceInfo> deviceInfoList = DeviceManager.getDeviceList(Devi
         ceInfo.FLAG_GET_ALL_DEVICE);
        if (deviceInfoList == null) {
            return deviceIds;
        }
```

```
        if (deviceInfoList.size() == 0) {
            HiLog.warn(LABEL_LOG,"did not find other device");
            return deviceIds;
        }

        for (DeviceInfo deviceInfo : deviceInfoList) {
            deviceIds.add(deviceInfo.getDeviceId());
        }

        return deviceIds;
    }

    // 获取当前组网下可迁移的设备 id
    // 如果有多个，则取第一个
    public static String getDeviceId() {
        String deviceId ="";
        List<String> outerDevices = DeviceUtils.getAvailableDeviceId();

        if (outerDevices == null || outerDevices.size() == 0) {
            HiLog.warn(LABEL_LOG,"did not find other device");
        } else {
            for (String item : outerDevices) {
                HiLog.info(LABEL_LOG,"outerDevices:%{public}s", item);
            }
            deviceId = outerDevices.get(0);
        }
        HiLog.info(LABEL_LOG,"getDeviceId:%{public}s", deviceId);
        return deviceId;
    }

    ;
}
```

DeviceManager 提供了查询设备列表的管理器，其中 DeviceInfo 主要分为以下三种。

（1）FLAG_GET_ALL_DEVICE：获取所有设备。

（2）FLAG_GET_OFFLINE_DEVICE：获取离线设备。

（3）FLAG_GET_ONLINE_DEVICE：获取在线设备。

5. 显式声明需要使用的权限

此外，对于三方应用还要求在实现 Ability 的代码中显式声明需要使用的权限，代码如下：

```
package com.waylau.hmos.distributedschedulingstartremotefa;

import com.waylau.hmos.distributedschedulingstartremotefa.slice.MainAbili
tySlice;
import ohos.aafwk.ability.Ability;
import ohos.aafwk.content.Intent;

import java.util.ArrayList;
import java.util.List;

public class MainAbility extends Ability {
    @Override
    public void onStart(Intent intent) {
        super.onStart(intent);
        super.setMainRoute(MainAbilitySlice.class.getName());
```

```
        requestPermission();
    }

    // 显式声明需要使用的权限
    private void requestPermission() {
        String[] permission = {
                "ohos.permission.DISTRIBUTED_DATASYNC",
                "ohos.permission.DISTRIBUTED_DEVICE_STATE_CHANGE",
                "ohos.permission.GET_DISTRIBUTED_DEVICE_INFO",
                "ohos.permission.GET_BUNDLE_INFO"};
        List<String> applyPermissions = new ArrayList<>();
        for (String element : permission) {
            if (verifySelfPermission(element) != 0) {
                if (canRequestPermission(element)) {
                    applyPermissions.add(element);
                }
            }
        }
        requestPermissionsFromUser(applyPermissions.toArray(new String[0]), 0);
    }
}
```

6.5.3 运行

本节先后在模拟器中安装 RemoteFA 应用和运行 DistributedSchedulingStartRemoteFA 应用。

此时，设备页面显示的是 DistributedSchedulingStartRemoteFA 应用的界面，提示是否使用多设备，如图 6-13 所示。

图6-13　提示是否使用多设备

单击“始终允许”按钮，切换到 Start Remote FA 界面，如图 6-14 所示。

图6-14　Start Remote FA界面

单击文本 Start Remote FA，此时会触发事件，切换到 I am Remote FA 界面，如图 6-15 所示。

图6-15　I am Remote FA界面

上述操作验证了在设备 A（DistributedSchedulingStartRemoteFA 应用）中启动设备 B（RemoteFA 应用）的 FA 功能。

6.6　实战：分布式任务调度启动和关闭远程PA

分别创建名为 DistributedSchedulingStartStopRemotePA 和 RemotePA 的 Car 设备类型应用，用于演示分布式任务调度时如何启动和关闭远程 PA。

在“设备 A 启动和关闭设备 B 的 PA”场景中，DistributedSchedulingStartStopRemotePA 作为设备 A 角色，而 RemotePA 应用作为设备 B 角色。

6.6.1　修改RemotePA应用

RemotePA 应用作为被调用方，修改内容比较简单。

1. 修改ability_main.xml

修改 ability_main.xml 文件，代码如下：

```
<?xml version="1.0" encoding="utf-8"?>
<DirectionalLayout
    xmlns:ohos="http://schemas.huawei.com/res/ohos"
    ohos:height="match_parent"
    ohos:width="match_parent"
    ohos:orientation="vertical">

    <Text
        ohos:id="$+id:text_helloworld"
        ohos:height="match_parent"
        ohos:width="match_content"
        ohos:background_element="$graphic:background_ability_main"
        ohos:layout_alignment="horizontal_center"
        ohos:text="I am Remote PA"
        ohos:text_size="50"
    />

</DirectionalLayout>
```

上述修改只是将显示文本内容改为了 I am Remote PA，在预览器中预览效果，如图 6-16 所示。

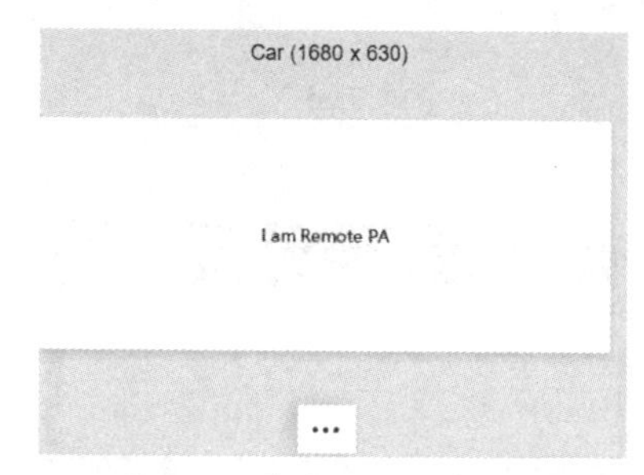

图6-16　修改显示文本内容

2. 创建Service

创建一个名为 TimeServiceAbility 的 Service。

在自动创建的 TimeServiceAbility 的基础上进行修改，代码如下：

```
package com.waylau.hmos.remotepa;

import ohos.aafwk.ability.Ability;
import ohos.aafwk.content.Intent;
import ohos.rpc.IRemoteObject;
import ohos.hiviewdfx.HiLog;
import ohos.hiviewdfx.HiLogLabel;

public class TimeServiceAbility extends Ability {
    private static final String LOG_TAG = TimeServiceAbility.class.getSimpleName();
    private static final HiLogLabel LOG_LABEL =
            new HiLogLabel(HiLog.LOG_App, 0x00001, LOG_TAG);

    @Override
    public void onStart(Intent intent) {
        HiLog.info(LOG_LABEL,"onStart");
        super.onStart(intent);
    }

    @Override
    public void onBackground() {
        super.onBackground();
        HiLog.info(LOG_LABEL,"onBackground");
    }

    @Override
    public void onStop() {
        super.onStop();
        HiLog.info(LOG_LABEL,"onStop");
    }

    @Override
    public void onCommand(Intent intent, boolean restart, int startId) {
    }

    @Override
    public IRemoteObject onConnect(Intent intent) {
        return null;
```

```
    }

    @Override
    public void onDisconnect(Intent intent) {
    }
}
```

上述代码比较简单，只是在各个生命周期内加上了日志，这样便于观察。

3. 修改配置文件

创建 Service 时，在配置文件中会自动新增 TimeServiceAbility 相关的配置信息，同时还需要加上权限等配置信息。修改配置文件，代码如下：

```
"abilities": [
    {
   "skills": [
        {
       "entities": [
           "entity.system.home"
        ],
       "actions": [
           "action.system.home"
        ]
        }
    ],
   "orientation":"landscape",
   "name":"com.waylau.hmos.remotepa.MainAbility",
   "icon":"$media:icon",
   "description":"$string:mainability_description",
   "label":"RemotePA",
   "type":"page",
   "launchType":"standard",
    // 对其他应用可见
   "visible": true
    },
    // 新增的 TimeServiceAbility
    {
   "name":"com.waylau.hmos.remotepa.TimeServiceAbility",
   "icon":"$media:icon",
   "description":"$string:timeserviceability_description",
   "type":"service"
    }
],
// 声明多设备协同访问的权限
"reqPermissions": [
    {
   "name":"ohos.permission.DISTRIBUTED_DATASYNC"
    }
]
```

上述代码中的主要改动点如下。

（1）设置 visible 为 true，这样就能被其他应用发现。

（2）reqPermissions 声明多设备协同访问的权限 ohos.permission.DISTRIBUTED_DATASYNC。

6.6.2 修改DistributedSchedulingStartStopRemotePA应用

DistributedSchedulingStartStopRemotePA 应用作为调用方，修改内容相对来说比较多。

1. 修改ability_main.xml

修改 ability_main.xml 文件，代码如下：

```
<?xml version="1.0" encoding="utf-8"?>
<DirectionalLayout
    xmlns:ohos="http://schemas.huawei.com/res/ohos"
    ohos:height="match_parent"
    ohos:width="match_parent"
    ohos:orientation="vertical">

    <Text
        ohos:id="$+id:text_startpa"
        ohos:height="match_content"
        ohos:width="match_content"
        ohos:background_element="$graphic:background_ability_main"
        ohos:layout_alignment="horizontal_center"
        ohos:text="Start Remote PA"
        ohos:text_size="50"
    />

    <Text
        ohos:id="$+id:text_stoppa"
        ohos:height="match_parent"
        ohos:width="match_content"
        ohos:background_element="$graphic:background_ability_main"
        ohos:layout_alignment="horizontal_center"
        ohos:text="Stop Remote PA"
        ohos:text_size="50"
        />

</DirectionalLayout>
```

上述修改将显示两段文本内容 Start Remote PA 和 Stop Remote PA，在预览器中预览效果，如图 6-17 所示。

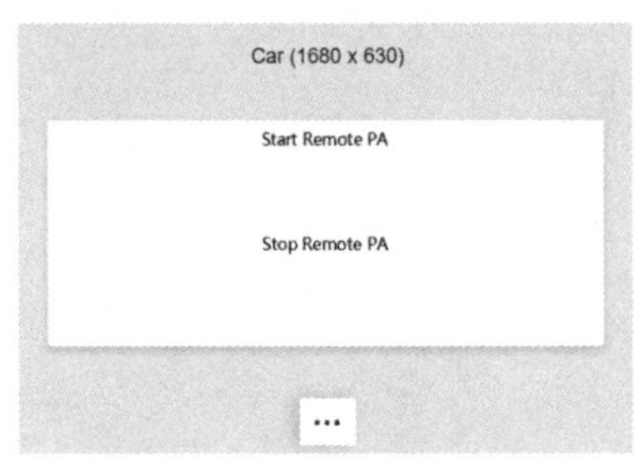

图6-17　修改显示文本内容

2. 修改配置文件

修改配置文件，代码如下：

```
// 声明权限
"reqPermissions": [
```

```
        {
          "name":"ohos.permission.DISTRIBUTED_DATASYNC"
        },
        {
          "name":"ohos.permission.DISTRIBUTED_DEVICE_STATE_CHANGE"
        },
        {
          "name":"ohos.permission.GET_DISTRIBUTED_DEVICE_INFO"
        },
        {
          "name":"ohos.permission.GET_BUNDLE_INFO"
        }
    ]
```

上述主要改动点是新增了 reqPermissions，声明多设备协同访问的权限、查询设备列表权限及查询设备信息的权限。

3. 修改MainAbilitySlice

修改 MainAbilitySlice，代码如下：

```
package com.waylau.hmos.distributedschedulingstartstopremotepa.slice;

import com.waylau.hmos.distributedschedulingstartstopremotepa.DeviceUtils;
import com.waylau.hmos.distributedschedulingstartstopremotepa.ResourceTa
ble;
import ohos.aafwk.ability.AbilitySlice;
import ohos.aafwk.ability.IAbilityContinuation;
import ohos.aafwk.content.Intent;
import ohos.aafwk.content.IntentParams;
import ohos.aafwk.content.Operation;
import ohos.agp.components.Text;
import ohos.hiviewdfx.HiLog;
import ohos.hiviewdfx.HiLogLabel;


public class MainAbilitySlice extends AbilitySlice implements IAbilityCon
 tinuation {
    private static final String TAG = MainAbilitySlice.class.getSimple
     Name();
    private static final HiLogLabel LABEL_LOG =
            new HiLogLabel(HiLog.LOG_App, 0x00001, TAG);

    private static final String BUNDLE_NAME ="com.waylau.hmos.remotepa";
    private static final String ABILITY_NAME = BUNDLE_NAME +".TimeService
     Ability";

    @Override
    public void onStart(Intent intent) {
        super.onStart(intent);
        super.setUIContent(ResourceTable.Layout_ability_main);

        // 添加单击事件，触发启动 PA
        Text textStartPA = (Text) findComponentById(ResourceTable.Id_text_
         startpa);
        textStartPA.setClickedListener(listener -> startRemotePA());

        // 添加单击事件，触发关闭 PA
        Text textStopPA = (Text) findComponentById(ResourceTable.Id_text_
```

```
         stoppa);
        textStopPA.setClickedListener(listener -> stopRemotePA());
    }

    // 启动远程 PA
    private void startRemotePA() {
        HiLog.info(LABEL_LOG,"before startRemotePA");

        String deviceId = DeviceUtils.getDeviceId();

        HiLog.info(LABEL_LOG,"get deviceId: %{public}s", deviceId);

        Intent intent = new Intent();
        Operation operation;

        // 指定待启动 FA 的 bundleName 和 abilityName
        if (deviceId.isEmpty()) {
            // 不涉及分布式
            operation = new Intent.OperationBuilder()
                    .withDeviceId(deviceId)
                    .withBundleName(BUNDLE_NAME)
                    .withAbilityName(ABILITY_NAME)
                    .build();
            intent.setOperation(operation);
        } else {
            // 设置分布式标记，表明当前涉及分布式能力
            operation = new Intent.OperationBuilder()
                    .withDeviceId(deviceId)
                    .withBundleName(BUNDLE_NAME)
                    .withAbilityName(ABILITY_NAME)
                    .withFlags(Intent.FLAG_ABILITYSLICE_MULTI_DEVICE)
            // 设置分布式标记
                    .build();
        }

        intent.setOperation(operation);

        // 通过 AbilitySlice 包含的 startAbility 接口实现跨设备启动 PA
        startAbility(intent);

        HiLog.info(LABEL_LOG,"after startRemotePA");
    }

    // 关闭远程 PA
    private void stopRemotePA() {
        HiLog.info(LABEL_LOG,"before stopRemotePA");

        String deviceId = DeviceUtils.getDeviceId();

        HiLog.info(LABEL_LOG,"get deviceId: %{public}s", deviceId);

        Intent intent = new Intent();
        Operation operation;

        // 指定待启动 FA 的 bundleName 和 abilityName
        if (deviceId.isEmpty()) {
            // 不涉及分布式
            operation = new Intent.OperationBuilder()
                    .withDeviceId(deviceId)
```

```
                .withBundleName(BUNDLE_NAME)
                .withAbilityName(ABILITY_NAME)
                .build();
        intent.setOperation(operation);
    } else {
        // 设置分布式标记，表明当前涉及分布式能力
        operation = new Intent.OperationBuilder()
                .withDeviceId(deviceId)
                .withBundleName(BUNDLE_NAME)
                .withAbilityName(ABILITY_NAME)
                .withFlags(Intent.FLAG_ABILITYSLICE_MULTI_DEVICE)
        // 设置分布式标记
                .build();
    }

    intent.setOperation(operation);

    // 通过 AbilitySlice 包含的 startAbility 接口实现跨设备关闭 PA
    stopAbility(intent);

    HiLog.info(LABEL_LOG,"after stopRemotePA");
  }


  @Override
  public void onActive() {
      super.onActive();
  }

  @Override
  public void onForeground(Intent intent) {
      super.onForeground(intent);
  }

  @Override
  public boolean onStartContinuation() {
      return true;
  }

  @Override
  public boolean onSaveData(IntentParams intentParams) {
      return true;
  }

  @Override
  public boolean onRestoreData(IntentParams intentParams) {
      return true;
  }

  @Override
  public void onCompleteContinuation(int i) {

  }
}
```

上述代码中：

（1）实现了 IAbilityContinuation 接口。

（2）DeviceUtils.getDeviceId() 方法主要用于返回设备 Id。该方法内部调用 DeviceManager 的

getDeviceList 接口，通过 FLAG_GET_ONLINE_DEVICE 标记获得在线设备列表，并从中选择任意一个（这里是选第一个）作为返回设备 Id。

（3）在 onStart() 方法中的 Text 上增加了单击事件，用于分别触发 startRemotePA() 方法和 stopRemotePA() 方法。

（4）执行 startRemotePA() 方法。该方法与启动远程 FA 的方法完全一致。

（5）执行 stopRemotePA() 方法。该方法与上述方法类似，只是使用了 stopAbility 来关闭 PA。

4. 新增DeviceUtils

DeviceUtils 类是查询设备列表的工具类，核心内容如下：

```
package com.waylau.hmos.distributedschedulingstartstopremotepa;

import ohos.distributedschedule.interwork.DeviceInfo;
import ohos.distributedschedule.interwork.DeviceManager;
import ohos.hiviewdfx.HiLog;
import ohos.hiviewdfx.HiLogLabel;

import java.util.ArrayList;
import java.util.List;

public class DeviceUtils {
    private static final String TAG = DeviceUtils.class.getSimpleName();
    private static final HiLogLabel LABEL_LOG =
            new HiLogLabel(HiLog.LOG_App, 0x00001, TAG);

    private DeviceUtils() {
    }

    // 获取当前组网下可迁移的设备 id 列表
    public static List<String> getAvailableDeviceId() {
        List<String> deviceIds = new ArrayList<>();

        List<DeviceInfo> deviceInfoList =
                DeviceManager.getDeviceList(DeviceInfo.FLAG_GET_ALL_DEVICE);
        if (deviceInfoList == null) {
            return deviceIds;
        }

        if (deviceInfoList.size() == 0) {
            HiLog.warn(LABEL_LOG,"did not find other device");
            return deviceIds;
        }

        for (DeviceInfo deviceInfo : deviceInfoList) {
            deviceIds.add(deviceInfo.getDeviceId());
        }

        return deviceIds;
    }

    // 获取当前组网下可迁移的设备 id
    // 如果有多个，则取第一个
    public static String getDeviceId() {
        String deviceId ="";
        List<String> outerDevices = DeviceUtils.getAvailableDeviceId();
```

```
        if (outerDevices == null || outerDevices.size() == 0) {
            HiLog.warn(LABEL_LOG,"did not find other device");
        } else {
            for (String item : outerDevices) {
                HiLog.info(LABEL_LOG,"outerDevices:%{public}s", item);
            }
            deviceId = outerDevices.get(0);
        }
        HiLog.info(LABEL_LOG,"getDeviceId:%{public}s", deviceId);
        return deviceId;
    }
}
```

该类在前文已经做过介绍，这里不再赘述。

5. 显式声明需要使用的权限

此外，对于三方应用还要求在实现 Ability 的代码中显式声明需要使用的权限，代码如下：

```
package com.waylau.hmos.distributedschedulingstartstopremotepa;

import com.waylau.hmos.distributedschedulingstartstopremotepa.slice.MainA
bilitySlice;
import ohos.aafwk.ability.Ability;
import ohos.aafwk.content.Intent;

import java.util.ArrayList;
import java.util.List;

public class MainAbility extends Ability {
    @Override
    public void onStart(Intent intent) {
        super.onStart(intent);
        super.setMainRoute(MainAbilitySlice.class.getName());
        requestPermission();
    }

    // 显式声明需要使用的权限
    private void requestPermission() {
        String[] permission = {
                "ohos.permission.DISTRIBUTED_DATASYNC",
                "ohos.permission.DISTRIBUTED_DEVICE_STATE_CHANGE",
                "ohos.permission.GET_DISTRIBUTED_DEVICE_INFO",
                "ohos.permission.GET_BUNDLE_INFO"};
        List<String> applyPermissions = new ArrayList<>();
        for (String element : permission) {
            if (verifySelfPermission(element) != 0) {
                if (canRequestPermission(element)) {
                    applyPermissions.add(element);
                }
            }
        }
        requestPermissionsFromUser(applyPermissions.toArray(new String[0]), 0);
    }
}
```

该类在前文已经做过介绍，这里不再赘述。

6.6.3 运行

本节先后在模拟器中安装 RemotePA 应用和运行 DistributedSchedulingStartStopRemotePA 应用。

此时，设备页面显示的是 DistributedSchedulingStartStopRemotePA 应用的界面，提示是否使用多设备，如图 6-18 所示。

图6-18　提示是否使用多设备

单击“始终允许”按钮，效果如图 6-19 所示。

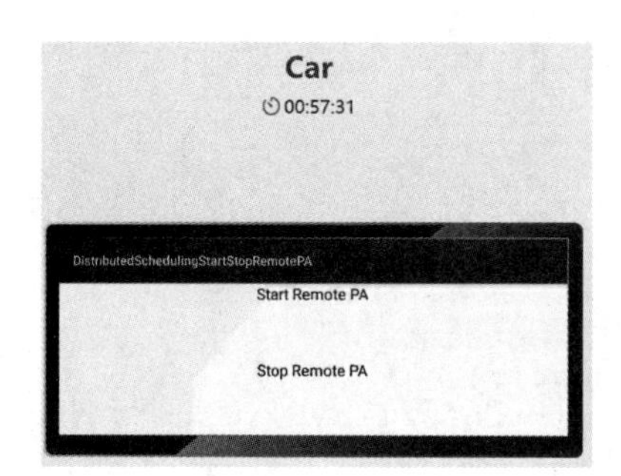

图6-19　DistributedSchedulingStartStopRemotePA应用界面

单击文本 Start Remote PA，此时会触发事件，切换到 I am Remote PA 界面，如图 6-16 所示。

上述操作验证了在设备 A（DistributedSchedulingStartStopRemotePA 应用）中启动设备 B（RemotePA 应用）的 FA 功能。

单击文本 Stop Remote PA，此时会触发事件，关闭 RemotePA 应用。

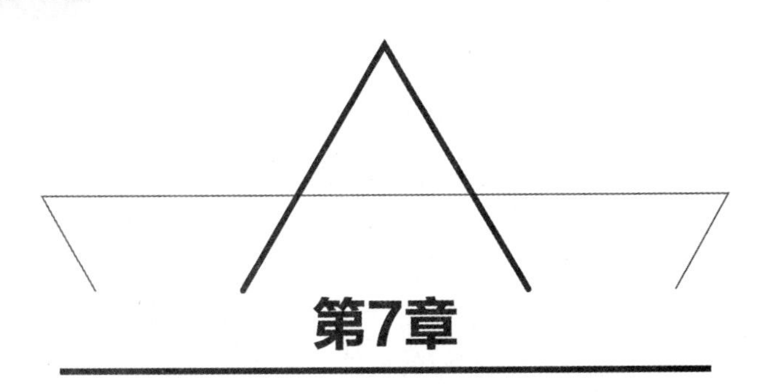

第7章

Ability公共事件与通知

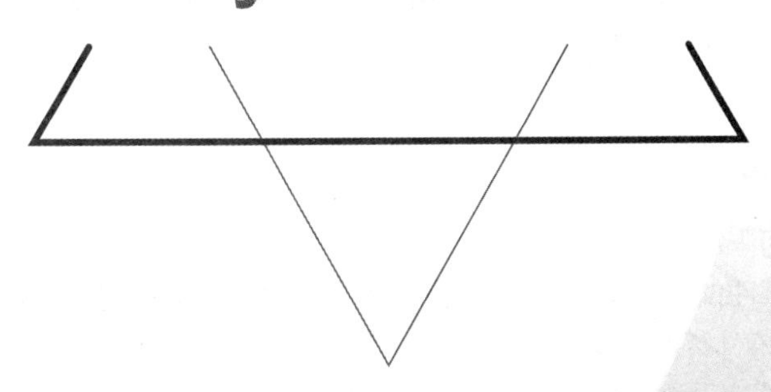

HarmonyOS 通过 CES（Common Event Service，公共事件服务）为应用程序提供订阅、发布、退订公共事件的能力，通过 ANS（Advanced Notification Service，高级通知服务）为应用程序提供发布通知的能力。

7.1 公共事件与通知概述

在应用中往往会有事件和通知。例如，朋友发过来一条信息，未读信息会在手机的通知栏给出提示。在 HarmonyOS 中，系统给应用发送提示一般分为两种方式，即公共事件和通知。

7.1.1 公共事件和通知

1. 公共事件

公共事件可分为系统公共事件和自定义公共事件。

（1）系统公共事件：系统将收集到的事件信息根据系统策略发送给订阅该事件的用户程序。例如，用户可感知亮灭屏事件、系统关键服务发送的系统事件（如 USB 插拔、网络连接、系统升级等）等。

（2）自定义公共事件：应用自定义一些公共事件，用来处理业务逻辑。

IntentAgent 封装了一个指定行为的 Intent，可以通过 IntentAgent 启动 Ability 和发送公共事件。应用如果需要接收公共事件，需要订阅相应的事件。

2. 通知

通知提供应用的即时消息或通信消息，用户可以直接删除或单击通知触发进一步的操作。例如，收到一条未读信息的通知，则可以选择删除该通知，或者单击该通知进入短信应用查看该信息。

7.1.2 约束与限制

1. 公共事件的约束与限制

（1）目前公共事件仅支持动态订阅。部分系统事件需要具有指定的权限，具体的权限见 API 参考。

（2）目前公共事件订阅不支持多用户。

（3）ThreadMode 表示线程模型，目前仅支持 HANDLER 模式，即在当前 UI 线程上执行回调函数。

（4）deviceId 用来指定订阅本地公共事件还是远端公共事件。deviceId 为 null、空字符串或本地设备 deviceId 时，表示订阅本地公共事件，否则表示订阅远端公共事件。

2. 通知的约束与限制

（1）通知目前支持六种样式：普通文本、长文本、图片、社交、多行文本和媒体样式。创建通知时必须包含其中一种样式。

（2）通知支持快捷回复。

3. IntentAgent的约束与限制

使用 IntentAgent 启动 Ability 时，Intent 必须指定 Ability 的包名和类名。

7.2 公共事件服务

每个应用都可以订阅自己感兴趣的公共事件，订阅成功且公共事件发布后，系统会将其发送给应用。这些公共事件可能来自系统、其他应用和应用自身。HarmonyOS 提供了一套完整的 API，支持用户订阅、发送和接收公共事件。发送公共事件需要借助 CommonEventData 对象，接收公共事件需要继承 CommonEventSubscriber 类并实现 onReceiveEvent 回调函数。

7.2.1　接口说明

公共事件相关基础类包含 CommonEventData、CommonEventPublishInfo、CommonEventSubscribeInfo、CommonEventSubscriber、CommonEventManager，它们之间的关系如图 7-1 所示。

图7-1　基础类之间的关系

1. CommonEventData

CommonEventData 封装公共事件相关信息，用于在发布、分发和接收时处理数据。在构造 CommonEventData 对象时，相关参数需要注意以下事项。

（1）code 为有序公共事件的结果码，data 为有序公共事件的结果数据，仅用于有序公共事件场景。

（2）intent 不允许为空，否则发布公共事件失败。

2. CommonEventPublishInfo

CommonEventPublishInfo 封装公共事件发布相关属性、限制等信息，包括公共事件类型（有序或粘性）、接收者权限等。

（1）有序公共事件：主要场景是多个订阅者有依赖关系或者对处理顺序有要求，如高优先级订阅者可修改公共事件内容或处理结果，包括终止公共事件处理；或者低优先级订阅者依赖高优先级的处理结果等。有序公共事件的订阅者可以通过 CommonEventSubscribeInfo.setPriority() 方法指定优先级，缺省为 0，优先级范围为 [–1000, 1000]，值越大优先级越高。

（2）粘性公共事件：公共事件的订阅动作是在公共事件发布之后进行，订阅者也能收到的公共事件类型。其主要场景是由公共事件服务记录某些系统状态，如蓝牙、WLAN（Wireless Local Area Network，无线局域网）、充电等事件和状态。当不使用粘性公共事件机制时，应用可以直接访问系统服务获取该状态；在状态变化时，系统服务、硬件需要提供类似 observer 等方式通知应用。发布粘性公共事件可以通过 setSticky() 方法设置，发布粘性公共事件需要申请 ohos.permission.COMMONEVENT_STICKY 权限。

3. CommonEventSubscribeInfo

CommonEventSubscribeInfo 封装公共事件订阅相关信息，如优先级、线程模式（ThreadMode）、事件范围等。

线程模式：设置订阅者的回调方法所执行的线程模式。主要有 HANDLER、POST、ASYNC、BACKGROUND 四种模式。

（1）HANDLER：在 Ability 的主线程上执行。

（2）POST：在事件分发线程执行。

（3）ASYNC：在一个新创建的异步线程执行。

（4）BACKGROUND：在后台线程执行。

截至目前线程模式只支持 HANDLER 模式。

4. CommonEventSubscriber

CommonEventSubscriber 封装公共事件订阅者及相关参数。

CommonEventSubscriber.AsyncCommonEventResult 类处理有序公共事件异步执行。目前订阅者只能通过调用 CommonEventManager 的 subscribeCommonEvent() 进行订阅。

5. CommonEventManager

CommonEventManager 是为应用提供订阅、退订和发布公共事件的静态接口类。其主要接口如下：

（1）发布公共事件：publishCommonEvent(CommonEventData event)。

（2）发布公共事件指定发布信息：publishCommonEvent(CommonEventData event, CommonEventPublishInfo publishinfo)。

（3）发布有序公共事件、指定发布信息和最后一个接收者：publishCommonEvent(CommonEventData event, CommonEventPublishInfo publishinfo, CommonEventSubscriber resultSubscriber)。

（4）订阅公共事件：subscribeCommonEvent(CommonEventSubscriber subscriber)。

（5）退订公共事件：unsubscribeCommonEvent(CommonEventSubscriber subscriber)。

7.2.2 发布公共事件

开发者可以发布四种公共事件：无序公共事件、带权限公共事件、有序公共事件和粘性公共事件。

1. 发布无序公共事件

发布无序公共事件时，首先构造 CommonEventData 对象，设置 Intent，通过构造 operation 对象把需要发布的公共事件信息传入 intent 对象；然后调用 CommonEventManager.publishCommonEvent(CommonEventData) 接口发布公共事件。

示例代码如下：

```
try {
    Intent intent = new Intent();
    Operation operation = new Intent.OperationBuilder()
            .withAction("com.my.test")
            .build();
    intent.setOperation(operation);
    CommonEventData eventData = new CommonEventData(intent);
    CommonEventManager.publishCommonEvent(eventData);
} catch (RemoteException e) {
    HiLog.info(LABEL,"publishCommonEvent occur exception.");
}
```

2. 发布带权限公共事件

发布带权限公共事件时，应构造 CommonEventPublishInfo 对象，设置订阅者的权限。订阅者在 config.json 中申请所需的权限，各字段含义详见权限定义字段说明。

设置订阅者的权限示例如下：

```
{
   "reqPermissions": [{
       "name":"com.example.MyApplication.permission",
       "reason":"get right",
       "usedScene": {
          "ability": [
           ".MainAbility"
           ],
          "when":"inuse"
        }
    }, {
    ...
    }]
}
```

发布带权限公共事件示例代码如下：

```
Intent intent = new Intent();
Operation operation = new Intent.OperationBuilder()
        .withAction("com.my.test")
        .build();
intent.setOperation(operation);
CommonEventData eventData = new CommonEventData(intent);
CommonEventPublishInfo publishInfo = new CommonEventPublishInfo();
String[] permissions = {"com.example.MyApplication.permission" };
publishInfo.setSubscriberPermissions(permissions); // 设置权限
try {
     CommonEventManager.publishCommonEvent(eventData, publishInfo);
} catch (RemoteException e) {
     HiLog.info(LABEL,"publishCommoneEvent occur exception.");
}
```

3. 发布有序公共事件

发布有序公共事件时，应构造 CommonEventPublishInfo 对象，通过 setOrdered(true) 指定公共事件属性为有序公共事件，也可以指定一个最后的公共事件接收者。

示例代码如下：

```
CommonEventSubscriber resultSubscriber = new MyCommonEventSubscriber();
CommonEventPublishInfo publishInfo = new CommonEventPublishInfo();
publishInfo.setOrdered(true); // 设置属性为有序公共事件
try {
    // 指定 resultSubscriber 为有序公共事件最后一个接收者
    CommonEventManager.publishCommonEvent(eventData, publishInfo, result
     Subscriber);
} catch (RemoteException e) {
    HiLog.info(LABEL,"publishCommoneEvent occur exception.");
}
```

4. 发布粘性公共事件

发布粘性公共事件时，应构造 CommonEventPublishInfo 对象，通过 setSticky(true) 指定公共事件属性为粘性公共事件。

发布者首先在 config.json 中申请发布粘性公共事件所需的权限，配置如下：

```
{
```

```
    "reqPermissions": [{
        "name":"ohos.permission.COMMONEVENT_STICKY",
        "reason":"get right",
        "usedScene": {
           "ability": [
            ".MainAbility"
            ],
           "when":"inuse"
         }
    }, {
    ...
    }]
}
```

示例代码如下：

```
CommonEventPublishInfo publishInfo = new CommonEventPublishInfo();
publishInfo.setSticky(true); // 设置属性为粘性公共事件
try {
    CommonEventManager.publishCommonEvent(eventData, publishInfo);
} catch (RemoteException e) {
    HiLog.info(LABEL,"publishCommoneEvent occur exception.");
}
```

7.2.3 订阅公共事件

订阅公共事件时，首先创建 CommonEventSubscriber 派生类，在 onReceiveEvent() 回调函数中处理公共事件。示例代码如下：

```
class MyCommonEventSubscriber extends CommonEventSubscriber {
    MyCommonEventSubscriber(CommonEventSubscribeInfo info) {
        super(info);
    }
    @Override
    public void onReceiveEvent(CommonEventData commonEventData) {
    }
}
```

注意：此处不能执行耗时操作，否则会阻塞 UI 线程，产生用户单击没有反应等异常。

接着构造 MyCommonEventSubscriber 对象，调用 CommonEventManager.subscribeCommonEvent() 接口进行订阅。示例代码如下：

```
String event ="com.my.test";
MatchingSkills matchingSkills = new MatchingSkills();
matchingSkills.addEvent(event); // 自定义事件
matchingSkills.addEvent(CommonEventSupport.COMMON_EVENT_SCREEN_ON); // 亮屏事件
CommonEventSubscribeInfo subscribeInfo = new CommonEventSubscribeInfo
 (matchingSkills);
MyCommonEventSubscriber subscriber = new MyCommonEventSubscriber(subscribeInfo);
try {
    CommonEventManager.subscribeCommonEvent(subscriber);
} catch (RemoteException e) {
    HiLog.info(LABEL,"subscribeCommonEvent occur exception.");
}
```

如果订阅拥有指定权限应用发布的公共事件，发布者需要在 config.json 中申请权限，各字段含义详见权限申请字段说，配置如下：

```
"reqPermissions": [
    {
        "name":"ohos.abilitydemo.permission.PROVIDER",
        "reason":"get right",
        "usedScene": {
            "ability": ["com.huawei.hmi.ivi.systemsetting.MainAbility"],
            "when":"inuse"
        }
    }
]
```

如果订阅的公共事件是有序的，可以调用 setPriority() 方法指定优先级。示例代码如下：

```
String event ="com.my.test";
MatchingSkills matchingSkills = new MatchingSkills();
matchingSkills.addEvent(event ); // 自定义事件

CommonEventSubscribeInfo subscribeInfo = new CommonEventSubscribeIn
fo(matchingSkills);
subscribeInfo.setPriority(100); // 设置优先级，优先级取值范围为[-1000，1000]，值默认为0
MyCommonEventSubscriber subscriber = new MyCommonEventSubscriber(subscribeInfo);
try {
     CommonEventManager.subscribeCommonEvent(subscriber);
} catch (RemoteException e) {
     HiLog.info(LABEL,"subscribeCommonEvent occur exception.");
}
```

最后，针对在 onReceiveEvent 中不能执行耗时操作的限制，可以使用 CommonEventSubscriber 的 goAsyncCommonEvent() 方法实现异步操作，函数返回后仍保持该公共事件活跃，且执行完成后必须调用 AsyncCommonEventResult.finishCommonEvent() 方法结束。示例代码如下：

```
// 创建新线程，将耗时的操作放到新的线程上执行
EventRunner runner = EventRunner.create();

//MyEventHandler 为 EventHandler 的派生类，在不同线程间分发和处理事件和 Runnable 任务
MyEventHandler myHandler = new MyEventHandler(runner);

@Override
public void onReceiveEvent(CommonEventData commonEventData){
    final AsyncCommonEventResult result = goAsyncCommonEvent();

    Runnable task = new Runnable() {
        @Override
        public void run() {
            ........          // 待执行的操作，由开发者定义
            result.finishCommonEvent(); // 调用 finish 结束异步操作
        }
    };
    myHandler.postTask(task);
}
```

7.2.4　退订公共事件

在 Ability 的 onStop() 中调用 CommonEventManager.unsubscribeCommonEvent() 方法退订公共事

件。调用后，之前订阅的所有公共事件均被退订。示例代码如下：

```
try {
    CommonEventManager.unsubscribeCommonEvent(subscriber);
} catch (RemoteException e) {
    HiLog.info(LABEL,"unsubscribeCommonEvent occur exception.");
}
```

7.3 实战：公共事件服务发布事件

本节演示如何使用公共事件服务发布事件。为了演示该功能，创建一个名为 CommonEvent-Publisher 的 Car 设备类型应用，作为公共事件的发布者。

7.3.1 修改ability_main.xml

修改 ability_main.xml 文件，代码如下：

```
<?xml version="1.0" encoding="utf-8"?>
<DirectionalLayout
    xmlns:ohos="http://schemas.huawei.com/res/ohos"
    ohos:height="match_parent"
    ohos:width="match_parent"
    ohos:orientation="vertical">

    <Text
        ohos:id="$+id:text_publish_event"
        ohos:height="match_parent"
        ohos:width="match_content"
        ohos:background_element="$graphic:background_ability_main"
        ohos:layout_alignment="horizontal_center"
        ohos:text="Publish Event"
        ohos:text_size="50"
    />

</DirectionalLayout>
```

上述修改只是将显示文本内容改为 Publish Event，在预览器中预览效果，如图 7-2 所示。

图7-2　修改显示文本内容

7.3.2 修改MainAbilitySlice

在初始化应用时，应用已经包含一个主 AbilitySlice，即 MainAbilitySlice。对 MainAbilitySlice 进行修改，代码如下：

```
package com.waylau.hmos.commoneventpublisher.slice;

import com.waylau.hmos.commoneventpublisher.ResourceTable;
import ohos.aafwk.ability.AbilitySlice;
import ohos.aafwk.content.Intent;
import ohos.aafwk.content.Operation;
import ohos.agp.components.Text;
import ohos.event.commonevent.CommonEventData;
import ohos.event.commonevent.CommonEventManager;
import ohos.event.commonevent.CommonEventPublishInfo;
import ohos.hiviewdfx.HiLog;
import ohos.hiviewdfx.HiLogLabel;
import ohos.rpc.RemoteException;

public class MainAbilitySlice extends AbilitySlice {
    private static final String TAG = MainAbilitySlice.class.getSimpleName();
    private static final HiLogLabel LABEL_LOG =
            new HiLogLabel(HiLog.LOG_App, 0x00001, TAG);

    private static final String EVENT_PERMISSION =
           "com.waylau.hmos.commoneventpublisher.PERMISSION";
    private static final String EVENT_NAME =
           "com.waylau.hmos.commoneventpublisher.EVENT";
    private static final int EVENT_CODE = 1;
    private static final String EVENT_DATA ="Welcome to waylau.com";
    private int index = 0; // 递增的序列

    @Override
    public void onStart(Intent intent) {
        super.onStart(intent);
        super.setUIContent(ResourceTable.Layout_ability_main);

        // 添加单击事件
        Text text = (Text) findComponentById(ResourceTable.Id_text_publish_event);
        text.setClickedListener(listener -> publishEvent());
    }

    private void publishEvent() {
        HiLog.info(LABEL_LOG,"before publishEvent");

        Intent intent = new Intent();
        Operation operation = new Intent.OperationBuilder()
                .withAction(EVENT_NAME) // 设置事件名称
                .build();
        intent.setOperation(operation);

        index++;
        CommonEventData eventData = new CommonEventData(intent, EVENT_CODE,
         EVENT_DATA
                +" times" + index);
        CommonEventPublishInfo publishInfo = new CommonEventPublishInfo();
        String[] permissions = {EVENT_PERMISSION};
        publishInfo.setSubscriberPermissions(permissions); // 设置权限
```

```
        try {
            CommonEventManager.publishCommonEvent(eventData, publishInfo);
        } catch (RemoteException e) {
            HiLog.info(LABEL_LOG,"publishCommonEvent occur exception.");
        }

        HiLog.info(LABEL_LOG,"end publishEvent, event data %{}s", publishInfo.);
    }

    @Override
    public void onActive() {
        super.onActive();
    }

    @Override
    public void onForeground(Intent intent) {
        super.onForeground(intent);
    }
}
```

在 MainAbilitySlice 类中：

（1）在 Text 中增加了单击事件，以便触发发送事件的方法。

（2）通过 CommonEventManager.publishCommonEvent 发送了事件。该事件是一个携带权限信息的事件。

（3）每个事件的内容都不同，会附加一个唯一的索引。

最后，需要在 config.json 文件中的“defPermissions”字段中自定义所需的权限：

```
...
// 定义权限
"defPermissions": [
    {
        "name": "com.waylau.hmos.commoneventpublisher.PERMISSION"
    }
]
...
```

7.3.3 运行

运行应用之后，单击文本 Publish Event，可以看到控制台日志输出内容如下：

```
01-12 23:07:49.232 14800-14800/com.waylau.hmos.commoneventpublisher I
 00001/MainAbilitySlice: before publishEvent
01-12 23:07:49.237 14800-14800/com.waylau.hmos.commoneventpublisher I
 00001/MainAbilitySlice: end publishEvent, event data Welcome to waylau.com
 times 1
01-12 23:07:49.449 14800-14800/com.waylau.hmos.commoneventpublisher I
 00001/MainAbilitySlice: before publishEvent
01-12 23:07:49.461 14800-14800/com.waylau.hmos.commoneventpublisher I
 00001/MainAbilitySlice: end publishEvent, event data Welcome to waylau.com
 times 2
01-12 23:07:49.547 14800-14800/com.waylau.hmos.commoneventpublisher I
 00001/MainAbilitySlice: before publishEvent
01-12 23:07:49.549 14800-14800/com.waylau.hmos.commoneventpublisher I
 00001/MainAbilitySlice: end publishEvent, event data Welcome to waylau.com
```

```
 times 3
01-12 23:07:49.751 14800-14800/com.waylau.hmos.commoneventpublisher I
 00001/MainAbilitySlice: before publishEvent
01-12 23:07:49.753 14800-14800/com.waylau.hmos.commoneventpublisher I
 00001/MainAbilitySlice: end publishEvent, event data Welcome to waylau.com
 times 4
```

从上述日志可以看出，每次单击都会发送一次事件。

7.4 实战：公共事件服务订阅事件

本节演示如何使用公共事件服务订阅事件。为了演示该功能，创建一个名为 CommonEvent-Subscriber 的 Car 设备类型应用，作为公共事件的订阅者。

7.4.1 修改ability_main.xml

修改 ability_main.xml 文件，代码如下：

```
<?xml version="1.0" encoding="utf-8"?>
<DirectionalLayout
    xmlns:ohos="http://schemas.huawei.com/res/ohos"
    ohos:height="match_parent"
    ohos:width="match_parent"
    ohos:orientation="vertical">

    <Text
        ohos:id="$+id:text_helloworld"
        ohos:height="match_parent"
        ohos:width="match_content"
        ohos:background_element="$graphic:background_ability_main"
        ohos:layout_alignment="horizontal_center"
        ohos:text="I am EventSubscriber"
        ohos:text_size="50"
    />

</DirectionalLayout>
```

上述修改只是将显示文本内容改为 I am EventSubscriber，在预览器中预览效果，如图 7-3 所示。

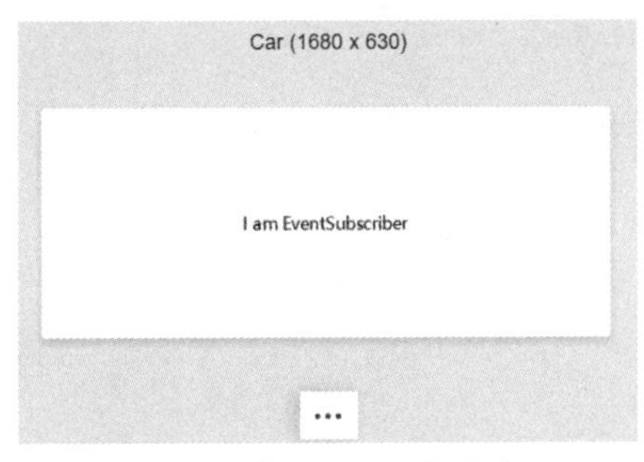

图7-3　修改显示文本内容

7.4.2 创建CommonEventSubscriber

创建一个名为 WelcomeCommonEventSubscriber 的事件订阅者，该类继承了 CommonEventSubscriber，代码如下：

```
package com.waylau.hmos.commoneventsubscriber;

import ohos.event.commonevent.CommonEventData;
import ohos.event.commonevent.CommonEventSubscribeInfo;
import ohos.event.commonevent.CommonEventSubscriber;
import ohos.hiviewdfx.HiLog;
import ohos.hiviewdfx.HiLogLabel;

public class WelcomeCommonEventSubscriber extends CommonEventSubscriber {
    private static final String TAG =
        WelcomeCommonEventSubscriber.class.getSimpleName();
    private static final HiLogLabel LABEL_LOG =
            new HiLogLabel(HiLog.LOG_App, 0x00001, TAG);

    public WelcomeCommonEventSubscriber(CommonEventSubscribeInfo info) {
        super(info);
    }

    @Override
    public void onReceiveEvent(CommonEventData commonEventData) {
        HiLog.info(LABEL_LOG,"receive event data %{public}s",
            commonEventData.getData());
    }

}
```

在上述代码中，当接收到事件时，只是简单地将事件内容在日志中输出。

7.4.3 修改MainAbility

在初始化应用时，应用已经包含一个 MainAbility。对 MainAbility 进行修改，代码如下：

```
package com.waylau.hmos.commoneventsubscriber;

import com.waylau.hmos.commoneventsubscriber.slice.MainAbilitySlice;
import ohos.aafwk.ability.Ability;
import ohos.aafwk.content.Intent;
import ohos.event.commonevent.CommonEventManager;
import ohos.event.commonevent.CommonEventSubscribeInfo;
import ohos.event.commonevent.MatchingSkills;
import ohos.hiviewdfx.HiLog;
import ohos.hiviewdfx.HiLogLabel;
import ohos.rpc.RemoteException;

public class MainAbility extends Ability {
    private static final String TAG = MainAbilitySlice.class.getSimpleName();
    private static final HiLogLabel LABEL_LOG =
            new HiLogLabel(HiLog.LOG_App, 0x00001, TAG);

    private static final String EVENT_NAME =
          "com.waylau.hmos.commoneventpublisher.EVENT";
```

```
    @Override
    public void onStart(Intent intent) {
        super.onStart(intent);
        super.setMainRoute(MainAbilitySlice.class.getName());

        // 订阅事件
        subscribeEvent();
    }

    private void subscribeEvent() {
        HiLog.info(LABEL_LOG,"before subscribeEvent");

        MatchingSkills matchingSkills = new MatchingSkills();
        matchingSkills.addEvent(EVENT_NAME); // 自定义事件
        CommonEventSubscribeInfo subscribeInfo = new CommonEventSubscribe
         Info(matchingSkills);
        WelcomeCommonEventSubscriber subscriber = new WelcomeCommonEvent
         Subscriber(subscribeInfo);
        try {
            CommonEventManager.subscribeCommonEvent(subscriber);
        } catch (RemoteException e) {
            HiLog.info(LABEL_LOG,"subscribeCommonEvent occur exception.");
        }

        HiLog.info(LABEL_LOG,"end subscribeEvent");
    }

}
```

在 MainAbility 类中：

（1）在该类启动时，会执行 subscribeEvent() 方法。

（2）subscribeEvent() 方法内容会通过 CommonEventManager.subscribeCommonEvent 订阅指定的事件。

7.4.4 修改配置文件

修改配置文件，增加权限的申请，代码如下：

```
"reqPermissions": [{
   "name":"com.waylau.hmos.commoneventpublisher.PERMISSION",
   "reason":"get right",
   "usedScene": {
   "ability": [
       ".MainAbility"
    ],
   "when":"always"
    }
}]
```

7.4.5 运行

先运行 CommonEventSubscriber 应用，而后运行 7.3 节介绍的 CommonEventPublisher 应用，并单击 CommonEventPublisher 应用的文本 Publish Event，可以看到控制台日志输出内容如下：

```
01-12 23:07:49.232 14800-14800/com.waylau.hmos.CommonEventSubscriber I
 00001/MainAbilitySlice: before publishEvent
01-12 23:07:49.237 14800-14800/com.waylau.hmos.CommonEventSubscriber I
 00001/MainAbilitySlice: end publishEvent, event data Welcome to waylau.com
 times 1
01-12 23:07:49.449 14800-14800/com.waylau.hmos.CommonEventSubscriber I
 00001/MainAbilitySlice: before publishEvent
01-12 23:07:49.461 14800-14800/com.waylau.hmos.CommonEventSubscriber I
 00001/MainAbilitySlice: end publishEvent, event data Welcome to waylau.com
 times 2
01-12 23:07:49.547 14800-14800/com.waylau.hmos.CommonEventSubscriber I
 00001/MainAbilitySlice: before publishEvent
01-12 23:07:49.549 14800-14800/com.waylau.hmos.CommonEventSubscriber I
 00001/MainAbilitySlice: end publishEvent, event data Welcome to waylau.com
 times 3
01-12 23:07:49.751 14800-14800/com.waylau.hmos.CommonEventSubscriber I
 00001/MainAbilitySlice: before publishEvent
01-12 23:07:49.753 14800-14800/com.waylau.hmos.CommonEventSubscriber I
 00001/MainAbilitySlice: end publishEvent, event data Welcome to waylau.com
 times 4
```

可以看到每次点击 CommonEventPublisher 应用的“Publish Event”文本都会发送一次事件，而 CommonEventSubscriber 应用都能收到相应的事件。

7.5 高级通知服务

HarmonyOS 提供了通知功能，即在一个应用的 UI 界面之外显示消息，主要用来提醒用户有来自某个应用中的信息。当应用向系统发出通知时，它将先以图标的形式显示在通知栏中，用户可以下拉通知栏查看通知的详细信息。通知常见的使用场景如下：

（1）显示接收到短消息、即时消息等。

（2）显示应用的推送消息，如广告、版本更新等。

（3）显示当前正在进行的事件，如播放音乐、导航、下载等。

7.5.1 接口说明

通知相关的基础类包含 NotificationSlot、NotificationRequest、NotificationHelper。上述基础类之间的关系，如图 7-4 所示。

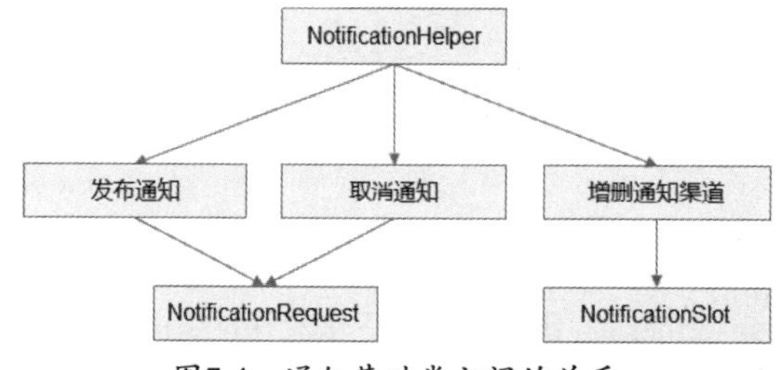

图7-4　通知基础类之间的关系

1. NotificationSlot

NotificationSlot 可以对提示音、振动、锁屏显示和重要级别等进行设置。一个应用可以创建一个或多个 NotificationSlot，在发送通知时，通过绑定不同的 NotificationSlot 实现不同的用途。

NotificationSlot 需要先通过 NotificationHelper 的 addNotificationSlot(NotificationSlot) 方法发布后，通知才能绑定使用。所有绑定该 NotificationSlot 的通知在发布后都具备相应的特性，对象在创建后将无法更改这些设置，对于是否启动相应设置，用户有最终控制权。

当不指定 NotificationSlot 时，当前通知会使用默认的 NotificationSlot，默认的 NotificationSlot 优先级为 LEVEL_DEFAULT。

目前，NotificationSlot 的级别由低到高具体如下。

- LEVEL_NONE：表示通知不发布。
- LEVEL_MIN：表示通知可以发布，但是不显示在通知栏，不自动弹出，无提示音。该级别不适用于前台服务场景。
- LEVEL_LOW：表示通知可以发布且显示在通知栏，不自动弹出，无提示音。
- LEVEL_DEFAULT：表示通知发布后可在通知栏显示，不自动弹出，触发提示音。
- LEVEL_HIGH：表示通知发布后可在通知栏显示，自动弹出，触发提示。

2. NotificationRequest

NotificationRequest 用于设置具体的通知对象，包括设置通知的属性，如通知的分发时间、小图标、大图标、自动删除等参数；以及设置具体的通知类型，如普通文本、长文本等。

通知的常用属性如下。

- 通知分组：对于同一类型的通知，如电子邮件可以放在一个群组内展示。
- 小图标、大图标：分别通过 NotificationRequest 的 setLittleIcon(PixelMap)、setBigIcon(PixelMap) 设置的小图标、大图标。
- 显示时间戳：通知除了显示时间戳外，还可以显示计时器功能，包含正计时和倒计时。其中，通过 NotificationRequest 的 setCreateTime(Long)、setShowCreateTime(boolean) 设置并显示时间戳，通过 NotificationRequest 的 setShowStopwatch(boolean) 显示计时器功能，通过 NotificationRequest 的 setShowStopwatch(boolean)、setCountdownTimer(boolean) 显示倒计时功能。
- 进度条：通过 NotificationRequest 的 setProgressBar(int, int, boolean) 显示进度条，主要用于播放音乐、下载等场景。
- 从通知启动 Ability：单击通知栏的通知，可以通过启动 Ability 触发新的事件。通知通过 NotificationRequest 的 setIntentAgent(IntentAgent) 设置 IntentAgent 后，单击通知栏上发布的通知，将触发通知中的 IntentAgent 承载的事件。IntentAgent 的设置请参考 IntentAgent 开发指导。
- 通知设置 ActionButton：通过单击通知按钮，可以触发按钮承载的事件。通过单击 NotificationRequest 的 addActionButton(NotificationActionButton) 附加按钮，可以触发相关的事件，具体事件内容如何设置需要参考 NotificationActionButton。
- 通知设置 ComponentProvider：通过 ComponentProvider 设置自定义的布局。通过 NotificationRequest 的 setCustomView(ComponentProvider) 配置自定义布局，替代系统布局，具体布局信息如何设置需要参考 ComponentProvider。

通知类型目前支持六种，具体如下。

- 普通文本 NotificationNormalContent：通知的标题，通过 NotificationRequest 的 setTitle(String) 方法设置。
- 长文本 NotificationLongTextContent：长文本的内容，通过 setLongText(String) 设置，文本长度最大支持 1024 个字符。
- 图片 NotificationPictureContent：具有图片的通知。
- 多行 NotificationMultiLineContent：折叠状态下的多行通知样式的标题，通过 NotificationMulti-LineContent 的 setTitle(String) 方法设置。
- 社交 NotificationConversationalContent：社交通知样式的标题，通过 NotificationConversational-Content 的 setConversationTitle(String) 方法设置。
- 媒体 NotificationMediaContent：媒体通知样式的标题，通过 NotificationMediaContent 的 setTi-tle(String) 方法设置。

3. NotificationHelper

NotificationHelper 封装了发布、更新、删除通知等静态方法，主要接口如下。

- 发布一条通知：publishNotification(NotificationRequest request)。
- 发布一条带 TAG 的通知：publishNotification(String tag, NotificationRequest)。
- 取消指定的通知：cancelNotification(int notificationId)。
- 取消指定的带 TAG 的通知：cancelNotification(String tag, int notificationId)。
- 取消之前发布的所有通知：cancelAllNotifications()。
- 创建一个 NotificationSlot：addNotificationSlot(NotificationSlot slot)。
- 获取 NotificationSlo：getNotificationSlot(String slotId)。
- 删除一个 NotificationSlot：removeNotificationSlot(String slotId)。
- 获取当前应用发布的活跃通知：getActiveNotifications()。
- 获取系统中当前应用发布的活跃通知的数量：getActiveNotificationNums()。
- 设置通知的角标：setNotificationBadgeNum(int num)。
- 设置当前应用中活跃状态通知的数量在角标显示：setNotificationBadgeNum()。

7.5.2 创建NotificationSlot

NotificationSlot 可以设置公共通知的震动、锁屏模式、重要级别等，并通过调用 Notification-Helper.addNotificationSlot() 方法发布 NotificationSlot 对象。示例代码如下：

```
 // 创建 NotificationSlot 对象
NotificationSlot slot =
    new NotificationSlot("slot_001","slot_default", NotificationSlot.LEVEL_MIN);

slot.setDescription("NotificationSlotDescription");
slot.setEnableVibration(true); // 设置振动提醒
slot.setLockscreenVisibleness(NotificationRequest.VISIBLENESS_TYPE_PUB
 LIC);// 设置锁屏模式
slot.setEnableLight(true); // 设置开启呼吸灯提醒
slot.setLedLightColor(Color.RED.getValue());// 设置呼吸灯的提醒颜色

try {
   NotificationHelper.addNotificationSlot(slot);
```

```
} catch (RemoteException ex) {
    HiLog.warn(LABEL,"addNotificationSlot occur exception.");
}
```

7.5.3　发布通知

发布通知分为以下几个步骤。

1. 构建NotificationRequest对象

应用发布通知前，应通过 NotificationRequest 的 setSlotId() 方法与 NotificationSlot 绑定，使该通知在发布后都具备该对象的特征。示例代码如下：

```
int notificationId = 1;
NotificationRequest request = new NotificationRequest(notificationId);
request.setSlotId(slot.getId());
```

2. 设置通知内容

调用 setContent() 方法设置通知的内容。示例代码如下：

```
String title ="Welcome";
String text ="Welcome to waylau.com!";
NotificationNormalContent content = new NotificationNormalContent();
content.setTitle(title)
       .setText(text);
NotificationContent notificationContent = new NotificationContent(content);
request.setContent(notificationContent); // 设置通知的内容
```

3. 发送通知

调用 publishNotification() 方法发送通知。示例代码如下：

```
try {
   NotificationHelper.publishNotification(request);
} catch (RemoteException ex) {
   HiLog.warn(LABEL,"publishNotification occur exception.");
}
```

7.5.4　取消通知

取消通知分为取消指定单条通知和取消所有通知，应用只能取消自己发布的通知。

1. 取消指定的单条通知

调用 cancelNotification() 方法取消指定的单条通知。示例代码如下：

```
int notificationId = 1;
try {
    NotificationHelper.cancelNotification(notificationId);
} catch (RemoteException ex) {
    HiLog.warn(LABEL,"cancelNotification occur exception.");
}
```

2. 取消所有通知

调用 cancelAllNotifications() 方法取消所有通知。示例代码如下：

```
try {
    NotificationHelper.cancelAllNotifications();
} catch (RemoteException ex) {
    HiLog.warn(LABEL,"cancelAllNotifications occur exception.");
}
```

7.6 实战：通知发布与取消

本节演示如何进行通知发布与取消。为了演示该功能，创建一个名为 Notification 的 Car 设备类型应用，进行通知发布与取消。

7.6.1 修改ability_main.xml

修改 ability_main.xml 文件，代码如下：

```
<?xml version="1.0" encoding="utf-8"?>
<DirectionalLayout
    xmlns:ohos="http://schemas.huawei.com/res/ohos"
    ohos:height="match_parent"
    ohos:width="match_parent"
    ohos:orientation="vertical">

    <Text
        ohos:id="$+id:text_publish_notification"
        ohos:height="match_content"
        ohos:width="match_content"
        ohos:background_element="$graphic:background_ability_main"
        ohos:layout_alignment="horizontal_center"
        ohos:text="Publish Notification"
        ohos:text_size="50"
    />

    <Text
        ohos:id="$+id:text_cancel_notification"
        ohos:height="match_parent"
        ohos:width="match_content"
        ohos:background_element="$graphic:background_ability_main"
        ohos:layout_alignment="horizontal_center"
        ohos:text="Cancel Notification"
        ohos:text_size="50"
        />

</DirectionalLayout>
```

上述修改将显示两段文本内容 Publish Notification 与 Cancel Notificatio，在预览器中预览效果，如图 7-5 所示。

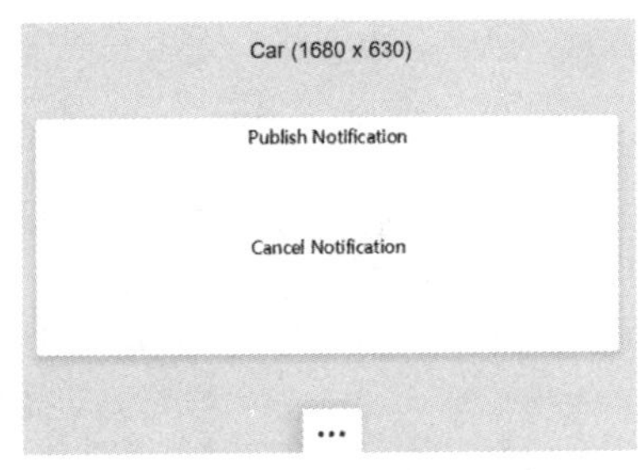

图7-5　修改显示文本内容

7.6.2　修改MainAbilitySlice

在初始化应用时，应用已经包含一个主 AbilitySlice，即 MainAbilitySlice。对 MainAbilitySlice 进行修改，代码如下：

```
package com.waylau.hmos.notification.slice;

import com.waylau.hmos.notification.ResourceTable;
import ohos.aafwk.ability.AbilitySlice;
import ohos.aafwk.content.Intent;
import ohos.agp.components.Text;
import ohos.agp.utils.Color;
import ohos.event.notification.NotificationHelper;
import ohos.event.notification.NotificationRequest;
import ohos.event.notification.NotificationSlot;
import ohos.hiviewdfx.HiLog;
import ohos.hiviewdfx.HiLogLabel;
import ohos.rpc.RemoteException;

public class MainAbilitySlice extends AbilitySlice {
    private static final String TAG = MainAbilitySlice.class.getSimpleName();
    private static final HiLogLabel LABEL_LOG =
            new HiLogLabel(HiLog.LOG_App, 0x00001, TAG);

    private int notificationId = 0; // 递增的序列

    @Override
    public void onStart(Intent intent) {
        super.onStart(intent);
        super.setUIContent(ResourceTable.Layout_ability_main);
        // 添加单击事件
        Text textPublishNotification = (Text) findComponentById(ResourceTa
         ble.Id_text_publish_notification);
        textPublishNotification.setClickedListener(listener -> publishNoti
         fication());


        // 添加单击事件
        Text textCancelNotification = (Text) findComponentById(ResourceTa
         ble.Id_text_cancel_notification);
        textCancelNotification.setClickedListener(listener -> cancelNotifi
         cation());
    }

    private void publishNotification() {
```

```
        HiLog.info(LABEL_LOG,"before publishNotification");

        // 创建 notificationSlot 对象
        NotificationSlot slot =
                new NotificationSlot("slot_001","slot_default", Notification
                 Slot.LEVEL_HIGH);

        slot.setDescription("NotificationSlotDescription");
        slot.setEnableVibration(true); // 设置振动提醒
        slot.setLockscreenVisibleness(NotificationRequest.VISIBLENESS_TYPE_
         PUBLIC);// 设置锁屏模式
        slot.setEnableLight(true); // 设置开启呼吸灯提醒
        slot.setLedLightColor(Color.RED.getValue());// 设置呼吸灯的提醒颜色

        try {
            NotificationHelper.addNotificationSlot(slot);

            notificationId++;
            NotificationRequest request = new NotificationRequest(notificationId);
            request.setSlotId(slot.getId());

            NotificationHelper.publishNotification(request);
        } catch (RemoteException ex) {
            HiLog.warn(LABEL_LOG,"publishNotification occur exception.");
        }

        HiLog.info(LABEL_LOG,"end publishNotification");
    }

    private void cancelNotification() {
        HiLog.info(LABEL_LOG,"before cancelNotification");
        try {
            NotificationHelper.cancelNotification(notificationId);
        } catch (RemoteException ex) {
            HiLog.warn(LABEL_LOG,"cancelNotification occur exception.");
        }

        HiLog.info(LABEL_LOG,"end cancelNotification");
    }


    @Override
    public void onActive() {
        super.onActive();
    }

    @Override
    public void onForeground(Intent intent) {
        super.onForeground(intent);
    }
}
```

在 MainAbilitySlice 类中：

（1）在 Text 中增加了单击事件，以便触发发送事件的方法。

（2）publishNotification() 方法用于触发发布通知，而 cancelNotification() 方法用于触发取消通知。

（3）通过 NotificationHelper.publishNotification() 方法发送通知。

（4）通过 NotificationHelper.cancelNotification() 方法取消通知。

第8章

剪贴板

用户通过系统剪贴板服务，可实现应用之间的简单数据传递。

8.1 剪贴板概述

读者对于剪贴板的功能应该不会陌生，很多数软件都提供了剪贴板的功能。用户通过系统剪贴板服务，可以将内容数据从一个应用传递到另一个应用中。

例如，在应用 A 中复制了一段数据，可以在应用 B 中粘贴，反之亦可。

针对剪贴板，HarmonyOS 提供以下支持。

（1）提供系统剪贴板服务的操作接口，支持用户程序从系统剪贴板中读取、写入和查询剪贴板数据，以及添加、移除系统剪贴板数据变化的回调。

（2）提供剪贴板数据的对象定义，包含内容对象和属性对象。

8.2 场景简介

同一设备的应用程序 A、B 之间可以借助系统剪贴板服务完成简单数据的传递，即从应用程序 A 向剪贴板服务写入数据后，可以在应用程序 B 中读取出数据。

图 8-1 展示了剪贴板服务工作过程。

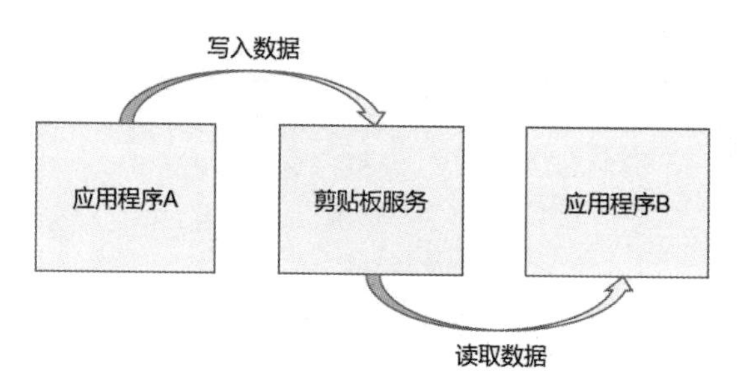

图8-1　剪贴板服务工作过程

在使用剪贴板服务时，需要注意以下几点。

（1）只有在前台获取到焦点的应用才有读取系统剪贴板的权限（系统默认输入法应用除外）。

（2）写入剪贴板服务中的剪贴板数据不会随应用程序结束而销毁。

（3）对同一用户而言，写入剪贴板服务的数据会被下一次写入的剪贴板数据所覆盖。

（4）在同一设备内，剪贴板单次传递内容不应超过 500KB。

8.3 接口说明

在 HarmonyOS 中，SystemPasteboard 提供系统剪贴板操作的相关接口，如复制、粘贴、配置回调等。

（1）PasteData 是剪贴板服务操作的数据对象，一个 PasteData 由若干个内容节点（PasteData.Record）和一个属性集合对象（PasteData.DataProperty）组成。

（2）Record 是存放剪贴板数据内容信息的最小单位，每个 Record 都有其特定的 MIME 类型，如纯文本、HTML、URI、Intent。

（3）剪贴板数据的属性信息存放在 DataProperty 中，包括标签、时间戳等。

8.3.1 SystemPasteboard

SystemPasteboard 的主要接口如下。

- 获取系统剪贴板服务的对象实例：getSystemPasteboard(Context context)。
- 读取当前系统剪贴板中的数据：getPasteData()。
- 判断当前系统剪贴板中是否有内容：hasPasteData()。
- 将剪贴板数据写入系统剪贴板：setPasteData(PasteData data)。
- 清空系统剪贴板数据：clear()。
- 用户程序添加系统剪贴板数据变化的回调：addPasteDataChangedListener(IPasteDataChangedListener listener)。
- 用户程序移除系统剪贴板数据变化的回调：removePasteDataChangedListener(IPasteDataChanged Listener listener)。

8.3.2 PasteData

PasteData 是剪贴板服务操作的数据对象，其中内容节点定义为 PasteData.Record，属性集合定义为 PasteData.DataProperty。

PasteData 的主要接口如下。

- 构造器：PasteData()。
- 构建一个包含纯文本内容节点的数据对象：createPlainTextData(CharSequence text)。
- 构建一个包含 HTML 内容节点的数据对象：creatHtmlData(String htmlText)。
- 构建一个包含 URI 内容节点的数据对象：creatUriData(Uri uri)。
- 构建一个包含 Intent 内容节点的数据对象：creatIntentData(Intent intent)。
- 获取数据对象中首个内容节点的 MIME 类型：getPrimaryMimeType()。
- 获取数据对象中首个内容节点的纯文本内容：getPrimaryText()。
- 向数据对象中添加一个纯文本内容节点：addTextRecord(CharSequence text)。
- 向数据对象中添加一个内容节点：addRecord(Record record)。
- 获取数据对象中内容节点的数量：getRecordCount()。
- 获取数据对象在指定下标处的内容节点：getRecordAt(int index)。
- 移除数据对象在指定下标处的内容节点：removeRecordAt(int index)。
- 获取数据对象中所有内容节点的 MIME 类型列表：getMimeTypes()。
- 获取该数据对象的属性集合成员：getProperty()。

8.3.3 PasteData.Record

一个 PasteData 中包含若干个特定 MIME 类型的 PasteData.Record，每个 Record 是存放剪贴板数据内容信息的最小单位。

PasteData.Record 的主要接口如下。

- 构造一个 MIME 类型为纯文本的内容节点：createPlainTextRecord(CharSequence text)。
- 构造一个 MIME 类型为 HTML 的内容节点：createHtmlTextRecord(String htmlText)。
- 构造一个 MIME 类型为 URI 的内容节点：createUriRecord(Uri uri)。
- 构造一个 MIME 类型为 Intent 的内容节点：createIntentRecord(Intent intent)。
- 获取该内容节点中的文本内容：getPlainText()。
- 获取该内容节点中的 HTML 内容：getHtmlText()。
- 获取该内容节点中的 URI 内容：getUri()。
- 获取该内容节点中的 Intent 内容：getIntent()。
- 获取该内容节点的 MIME 类型：getMimeType()。
- 将该内容节点的内容转为文本形式：convertToText(Context context)。

8.3.4 PasteData.DataProperty

每个 PasteData 中都有一个 PasteData.DataProperty 成员，其中存放着该数据对象的属性集合，如自定义标签、MIME 类型集合列表等。

PasteData.DataProperty 的主要接口如下。

- 获取所属数据对象的 MIME 类型集合列表：getMimeTypes()。
- 判断所属数据对象中是否包含特定 MIME 类型的内容：hasMimeType(String mimeType)。
- 获取所属数据对象被写入系统剪贴板时的时间戳：getTimestamp()。
- 设置自定义标签：setTag(CharSequence tag)。
- 获取自定义标签：getTag()。
- 设置一些附加键值对信息：setAdditions(PacMap extraProps)。
- 获取附加键值对信息：getAdditions()。

8.3.5 IPasteDataChangedListener

IPasteDataChangedListener 是定义剪贴板数据变化回调的接口类，开发者需要实现此接口来编码触发回调时的处理逻辑。

IPasteDataChangedListener 的主要接口是 onChanged()，这是当系统剪贴板数据发生变化时的回调接口。

8.4 实战：写入剪贴板数据

本节演示如何使用剪贴板。为了演示该功能，本节创建了一个名为 SystemPasteboardSetter 的

Car 设备类型应用，作为剪贴板数据的写入者。

8.4.1　修改ability_main.xml

修改 ability_main.xml 文件，代码如下：

```
<?xml version="1.0" encoding="utf-8"?>
<DirectionalLayout
    xmlns:ohos="http://schemas.huawei.com/res/ohos"
    ohos:height="match_parent"
    ohos:width="match_parent"
    ohos:orientation="vertical">

    <Text
        ohos:id="$+id:text_set_paste_data"
        ohos:height="match_parent"
        ohos:width="match_content"
        ohos:background_element="$graphic:background_ability_main"
        ohos:layout_alignment="horizontal_center"
        ohos:text="Set Paste Data"
        ohos:text_size="50"
    />

</DirectionalLayout>
```

上述修改只是将显示的文本内容改为 Set Paste Data，在预览器中预览效果，如图 8-2 所示。

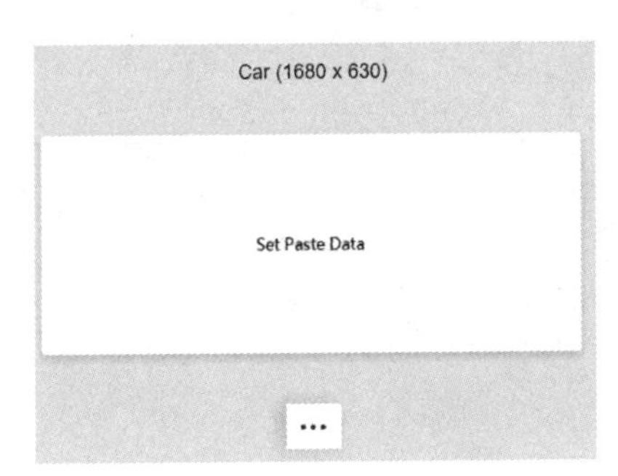

图8-2　修改显示文本内容

8.4.2　修改MainAbilitySlice

在初始化应用时，应用已经包含一个主 AbilitySlice，即 MainAbilitySlice。对 MainAbilitySlice 进行修改，代码如下：

```
package com.waylau.hmos.systempasteboardsetter.slice;

import com.waylau.hmos.systempasteboardsetter.ResourceTable;
import ohos.aafwk.ability.AbilitySlice;
import ohos.aafwk.content.Intent;
import ohos.agp.components.Text;
import ohos.hiviewdfx.HiLog;
import ohos.hiviewdfx.HiLogLabel;
import ohos.miscservices.pasteboard.PasteData;
```

```
import ohos.miscservices.pasteboard.SystemPasteboard;

public class MainAbilitySlice extends AbilitySlice {
    private static final String TAG = MainAbilitySlice.class.getSimpleName();
    private static final HiLogLabel LABEL_LOG =
            new HiLogLabel(HiLog.LOG_App, 0x00001, TAG);

    @Override
    public void onStart(Intent intent) {
        super.onStart(intent);
        super.setUIContent(ResourceTable.Layout_ability_main);

        // 添加单击事件
        Text textSetPasteData = (Text) findComponentById(ResourceTable.
         Id_text_set_paste_data);
        textSetPasteData.setClickedListener(listener -> setPasteData());
    }

    private void setPasteData() {
        HiLog.info(LABEL_LOG,"before setPasteData");

        // 获取系统剪贴板服务
        SystemPasteboard pasteboard = SystemPasteboard.getSystemPaste
         board(this.getContext());

        // 向系统剪贴板中写入一条纯文本数据
        if (pasteboard != null) {
            pasteboard.setPasteData(PasteData.creatPlainTextData("Welcome
             to waylau.com!"));
        }

        HiLog.info(LABEL_LOG,"end setPasteData");
    }

    @Override
    public void onActive() {
        super.onActive();
    }

    @Override
    public void onForeground(Intent intent) {
        super.onForeground(intent);
    }
}
```

在 MainAbilitySlice 类中：

（1）在 Text 中增加了单击事件，以便触发设置剪贴板数据的方法。

（2）通过 SystemPasteboard.getSystemPasteboard() 方法获取系统剪贴板服务。

（3）通过 pasteboard.setPasteData() 方法写入 PasteData，该 PasteData 就是一条文本内容“Welcome to waylau.com!”。

8.4.3 运行

运行应用之后，单击文本 Set Paste Data，可以看到控制台日志输出内容如下：

```
01-14 23:22:47.747 20369-20369/com.waylau.hmos.systempasteboardsetter I
 00001/MainAbilitySlice: before setPasteData
01-14 23:22:47.753 20369-20369/com.waylau.hmos.systempasteboardsetter I
 00001/MainAbilitySlice: end setPasteData
```

从上述日志可以看出，setPasteData 已经能正常触发。

接下来将演示如何读取剪贴板中的数据。

8.5 实战：读取剪贴板数据

本节演示如何读取剪贴板数据。为了演示该功能，本节创建了一个名为 SystemPasteboardGetter 的 Car 设备类型应用，作为剪贴板数据的读取者。

8.5.1 修改ability_main.xml

修改 ability_main.xml 文件，代码如下：

```
<?xml version="1.0" encoding="utf-8"?>
<DirectionalLayout
    xmlns:ohos="http://schemas.huawei.com/res/ohos"
    ohos:height="match_parent"
    ohos:width="match_parent"
    ohos:orientation="vertical">

    <Text
        ohos:id="$+id:text_get_paste_data"
        ohos:height="match_content"
        ohos:width="match_content"
        ohos:background_element="$graphic:background_ability_main"
        ohos:layout_alignment="horizontal_center"
        ohos:text="Get Paste Data"
        ohos:text_size="50"
    />

    <Text
        ohos:id="$+id:text_paste_data"
        ohos:height="match_parent"
        ohos:width="match_content"
        ohos:background_element="$graphic:background_ability_main"
        ohos:layout_alignment="horizontal_center"
        ohos:text="Ready To Get"
        ohos:text_size="50"
        />

</DirectionalLayout>
```

上述修改将显示文本内容改为 Get Paste Data 和 Ready To Get，在预览器中预览效果，如图 8-3 所示。

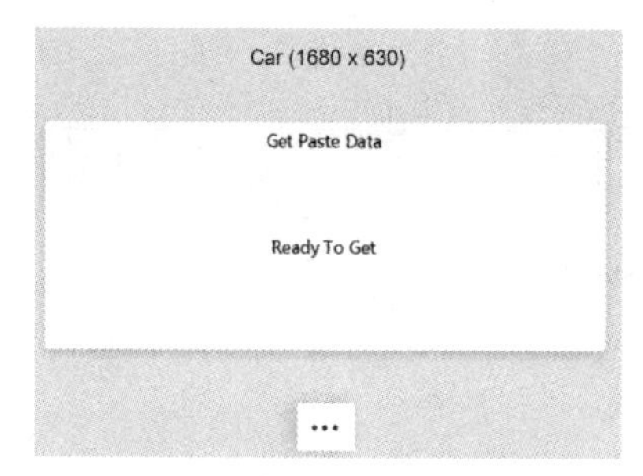

图8-3 修改显示文本内容

8.5.2 修改MainAbilitySlice

在初始化应用时，应用已经包含一个主 AbilitySlice，即 MainAbilitySlice。对 MainAbilitySlice 进行修改，代码如下：

```
package com.waylau.hmos.systempasteboardgetter.slice;

import com.waylau.hmos.systempasteboardgetter.ResourceTable;
import ohos.aafwk.ability.AbilitySlice;
import ohos.aafwk.content.Intent;
import ohos.agp.components.Text;
import ohos.hiviewdfx.HiLog;
import ohos.hiviewdfx.HiLogLabel;
import ohos.miscservices.pasteboard.PasteData;
import ohos.miscservices.pasteboard.SystemPasteboard;

public class MainAbilitySlice extends AbilitySlice {
    private static final String TAG = MainAbilitySlice.class.getSimpleName();
    private static final HiLogLabel LABEL_LOG =
            new HiLogLabel(HiLog.LOG_App, 0x00001, TAG);

    @Override
    public void onStart(Intent intent) {
        super.onStart(intent);
        super.setUIContent(ResourceTable.Layout_ability_main);

        // 添加单击事件
        Text textGetPasteData =
            (Text) findComponentById(ResourceTable.Id_text_get_paste_data);
        textGetPasteData.setClickedListener(listener -> getPasteData());
    }

    private void getPasteData() {
        HiLog.info(LABEL_LOG,"before getPasteData");

        // 获取系统剪贴板服务
        SystemPasteboard pasteboard = SystemPasteboard.getSystemPaste
         board(this.getContext());

        // 从系统剪贴板中读取纯文本数据
        if (pasteboard != null) {
            PasteData pasteData = pasteboard.getPasteData();

            if (pasteData != null) {
```

```
            PasteData.DataProperty dataProperty = pasteData.getProperty();
            boolean hasHtml = dataProperty.hasMimeType(PasteData.MIME
             TYPE_TEXT_HTML);
            boolean hasText = dataProperty.hasMimeType(PasteData.MIME
             TYPE_TEXT_PLAIN);

            if (hasHtml || hasText) {
                String textString ="";

                // 遍历剪贴板中所有的记录
                for (int i = 0; i < pasteData.getRecordCount(); i++) {
                    PasteData.Record record = pasteData.getRecordAt(i);
                    String mimeType = record.getMimeType();
                    if (mimeType.equals(PasteData.MIMETYPE_TEXT_HTML)) {
                        textString = record.getHtmlText();
                        break;
                    } else if (mimeType.equals(PasteData.MIMETYPE_TEXT_
                      PLAIN)) {// 纯文本数据
                        textString = record.getPlainText().toString();
                        break;
                    }
                }

                // 将内容输出到界面
                Text text = (Text) findComponentById(ResourceTable.
                 Id_text_paste_data);
                text.setText(textString);
            }
        } else {
            HiLog.info(LABEL_LOG,"PasteData is null");
        }


    }

    HiLog.info(LABEL_LOG,"end getPasteData");
}

@Override
public void onActive() {
    super.onActive();
}

@Override
public void onForeground(Intent intent) {
    super.onForeground(intent);
}
}
```

在 MainAbilitySlice 类中：

（1）在 Text 中增加了单击事件，以便触发获取剪贴板数据的方法。

（2）通过 SystemPasteboard.getSystemPasteboard() 方法获取系统剪贴板服务。

（3）通过 pasteData.getProperty() 方法获取剪贴板数据的属性。

（4）通过 pasteData.getRecordAt() 方法获取具体的剪贴板中的数据。

8.5.3 运行

首先运行 8.4 节创建的 SystemPasteboardSetter 应用，单击文本 Set Paste Data，写入剪贴板数据，可以看到控制台日志输出内容如下：

```
01-14 23:22:47.747 20369-20369/com.waylau.hmos.systempasteboardsetter I
 00001/MainAbilitySlice: before setPasteData
01-14 23:22:47.753 20369-20369/com.waylau.hmos.systempasteboardsetter I
 00001/MainAbilitySlice: end setPasteData
```

然后运行 SystemPasteboardGetter 应用，单击文本 Get Paste Data，可以看到控制台日志输出内容如下：

```
01-14 23:40:13.114 12370-12370/com.waylau.hmos.systempasteboardgetter I
 00001/MainAbilitySlice: before getPasteData
01-14 23:40:13.121 12370-12370/com.waylau.hmos.systempasteboardgetter I
 00001/MainAbilitySlice: end getPasteData
```

此时，界面显示内容如图 8-4 所示。

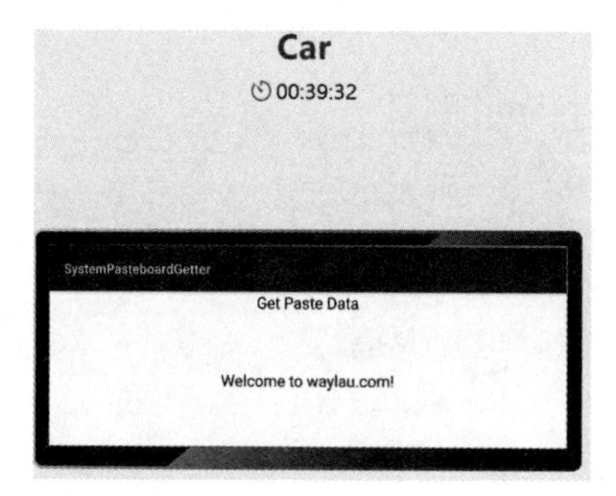

图8-4 界面显示内容

由图 8-4 可以看到，已经获取到了剪贴板中的数据“Welcome to waylau.com!”，并回写到了界面上。

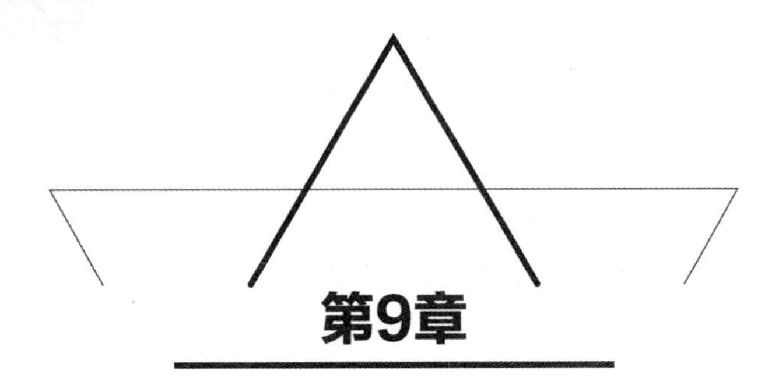

第9章

用Java开发UI

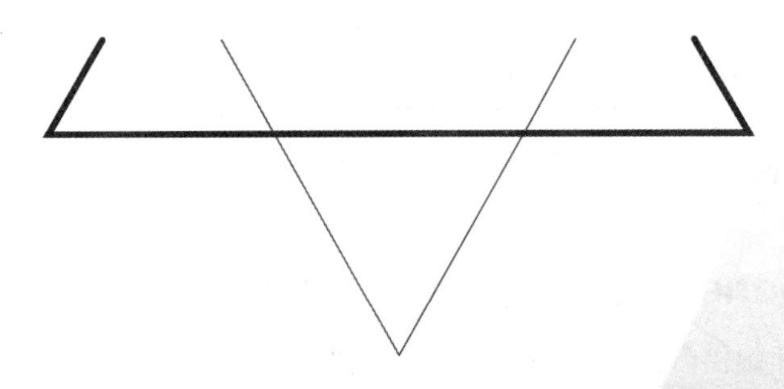

Java UI 框架提供了用于创建 UI 的各类组件，包括一些常用的组件和常用的布局。用户可通过组件进行交互操作，并获得响应。

9.1 用Java开发UI概述

在前面的应用开发过程中，我们已经初步接触了 UI 编程。以 SystemPasteboardGetter 应用为例，在开发一个 Page Ability 时，往往需要涉及 AbilitySlice 和 ability_main.xml 文件的修改，这其实就是 Java UI 编程的一部分。

应用的 Ability 在屏幕上将显示一个用户界面，该界面用来显示所有可被用户查看和交互的内容。应用中所有的用户界面元素都由 Component 和 ComponentContainer 对象构成。Component 是绘制在屏幕上的一个对象，用户能与之交互；ComponentContainer 是一个用于容纳其他 Component 和 ComponentContainer 对象的容器。

Java UI 框架提供了一部分 Component 和 ComponentContainer 的具体子类，即创建 UI 的各类组件，包括一些常用的组件（如文本、按钮、图片、列表等）和常用的布局（如 DirectionalLayout 和 DependentLayout）。用户可通过组件进行交互操作，并获得响应。所有的 UI 操作都应该在主线程进行设置。

9.1.1 组件和布局

用户界面元素统称为组件，组件根据一定的层级结构进行组合形成布局。组件在未被添加到布局中时，既无法显示也无法交互，因此一个用户界面至少包含一个布局。在 UI 框架中，具体的布局类通常以 XXLayout 命名，完整的用户界面是一个布局，用户界面中的一部分也可以是一个布局。布局中容纳 Component 与 ComponentContainer 对象。

9.1.2 Component和ComponentContainer

Component 用于提供内容显示，是界面中所有组件的基类，开发者可以给 Component 设置事件处理回调来创建一个可交互的组件。Java UI 框架提供了一些常用的界面元素，也可称之为组件，组件一般直接继承 Component 或它的子类，如 Text、Image 等。

ComponentContainer 作为容器容纳 Component 或 ComponentContainer 对象，并对它们进行布局。Java UI 框架提供了一些标准布局功能的容器，它们继承自 ComponentContainer，一般以 Layout 结尾，如 DirectionalLayout、DependentLayout 等。

图 9-1 展示了 Component 和 ComponentContainer 的结构组成。

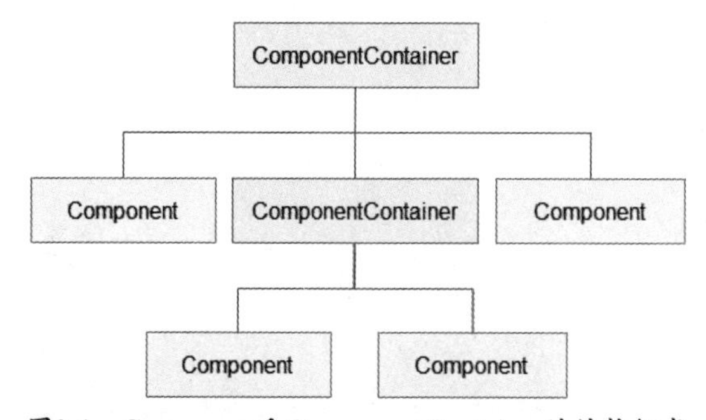

图9-1 Component和ComponentContainer的结构组成

9.1.3 LayoutConfig

每种布局都根据自身特点提供 LayoutConfig 供子 Component 设定布局属性和参数，通过指定布局属性可以对子 Component 在布局中的显示效果进行约束。例如，width、height 是最基本的布局属性，它们指定了组件的大小。

图 9-2 展示了 LayoutConfig 在布局中的作用。

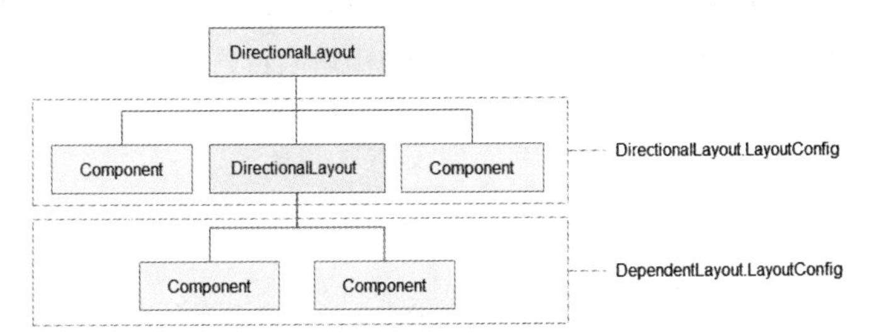

图9-2 LayoutConfig在布局中的作用

9.1.4 组件树

正如图 9-1 所展示的那样，布局把 Component 和 ComponentContainer 以树状层级结构进行组织，这样的一个布局就称为组件树。组件树的特点是仅有一个根组件，其他组件有且仅有一个父节点，组件之间的关系受到父节点的规则约束。

9.2 组件与布局

正如前面章节所述，HarmonyOS 提供了 Ability 和 AbilitySlice 两个基础类。一个 Page Ability 可以由一个或多个 AbilitySlice 构成，AbilitySlice 主要用于承载单个页面的具体逻辑实现和界面 UI，是应用显示、运行和跳转的最小单元。AbilitySlice 通过 setUIContent 为界面设置布局，示例如下：

```
public class MainAbilitySlice extends AbilitySlice {

    @Override
    public void onStart(Intent intent) {
        super.onStart(intent);

        // 设置布局
        super.setUIContent(ResourceTable.Layout_ability_main);
    }

    ...
}
```

上述代码中，ResourceTable.Layout_ability_main 即为界面组件树根节点。

9.2.1 编写布局的方式

组件需要进行组合，并添加到界面的布局中。在 Java UI 框架中提供了两种编写布局的方式。

（1）在代码中创建布局：用代码创建 Component 和 ComponentContainer 对象，为这些对象设置合适的布局参数和属性值，并将 Component 添加到 ComponentContainer 中，从而创建出完整界面。

（2）在 XML 中声明 UI 布局：按层级结构描述 Component 和 ComponentContainer 的关系，给组件节点设定合适的布局参数和属性值，代码中可直接加载生成此布局。

这两种方式创建出的布局没有本质差别，在 XML 中声明布局，在加载后同样可在代码中对该布局进行修改。前面章节中介绍的实战案例多是在 XML 中声明布局，这也是本书推崇的布局方式。

9.2.2 组件分类

根据组件的功能，可以将组件分为布局类、显示类和交互类三类，如表 9-1 所示。

表9-1　组件分类

组件类别	组件名称	功能描述
布局类	PositionLayout、DirectionalLayout、StackLayout、DependentLayout、TableLayout、AdaptiveBoxLayout	提供了不同布局规范的组件容器，如以单一方向排列的DirectionalLayout、以相对位置排列的DependentLayout、以确切位置排列的PositionLayout等
显示类	Text、Image、Clock、TickTimer、ProgressBar	提供了单纯的内容显示，如用于文本显示的Text、用于图像显示的Image等
交互类	TextField、Button、Checkbox、RadioButton/RadioContainer、Switch、ToggleButton、Slider、Rating、ScrollView、TabList、ListContainer、PageSlider、PageFlipper、PageSliderIndicator、Picker、TimePicker、DatePicker、SurfaceProvider、ComponentProvider	提供了具体场景下与用户交互响应的功能，如Button提供了单击响应功能、Slider提供了进度选择功能等

框架提供的组件使应用界面开发更加便利。

9.3 实战：XML创建布局

本节演示如何通过 XML 创建 DirectionalLayout 布局。为了演示该功能，本节创建了一个名为 DirectionalLayoutWithXml 的 Car 设备类型应用。

XML 声明布局的方式非常简便直观。在初始化 DirectionalLayoutWithXml 应用时，已经为应用创建了一个默认的界面布局，即 MainAbilitySlice 和 ability_main.xml。

9.3.1 理解XML布局文件

每一个 Component 和 ComponentContainer 对象大部分属性支持在 XML 中进行设置，它们都有各自的 XML 属性列表。其中，某些属性仅适用于特定的组件，如只有 Text 支持 text_color 属性，但不支持该属性的组件如果添加了该属性，该属性则会被忽略。具有继承关系的组件子类将继承父类的属性列表，Component 作为组件的基类，拥有各个组件常用的属性，如 ID、布局参数等。

下面是初始化 DirectionalLayoutWithXml 应用时 ability_main.xml 文件内容：

```
<?xml version="1.0" encoding="utf-8"?>
<DirectionalLayout
    xmlns:ohos="http://schemas.huawei.com/res/ohos"
    ohos:height="match_parent"
    ohos:width="match_parent"
    ohos:orientation="vertical">

    <Text
        ohos:id="$+id:text_helloworld"
        ohos:height="match_parent"
        ohos:width="match_content"
        ohos:background_element="$graphic:background_ability_main"
        ohos:layout_alignment="horizontal_center"
        ohos:text="Hello World"
        ohos:text_size="50"
    />

</DirectionalLayout>
```

接下来详细介绍 ID 和布局参数。

1. ID

在上述配置中，ohos:id="$+id:text_helloworld" 就是在 XML 中声明一个对开发者友好的 ID，它会在编译过程中转换成一个常量。尤其在 DependentLayout 布局中，组件之间需要描述相对位置关系，描述时要通过 ID 指定对应组件。

布局中的组件通常要设置独立的 ID，以便在程序中查找该组件。如果布局中有不同组件设置了相同的 ID，在通过 ID 查找组件时会返回查找到的第一个组件，因此应尽量保证在所要查找的布局中为组件设置独立的 ID 值，避免出现与预期不符的情况。

例如，在 SystemPasteboardGetter 应用中就为不同的 Text 设置了不同的 ID，代码如下：

```
<Text
    ohos:id="$+id:text_get_paste_data"
    ohos:height="match_content"
    ohos:width="match_content"
    ohos:background_element="$graphic:background_ability_main"
    ohos:layout_alignment="horizontal_center"
    ohos:text="Get Paste Data"
    ohos:text_size="50"
/>

<Text
    ohos:id="$+id:text_paste_data"
    ohos:height="match_parent"
    ohos:width="match_content"
    ohos:background_element="$graphic:background_ability_main"
    ohos:layout_alignment="horizontal_center"
```

```
    ohos:text="Ready To Get"
    ohos:text_size="50"
    />
```

2. 布局参数

在上述配置中，ohos:width 和 ohos:height 都是布局参数。在 XML 中，它们的取值可以如下。

（1）具体的数值：10（以像素为单位）、10vp（以屏幕相对像素为单位）。

（2）match_parent：表示组件大小将扩展为父组件允许的最大值，它将占据父组件方向上的剩余大小。

（3）match_content：表示组件大小与它的内容占据的大小范围相适应。

9.3.2 创建XML布局文件

如果要新建 XML 布局文件，则可以在 DevEco Studio 的 Project 窗口中选择 entry → src → main → resources → base 命令，右击 layout 文件夹，在弹出的快捷菜单中选择 New → File 命令，创建布局文件。例如，本例中将其命名为 ability_pay.xml。

当然，另外一种快捷的创建布局文件的方式是直接复制 ability_main.xml 的内容进行修改。

打开新创建的 ability_pay.xml 布局文件，修改其中的内容，对布局和组件的属性和层级进行描述，代码如下：

```
<?xml version="1.0" encoding="utf-8"?>
<DirectionalLayout
    xmlns:ohos="http://schemas.huawei.com/res/ohos"
    ohos:height="match_parent"
    ohos:width="match_parent"
    ohos:orientation="vertical">

    <Text
        ohos:id="$+id:text_pay"
        ohos:width="match_content"
        ohos:height="match_content"
        ohos:layout_alignment="horizontal_center"
        ohos:text="Show me the money"
        ohos:text_size="25vp"/>
    />

</DirectionalLayout>
```

在预览器中可以对上述布局进行实时预览，如图 9-3 所示。

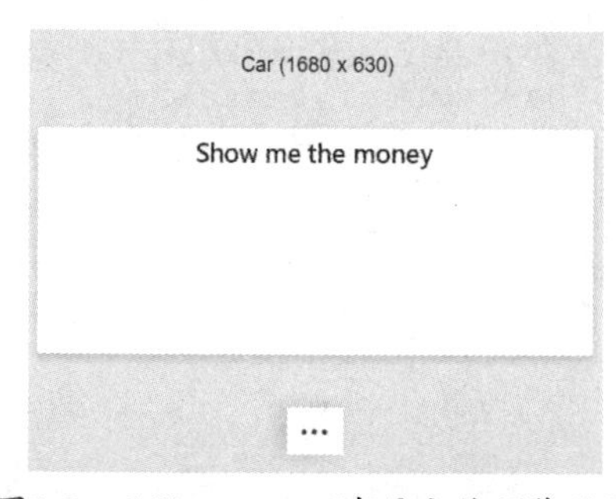

图9-3　ability_pay.xml布局文件预览效果

9.3.3 加载XML布局

在代码中需要加载 XML 布局，并将其添加为根布局或作为其他布局的子 Component，代码如下：

```
package com.waylau.hmos.directionallayoutwithxml.slice;

import com.waylau.hmos.directionallayoutwithxml.ResourceTable;
import ohos.aafwk.ability.AbilitySlice;
import ohos.aafwk.content.Intent;
import ohos.agp.colors.RgbColor;
import ohos.agp.components.Text;
import ohos.agp.components.element.ShapeElement;

public class PayAbilitySlice extends AbilitySlice {
    @Override
    public void onStart(Intent intent) {
        super.onStart(intent);

        // 加载 XML 布局作为根布局
        super.setUIContent(ResourceTable.Layout_ability_pay);

        // 获取组件
        Text textPay = (Text) findComponentById(ResourceTable.Id_text_pay);

        // 设置组件的属性
        ShapeElement background = new ShapeElement();
        background.setRgbColor(new RgbColor(0, 125, 255));
        background.setCornerRadius(25);
        textPay.setBackground(background);
    }

    @Override
    public void onActive() {
        super.onActive();
    }

    @Override
    public void onForeground(Intent intent) {
        super.onForeground(intent);
    }
}
```

上述代码中：

（1）通过 setUIContent() 方法加载 XML 布局。

（2）通过 findComponentById() 方法获取组件。

（3）组件可以重新设置属性。上例中设置了文本的背景。

9.3.4 显示XML布局

显示 PayAbilitySlice 设置的布局的方式有两种。

（1）采用 5.6.4 小节中介绍的导航方式，从 MainAbilitySlice 导航到 PayAbilitySlice。

（2）直接将 PayAbilitySlice 设置为主 AbilitySlice，代码如下：

```
package com.waylau.hmos.directionallayoutwithxml;
```

```
import com.waylau.hmos.directionallayoutwithxml.slice.MainAbilitySlice;
import com.waylau.hmos.directionallayoutwithxml.slice.PayAbilitySlice;
import ohos.aafwk.ability.Ability;
import ohos.aafwk.content.Intent;

public class MainAbility extends Ability {
    @Override
    public void onStart(Intent intent) {
        super.onStart(intent);
        //super.setMainRoute(MainAbilitySlice.class.getName());

        super.setMainRoute(PayAbilitySlice.class.getName());
    }
}
```

运行应用后，主界面显示效果如图 9-4 所示。

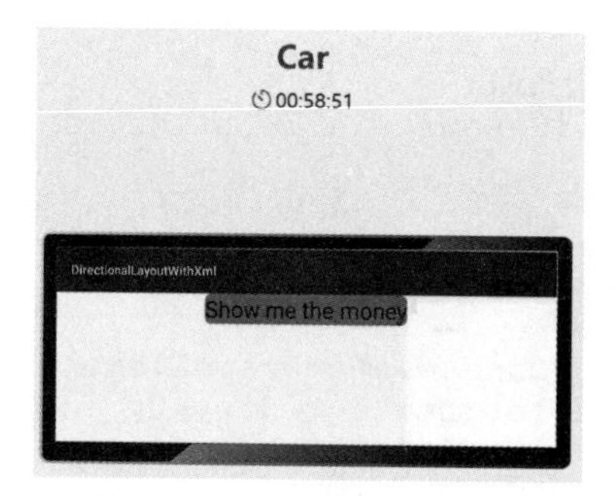

图9-4　应用主界面显示效果

9.4 实战：Java创建布局

如果读者有 Java Swing 或者 Java AWT 编程经验，那么对于用 Java 语言创建布局就不会陌生。本节演示如何通过 Java 创建布局。为了演示该功能，本节创建了一个名为 DirectionalLayoutWithJava 的 Car 设备类型应用。

在初始化 DirectionalLayoutWithJava 应用时，已经为应用创建了一个默认的界面布局，即 MainAbilitySlice 和 ability_main.xml。我们需要再创建一个新的 DirectionalLayout 布局。

9.4.1 新建AbilitySlice

创建一个新的 AbilitySlice，命名为 PayAbilitySlice。PayAbilitySlice 需要继承 AbilitySlice，代码如下：

```
package com.waylau.hmos.directionallayoutwithjava.slice;

import ohos.aafwk.ability.AbilitySlice;

public class PayAbilitySlice extends AbilitySlice {
```

```
    package com.waylau.hmos.directionallayoutwithjava.slice;

import ohos.aafwk.ability.AbilitySlice;
import ohos.aafwk.content.Intent;

public class PayAbilitySlice extends AbilitySlice {
    @Override
    public void onStart(Intent intent) {
        super.onStart(intent);
    }

    @Override
    public void onActive() {
        super.onActive();
    }

    @Override
    public void onForeground(Intent intent) {
        super.onForeground(intent);
    }

}
```

上述代码重写了 onStart()、onActive() 和 onForeground() 方法。

9.4.2　创建布局

在 PayAbilitySlice 的 onStart() 方法中创建布局并使用，代码如下：

```
@Override
public void onStart(Intent intent) {
    super.onStart(intent);

    // 声明布局
    DirectionalLayout directionalLayout = new DirectionalLayout(getContext());

    // 设置布局大小
    directionalLayout.setWidth(ComponentContainer.LayoutConfig.MATCH_PARENT);
    directionalLayout.setHeight(ComponentContainer.LayoutConfig.MATCH_PARENT);

    // 设置布局属性
    directionalLayout.setOrientation(Component.VERTICAL);

    // 将布局添加到组件树中
    setUIContent(directionalLayout);
}
```

上述代码中声明了布局，设置了布局的大小和属性，并将布局添加到组件树中。这样，一个布局即创建完成。单击预览器，可以对布局进行预览，如图 9-5 所示。

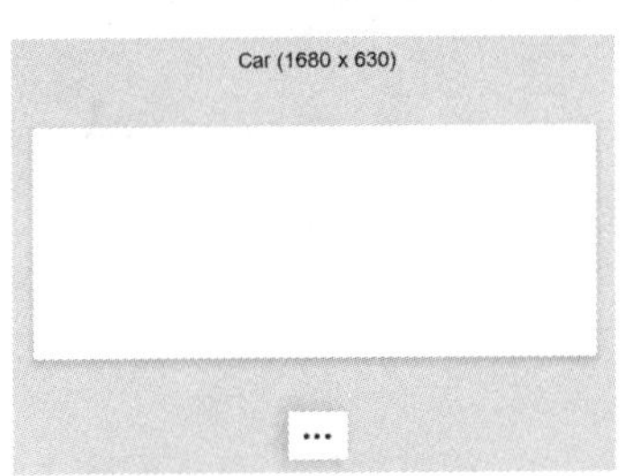

图9-5　布局预览效果

9.4.3　在布局中添加组件

只有布局，界面中只会显示一片空白，此时需要在布局中添加组件，代码如下：

```
// 声明 Text 组件
Text textPay = new Text(getContext());
textPay.setText("Show me the money");
textPay.setTextSize(25, Text.TextSizeType.VP);
textPay.setId(1);

// 设置组件的属性
ShapeElement background = new ShapeElement();
background.setRgbColor(new RgbColor(0, 125, 255));
background.setCornerRadius(25);
textPay.setBackground(background);

// 为组件添加对应布局的布局属性
DirectionalLayout.LayoutConfig layoutConfig =
        new DirectionalLayout.LayoutConfig(ComponentContainer.LayoutConfig.
         MATCH_CONTENT,
                ComponentContainer.LayoutConfig.MATCH_CONTENT);
layoutConfig.alignment = LayoutAlignment.HORIZONTAL_CENTER;
textPay.setLayoutConfig(layoutConfig);

// 将组件添加到布局中 （视布局需要对组件设置布局属性进行约束）
directionalLayout.addComponent(textPay);
```

上述代码中声明了 Text 组件；设置了组件的属性，即文本的背景；为组件添加对应布局的布局属性；将组件添加到布局中。

单击预览器，可以对布局进行预览；如图 9-6 所示。

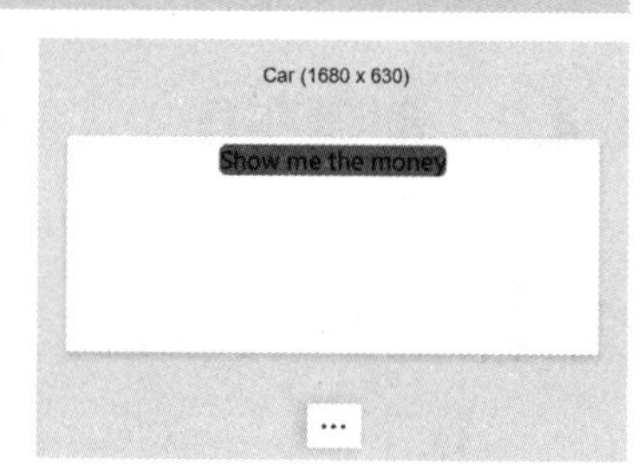

图9-6　布局预览效果

9.4.4　显示布局

显示 PayAbilitySlice 设置的布局的方法有两种。

（1）采用在 5.6.4 小节中介绍的导航方式，从 MainAbilitySlice 导航到 PayAbilitySlice。

（2）直接将 PayAbilitySlice 设置为主 AbilitySlice，代码如下：

```
package com.waylau.hmos.directionallayoutwithjava;

import com.waylau.hmos.directionallayoutwithjava.slice.MainAbilitySlice;
import com.waylau.hmos.directionallayoutwithjava.slice.PayAbilitySlice;
import ohos.aafwk.ability.Ability;
import ohos.aafwk.content.Intent;

public class MainAbility extends Ability {
    @Override
    public void onStart(Intent intent) {
        super.onStart(intent);
        //super.setMainRoute(MainAbilitySlice.class.getName());

        super.setMainRoute(PayAbilitySlice.class.getName());
    }
}
```

运行应用后，可以看到主界面显示效果，如图 9-7 所示。

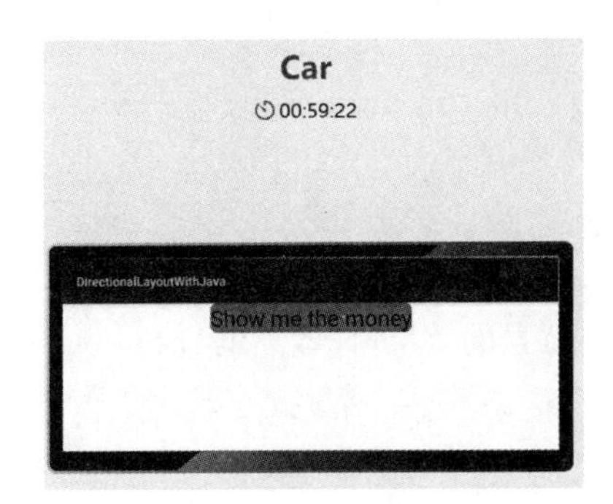

图9-7　应用主界面显示效果

9.5 实战：常用显示类组件——Text

常用显示类组件包括 Text、Image、ProgressBar 等，这些组件一般提供单纯的内容显示，如 Text 用于显示文本，Image 用于显示图像等。本节介绍 Text 组件的用法。

Text 是在前面章节中介绍最多的组件。Text 是用来显示字符串的组件，在界面上显示为一块文本区域。Text 作为一个基本组件，有很多扩展，常见的有按钮组件 Button 和文本编辑组件 TextField。

创建一个名为 Text 的 Car 设备类型的应用，作为演示示例。

9.5.1 设置背景

以下是创建 Text 应用时产生的 ability_main.xml 文件，内容如下：

```
<?xml version="1.0" encoding="utf-8"?>
<DirectionalLayout
    xmlns:ohos="http://schemas.huawei.com/res/ohos"
    ohos:height="match_parent"
    ohos:width="match_parent"
    ohos:orientation="vertical">

    <Text
        ohos:id="$+id:text_helloworld"
        ohos:height="match_parent"
        ohos:width="match_content"
        ohos:background_element="$graphic:background_ability_main"
        ohos:layout_alignment="horizontal_center"
        ohos:text="Hello World"
        ohos:text_size="50"
    />

</DirectionalLayout>
```

上述文件中，ohos:background_element 可以用来配置常用的背景，如常见的文本背景和按钮背景。上述配置引用了 background_ability_main.xml 文件中的内容，该文件放置在 graphic 目录下。

background_ability_main.xml 文件内容如下：

```
<?xml version="1.0" encoding="UTF-8" ?>
<shape xmlns:ohos="http://schemas.huawei.com/res/ohos"
       ohos:shape="rectangle">
    <solid
        ohos:color="#FFFFFF"/>
</shape>
```

修改上述配置，可以设置Text背景的效果。修改后的background_ability_main.xml文件内容如下：

```
<?xml version="1.0" encoding="UTF-8" ?>
<shape xmlns:ohos="http://schemas.huawei.com/res/ohos"
       ohos:shape="rectangle">
    <corners
        ohos:radius="20"/>
    <solid
        ohos:color="#878787"/>
</shape>
```

界面显示效果如图 9-8 所示。

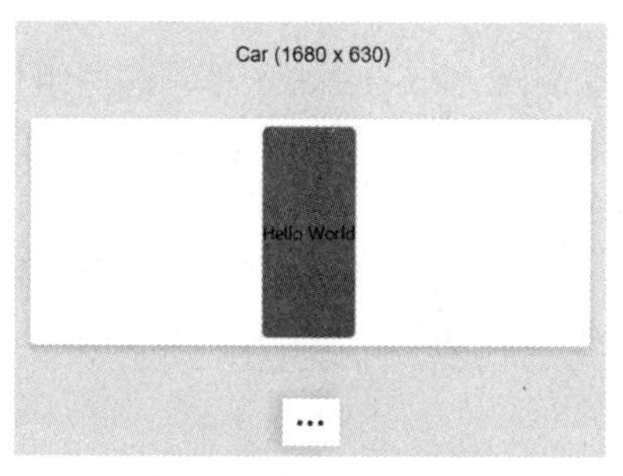

图9-8　界面显示效果

9.5.2　设置字体大小和颜色

为了演示字体大小和颜色的设置过程，通过 DevEco Studio 创建名为 ColorSizeAbility 的 Page，则会自动创建图 9-9 所示的四个文件：ColorSizeAbility、ColorSizeAbilitySlice、ability_color_size.xml 和 background_ability_color_size.xml。

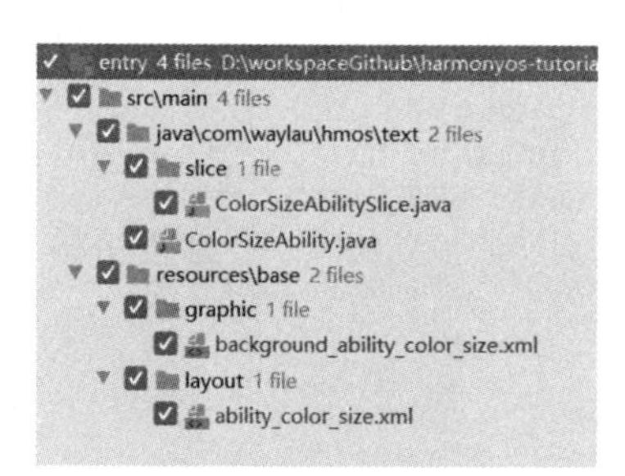

图9-9　创建一个Page

修改 ability_color_size.xml，代码如下：

```
<?xml version="1.0" encoding="utf-8"?>
<DirectionalLayout
```

```
    xmlns:ohos="http://schemas.huawei.com/res/ohos"
    ohos:height="match_parent"
    ohos:width="match_parent"
    ohos:orientation="vertical">

    <Text
        ohos:id="$+id:text_color_size"
        ohos:height="match_parent"
        ohos:width="match_content"
        ohos:background_element="$graphic:background_ability_color_size"
        ohos:layout_alignment="horizontal_center"
        ohos:text="Hello World"
        ohos:text_size="28fp"
        ohos:text_color="#0000FF"
        ohos:left_margin="15vp"
        ohos:bottom_margin="15vp"
        ohos:right_padding="15vp"
        ohos:left_padding="15vp"
        />

</DirectionalLayout>
```

图 9-10 展示了预览器设置字体大小和颜色后的效果。

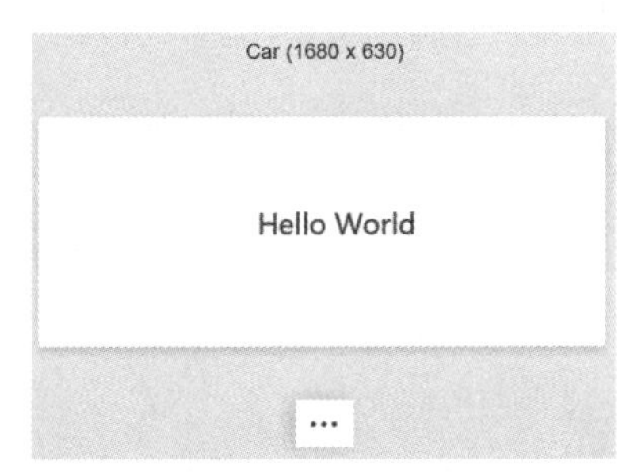

图9-10　设置字体大小和颜色后的效果

9.5.3　设置字体风格和字重

为了演示字体风格和字重的设置过程，通过 DevEco Studio 创建名为 ItalicWeightAbility 的 Page，则会自动创建以下四个文件：ItalicWeightAbility、ItalicWeightAbilitySlice、ability_italic_weight.xml 和 background_ability_italic_weight.xml。

修改 ability_italic_weight.xml，代码如下：

```
<?xml version="1.0" encoding="utf-8"?>
<DirectionalLayout
    xmlns:ohos="http://schemas.huawei.com/res/ohos"
    ohos:height="match_parent"
    ohos:width="match_parent"
    ohos:orientation="vertical">

    <Text
        ohos:id="$+id:text_italic_weight"
        ohos:height="match_parent"
        ohos:width="match_content"
```

```
        ohos:background_element="$graphic:background_ability_italic_weight"
        ohos:layout_alignment="horizontal_center"
        ohos:text="Hello World"
        ohos:text_size="28fp"
        ohos:text_color="#0000FF"
        ohos:italic="true"
        ohos:text_weight="700"
        ohos:text_font="serif"
        ohos:left_margin="15vp"
        ohos:bottom_margin="15vp"
        ohos:right_padding="15vp"
        ohos:left_padding="15vp"
        />

</DirectionalLayout>
```

图 9-11 展示了预览器设置 italic 字体风格和字重后的效果。

图9-11　设置italic字体风格和字重后的效果

9.5.4 设置文本对齐方式

为了演示文本对齐方式的设置过程，通过 DevEco Studio 创建名为 AlignmentAbility 的 Page，则会自动创建以下四个文件：AlignmentAbility、AlignmentAbilitySlice、ability_alignment.xml 和 background_ability_alignment.xml。

修改 ability_alignment.xml，代码如下：

```
<?xml version="1.0" encoding="utf-8"?>
<DirectionalLayout
    xmlns:ohos="http://schemas.huawei.com/res/ohos"
    ohos:height="match_parent"
    ohos:width="match_parent"
    ohos:orientation="vertical">

    <Text
        ohos:id="$+id:text_alignment"
        ohos:background_element="$graphic:background_ability_alignment"
        ohos:text="Hello World"
        ohos:width="300vp"
        ohos:height="100vp"
        ohos:text_size="28fp"
        ohos:text_color="#0000FF"
        ohos:italic="true"
        ohos:text_weight="700"
```

```
        ohos:text_font="serif"
        ohos:left_margin="15vp"
        ohos:bottom_margin="15vp"
        ohos:right_padding="15vp"
        ohos:left_padding="15vp"
        ohos:text_alignment="horizontal_center|bottom"
        />

</DirectionalLayout>
```

图 9-12 展示了预览器设置文本对齐方式后的效果。

图9-12　设置文本对齐方式后的效果

9.5.5　设置文本换行和最大显示行数

为了演示文本换行和最大显示行数的设置过程，通过 DevEco Studio 创建名为 LinesAbility 的 Page，则会自动创建以下四个文件：LinesAbility、LinesAbilitySlice、ability_lines.xml 和 background_ability_lines.xml。

修改 ability_lines.xml，代码如下：

```
<?xml version="1.0" encoding="utf-8"?>
<DirectionalLayout
    xmlns:ohos="http://schemas.huawei.com/res/ohos"
    ohos:height="match_parent"
    ohos:width="match_parent"
    ohos:orientation="vertical">

    <Text
        ohos:id="$+id:text_lines"
        ohos:background_element="$graphic:background_ability_lines"
        ohos:layout_alignment="horizontal_center"
        ohos:text="Hello World"
        ohos:width="75vp"
        ohos:height="match_content"
        ohos:text_size="28fp"
        ohos:text_color="#0000FF"
        ohos:italic="true"
        ohos:text_weight="700"
        ohos:text_font="serif"
        ohos:multiple_lines="true"
        ohos:max_text_lines="2"
        />
```

```
</DirectionalLayout>
```

图 9-13 展示了预览器设置文本换行和最大显示行数后的效果。由于文本长度超过了限制，因此文本内容无法显示完整。

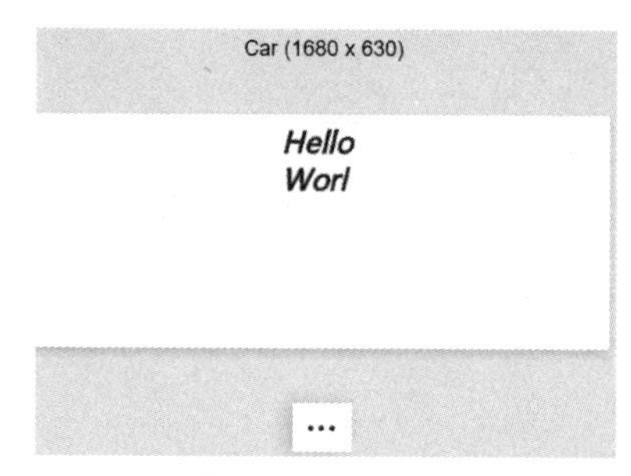

图9-13 设置文本换行和最大显示行数后的效果

9.5.6 设置自动调节字体大小

为了演示自动调节字体大小的设置过程，通过 DevEco Studio 创建名为 AutoFontSizeAbility 的 Page，则会自动创建以下四个文件：AutoFontSizeAbility、AutoFontSizeAbilitySlice、ability_auto_font_size.xml 和 background_ability_auto_font_size.xml。

修改 ability_auto_font_size.xml，代码如下：

```
<?xml version="1.0" encoding="utf-8"?>
<DirectionalLayout
    xmlns:ohos="http://schemas.huawei.com/res/ohos"
    ohos:height="match_parent"
    ohos:width="match_parent"
    ohos:orientation="vertical">

    <Text
        ohos:id="$+id:text_auto_font_size"
        ohos:background_element="$graphic:background_ability_auto_font_size"
        ohos:layout_alignment="horizontal_center"
        ohos:text="Hello World"
        ohos:width="90vp"
        ohos:height="match_content"
        ohos:min_height="30vp"
        ohos:text_color="#0000FF"
        ohos:italic="true"
        ohos:text_weight="700"
        ohos:text_font="serif"
        ohos:multiple_lines="true"
        ohos:max_text_lines="1"
        ohos:auto_font_size="true"
        ohos:right_padding="8vp"
        ohos:left_padding="8vp"
        />

</DirectionalLayout>
```

图 9-14 展示了预览器设置自动调节字体大小后的效果。

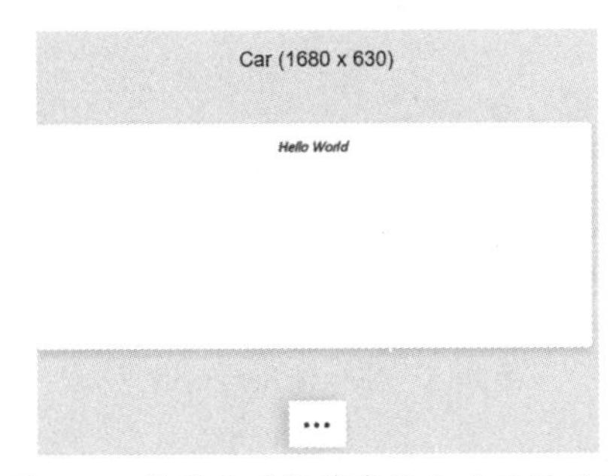

图9-14　设置自动调节字体大小后的效果

修改 AutoFontSizeAbilitySlice，代码如下：

```
package com.waylau.hmos.text.slice;

import com.waylau.hmos.text.ResourceTable;
import ohos.aafwk.ability.AbilitySlice;
import ohos.aafwk.content.Intent;
import ohos.agp.components.Component;
import ohos.agp.components.Text;

public class AutoFontSizeAbilitySlice extends AbilitySlice {
    @Override
    public void onStart(Intent intent) {
        super.onStart(intent);
        super.setUIContent(ResourceTable.Layout_ability_auto_font_size);

        Text textAutoFontSize = (Text) findComponentById(ResourceTable.
         Id_text_auto_font_size);

        // 设置自动调整规则
        textAutoFontSize.setAutoFontSizeRule(30, 100, 1);

        // 设置单击一次增多一个"!"
        textAutoFontSize.setClickedListener(listener ->
                textAutoFontSize.setText(textAutoFontSize.getText() +"!"));
    }

    @Override
    public void onActive() {
        super.onActive();
    }

    @Override
    public void onForeground(Intent intent) {
        super.onForeground(intent);
    }
}
```

上述代码设置了单击事件。当单击 Text 内容之后，每单击一次，文本内容就增多一个“!”，同时可以看到字体也随之缩小。

图 9-15 显示了单击多次之后，字体缩小后的效果。

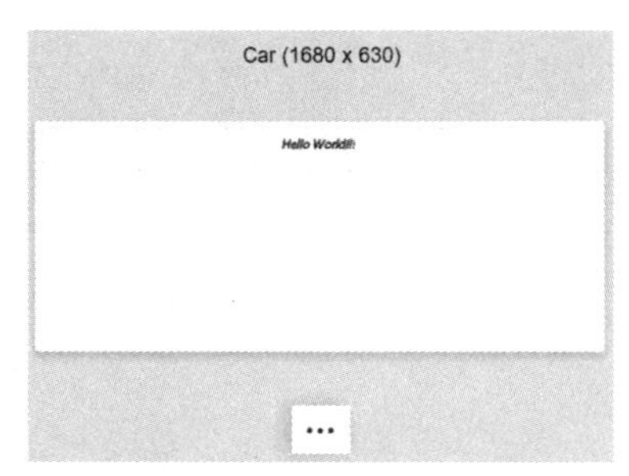

图9-15　字体缩小后的效果

9.5.7　实现跑马灯效果

当文本过长时，可以设置跑马灯效果，实现文本滚动显示。其前提是文本换行关闭且最大显示行数为 1，默认情况下即可满足前提要求。

为了演示实现跑马灯效果的设置过程，通过 DevEco Studio 创建名为 AutoScrollingAbility 的 Page，则会自动创建以下四个文件：AutoScrollingAbility、AutoScrollingAbilitySlice、ability_auto_scrolling.xml 和 background_ability_auto_scrolling.xml。

修改 ability_auto_scrolling.xml，代码如下：

```
<?xml version="1.0" encoding="utf-8"?>
<DirectionalLayout
    xmlns:ohos="http://schemas.huawei.com/res/ohos"
    ohos:height="match_parent"
    ohos:width="match_parent"
    ohos:orientation="vertical">

    <Text
        ohos:id="$+id:text_auto_scrolling"
        ohos:background_element="$graphic:background_ability_auto_scrolling"
        ohos:layout_alignment="horizontal_center"
        ohos:text="Hello World"
        ohos:width="75vp"
        ohos:height="match_content"
        ohos:text_size="28fp"
        ohos:text_color="#0000FF"
        ohos:italic="true"
        ohos:text_weight="700"
        ohos:text_font="serif"
        />

</DirectionalLayout>
```

修改 AutoScrollingAbilitySlice，代码如下：

```
package com.waylau.hmos.text.slice;

import com.waylau.hmos.text.ResourceTable;
import ohos.aafwk.ability.AbilitySlice;
import ohos.aafwk.content.Intent;
import ohos.agp.components.Text;

public class AutoScrollingAbilitySlice extends AbilitySlice {
```

```
    @Override
    public void onStart(Intent intent) {
        super.onStart(intent);
        super.setUIContent(ResourceTable.Layout_ability_auto_scrolling);

        Text textAutoScrolling =
            (Text) findComponentById(ResourceTable.Id_text_auto_scrolling);

        // 跑马灯效果
        textAutoScrolling.setTruncationMode(Text.TruncationMode.AUTO_SCROLLING);

        // 始终处于自动滚动状态
        textAutoScrolling.setAutoScrollingCount(Text.AUTO_SCROLLING_FOREVER);

        // 启动跑马灯效果
        textAutoScrolling.startAutoScrolling();
    }

    @Override
    public void onActive() {
        super.onActive();
    }

    @Override
    public void onForeground(Intent intent) {
        super.onForeground(intent);
    }
}
```

运行上述代码，启动跑马灯效果，如图 9-16 所示。

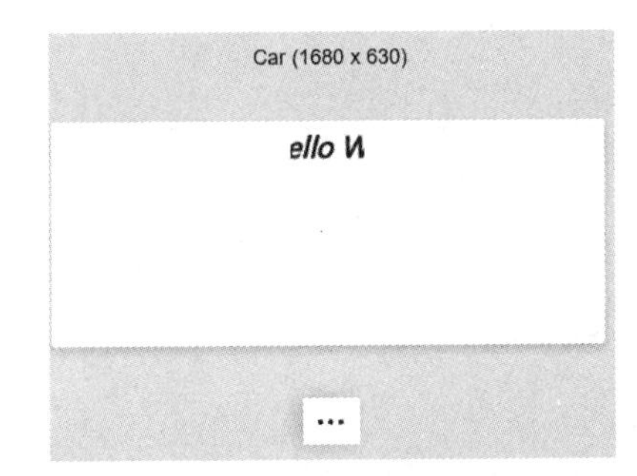

图9-16　跑马灯效果

9.5.8 场景示例

接下来演示一个场景示例，利用文本组件实现一个包含标题栏、详细内容及提交按钮的界面。

为了演示该示例，通过 DevEco Studio 创建名为 TitleDetailAbility 的 Page，则会自动创建以下四个文件：TitleDetailAbility、TitleDetailAbilitySlice、ability_title_detail.xml 和 background_ability_title_detail.xml。

修改 ability_title_detail.xml，代码如下：

```
<?xml version="1.0" encoding="utf-8"?>
<DirectionalLayout
```

```
    xmlns:ohos="http://schemas.huawei.com/res/ohos"
    ohos:height="match_parent"
    ohos:width="match_parent">

    <Text
        ohos:id="$+id:text_title"
        ohos:width="match_parent"
        ohos:height="match_content"
        ohos:text_size="25fp"
        ohos:top_margin="15vp"
        ohos:left_margin="15vp"
        ohos:right_margin="15vp"
        ohos:background_element="$graphic:background_ability_title_detail"
        ohos:text="Title"
        ohos:text_weight="1000"
        ohos:text_alignment="horizontal_center"/>
    <Text
        ohos:id="$+id:text_content"
        ohos:width="match_parent"
        ohos:height="100vp"
        ohos:text_size="25fp"
        ohos:background_element="$graphic:background_ability_title_detail"
        ohos:text="Content"
        ohos:top_margin="15vp"
        ohos:left_margin="15vp"
        ohos:right_margin="15vp"
        ohos:bottom_margin="15vp"
        ohos:text_alignment="center"
        ohos:below="$id:text_title"
        ohos:text_font="serif"/>
    <Text
        ohos:id="$+id:text_submit"
        ohos:width="75vp"
        ohos:height="match_content"
        ohos:text_size="15fp"
        ohos:background_element="$graphic:background_ability_title_detail"
        ohos:text="Submit"
        ohos:right_margin="15vp"
        ohos:bottom_margin="15vp"
        ohos:left_padding="5vp"
        ohos:right_padding="5vp"
        ohos:align_parent_end="true"
        ohos:below="$id:text_content"
        ohos:text_font="serif"/>

</DirectionalLayout>
```

修改 background_ability_title_detail.xml 文件，代码如下：

```
<?xml version="1.0" encoding="UTF-8" ?>
<shape xmlns:ohos="http://schemas.huawei.com/res/ohos"
       ohos:shape="rectangle">
    <corners
        ohos:radius="20"/>
    <solid
        ohos:color="#878787"/>
</shape>
```

运行上述代码，效果如图 9-17 所示。

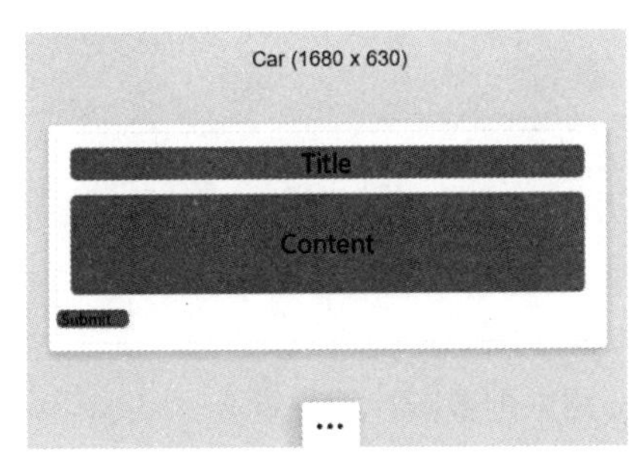

图9-17　最终效果

9.6 实战：常用显示类组件——Image

Image 是用来显示图片的组件。创建一个名为 Image 的 Car 设备类型的应用，作为演示示例。

9.6.1 创建Image

在 Project 窗口中选择 entry → src → main → resources → base → media 命令，添加一个图片至 media 文件夹中，以 waylau_616_616.jpg 为例。

创建 Image 的方式主要分为两种，既可以在 XML 中创建 Image，也可以在代码中创建 Image。

1. 在XML中创建Image

在 XML 中创建 Image，代码如下：

```
<Image
    ohos:id="$+id:image"
    ohos:width="match_content"
    ohos:height="match_content"
    ohos:layout_alignment="center"
    ohos:image_src="$media:waylau_616_616"/>
```

2. 在代码中创建Image

在代码中创建 Image，代码如下：

```
Image image = new Image(getContext());
image.setPixelMap(ResourceTable.Media_plant);
```

3. 修改ability_main.xml

本例中采用在 XML 中创建 Image 的方式。修改 ability_main.xml 文件，代码如下：

```
<?xml version="1.0" encoding="utf-8"?>
<DirectionalLayout
    xmlns:ohos="http://schemas.huawei.com/res/ohos"
    ohos:height="match_parent"
    ohos:width="match_parent"
```

```
    ohos:orientation="vertical">

    <Image
        ohos:id="$+id:image"
        ohos:width="match_content"
        ohos:height="match_content"
        ohos:layout_alignment="center"
        ohos:image_src="$media:waylau_616_616"/>

</DirectionalLayout>
```

上述代码中，ohos:image_src 用来配置图片的位置。

界面最终显示效果如图 9-18 所示。

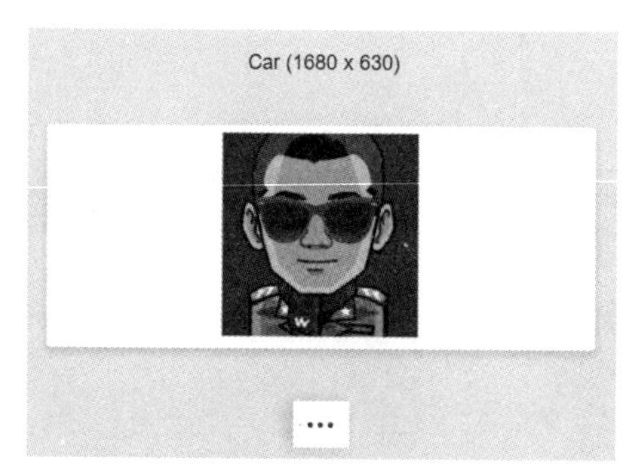

图9-18　界面最终显示效果

9.6.2　设置透明度

为了演示透明度的设置过程，通过 DevEco Studio 创建名为 AlphaAbility 的 Page，则会自动创建 AlphaAbility、AlphaAbilitySlice、ability_alpha.xml 和 background_ability_alpha.xml 四个文件。

修改 ability_alpha.xml，代码如下：

```
<?xml version="1.0" encoding="utf-8"?>
<DirectionalLayout
    xmlns:ohos="http://schemas.huawei.com/res/ohos"
    ohos:height="match_parent"
    ohos:width="match_parent"
    ohos:orientation="vertical">

    <Image
        ohos:id="$+id:image_alpha"
        ohos:width="match_content"
        ohos:height="match_content"
        ohos:layout_alignment="center"
        ohos:image_src="$media:waylau_616_616"
        ohos:alpha="0.3"/>

</DirectionalLayout>
```

上述代码中，ohos:alpha 用于配置透明度。图 9-19 展示了预览器设置透明度后的效果。

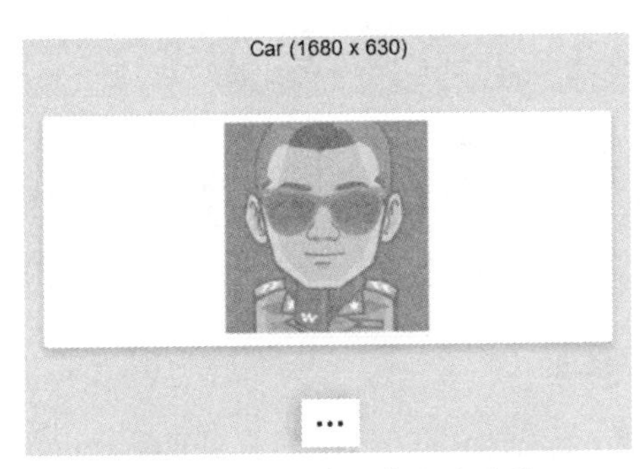

图9-19　设置透明度后的效果

9.6.3　设置缩放系数

为了演示缩放系数的设置过程，通过 DevEco Studio 创建名为 ScaleAbility 的 Page，则会自动创建以下四个文件：ScaleAbility、ScaleAbilitySlice、ability_scale.xml 和 background_ability_scale.xml。

修改 ability_scale.xml，代码如下：

```
<?xml version="1.0" encoding="utf-8"?>
<DirectionalLayout
    xmlns:ohos="http://schemas.huawei.com/res/ohos"
    ohos:height="match_parent"
    ohos:width="match_parent"
    ohos:orientation="vertical">

    <Image
        ohos:id="$+id:image_scale"
        ohos:width="match_content"
        ohos:height="match_content"
        ohos:layout_alignment="center"
        ohos:image_src="$media:waylau_616_616"
        ohos:scale_x="0.5"
        ohos:scale_y="0.5"/>

</DirectionalLayout>
```

图 9-20 展示了预览器设置缩放系数后的效果。

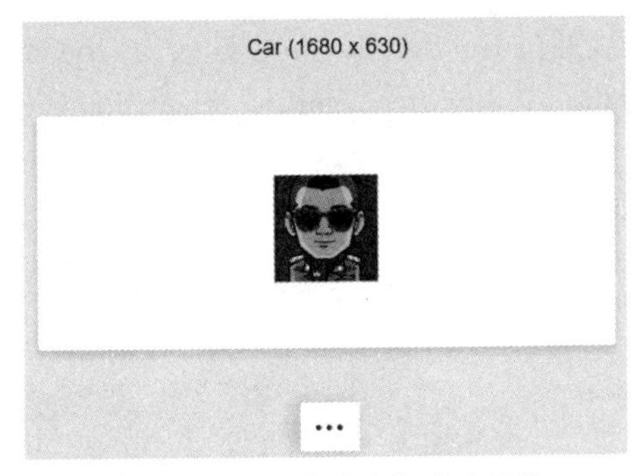

图9-20　设置缩放系数后的效果

9.7 实战：常用显示类组件——ProgressBar

ProgressBar 用于显示内容或操作的进度。创建一个名为 ProgressBar 的 Car 设备类型的应用，作为演示示例。

9.7.1 创建ProgressBar

本例采用在 XML 中创建 ProgressBar 的方式。修改 ability_main.xml 文件，代码如下：

```
<?xml version="1.0" encoding="utf-8"?>
<DirectionalLayout
    xmlns:ohos="http://schemas.huawei.com/res/ohos"
    ohos:height="match_parent"
    ohos:width="match_parent"
    ohos:orientation="vertical">

    <ProgressBar
        ohos:id="$+id:progressbar"
        ohos:progress_width="20vp"
        ohos:height="60vp"
        ohos:width="560vp"
        ohos:max="100"
        ohos:min="0"
        ohos:progress="60"/>

</DirectionalLayout>
```

上述代码中，ProgressBar 标签用来创建一个 ProgressBar 对象，其中 ohos:progress 用于设置当前进度，ohos:max 用于设置最大值，ohos:min 用于设置最小值。

界面最终显示效果如图 9-21 所示。

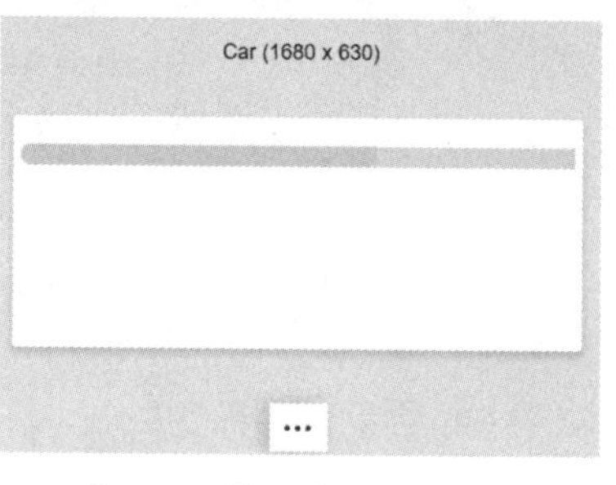

图9-21　界面最终显示效果

9.7.2 设置方向

默认情况下，ProgressBar 方向是水平的，也可以将其设置为垂直。

为了演示方向的设置过程，通过 DevEco Studio 创建名为 OrientationAbility 的 Page，则会自动创建 OrientationAbility、OrientationAbilitySlice、ability_orientation.xml 和 background_ability_orientation.xml 四个文件。

修改 ability_orientation.xml，代码如下：

```
<?xml version="1.0" encoding="utf-8"?>
<DirectionalLayout
    xmlns:ohos="http://schemas.huawei.com/res/ohos"
    ohos:height="match_parent"
    ohos:width="match_parent"
    ohos:orientation="vertical">

    <ProgressBar
        ohos:id="$+id:progressbar_orientation"
```

```
        ohos:progress_width="20vp"
        ohos:height="120vp"
        ohos:width="560vp"
        ohos:max="100"
        ohos:min="0"
        ohos:progress="60"
        ohos:orientation="vertical" />

</DirectionalLayout>
```

上述代码中，ohos:orientation 用于配置方向，本例配置的方向是垂直。

图 9-22 展示了预览器设置方向后的效果。

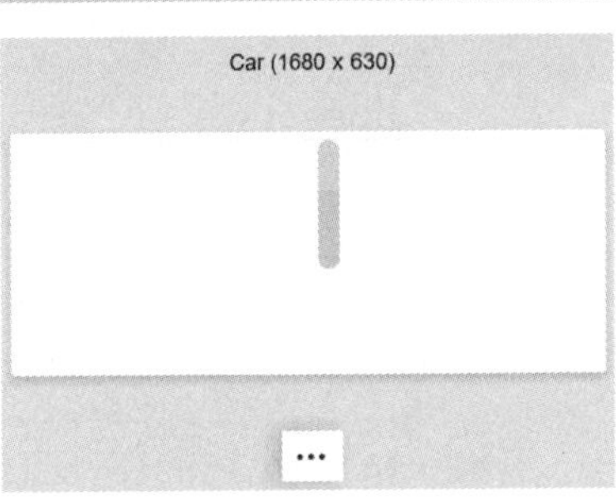

图9-22　设置方向后的效果

9.7.3　设置颜色

为了演示颜色的设置过程，通过 DevEco Studio 创建名为 ElementAbility 的 Page，则会自动创建以下四个文件：ElementAbility、ElementAbilitySlice、ability_element.xml 和 background_ability_element.xml。

修改 ability_element.xml，代码如下：

```
<?xml version="1.0" encoding="utf-8"?>
<DirectionalLayout
    xmlns:ohos="http://schemas.huawei.com/res/ohos"
    ohos:height="match_parent"
    ohos:width="match_parent"
    ohos:orientation="vertical">

    <ProgressBar
        ohos:id="$+id:progressbar_element"
        ohos:progress_width="20vp"
        ohos:height="60vp"
        ohos:width="560vp"
        ohos:max="100"
        ohos:min="0"
        ohos:progress="60"
        ohos:progress_element="#FF9900"
        ohos:background_instruct_element="#009900" />

</DirectionalLayout>
```

上述代码中，ohos:progress_element 用于设置进度条的颜色，而 ohos:background_instruct_element 用于设置 ProgressBar 的底色。

图 9-23 展示了预览器设置颜色后的效果。

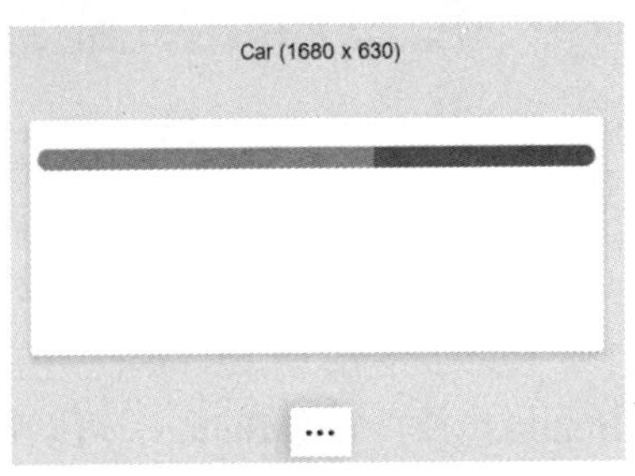

图9-23　设置颜色后的效果

9.7.4　设置提示文字

为了演示提示文字的设置过程，通过 DevEco Studio 创建名为 HintAbility 的 Page，则会自动创建以下四个文件：HintAbility、HintAbilitySlice、ability_hint.xml 和 background_ability_hint.xml。

修改 ability_hint.xml，代码如下：

```
<?xml version="1.0" encoding="utf-8"?>
<DirectionalLayout
    xmlns:ohos="http://schemas.huawei.com/res/ohos"
    ohos:height="match_parent"
    ohos:width="match_parent"
    ohos:orientation="vertical">

    <ProgressBar
        ohos:id="$+id:progressbar_hint"
        ohos:progress_width="20vp"
        ohos:height="60vp"
        ohos:width="560vp"
        ohos:max="100"
        ohos:min="0"
        ohos:progress="60"
        ohos:progress_hint_text="60%"
        ohos:progress_hint_text_color="#FFFC9F"
        />

</DirectionalLayout>
```

上述代码中，ohos:progress_hint_text 用于设置提示文字的内容，而 ohos:progress_hint_text_color 用于设置提示文字的颜色。

图 9-24 展示了预览器设置提示文字后的效果。

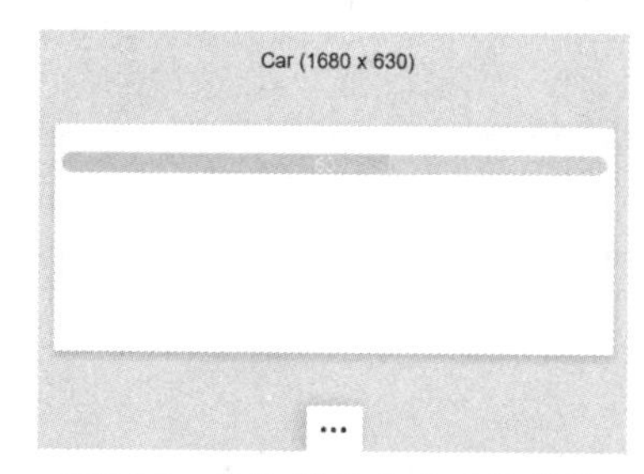

图9-24　设置提示文字后的效果

9.8 实战：常用交互类组件——Button

常用交互类组件包括 Button、TextField、Checkbox、RadioButton/RadioContainer、Switch、ScrollView、Tab/TabList、ListContainer、Picker、RoundProgressBar 等，这些类提供了具体场景下与用户交互响应的功能，如 Button 提供了单击响应功能，Picker 提供了滑动选择功能等。

Button 是在 UI 设计中使用最为广泛的组件，因为不管是提交表单还是执行下一页，都会用到 Button 组件。单击 Button，可以触发对应的操作。

Button 通常由文本或图标组成，也可以由图标和文本共同组成。

创建一个名为 Button 的 Car 设备类型的应用，作为演示示例。

9.8.1 创建Button

以下是创建 Button 应用时产生的 ability_main.xml 文件，在该文件中增加了创建 Button 的描述内容：

```
<?xml version="1.0" encoding="utf-8"?>
<DirectionalLayout
    xmlns:ohos="http://schemas.huawei.com/res/ohos"
    ohos:height="match_parent"
    ohos:width="match_parent"
    ohos:orientation="vertical">

    <Button
        ohos:id="$+id:button"
        ohos:width="match_content"
        ohos:height="match_content"
        ohos:text_size="27fp"
        ohos:text="I am Button"
        ohos:left_margin="15vp"
        ohos:bottom_margin="15vp"
        ohos:right_padding="8vp"
        ohos:left_padding="8vp"
        ohos:background_element="$graphic:background_button"
        />

    <Button
        ohos:id="$+id:button_icon"
        ohos:width="match_content"
        ohos:height="match_content"
        ohos:text_size="27fp"
        ohos:left_margin="15vp"
        ohos:bottom_margin="15vp"
        ohos:right_padding="8vp"
        ohos:left_padding="8vp"
        ohos:element_left="$graphic:ic_btn_reload"
        ohos:background_element="$graphic:background_button"
        />

    <Button
        ohos:id="$+id:button_icon_text"
        ohos:width="match_content"
        ohos:height="match_content"
        ohos:text_size="27fp"
        ohos:text="I am Button"
        ohos:left_margin="15vp"
        ohos:bottom_margin="15vp"
        ohos:right_padding="8vp"
        ohos:left_padding="8vp"
        ohos:element_left="$graphic:ic_btn_reload"
        ohos:background_element="$graphic:background_button"
        />
</DirectionalLayout>
```

上述代码定义了三个 Button 组件，其中第一个 Button 是纯文本的按钮，第二个 Button 是纯图标的按钮，第三个 Button 是图标加文本的按钮。ohos:background_element 可以用来配置 Button 的背景。上述配置引用了 background_button.xml 文件中的内容，该文件放置在 graphic 目录下。

新增的 background_button.xml 文件内容如下：

```
<?xml version="1.0" encoding="UTF-8" ?>
<shape xmlns:ohos="http://schemas.huawei.com/res/ohos"
       ohos:shape="rectangle">
    <corners
        ohos:radius="10"/>
    <solid
        ohos:color="#007CFD"/>
</shape>
```

图标是通过 ohos:element_left 配置的。图标的定义是配置在 ic_btn_reload.xml 文件。该文件放置在 graphic 目录下，文件内容如下：

```
<?xml version="1.0" encoding="UTF-8"?>
<vector xmlns:ohos="http://schemas.huawei.com/res/ohos" ohos:width="64vp"
 ohos:height="64vp" ohos:viewportWidth="1024" ohos:viewportHeight="1024">
    <path ohos:fillColor="#FF000000" ohos:pathData="M810.67,512 L952.32,512
741.12,723.2 529.92,512 724.05,512C725.33,446.29 700.59,381.01 650.24,330.67
550.4,230.83 388.27,230.83 288.43,330.67 188.59,430.51 188.59,593.07 288.43,
692.91 366.93,771.41 484.69,788.05 579.41,742.83L642.13,805.55C512,882.77 341.
33,865.71 227.84,753.07 94.72,619.95 95.15,404.05 228.27,270.93 362.67,137.
39 577.28,136.96 710.83,270.51 777.39,337.07 810.67,424.53 810.67,512Z"></
path>
</vector>
```

界面最终显示效果如图 9-25 所示。

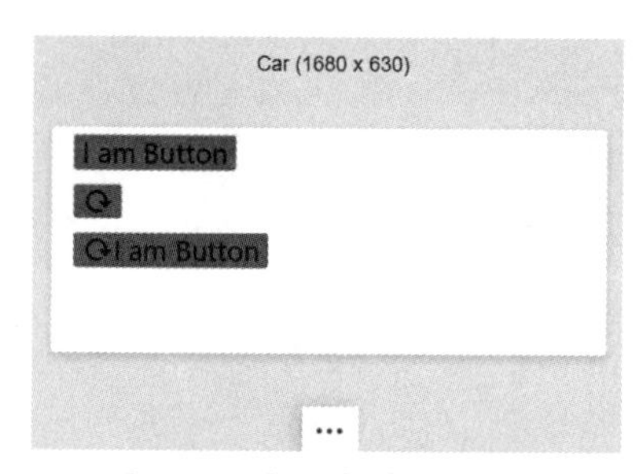

图9-25　界面最终显示效果

9.8.2 设置单击事件

按钮的重要作用是当用户单击按钮时，会执行相应的操作或者界面出现相应的变化。实际上，当用户单击按钮时，Button 对象将收到一个单击事件。开发者可以自定义响应单击事件的方法。例如，创建一个 Component.ClickedListener 对象，通过调用 setClickedListener 将其分配给按钮。该设置与 Text 的单击事件类似。

为了演示单击事件的设置过程，通过 DevEco Studio 创建名为 ClickedListenerAbility 的 Page，则会自动创建以下四个文件：ClickedListenerAbility、ClickedListenerAbilitySlice、ability_clicked_listener.xml 和 background_ability_clicked_listener.xml。

修改 ability_clicked_listener.xml，代码如下：

```
<?xml version="1.0" encoding="utf-8"?>
```

```
<DirectionalLayout
    xmlns:ohos="http://schemas.huawei.com/res/ohos"
    ohos:height="match_parent"
    ohos:width="match_parent"
    ohos:orientation="vertical">

    <Button
        ohos:id="$+id:button_clicked_listener"
        ohos:width="match_content"
        ohos:height="match_content"
        ohos:text_size="27fp"
        ohos:text="I am Button"
        ohos:left_margin="15vp"
        ohos:bottom_margin="15vp"
        ohos:right_padding="8vp"
        ohos:left_padding="8vp"
        ohos:background_element="$graphic:background_button"
        />

</DirectionalLayout>
```

图 9-26 展示了预览器创建 Button 后的效果。

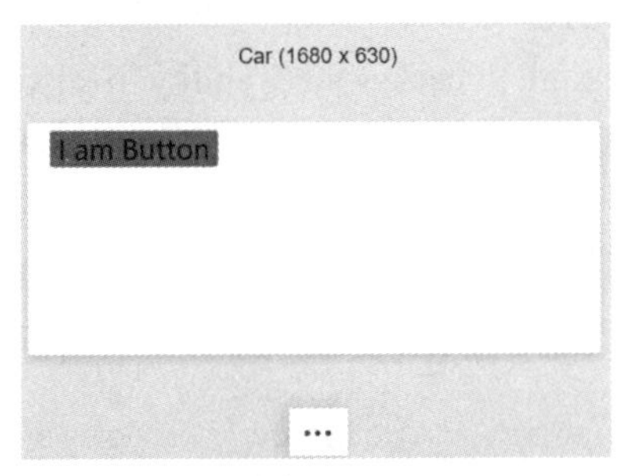

图9-26　创建Button后的效果

修改 ClickedListenerAbilitySlice，代码如下：

```
package com.waylau.hmos.button.slice;

import com.waylau.hmos.button.ResourceTable;
import ohos.aafwk.ability.AbilitySlice;
import ohos.aafwk.content.Intent;
import ohos.agp.components.Button;

public class ClickedListenerAbilitySlice extends AbilitySlice {
    @Override
    public void onStart(Intent intent) {
        super.onStart(intent);
        super.setUIContent(ResourceTable.Layout_ability_clicked_listener);

        Button button =
                (Button) findComponentById(ResourceTable.Id_button_clicked_listener);

        // 为按钮设置单击事件回调
        button.setClickedListener(listener ->
                button.setText("Button was clicked!"));
    }
```

```
    @Override
    public void onActive() {
        super.onActive();
    }

    @Override
    public void onForeground(Intent intent) {
        super.onForeground(intent);
    }
}
```

上述代码中获取了 Button 组件，并在 Button 组件上设置了单击事件。

当单击按钮后，会将按钮上的文本修改为“Button was clicked!”，如图 9-27 所示。

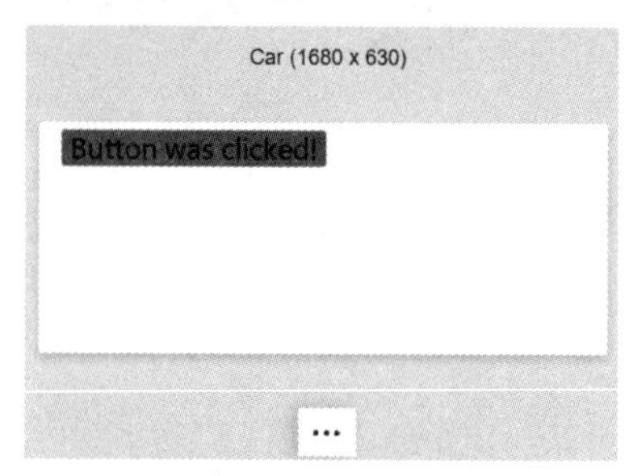

图9-27　单击Button后的效果

9.8.3　设置椭圆按钮

为了演示椭圆按钮的设置过程，通过 DevEco Studio 创建名为 OvalAbility 的 Page，则会自动创建以下四个文件：OvalAbility、OvalAbilitySlice、ability_oval.xml 和 background_ability_oval.xml。

椭圆按钮是通过设置 background_element 来实现的，background_element 的 shape 设置为椭圆（oval）。

修改 ability_oval.xml，代码如下：

```
<?xml version="1.0" encoding="utf-8"?>
<DirectionalLayout
    xmlns:ohos="http://schemas.huawei.com/res/ohos"
    ohos:height="match_parent"
    ohos:width="match_parent"
    ohos:orientation="vertical">

    <Button
        ohos:id="$+id:button_oval"
        ohos:width="match_content"
        ohos:height="match_content"
        ohos:text_size="27fp"
        ohos:text="I am Button"
        ohos:left_margin="15vp"
        ohos:bottom_margin="15vp"
        ohos:right_padding="8vp"
        ohos:left_padding="8vp"
        ohos:background_element="$graphic:background_ability_oval"
        />

</DirectionalLayout>
```

修改 background_ability_oval.xml 文件，代码如下：

```
<?xml version="1.0" encoding="UTF-8" ?>
<shape xmlns:ohos="http://schemas.huawei.com/res/ohos"
       ohos:shape="oval">
    <solid
```

```
        ohos:color="#007CFD"/>
</shape>
```

上述配置将 shape 设置为椭圆（oval），效果如图 9-28 所示。

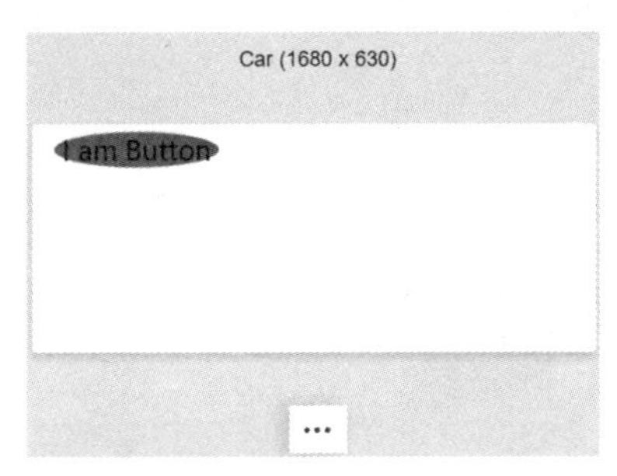

图9-28　设置椭圆后的效果

9.8.4　设置圆形按钮

为了演示圆形按钮的设置过程，通过 DevEco Studio 创建名为 CircleAbility 的 Page，则会自动创建以下四个文件：CircleAbility、CircleAbilitySlice、ability_circle.xml 和 background_ability_circle.xml。

圆形按钮和椭圆按钮的区别在于组件本身的宽度和高度需要相同。

修改 ability_circle.xml，代码如下：

```
<?xml version="1.0" encoding="utf-8"?>
<DirectionalLayout
    xmlns:ohos="http://schemas.huawei.com/res/ohos"
    ohos:height="match_parent"
    ohos:width="match_parent"
    ohos:orientation="vertical">

    <Button
        ohos:id="$+id:button_oval"
        ohos:width="200vp"
        ohos:height="200vp"
        ohos:text_size="27fp"
        ohos:text="I am Button"
        ohos:left_margin="15vp"
        ohos:bottom_margin="15vp"
        ohos:right_padding="8vp"
        ohos:left_padding="8vp"
        ohos:background_element="$graphic:background_ability_circle"
        />
</DirectionalLayout>
```

上述配置将宽、高设置成相同的。

修改 background_ability_oval.xml 文件，代码如下：

```
<?xml version="1.0" encoding="UTF-8" ?>
<shape xmlns:ohos="http://schemas.huawei.com/res/ohos"
       ohos:shape="oval">
    <solid
```

```
        ohos:color="#007CFD"/>
</shape>
```

上述配置将 shape 设置为椭圆（oval）。

图 9-29 展示了预览器设置圆形按钮后的效果。

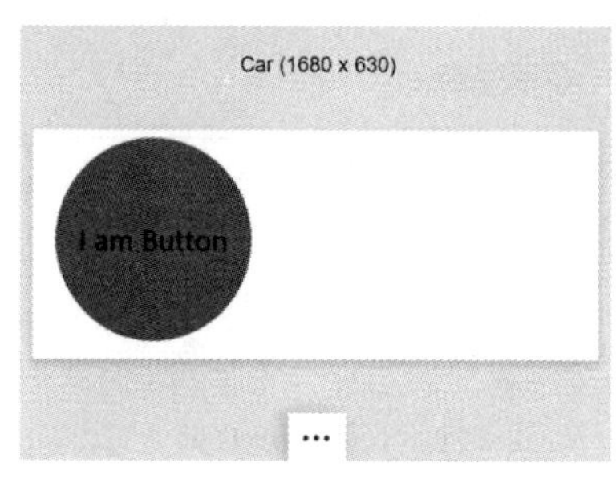

图9-29　设置圆形按钮后的效果

9.8.5　场景示例

接下来给出一个场景示例，利用圆形按钮、胶囊按钮、文本组件绘制电话拨号盘的 UI 界面。

为了演示该示例，通过 DevEco Studio 创建名为 DailAbility 的 Page，则会自动创建以下四个文件：DailAbility、DailAbilitySlice、ability_dail.xml 和 background_ability_dail.xml。

修改 ability_dail.xml，代码如下：

```
<?xml version="1.0" encoding="utf-8"?>
<DirectionalLayout
    xmlns:ohos="http://schemas.huawei.com/res/ohos"
    ohos:width="match_parent"
    ohos:height="match_parent"
    ohos:background_element="$graphic:color_light_gray_element"
    ohos:orientation="vertical">
    <Text
        ohos:width="match_content"
        ohos:height="match_content"
        ohos:text_size="20fp"
        ohos:text="778907484"
        ohos:background_element="$graphic:green_text_element"
        ohos:text_alignment="center"
        ohos:layout_alignment="horizontal_center"
        />
    <DirectionalLayout
        ohos:width="match_parent"
        ohos:height="match_content"
        ohos:alignment="horizontal_center"
        ohos:orientation="horizontal"
        ohos:top_margin="5vp"
        ohos:bottom_margin="5vp">
        <Button
            ohos:width="40vp"
            ohos:height="40vp"
            ohos:text_size="15fp"
            ohos:background_element="$graphic:green_circle_button_element"
            ohos:text="1"
```

```
            ohos:text_alignment="center"
            />
        <Button
            ohos:width="40vp"
            ohos:height="40vp"
            ohos:text_size="15fp"
            ohos:background_element="$graphic:green_circle_button_element"
            ohos:text="2"
            ohos:left_margin="5vp"
            ohos:right_margin="5vp"
            ohos:text_alignment="center"
            />
        <Button
            ohos:width="40vp"
            ohos:height="40vp"
            ohos:text_size="15fp"
            ohos:background_element="$graphic:green_circle_button_element"
            ohos:text="3"
            ohos:text_alignment="center"
            />
    </DirectionalLayout>
    <DirectionalLayout
        ohos:width="match_parent"
        ohos:height="match_content"
        ohos:alignment="horizontal_center"
        ohos:orientation="horizontal"
        ohos:bottom_margin="5vp">
        <Button
            ohos:width="40vp"
            ohos:height="40vp"
            ohos:text_size="15fp"
            ohos:background_element="$graphic:green_circle_button_element"
            ohos:text="4"
            ohos:text_alignment="center"
            />
        <Button
            ohos:width="40vp"
            ohos:height="40vp"
            ohos:text_size="15fp"
            ohos:left_margin="5vp"
            ohos:right_margin="5vp"
            ohos:background_element="$graphic:green_circle_button_element"
            ohos:text="5"
            ohos:text_alignment="center"
            />
        <Button
            ohos:width="40vp"
            ohos:height="40vp"
            ohos:text_size="15fp"
            ohos:background_element="$graphic:green_circle_button_element"
            ohos:text="6"
            ohos:text_alignment="center"
            />
    </DirectionalLayout>
    <DirectionalLayout
        ohos:width="match_parent"
        ohos:height="match_content"
        ohos:alignment="horizontal_center"
        ohos:orientation="horizontal"
```

```
        ohos:bottom_margin="5vp">
        <Button
            ohos:width="40vp"
            ohos:height="40vp"
            ohos:text_size="15fp"
            ohos:background_element="$graphic:green_circle_button_element"
            ohos:text="7"
            ohos:text_alignment="center"
            />
        <Button
            ohos:width="40vp"
            ohos:height="40vp"
            ohos:text_size="15fp"
            ohos:left_margin="5vp"
            ohos:right_margin="5vp"
            ohos:background_element="$graphic:green_circle_button_element"
            ohos:text="8"
            ohos:text_alignment="center"
            />
        <Button
            ohos:width="40vp"
            ohos:height="40vp"
            ohos:text_size="15fp"
            ohos:background_element="$graphic:green_circle_button_element"
            ohos:text="9"
            ohos:text_alignment="center"
            />
    </DirectionalLayout>
    <DirectionalLayout
        ohos:width="match_parent"
        ohos:height="match_content"
        ohos:alignment="horizontal_center"
        ohos:orientation="horizontal"
        ohos:bottom_margin="5vp">
        <Button
            ohos:width="40vp"
            ohos:height="40vp"
            ohos:text_size="15fp"
            ohos:background_element="$graphic:green_circle_button_element"
            ohos:text="*"
            ohos:text_alignment="center"
            />
        <Button
            ohos:width="40vp"
            ohos:height="40vp"
            ohos:text_size="15fp"
            ohos:left_margin="5vp"
            ohos:right_margin="5vp"
            ohos:background_element="$graphic:green_circle_button_element"
            ohos:text="0"
            ohos:text_alignment="center"
            />
        <Button
            ohos:width="40vp"
            ohos:height="40vp"
            ohos:text_size="15fp"
            ohos:background_element="$graphic:green_circle_button_element"
            ohos:text="#"
            ohos:text_alignment="center"
```

```
            />
    </DirectionalLayout>
    <Button
        ohos:width="match_content"
        ohos:height="match_content"
        ohos:text_size="15fp"
        ohos:text="CALL"
        ohos:background_element="$graphic:green_capsule_button_element"
        ohos:bottom_margin="5vp"
        ohos:text_alignment="center"
        ohos:layout_alignment="horizontal_center"
        ohos:left_padding="10vp"
        ohos:right_padding="10vp"
        ohos:top_padding="2vp"
        ohos:bottom_padding="2vp"
        />
</DirectionalLayout>
```

上述代码采用多个 DirectionalLayout 进行了嵌套组合，同时新增了如下样式代码。

1. color_light_gray_element.xml

新增 color_light_gray_element.xml，代码如下：

```
<?xml version="1.0" encoding="utf-8"?>
<shape xmlns:ohos="http://schemas.huawei.com/res/ohos"
    ohos:shape="rectangle">
    <solid
        ohos:color="#EDEDED"/>
</shape>
```

2. green_text_element.xml

新增 green_text_element.xml，代码如下：

```
<?xml version="1.0" encoding="utf-8"?>
<shape xmlns:ohos="http://schemas.huawei.com/res/ohos"
    ohos:shape="rectangle">
    <corners
        ohos:radius="20"/>
    <stroke
        ohos:width="2"
        ohos:color="#006E00"/>
    <solid
        ohos:color="#EDEDED"/>
</shape>
```

3. green_circle_button_element.xml

新增 green_circle_button_element.xml，代码如下：

```
<?xml version="1.0" encoding="utf-8"?>
<shape xmlns:ohos="http://schemas.huawei.com/res/ohos"
    ohos:shape="oval">
    <stroke
        ohos:width="5"
        ohos:color="#006E00"/>
    <solid
        ohos:color="#EDEDED"/>
</shape>
```

4. green_capsule_button_element.xml

新增 green_capsule_button_element.xml，代码如下：

```
<?xml version="1.0" encoding="utf-8"?>
<shape xmlns:ohos="http://schemas.huawei.com/res/ohos"
    ohos:shape="rectangle">
    <corners
        ohos:radius="100"/>
    <solid
        ohos:color="#006E00"/>
</shape>
```

进行上述代码，界面最终显示效果如图 9-30 所示。

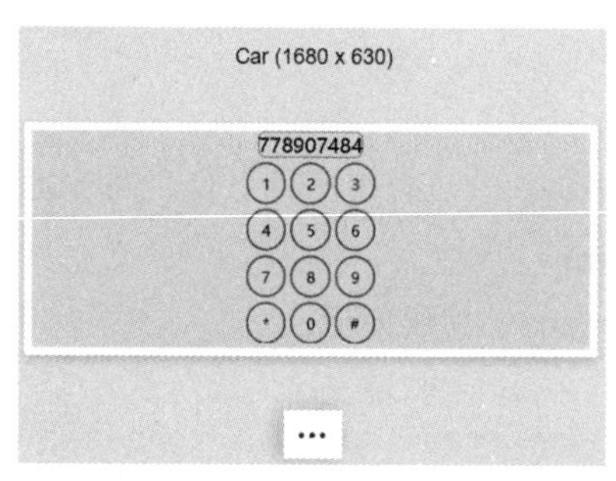

图9-30　界面最终显示效果

9.9 实战：常用交互类组件——TextField

TextField 在 UI 设计中提供了一种文本输入框。

创建一个名为 TextField 的 Car 设备类型的应用，作为演示示例。

9.9.1 创建TextField

以下是创建 TextField 应用时产生的 ability_main.xml 文件，在该文件中增加了创建 TextField 组件的描述内容：

```
<?xml version="1.0" encoding="utf-8"?>
<DirectionalLayout
    xmlns:ohos="http://schemas.huawei.com/res/ohos"
    ohos:height="match_parent"
    ohos:width="match_parent"
    ohos:orientation="vertical">

    <TextField
        ohos:id="$+id:textfiled"
        ohos:height="40vp"
        ohos:width="500vp"
        ohos:left_padding="40vp"
        ohos:hint="Enter your name"
```

```
        ohos:text_alignment="vertical_center"
        ohos:background_element="$graphic:background_ability_main"
    />

</DirectionalLayout>
```

上述代码中定义了 TextField 组件，其中 ohos:hint 用于设置提示文字，ohos:text_alignment 设置文字对齐方式是垂直居中，ohos:background_element 可以用来配置 TextField 的背景。

上述配置引用了 background_ability_main.xml 文件中的内容，该文件放置在 graphic 目录下。

新增的 background_ability_main.xml 文件内容如下：

```
<?xml version="1.0" encoding="UTF-8" ?>
<shape xmlns:ohos="http://schemas.huawei.com/res/ohos"
       ohos:shape="rectangle">
    <corners
        ohos:radius="40"/>
    <solid
        ohos:color="#FFFF00"/>
</shape>
```

界面最终显示效果如图 9-31 所示。

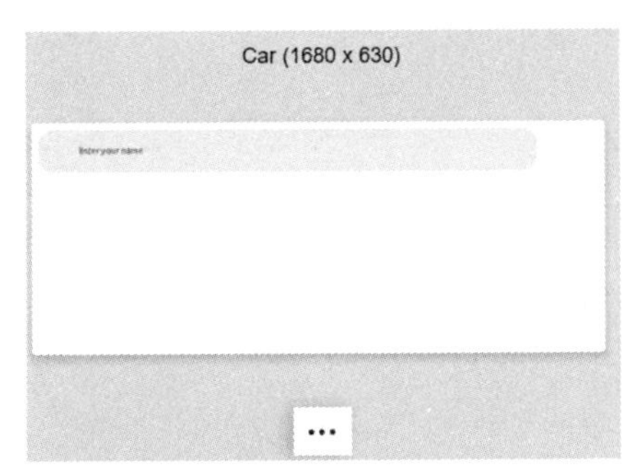

图9-31　界面最终显示效果

9.9.2　设置多行显示

TextField 可以设置多行显示。

为了演示多行显示的设置过程，通过 DevEco Studio 创建名为 MultipleLinesAbility 的 Page，则会自动创建以下四个文件：MultipleLinesAbility、MultipleLinesAbilitySlice、ability_multiple_lines.xml 和 background_ability_multiple_lines.xml。

修改 ability_multiple_lines.xml，代码如下：

```
<?xml version="1.0" encoding="utf-8"?>
<DirectionalLayout
    xmlns:ohos="http://schemas.huawei.com/res/ohos"
    ohos:height="match_parent"
    ohos:width="match_parent"
    ohos:orientation="vertical">

    <TextField
        ohos:id="$+id:textfiled_multiple_lines"
```

```
        ohos:height="40vp"
        ohos:width="200vp"
        ohos:left_padding="40vp"
        ohos:hint="Enter your name, your age and your country!"
        ohos:text_alignment="vertical_center"
        ohos:multiple_lines="true"
        ohos:background_element="$graphic:background_ability_multiple_lines"
        />

</DirectionalLayout>
```

上述代码中，ohos:multiple_lines 即为是否启用多行显示的开关。

修改 background_ability_multiple_lines.xml，代码如下：

```
<?xml version="1.0" encoding="UTF-8" ?>
<shape xmlns:ohos="http://schemas.huawei.com/res/ohos"
       ohos:shape="rectangle">
    <corners
        ohos:radius="40"/>
    <solid
        ohos:color="#FFFF00"/>
</shape>
```

图 9-32 展示了 TextField 多行显示的效果。

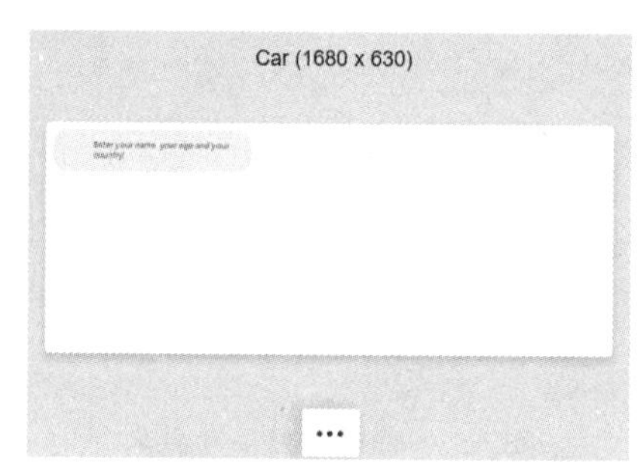

图9-32　多行显示的效果

9.9.3 场景示例

接下来给出一个场景示例，是一个常见的登录界面。

为了演示该示例，通过 DevEco Studio 创建名为 LoginAbility 的 Page，则会自动创建以下四个文件：LoginAbility、LoginAbilitySlice、ability_login.xml 和 background_ability_login. xml。

修改 ability_login.xml，代码如下：

```
<?xml version="1.0" encoding="utf-8"?>
<DirectionalLayout
    xmlns:ohos="http://schemas.huawei.com/res/ohos"
    ohos:height="match_parent"
    ohos:width="match_parent"
    ohos:background_element="#FF000000"
    ohos:orientation="vertical">

    <TextField
```

```
        ohos:id="$+id:textfield_name"
        ohos:height="match_content"
        ohos:width="500vp"
        ohos:background_element="$graphic:background_ability_login"
        ohos:bottom_padding="8vp"
        ohos:hint="Enter phone number or email"
        ohos:layout_alignment="center"
        ohos:left_padding="24vp"
        ohos:min_height="44vp"
        ohos:multiple_lines="false"
        ohos:right_padding="24vp"
        ohos:text_alignment="center_vertical"
        ohos:text_size="18fp"
        ohos:top_margin="10vp"
        ohos:top_padding="8vp"/>

    <TextField
        ohos:id="$+id:textfield_password"
        ohos:height="match_content"
        ohos:width="500vp"
        ohos:background_element="$graphic:background_ability_login"
        ohos:bottom_padding="8vp"
        ohos:hint="Enter password"
        ohos:layout_alignment="center"
        ohos:left_padding="24vp"
        ohos:min_height="44vp"
        ohos:multiple_lines="false"
        ohos:right_padding="24vp"
        ohos:text_alignment="center_vertical"
        ohos:text_size="18fp"
        ohos:top_margin="30vp"
        ohos:top_padding="8vp"/>

    <Button
        ohos:id="$+id:ensure_button"
        ohos:height="35vp"
        ohos:width="120vp"
        ohos:background_element="$graphic:background_ability_login"
        ohos:layout_alignment="horizontal_center"
        ohos:text="Log in"
        ohos:text_size="20fp"
        ohos:top_margin="40vp"/>

</DirectionalLayout>
```

修改 background_ability_login.xml，代码如下：

```
<?xml version="1.0" encoding="UTF-8" ?>
<shape xmlns:ohos="http://schemas.huawei.com/res/ohos"
       ohos:shape="rectangle">
    <corners
        ohos:radius="40"/>
    <solid
        ohos:color="#FFFF00"/>
    <stroke
        ohos:color="black"
        ohos:width="6"
    />
</shape>
```

上述代码最终实现效果如图 9-33 所示。

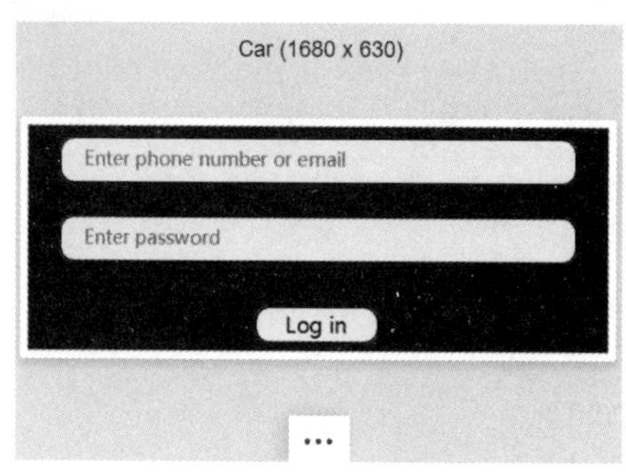

图9-33　最终实现效果

9.10 实战：常用交互类组件——Checkbox

Checkbox 在 UI 设计中提供了实现选中和取消选中的功能。

创建一个名为 Checkbox 的 Car 设备类型的应用，作为演示示例。

9.10.1 创建Checkbox

以下是创建 Checkbox 应用时产生的 ability_main.xml 文件，在该文件中增加了创建 Checkbox 组件的描述内容：

```
<?xml version="1.0" encoding="utf-8"?>
<DirectionalLayout
    xmlns:ohos="http://schemas.huawei.com/res/ohos"
    ohos:height="match_parent"
    ohos:width="match_parent"
    ohos:orientation="vertical"
    ohos:background_element="#FFFCCCCC">

    <Checkbox
        ohos:id="$+id:checkbox"
        ohos:height="match_content"
        ohos:width="match_content"
        ohos:text="I am Checkbox"
        ohos:text_size="28fp"/>

</DirectionalLayout>
```

上述代码定义了 Checkbox 组件。

初始化时，Checkbox 组件如图 9-34 所示；单击 Checkbox 组件，显示选中状态，如图 9-35 所示。

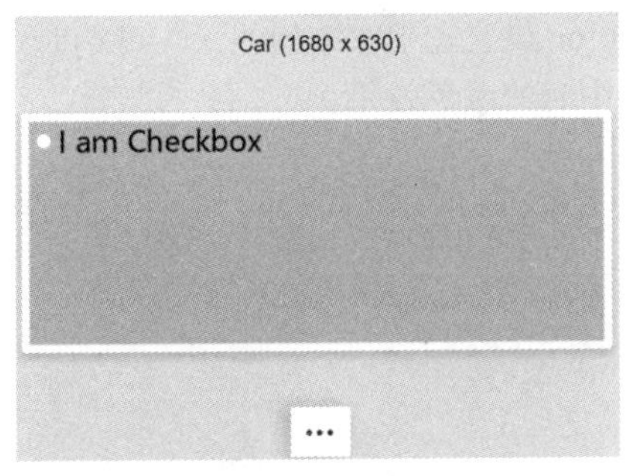

图9-34　初始化显示效果

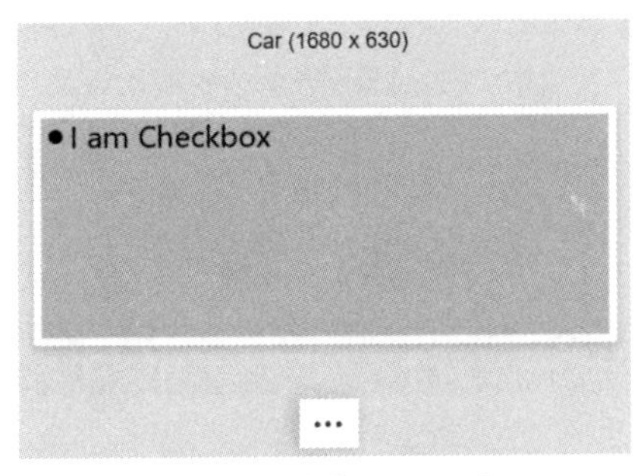

图9-35　选中显示效果

9.10.2　设置选中和取消选中时的颜色

Checkbox 可以设置选中和取消选中时的颜色。

为了演示选中和取消选中时的颜色的设置过程，通过 DevEco Studio 创建名为 OnOffAbility 的 Page，则会自动创建以下四个文件：OnOffAbility、OnOffAbilitySlice、ability_on_off.xml 和 background_ability_on_off.xml。

修改 ability_on_off.xml，代码如下：

```
<?xml version="1.0" encoding="utf-8"?>
<DirectionalLayout
    xmlns:ohos="http://schemas.huawei.com/res/ohos"
    ohos:height="match_parent"
    ohos:width="match_parent"
    ohos:orientation="vertical"
    ohos:background_element="#FFFCCCCC">

    <Checkbox
        ohos:id="$+id:checkbox_on_off"
        ohos:height="match_content"
        ohos:width="match_content"
        ohos:text="I am Checkbox"
        ohos:text_size="28fp"
        ohos:text_color_on="#00AAEE"
        ohos:text_color_off="#000000"/>

</DirectionalLayout>
```

上述代码中，ohos:text_color_on 设置选中时的颜色，而 ohos:text_color_off 设置取消时的颜色。图 9-36 展示了 Checkbox 选中时的颜色效果。

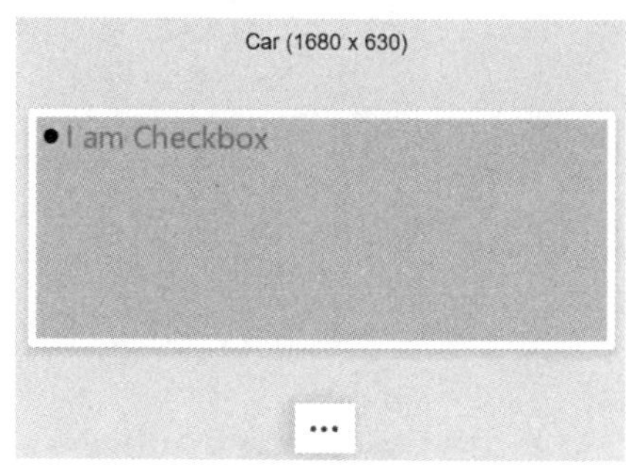

图9-36　Checkbox选中时的颜色效果

9.11 实战：常用交互类组件——RadioButton/RadioContainer

RadioButton 用于多选一的操作，需要搭配 RadioContainer 使用，实现单选效果。

创建一个名为 RadioButtonRadioContainer 的 Car 设备类型的应用，作为演示示例。

9.11.1 创建RadioButton/RadioContainer

以下是创建 RadioButtonRadioContainer 应用时产生的 ability_main.xml 文件，在该文件中增加了创建 RadioButton/RadioContainer 组件的描述内容：

```
<?xml version="1.0" encoding="utf-8"?>
<DirectionalLayout
    xmlns:ohos="http://schemas.huawei.com/res/ohos"
    ohos:height="match_parent"
    ohos:width="match_parent"
    ohos:orientation="vertical"
    ohos:background_element="#FFFCCCCC">

    <Text
        ohos:height="match_content"
        ohos:width="match_content"
        ohos:text="最喜欢老卫哪部作品？"
        ohos:text_size="20fp"
        ohos:layout_alignment="left"
        ohos:multiple_lines="true"/>

    <RadioContainer
        ohos:id="$+id:radio_container"
        ohos:height="match_content"
        ohos:width="match_content">
        <RadioButton
            ohos:id="$+id:radio_button_1"
            ohos:height="30vp"
```

```
            ohos:width="match_content"
            ohos:text="1. 《Spring Boot 企业级应用开发实战》 "
            ohos:text_size="14fp"/>
        <RadioButton
            ohos:id="$+id:radio_button_2"
            ohos:height="30vp"
            ohos:width="match_content"
            ohos:text="2. 《Spring Cloud 微服务架构开发实战》 "
            ohos:text_size="14fp"/>
        <RadioButton
            ohos:id="$+id:radio_button_3"
            ohos:height="30vp"
            ohos:width="match_content"
            ohos:text="3. 《Spring 5 开发大全》 "
            ohos:text_size="14fp"/>
        <RadioButton
            ohos:id="$+id:radio_button_5"
            ohos:height="30vp"
            ohos:width="match_content"
            ohos:text="4. 《Cloud Native 分布式架构原理与实践》 "
            ohos:text_size="14fp"/>
        <RadioButton
            ohos:id="$+id:radio_button_5"
            ohos:height="30vp"
            ohos:width="match_content"
            ohos:text="5. 《大型互联网应用轻量级架构实战》 "
            ohos:text_size="14fp"/>
        <RadioButton
            ohos:id="$+id:radio_button_6"
            ohos:height="30vp"
            ohos:width="match_content"
            ohos:text="6. 《Node.js 企业级应用开发实战》 "
            ohos:text_size="14fp"/>
    </RadioContainer>
</DirectionalLayout>
```

上述代码定义了 RadioButton/RadioContainer 组件。

初始化时，RadioButton/RadioContainer 组件如图 9-37 所示；单击 RadioButton/RadioContainer 组件，显示选中状态，如图 9-38 所示。

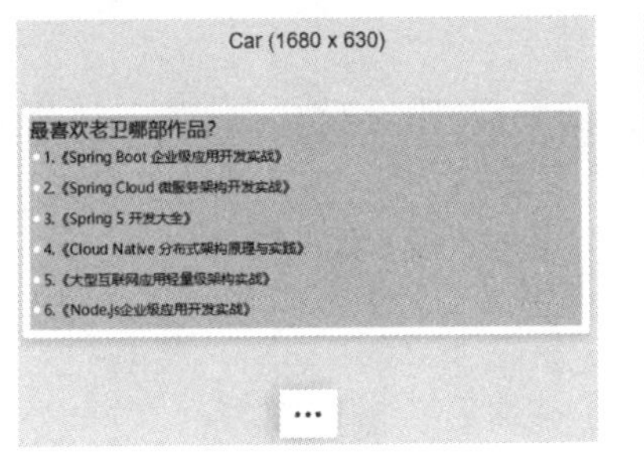

图9-37　初始化显示效果

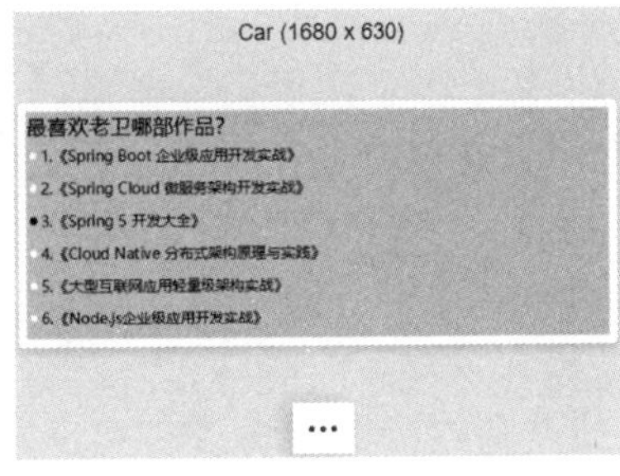

图9-38　选中显示效果

9.11.2　设置显示单选结果

可以设置响应 RadioContainer 状态改变的事件，显示单选结果。

为了演示选中和取消选中时的颜色的设置过程，通过 DevEco Studio 创建名为 MarkChangedAbility 的 Page，则会自动创建以下四个文件：MarkChangedAbility、MarkChangedAbilitySlice、ability_mark_changed.xml 和 background_ability_mark_changed.xml。

修改 ability_mark_changed.xml，代码如下：

```
<?xml version="1.0" encoding="utf-8"?>
<DirectionalLayout
    xmlns:ohos="http://schemas.huawei.com/res/ohos"
    ohos:height="match_parent"
    ohos:width="match_parent"
    ohos:orientation="vertical"
    ohos:background_element="#FFFCCCCC">

    <DirectionalLayout
        ohos:width="match_parent"
        ohos:height="match_content"
        ohos:orientation="horizontal">
        <Text
            ohos:id="$+id:text_question"
            ohos:height="match_content"
            ohos:width="match_content"
            ohos:text="最喜欢老卫哪部作品？答案是：  "
            ohos:text_size="20fp"
            ohos:layout_alignment="left"
            ohos:multiple_lines="true"/>
        <Text
            ohos:id="$+id:text_answer"
            ohos:height="match_content"
            ohos:width="match_content"
            ohos:text=""
            ohos:text_size="20fp"
            ohos:layout_alignment="left"
            ohos:multiple_lines="true"/>
    </DirectionalLayout>

    <RadioContainer
        ohos:id="$+id:radio_container"
        ohos:height="match_content"
        ohos:width="match_content">
        <RadioButton
            ohos:id="$+id:radio_button_1"
            ohos:height="30vp"
            ohos:width="match_content"
            ohos:text="1. 《Spring Boot 企业级应用开发实战》 "
            ohos:text_size="14fp"/>
        <RadioButton
            ohos:id="$+id:radio_button_2"
            ohos:height="30vp"
            ohos:width="match_content"
            ohos:text="2. 《Spring Cloud 微服务架构开发实战》 "
            ohos:text_size="14fp"/>
        <RadioButton
            ohos:id="$+id:radio_button_3"
            ohos:height="30vp"
            ohos:width="match_content"
            ohos:text="3. 《Spring 5 开发大全》 "
            ohos:text_size="14fp"/>
        <RadioButton
```

```
            ohos:id="$+id:radio_button_4"
            ohos:height="30vp"
            ohos:width="match_content"
            ohos:text="4. 《Cloud Native 分布式架构原理与实践》 "
            ohos:text_size="14fp"/>
        <RadioButton
            ohos:id="$+id:radio_button_4"
            ohos:height="30vp"
            ohos:width="match_content"
            ohos:text="5. 《大型互联网应用轻量级架构实战》 "
            ohos:text_size="14fp"/>
        <RadioButton
            ohos:id="$+id:radio_button_6"
            ohos:height="30vp"
            ohos:width="match_content"
            ohos:text="6. 《Node.js 企业级应用开发实战》 "
            ohos:text_size="14fp"/>
    </RadioContainer>
</DirectionalLayout>
```

图 9-39 展示了 RadioButton/RadioContainer 初始化时的效果。

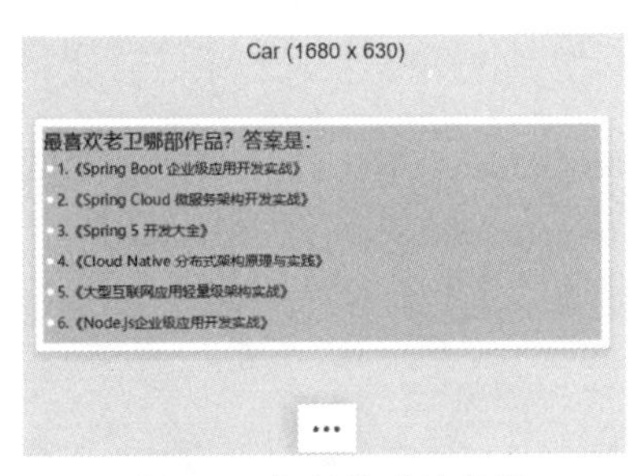

图9-39　初始化时的效果

在 RadioContainer 上设置响应状态改变事件。修改 MarkChangedAbilitySlice，代码如下：

```
package com.waylau.hmos.radiobuttonradiocontainer.slice;

import com.waylau.hmos.radiobuttonradiocontainer.ResourceTable;
import ohos.aafwk.ability.AbilitySlice;
import ohos.aafwk.content.Intent;
import ohos.agp.components.RadioContainer;
import ohos.agp.components.Text;

public class MarkChangedAbilitySlice extends AbilitySlice {
    @Override
    public void onStart(Intent intent) {
        super.onStart(intent);
        super.setUIContent(ResourceTable.Layout_ability_mark_changed);

        // 获取 Text
        Text answer = (Text) findComponentById(ResourceTable.Id_text_answer);

        // 获取 RadioContainer
        RadioContainer radioContainer =
            (RadioContainer) findComponentById(ResourceTable.Id_radio_con
             tainer);
```

```
        // 设置状态监听
        radioContainer.setMarkChangedListener((radioContainer1, index) -> {
            answer.setText((++index) +"");
        });
    }

    @Override
    public void onActive() {
        super.onActive();
    }

    @Override
    public void onForeground(Intent intent) {
        super.onForeground(intent);
    }
}
```

上述代码中，在 RadioContainer 被选中时，会获取选取到的 RadioButton 的索引。由于索引是从 0 开始的，因此需要增加 1。

图 9-40 展示了 RadioButton/RadioContainer 被选中时的效果。

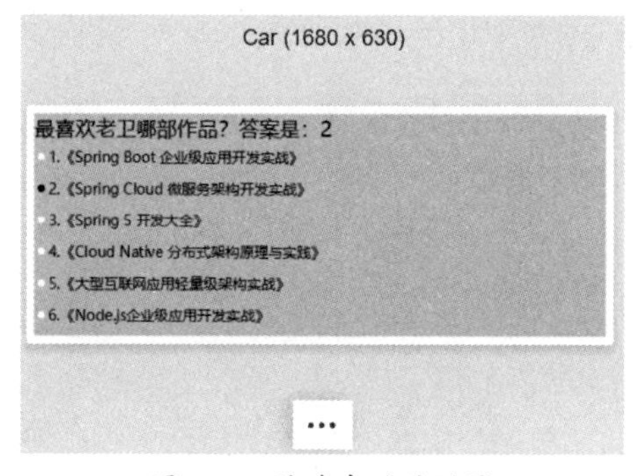

图9-40　被选中时的效果

9.12 实战：常用交互类组件——Switch

Switch 是切换单个设置开 / 关两种状态的组件。

创建一个名为 Switch 的 Car 设备类型的应用，作为演示示例。

9.12.1 创建Switch

以下是创建 Switch 应用时产生的 ability_main.xml 文件，在该文件中增加了创建 Switch 组件的描述内容：

```
<?xml version="1.0" encoding="utf-8"?>
<DirectionalLayout
    xmlns:ohos="http://schemas.huawei.com/res/ohos"
```

```
    ohos:height="match_parent"
    ohos:width="match_parent"
    ohos:orientation="vertical">

    <Switch
        ohos:id="$+id:btn_switch"
        ohos:height="30vp"
        ohos:width="60vp"/>

</DirectionalLayout>
```

上述代码定义了 Switch 组件。

初始化时，Switch 组件处于关闭状态，如图 9-41 所示；单击 Switch 组件，Switch 组件处于开启状态，如图 9-42 所示。

图9-41　关闭状态　　图9-42　开启状态

9.12.2　设置文本

可以设置 Switch 在开启和关闭时的文本。

为了演示选中和取消选中时的颜色的设置过程，通过 DevEco Studio 创建名为 TextStateAbility 的 Page，则会自动创建以下四个文件：TextStateAbility、TextStateAbilitySlice、ability_text_state.xml 和 background_ability_text_state.xml。

修改 ability_text_state.xml，代码如下：

```
<?xml version="1.0" encoding="utf-8"?>
<DirectionalLayout
    xmlns:ohos="http://schemas.huawei.com/res/ohos"
    ohos:height="match_parent"
    ohos:width="match_parent"
    ohos:orientation="vertical">

    <Switch
        ohos:id="$+id:btn_switch"
        ohos:height="30vp"
        ohos:width="60vp"
        ohos:text_state_off="OFF"
        ohos:text_state_on="ON"
        />

</DirectionalLayout>
```

图 9-43 展示了 Switch 设置文本后的效果。

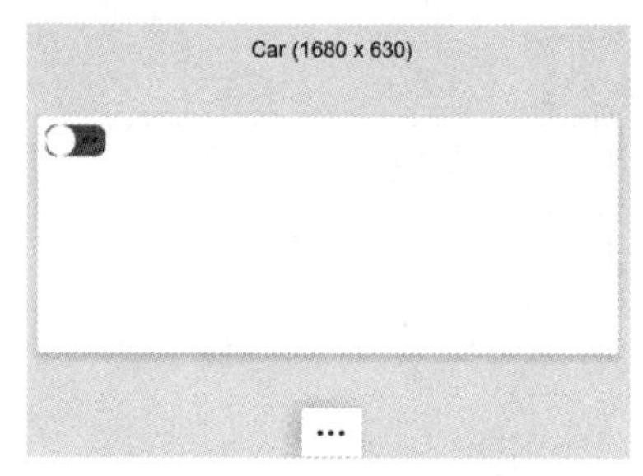

图9-43　设置文本后的效果

9.13 实战：常用交互类组件——ScrollView

ScrollView 是一种带滚动功能的组件，它采用滑动方式在有限的区域内显示更多的内容，这在显示面积非常受限的移动智能终端上非常实用。

创建一个名为 ScrollView 的 Car 设备类型的应用，作为演示示例。

9.13.1 创建ScrollView

以下是创建 ScrollView 应用时产生的 ability_main.xml 文件，在该文件中增加了创建 ScrollView 组件的描述内容：

```
<?xml version="1.0" encoding="utf-8"?>
<ScrollView
    xmlns:ohos="http://schemas.huawei.com/res/ohos"
    ohos:height="match_parent"
    ohos:width="match_parent">

<Text
    ohos:id="$+id:text_lines"
    ohos:height="match_content"
    ohos:width="match_parent"
    ohos:italic="true"
    ohos:multiple_lines="true"
    ohos:text="$string:text_lines_content"
    ohos:text_color="#0000FF"
    ohos:text_font="serif"
    ohos:text_size="28fp"
    ohos:text_weight="700"/>
```

上述代码定义了 ScrollView 组件。由于 ScrollView 本身就继承自 StackLayout，因此上述 ability_main.xml 文件无须再添加布局。

9.13.2　配置Text显示的内容

同时，在 element 的 string.json 文件中新增了 text_lines_content 的配置，以配置 Text 显示的内容，配置如下：

```
{
 "string": [
     {
      "name":"app_name",
      "value":"ScrollView"
     },
     {
      "name":"mainability_description",
      "value":"Java_Car_Empty Feature Ability"
     },
     {
      "name":"text_lines_content",
      "value":"华为开源的HarmonyOS （鸿蒙系统） 是一款"面向未来"、 面向全场景
（移动办公、 运动健康、 社交通信、 媒体娱乐等） 的分布式操作系统。 借助 HarmonyOS 全场景
分布式系统和设备生态， 定义全新的硬件、 交互和服务体验。 本书采用最新的HarmonyOS 2.0版
本作为基石， 详细介绍了如何基于HarmonyOS来进行应用的开发。 本书辅以大量的实战案例， 图
文并茂， 令读者易于理解掌握。 同时， 案例的选型偏重于解决实际问题， 具有很强的前瞻性、 应
用性、 趣味性。 加入HarmonyOS生态， 让我们一起构建万物互联的新时代！ "
     }
   ]
}
```

初始化时，ScrollView 组件显示如图 9-44 所示，可以看出无法显示完整的文本内容。因此，向上进行拖动，可以将文本的后续内容进行显示，如图 9-45 所示。

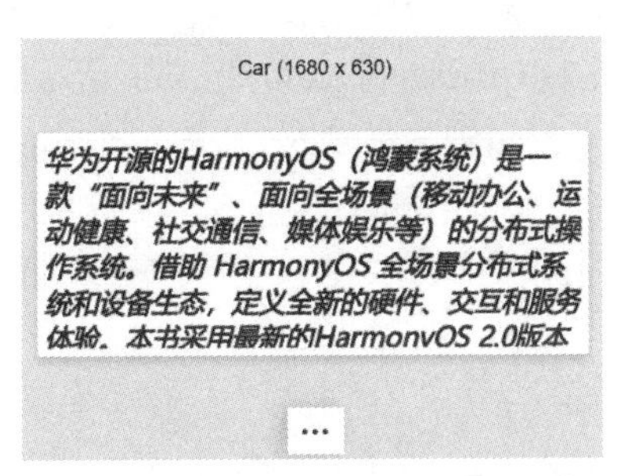

图9-44　无法显示完整的文本内容

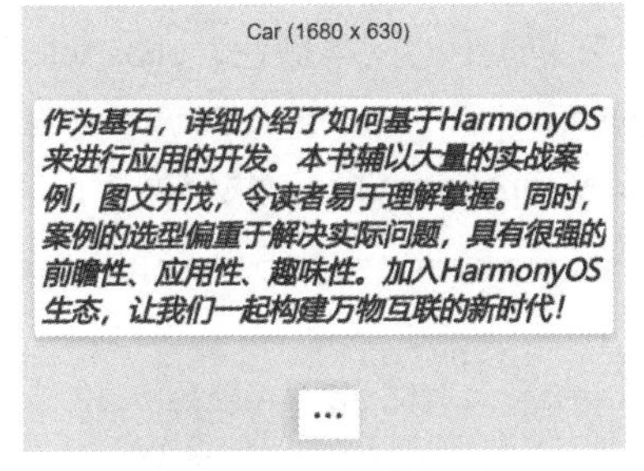

图9-45　拖动显示

9.14　实战：常用交互类组件——Tab/TabList

Tablist 可以实现多个页签栏的切换，Tab 为某个页签。子页签通常放在内容区上方，展示不同的分类。页签名称应该简洁明了，清晰描述分类的内容。

创建一个名为 TabList 的 Car 设备类型的应用，作为演示示例。

9.14.1 创建TabList

以下是创建 TabList 应用时产生的 ability_main.xml 文件，在该文件中增加了创建 TabList 组件的描述内容：

```
<?xml version="1.0" encoding="utf-8"?>
<DirectionalLayout
    xmlns:ohos="http://schemas.huawei.com/res/ohos"
    ohos:height="match_parent"
    ohos:width="match_parent"
    ohos:orientation="vertical">

    <TabList
        ohos:id="$+id:tab_list"
        ohos:height="36vp"
        ohos:width="match_parent"
        ohos:layout_alignment="center"
        ohos:orientation="horizontal"
        ohos:normal_text_color="#999999"
        ohos:selected_text_color="#FF0000"
        ohos:selected_tab_indicator_color="#FF0000"
        ohos:selected_tab_indicator_height="2vp"
        ohos:tab_length="140vp"
        ohos:tab_margin="24vp"
        ohos:text_alignment="center"
        ohos:text_size="20fp"
        ohos:top_margin="10vp"/>

</DirectionalLayout>
```

上述代码定义了 TabList 组件，其中 ohos:normal_text_color 定义了默认文本颜色，ohos:selected_text_color 定义了选中的文本颜色，ohos:selected_tab_indicator_color 定义了指示器（文本下面的横线）颜色，ohos:selected_tab_indicator_color 定义了指示器的高度。

同时，修改 MainAbilitySlice，代码如下：

```
package com.waylau.hmos.tablist.slice;

import com.waylau.hmos.tablist.ResourceTable;
import ohos.aafwk.ability.AbilitySlice;
import ohos.aafwk.content.Intent;
import ohos.agp.components.TabList;

public class MainAbilitySlice extends AbilitySlice {
    @Override
    public void onStart(Intent intent) {
        super.onStart(intent);
        super.setUIContent(ResourceTable.Layout_ability_main);

        // 获取 TabList
        TabList tabList = (TabList) findComponentById(ResourceTable.Id_tab_list);

        // TabList 中添加 Tab
        TabList.Tab tab1 = tabList.new Tab(getContext());
        tab1.setText("Tab1");
        tabList.addTab(tab1);

        TabList.Tab tab2 = tabList.new Tab(getContext());
```

```
        tab2.setText("Tab2");
        tabList.addTab(tab2);

        TabList.Tab tab3 = tabList.new Tab(getContext());
        tab3.setText("Tab3");
        tabList.addTab(tab3);

        TabList.Tab tab4 = tabList.new Tab(getContext());
        tab4.setText("Tab4");
        tabList.addTab(tab4);

        // 设置 FixedMode
        tabList.setFixedMode(true);

        // 初始化选中的 Tab
        tabList.selectTab(tab1);
    }

    @Override
    public void onActive() {
        super.onActive();
    }

    @Override
    public void onForeground(Intent intent) {
        super.onForeground(intent);
    }
}
```

上述代码中：

（1）获取了 TabList。

（2）在 TabList 中添加了四个 Tab。

（3）设置 FixedMode 为 true。该默认值为 false，该模式下 TabList 的总宽度是各 Tab 宽度的总和。若固定 TabList 的宽度，当超出可视区域时，则可以通过滑动 TabList 来显示。如果设置为 true，TabList 的总宽度将与可视区域相同，各个 Tab 的宽度也会根据 TabList 的宽度平均分配，该模式适用于 Tab 较少的情况。

（4）初始化选中的 Tab 为 tab1。

初始化时，TabList 组件显示效果如图 9-46 所示。

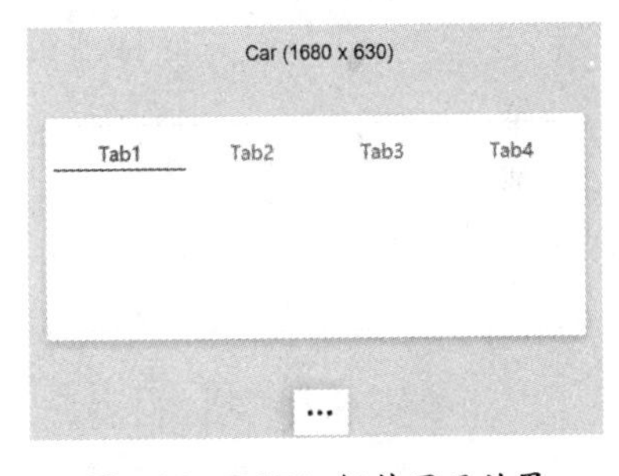

图9-46　TabList组件显示效果

9.14.2　响应焦点变化

可以在 TabList 设置响应焦点变化，代码如下：

```
package com.waylau.hmos.tablist.slice;

import com.waylau.hmos.tablist.ResourceTable;
import ohos.aafwk.ability.AbilitySlice;
import ohos.aafwk.content.Intent;
import ohos.agp.components.TabList;
import ohos.hiviewdfx.HiLog;
```

```
import ohos.hiviewdfx.HiLogLabel;

public class MainAbilitySlice extends AbilitySlice {
    private static final String TAG = MainAbilitySlice.class.getSimpleName();
    private static final HiLogLabel LABEL_LOG =
            new HiLogLabel(HiLog.LOG_App, 0x00001, TAG);

    @Override
    public void onStart(Intent intent) {
        super.onStart(intent);
        super.setUIContent(ResourceTable.Layout_ability_main);

        // 获取 TabList
        TabList tabList = (TabList) findComponentById(ResourceTable.Id_tab_list);

        // TabList 中添加 Tab
        TabList.Tab tab1 = tabList.new Tab(getContext());
        tab1.setText("Tab1");
        tabList.addTab(tab1);

        TabList.Tab tab2 = tabList.new Tab(getContext());
        tab2.setText("Tab2");
        tabList.addTab(tab2);

        TabList.Tab tab3 = tabList.new Tab(getContext());
        tab3.setText("Tab3");
        tabList.addTab(tab3);

        TabList.Tab tab4 = tabList.new Tab(getContext());
        tab4.setText("Tab4");
        tabList.addTab(tab4);

        // 设置 FixedMode
        tabList.setFixedMode(true);

        // 初始化选中的 Tab
        tabList.selectTab(tab1);

        // 设置响应焦点变化
        tabList.addTabSelectedListener(new TabList.TabSelectedListener() {
            @Override
            public void onSelected(TabList.Tab tab) {
                // 当某个 Tab 从未选中状态变为选中状态时的回调
                HiLog.info(LABEL_LOG,"%{public}s, onSelected", tab.getText());
            }

            @Override
            public void onUnselected(TabList.Tab tab) {
                // 当某个 Tab 从选中状态变为未选中状态时的回调
                HiLog.info(LABEL_LOG,"%{public}s, onUnselected", tab.getText());
            }

            @Override
            public void onReselected(TabList.Tab tab) {
                // 当某个 Tab 已处于选中状态， 再次被单击时的状态回调
                HiLog.info(LABEL_LOG,"%{public}s, onReselected", tab.getText());
            }
        });
    }
```

```
    ...
}
```

上述代码在 TabList 上设置了焦点变化事件，其中需要重写 TabSelectedListener() 方法。

（1）onSelected：当某个 Tab 从未选中状态变为选中状态时的回调。

（2）onUnselected：当某个 Tab 从选中状态变为未选中状态时的回调。

（3）onReselected：当某个 Tab 已处于选中状态，再次被单击时的状态回调。

运行应用，观察回调的执行情况。初始化时，默认选中是 Tab1。

先单击 Tab2，控制台日志输出如下：

```
01-18 22:55:23.144 6980-6980/com.waylau.hmos.tablist I 00001/MainAbilityS
 lice: Tab1, onUnselected
01-18 22:55:23.144 6980-6980/com.waylau.hmos.tablist I 00001/MainAbilityS
 lice: Tab2, onSelected
```

再单击 Tab3，控制台日志输出如下：

```
01-18 22:55:32.321 6980-6980/com.waylau.hmos.tablist I 00001/MainAbilityS
 lice: Tab2, onUnselected
01-18 22:55:32.321 6980-6980/com.waylau.hmos.tablist I 00001/MainAbilityS
 lice: Tab3, onSelected
```

再次单击 Tab3，控制台日志输出如下：

```
01-18 22:55:33.800 6980-6980/com.waylau.hmos.tablist I 00001/MainAbilityS
 lice: Tab3, onReselected
```

9.15 实战：常用交互类组件——Picker

Picker 提供了滑动选择器，允许用户从预定义范围中进行选择。Picker 还有两个特例，分别是日期滑动选择器 DatePicker 和时间滑动选择器 TimePicker。

创建一个名为 Picker 的 Car 设备类型的应用，作为演示示例。

9.15.1 创建Picker

以下是创建 Picker 应用时产生的 ability_main.xml 文件，在该文件中增加了创建 Picker 组件的描述内容：

```
<?xml version="1.0" encoding="utf-8"?>
<DirectionalLayout
    xmlns:ohos="http://schemas.huawei.com/res/ohos"
    ohos:height="match_parent"
    ohos:width="match_parent"
    ohos:orientation="vertical">

    <Picker
```

```
        ohos:id="$+id:test_picker"
        ohos:height="match_content"
        ohos:width="300vp"
        ohos:background_element="#E1FFFF"
        ohos:layout_alignment="horizontal_center"
        ohos:normal_text_size="16fp"
        ohos:selected_text_size="16fp"/>

</DirectionalLayout>
```

上述代码定义了Picker组件，可以选择的数字范围是0 ~ 9。Picker组件显示效果如图9-47所示。

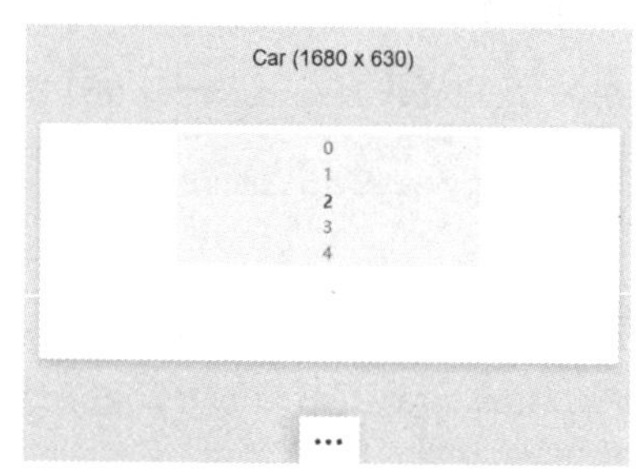

图9-47　Picker组件显示效果

9.15.2　格式化Picker的显示

可以在Picker设置格式化的显示，代码如下：

```
package com.waylau.hmos.picker.slice;

import com.waylau.hmos.picke.ResourceTable;
import ohos.aafwk.ability.AbilitySlice;
import ohos.aafwk.content.Intent;
import ohos.agp.components.Picker;

public class MainAbilitySlice extends AbilitySlice {
    @Override
    public void onStart(Intent intent) {
        super.onStart(intent);
        super.setUIContent(ResourceTable.Layout_ability_main);

        // 获取 Picker
        Picker picker = (Picker) findComponentById(ResourceTable.Id_test_picker);

        // 设置格式化
        picker.setFormatter(new Picker.Formatter() {
            @Override
            public String format(int i) {
                String value ="";
                switch (i) {
                    case 0:
                        value =" 零 ";
                        break;
                    case 1:
                        value =" 一 ";
                        break;
```

```
                case 2:
                    value =" 二 ";
                    break;
                case 3:
                    value =" 三 ";
                    break;
                case 4:
                    value =" 四 ";
                    break;
                case 5:
                    value =" 五 ";
                    break;
                case 6:
                    value =" 六 ";
                    break;
                case 7:
                    value =" 七 ";
                    break;
                case 8:
                    value =" 八 ";
                    break;
                case 9:
                    value =" 九 ";
                    break;
            }

            return value;
        }
    });

}

...
}
```

上述代码在 Picker 上设置了格式化，将数字转为中文，显示效果如图 9-48 所示。

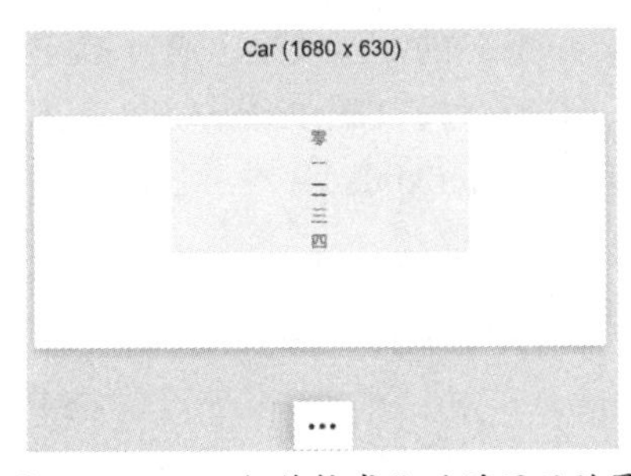

图9-48　Picker组件格式化后的显示效果

9.15.3　日期滑动选择器DatePicker

为了演示日期滑动选择器 DatePicker 的显示效果，通过 DevEco Studio 创建名为 DatePickerAbility 的 Page，则会自动创建以下四个文件：DatePickerAbility、DatePickerAbilitySlice、ability_date_picker.xml 和 background_ability_date_picker.xml。

修改 ability_date_picker.xml，代码如下：

```
<?xml version="1.0" encoding="utf-8"?>
<DirectionalLayout
    xmlns:ohos="http://schemas.huawei.com/res/ohos"
    ohos:height="match_parent"
    ohos:width="match_parent"
    ohos:orientation="vertical">

    <DatePicker
        ohos:id="$+id:date_pick"
        ohos:height="match_content"
        ohos:width="match_parent"
        ohos:normal_text_size="16fp"
        ohos:selected_text_size="16fp">
    </DatePicker>

</DirectionalLayout>
```

DatePicker 的显示效果如图 9-49 所示。

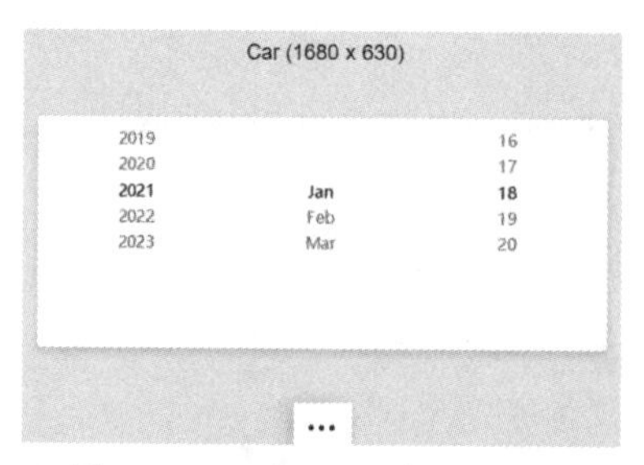

图9-49　DatePicker的显示效果

9.15.4　时间滑动选择器TimePicker

为了演示日期滑动选择器 TimePicker 的显示效果，通过 DevEco Studio 创建名为 TimePickerAbility 的 Page，则会自动创建以下四个文件：TimePickerAbility、TimePickerAbilitySlice、ability_time_picker.xml 和 background_ability_time_picker.xml。

修改 ability_time_picker.xml，代码如下：

```
<?xml version="1.0" encoding="utf-8"?>
<DirectionalLayout
    xmlns:ohos="http://schemas.huawei.com/res/ohos"
    ohos:height="match_parent"
    ohos:width="match_parent"
    ohos:orientation="vertical">

    <TimePicker
        ohos:id="$+id:time_picker"
        ohos:height="match_content"
        ohos:width="match_parent"
        ohos:normal_text_size="16fp"
        ohos:selected_text_size="16fp"/>

</DirectionalLayout>
```

TimePicker 的显示效果如图 9-50 所示。

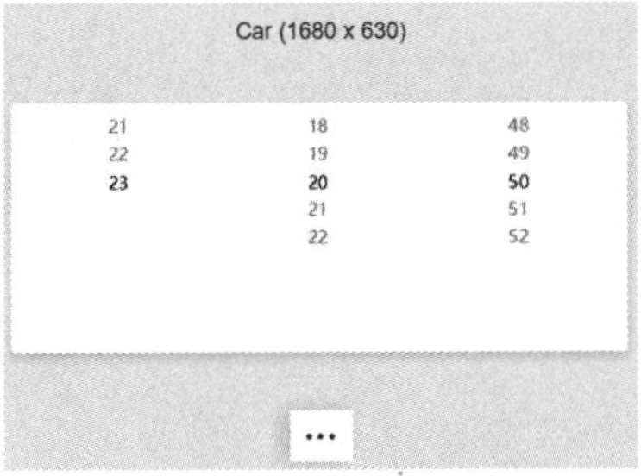

图9-50　TimePicker的显示效果

9.16 实战：常用交互类组件——ListContainer

ListContainer 是用来呈现连续、多行数据的组件，包含一系列相同类型的列表项。

创建一个名为 ListContainer 的 Car 设备类型的应用，作为演示示例。

9.16.1 创建ListContainer

以下是创建 ListContainer 应用时产生的 ability_main.xml 文件，在该文件中增加了创建 ListContainer 组件的描述内容：

```
<?xml version="1.0" encoding="utf-8"?>
<DirectionalLayout
    xmlns:ohos="http://schemas.huawei.com/res/ohos"
    ohos:height="match_parent"
    ohos:width="match_parent"
    ohos:orientation="vertical">

    <ListContainer
        ohos:id="$+id:list_container"
        ohos:height="200vp"
        ohos:width="300vp"
        ohos:layout_alignment="horizontal_center"/>

</DirectionalLayout>
```

上述代码定义了 ListContainer 组件。

9.16.2 创建ListContainer子布局

在 layout 目录下新建 xml 文件（本例为 my_item.xml），作为 ListContainer 的子布局，内容如下：

```
<?xml version="1.0" encoding="utf-8"?>
<DirectionalLayout
    xmlns:ohos="http://schemas.huawei.com/res/ohos"
```

```
    ohos:height="match_content"
    ohos:width="match_parent"
    ohos:left_margin="16vp"
    ohos:right_margin="16vp"
    ohos:orientation="vertical">
    <Text
        ohos:id="$+id:item_index"
        ohos:height="match_content"
        ohos:width="match_content"
        ohos:padding="4vp"
        ohos:text="Item0"
        ohos:text_size="20fp"
        ohos:layout_alignment="center"/>
</DirectionalLayout>
```

9.16.3 创建ListContainer数据包装类

创建 MyItem.java，作为 ListContainer 的数据包装类，代码如下：

```
package com.waylau.hmos.listcontainer;

public class MyItem {
    private String name;

    public MyItem(String name) {
        this.name = name;
    }

    public String getName() {
        return name;
    }

    public void setName(String name) {
        this.name = name;
    }
}
```

9.16.4 创建ListContainer数据提供者

ListContainer 每一行可以为不同的数据，因此需要适配不同的数据结构，使其都能添加到 ListContainer 上。创建 MyItemProvider.java，继承自 RecycleItemProvider，代码如下：

```
package com.waylau.hmos.listcontainer;

import com.waylau.hmos.listcontainer.slice.MainAbilitySlice;
import ohos.aafwk.ability.AbilitySlice;
import ohos.agp.components.*;

import java.util.List;

public class MyItemProvider extends RecycleItemProvider {
    private List<MyItem> list;
    private AbilitySlice slice;
```

```
    public MyItemProvider(List<MyItem> list, MainAbilitySlice slice) {
        this.list = list;
        this.slice = slice;
    }

    @Override
    public int getCount() {
        return list.size();
    }

    @Override
    public Object getItem(int position) {
        return list.get(position);
    }

    @Override
    public long getItemId(int position) {
        return position;
    }

    @Override
    public Component getComponent(int position,
        Component convertComponent, ComponentContainer componentContainer) {
        Component cpt = convertComponent;
        if (cpt == null) {
            cpt = LayoutScatter.getInstance(slice)
                .parse(ResourceTable.Layout_my_item, null, false);
        }
        MyItem sampleItem = list.get(position);
        Text text = (Text) cpt.findComponentById(ResourceTable.Id_item_index);
        text.setText(sampleItem.getName());
        return cpt;
    }
}
```

9.16.5　修改MainAbilitySlice

修改 MainAbilitySlice，在 Java 代码中添加 ListContainer 的数据，并适配其数据结构，代码修改如下：

```
package com.waylau.hmos.listcontainer.slice;

import com.waylau.hmos.listcontainer.MyItem;
import com.waylau.hmos.listcontainer.MyItemProvider;
import com.waylau.hmos.listcontainer.ResourceTable;
import ohos.aafwk.ability.AbilitySlice;
import ohos.aafwk.content.Intent;
import ohos.agp.components.ListContainer;

import java.util.ArrayList;
import java.util.List;

public class MainAbilitySlice extends AbilitySlice {
    @Override
    public void onStart(Intent intent) {
        super.onStart(intent);
        super.setUIContent(ResourceTable.Layout_ability_main);
```

```
        // 获取 ListContainer
        ListContainer listContainer = (ListContainer) findComponentById(Re
sourceTable.Id_list_container);

        // 提供 ListContainer 的数据
        List<MyItem> list = getData();
        MyItemProvider sampleItemProvider = new MyItemProvider(list, this);
        listContainer.setItemProvider(sampleItemProvider);
    }

    private ArrayList<MyItem> getData() {
        ArrayList<MyItem> list = new ArrayList<>();
        for (int i = 0; i <= 8; i++) {
            list.add(new MyItem("Item" + i));
        }
        return list;
    }

    ...
}
```

最终显示效果如图 9-51 所示。

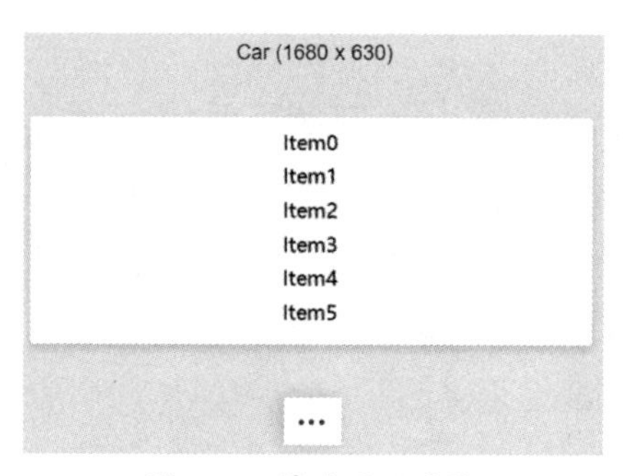

图9-51　最终显示效果

9.17 实战：常用交互类组件——RoundProgressBar

RoundProgressBar 继承自 ProgressBar，拥有 ProgressBar 的属性，在设置同样的属性时用法和 ProgressBar 一致，用于显示环形进度。

创建一个名为 RoundProgressBar 的 Car 设备类型的应用，作为演示示例。

9.17.1 创建RoundProgressBar

以下是创建 RoundProgressBar 应用时产生的 ability_main.xml 文件，在该文件中增加了创建 RoundProgressBar 的描述内容：

```
<?xml version="1.0" encoding="utf-8"?>
```

```
<DirectionalLayout
    xmlns:ohos="http://schemas.huawei.com/res/ohos"
    ohos:height="match_parent"
    ohos:width="match_parent"
    ohos:orientation="vertical">

    <RoundProgressBar
        ohos:id="$+id:round_progress_bar"
        ohos:height="200vp"
        ohos:width="200vp"
        ohos:progress_width="10vp"
        ohos:progress="20"
        ohos:progress_color="#47CC47"/>

</DirectionalLayout>
```

上述代码定义了一个 RoundProgressBar 组件，其中 ohos: progress_width 用来配置 RoundProgressBar 的环的宽度，ohos: progress 用来配置 RoundProgressBar 的进度，而 ohos:progress_color 用来配置环的颜色。

最终显示效果如图 9-52 所示。

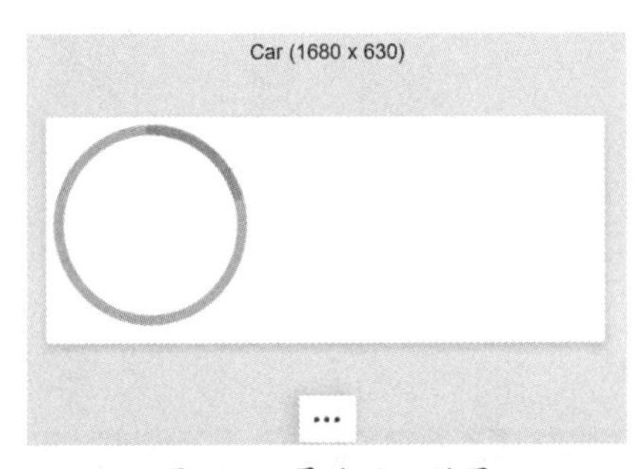

图9-52　最终显示效果

9.17.2　设置开始和结束角度

可以设置环形进度条的开始和结束位置所在的角度。

为了演示开始和结束角度的设置过程，通过 DevEco Studio 创建名为 StartMaxAngleAbility 的 Page，则会自动创建以下四个文件：StartMaxAngleAbility、StartMaxAngleAbilitySlice、ability_start_max_angle.xml 和 background_ability_start_max_angle.xml。

修改 ability_start_max_angle.xml，代码如下：

```
<?xml version="1.0" encoding="utf-8"?>
<DirectionalLayout
    xmlns:ohos="http://schemas.huawei.com/res/ohos"
    ohos:height="match_parent"
    ohos:width="match_parent"
    ohos:orientation="vertical">

    <RoundProgressBar
        ohos:id="$+id:round_progress_bar_start_max_angle"
        ohos:height="200vp"
        ohos:width="200vp"
```

```
        ohos:progress_width="10vp"
        ohos:progress="20"
        ohos:progress_color="#47CC47"
        ohos:start_angle="45"
        ohos:max_angle="270"
        ohos:progress_hint_text="RoundProgressBar"
        ohos:progress_hint_text_color="#007DFF"
        />

</DirectionalLayout>
```

上述代码中，ohos:start_angle 用于设置开始角度，ohos:max_angle 用于设置结束角度，ohos:progress_hint_text 用于设置提示文本内容，ohos:progress_hint_text_color 用于设置提示文本颜色。

图 9-53 展示了预览器设置开始和结束角度后的效果。

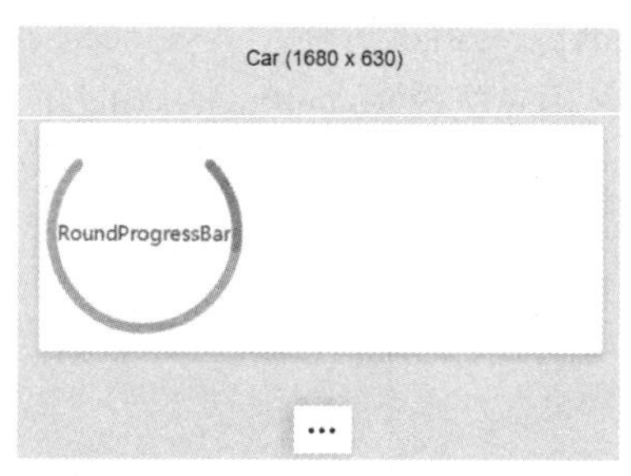

图9-53　设置开始和结束角度后的效果

9.18 实战：常用交互类组件——DirectionalLayout

常用的布局包括 DirectionalLayout、StackLayout、DependentLayout、TableLayout 等。

DirectionalLayout 是 Java UI 中的一种非常重要的组件布局，在前面的章节中也频繁出现过。DirectionalLayout 用于将一组组件按照水平或者垂直方向排布，能够方便地对齐布局内的组件。该布局和其他布局组合，可以实现更加丰富的布局方式。

创建一个名为 DirectionalLayout 的 Car 设备类型的应用，作为演示示例。

9.18.1 创建DirectionalLayout

以下是创建 DirectionalLayout 应用时产生的 ability_main.xml 文件，在该文件中增加了创建 DirectionalLayout 的描述内容：

```
<?xml version="1.0" encoding="utf-8"?>
<DirectionalLayout
    xmlns:ohos="http://schemas.huawei.com/res/ohos"
    ohos:height="match_parent"
    ohos:width="match_parent"
    ohos:orientation="vertical">
```

```
    <Button
        ohos:width="120vp"
        ohos:height="60vp"
        ohos:bottom_margin="3vp"
        ohos:left_margin="13vp"
        ohos:background_element="$graphic:background_ability_main"
        ohos:text="I am Button1"/>
    <Button
        ohos:width="120vp"
        ohos:height="60vp"
        ohos:bottom_margin="3vp"
        ohos:left_margin="13vp"
        ohos:background_element="$graphic:background_ability_main"
        ohos:text="I am Button2"/>
    <Button
        ohos:width="120vp"
        ohos:height="60vp"
        ohos:bottom_margin="3vp"
        ohos:left_margin="13vp"
        ohos:background_element="$graphic:background_ability_main"
        ohos:text="I am Button3"/>

</DirectionalLayout>
```

上述代码定义了一个 DirectionalLayout 布局及三个 Button。

DirectionalLayout 布局中的 ohos:orientation 属性可以用来指定排列方向是水平（horizontal）还是垂直（vertical），默认为垂直排列。

Button 的 ohos:background_element 定义在 background_ability_main.xml 文件中，内容如下：

```
<?xml version="1.0" encoding="UTF-8" ?>
<shape xmlns:ohos="http://schemas.huawei.com/res/ohos"
       ohos:shape="rectangle">
    <solid
        ohos:color="#00FFFD"/>
</shape>
```

最终显示效果如图 9-54 所示。

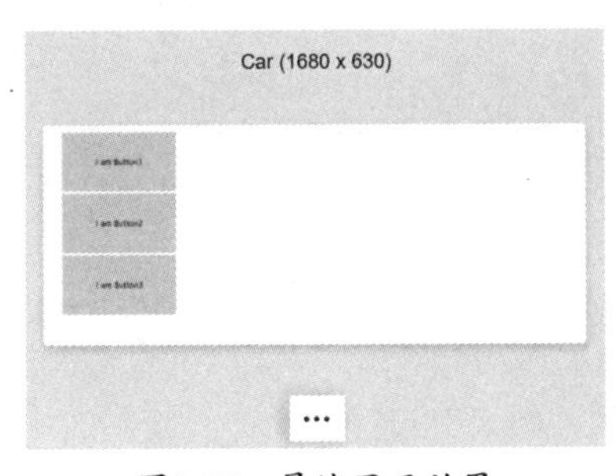

图9-54　最终显示效果

9.18.2　设置水平排列

为了演示水平排列的设置过程，通过 DevEco Studio 创建名为 HorizontalAbility 的 Page，则会自动创建以下四个文件：HorizontalAbility、HorizontalAbilitySlice、ability_horizontal.xml 和 background_ability_horizontal.xml。

修改 ability_horizontal.xml，代码如下：

```
<?xml version="1.0" encoding="utf-8"?>
<DirectionalLayout
    xmlns:ohos="http://schemas.huawei.com/res/ohos"
    ohos:height="match_parent"
    ohos:width="match_parent"
    ohos:orientation="horizontal">

    <Button
        ohos:width="120vp"
        ohos:height="60vp"
        ohos:bottom_margin="3vp"
        ohos:left_margin="13vp"
        ohos:background_element="$graphic:background_ability_main"
        ohos:text="I am Button1"/>
    <Button
        ohos:width="120vp"
        ohos:height="60vp"
        ohos:bottom_margin="3vp"
        ohos:left_margin="13vp"
        ohos:background_element="$graphic:background_ability_main"
        ohos:text="I am Button2"/>
    <Button
        ohos:width="120vp"
        ohos:height="60vp"
        ohos:bottom_margin="3vp"
        ohos:left_margin="13vp"
        ohos:background_element="$graphic:background_ability_main"
        ohos:text="I am Button3"/>

</DirectionalLayout>
```

上述代码将布局的 ohos:orientation 的属性改为 horizontal（水平）。

图 9-55 展示了预览器 DirectionalLayout 水平排列的效果。

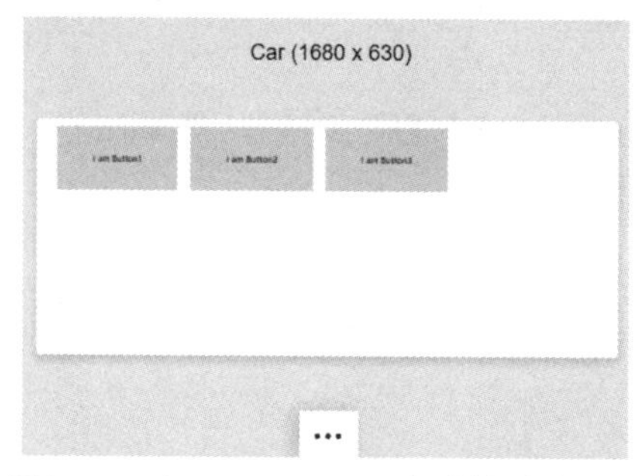

图9-55　DirectionalLayout水平排列的效果

9.18.3　设置权重

权重（weight）就是按比例分配组件占用父组件的大小，在水平布局下计算公式如下：

父布局可分配宽度 = 父布局宽度 - 所有子组件 width 之和

组件宽度 = 组件 weight/ 所有组件 weight 之和 × 父布局可分配宽度

实际使用过程中，建议使用 width=0 来按比例分配父布局的宽度。

为了演示权重的设置过程，通过 DevEco Studio 创建名为 WeightAbility 的 Page，则会自动创建以下四个文件：WeightAbility、WeightAbilitySlice、ability_weight.xml 和 background_ability_weight.xml。

修改 ability_weight.xml，代码如下：

```
<?xml version="1.0" encoding="utf-8"?>
<DirectionalLayout
    xmlns:ohos="http://schemas.huawei.com/res/ohos"
    ohos:height="match_parent"
    ohos:width="match_parent"
    ohos:orientation="horizontal">

    <Button
        ohos:width="0vp"
        ohos:height="60vp"
        ohos:bottom_margin="3vp"
        ohos:left_margin="13vp"
        ohos:weight="1"
        ohos:background_element="$graphic:background_ability_main"
        ohos:text="I am Button1"/>
    <Button
        ohos:width="0vp"
        ohos:height="60vp"
        ohos:bottom_margin="3vp"
        ohos:left_margin="13vp"
        ohos:weight="1"
        ohos:background_element="$graphic:background_ability_main"
        ohos:text="I am Button2"/>
    <Button
        ohos:width="0vp"
        ohos:height="60vp"
        ohos:bottom_margin="3vp"
        ohos:left_margin="13vp"
        ohos:weight="2"
        ohos:background_element="$graphic:background_ability_main"
        ohos:text="I am Button3"/>

</DirectionalLayout>
```

上述代码按 1:1:2 的比例来分配父布局的宽度，效果如图 9-56 所示。

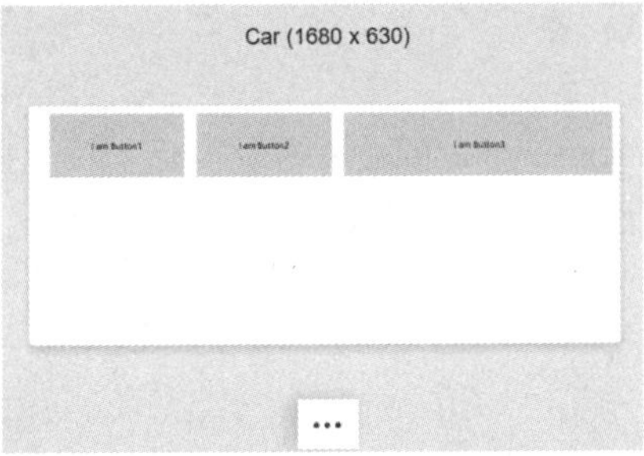

Car (1680 x 630)

图9-56　按比例分配父布局的宽度效果

9.19 实战：常用交互类组件——DependentLayout

DependentLayout 是 Java UI 系统里的一种常见布局。与 DirectionalLayout 相比，DependentLayout 拥有更多的排布方式，每个组件可以指定相对于其他同级元素的位置，或者指定相对于父组件的位置。

创建一个名为 DependentLayout 的 Car 设备类型的应用，作为演示示例。

9.19.1 创建DependentLayout

以下是创建 DependentLayout 应用时产生的 ability_main.xml 文件，在该文件中增加了创建 DependentLayout 的描述内容：

```
<?xml version="1.0" encoding="utf-8"?>
<DependentLayout
    xmlns:ohos="http://schemas.huawei.com/res/ohos"
    ohos:width="match_content"
    ohos:height="match_content"
    ohos:background_element="#ADEDED">
    <Text
        ohos:id="$+id:text1"
        ohos:width="match_content"
        ohos:height="match_content"
        ohos:left_margin="20vp"
        ohos:top_margin="20vp"
        ohos:bottom_margin="20vp"
        ohos:text="text1"
        ohos:text_size="20fp"
        ohos:background_element="#DDEDED"/>
    <Text
        ohos:id="$+id:text2"
        ohos:width="match_content"
        ohos:height="match_content"
        ohos:left_margin="20vp"
        ohos:top_margin="20vp"
        ohos:right_margin="20vp"
        ohos:bottom_margin="20vp"
        ohos:text="end_of text1"
        ohos:text_size="20fp"
        ohos:background_element="#FDEDED"
        ohos:end_of="$id:text1"/>
</DependentLayout>
```

上述代码定义了一个 DependentLayout 布局及两个 Text。两个 Text 使用了“相对于同级组件”的布局方式，即 text2 在处于同级组件的 text1 的结束侧。

最终显示效果如图 9-57 所示。

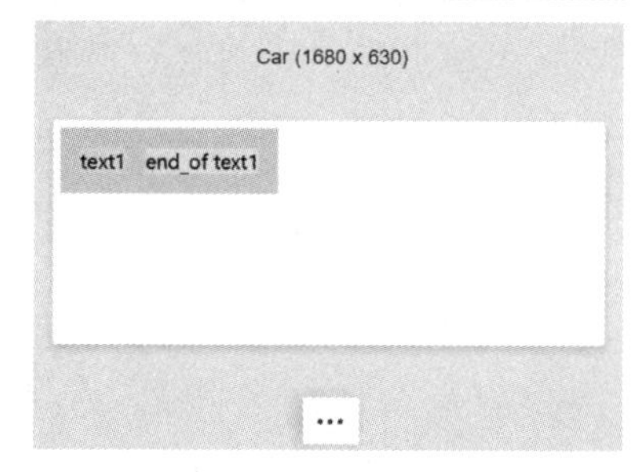

图9-57 最终显示效果

9.19.2 相对于同级组件

上述示例是一个“相对于同级组件”的布局方式。“相对于同级组件”的位置布局可配置项如下。

- above：处于同级组件的上侧。
- below：处于同级组件的下侧。
- start_of：处于同级组件的起始侧。
- end_of：处于同级组件的结束侧。
- left_of：处于同级组件的左侧。
- right_of：处于同级组件的右侧。

9.19.3　相对于父组件

“相对于父组件”的位置布局可配置项如下。

- align_parent_left：处于父组件的左侧。
- align_parent_right：处于父组件的右侧。
- align_parent_start：处于父组件的起始侧。
- align_parent_end：处于父组件的结束侧。
- align_parent_top：处于父组件的上侧。
- align_parent_bottom：处于父组件的下侧。
- center_in_parent：处于父组件的中间。

以上位置布局可以组合，形成处于左上角、左下角、右上角、右下角的布局。

9.19.4　场景示例

使用 DependentLayout 可以轻松实现内容丰富的布局。

为了演示该示例，通过 DevEco Studio 创建名为 FullAbility 的 Page，则会自动创建以下四个文件：FullAbility、FullAbilitySlice、ability_full.xml 和 background_ability_full.xml。

修改 ability_full.xml，代码如下：

```
<?xml version="1.0" encoding="utf-8"?>
<DependentLayout
    xmlns:ohos="http://schemas.huawei.com/res/ohos"
    ohos:width="match_parent"
    ohos:height="match_content"
    ohos:background_element="#ADEDED">
    <Text
        ohos:id="$+id:text1"
        ohos:width="match_parent"
        ohos:height="match_content"
        ohos:text_size="25fp"
        ohos:top_margin="15vp"
        ohos:left_margin="15vp"
        ohos:right_margin="15vp"
        ohos:background_element="#DDEDED"
        ohos:text="Title"
        ohos:text_weight="1000"
        ohos:text_alignment="horizontal_center"
        />
    <Text
```

```
        ohos:id="$+id:text2"
        ohos:width="match_content"
        ohos:height="110vp"
        ohos:text_size="10vp"
        ohos:background_element="#FDEDED"
        ohos:text="Catalog"
        ohos:top_margin="15vp"
        ohos:left_margin="15vp"
        ohos:right_margin="15vp"
        ohos:bottom_margin="15vp"
        ohos:align_parent_left="true"
        ohos:text_alignment="center"
        ohos:multiple_lines="true"
        ohos:below="$id:text1"
        ohos:text_font="serif"/>
    <Text
        ohos:id="$+id:text3"
        ohos:width="match_parent"
        ohos:height="110vp"
        ohos:text_size="25fp"
        ohos:background_element="#FDEDED"
        ohos:text="Content"
        ohos:top_margin="15vp"
        ohos:right_margin="15vp"
        ohos:bottom_margin="15vp"
        ohos:text_alignment="center"
        ohos:below="$id:text1"
        ohos:end_of="$id:text2"
        ohos:text_font="serif"/>
    <Button
        ohos:id="$+id:button1"
        ohos:width="70vp"
        ohos:height="match_content"
        ohos:text_size="15fp"
        ohos:background_element="#FDEDED"
        ohos:text="Previous"
        ohos:right_margin="15vp"
        ohos:bottom_margin="15vp"
        ohos:below="$id:text3"
        ohos:left_of="$id:button2"
        ohos:italic="false"
        ohos:text_weight="5"
        ohos:text_font="serif"/>
    <Button
        ohos:id="$+id:button2"
        ohos:width="70vp"
        ohos:height="match_content"
        ohos:text_size="15fp"
        ohos:background_element="#FDEDED"
        ohos:text="Next"
        ohos:right_margin="15vp"
        ohos:bottom_margin="15vp"
        ohos:align_parent_end="true"
        ohos:below="$id:text3"
        ohos:italic="false"
        ohos:text_weight="5"
        ohos:text_font="serif"/>
</DependentLayout>
```

运行上述代码，效果如图 9-58 所示。

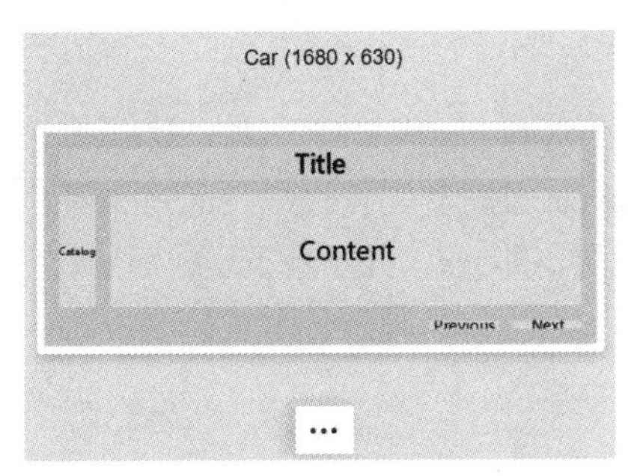

图9-58　场景示例效果

9.20 实战：常用交互类组件——StackLayout

StackLayout 可以直接在屏幕上开辟出一块空白区域，添加到该布局中的视图都以层叠方式显示，而 StackLayout 会把这些视图默认放到该区域的左上角，第一个添加到布局中的视图显示在最底层，最后一个被放在最顶层，上一层视图会覆盖下一层视图。

创建一个名为 StackLayout 的 Car 设备类型的应用，作为演示示例。

以下是创建 StackLayout 应用时产生的 ability_main.xml 文件，在该文件中增加了创建 StackLayout 的描述内容：

```
<?xml version="1.0" encoding="utf-8"?>
<StackLayout
    xmlns:ohos="http://schemas.huawei.com/res/ohos"
    ohos:height="match_parent"
    ohos:width="match_parent">

    <Text
        ohos:text_alignment="bottom|horizontal_center"
        ohos:text_size="24fp"
        ohos:text="Layer 1"
        ohos:height="200vp"
        ohos:width="600vp"
        ohos:background_element="#3F56EA" />

    <Text
        ohos:text_alignment="bottom|horizontal_center"
        ohos:text_size="24fp"
        ohos:text="Layer 2"
        ohos:height="100vp"
        ohos:width="300vp"
        ohos:background_element="#00AAEE" />

    <Text
        ohos:text_alignment="center"
        ohos:text_size="24fp"
        ohos:text="Layer 3"
```

```
        ohos:height="80vp"
        ohos:width="80vp"
        ohos:background_element="#00BFC9" />

</StackLayout>
```

上述代码定义了一个 StackLayout 布局及三个 Text。StackLayout 中组件的布局默认在区域的左上角，并且以后创建的组件会在上层，即 text1 处于最下层，而 text3 处于最上层。

最终显示效果如图 9-59 所示。

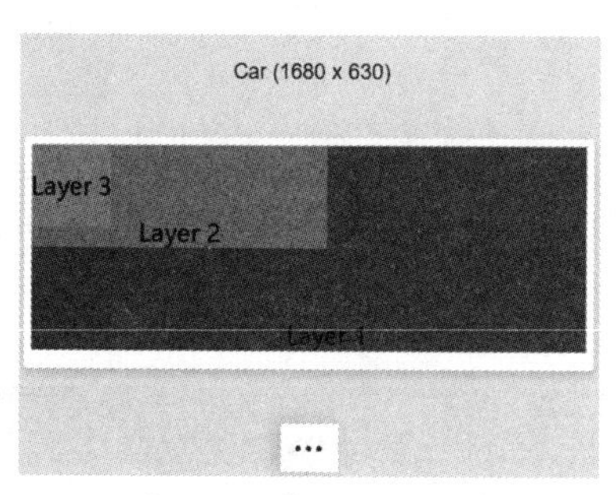

图9-59　最终显示效果

9.21 实战：常用交互类组件——TableLayout

TableLayout 使用表格的方式划分子组件。

创建一个名为 TableLayout 的 Car 设备类型的应用，作为演示示例。

以下是创建 TableLayout 应用时产生的 ability_main.xml 文件，在该文件中增加了创建 TableLayout 的描述内容：

```
<?xml version="1.0" encoding="utf-8"?>
<TableLayout
    xmlns:ohos="http://schemas.huawei.com/res/ohos"
    ohos:height="match_parent"
    ohos:width="match_parent"
    ohos:background_element="#87CEEB"
    ohos:layout_alignment="horizontal_center"
    ohos:padding="8vp"
    ohos:row_count="2"
    ohos:column_count="2">

    <Text
        ohos:height="60vp"
        ohos:width="60vp"
        ohos:background_element="$graphic:background_ability_main"
        ohos:margin="8vp"
        ohos:text="1"
        ohos:text_alignment="center"
        ohos:text_size="20fp"/>
```

```
    <Text
        ohos:height="60vp"
        ohos:width="60vp"
        ohos:background_element="$graphic:background_ability_main"
        ohos:margin="8vp"
        ohos:text="2"
        ohos:text_alignment="center"
        ohos:text_size="20fp"/>

    <Text
        ohos:height="60vp"
        ohos:width="60vp"
        ohos:background_element="$graphic:background_ability_main"
        ohos:margin="8vp"
        ohos:text="3"
        ohos:text_alignment="center"
        ohos:text_size="20fp"/>

    <Text
        ohos:height="60vp"
        ohos:width="60vp"
        ohos:background_element="$graphic:background_ability_main"
        ohos:margin="8vp"
        ohos:text="4"
        ohos:text_alignment="center"
        ohos:text_size="20fp"/>
</TableLayout>
```

上述代码定义了一个 TableLayout 布局及 4 个 Text。其中，ohos:row_count 设置行数，而 ohos:column_count 设置列数。

Text 引用的样式定义在 background_ability_main.xml 文件中，内容如下：

```
<?xml version="1.0" encoding="utf-8"?>
<shape xmlns:ohos="http://schemas.huawei.com/res/ohos"
       ohos:shape="rectangle">
    <corners
        ohos:radius="5vp"/>
    <stroke
        ohos:width="1vp"
        ohos:color="gray"/>
    <solid
        ohos:color="#00BFFF"/>
</shape>
```

最终显示效果如图 9-60 所示。

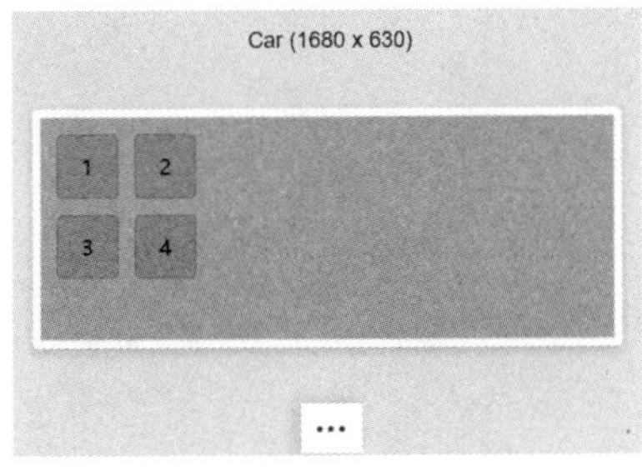

图9-60　最终显示效果

第10章

用JS开发UI

在传统的前端开发中，JS 绝对是“主角”。HarmonyOS 提供了 JS UI 框架，以支持开发跨设备、高性能、声明式 UI。

10.1 用JS开发UI概述

JavaScript 是流行的前端开发语言，因此也同样非常适合开发 HarmonyOS 应用的 UI 界面。

10.1.1 基础能力

HarmonyOS 提供的 JS UI 框架具备以下基础能力。

1. 声明式编程

JS UI 框架采用类 HTML 和 CSS 声明式编程语言作为页面布局和页面样式的开发语言，页面业务逻辑则支持 ECMAScript 规范的 JS 语言。JS UI 框架提供的声明式编程可以让开发者避免编写 UI 状态切换的代码，视图配置信息更加直观。

2. 跨设备

开发框架架构上支持 UI 跨设备显示能力，运行时自动映射到不同设备类型，开发者无感知，可降低开发者多设备适配成本。

截至目前，JS UI 框架支持包括手机（Phone）、平板（Tablet）、智慧屏（TV）、智能穿戴（Wearable）和轻量级智能穿戴（Lite Wearable）应用的开发。

3. 高性能

开发框架包含许多核心控件，如列表、图片和各类容器组件等，针对声明式语法进行了渲染流程的优化。

10.1.2 整体架构

JS UI 框架包括应用层（Application Layer）、前端框架层（Framework Layer）、引擎层（Engine Layer）和适配层（Porting Layer）。图 10-1 展示了 JS UI 框架整体架构。

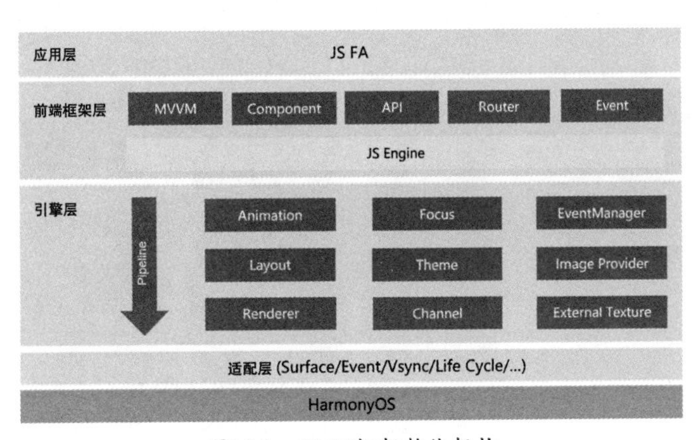

图10-1　JS UI框架整体架构

1. 应用层

应用层表示开发者使用 JS UI 框架开发的 FA 应用，这里的 FA 应用特指 JS FA 应用。使用 Java 开发 FA 应用请参考 Java UI 框架。

2. 前端框架层

前端框架层主要完成前端页面解析，以及提供 MVVM（Model-View-ViewModel）开发模式、页面路由机制和自定义组件等能力。

3. 引擎层

引擎层主要提供动画解析、DOM（Document Object Model，文档对象模型）树构建、布局计算、渲染命令构建与绘制、事件管理等功能。

4. 适配层

适配层主要对平台层进行抽象，提供抽象接口，可以对接到系统平台，如事件对接、渲染管线对接和系统生命周期对接等。

10.2 实战：创建JS FA应用

JS UI 框架支持纯 JS、JS 和 Java 混合语言开发。JS FA 指基于 JS 或 JS 和 Java 混合开发的 FA。

接下来将介绍 JS FA 在 HarmonyOS 上运行时需要的基类 AceAbility、加载 JS FA 主体的方法和 JS FA 开发目录。

10.2.1 创建应用

创建 JS FA 应用时，本例选择的是 Tablet 设备类型，如图 10-2 所示，在 Template 中选择 Empty Feature Ability(JS)。

应用名称选择 JsFa，如图 10-3 所示。

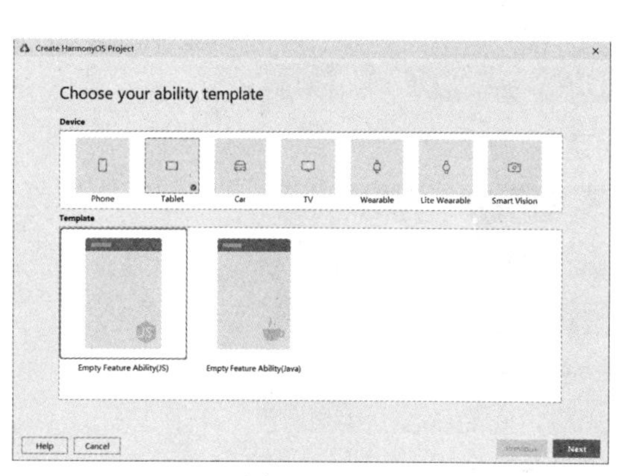

图10-2 选择Tablet设备类型

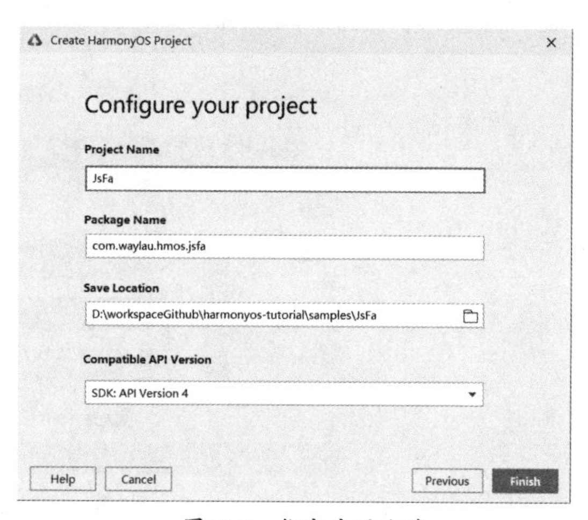

图10-3 指定应用名称

应用创建完成之后，形成图 10-4 所示项目结构。

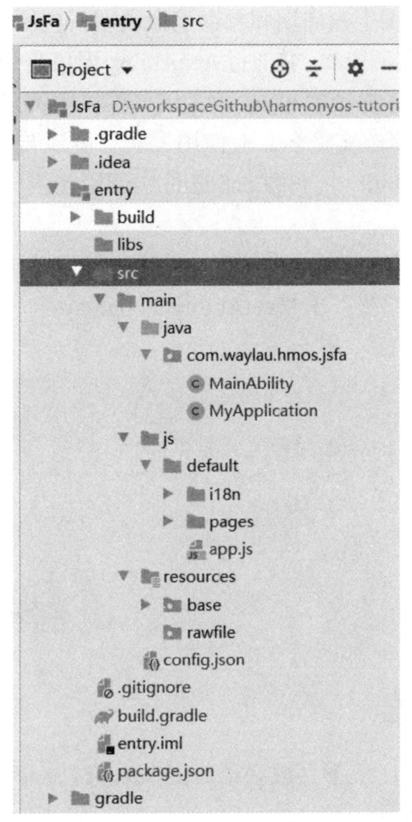

图10-4　项目结构

10.2.2　AceAbility

AceAbility 类是 JS FA 在 HarmonyOS 上运行环境的基类，继承自 Ability。JsFa 在初始化之后，默认生成的 AceAbility 代码示例如下：

```
package com.waylau.hmos.jsfa;

import ohos.ace.ability.AceAbility;
import ohos.aafwk.content.Intent;

public class MainAbility extends AceAbility {
    @Override
    public void onStart(Intent intent) {
        super.onStart(intent);
    }

    @Override
    public void onStop() {
        super.onStop();
    }
}
```

10.2.3 加载JS FA

JS FA 生命周期事件分为应用生命周期和页面生命周期，应用通过 AceAbility 类中的 setInstanceName() 接口设置该 Ability 的实例资源，并通过 AceAbility 窗口进行显示及全局应用生命周期管理。

setInstanceName(String name) 的参数 name 指实例名称，实例名称与 config.json 文件中 module.js.name 的值对应。若开发者未修改实例名，而使用了缺省值 default，则无须调用此接口；若开发者修改了实例名，则需在应用 Ability 实例的 onStart() 中调用此接口，并将参数 name 设置为修改后的实例名称。

多实例应用的 module.js 字段中有多个实例项，使用时应选择相应的实例名称。

setInstanceName() 接口使用方法：在 MainAbility 的 onStart() 中的 super.onStart() 前调用此接口。以 JSComponentName 作为实例名称，代码示例如下：

```
public class MainAbility extends AceAbility {
    @Override
    public void onStart(Intent intent) {
        setInstanceName("JSComponentName");
    // config.json 配置文件中 module.
         js.name 的标签值
        super.onStart(intent);
    }
}
```

10.2.4 JS FA开发目录

在 JS FA 开发工程目录中，i18n 下存放多语言的 json 文件；pages 文件夹下存放多个页面，每个页面由 hml、css 和 js 文件组成。

其中，main > js > default > i18n > en-US.json 文件定义了在英文模式下页面显示的变量内容，内容如下：

```
{
 "strings": {
   "hello":"Hello",
   "world":"World"
   }
}
```

同理，zh-CN.json 中定义了中文模式下的页面内容，内容如下：

```
{
 "strings": {
   "hello":" 您好 ",
   "world":" 世界 "
   }
}
```

main > js > default > pages > index > index.hml 文件定义了 index 页面的布局、index 页面中用到的组件及这些组件的层级关系。例如，index.hml 文件中包含一个 text 组件，内容为 Hello World 文本，如下：

```
<div class="container">
```

```
    <text class="title">
        {{ $t('strings.hello') }} {{title}}
    </text>
</div>
```

main > js > default > pages > index > index.css 文件定义了 index 页面的样式。例如，index.css 文件定义了 container 和 title 的样式，如下：

```
.container {
    flex-direction: column;
    justify-content: center;
    align-items: center;
}

.title {
    font-size: 100px;
}
```

main > js > default > pages > index > index.js 文件定义了 index 页面的业务逻辑，如数据绑定、事件处理等。例如，变量 title 赋值为字符串 World，如下：

```
export default {
    data: {
        title:""
    },
    onInit() {
        this.title = this.$t('strings.world');
    }
}
```

10.2.5　运行

在设备模拟器中选择 Tablet 设备类型（MatePad Pro）并启动，如图 10-5 所示。

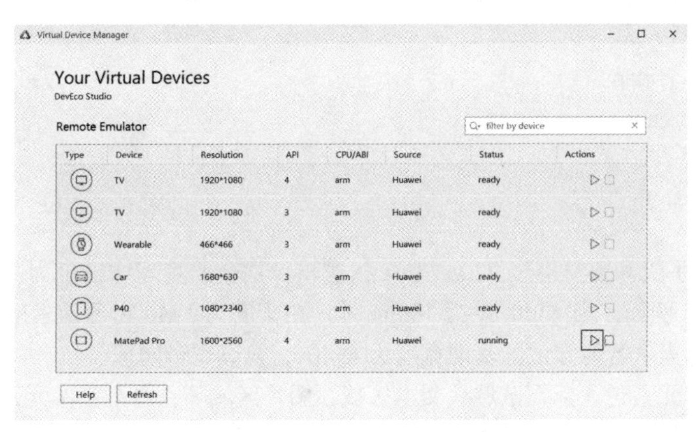

图10-5　选择并启动设备模拟器

将 JsFa 应用在该设备模拟器中执行，可以看到图 10-6 所示的效果。当然，也可以在预览器中进行预览，可以看到图 10-7 所示的效果。

图10-6　应用运行效果

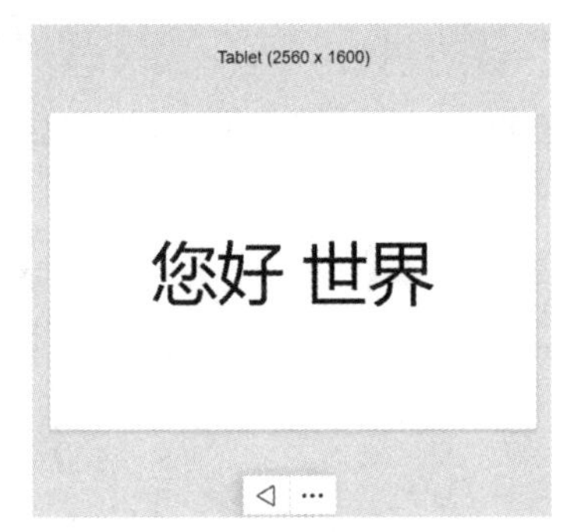

图10-7　应用预览效果

10.3 组件与布局

与 Java UI 框架类似，JS UI 框架也有组件与布局。

10.3.1 组件分类

根据组件的功能，可以将组件分为以下四大类。

（1）基础组件：text、image、progress、rating、span、marquee、image-animator、divider、search、menu、chart。

（2）容器组件：div、list、list-item、stack、swiper、tabs、tab-bar、tab-content、list-item-group、refresh、dialog。

（3）媒体组件：video。

（4）画布组件：canvas。

10.3.2 布局

JS UI 框架中，手机和智慧屏以 720px（px 指逻辑像素，非物理像素）为基准宽度，根据实际屏幕宽度进行缩放。例如，当 width 设为 100px 时，在宽度为 1440 物理像素的屏幕上，实际显示的宽度为 200 物理像素。智能穿戴的基准宽度为 454px，换算逻辑同理。

一个页面的基本元素包含标题区域、文本区域、图片区域等，每个基本元素内还可以包含多个子元素，开发者根据需求还可以添加按钮、开关、进度条等组件。在构建页面布局时，需要对每个基本元素思考以下几个问题。

（1）该元素的尺寸和排列位置。

（2）是否有重叠的元素。

（3）是否需要设置对齐、内间距或者边界。

（4）是否包含子元素及其排列位置。

（5）是否需要容器组件及其类型。

将页面中的元素分解之后再对每个基本元素按顺序实现，可以减少多层嵌套造成的视觉混乱和逻辑混乱，提高代码的可读性，方便对页面进行后续的调整。下面以图 10-8 为例进行分解，图 10-9 展示的是留言区布局分解。

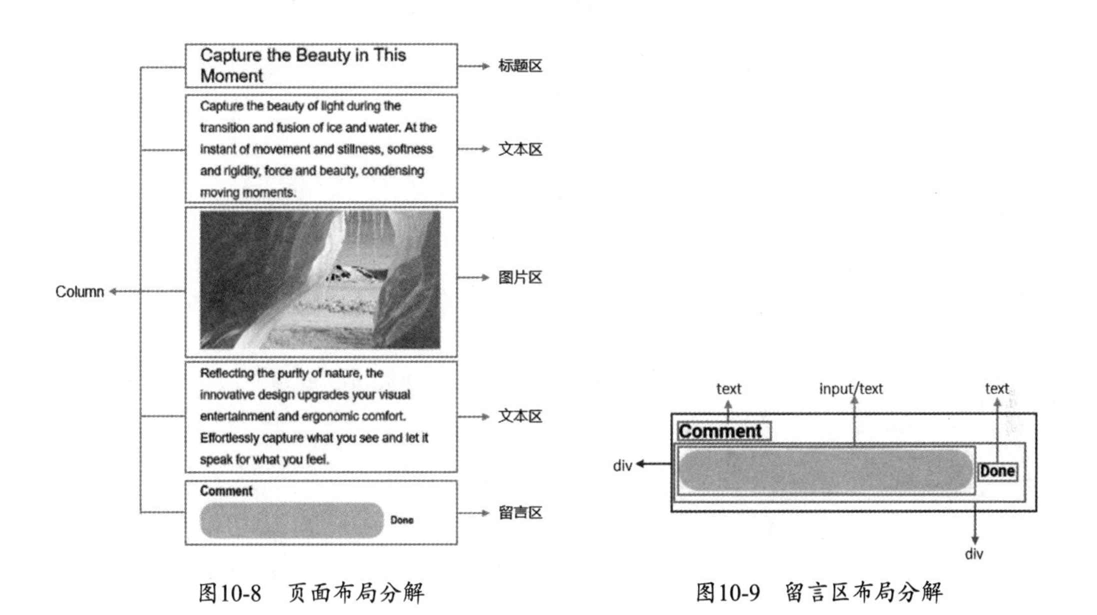

图10-8　页面布局分解　　　　图10-9　留言区布局分解

10.4　实战：点赞按钮

添加交互可以通过在组件上关联事件实现。本节将介绍如何用 div、text、image 组件关联 click 事件，实现一个点赞按钮。

10.4.1　应用概述

点赞按钮通过一个 div 组件关联 click 事件实现。div 组件包含一个 image 组件和一个 text 组件，其中，image 组件用于显示未点赞和点赞的效果，click 事件函数会交替更新点赞和未点赞图片的路径；text 组件用于显示点赞数，点赞数会在 click 事件的函数中同步更新。

创建一个名为“GiveLike”的“Tablet”设备类型应用作为演示。

10.4.2　修改应用

click 事件作为一个函数定义在 js 文件中，可以更改 isPressed 的状态，从而更新显示的 image 组件。如果 isPressed 为真，则点赞数加 1。该函数在 hml 文件中对应的 div 组件上生效，点赞按钮各子组件的样式设置在 css 文件中。

修改 index.html 文件，具体的实现示例如下：

```
<!-- 点赞按钮 -->
<div>
  <div class="like" onclick="likeClick">
    <image class="like-img" src="{{likeImage}}" focusable="true"></image>
    <text class="like-num" focusable="true">{{total}}</text>
  </div>
</div>
```

修改 index.css 文件，具体的实现示例如下：

```
.like {
  width: 104px;
  height: 54px;
  border: 2px solid #bcbcbc;
  justify-content: space-between;
  align-items: center;
  margin-left: 72px;
  border-radius: 8px;
}
.like-img {
  width: 33px;
  height: 33px;
  margin-left: 14px;
}
.like-num {
  color: #bcbcbc;
  font-size: 20px;
  margin-right: 17px;
}
```

修改 index.js 文件，具体的实现示例如下：

```
export default {
  data: {
    likeImage:'/common/unLike.png',
    isPressed: false,
    total: 20,
  },
  likeClick() {
    var temp;
    if (!this.isPressed) {
      temp = this.total + 1;
      this.likeImage ='/common/like.png';
    } else {
      temp = this.total - 1;
      this.likeImage ='/common/unLike.png';
    }
    this.total = temp;
    this.isPressed = !this.isPressed;
  }
}
```

上面代码中引用的图片资源建议放在 js → default → common 目录下（图 10-10），common 目录需自行创建。

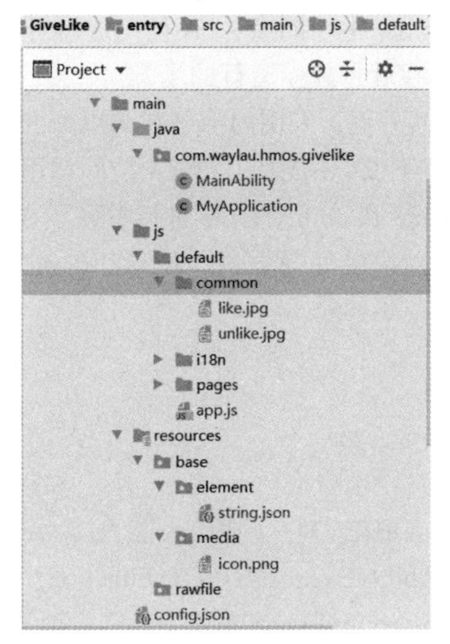

图10-10　图片资源目录

10.4.3　运行应用

图 10-11 展示的是点赞按钮未单击时的状态，图 10-12 展示的是点赞按钮单击后的状态。

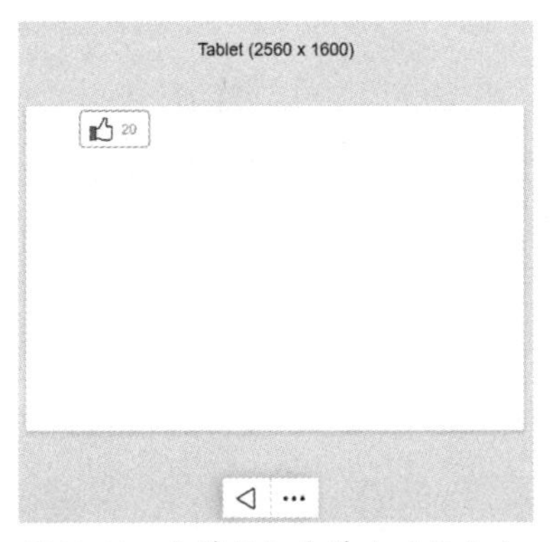

图10-11　点赞按钮未单击时的状态

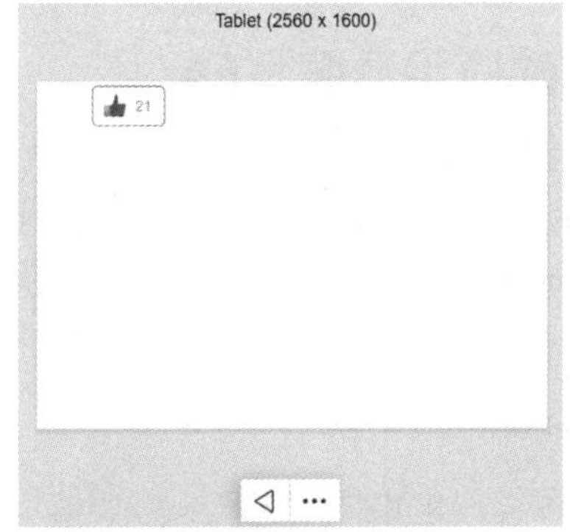

图10-12　点赞按钮单击后的状态

10.5　实战：JS FA调用PA

JS UI 框架提供了 JS FA 调用 Java PA 的机制，该机制提供了一种通道来传递方法调用、数据返回及订阅事件上报。

JS UI 框架当前提供 Ability 和 Internal Ability 两种调用方式，开发者可以根据业务场景选择合适的调用方式进行开发。

（1）Ability：拥有独立的 Ability 生命周期，FA 使用远端进程通信拉起并请求 PA 服务，适用于基本服务供多 FA 调用或者服务在后台独立运行的场景。

（2）Internal Ability：与 FA 共进程，采用内部函数调用的方式和 FA 进行通信，适用于对服务响应时延要求较高的场景。该方式下 PA 不支持其他 FA 访问调用。

JS 端与 Java 端通过 bundleName 和 abilityName 进行关联。在系统收到 JS 调用请求后，根据开发者在 JS 接口中设置的参数选择对应的处理方式。开发者在 onRemoteRequest() 中实现 PA 提供的业务逻辑。

10.5.1 FA调用PA接口

FA 端提供以下三个 JS 接口。

（1）FeatureAbility.callAbility(OBJECT)：调用 PA 能力。

（2）FeatureAbility.subscribeAbilityEvent(OBJECT, Function)：订阅 PA 能力。

（3）FeatureAbility.unsubscribeAbilityEvent(OBJECT)：取消订阅 PA 能力。

PA 端提供以下两个 JS 接口。

（1）IRemoteObject.onRemoteRequest(int, MessageParcel, MessageParcel, MessageOption)：Ability 调用方式，FA 使用远端进程通信拉起并请求 PA 服务。

（2）AceInternalAbility.AceInternalAbilityHandler.onRemoteRequest(int, MessageParcel, MessageParcel, MessageOption)：Internal Ability 调用方式，采用内部函数调用方式和 FA 进行通信。

10.5.2 创建应用及编写FA

创建一个名为 JsFaCallPa 的 Tablet 设备类型，作为演示示例。该应用会由 JS FA 发起运算请求，将请求提交给 PA 进行计算，而后 PA 将计算结果返回给 JS FA。

同时，对 index.js 文件进行修改，具体的实现示例如下：

```
const globalRef = Object.getPrototypeOf(global) || global
globalRef.regeneratorRuntime = require('@babel/runtime/regenerator')

const ABILITY_TYPE_EXTERNAL = 0;
const ACTION_SYNC = 0;
const ACTION_ASYNC = 1;
const ACTION_MESSAGE_CODE_PLUS = 1001;

export const playAbility = {
    sum: async function(that){
        var actionData = {};
        actionData.firstNum = 1024;
        actionData.secondNum = 2048;

        var action = {};
        action.bundleName ='com.waylau.hmos.jsfacallpa';
        action.abilityName ='com.waylau.hmos.jsfacallpa.PlayAbility';
        action.messageCode = ACTION_MESSAGE_CODE_PLUS;
        action.data = actionData;
        action.abilityType = ABILITY_TYPE_EXTERNAL;
        action.syncOption = ACTION_SYNC;
```

```
        var result = await FeatureAbility.callAbility(action);
        var ret = JSON.parse(result);
        if (ret.code == 0) {
            console.info('result is:'+ JSON.stringify(ret.abilityResult));
            that.title ='result is:'+ JSON.stringify(ret.abilityResult);
        } else {
            console.error('plus error code:'+ JSON.stringify(ret.code));
        }
    }
}

export default {
    data: {
        title:""
    },
    onInit() {
        this.title ="1024+2048=";
    },
    play(){
        this.title ="doing...";
        playAbility.sum(this);
    }
}
```

上述代码定义了 play() 方法，该方法最终会调用 PA。

对 index.html 文件进行修改，具体的实现示例如下：

```
<div class="container">
    <div>
        <text class="title">
            {{title}}
        </text>
    </div>
    <div>
        <text class="title" onclick="play">
            Play
        </text>
    </div>
</div>
```

上述代码定义了 Play 的单击事件，该事件会调用 play() 方法，最终将返回结果显示在界面上。

10.5.3 编写PA

创建一个 Service Ability，代码如下：

```
package com.waylau.hmos.jsfacallpa;

import ohos.aafwk.ability.Ability;
import ohos.aafwk.content.Intent;
import ohos.app.Context;
import ohos.hiviewdfx.HiLog;
import ohos.hiviewdfx.HiLogLabel;
import ohos.rpc.*;
import ohos.utils.zson.ZSONObject;
```

```
import java.util.HashMap;
import java.util.Map;

public class PlayAbility extends Ability {
    private static final String TAG = PlayAbility.class.getSimpleName();
    private static final HiLogLabel LABEL_LOG =
            new HiLogLabel(HiLog.LOG_App, 0x00001, TAG);

    private static final int ERROR = -1;
    private static final int SUCCESS = 0;
    private static final int PLUS = 1001;
    private PlayRemote remote;

    @Override
    public void onStart(Intent intent) {
        HiLog.error(LABEL_LOG,"PlayAbility::onStart");
        super.onStart(intent);
    }

    @Override
    public void onBackground() {
        super.onBackground();
        HiLog.info(LABEL_LOG,"PlayAbility::onBackground");
    }

    @Override
    public void onStop() {
        super.onStop();
        HiLog.info(LABEL_LOG,"PlayAbility::onStop");
    }

    @Override
    public void onCommand(Intent intent, boolean restart, int startId) {
    }

    @Override
    public IRemoteObject onConnect(Intent intent) {
        super.onConnect(intent);
        Context c = getContext();
        remote = new PlayRemote();
        return remote.asObject();
    }

    @Override
    public void onDisconnect(Intent intent) {
    }

    class PlayRemote extends RemoteObject implements IRemoteBroker {

        public PlayRemote() {
            super("PlayRemote 666");
        }

        @Override
        public boolean onRemoteRequest(int code, MessageParcel data,
            MessageParcel reply, MessageOption option) throws RemoteException {
            switch (code) {
                case PLUS: {
```

```
                    String zsonStr = data.readString();
                    RequestParam param = ZSONObject.stringToClass(zsonStr,
                     RequestParam.class);

                    // 返回结果仅支持可序列化的 Object 类型
                    Map<String, Object> zsonResult = new HashMap<String, Object>();
                    zsonResult.put("code", SUCCESS);
                    zsonResult.put("abilityResult", param.getFirstNum()+
                     param.getSecondNum());
                    reply.writeString(ZSONObject.toZSONString(zsonResult));
                    break;
                }
                default: {
                    reply.writeString("service not defined");
                    return false;
                }
            }
            return true;
        }

        @Override
        public IRemoteObject asObject() {
            return this;
        }
    }
}
```

上述代码实现了将调用方请求的参数进行和计算，而后将结果返回给调用方。

其中，RequestParam 代码如下：

```
public class RequestParam {
    private int firstNum;
    private int secondNum;

    public int getFirstNum() {
        return firstNum;
    }

    public void setFirstNum(int firstNum) {
        this.firstNum = firstNum;
    }

    public int getSecondNum() {
        return secondNum;
    }

    public void setSecondNum(int secondNum) {
        this.secondNum = secondNum;
    }
}
```

10.5.4　运行应用

图 10-13 展示的是单击 Play 前的界面状态；图 10-14 展示的是单击 Play 后的界面状态，可以看到界面显示出 PA 计算的结果。

图10-13　单击Play前的界面状态

图10-14　单击Play后的界面状态

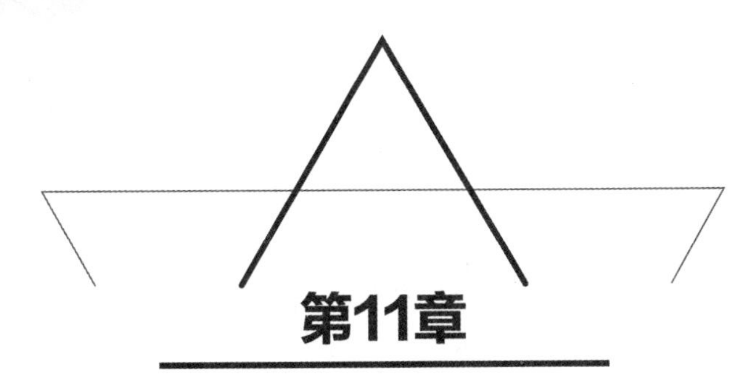

第11章 多模输入UI开发

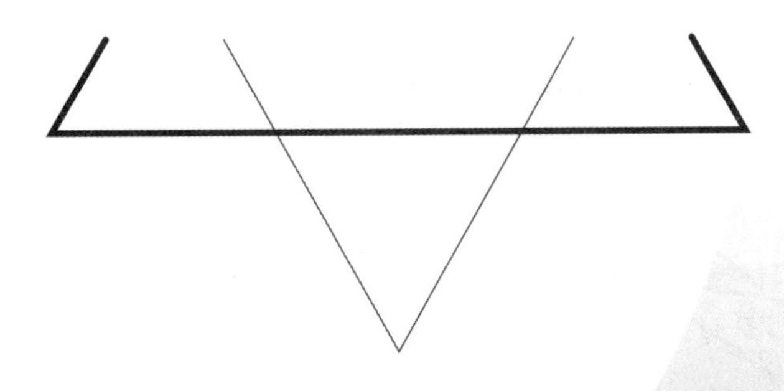

HarmonyOS旨在为开发者提供NUI（Natural User Interface，自然用户界面）交互方式，有别于传统操作系统的输入划分方式。在HarmonyOS上，将多种维度的输入整合在一起，开发者可以借助应用程序框架、系统自带的UI控件或API接口轻松地实现具有多维、自然交互特点的应用程序。

11.1 多模输入概述

HarmonyOS 的多模输入不仅支持传统的输入交互方式，如按键、触控、键盘、鼠标等，同时提供多模输入融合框架，可以支持语音等新型的输入交互方式。多模输入事件在不同形态产品支持的情况如表 11-1 所示。

表11-1　多模输入事件在不同形态产品支持的情况

多模输入事件	手机	平板	智慧屏	车机	智能穿戴
按键输入事件	支持	支持	支持	支持	支持
触屏输入事件	支持	支持	支持	支持	支持
鼠标事件	只支持鼠标左键事件	只支持鼠标左键事件	只支持鼠标左键事件	不支持	不支持

多模输入使 HarmonyOS 的 UI 控件能够响应多种输入事件，事件来源于用户的按键、单击、触屏、语音等。需要注意的是，使用多模输入相关功能需要获取多模输入权限 ohos.permission.MULTIMODAL_INTERACTIVE。

11.2 接口说明

多模输入的接口设计基于多模事件基类（MultimodalEvent），派生出操作事件类（ManipulationEvent）、按键事件类（KeyEvent）、语音事件（SpeechEvent）等，另外提供创建事件类和获取输入设备信息类，如图 11-1 所示。

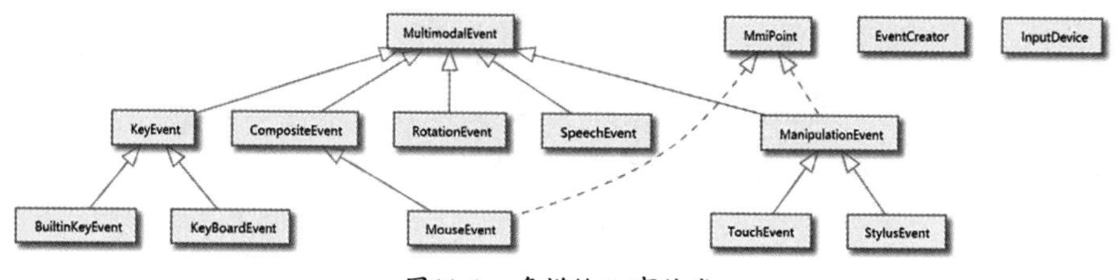

图11-1　多模输入事件类

1. MultimodalEvent

MultimodalEvent 是所有事件的基类，该类中定义了一系列高级事件类型，这些事件类型通常是对某种行为或意图的抽象。

MultimodalEvent 的主要接口如下。

（1）getDeviceId()：获取输入设备所在的承载设备 ID，如当同时有两个鼠标连接到一个机器上时，该机器为这两个鼠标的承载设备。

（2）getInputDeviceId()：获取产生当前事件的输入设备 ID，该 ID 是该输入设备的唯一标识。如两个鼠标同时输入，它们会分别产生输入事件，且从事件中获取到的 deviceid 不同，开发者可以将此 ID 用来区分实际的输入设备源。

（3）getSourceDevice()：获取产生当前事件的输入设备类型。

（4）getOccurredTime()：获取产生当前事件的时间。

（5）getUuid()：获取事件的 UUID。

（6）isSameEvent(UUID id)：判断当前事件与传入 ID 的事件是否为同一事件。

2. CompositeEvent

CompositeEvent 处理常用设备对应的事件，目前暂时只有 MouseEvent 事件继承该类。

3. RotationEvent

RotationEvent 处理由旋转器件产生的事件，如智能穿戴上的数字表冠。

RotationEvent 的主要接口有 getRotationValue()，用于获取旋转器件旋转产生的值。

4. SpeechEvent

SpeechEvent 处理语音事件，开发者可以通过该类获取语音识别结果。

SpeechEvent 的主要接口如下。

（1）createEvent(long occurTime, int action, String value)：SpeechEvent 创建函数。

（2）getAction()：获取当前动作的类型，如打开、关闭、命中热词。

（3）getScene()：获取当前动作时的场景。

（4）getActionProperty()：获取动作携带的属性值。

（5）getMatchMode()：获取识别结果的匹配模式。

5. ManipulationEvent

ManipulationEvent 操作类事件主要包括手指触摸事件等，是对这些事件的一个抽象。该事件会持有事件发生的位置信息和发生的阶段等信息。通常情况下，该事件主要是作为操作回调接口的入参，开发者通过回调接口捕获及处理事件。回调接口将操作分为开始、操作过程中和结束。例如，对于一次手指触控，手指接触屏幕作为操作开始，手指在屏幕上移动作为操作过程，手指抬起作为操作结束。

ManipulationEvent 的主要接口如下。

（1）getPointerCount()：获取一次事件中触控或轨迹追踪的指针数量。

（2）getPointerId(int index)：获取一次事件中指针的唯一标识 ID。

（3）setScreenOffset(float offsetX, float offsetY)：设置相对屏幕坐标原点的偏移位置信息。

（4）getPointerPosition(int index)：获取一次事件中触控或轨迹追踪的某个指针相对于偏移位置的坐标信息。

（5）getPointerScreenPosition(int index)：获取一次事件中触控或轨迹追踪的某个指针相对屏幕坐标原点的坐标信息。

（6）getRadius(int index)：返回给定 index 手指与屏幕接触的半径值。

（7）getForce(int index)：获取给定 index 手指触控的压力值。

（8）getStartTime()：获取操作开始阶段时间。

（9）getPhase()：事件所属阶段。

6. KeyEvent

KeyEvent 对所有按键类事件进行定义，该类继承 MultimodalEvent 类，并对按键类事件进行了专属的 Keycode 定义及方法封装。

KeyEvent 的主要接口如下。

（1）getKeyCode()：获取当前按键类事件的 keycode 值。

（2）getMaxKeyCode()：获取当前定义的按键类事件的最大 keycode 值。

（3）getKeyDownDuration()：获取当前按键截止该接口被调用时被按下的时长。

（4）isKeyDown()：获取当前按键事件的按下状态。

7. TouchEvent

TouchEvent 处理手指触控相关事件。

TouchEvent 的主要接口如下。

（1）getAction()：获取当前触摸行为。

（2）getIndex()：获取发生行为的对应指针。

8. KeyBoardEvent

KeyBoardEvent 处理键盘类设备的事件。

KeyBoardEvent 的主要接口如下。

（1）enableIme()：启动输入法编辑器。

（2）disableIme()：关闭输入法编辑器。

（3）isHandledByIme()：判断输入法编辑器是否正在使用。

（4）isNoncharacterKeyPressed(int keycode)：判定输入的单个 NoncharacterKey 是否处于按下状态。

（5）isNoncharacterKeyPressed(int keycode1, int keycode2)：判定输入的两个 NoncharacterKey 是否都处于按下状态。

（6）isNoncharacterKeyPressed(int keycode1, int keycode2, int keycode3)：判定输入的 3 个 NoncharacterKey 是否都处于按下状态。

（7）getUnicode()：获取按键对应的 Unicode 码。

9. MouseEvent

MouseEvent 处理鼠标的事件。

MouseEvent 的主要接口如下。

（1）getAction()：获取鼠标设备产生事件的行为。

（2）getActionButton()：获取状态发生变化的鼠标按键。

（3）getPressedButtons()：获取所有按下状态的鼠标按键。

（4）getCursor()：获取鼠标指针的位置。

（5）getCursorDelta(int axis)：获取鼠标指针位置相对上次的变化值。

（6）setCursorOffset(float offsetX, float offsetY)：设置相对屏幕的偏移位置信息。

（7）getScrollingDelta(int axis)：获取滚轮的滚动值。

10. MmiPoint

MmiPoint 处理在指定给定的坐标系中的 x、y 和 z 坐标。

MmiPoint 的主要接口如下。

（1）MmiPoint(float px, float py)：创建一个只包含 x 和 y 坐标的 MmiPoint 对象。

（2）MmiPoint(float px, float py, float pz)：创建一个包含 x、y 和 z 坐标的 MmiPoint 对象。

（3）getX()：获取 x 坐标值。

（4）getY()：获取 y 坐标值。

（5）getZ()：获取 z 坐标值。

（6）toString()：返回包含 x、y、z 坐标值信息的字符串。

11. EventCreator

EventCreator 提供创建事件的方法，当前仅提供创建 KeyEvent 事件的能力。

EventCreator 的主要接口为 createKeyEvent(int action, int keyCode)，其根据指定的 action 和 keyCode 创建 KeyEvent。

12. InputDevice

InputDevice 提供获取承载设备上输入设备信息的方法，当前支持获取所有输入设备的 ID。

getAllInputDeviceID()：获取承载设备上所有输入设备的 ID，例如获取键盘、鼠标和遥控器的 ID。

11.3 实战：多模输入事件

本节演示多模输入事件 MultimodalEvent 的使用方法。

创建一个名为 MultimodalEvent 的 Tablet 设备类型的应用，作为演示示例。

11.3.1 修改MainAbilitySlice

修改 MainAbilitySlice，代码如下：

```
package com.waylau.hmos.multimodalevent.slice;

import com.waylau.hmos.multimodalevent.ResourceTable;
import ohos.aafwk.ability.AbilitySlice;
import ohos.aafwk.content.Intent;
import ohos.agp.components.Component;
import ohos.agp.components.Text;
import ohos.hiviewdfx.HiLog;
import ohos.hiviewdfx.HiLogLabel;
import ohos.multimodalinput.event.KeyEvent;

public class MainAbilitySlice extends AbilitySlice {
    private static final String TAG = MainAbilitySlice.class.getSimpleName();
    private static final HiLogLabel LABEL_LOG =
            new HiLogLabel(HiLog.LOG_App, 0x00001, TAG);

    @Override
```

```
public void onStart(Intent intent) {
    super.onStart(intent);
    super.setUIContent(ResourceTable.Layout_ability_main);

    Text text =
            (Text) findComponentById(ResourceTable.Id_text_helloworld);

    // 为按钮设置键盘事件回调
    text.setKeyEventListener(onKeyEvent);
}

private Component.KeyEventListener onKeyEvent = new Component.KeyEventListener()
{
    @Override
    public boolean onKeyEvent(Component component, KeyEvent keyEvent) {
        if (keyEvent.isKeyDown()) {
            // 检测到按键被按下，开发者根据自身需求进行实现
            HiLog.info(LABEL_LOG,"isKeyDown");
        }
        int keycode = keyEvent.getKeyCode();

        HiLog.info(LABEL_LOG,"keycode: %{public}s", keycode);

        switch (keycode) {
            case KeyEvent.KEY_DPAD_CENTER:
                // 检测到 KEY_DPAD_CENTER 被按下，开发者根据自身需求进行实现
                HiLog.info(LABEL_LOG,"KeyEvent.KEY_DPAD_CENTER");
                break;
            case KeyEvent.KEY_DPAD_LEFT:
                // 检测到 KEY_DPAD_LEFT 被按下，开发者根据自身需求进行实现
                HiLog.info(LABEL_LOG,"KeyEvent.KEY_DPAD_LEFT");
                break;
            case KeyEvent.KEY_DPAD_UP:
                // 检测到 KEY_DPAD_UP 被按下，开发者根据自身需求进行实现
                HiLog.info(LABEL_LOG,"KeyEvent.KEY_DPAD_UP");
                break;
            case KeyEvent.KEY_DPAD_RIGHT:
                // 检测到 KEY_DPAD_RIGHT 被按下，开发者根据自身需求进行实现
                HiLog.info(LABEL_LOG,"KeyEvent.KEY_DPAD_RIGHT");
                break;
            case KeyEvent.KEY_DPAD_DOWN:
                // 检测到 KEY_DPAD_DOWN 被按下，开发者根据自身需求进行实现
                HiLog.info(LABEL_LOG,"KeyEvent.KEY_DPAD_DOWN");
                break;
            default:
                HiLog.info(LABEL_LOG,"KeyEvent default");
                break;
        }

        return true;
    }
};

@Override
public void onActive() {
    super.onActive();
}

@Override
```

```
    public void onForeground(Intent intent) {
        super.onForeground(intent);
    }
}
```

上述代码定义了 Component.KeyEventListener 事件监听器，并通过 text.setKeyEventListener(onKeyEvent) 方式将事件监听器注册到 text 上。

11.3.2　获取多模输入权限

修改配置文件，声明多模输入权限，代码如下：

```
// 声明权限
"reqPermissions": [
      {
       "name":"ohos.permission.MULTIMODAL_INTERACTIVE"
      }
    ]
```

第12章 线程管理

具有多线程能力的计算机因有硬件支持，能够在同一时间执行多个线程，实现多个任务并发执行，进而提升整体处理性能。

本章介绍 HarmonyOS 关于线程的管理。

12.1 线程管理概述

不同应用在各自独立的进程中运行。当应用以任何形式启动时，系统为其创建进程，该进程将持续运行；当进程完成当前任务处于等待状态，且系统资源不足时，系统自动回收。

在启动应用时，系统会为该应用创建一个称为主线程的执行线程。该线程随着应用创建或消失，是应用的核心线程。UI 界面的显示和更新等操作都在主线程上进行。主线程又称 UI 线程，默认情况下，所有操作都在主线程上执行。如果需要执行比较耗时的任务（如下载文件、查询数据库），则可创建其他线程来处理。

12.2 场景介绍

如果应用的业务逻辑比较复杂，可能需要创建多个线程来执行多个任务。Java 语言本身是支持创建多线程的。

12.2.1 传统Java多线程管理

本小节介绍一个多线程示例。主线程创建 Runnable 对象的 MessageLoop（也就是第二个线程），并等待它完成。第一个线程是每个 Java 应用程序都有的主线程，主线程创建 Runnable 对象的 MessageLoop，并等待它完成。如果 MessageLoop 需要很长时间才能完成，主线程就中断它。

该 MessageLoop 线程输出一系列消息。如果中断之前就已经输出了所有消息，则 MessageLoop 线程输出一条消息并退出。示例代码如下：

```
class SimpleThreads {

      // 显示当前执行线程的名称、信息
    static void threadMessage(String message) {
        String threadName =
            Thread.currentThread().getName();
        System.out.format("%s: %s%n",
                          threadName,
                          message);
    }

    private static class MessageLoop
        implements Runnable {
        public void run() {
            String importantInfo[] = {
               "Mares eat oats",
               "Does eat oats",
               "Little lambs eat ivy",
               "A kid will eat ivy too"
            };
            try {
                for (int i = 0; i < importantInfo.length; i++) {
```

```
                    // 暂停 4s
                    Thread.sleep(4000);

                    // 输出消息
                    threadMessage(importantInfo[i]);
                }
            } catch (InterruptedException e) {
                threadMessage("I wasn't done!");
            }
        }
    }

    public static void main(String args[])
        throws InterruptedException {

        // 在中断 MessageLoop 线程 （默认为 1h） 前先延迟一段时间 （单位是 ms）
        long patience = 1000 * 60 * 60;

        // 如果命令行参数出现
        // 设置 patience 的时间值
        // 单位是 s
        if (args.length > 0) {
            try {
                patience = Long.parseLong(args[0]) * 1000;
            } catch (NumberFormatException e) {
                System.err.println("Argument must be an integer.");
                System.exit(1);
            }
        }

        threadMessage("Starting MessageLoop thread");
        long startTime = System.currentTimeMillis();
        Thread t = new Thread(new MessageLoop());
        t.start();

        threadMessage("Waiting for MessageLoop thread to finish");

        // 循环直到 MessageLoop 线程退出
        while (t.isAlive()) {
            threadMessage("Still waiting...");

            // 最长等待 1s
            // 交给 MessageLoop 线程完成
            t.join(1000);
            if (((System.currentTimeMillis() - startTime) > patience)
                  && t.isAlive()) {
                threadMessage("Tired of waiting!");
                t.interrupt();

                // 等待
                t.join();
            }
        }
        threadMessage("Finally!");
    }
}
```

如果线程数量再增多，则需要引入 Executor 框架。Executor 框架最核心的类是 ThreadPoolExecutor，它是线程池的实现类。通过线程池，可以使线程得到复用，避免了创建过多的线程对象。

有关 Java 线程池的示例不再赘述，有兴趣的读者可以自行参阅相关资料。

12.2.2 HarmonyOS多线程管理

通过 Java 语言自行实现线程管理比较复杂，且代码复杂难以维护，任务与线程的交互也会更加繁杂。为解决此问题，HarmonyOS 提供了 TaskDispatcher（任务分发器），开发者通过 TaskDispatcher 可以分发不同的任务。

接下来将详细介绍 TaskDispatcher 接口。

12.3 接口说明

TaskDispatcher 是 Ability 分发任务的基本接口，隐藏任务所在线程的实现细节。

为保证应用有更好的响应性，需要设计任务的优先级。在 UI 线程上运行的任务默认以高优先级运行，如果某个任务无须等待结果，则可以用低优先级。

HarmonyOS 线程优先级分类如下。

- HIGH：最高任务优先级，比默认优先级、低优先级的任务有更高的概率得到执行。
- DEFAULT：默认任务优先级， 比低优先级的任务有更高的概率得到执行。
- LOW：低任务优先级，比高优先级、默认优先级的任务有更低的概率得到执行。

TaskDispatcher 具有多种实现，每种实现对应不同的任务分发器。在分发任务时可以指定任务的优先级，由同一个任务分发器分发出的任务具有相同的优先级。系统提供的任务分发器有 GlobalTaskDispatcher、ParallelTaskDispatcher、SerialTaskDispatcher 和 SpecTaskDispatcher。

12.3.1 GlobalTaskDispatcher

GlobalTaskDispatcher 为全局并发任务分发器，由 Ability 执行 getGlobalTaskDispatcher() 获取，适用于任务之间没有联系的情况。一个应用只有一个 GlobalTaskDispatcher，它在程序结束时才被销毁。

代码示例如下：

```
TaskDispatcher globalTaskDispatcher = getGlobalTaskDispatcher(TaskPriority.
DEFAULT);
```

12.3.2 ParallelTaskDispatcher

ParallelTaskDispatcher 为并发任务分发器，由 Ability 执行 createParallelTaskDispatcher() 创建并返回。与 GlobalTaskDispatcher 不同的是，ParallelTaskDispatcher 不具有全局唯一性，可以创建多个。开发者在创建或销毁分发器时，需要持有对应的对象引用。

代码示例如下：

```
String dispatcherName ="parallelTaskDispatcher";
TaskDispatcher parallelTaskDispatcher =
    createParallelTaskDispatcher(dispatcherName, TaskPriority.DEFAULT);
```

12.3.3 SerialTaskDispatcher

SerialTaskDispatcher 为串行任务分发器，由 Ability 执行 createSerialTaskDispatcher() 创建并返回。由该分发器分发的所有任务都按顺序执行，但是执行这些任务的线程并不是固定的。如果要执行并行任务，应使用 ParallelTaskDispatcher 或者 GlobalTaskDispatcher，而不是创建多个 SerialTaskDispatcher。如果任务之间没有依赖，应使用 GlobalTaskDispatcher 来实现。它的创建和销毁由开发者自己管理，开发者在使用期间需要持有该对象引用。

代码示例如下：

```
String dispatcherName ="serialTaskDispatcher";
TaskDispatcher serialTaskDispatcher =
    createSerialTaskDispatcher(dispatcherName, TaskPriority.DEFAULT);
```

12.3.4 SpecTaskDispatcher

SpecTaskDispatcher 为专有任务分发器，是绑定到专有线程上的任务分发器。目前已有的专有线程是主线程。UITaskDispatcher 和 MainTaskDispatcher 都属于 SpecTaskDispatcher，建议使用 UITaskDispatcher。

1. UITaskDispatcher

UITaskDispatcher 是绑定到应用主线程的专有任务分发器，由 Ability 执行 getUITaskDispatcher() 创建并返回。由该分发器分发的所有任务都在主线程上按顺序执行，它在应用程序结束时被销毁。

代码示例如下：

```
TaskDispatcher uiTaskDispatcher = getUITaskDispatcher();
```

2. MainTaskDispatcher

MainTaskDispatcher 由 Ability 执行 getMainTaskDispatcher() 创建并返回。

代码示例如下：

```
TaskDispatcher mainTaskDispatcher= getMainTaskDispatcher()
```

12.4 实战：线程管理示例

创建一个名为 ParallelTaskDispatcher 的 Car 设备类型的应用，用于演示 ParallelTaskDispatcher 任务分发器派发任务。

12.4.1　修改ability_main.xml

修改 ability_main.xml，代码如下：

```
<?xml version="1.0" encoding="utf-8"?>
<DirectionalLayout
    xmlns:ohos="http://schemas.huawei.com/res/ohos"
    ohos:height="match_parent"
    ohos:width="match_parent"
    ohos:orientation="vertical">

    <Text
        ohos:id="$+id:text_start_parallel_task_dispatcher"
        ohos:height="match_parent"
        ohos:width="match_content"
        ohos:background_element="$graphic:background_ability_main"
        ohos:layout_alignment="horizontal_center"
        ohos:text="Start ParallelTaskDispatcher"
        ohos:text_size="50"
    />

</DirectionalLayout>
```

界面效果如图 12-1 所示。

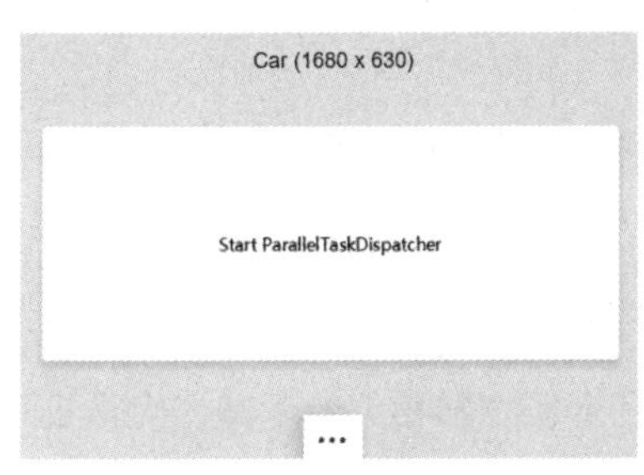

图12-1　界面效果

12.4.2　自定义任务

MyTask 是自定义的一个任务。该任务逻辑比较简单，只是模拟了一个耗时操作，代码如下：

```
package com.waylau.hmos.paralleltaskdispatcher;

import ohos.hiviewdfx.HiLog;
import ohos.hiviewdfx.HiLogLabel;

import java.util.concurrent.TimeUnit;

public class MyTask implements Runnable {
    private static final String TAG = MyTask.class.getSimpleName();
    private static final HiLogLabel LABEL_LOG =
            new HiLogLabel(HiLog.LOG_App, 0x00001, TAG);

    private String taskName;

    public MyTask(String taskName) {
```

```
        this.taskName = taskName;
    }

    @Override
    public void run() {
        HiLog.info(LABEL_LOG,"before %{public}s run", taskName);
        int task1Result = getRandomInt();
        try {
            // 模拟一个耗时操作
            TimeUnit.MILLISECONDS.sleep(task1Result);
        } catch (InterruptedException e) {
            e.printStackTrace();
        }

        HiLog.info(LABEL_LOG,"after %{public}s run, result is: %{public}s",
         taskName, task1Result);
    }

    // 返回随机整数
    private int getRandomInt() {
        // 获取 [0, 1000) 的 int 整数，方法如下
        double a = Math.random();
        int result = (int) (a * 1000);
        return result;
    }

}
```

该耗时操作是通过获取一个随机数，然后根据随机数执行线程 sleep 实现的。

12.4.3 执行任务派发

修改 MainAbilitySlice，增加任务派发器相关的逻辑，代码如下：

```
package com.waylau.hmos.paralleltaskdispatcher.slice;

import com.waylau.hmos.paralleltaskdispatcher.MyTask;
import com.waylau.hmos.paralleltaskdispatcher.ResourceTable;
import ohos.aafwk.ability.AbilitySlice;
import ohos.aafwk.content.Intent;
import ohos.agp.components.Text;
import ohos.app.dispatcher.Group;
import ohos.app.dispatcher.TaskDispatcher;
import ohos.app.dispatcher.task.TaskPriority;
import ohos.hiviewdfx.HiLog;
import ohos.hiviewdfx.HiLogLabel;

public class MainAbilitySlice extends AbilitySlice {
    private static final String TAG = MainAbilitySlice.class.getSimpleName();
    private static final HiLogLabel LABEL_LOG =
            new HiLogLabel(HiLog.LOG_App, 0x00001, TAG);

    @Override
    public void onStart(Intent intent) {
        super.onStart(intent);
        super.setUIContent(ResourceTable.Layout_ability_main);

        // 添加单击事件
```

```
        Text textStartDispatcher =
                (Text) findComponentById(ResourceTable.Id_text_start_paral
                 lel_task_dispatcher);
        textStartDispatcher.setClickedListener(listener -> startDispatcher());
    }

    // 指定任务派发
    private void startDispatcher() {
        String dispatcherName ="MyDispatcher";

        TaskDispatcher dispatcher =
                this.getContext().createParallelTaskDispatcher(dispatcher
                 Name, TaskPriority.DEFAULT);

        // 创建任务组
        Group group = dispatcher.createDispatchGroup();

        // 将任务 1 加入任务组
        dispatcher.asyncGroupDispatch(group, new MyTask("task1"));

        // 将与任务 1 相关联的任务 2 加入任务组
        dispatcher.asyncGroupDispatch(group, new MyTask("task2"));

        // task3 必须要等任务组中的所有任务执行完成后才会执行
        dispatcher.groupDispatchNotify(group, new MyTask("task3"));
    }

    @Override
    public void onActive() {
        super.onActive();
    }

    @Override
    public void onForeground(Intent intent) {
        super.onForeground(intent);
    }
}
```

上述代码中：

（1）Text 增加了单击事件，以触发 startDispatcher 任务。

（2）startDispatcher() 方法中创建了 ParallelTaskDispatcher 任务派发器。

（3）创建了三个 MyTask 任务实例，这些任务都是一个任务组。

（4）task1 和 task2 通过 asyncGroupDispatch() 方式异步派发。

（5）task3 通过 groupDispatchNotify() 方式派发。groupDispatchNotify() 方式需要等任务组中的所有任务执行完成后才会执行指定任务。

12.4.4　运行

运行应用，单击两次界面文本 Start ParallelTaskDispatcher 以触发任务派发。此时，控制台输出内容如下：

```
01-15 11:29:18.180 15991-16685/com.waylau.hmos.paralleltaskdispatcher I
 00001/MyTask: before task1 run
01-15 11:29:18.181 15991-16686/com.waylau.hmos.paralleltaskdispatcher I
```

```
 00001/MyTask: before task2 run
01-15 11:29:18.338 15991-16686/com.waylau.hmos.paralleltaskdispatcher I
 00001/MyTask: after task2 run, result is: 157
01-15 11:29:18.974 15991-16685/com.waylau.hmos.paralleltaskdispatcher I
 00001/MyTask: after task1 run, result is: 793
01-15 11:29:18.976 15991-16744/com.waylau.hmos.paralleltaskdispatcher I
 00001/MyTask: before task3 run
01-15 11:29:19.248 15991-16744/com.waylau.hmos.paralleltaskdispatcher I
 00001/MyTask: after task3 run, result is: 269


01-15 11:29:22.499 15991-16946/com.waylau.hmos.paralleltaskdispatcher I
 00001/MyTask: before task1 run
01-15 11:29:22.500 15991-16947/com.waylau.hmos.paralleltaskdispatcher I
 00001/MyTask: before task2 run
01-15 11:29:22.666 15991-16947/com.waylau.hmos.paralleltaskdispatcher I
 00001/MyTask: after task2 run, result is: 166
01-15 11:29:23.203 15991-16946/com.waylau.hmos.paralleltaskdispatcher I
 00001/MyTask: after task1 run, result is: 704
01-15 11:29:23.204 15991-16995/com.waylau.hmos.paralleltaskdispatcher I
 00001/MyTask: before task3 run
01-15 11:29:23.750 15991-16995/com.waylau.hmos.paralleltaskdispatcher I
 00001/MyTask: after task3 run, result is: 545
```

分别执行两次，可以看到 task1 和 taks2 先后顺序是随机的，但 task3 一定是在 task1 和 taks2 完成之后才会执行。

12.5 线程间通信概述

读者如果开发过 Netty 或者 Node.js 应用，那么对于事件循环器就不会陌生，事件循环器是高并发非阻塞的“秘笈”。在 HarmonyOS 中，事件循环器的实现方式就是 EventHandler 机制。在当前线程中处理较为耗时的操作时，如果不希望当前的线程受到阻塞，就可以使用 EventHandler 机制。EventHandler 是 HarmonyOS 用于处理线程间通信的一种机制，可以通过 EventRunner 创建新线程，将耗时的操作放到新线程上执行，这样既不阻塞原来的线程，任务又可以得到合理的处理。例如，主线程使用 EventHandler 创建子线程，子线程进行耗时的下载图片操作，下载完成后，子线程通过 EventHandler 通知主线程，主线程再更新 UI。

Netty 或者 Node.js 方面的内容，读者可以参见本书“参考文献”部分。

12.5.1 基本概念

EventRunner 是一种事件循环器，循环处理从该 EventRunner 创建的新线程的事件队列中获取的 InnerEvent 事件或者 Runnable 任务。InnerEvent 是 EventHandler 投递的事件。

EventHandler 是一种用户在当前线程上投递 InnerEvent 事件或者 Runnable 任务到异步线程上处理的机制。每一个 EventHandler 和指定的 EventRunner 所创建的新线程绑定，并且该新线程内部有一个事件队列，EventHandler 可以投递指定的 InnerEvent 事件或 Runnable 任务到这个事件队列。

EventRunner 从事件队列里循环地取出事件，如果取出的事件是 InnerEvent 事件，将在 EventRunner 所在线程执行 processEvent 回调；如果取出的事件是 Runnable 任务，将在 EventRunner 所在线程执行 Runnable 的 run 回调。一般，EventHandler 有以下两个主要作用。

（1）在不同线程间分发和处理 InnerEvent 事件或 Runnable 任务。

（2）延迟处理 InnerEvent 事件或 Runnable 任务。

12.5.2　运作机制

EventHandler 的运作机制如图 12-2 所示。

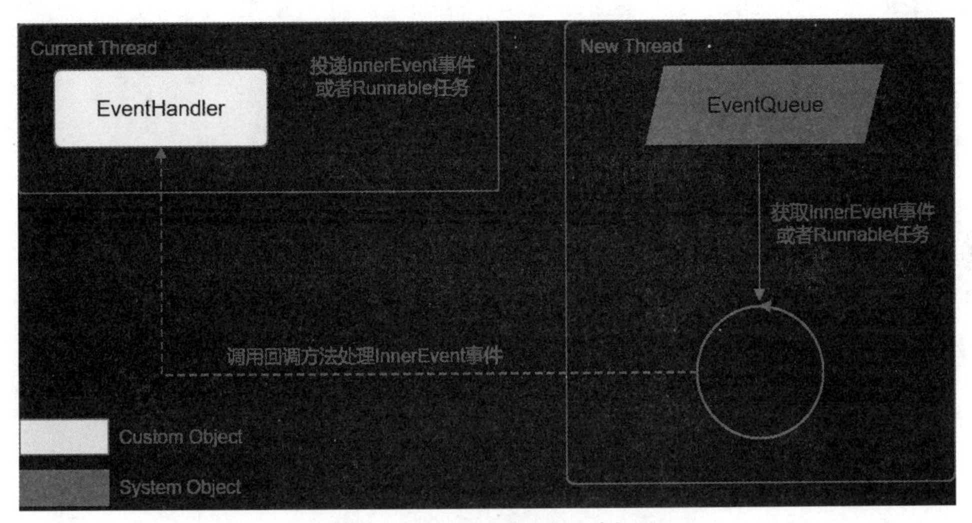

图12-2　EventHandler的运作机制

使用 EventHandler 实现线程间通信的主要流程如下。

（1）EventHandler 投递具体的 InnerEvent 事件或者 Runnable 任务到 EventRunner 创建的线程的事件队列。

（2）EventRunner 循环从事件队列中获取 InnerEvent 事件或者 Runnable 任务。

①如果 EventRunner 取出的事件为 InnerEvent 事件，则触发 EventHandler 的回调方法并触发 EventHandler 的处理方法，在新线程上处理该事件。

②如果 EventRunner 取出的事件为 Runnable 任务，则 EventRunner 直接在新线程上处理 Runnable 任务。

12.5.3　约束限制

在进行线程间通信时，EventHandler 只能和 EventRunner 所创建的线程进行绑定，EventRunner 创建时需要判断是否创建成功，只有确保获取的 EventRunner 实例非空时，才可以使用 EventHandler 绑定 EventRunner。

一个 EventHandler 只能同时与一个 EventRunner 绑定，一个 EventRunner 上可以创建多个 EventHandler。

12.6 实战：线程间通信示例

创建一个名为 EventHandler 的 Car 设备类型的应用，用于演示 EventHandler 处理线程间通信。

12.6.1 修改ability_main.xml

修改 ability_main.xml，代码如下：

```
<?xml version="1.0" encoding="utf-8"?>
 <DirectionalLayout
     xmlns:ohos="http://schemas.huawei.com/res/ohos"
     ohos:height="match_parent"
     ohos:width="match_parent"
     ohos:orientation="vertical">

     <Text
         ohos:id="$+id:text_send_event"
         ohos:height="match_parent"
         ohos:width="match_content"
         ohos:background_element="$graphic:background_ability_main"
         ohos:layout_alignment="horizontal_center"
         ohos:text="Send Event"
         ohos:text_size="50"
     />

 </DirectionalLayout>
```

界面效果如图 12-3 所示。

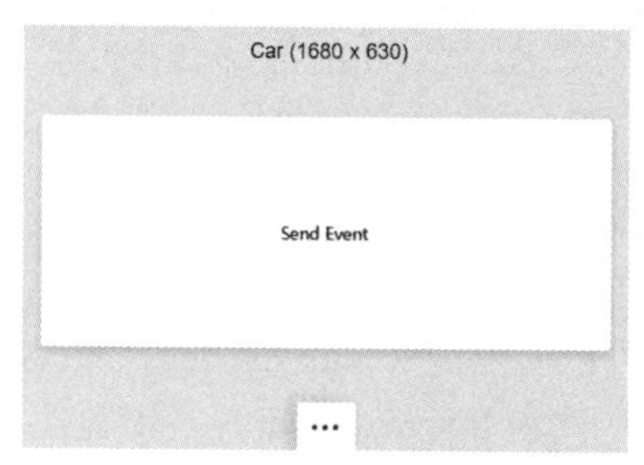

图12-3　界面效果

12.6.2 自定义事件处理器

MyEventHandler 是自定义的一个事件处理器。该事件处理器逻辑比较简单，只是模拟了一个耗时操作，代码如下：

```
package com.waylau.hmos.eventhandler;

import ohos.eventhandler.EventHandler;
import ohos.eventhandler.EventRunner;
import ohos.eventhandler.InnerEvent;
import ohos.hiviewdfx.HiLog;
import ohos.hiviewdfx.HiLogLabel;
```

```
import java.util.concurrent.TimeUnit;

public class MyEventHandler extends EventHandler {
    private static final String TAG = MyEventHandler.class.getSimpleName();
    private static final HiLogLabel LABEL_LOG =
            new HiLogLabel(HiLog.LOG_App, 0x00001, TAG);

    public MyEventHandler(EventRunner runner) throws IllegalArgumentException {
        super(runner);
    }

    @Override
    public void processEvent(InnerEvent event) {
        super.processEvent(event);
        if (event == null) {
            HiLog.info(LABEL_LOG,"before processEvent event is null");
            return;
        }
        int eventId = event.eventId;
        HiLog.info(LABEL_LOG,"before processEvent eventId: %{public}s", eventId);

        int task1Result = getRandomInt();
        try {
            // 模拟一个耗时操作
            TimeUnit.MILLISECONDS.sleep(task1Result);
        } catch (InterruptedException e) {
            e.printStackTrace();
        }

        HiLog.info(LABEL_LOG,"after processEvent eventId %{public}s", eventId);
    }

    // 返回随机整数
    private int getRandomInt() {
        // 获取 [0, 1000) 的 int 整数，方法如下：
        double a = Math.random();
        int result = (int) (a * 1000);
        return result;
    }
}
```

该耗时操作是通过获取一个随机数，然后根据随机数执行线程 sleep 实现的。

12.6.3　执行事件发送

修改 MainAbilitySlice，增加事件发送相关的逻辑，代码如下：

```
package com.waylau.hmos.eventhandler.slice;

import com.waylau.hmos.eventhandler.MyEventHandler;
import com.waylau.hmos.eventhandler.ResourceTable;
import ohos.aafwk.ability.AbilitySlice;
import ohos.aafwk.content.Intent;
import ohos.agp.components.Text;
import ohos.eventhandler.EventRunner;
import ohos.hiviewdfx.HiLog;
import ohos.hiviewdfx.HiLogLabel;
```

```
public class MainAbilitySlice extends AbilitySlice {
    private static final String TAG = MainAbilitySlice.class.getSimpleName();
    private static final HiLogLabel LABEL_LOG =
            new HiLogLabel(HiLog.LOG_App, 0x00001, TAG);

    // 创建 EventRunner
    private EventRunner eventRunner = EventRunner.create("MyEventRunner");
    // 内部会新建一个线程
    private int eventId = 0; // 事件 ID， 递增的序列

    @Override
    public void onStart(Intent intent) {
        super.onStart(intent);
        super.setUIContent(ResourceTable.Layout_ability_main);

        // 添加单击事件
        Text textSendEvent =
                (Text) findComponentById(ResourceTable.Id_text_send_event);
        textSendEvent.setClickedListener(listener -> sendEvent());
    }

    private void sendEvent() {
        HiLog.info(LABEL_LOG,"before sendEvent");

        // 创建 MyEventHandler 实例
        MyEventHandler handler = new MyEventHandler(eventRunner);

        eventId++;

        // 向 EventRunner 发送事件
        handler.sendEvent(eventId);

        HiLog.info(LABEL_LOG,"end sendEvent eventId: %{public}s", eventId);
    }

    @Override
    public void onActive() {
        super.onActive();
    }

    @Override
    public void onForeground(Intent intent) {
        super.onForeground(intent);
    }
}
```

上述代码中：

（1）Text 增加了单击事件，以触发 sendEvent 任务。

（2）sendEvent() 方法中创建了 EventHandler 事件处理器。

（3）通过 EventHandler 的 sendEvent() 方法发送了一个事件 ID，事件 ID 是自增的序列。

12.6.4 运行

运行应用，单击三次界面文本 Start Event，以触发事件派发。此时，控制台输出内容如下：

```
01-15 14:47:05.056 3943-3943/com.waylau.hmos.eventhandler I 00001/MainAbil
 itySlice: before sendEvent
01-15 14:47:05.057 3943-3943/com.waylau.hmos.eventhandler I 00001/MainAbil
 itySlice: end sendEvent eventId: 1
01-15 14:47:05.058 3943-4024/com.waylau.hmos.eventhandler I 00001/MyEven
 tHandler: before processEvent eventId: 1
01-15 14:47:05.196 3943-4024/com.waylau.hmos.eventhandler I 00001/MyEven
 tHandler: after processEvent eventId 1

01-15 14:47:07.731 3943-3943/com.waylau.hmos.eventhandler I 00001/MainAbil
 itySlice: before sendEvent
01-15 14:47:07.732 3943-4024/com.waylau.hmos.eventhandler I 00001/MyEven
 tHandler: before processEvent eventId: 2
01-15 14:47:07.732 3943-3943/com.waylau.hmos.eventhandler I 00001/MainAbil
 itySlice: end sendEvent eventId: 2
01-15 14:47:08.104 3943-4024/com.waylau.hmos.eventhandler I 00001/MyEven
 tHandler: after processEvent eventId 2

01-15 14:47:09.149 3943-3943/com.waylau.hmos.eventhandler I 00001/MainAbil
 itySlice: before sendEvent
01-15 14:47:09.151 3943-3943/com.waylau.hmos.eventhandler I 00001/MainAbil
 itySlice: end sendEvent eventId: 3
01-15 14:47:09.159 3943-4024/com.waylau.hmos.eventhandler I 00001/MyEven
 tHandler: before processEvent eventId: 3
01-15 14:47:09.300 3943-4024/com.waylau.hmos.eventhandler I 00001/MyEven
 tHandler: after processEvent eventId 3
```

从上述日志可以看出，MainAbilitySlice 先是发送了三次事件，然后 MyEventHandler 处理了这些事件。

第13章 视频

HarmonyOS 视频模块支持视频业务的开发和生态开放，开发者可以通过已开放的接口很容易地实现视频媒体的播放、操作和新功能开发。

13.1 视频概述

通过 HarmonyOS 视频模块，开发者可以通过已开放的接口很容易地实现视频媒体的播放、操作和新功能开发。视频媒体的常见操作有视频编解码、视频合成、视频提取、视频播放及视频录制等。

视频媒体常见的概念如下。

- 编码：信息从一种形式或格式转换为另一种形式或格式的过程，用预先规定的方法将文字、数字或其他对象编成数码，或将信息、数据转换成规定的电脉冲信号。在本章中，编码是指编码器将原始的视频信息压缩为另一种格式的过程。
- 解码：用特定方法，把数码还原成其所代表的内容或将电脉冲信号、光信号、无线电波等转换成其所代表的信息、数据等的过程。在本章中，解码是指解码器将接收到的数据还原为视频信息的过程，与编码过程相对应。
- 帧率：帧率是以帧为单位的位图图像连续出现在显示器上的频率（速率），以赫兹（Hz）为单位。该术语同样适用于胶片、摄像机、计算机图形和动作捕捉系统。

13.2 实战：媒体编解码能力查询

媒体编解码能力查询主要指查询设备支持的编解码器的 MIME（Multipurpose Internet Mail Extensions，多用途互联网邮件扩展类型）列表，并判断设备是否支持指定 MIME 对应的编码器 / 解码器。

13.2.1 接口说明

媒体编解码能力查询类 CodecDescriptionList 的主要接口如下。

- getSupportedMimes()：获取某设备支持的编解码器的 MIME 列表。
- isDecodeSupportedByMime(String mime)：判断某设备是否支持指定 MIME 对应的解码器。
- isEncodeSupportedByMime(String mime)：判断某设备是否支持指定 MIME 对应的编码器。
- isDecoderSupportedByFormat(Format format)：判断某设备是否支持指定媒体格式对应的解码器。
- isEncoderSupportedByFormat(Format format)：判断某设备是否支持指定媒体格式对应的编码器。

13.2.2 创建应用

为了演示媒体编解码能力查询功能，创建一个名为 CodecDescriptionList 的 Car 设备类型的应用。在应用界面上，通过单击按钮触发获取查询媒体编解码能力，并将能力文本信息输出到界面上。

13.2.3 修改ability_main.xml

修改 ability_main.xml，代码如下：

```
<?xml version="1.0" encoding="utf-8"?>
<DirectionalLayout
    xmlns:ohos="http://schemas.huawei.com/res/ohos"
    ohos:height="match_parent"
    ohos:width="match_parent"
    ohos:orientation="vertical">

    <Button
        ohos:id="$+id:button"
        ohos:height="match_content"
        ohos:width="match_content"
        ohos:background_element="#F76543"
        ohos:text="Get"
        ohos:text_size="27fp"
        />

    <Text
        ohos:id="$+id:text"
        ohos:height="match_parent"
        ohos:width="match_content"
        ohos:background_element="$graphic:background_ability_main"
        ohos:layout_alignment="horizontal_center"
        ohos:multiple_lines="true"
        ohos:text="Hello World"
        ohos:text_size="50"
        />

</DirectionalLayout>
```

界面预览效果如图 13-1 所示。

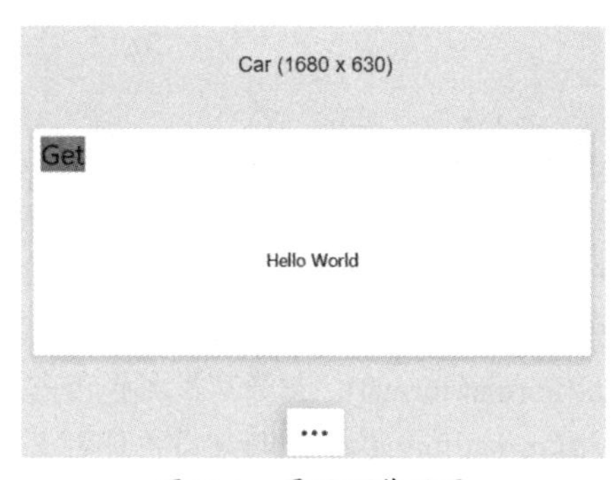

图13-1 界面预览效果

13.2.4 修改MainAbilitySlice

修改 MainAbilitySlice，代码如下：

```
package com.waylau.hmos.codecdescriptionlist.slice;

import com.waylau.hmos.codecdescriptionlist.ResourceTable;
```

```
import ohos.aafwk.ability.AbilitySlice;
import ohos.aafwk.content.Intent;
import ohos.agp.components.Button;
import ohos.agp.components.Text;
import ohos.media.codec.CodecDescriptionList;
import ohos.media.common.Format;

import java.util.List;

public class MainAbilitySlice extends AbilitySlice {
    @Override
    public void onStart(Intent intent) {
        super.onStart(intent);
        super.setUIContent(ResourceTable.Layout_ability_main);

        Button button =
                (Button) findComponentById(ResourceTable.Id_button);

        Text text =
                (Text) findComponentById(ResourceTable.Id_text);

        // 为按钮设置单击事件回调
        button.setClickedListener(listener -> {
                    showInfo(text);
                }
        );
    }

    private void showInfo(Text text) {
        // 获取某设备支持的编解码器的 MIME 列表
        List<String> mimes = CodecDescriptionList.getSupportedMimes();
        text.setText("mimes:" + mimes);

        // 判断某设备是否支持指定 MIME 对应的解码器，支持返回 true，否则返回 false
        boolean isDecodeSupportedByMime =
            CodecDescriptionList.isDecodeSupportedByMime(Format.VIDEO_VP9);
        text.insert("isDecodeSupportedByMime:" + isDecodeSupportedByMime);

        // 判断某设备是否支持指定 MIME 对应的编码器，支持返回 true，否则返回 false
        boolean isEncodeSupportedByMime =
            CodecDescriptionList.isEncodeSupportedByMime(Format.AUDIO_FLAC);
        text.insert("isEncodeSupportedByMime:" + isEncodeSupportedByMime);

        // 判断某设备是否支持指定 Format 的编解码器，支持返回 true，否则返回 false
        Format format = new Format();
        format.putStringValue(Format.MIME, Format.VIDEO_AVC);
        format.putIntValue(Format.WIDTH, 2560);
        format.putIntValue(Format.HEIGHT, 1440);
        format.putIntValue(Format.FRAME_RATE, 30);
        format.putIntValue(Format.FRAME_INTERVAL, 1);
        boolean isDecoderSupportedByFormat =
            CodecDescriptionList.isDecoderSupportedByFormat(format);
        text.insert("isDecoderSupportedByFormat:" + isDecoderSupportedByFormat);
        boolean isEncoderSupportedByFormat =
            CodecDescriptionList.isEncoderSupportedByFormat(format);
        text.insert("isEncoderSupportedByFormat:" + isEncoderSupportedByFormat);
    }

    @Override
```

```
    public void onActive() {
        super.onActive();
    }

    @Override
    public void onForeground(Intent intent) {
        super.onForeground(intent);
    }
}
```

上述代码中：

（1）在按钮上设置了单击事件，以触发获取查询媒体编解码能力。

（2）将获取到媒体编解码能力以文本信息输出到界面上。

13.2.5 运行

运行应用，界面显示效果如图 13-2 所示。

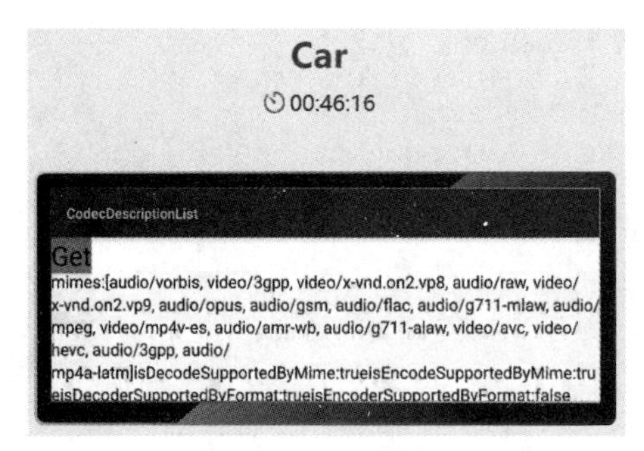

图13-2　界面显示效果

13.3 实战：视频编解码

视频编解码的主要工作是将视频进行编码和解码。

13.3.1 接口说明

视频编解码类 Codec 的主要接口如下。

- createDecoder()：创建解码器 Codec 实例。
- createEncoder()：创建编码器 Codec 实例。
- registerCodecListener(ICodecListener listener)：注册监听器，用来异步接收编码或解码后的数据。
- setSource(Source source, TrackInfo trackInfo)：根据解码器的源轨道信息设置数据源，对编码器 trackInfo 无效。
- setSourceFormat(Format format)：在编码器的管道模式下设置编码器编码格式。

- setCodecFormat(Format format)：普通模式设置编 / 解码器参数。
- setVideoSurface(Surface surface)：设置解码器的 Surface。
- getAvailableBuffer(long timeout)：普通模式获取可用 ByteBuffer。
- writeBuffer(ByteBuffer buffer, BufferInfo info)：推送源数据给 Codec。
- getBufferFormat(ByteBuffer buffer)：获取输出 Buffer 数据格式。
- start()：启动编 / 解码。
- stop()：停止编 / 解码。
- release()：释放所有资源。

13.3.2　创建应用

为了演示视频编解码的功能，创建一个名为 Codec 的 Car 设备类型的应用。在应用界面上分别设置编码和解码按钮，通过触发按钮执行相应的编码和解码操作。同时，在应用的 resources/rawfile 目录下增加 big_buck_bunny.mp4 视频文件。

13.3.3　修改ability_main.xml

修改 ability_main.xml，代码如下：

```
<?xml version="1.0" encoding="utf-8"?>
<DirectionalLayout
    xmlns:ohos="http://schemas.huawei.com/res/ohos"
    ohos:height="match_parent"
    ohos:width="match_parent"
    ohos:orientation="vertical">

    <Button
        ohos:id="$+id:button_encode"
        ohos:height="match_content"
        ohos:width="match_content"
        ohos:background_element="#F76543"
        ohos:text="Encode"
        ohos:text_size="27fp"
        />

    <Button
        ohos:id="$+id:button_decode"
        ohos:height="match_content"
        ohos:width="match_content"
        ohos:background_element="#F76543"
        ohos:text="Decode"
        ohos:text_size="27fp"
        />

</DirectionalLayout>
```

界面预览效果如图 13-3 所示。

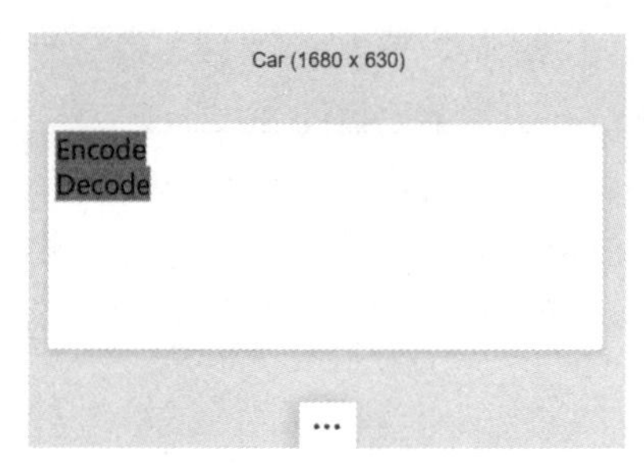

图13-3　界面预览效果

13.3.4　修改MainAbilitySlice

修改 MainAbilitySlice，代码如下：

```
package com.waylau.hmos.codec.slice;

import com.waylau.hmos.codec.ResourceTable;
import ohos.aafwk.ability.AbilitySlice;
import ohos.aafwk.content.Intent;
import ohos.agp.components.Button;
import ohos.global.resource.RawFileEntry;
import ohos.hiviewdfx.HiLog;
import ohos.hiviewdfx.HiLogLabel;
import ohos.media.codec.Codec;
import ohos.media.codec.TrackInfo;
import ohos.media.common.BufferInfo;
import ohos.media.common.Format;
import ohos.media.common.Source;

import java.io.FileDescriptor;
import java.io.IOException;
import java.nio.ByteBuffer;

public class MainAbilitySlice extends AbilitySlice {
    private static final String TAG = MainAbilitySlice.class.getSimpleName();
    private static final HiLogLabel LABEL_LOG =
            new HiLogLabel(HiLog.LOG_App, 0x00001, TAG);

    @Override
    public void onStart(Intent intent) {
        super.onStart(intent);
        super.setUIContent(ResourceTable.Layout_ability_main);

        Button buttonEncode =
                (Button) findComponentById(ResourceTable.Id_button_encode);

        Button buttonDecode =
                (Button) findComponentById(ResourceTable.Id_button_decode);

        // 为按钮设置单击事件回调
        buttonEncode.setClickedListener(listener -> {
            try {
                encode();
            } catch (IOException e) {
                HiLog.error(LABEL_LOG,"exception : %{public}s", e);
```

```
        }
    });

    buttonDecode.setClickedListener(listener -> {
        try {
            decode();
        } catch (IOException e) {
            HiLog.error(LABEL_LOG,"exception : %{public}s", e);
        }
    });
}

private void decode() throws IOException {
    HiLog.info(LABEL_LOG,"before decode()");

    //1. 创建解码 Codec 实例，可调用 createDecoder() 创建
    final Codec decoder = Codec.createDecoder();

    //2. 调用 setSource() 设置数据源，支持设定文件路径或者文件 File Descriptor
    RawFileEntry rawFileEntry = this.getResourceManager().getRawFileEn
     try("resources/rawfile/big_buck_bunny.mp4");
    FileDescriptor fd = rawFileEntry.openRawFileDescriptor().getFileDe
     scriptor();
    decoder.setSource(new Source(fd), new TrackInfo());

    //3. 构造数据源格式或者从 Extractor 中读取数据源格式，并设置给 Codec 实例
    // 调用 setSourceFormat()
    Format fmt = new Format();
    fmt.putStringValue(Format.MIME, Format.VIDEO_AVC);
    fmt.putIntValue(Format.WIDTH, 1920);
    fmt.putIntValue(Format.HEIGHT, 1080);
    fmt.putIntValue(Format.BIT_RATE, 392000);
    fmt.putIntValue(Format.FRAME_RATE, 30);
    fmt.putIntValue(Format.FRAME_INTERVAL, -1);
    decoder.setSourceFormat(fmt);

    //4. 设置监听器
    decoder.registerCodecListener(listener);

    //5. 开始编码
    decoder.start();

    //6. 停止编码
    decoder.stop();

    //7. 释放资源
    decoder.release();

    HiLog.info(LABEL_LOG,"end decode()");
}

private void encode() throws IOException {
    HiLog.info(LABEL_LOG,"before encode()");

    //1. 创建编码 Codec 实例，可调用 createEncoder() 创建
    final Codec encoder = Codec.createEncoder();

    //2. 调用 setSource() 设置数据源，支持设定文件路径或者文件 File Descriptor
    // 获取源文件
```

```
        RawFileEntry rawFileEntry = this.getResourceManager().getRawFileEn
         try("resources/rawfile/big_buck_bunny.mp4");
        FileDescriptor fd = rawFileEntry.openRawFileDescriptor().getFileDe
         scriptor();
        encoder.setSource(new Source(fd), new TrackInfo());

        //3.构造数据源格式或者从 Extractor 中读取数据源格式，并设置给 Codec 实例
        // 调用 setSourceFormat()
        Format fmt = new Format();
        fmt.putStringValue(Format.MIME, Format.VIDEO_AVC);
        fmt.putIntValue(Format.WIDTH, 1920);
        fmt.putIntValue(Format.HEIGHT, 1080);
        fmt.putIntValue(Format.BIT_RATE, 392000);
        fmt.putIntValue(Format.FRAME_RATE, 30);
        fmt.putIntValue(Format.FRAME_INTERVAL, -1);
        encoder.setSourceFormat(fmt);

        //4.设置监听器
        encoder.registerCodecListener(listener);

        //5.开始编码
        encoder.start();

        //6.停止编码
        encoder.stop();

        //7.释放资源
        encoder.release();

        HiLog.info(LABEL_LOG,"end encode()");
    }

    private Codec.ICodecListener listener = new Codec.ICodecListener() {
        @Override
        public void onReadBuffer(ByteBuffer byteBuffer, BufferInfo bufferInfo,
         int trackId) {
            HiLog.info(LABEL_LOG,"onReadBuffer trackId: %{public}s", trackId);
        }

        @Override
        public void onError(int errorCode, int act, int trackId) {
            throw new RuntimeException();
        }
    };

    @Override
    public void onActive() {
        super.onActive();
    }

    @Override
    public void onForeground(Intent intent) {
        super.onForeground(intent);
    }
}
```

上述代码中：

（1）在按钮上设置了单击事件，以触发编码和解码。

（2）创建解码 Codec 实例，可调用 createDecoder() 创建。

（3）创建编码 Codec 实例，可调用 createEncoder() 创建。

（4）通过 registerCodecListener() 方法分别给解码 Codec 实例、编码 Codec 实例注册监听器。该监听器是 Codec.ICodecListener 的实例。

13.4 实战：视频播放

视频播放包括播放控制、播放设置和播放查询，如播放的开始 / 停止、播放速度设置和是否循环播放等。

13.4.1 接口说明

视频播放类 Player 的主要接口如下。

- Player(Context context)：创建 Player 实例。
- setSource(Source source)：设置媒体源。
- prepare()：准备播放。
- play()：开始播放。
- pause()：暂停播放。
- stop()：停止播放。
- rewindTo(long microseconds)：拖拽播放。
- setVolume(float volume)：调节播放音量。
- setVideoSurface(Surface surface)：设置视频播放窗口。
- enableSingleLooping(boolean looping)：设置为单曲循环。
- isSingleLooping()：检查是否单曲循环播放。
- isNowPlaying()：检查是否播放。
- getCurrentTime()：获取当前播放位置。
- getDuration()：获取媒体文件总时长。
- getVideoWidth()：获取视频宽度。
- getVideoHeight()：获取视频高度。
- setPlaybackSpeed(float speed)：设置播放速度。
- getPlaybackSpeed()：获取播放速度。
- setAudioStreamType(int type)：设置音频类型。
- getAudioStreamType()：获取音频类型。
- setNextPlayer(Player next)：设置当前播放结束后的下一个播放器。
- reset()：重置播放器。
- release()：释放播放资源。
- setPlayerCallback(IPlayerCallback callback)：注册回调，接收播放器的事件通知或异常通知。

13.4.2 创建应用

为了演示视频播放功能，创建一个名为 Player 的 Tablet 设备类型的应用。在应用界面上，通过单击按钮触发播放视频。在 rawfile 目录下放置一个 big_buck_bunny.mp4 视频文件，以备测试。

13.4.3 修改ability_main.xml

修改 ability_main.xml，代码如下：

```
<?xml version="1.0" encoding="utf-8"?>
<DirectionalLayout
    xmlns:ohos="http://schemas.huawei.com/res/ohos"
    ohos:height="match_parent"
    ohos:width="match_parent"
    ohos:orientation="vertical">

    <DirectionalLayout
        ohos:height="60vp"
        ohos:width="match_content"
        ohos:orientation="horizontal">

        <Button
            ohos:id="$+id:button_play"
            ohos:height="match_content"
            ohos:width="match_content"
            ohos:background_element="#F76543"
            ohos:margin="10vp"
            ohos:padding="10vp"
            ohos:text="Play"
            ohos:text_size="20vp"
            />

        <Button
            ohos:id="$+id:button_pause"
            ohos:height="match_content"
            ohos:width="match_content"
            ohos:background_element="#F76543"
            ohos:margin="10vp"
            ohos:padding="10vp"
            ohos:text="Pause"
            ohos:text_size="20vp"
            />

        <Button
            ohos:id="$+id:button_stop"
            ohos:height="match_content"
            ohos:width="match_content"
            ohos:background_element="#F76543"
            ohos:margin="10vp"
            ohos:padding="10vp"
            ohos:text="Stop"
            ohos:text_size="20vp"
            />
    </DirectionalLayout>

    <DependentLayout
        ohos:id="$+id:layout_surface_provider"
```

```
        ohos:height="match_parent"
        ohos:width="match_content"
        ohos:orientation="horizontal"/>
</DirectionalLayout>
```

界面预览效果如图 13-4 所示。

图13-4　界面预览效果

13.4.4　修改MainAbilitySlice

修改 MainAbilitySlice，代码如下：

```
package com.waylau.hmos.player.slice;

import com.waylau.hmos.player.ResourceTable;
import ohos.aafwk.ability.AbilitySlice;
import ohos.aafwk.content.Intent;
import ohos.agp.components.Button;
import ohos.agp.components.ComponentContainer;
import ohos.agp.components.DependentLayout;
import ohos.agp.components.surfaceprovider.SurfaceProvider;
import ohos.agp.graphics.Surface;
import ohos.agp.graphics.SurfaceOps;
import ohos.global.resource.RawFileDescriptor;
import ohos.hiviewdfx.HiLog;
import ohos.hiviewdfx.HiLogLabel;
import ohos.media.common.Source;
import ohos.media.player.Player;

public class MainAbilitySlice extends AbilitySlice {
    private static final String TAG = MainAbilitySlice.class.getSimpleName();
    private static final HiLogLabel LABEL_LOG =
            new HiLogLabel(HiLog.LOG_App, 0x00001, TAG);

    private static Player player;

    private SurfaceProvider surfaceProvider;

    @Override
    public void onStart(Intent intent) {
        super.onStart(intent);
        super.setUIContent(ResourceTable.Layout_ability_main);

        Button buttonPlay =
                (Button) findComponentById(ResourceTable.Id_button_play);
```

```
    // 为按钮设置单击事件回调
    buttonPlay.setClickedListener(listener -> player.play());

    Button buttonPause =
            (Button) findComponentById(ResourceTable.Id_button_pause);

    // 为按钮设置单击事件回调
    buttonPause.setClickedListener(listener -> player.pause());

    Button buttonStop =
            (Button) findComponentById(ResourceTable.Id_button_stop);

    // 为按钮设置单击事件回调
    buttonStop.setClickedListener(listener -> player.stop());
}

@Override
public void onForeground(Intent intent) {
    super.onForeground(intent);
}


@Override
protected void onActive() {
    super.onActive();
    initSurfaceProvider();
}

private void initSurfaceProvider() {
    HiLog.info(LABEL_LOG,"before initSurfaceProvider");

    player = new Player(this);

    surfaceProvider = new SurfaceProvider(this);
    surfaceProvider.getSurfaceOps().get().addCallback(new VideoSurface
     Callback());
    surfaceProvider.pinToZTop(true);
    surfaceProvider.setWidth(ComponentContainer.LayoutConfig.MATCH_CONTENT);
    surfaceProvider.setHeight(ComponentContainer.LayoutConfig.MATCH_PARENT);

    DependentLayout layout
            = (DependentLayout) findComponentById(ResourceTable.Id_lay
               out_surface_provider);
    layout.addComponent(surfaceProvider);

    HiLog.info(LABEL_LOG,"end initSurfaceProvider");
}

class VideoSurfaceCallback implements SurfaceOps.Callback {
    @Override
    public void surfaceCreated(SurfaceOps surfaceOps) {
        if (surfaceProvider.getSurfaceOps().isPresent()) {
            Surface surface = surfaceProvider.getSurfaceOps().get().
             getSurface();
            playLocalFile(surface);
        }

        HiLog.info(LABEL_LOG,"surfaceCreated");
    }
```

```
    @Override
    public void surfaceChanged(SurfaceOps surfaceOps, int i, int i1,
     int i2) {
        HiLog.info(LABEL_LOG,"surfaceChanged, %{public}s, %{public}s,
         %{public}s",
                i, i1, i2);
    }

    @Override
    public void surfaceDestroyed(SurfaceOps surfaceOps) {
        HiLog.info(LABEL_LOG,"surfaceDestroyed");
    }
}

private void playLocalFile(Surface surface) {
    HiLog.info(LABEL_LOG,"before playLocalFile");

    try {
        RawFileDescriptor filDescriptor =
                getResourceManager()
                .getRawFileEntry("resources/rawfile/big_buck_bunny.mp4")
                .openRawFileDescriptor();

        Source source = new Source(filDescriptor.getFileDescriptor(),
                filDescriptor.getStartPosition(), filDescriptor.getFile
                 Size());
        player.setSource(source);
        player.setVideoSurface(surface);
        player.setPlayerCallback(new VideoPlayerCallback());
        player.prepare();

        surfaceProvider.setTop(0);
    } catch (Exception e) {
        e.printStackTrace();
    }

    HiLog.info(LABEL_LOG,"before playLocalFile");
}

@Override
protected void onStop() {
    super.onStop();
    if (player != null) {
        player.stop();
    }
    surfaceProvider.removeFromWindow();
}

private class VideoPlayerCallback implements Player.IPlayerCallback {
    @Override
    public void onPrepared() {
        HiLog.info(LABEL_LOG,"onPrepared");
    }

    @Override
    public void onMessage(int i, int i1) {
        HiLog.info(LABEL_LOG,"onMessage, %{public}s, %{public}s", i,
         i1);
```

```
        }

        @Override
        public void onError(int i, int i1) {
            HiLog.info(LABEL_LOG,"onError, %{public}s, %{public}s", i, i1);
        }

        @Override
        public void onResolutionChanged(int i, int i1) {
            HiLog.info(LABEL_LOG,"onResolutionChanged, %{public}s, %{pub
             lic}s", i, i1);
        }

        @Override
        public void onPlayBackComplete() {
            HiLog.info(LABEL_LOG,"onPlayBackComplete");
        }

        @Override
        public void onRewindToComplete() {
            HiLog.info(LABEL_LOG,"onRewindToComplete");
        }

        @Override
        public void onBufferingChange(int i) {
            HiLog.info(LABEL_LOG,"onBufferingChange, %{public}s", i);
        }

        @Override
        public void onNewTimedMetaData(Player.MediaTimedMetaData media
         TimedMetaData) {
            HiLog.info(LABEL_LOG,"onNewTimedMetaData");
        }

        @Override
        public void onMediaTimeIncontinuity(Player.MediaTimeInfo media
         TimeInfo) {
            HiLog.info(LABEL_LOG,"onMediaTimeIncontinuity");
        }
    }
}
```

上述代码中：

（1）在按钮上设置了单击事件，以触发 Player 的播放、暂停和停止操作。

（2）重写了 onActive() 方法，以初始化 SurfaceProvider。

（3）SurfaceProvider 会设置 VideoSurfaceCallback 的回调。

（4）当 VideoSurfaceCallback 的 surfaceCreated 回调执行时，Player 会准备好视频源以备后续操作。

（5）重写了 onStop() 方法，以关闭 Player。

13.4.5 运行

运行应用，界面显示效果如图 13-5 所示。

图13-5　界面运行效果

13.5　实战：视频录制

视频录制的主要工作是选择视频 / 音频来源，录制并生成视频 / 音频文件。

13.5.1　接口说明

视频录制类 Recorder 的主要接口如下。

- Recorder()：创建 Recorder 实例。
- setSource(Source source)：设置音视频源。
- setAudioProperty(AudioProperty property)：设置音频属性。
- setVideoProperty(VideoProperty property)：设置视频属性。
- setStorageProperty(StorageProperty property)：设置音视频存储属性。
- prepare()：准备录制资源。
- start()：开始录制。
- stop()：停止录制。
- pause()：暂停录制。
- resume()：恢复录制。
- reset()：重置录制。
- setRecorderLocation(float latitude, float longitude)：设置视频的经纬度。
- setOutputFormat(int outputFormat)：设置输出文件格式。
- getVideoSurface()：获取视频窗口。
- setRecorderProfile(RecorderProfile profile)：设置媒体录制配置信息。

- registerRecorderListener(IRecorderListener listener)：注册媒体录制回调。
- release()：释放媒体录制资源。

13.5.2 创建应用

为了演示视频播放功能，创建一个名为 Recorder 的 Car 设备类型的应用。在应用界面上，通过单击按钮触发录制视频。在 rawfile 目录下放置一个 big_buck_bunny.mp4 视频文件，以备测试。

13.5.3 修改ability_main.xml

修改 ability_main.xml，代码如下：

```
<?xml version="1.0" encoding="utf-8"?>
<DirectionalLayout
    xmlns:ohos="http://schemas.huawei.com/res/ohos"
    ohos:height="match_parent"
    ohos:width="match_parent"
    ohos:orientation="vertical">

    <DirectionalLayout
        ohos:height="60vp"
        ohos:width="match_content"
        ohos:orientation="horizontal">

        <Button
            ohos:id="$+id:button_start"
            ohos:height="match_content"
            ohos:width="match_content"
            ohos:background_element="#F76543"
            ohos:margin="10vp"
            ohos:padding="10vp"
            ohos:text="Start"
            ohos:text_size="27fp"
            />

        <Button
            ohos:id="$+id:button_pause"
            ohos:height="match_content"
            ohos:width="match_content"
            ohos:background_element="#F76543"
            ohos:margin="10vp"
            ohos:padding="10vp"
            ohos:text="Pause"
            ohos:text_size="27fp"
            />

        <Button
            ohos:id="$+id:button_stop"
            ohos:height="match_content"
            ohos:width="match_content"
            ohos:background_element="#F76543"
            ohos:margin="10vp"
            ohos:padding="10vp"
            ohos:text="Stop"
            ohos:text_size="27fp"
```

```
            />
    </DirectionalLayout>

    <Text
        ohos:id="$+id:text_helloworld"
        ohos:height="match_parent"
        ohos:width="match_content"
        ohos:background_element="$graphic:background_ability_main"
        ohos:layout_alignment="horizontal_center"
        ohos:text="Hello World"
        ohos:text_size="50"
    />

</DirectionalLayout>
```

界面预览效果如图 13-6 所示。

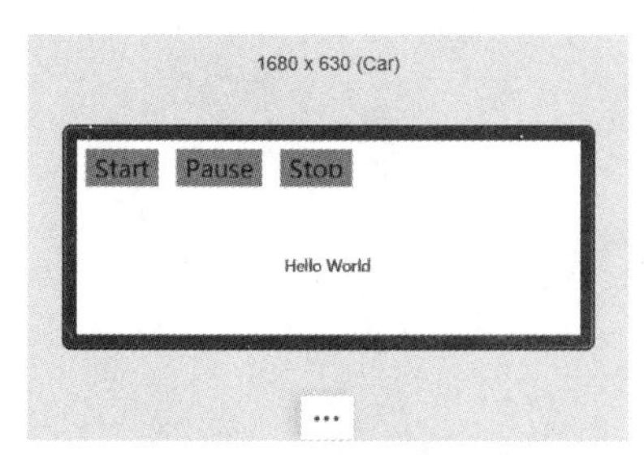

图13-6　界面预览效果

13.5.4　修改MainAbilitySlice

修改 MainAbilitySlice，代码如下：

```
package com.waylau.hmos.recorder.slice;

import com.waylau.hmos.recorder.ResourceTable;
import ohos.aafwk.ability.AbilitySlice;
import ohos.aafwk.content.Intent;
import ohos.agp.components.Button;
import ohos.agp.components.Text;
import ohos.global.resource.RawFileDescriptor;
import ohos.media.common.Source;
import ohos.media.common.StorageProperty;
import ohos.media.recorder.Recorder;

import java.io.IOException;

public class MainAbilitySlice extends AbilitySlice {
    private final Recorder recorder = new Recorder();

    @Override
    public void onStart(Intent intent) {
        super.onStart(intent);
        super.setUIContent(ResourceTable.Layout_ability_main);

        Text text =
                (Text) findComponentById(ResourceTable.Id_text_helloworld);
```

```
        Button buttonStart =
                (Button) findComponentById(ResourceTable.Id_button_start);

        // 为按钮设置单击事件回调
        buttonStart.setClickedListener(listener -> {
            recorder.start();
            text.setText("Start");
        });

        Button buttonPause =
                (Button) findComponentById(ResourceTable.Id_button_pause);

        // 为按钮设置单击事件回调
        buttonPause.setClickedListener(listener -> {
            recorder.pause();
            text.setText("Pause");
        });

        Button buttonStop =
                (Button) findComponentById(ResourceTable.Id_button_stop);

        // 为按钮设置单击事件回调
        buttonStop.setClickedListener(listener -> {
            recorder.stop();
            text.setText("Stop");
        });
    }

    @Override
    public void onActive() {
        super.onActive();

        RawFileDescriptor filDescriptor = null;
        try {
            filDescriptor = getResourceManager()
                    .getRawFileEntry("resources/rawfile/big_buck_bunny.mp4")
                    .openRawFileDescriptor();
        } catch (IOException e) {
            e.printStackTrace();
        }

        // 设置媒体源
        Source source = new Source(filDescriptor.getFileDescriptor(),
                filDescriptor.getStartPosition(), filDescriptor.getFileSize());
        source.setRecorderAudioSource(Recorder.AudioSource.DEFAULT);
        recorder.setSource(source);

        // 设置存储属性
        String path ="record.mp4";
        StorageProperty storageProperty = new StorageProperty.Builder()
                .setRecorderPath(path)
                .setRecorderMaxDurationMs(-1)
                .setRecorderMaxFileSizeBytes(-1)
                .build();
        recorder.setStorageProperty(storageProperty);

        // 准备
        recorder.prepare();
```

```
    }

    @Override
    protected void onStop() {
        super.onStop();
        if (recorder != null) {
            recorder.stop();
        }
    }

    @Override
    public void onForeground(Intent intent) {
        super.onForeground(intent);
    }
}
```

上述代码中：

（1）创建 Recorder 实例 recorder。

（2）在按钮上设置了单击事件，以触发 Recorder 的开始、暂停和停止操作，并将状态信息回写到界面的 Text。

（3）重写了 onActive() 方法，以设置 Recorder 实例的属性。这些属性包括媒体源、存储属性等。

（4）重写了 onStop() 方法，以关闭 Player。

13.5.5　运行

运行应用，界面显示效果如图 13-7 所示。

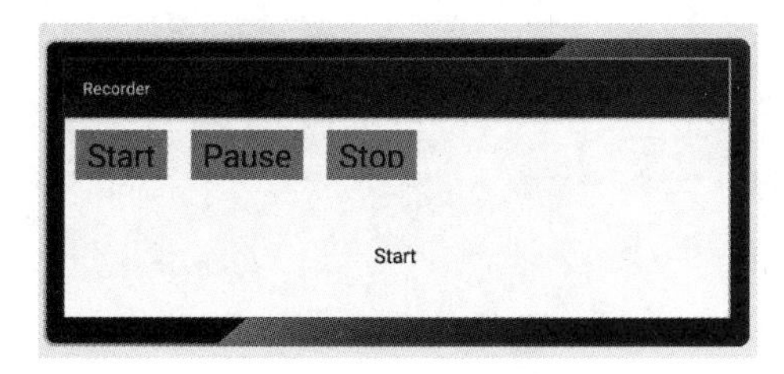

图13-7　界面显示效果

第14章

图像

HarmonyOS 图像模块支持图像业务的开发，常见功能有图像解码、图像编码、基本的位图操作、图像编辑等。

14.1 图像概述

HarmonyOS 图像模块支持图像业务的开发，常见功能有图像解码、图像编码、基本的位图操作、图像编辑等。当然，其也支持通过接口组合来实现更复杂的图像处理逻辑。

14.1.1 基本概念

图像业务包含以下基本概念。

（1）图像解码：将不同的存档格式图片（如 JPEG、PNG 等）解码为无压缩的位图格式，以方便在应用或者系统中进行相应的处理。

（2）PixelMap：图像解码后无压缩的位图格式，用于图像显示或者进一步的处理。

（3）渐进式解码：在无法一次性提供完整图像文件数据的场景下，随着图像文件数据的逐步增加，通过多次增量解码逐步完成图像解码。

（4）预乘：预乘时，RGB 各通道的值被替换为原始值乘以 Alpha 通道不透明的比例（0~1）后的值，方便后期直接合成叠加；不预乘指 RGB 各通道的数值是图像的原始值，与 Alpha 通道的值无关。

（5）图像编码：将无压缩的位图格式编码成不同格式的存档格式图片（JPEG、PNG 等），以方便在应用或者系统中进行相应的处理。

14.1.2 约束与限制

为及时释放本地资源，建议在图像解码的 ImageSource 对象、位图图像 PixelMap 对象或图像编码的 ImagePacker 对象使用完成后，主动调用 release() 方法。

14.2 实战：图像解码和编码

图像解码就是将所支持格式的存档图片解码成统一的 PixelMap 图像，用于后续图像显示或其他处理，如旋转、缩放、裁剪等。当前支持格式包括 JPEG、PNG、GIF、HEIF、WebP、BMP。

14.2.1 接口说明

ImageSource 主要用于图像解码。ImageSource 的主要接口如下。

- create(String pathName, SourceOptions opts)：从图像文件路径创建图像数据源。
- create(InputStream is, SourceOptions opts)：从输入流创建图像数据源。
- create(byte[] data, SourceOptions opts)：从字节数组创建图像数据源。
- create(byte[] data, int offset, int length, SourceOptions opts)：从字节数组指定范围创建图像数据源。
- create(File file, SourceOptions opts)：从文件对象创建图像数据源。

- create(FileDescriptor fd, SourceOptions opts)：从文件描述符创建图像数据源。
- createIncrementalSource(SourceOptions opts)：创建渐进式图像数据源。
- createIncrementalSource(IncrementalSourceOptions opts)：创建渐进式图像数据源，支持设置渐进式数据更新模式。
- createPixelmap(DecodingOptions opts)：从图像数据源解码并创建 PixelMap 图像。
- createPixelmap(int index, DecodingOptions opts)：从图像数据源解码并创建 PixelMap 图像，如果图像数据源支持多张图片，则支持指定图像索引。
- updateData(byte[] data, boolean isFinal)：更新渐进式图像源数据。
- updateData(byte[] data, int offset, int length, boolean isFinal)：更新渐进式图像源数据，支持设置输入数据的有效数据范围。
- getImageInfo()：获取图像基本信息。
- getImageInfo(int index)：根据特定的索引获取图像基本信息。
- getSourceInfo()：获取图像源信息。
- release()：释放对象关联的本地资源。

14.2.2 创建应用

为了演示图像编解码功能，创建一个名为 ImageCodec 的 Car 设备类型的应用。在应用界面上，通过单击按钮触发解码或者编码图片的操作。在 media 目录下放置一张用于测试的图片 waylau_616_616.jpeg。

14.2.3 修改ability_main.xml

修改 ability_main.xml，代码如下：

```
<?xml version="1.0" encoding="utf-8"?>
<DirectionalLayout
    xmlns:ohos="http://schemas.huawei.com/res/ohos"
    ohos:height="match_parent"
    ohos:width="match_parent"
    ohos:orientation="horizontal">

    <DirectionalLayout
        ohos:height="match_content"
        ohos:width="0vp"
        ohos:orientation="vertical"
        ohos:weight="1">

        <Button
            ohos:id="$+id:button_decode"
            ohos:height="match_content"
            ohos:width="match_content"
            ohos:background_element="#F76543"
            ohos:left_padding="10vp"
            ohos:text="Decode"
            ohos:text_size="27fp"
            />
```

```
        <Image
            ohos:id="$+id:image_decode"
            ohos:height="100vp"
            ohos:width="100vp"/>

    </DirectionalLayout>

    <DirectionalLayout
        ohos:height="match_content"
        ohos:width="0vp"
        ohos:orientation="vertical"
        ohos:weight="1">

        <Button
            ohos:id="$+id:button_encode"
            ohos:height="match_content"
            ohos:width="match_content"
            ohos:background_element="#F76543"
            ohos:left_padding="10vp"
            ohos:text="Encode"
            ohos:text_size="27fp"
            />

        <Image
            ohos:id="$+id:image_encode"
            ohos:height="100vp"
            ohos:width="100vp"/>
    </DirectionalLayout>
</DirectionalLayout>
```

界面预览效果如图 14-1 所示。

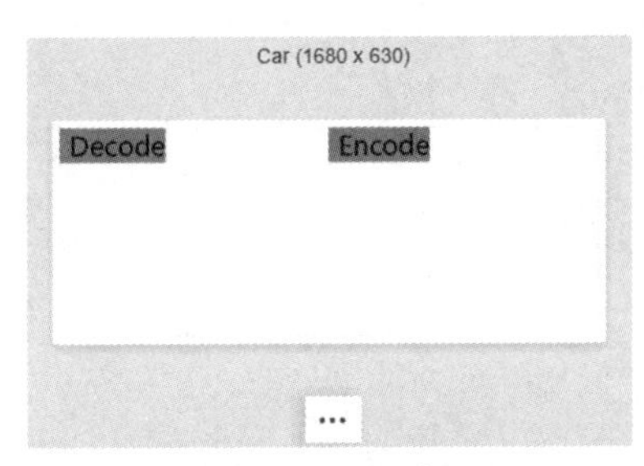

图14-1　界面预览效果

14.2.4　修改MainAbilitySlice

修改 MainAbilitySlice，代码如下：

```
package com.waylau.hmos.imagedecoder.slice;

import com.waylau.hmos.imagedecoder.ResourceTable;
import ohos.aafwk.ability.AbilitySlice;
import ohos.aafwk.content.Intent;
import ohos.agp.components.Button;
import ohos.agp.components.Image;
import ohos.global.resource.NotExistException;
import ohos.hiviewdfx.HiLog;
```

```
import ohos.hiviewdfx.HiLogLabel;
import ohos.media.image.ImagePacker;
import ohos.media.image.ImageSource;
import ohos.media.image.PixelMap;
import ohos.media.image.common.Rect;
import ohos.media.image.common.Size;

import java.io.*;
import java.nio.file.Paths;

public class MainAbilitySlice extends AbilitySlice {
    private static final String TAG = MainAbilitySlice.class.getSimpleName();
    private static final HiLogLabel LABEL_LOG =
            new HiLogLabel(HiLog.LOG_App, 0x00001, TAG);

    private ImageSource imageSource;
    private PixelMap pixelMap;

    @Override
    public void onStart(Intent intent) {
        super.onStart(intent);
        super.setUIContent(ResourceTable.Layout_ability_main);

        Button buttonDecode =
                (Button) findComponentById(ResourceTable.Id_button_decode);

        // 为按钮设置单击事件回调
        buttonDecode.setClickedListener(listener -> {
            try {
                decode();
            } catch (IOException e) {
                e.printStackTrace();
            } catch (NotExistException e) {
                e.printStackTrace();
            }
        });

        Button buttonEncode =
                (Button) findComponentById(ResourceTable.Id_button_encode);

        // 为按钮设置单击事件回调
        buttonEncode.setClickedListener(listener -> {
            try {
                encode();
            } catch (IOException e) {
                e.printStackTrace();
            }
        });
    }

    private void decode() throws IOException, NotExistException {
        // 获取图片流
        InputStream drawableInputStream =  getResourceManager().getRe
         source(ResourceTable.Media_waylau_616_616);

        // 创建图像数据源 ImageSource 对象
        imageSource = ImageSource.create(drawableInputStream, this.get
         SourceOptions());
```

```
        // 普通解码叠加旋转、缩放、裁剪
        pixelMap = imageSource.createPixelmap(this.getDecodingOptions());

        Image imageDecode =
                (Image) findComponentById(ResourceTable.Id_image_decode);

        imageDecode.setPixelMap(pixelMap);
    }

    private void encode() throws IOException {
        HiLog.info(LABEL_LOG,"before encode()");

        // 创建图像编码 ImagePacker 对象
        ImagePacker imagePacker = ImagePacker.create();

        // 获取数据目录
        File dataDir = new File(this.getDataDir().toString());
        if(!dataDir.exists()){
            dataDir.mkdirs();
        }

        // 文件路径
        String filePath = Paths.get(dataDir.toString(),"test.jpeg").toString();

        // 构建目标文件
        File targetFile = new File(filePath);

        // 设置编码输出流和编码参数
        FileOutputStream outputStream = new FileOutputStream(targetFile);

        // 初始化打包
        imagePacker.initializePacking(outputStream, this.getPackingOptions());

        // 添加需要编码的 PixelMap 对象，进行编码操作
        imagePacker.addImage(pixelMap);

        // 完成图像打包任务
        imagePacker.finalizePacking();

        Image imageEncode =
                (Image) findComponentById(ResourceTable.Id_image_encode);

        // 文件转换成图像
        imageSource = ImageSource.create(targetFile,this.getSourceOptions());

        pixelMap = imageSource.createPixelmap(this.getDecodingOptions());

        imageEncode.setPixelMap(pixelMap);

        HiLog.info(LABEL_LOG,"end encode()");
    }


    // 设置打包格式
    private ImagePacker.PackingOptions getPackingOptions() {
        ImagePacker.PackingOptions packingOptions = new ImagePacker.Packin
         gOptions();
        packingOptions.format ="image/jpeg";
    // 设置 format 为编码的图像格式，当前支持 jpeg 格式
```

```
        packingOptions.quality = 90;
    // 设置 quality 为图像质量，范围为 0~100，100 为最佳质量
        return packingOptions;
    }

    // 设置解码格式
    private ImageSource.DecodingOptions getDecodingOptions() {
        ImageSource.DecodingOptions decodingOpts = new ImageSource.Decodin
gOptions();
        decodingOpts.desiredSize = new Size(600, 600);
        decodingOpts.desiredRegion = new Rect(0, 0, 600, 600);
        decodingOpts.rotateDegrees = 90;

        return decodingOpts;
    }

    // 设置数据源的格式信息
    private ImageSource.SourceOptions getSourceOptions() {
        ImageSource.SourceOptions sourceOptions = new ImageSource.SourceOp
tions();
        sourceOptions.formatHint ="image/jpeg";

        return sourceOptions;
    }

    @Override
    protected void onStop() {
        super.onStop();
        if (imageSource != null) {
            // 释放资源
            imageSource.release();
        }
        if (pixelMap != null) {
            // 释放资源
            pixelMap.release();
        }


    }
```

上述代码在按钮上设置了单击事件，以触发解码和编码操作。

14.2.5 解码操作说明

解码过程如下。

（1）在 decode() 方法内部，通过 getResourceManager().getResource 方法获取到测试图片，并转换为输入流。

（2）将上述输入流作为创建图像数据源 ImageSource 对象的参数之一。

（3）通过 imageSource.createPixelmap() 方法将 ImageSource 转换为 PixelMap。

（4）通过 imageDecode.setPixelMap() 方法将图像信息设置到 Image 组件上，从而在界面上显示图片。

运行应用，单击 Decode 按钮，界面效果如图 14-2 所示。

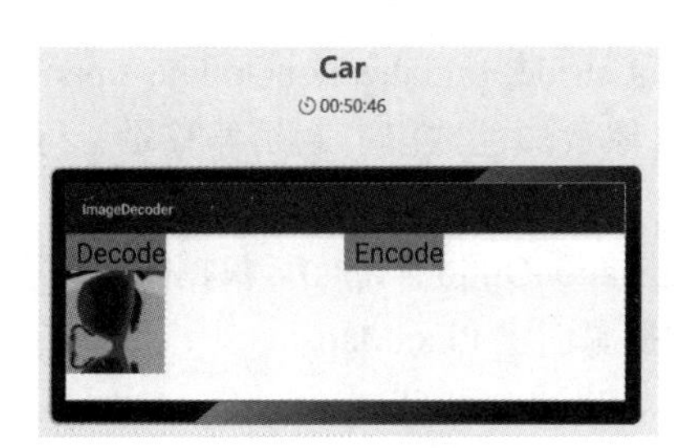

图14-2　界面效果

14.2.6　编码操作说明

编码过程如下。

（1）在 encode() 方法内部，通过 ImagePacker.create() 方法创建图像编码 ImagePacker 对象。

（2）构建目标文件 targetFile。

（3）执行 initializePacking、addImage、finalizePacking 等系列操作后完成打包。

（4）将图像信息设置到 Image 组件上，从而在界面上显示图片。

运行应用，单击 encode 按钮，界面效果如图 14-3 所示。

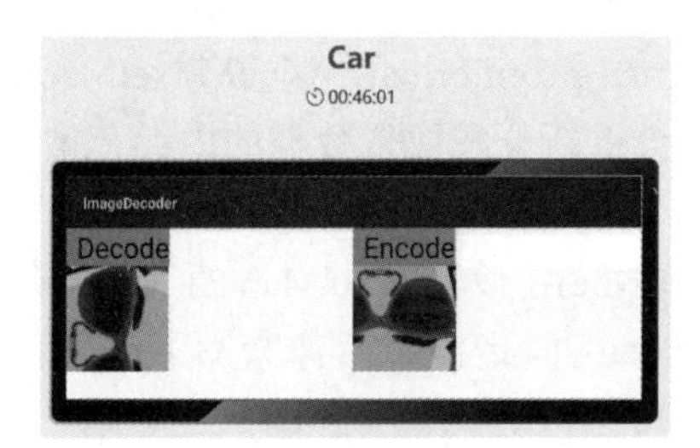

图14-3　界面效果

14.3　实战：位图操作

位图操作就是指对 PixelMap 图像进行相关的操作，如创建、查询信息、读写像素数据等。

14.3.1　接口说明

位图操作类 PixelMap 的主要接口如下。

- create(InitializationOptions opts)：根据图像大小、像素格式、alpha 类型等初始化选项创建 PixelMap。
- create(int[] colors, InitializationOptions opts)：根据图像大小、像素格式、alpha 类型等初始化选项，以像素颜色数组为数据源创建 PixelMap。

- create(int[] colors, int offset, int stride, InitializationOptions opts)：根据图像大小、像素格式、alpha 类型等初始化选项，以像素颜色数组、起始偏移量、行像素大小描述的数据源创建 PixelMap。
- create(PixelMap source, InitializationOptions opts)：根据图像大小、像素格式、alpha 类型等初始化选项，以源 PixelMap 为数据源创建 PixelMap。
- create(PixelMap source, Rect srcRegion, InitializationOptions opts)：根据图像大小、像素格式、alpha 类型等初始化选项，以源 PixelMap、源裁剪区域描述的数据源创建 PixelMap。
- getBytesNumberPerRow()：获取每行像素数据占用的字节数。
- getPixelBytesCapacity()：获取存储 Pixelmap 像素数据的内存容量。
- isEditable()：判断 PixelMap 是否允许修改。
- isSameImage(PixelMap other)：判断两个图像是否相同，包括 ImageInfo 属性信息和像素数据。
- readPixel(Position pos)：读取指定位置像素的颜色值，返回的颜色格式为 PixelFormat.ARGB_8888。
- readPixels(int[] pixels, int offset, int stride, Rect region)：读取指定区域像素的颜色值，输出到以起始偏移量、行像素大小描述的像素数组，返回的颜色格式为 PixelFormat.ARGB_8888。
- readPixels(Buffer dst)：读取像素的颜色值到缓冲区，返回的数据是 PixelMap 中像素数据的原样复制，即返回的颜色数据格式与 PixelMap 中的像素格式一致。
- resetConfig(Size size, PixelFormat pixelFormat)：重置 PixelMap 的大小和像素格式配置，但不会改变原有的像素数据，也不会重新分配像素数据的内存，重置后图像数据的字节数不能超过 PixelMap 的内存容量。
- setAlphaType(AlphaType alphaType)：设置 PixelMap 的 Alpha 类型。
- writePixel(Position pos, int color)：向指定位置像素写入颜色值，写入颜色格式为 PixelFormat.ARGB_8888。
- writePixels(int[] pixels, int offset, int stride, Rect region)：将像素颜色数组、起始偏移量、行像素的个数描述的源像素数据写入 PixelMap 的指定区域，写入颜色格式为 PixelFormat.ARGB_8888。
- writePixels(Buffer src)：将缓冲区描述的源像素数据写入 PixelMap, 写入的数据将原样覆盖 PixelMap 中的像素数据，即写入数据的颜色格式应与 PixelMap 的配置兼容。
- writePixels(int color)：将所有像素都填充为指定的颜色值，写入颜色格式为 PixelFormat.ARGB_8888。
- getPixelBytesNumber()：获取全部像素数据包含的字节数。
- setBaseDensity(int baseDensity)：设置 PixelMap 的基础像素密度值。
- getBaseDensity()：获取 PixelMap 的基础像素密度值。
- setUseMipmap(boolean useMipmap)：设置 PixelMap 渲染是否使用 mipmap。
- useMipmap()：获取 PixelMap 渲染是否使用 mipmap。
- getNinePatchChunk()：获取图像的 NinePatchChunk 数据。
- getFitDensitySize(int targetDensity)：获取适应目标像素密度的图像缩放尺寸。
- getImageInfo()：获取图像基本信息。
- release()：释放对象关联的本地资源。

14.3.2　创建应用

为了演示位图操作功能，创建一个名为 PixelMap 的 Car 设备类型的应用。在应用界面上，通过单击按钮触发位图操作。

14.3.3　修改ability_main.xml

修改 ability_main.xml，代码如下：

```
<?xml version="1.0" encoding="utf-8"?>
<DirectionalLayout
    xmlns:ohos="http://schemas.huawei.com/res/ohos"
    ohos:height="match_parent"
    ohos:width="match_parent"
    ohos:orientation="horizontal">

    <Button
        ohos:id="$+id:button_create"
        ohos:height="match_content"
        ohos:width="0vp"
        ohos:background_element="#F76543"
        ohos:left_padding="20vp"
        ohos:text="Create"
        ohos:text_size="24fp"
        ohos:weight="1"
        />


    <Button
        ohos:id="$+id:button_get"
        ohos:height="match_content"
        ohos:width="0vp"
        ohos:background_element="#F76543"
        ohos:left_padding="20vp"
        ohos:text="Get Info"
        ohos:text_size="24fp"
        ohos:weight="1"
        />

    <Button
        ohos:id="$+id:button_read_write"
        ohos:height="match_content"
        ohos:width="0vp"
        ohos:background_element="#F76543"
        ohos:left_padding="20vp"
        ohos:text="Read and write"
        ohos:text_size="24fp"
        ohos:weight="1"
        />

</DirectionalLayout>
```

界面预览效果如图 14-4 所示。

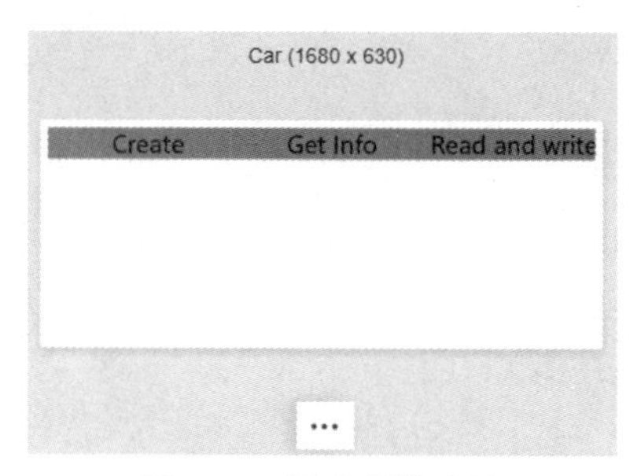

图14-4　界面预览效果

14.3.4　修改MainAbilitySlice

修改 MainAbilitySlice，代码如下：

```
package com.waylau.hmos.pixelmap.slice;

import com.waylau.hmos.pixelmap.ResourceTable;
import ohos.aafwk.ability.AbilitySlice;
import ohos.aafwk.content.Intent;
import ohos.agp.components.Button;
import ohos.hiviewdfx.HiLog;
import ohos.hiviewdfx.HiLogLabel;
import ohos.media.image.PixelMap;
import ohos.media.image.common.PixelFormat;
import ohos.media.image.common.Position;
import ohos.media.image.common.Rect;
import ohos.media.image.common.Size;

import java.nio.IntBuffer;

public class MainAbilitySlice extends AbilitySlice {
    private static final String TAG = MainAbilitySlice.class.getSimpleName();
    private static final HiLogLabel LABEL_LOG =
            new HiLogLabel(HiLog.LOG_App, 0x00001, TAG);

    private PixelMap pixelMap1;
    private PixelMap pixelMap2;

    @Override
    public void onStart(Intent intent) {
        super.onStart(intent);
        super.setUIContent(ResourceTable.Layout_ability_main);

        Button buttonCreate =
                (Button) findComponentById(ResourceTable.Id_button_create);
        buttonCreate.setClickedListener(listener -> createPixelMap());

        Button buttonGet =
                (Button) findComponentById(ResourceTable.Id_button_get);
        buttonGet.setClickedListener(listener -> getPixelMapInfo());

        Button buttonReadWrite =
                (Button) findComponentById(ResourceTable.Id_button_read_write);
        buttonReadWrite.setClickedListener(listener -> readWritePixels());
```

```
    }

    ...
}
```

上述代码在按钮上设置了单击事件，以触发位图操作。

14.3.5　创建PixelMap操作说明

createPixelMap() 方法用于创建 PixelMap 操作，代码如下：

```
private void createPixelMap() {
    HiLog.info(LABEL_LOG,"before createPixelMap");

    // 像素颜色数组
    int[] defaultColors = new int[]{5, 5, 5, 5, 6, 6, 3, 3, 3, 0};

    // 初始化选项
    PixelMap.InitializationOptions initializationOptions = new PixelMap.
InitializationOptions();
    initializationOptions.size = new Size(3, 2);
    initializationOptions.pixelFormat = PixelFormat.ARGB_8888;

    // 根据像素颜色数组、初始化选项创建位图对象 PixelMap
    pixelMap1 = PixelMap.create(defaultColors, initializationOptions);

    // 根据 PixelMap 作为数据源创建
    pixelMap2 = PixelMap.create(pixelMap1, initializationOptions);

    HiLog.info(LABEL_LOG,"end createPixelMap");
}
```

上述方法中，pixelMap1 是根据像素颜色数组、初始化选项创建位图对象 PixelMap，pixelMap2 是根据 PixelMap 作为数据源创建。

运行应用后，单击“Create”按钮，控制台输出内容如下所示。

```
02-08 14:40:18.664 2717-2717/com.waylau.hmos.pixelmap I 00001/MainAbilityS
 lice: before createPixelMap
02-08 14:40:18.669 2717-2717/com.waylau.hmos.pixelmap I 00001/MainAbilityS
 lice: end createPixelMap
```

14.3.6　从位图对象中获取信息操作说明

getPixelMapInfo() 方法用于从位图对象中获取信息，代码如下：

```
private void getPixelMapInfo() {
    // 从位图对象中获取信息
    long capacity = pixelMap1.getPixelBytesCapacity();
    long bytesNumber = pixelMap1.getPixelBytesNumber();
    int rowBytes = pixelMap1.getBytesNumberPerRow();
    byte[] ninePatchData = pixelMap1.getNinePatchChunk();

    HiLog.info(LABEL_LOG,"capacity: %{public}s", capacity);
    HiLog.info(LABEL_LOG,"bytesNumber: %{public}s", bytesNumber);
```

```
    HiLog.info(LABEL_LOG,"rowBytes: %{public}s", rowBytes);
    HiLog.info(LABEL_LOG,"ninePatchData: %{public}s", ninePatchData);
}
```

运行应用，单击 Get Info 按钮，控制台输出内容如下：

```
02-08 14:42:52.853 2717-2717/com.waylau.hmos.pixelmap I 00001/MainAbilityS
 lice: capacity: 24
02-08 14:42:52.853 2717-2717/com.waylau.hmos.pixelmap I 00001/MainAbilityS
 lice: bytesNumber: 24
02-08 14:42:52.853 2717-2717/com.waylau.hmos.pixelmap I 00001/MainAbilityS
 lice: rowBytes: 12
02-08 14:42:52.853 2717-2717/com.waylau.hmos.pixelmap I 00001/MainAbilityS
 lice: ninePatchData: null
```

14.3.7 读取和写入像素操作说明

readWritePixels() 方法用于读取和写入像素，代码如下：

```
private void readWritePixels() {
    // 读取指定位置像素
    int color = pixelMap1.readPixel(new Position(1, 1));
    HiLog.info(LABEL_LOG,"readPixel color: %{public}s", color);

    // 读取指定区域像素
    int[] pixelArray = new int[50];
    Rect region = new Rect(0, 0, 3, 2);
    pixelMap1.readPixels(pixelArray, 0, 10, region);
    HiLog.info(LABEL_LOG,"readPixel pixelArray: %{public}s", pixelArray);

    // 读取像素到 Buffer
    IntBuffer pixelBuf = IntBuffer.allocate(50);
    pixelMap1.readPixels(pixelBuf);
    HiLog.info(LABEL_LOG,"readPixel pixelBuf: %{public}s", pixelBuf);

    // 在指定位置写入像素
    pixelMap1.writePixel(new Position(1, 1), 0xFF112233);

    // 在指定区域写入像素
    pixelMap1.writePixels(pixelArray, 0, 10, region);

    // 写入 Buffer 中的像素
    pixelMap1.writePixels(pixelBuf);
}
```

readWritePixels() 方法中，分别执行 readPixels() 和 writePixels() 方法进行像素的读取和写入。

运行应用，单击 Read and write 按钮，控制台输出内容如下：

```
02-08 14:47:05.295 2717-2717/com.waylau.hmos.pixelmap I 00001/MainAbilityS
 lice: readPixel color: 0
02-08 14:47:05.296 2717-2717/com.waylau.hmos.pixelmap I 00001/MainAbilityS
 lice: readPixel pixelArray: [I@21e5496
02-08 14:47:05.296 2717-2717/com.waylau.hmos.pixelmap I 00001/MainAbilityS
 lice: readPixel pixelBuf: java.nio.HeapIntBuffer[pos=6 lim=50 cap=50]
```

14.3.8　释放资源

在 onStop 方法中释放资源，代码如下：

```
@Override
protected void onStop() {
    super.onStop();
    if (pixelMap1 != null) {
        // 释放资源
        pixelMap1.release();
    }
    if (pixelMap2 != null) {
        // 释放资源
        pixelMap2.release();
    }
}
```

14.4　实战：图像属性解码

图像属性解码就是获取图像中包含的属性信息，如 EXIF 属性。

14.4.1　接口说明

图像属性解码的功能主要由 ImageSource 和 ExifUtils 提供。

ImageSource 的主要接口如下。

- getThumbnailInfo()：获取嵌入图像文件的缩略图的基本信息。
- getImageThumbnailBytes()：获取嵌入图像文件缩略图的原始数据。
- getThumbnailFormat()：获取嵌入图像文件缩略图的格式。

ExifUtils 的主要接口如下。

- getLatLong(ImageSource imageSource)：获取嵌入图像文件的经纬度信息。
- getAltitude(ImageSource imageSource, double defaultValue)：获取嵌入图像文件的海拔信息。

14.4.2　创建应用

为了演示图像属性解码功能，创建一个名为 ImageSourceExifUtils 的 Car 设备类型的应用。在应用界面上，通过单击按钮触发图像属性解码操作。

在 media 目录下放置一张用于测试的照片 IMG_20210219_175445.jpg。需要注意的是，测试照片需要包含 EXIF 属性信息。

14.4.3　修改ability_main.xml

修改 ability_main.xml，代码如下：

```
<?xml version="1.0" encoding="utf-8"?>
<DirectionalLayout
    xmlns:ohos="http://schemas.huawei.com/res/ohos"
    ohos:height="match_parent"
    ohos:width="match_parent"
    ohos:orientation="horizontal">

    <Button
        ohos:id="$+id:button_get_info"
        ohos:height="match_content"
        ohos:width="match_content"
        ohos:background_element="#F76543"
        ohos:left_padding="10vp"
        ohos:text="Get Info"
        ohos:text_size="27fp"
        />

</DirectionalLayout>
```

界面预览效果如图 14-5 所示。

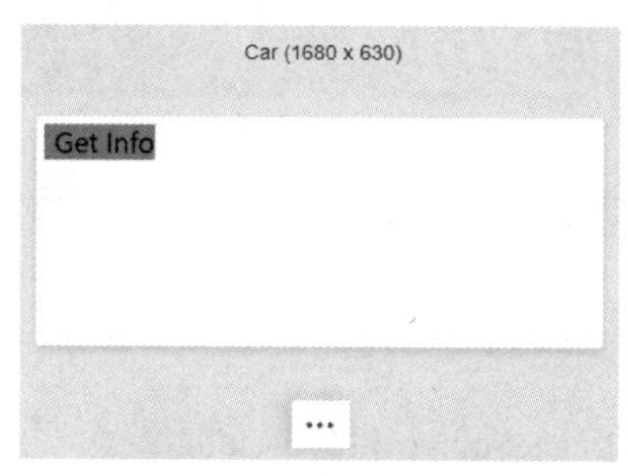

图14-5　界面预览效果

14.4.4　修改MainAbilitySlice

修改 MainAbilitySlice，代码如下：

```
package com.waylau.hmos.imagesourceexifutils.slice;

import com.waylau.hmos.imagesourceexifutils.ResourceTable;
import ohos.aafwk.ability.AbilitySlice;
import ohos.aafwk.content.Intent;
import ohos.agp.components.Button;
import ohos.global.resource.RawFileEntry;
import ohos.hiviewdfx.HiLog;
import ohos.hiviewdfx.HiLogLabel;
import ohos.media.image.ExifUtils;
import ohos.media.image.ImageSource;
import ohos.media.image.PixelMap;
import ohos.media.image.common.ImageInfo;
import ohos.utils.Pair;

import java.io.*;

public class MainAbilitySlice extends AbilitySlice {
    private static final String TAG = MainAbilitySlice.class.getSimpleName();
```

```
private static final HiLogLabel LABEL_LOG =
        new HiLogLabel(HiLog.LOG_App, 0x00001, TAG);

private ImageSource imageSource;
private PixelMap pixelMap;

@Override
public void onStart(Intent intent) {
    super.onStart(intent);
    super.setUIContent(ResourceTable.Layout_ability_main);

    Button buttonGetInfo =
            (Button) findComponentById(ResourceTable.Id_button_get_info);

    // 为按钮设置单击事件回调
    buttonGetInfo.setClickedListener(listener -> {
        try {
            getInfo();
        } catch (IOException e) {
            e.printStackTrace();
        }
    });
}

private void getInfo() throws IOException {
    // 获取图片
    RawFileEntry fileEntry = getResourceManager().
            getRawFileEntry("resources/base/media/IMG_20210219_175445.jpg");

    //获取文件大小
    int fileSize = (int) fileEntry.openRawFileDescriptor().getFileSize();

    //定义读取文件的字节
    byte[] fileData = new byte[fileSize];

    //读取文件字节
    fileEntry.openRawFile().read(fileData);

    imageSource = ImageSource.create(fileData, this.getSourceOptions());

    // 获取嵌入图像文件的缩略图的基本信息
    ImageInfo imageInfo = imageSource.getThumbnailInfo();
    HiLog.info(LABEL_LOG,"imageInfo: %{public}s", imageInfo);

    // 获取嵌入图像文件缩略图的原始数据
    byte[] imageThumbnailBytes = imageSource.getImageThumbnailBytes();
    HiLog.info(LABEL_LOG,"imageThumbnailBytes: %{public}s", imageThumb
     nailBytes);

    // 获取嵌入图像文件缩略图的格式
    int thumbnailFormat = imageSource.getThumbnailFormat();
    HiLog.info(LABEL_LOG,"thumbnailFormat: %{public}s", thumbnailFormat);

    // 获取嵌入图像文件的经纬度信息
    Pair<Float, Float> lat = ExifUtils.getLatLong(imageSource);
    HiLog.info(LABEL_LOG,"lat first: %{public}s", lat.f);
    HiLog.info(LABEL_LOG,"lat second: %{public}s", lat.s);

    // 获取嵌入图像文件的海拔信息
```

```
        double defaultValue = 100;
        double altitude = ExifUtils.getAltitude(imageSource, defaultValue);
        HiLog.info(LABEL_LOG,"altitude: %{public}s", altitude);
    }

    // 设置数据源的格式信息
    private ImageSource.SourceOptions getSourceOptions() {
        ImageSource.SourceOptions sourceOptions = new ImageSource.SourceOp
         tions();
        sourceOptions.formatHint ="image/jpeg";

        return sourceOptions;
    }

    @Override
    protected void onStop() {
        super.onStop();
        if (imageSource != null) {
            // 释放资源
            imageSource.release();
        }
    }

    @Override
    public void onForeground(Intent intent) {
        super.onForeground(intent);
    }
}
```

上述代码中：

（1）在按钮上设置了单击事件，以触发获取图像属性信息的操作。

（2）通过 ImageSource 的主要接口获取嵌入图像文件的缩略图的基本信息、原始数据和格式。

（3）通过 ExifUtils 的主要接口获取嵌入图像文件的经纬度信息和海拔信息。

14.4.5 运行

运行应用，单击 Get Info 按钮，控制台输出内容如下：

```
02-20 16:01:44.045 2947-2947/com.waylau.hmos.imagesourceexifutils I 00001/
 MainAbilitySlice: imageInfo: ohos.media.image.common.ImageInfo@b982677
02-20 16:01:44.045 2947-2947/com.waylau.hmos.imagesourceexifutils I 00001/
 MainAbilitySlice: imageThumbnailBytes: [B@28ad2e4
02-20 16:01:44.046 2947-2947/com.waylau.hmos.imagesourceexifutils I 00001/
 MainAbilitySlice: thumbnailFormat: 3
02-20 16:01:44.047 2947-2947/com.waylau.hmos.imagesourceexifutils I 00001/
 MainAbilitySlice: lat first: 23.081373
02-20 16:01:44.047 2947-2947/com.waylau.hmos.imagesourceexifutils I 00001/
 MainAbilitySlice: lat second: 114.40377
02-20 16:01:44.047 2947-2947/com.waylau.hmos.imagesourceexifutils I 00001/
 MainAbilitySlice: altitude: 100.0
```

第15章 相机

HarmonyOS 相机模块支持相机业务的开发，开发者可以通过已开放的接口实现相机硬件的访问、操作和新功能开发。

15.1 相机概述

HarmonyOS 相机模块支持相机业务的开发，开发者可以通过已开放的接口实现相机硬件的访问、操作和新功能开发，常见的操作如预览、拍照、连拍和录像等。

15.1.1 基本概念

相机业务的开发中，基本的概念如下。

（1）相机静态能力：用于描述相机的固有能力的一系列参数，如朝向、支持的分辨率等信息。

（2）物理相机：独立的实体摄像头设备。物理相机 ID 是用于标志每个物理摄像头的唯一字串。

（3）逻辑相机：多个物理相机组合而成的抽象设备。逻辑相机通过同时控制多个物理相机设备来完成相机的某些功能，如大光圈、变焦等。逻辑相机 ID 是一个唯一的字符串，标识多个物理相机的抽象能力。

（4）帧捕获：相机启动后对帧的捕获动作，主要包含单帧捕获、多帧捕获和循环帧捕获。

①单帧捕获：相机启动后，在帧数据流中捕获一帧数据，常用于普通拍照。

②多帧捕获：相机启动后，在帧数据流中连续捕获多帧数据，常用于连拍。

③循环帧捕获：相机启动后，在帧数据流中一直捕获帧数据，常用于预览和录像。

15.1.2 约束与限制

开发相机业务主要的约束与限制如下。

（1）在同一时刻只能有一个相机应用在运行中。

（2）相机模块内部有状态控制，开发者必须按照指导文档中的流程进行接口的顺序调用，否则可能会出现调用失败等问题。

（3）为了开发的相机应用拥有更好的兼容性，在创建相机对象或者参数相关设置前必须进行能力查询。

15.1.3 相机开发流程

相机模块的主要工作是给相机应用开发者提供基本的相机 API 接口，用于使用相机系统的功能，进行相机硬件的访问、操作和新功能开发。相机的开发流程如图 15-1 所示。

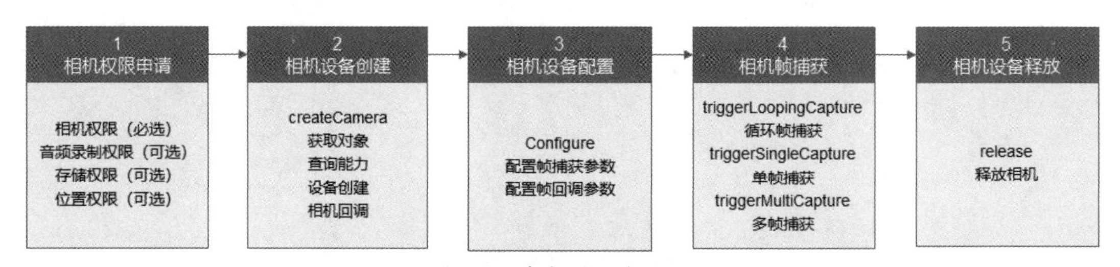

图15-1　相机的开发流程

15.1.4 核心接口

相机模块为相机应用开发者提供了 3 个包的内容，包括方法、枚举及常量 / 变量，方便开发者更容易地实现相机功能。其核心接口如下。

（1）ohos.media.camera.CameraKit：相机功能入口类，获取当前支持的相机列表及其静态能力信息，创建相机对象。

（2）ohos.media.camera.device：相机设备操作类，提供相机能力查询、相机配置、相机帧捕获、相机状态回调等功能。

（3）ohos.media.camera.params：相机参数类，提供相机属性、参数和操作结果的定义。

15.1.5 相机权限

在使用相机之前，需要申请相机的相关权限，保证应用拥有相机硬件及其他功能权限。

相机涉及的权限如下。

（1）相机权限：ohos.permission.CAMERA，必选

（2）录音权限：ohos.permission.MICROPHONE，可选（需要录像时申请）。

（3）存储权限：ohos.permission.WRITE_USER_STORAGE，可选（需要保存图像及视频到设备的外部存储时申请）。

（4）位置权限：ohos.permission.LOCATION，可选（需要保存图像及视频位置信息时申请）。

15.2 实战：创建相机设备

本节将演示创建相机设备。

15.2.1 接口说明

CameraKit 类是相机的入口 API 类，用于获取相机设备特性、打开相机，其接口如下。

（1）createCamera(String cameraId, CameraStateCallback callback, EventHandler handler)：创建相机对象。

（2）getCameraAbility(String cameraId)：获取指定逻辑相机或物理相机的静态能力。

（3）getCameraIds()：获取当前逻辑相机列表。

（4）getCameraInfo(String cameraId)：获取指定逻辑相机信息。

（5）getInstance(Context context)：获取 CameraKit 实例。

（6）registerCameraDeviceCallback(CameraDeviceCallback callback, EventHandler handler)：注册相机使用状态回调。

（7）unregisterCameraDeviceCallback(CameraDeviceCallback callback)：注销相机使用状态回调。

15.2.2 创建应用

为了演示相机设备的功能，创建一个名为 CameraKit 的 Phone 设备类型的应用。在应用界面上，通过单击按钮触发相机设备的操作。

15.2.3 声明相机权限

修改配置文件，声明相机权限，代码如下：

```
// 声明权限
"reqPermissions": [
    {
   "name":"ohos.permission.CAMERA"
    }
]
```

同时，在应用启动时显式声明相机权限，代码如下：

```
package com.waylau.hmos.camerakit;

import com.waylau.hmos.camerakit.slice.MainAbilitySlice;
import ohos.aafwk.ability.Ability;
import ohos.aafwk.content.Intent;

import java.util.ArrayList;
import java.util.List;

public class MainAbility extends Ability {
    @Override
    public void onStart(Intent intent) {
        super.onStart(intent);
        super.setMainRoute(MainAbilitySlice.class.getName());

        // 显式声明需要使用的权限
        requestPermission();
    }

    // 显式声明需要使用的权限
    private void requestPermission() {
        String[] permission = {
                "ohos.permission.CAMERA"};
        List<String> applyPermissions = new ArrayList<>();
        for (String element : permission) {
            if (verifySelfPermission(element) != 0) {
                if (canRequestPermission(element)) {
                    applyPermissions.add(element);
                }
            }
        }
        requestPermissionsFromUser(applyPermissions.toArray(new String[0]), 0);
    }
}
```

15.2.4　修改ability_main.xml

修改 ability_main.xml，代码如下：

```
<?xml version="1.0" encoding="utf-8"?>
<DirectionalLayout
    xmlns:ohos="http://schemas.huawei.com/res/ohos"
    ohos:id="$+id:layout"
    ohos:height="match_parent"
    ohos:width="match_parent"
    ohos:orientation="vertical"
    >

    <Button
        ohos:id="$+id:button_create_camera"
        ohos:height="match_content"
        ohos:width="match_content"
        ohos:background_element="#F76543"
        ohos:layout_alignment="horizontal_center"
        ohos:text="Get Camera"
        ohos:text_size="50"
        />

</DirectionalLayout>
```

界面预览效果如图 15-2 所示。

图15-2　界面预览效果

上述代码设置了 Get Camera 按钮，以备设置单击事件，触发创建相机的操作。

15.2.5　修改MainAbilitySlice

修改 MainAbilitySlice，代码如下：

```
package com.waylau.hmos.camerakit.slice;
```

```
import com.waylau.hmos.camerakit.ResourceTable;
import ohos.aafwk.ability.AbilitySlice;
import ohos.aafwk.content.Intent;
import ohos.agp.components.Button;
import ohos.eventhandler.EventHandler;
import ohos.eventhandler.EventRunner;
import ohos.hiviewdfx.HiLog;
import ohos.hiviewdfx.HiLogLabel;
import ohos.media.camera.CameraKit;
import ohos.media.camera.device.*;
import ohos.utils.zson.ZSONObject;

public class MainAbilitySlice extends AbilitySlice {
    private static final String TAG = MainAbilitySlice.class.getSimpleName();
    private static final HiLogLabel LABEL_LOG =
            new HiLogLabel(HiLog.LOG_App, 0x00001, TAG);

    // 相机
    private Camera cameraDevice;
    // 相机创建和相机运行时的回调
    private CameraStateCallbackImpl cameraStateCallback = new CameraState
     CallbackImpl();
    // 执行回调的 EventHandler
    private EventHandler eventHandler = new EventHandler(EventRunner.cre
     ate("CameraCb"));

    @Override
    public void onStart(Intent intent) {
        super.onStart(intent);
        super.setUIContent(ResourceTable.Layout_ability_main);

        Button buttonCreateCamera =
                (Button) findComponentById(ResourceTable.Id_button_create_camera);

        // 为按钮设置单击事件回调
        buttonCreateCamera.setClickedListener(listener -> createCamera());
    }

    private void createCamera() {
        // 获取 CameraKit 对象
        openCamera();
    }

    private void openCamera() {
        // 获取 CameraKit 对象
        CameraKit cameraKit = CameraKit.getInstance(this);
        if (cameraKit != null) {
            try {
                // 获取当前设备的逻辑相机列表
                String[] cameraIds = cameraKit.getCameraIds();
                if (cameraIds.length <= 0) {
                    HiLog.error(LABEL_LOG,"cameraIds size is 0");
                } else {
                    for (String cameraId : cameraIds) {
                        CameraInfo cameraInfo = cameraKit.getCameraInfo(cameraId);
                        HiLog.info(LABEL_LOG,
                                "cameraId: %{public}s, CameraInfo:  %{public}s",
                                 cameraId, ZSONObject.toZSONString(cameraInfo));
```

```
                CameraAbility cameraAbility = cameraKit.getCameraA
                 bility(cameraId);
                HiLog.info(LABEL_LOG,
                        "cameraId: %{public}s, CameraAbility:  %{public}s",
                         cameraId, ZSONObject.toZSONString(cameraAbility));
            }
        }

        // 相机创建和相机运行时的回调
        if (cameraStateCallback == null) {
            HiLog.error(LABEL_LOG,"cameraStateCallback is null");
        }

        // 执行回调的 EventHandler
        if (eventHandler == null) {
            HiLog.error(LABEL_LOG,"eventHandler is null");
        }

        // 创建相机设备
        cameraKit.createCamera(cameraIds[1], cameraStateCallback,
         eventHandler);
    } catch (IllegalStateException e) {
        // 处理异常
        HiLog.error(LABEL_LOG,"exception %{public}s", e.getMessage());

    }
  }
}

@Override
protected void onStop() {
    super.onStop();

    // 释放资源
    releaseCamera();
}


@Override
public void onActive() {
    super.onActive();
}

@Override
public void onForeground(Intent intent) {
    super.onForeground(intent);
}

private final class CameraStateCallbackImpl extends CameraStateCallback {
    @Override
    public void onCreated(Camera camera) {
        // 创建相机设备
        HiLog.info(LABEL_LOG,"Camera onCreated");
    }

    @Override
    public void onConfigured(Camera camera) {
        // 配置相机设备
        HiLog.info(LABEL_LOG,"Camera onConfigured");
```

```
        }

        @Override
        public void onPartialConfigured(Camera camera) {
            // 当使用 addDeferredSurfaceSize 配置相机时，会接到此回调
            HiLog.info(LABEL_LOG,"Camera onPartialConfigured");
        }

        @Override
        public void onReleased(Camera camera) {
            // 释放相机设备
            HiLog.info(LABEL_LOG,"Camera onReleased");
        }

        @Override
        public void onFatalError(Camera camera, int errorCode) {
            HiLog.info(LABEL_LOG,"Camera onFatalError, errorCode: %{pub
             lic}s", errorCode);
        }

        @Override
        public void onCreateFailed(String cameraId, int errorCode) {
            HiLog.info(LABEL_LOG,"Camera onCreateFailed, errorCode: %{pub
             lic}s", errorCode);
        }

    }

    private void releaseCamera() {
        if (camera != null) {
            // 关闭相机和释放资源
            camera.release();
            camera = null;
        }
    }
}
```

上述代码中：

（1）在 Button 上设置了单击事件，以触发 createCamera() 方法的执行。

（2）openCamera() 方法中，通过 CameraKit.getInstance(Context context) 方法获取唯一的 CameraKit 对象。如果此步骤操作失败，则相机可能被占用或无法使用。如果被占用，则必须等到相机释放后才能重新获取 CameraKit 对象。

（3）通过 getCameraIds() 方法获取当前使用的设备支持的逻辑相机列表。逻辑相机列表中存储了当前设备拥有的所有逻辑相机 ID，如果列表不为空，则列表中的每个 ID 都支持独立创建相机对象；否则，则说明正在使用的设备无可用的相机，不能继续后续的操作。

（4）遍历 cameraIds 数组，并在日志中记录相机的信息。这些信息对象通过 ZSONObject 转换为 JSON 格式的字符串，方便在日志中查看。

（5）通过 createCamera(String cameraId, CameraStateCallback callback, EventHandler handler) 方法创建相机对象，此步骤执行成功意味着相机系统的硬件已经完成了上电。其中，第一个参数 cameraId 可以是上一步获取的逻辑相机列表中的任何一个相机 ID；第二和第三个参数负责相机创建和相机运行时的数据和状态检测，必须保证在整个相机运行周期内有效。

至此，相机设备的创建已经完成。相机设备创建成功后，会在 CameraStateCallback 中触发 onCreated(Camera camera) 回调。在进入相机设备配置前，应确保相机设备已经创建成功，否则会触发相机设备创建失败的回调，并返回错误码，需要进行错误处理后重新执行相机设备的创建。

15.2.6 运行

运行应用后，单击“Get Camera”按钮，则控制台输出内容如下：

```
02-09 21:26:54.739 25112-25112/com.waylau.hmos.camerakit I 00001/MainAbili
 tySlice: cameraId: 0, CameraInfo: {"facingType":1,"logicalCameraAvaila
 ble":true,"logicalId":"0","physicalIdList":["0"]}
02-09 21:26:54.742 25112-25112/com.waylau.hmos.camerakit I 00001/MainAbili
 tySlice: cameraId: 0, CameraAbility: {"cameraId":"0","logicalCamera":false,"
 physicalCameraIds":[],"supportedAeMode":[0,1],"supportedAfMode":[2,1],"sup
 portedAwbMode":[0,1],"supportedFaceDetection":[],"supportedFlashMode":[],"sup
 portedFormats":[2,3],"supportedParameters": [{"name":"ohos.camera. im
 ageCompressionQuality"},{"name":"ohos. camera.imageMirror"},{"name":"ohos.
 camera.videoStabilization"}, {"name":"ohos.camera.exposureFps Range"},
 {"name":"ohos.camera.autoZoom"},{"name":"ohos.camera.faceAe"},{"name":"o
 hos.camera. vendorCustom"},{"name":"ohos.camera.zoom"},{"name":"ohos.cam
 era.aeMode"},{"name":"ohos.camera.aeRegion"},{"name":"ohos. camera.aeTrig
 ger"},{"name":"ohos.camera.afMode"},{"name":"ohos. camera.afRegion"},
 {"name":"ohos.camera.afTrigger"},{"name":"ohos.camera.awbMode"}, {"name":
 "ohos.camera.awbRegion"},{"name":"ohos.camera.flashMode"},{"name":"ohos.
 camera.faceDetectionType"},{"name":"ohos.camera.imageRotation"},{"name":
 "ohos.camera.location"},{"name":"ohos.camera.captureMirrorMode"},{"name":
 "ohos.camera.faceBeautyM
02-09 21:26:54.742 25112-25112/com.waylau.hmos.camerakit I 00001/MainAbili
 tySlice: cameraId: 1, CameraInfo: {"facingType":0,"logicalCameraAvaila
 ble":false,"logicalId":"1","physicalIdList":["1"]}
02-09 21:26:54.745 25112-25112/com.waylau.hmos.camerakit I 00001/MainAbili
 tySlice: cameraId: 1, CameraAbility: {"cameraId":"1","logicalCamera":false,"
 physicalCameraIds":[],"supportedAeMode":[0,1],"supportedAfMode":[],"sup
 portedAwbMode":[0,1],"supportedFaceDetection":[],"supportedFlashMode":[],"sup
 portedFormats":[2,3],"supportedParameters":[{"name":"ohos.camera.imageCom
 pressionQuality"},{"name":"ohos. camera.imageMirror"},{"name":"ohos.cam
 era.videoStabilization"}, {"name":"ohos.camera.exposureFpsRange"}, {"name":
 "ohos.camera. autoZoom"},{"name":"ohos.camera.faceAe"},{"name":"ohos.
 camera. vendorCustom"},{"name":"ohos.camera.zoom"},{"name":"ohos.cam era.
 aeMode"},{"name":"ohos.camera.aeRegion"},{"name":"ohos. camera.aeTrig
 ger"},{"name":"ohos.camera.afMode"},{"name":"ohos. camera.afRegion"},{"name":
 "ohos.camera.afTrigger"},{"name":"ohos.camera.awbMode"},{"name":"ohos.
 camera.awbRegion"},{"name":"ohos.camera.flashMode"},{"name":"ohos.camera.
 faceDetectionType"},{"name":"ohos.camera.imageRotation"},{"name":"ohos.
 camera.loca tion"},{"name":"ohos.camera.captureMirrorMode"},{"name":"ohos.
 camera.faceBeautyMode
02-09 21:26:54.748 25112-28744/com.waylau.hmos.camerakit I 00001/MainAbili
 tySlice: Camera onFatalError, errorCode: -6
02-09 21:26:54.772 25112-28744/com.waylau.hmos.camerakit I 00001/MainAbili
 tySlice: Camera onReleased
02-09 21:26:54.776 25112-28744/com.waylau.hmos.camerakit I 00001/MainAbili
 tySlice: Camera onCreated
```

15.3 实战：配置相机设备

创建相机设备成功后，在 CameraStateCallback 中会触发 onCreated(Camera camera) 回调，并且带回 Camera 对象，用于执行相机设备的操作。

当一个新的相机设备成功创建后，首先需要对相机进行配置，调用 configure(CameraConfig) 方法实现配置。相机配置主要是设置预览、拍照、录像用到的 Surface(详见 ohos.agp.graphics.Surface)，如果没有配置 Surface，则相应的功能不能使用。

为了进行相机帧捕获结果的数据和状态检测，还需要在相机配置时调用 setFrameStateCallback(-FrameStateCallback, EventHandler) 方法设置帧回调。

15.3.1 添加类变量

修改 MainAbilitySlice，添加如下类变量：

```
// 图像帧数据接收处理对象
private ImageReceiver imageReceiver;

// 配置预览的 Surface
private Surface previewSurface;
private FrameConfig.Builder frameConfigBuilder;
private CameraConfig.Builder cameraConfigBuilder;
private FrameStateCallbackImpl frameStateCallbackImpl = new FrameStateCallbackImpl();
private SurfaceProvider surfaceProvider;
```

其中，FrameStateCallbackImpl 为内部类。

15.3.2 新增FrameStateCallbackImpl

为了进行相机帧捕获结果的数据和状态检测，需要新增 FrameStateCallbackImpl 内部类。该类继承自 FrameStateCallback，代码如下：

```
private final class FrameStateCallbackImpl extends FrameStateCallback {
   @Override
   public void onFrameStarted(Camera camera, FrameConfig frameConfig, long
    frameNumber, long timestamp) {
       // 开始帧捕获时触发回调
       HiLog.info(LABEL_LOG,"onFrameStarted");
   }

   @Override
   public void onFrameFinished(Camera camera, FrameConfig frameConfig,
    FrameResult frameResult) {
       // 当帧捕获完成并且所有结果都可用时调用
       HiLog.info(LABEL_LOG,"onFrameFinished");
   }

   @Override
   public void onFrameProgressed(Camera camera, FrameConfig frameConfig,
    FrameResult frameResult) {
       // 在帧捕获期间有部分结果时调用
       HiLog.info(LABEL_LOG,"onFrameProgressed");
```

```
    }

    @Override
    public void onFrameError(Camera camera, FrameConfig frameConfig, int
     errorCode, FrameResult frameResult) {
        // 在帧捕获过程中发生错误时调用
        HiLog.info(LABEL_LOG,"onFrameError");
    }

    @Override
    public void onCaptureTriggerStarted(Camera camera, int captureTrigger
     Id, long firstFrameNumber) {
        // 在启动触发器的帧捕获时调用
        HiLog.info(LABEL_LOG,"onCaptureTriggerStarted");
    }

    @Override
    public void onCaptureTriggerFinished(Camera camera, int captureTrigger
     Id, long lastFrameNumber) {
        // 当触发的帧捕获动作完成时调用
        HiLog.info(LABEL_LOG,"onCaptureTriggerFinished");
    }

    @Override
    public void onCaptureTriggerInterrupted(Camera camera, int captureTriggerId) {
        // 当已触发的帧捕获动作提前停止时调用
        HiLog.info(LABEL_LOG,"onCaptureTriggerInterrupted");
    }
}
```

15.3.3　修改onStart()方法

修改 onStart 方法，新增初始化预览的 Surface 的方法 initSurface()，代码如下：

```
@Override
public void onStart(Intent intent) {
    super.onStart(intent);
    super.setUIContent(ResourceTable.Layout_ability_main);

    // 初始化预览的 Surface
    initSurface();

    Button buttonCreateCamera =
            (Button) findComponentById(ResourceTable.Id_button_create_camera);

    // 为按钮设置单击事件回调
    buttonCreateCamera.setClickedListener(listener -> createCamera());
}
```

initSurface() 方法实现如下：

```
private void initSurface() {
    // 获取组件对象
    DirectionalLayout stackLayout = (DirectionalLayout) findComponentById
     (ResourceTable.Id_layout);
    surfaceProvider = new SurfaceProvider(getContext());
    // 放在 AGP 容器组件的顶层
```

```
    surfaceProvider.pinToZTop(true);
    // 设置样式
    DirectionalLayout.LayoutConfig layoutConfig = new DirectionalLayout.LayoutConfig();
    layoutConfig.alignment = LayoutAlignment.CENTER;
    layoutConfig.setMarginBottom(55);
    // 根据比例设置相机长宽值
    layoutConfig.width = 1000;
    layoutConfig.height = 1000;
    surfaceProvider.setLayoutConfig(layoutConfig);
    // 将组件添加到容器中
    stackLayout.addComponent(surfaceProvider);
    // 获取 SurfaceOps 对象
    SurfaceOps surfaceOps = surfaceProvider.getSurfaceOps().get();
    // 设置像素格式
    surfaceOps.setFormat(ImageFormat.JPEG);
    // 设置屏幕一直打开
    surfaceOps.setKeepScreenOn(true);
    // 添加回调
    surfaceOps.addCallback(new SurfaceOpsCallBack());

    // 创建 ImageReceiver 对象， 注意 create() 函数中宽度要大于高度； 5 为最大支持的图
    // 像数，应根据实际进行设置
    imageReceiver = ImageReceiver.create(100,100, ImageFormat.JPEG, 5);

}
```

上述代码添加了回调 SurfaceOpsCallBack。SurfaceOpsCallBack() 方法实现如下：

```
private class SurfaceOpsCallBack implements SurfaceOps.Callback {

    @Override
    public void surfaceCreated(SurfaceOps surfaceOps) {
        HiLog.info(LABEL_LOG,"surfaceCreated");

        // 获取 surface 对象
        previewSurface = surfaceOps.getSurface();
    }

    @Override
    public void surfaceChanged(SurfaceOps surfaceOps, int i, int i1, int i2) {
        HiLog.info(LABEL_LOG,"surfaceChanged");
    }

    @Override
    public void surfaceDestroyed(SurfaceOps surfaceOps) {
        HiLog.info(LABEL_LOG,"surfaceDestroyed");
    }
}
```

上述回调用于获取配置预览的 Surface 对象。

15.3.4 修改onCreated()方法

修改 CameraStateCallbackImpl 的 onCreated() 方法，代码如下：

```
@Override
public void onCreated(Camera camera) {
    // 创建相机设备
```

```
    HiLog.info(LABEL_LOG,"Camera onCreated");

    cameraConfigBuilder = camera.getCameraConfigBuilder();
    if (cameraConfigBuilder == null) {
        HiLog.error(LABEL_LOG,"onCreated cameraConfigBuilder is null");
        return;
    }

    // 配置预览的 Surface
    cameraConfigBuilder.addSurface(previewSurface);
    // 配置拍照的 Surface
    cameraConfigBuilder.addSurface(imageReceiver.getRecevingSurface());
    // 配置帧结果的回调
    cameraConfigBuilder.setFrameStateCallback(frameStateCallbackImpl, eventHandler);

    try {
        // 相机设备配置
        camera.configure(cameraConfigBuilder.build());
    } catch (IllegalArgumentException e) {
        HiLog.error(LABEL_LOG,"Argument Exception");
    } catch (IllegalStateException e) {
        HiLog.error(LABEL_LOG,"State Exception");
    }
}
```

上述代码在相机创建之后，需要配置预览的 Surface、拍照的 Surface 及帧结果的回调。

15.3.5　运行

运行应用，界面运行效果如图 15-3 所示，可以看到预览的 Surface。

图15-3　界面运行效果

15.4 实战：捕获相机帧

Camera 操作类包括相机预览、录像、拍照等功能接口。

15.4.1 接口说明

Camera 的主要接口如下。

- triggerSingleCapture(FrameConfig frameConfig)：启动相机帧的单帧捕获。
- triggerMultiCapture(List frameConfigs)：启动相机帧的多帧捕获。
- configure(CameraConfig config)：配置相机。
- flushCaptures()：停止并清除相机帧的捕获，包括循环帧、单帧、多帧捕获。
- getCameraConfigBuilder()：获取相机配置构造器对象。
- getCameraId()：获取当前相机的 ID。
- getFrameConfigBuilder(int type)：获取指定类型的相机帧配置构造器对象。
- release()：释放相机对象及资源。
- triggerLoopingCapture(FrameConfig frameConfig)：启动或者更新相机帧的循环捕获。
- stopLoopingCapture()：停止当前相机帧的循环捕获。

15.4.2 启动预览（循环帧捕获）

用户一般是先看见预览画面才执行拍照或者其他功能，所以对于一个普通的相机应用，预览是必不可少的。启动预览的步骤如下。

（1）通过 getFrameConfigBuilder(FRAME_CONFIG_PREVIEW) 方法获取预览配置模板。

（2）通过 triggerLoopingCapture(FrameConfig) 方法实现循环帧捕获（如预览、录像）。

新增类变量，代码如下：

```
private FrameConfig previewFrameConfig;
```

修改 onConfigured() 方法，代码如下：

```
import static ohos.media.camera.device.Camera.FrameConfigType.FRAME_CONFIG_
 PREVIEW;

@Override
public void onConfigured(Camera camera) {
    // 配置相机设备
    HiLog.info(LABEL_LOG,"Camera onConfigured");

    // 获取预览配置模板
    frameConfigBuilder = camera.getFrameConfigBuilder(FRAME_CONFIG_PREVIEW);
    // 配置预览 Surface
    frameConfigBuilder.addSurface(previewSurface);
    previewFrameConfig = frameConfigBuilder.build();
    try {
        // 启动循环帧捕获
        camera.triggerLoopingCapture(previewFrameConfig);
```

```
        // 设置类变量
        cameraDevice = camera;
    } catch (IllegalArgumentException e) {
        HiLog.error(LABEL_LOG,"Argument Exception");
    } catch (IllegalStateException e) {
        HiLog.error(LABEL_LOG,"State Exception");
    }
}
```

15.4.3　释放资源

为了能释放资源，修改 releaseCamera() 方法，代码如下：

```
private void releaseCamera() {
    if (camera != null) {
        // 关闭相机和释放资源
        camera.release();
        camera = null;
    }

    // 拍照配置模板置空
    frameConfigBuilder = null;
    // 预览配置模板置空
    previewFrameConfig = null;
}
```

15.4.4　运行

经过以上操作，相机应用已经可以正常进行实时预览。运行应用，单击 Get Camera 按钮，界面运行效果如图 15-4 所示，可以看到相机预览的画面。

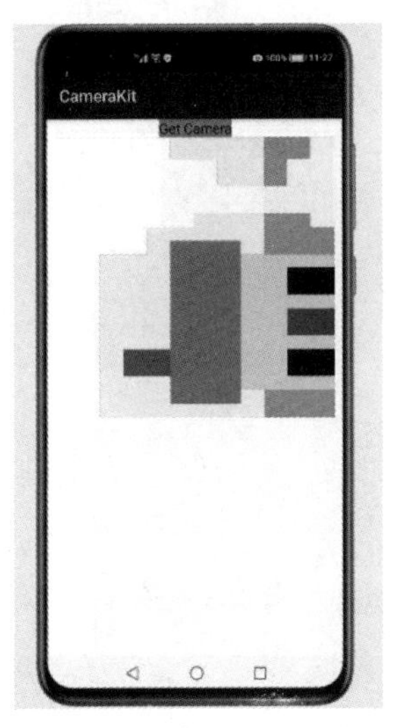

图15-4　界面运行效果

15.4.5 实现拍照（单帧捕获）

拍照的步骤如下。

（1）通过 getFrameConfigBuilder(FRAME_CONFIG_PICTURE) 方法获取拍照配置模板，并且设置拍照帧配置。

（2）拍照前准备图像帧数据的接收实现。

（3）通过 triggerSingleCapture(FrameConfig) 方法实现单帧捕获（如拍照）。

修改 ability_main.xml，增加如下内容：

```
<Button
    ohos:id="$+id:button_single_capture"
    ohos:height="match_content"
    ohos:width="match_content"
    ohos:background_element="#F76543"
    ohos:layout_alignment="horizontal_center"
    ohos:text="Single Capture"
    ohos:text_size="50"
    />
```

其中，Single Capture 按钮用于触发实现单帧捕获的方法。

修改 onStart() 方法，增加 Single Capture 按钮的事件处理，代码如下：

```
@Override
public void onStart(Intent intent) {
    super.onStart(intent);
    super.setUIContent(ResourceTable.Layout_ability_main);

    // 初始化预览的 Surface
    initSurface();

    Button buttonCreateCamera =
            (Button) findComponentById(ResourceTable.Id_button_create_camera);

    // 为按钮设置单击事件回调
    buttonCreateCamera.setClickedListener(listener -> createCamera());

    Button buttonSingleCapture =
            (Button) findComponentById(ResourceTable.Id_button_single_capture);

    // 为按钮设置单击事件回调
    buttonSingleCapture.setClickedListener(listener -> capture());
}
```

capture() 方法实现如下：

```
import static ohos.media.camera.device.Camera.FrameConfigType.FRAME_CONFIG_
 PICTURE;

private FrameConfig.Builder framePictureConfigBuilder;

private void capture() {
    // 获取照片前准备
    captureInit();

    // 获取拍照配置模板
    framePictureConfigBuilder = cameraDevice.getFrameConfigBuilder(FRAME_CON
```

```
    FIG_PICTURE);

    // 配置拍照 Surface
    framePictureConfigBuilder.addSurface(imageReceiver.getRecevingSurface());
    // 配置拍照其他参数
    framePictureConfigBuilder.setImageRotation(90);
    try {
        // 启动单帧捕获（拍照）
        cameraDevice.triggerSingleCapture(framePictureConfigBuilder.build());
    } catch (IllegalArgumentException e) {
        HiLog.error(LABEL_LOG,"Argument Exception");
    } catch (IllegalStateException e) {
        HiLog.error(LABEL_LOG,"State Exception");
    }
}
```

其中，captureInit() 方法实现如下：

```
private void captureInit() {
    imageReceiver.setImageArrivalListener(imageArrivalListener);
}

// 单帧捕获生成图像回调 Listener
private final ImageReceiver.IImageArrivalListener imageArrivalListener = new
 ImageReceiver.IImageArrivalListener() {
    @Override
    public void onImageArrival(ImageReceiver imageReceiver) {
        // 创建相机设备
        HiLog.info(LABEL_LOG,"onImageArrival");

        StringBuffer fileName = new StringBuffer("picture_");
        fileName.append(UUID.randomUUID()).append(".jpg");
        // 定义生成图片文件名

        // 获取数据目录
        File dataDir = new File(getExternalCacheDir().toString());
        if (!dataDir.exists()) {
            dataDir.mkdirs();
        }

        // 构建目标文件
        String dirFile = dataDir.toString();

        File myFile = new File(dirFile, fileName.toString()); // 创建图片文件
        ImageSaver imageSaver = new ImageSaver(imageReceiver.readNextIm
         age(), myFile); // 创建一个读写线程任务，用于保存图片
        eventHandler.postTask(imageSaver); // 执行读写线程任务，生成图片
    }
};

// 保存图片、图片数据读写及图像生成见 run() 方法
class ImageSaver implements Runnable {
    private final Image myImage;
    private final File myFile;

    ImageSaver(Image image, File file) {
        myImage = image;
        myFile = file;
    }
```

```
    @Override
    public void run() {
        Image.Component component = myImage.getComponent(ImageFormat.Compo
         nentType.JPEG);
        byte[] bytes = new byte[component.remaining()];
        component.read(bytes);
        FileOutputStream output = null;
        try {
            output = new FileOutputStream(myFile);
            output.write(bytes); // 写图像数据
            output.flush();

            File dataDir = new File(getExternalCacheDir().toString());
            HiLog.info(LABEL_LOG,"dateDir list:", dataDir.list());
        } catch (IOException e) {
            HiLog.error(LABEL_LOG,"save picture occur exception!");
        } finally {
            myImage.release();
            if (output != null) {
                try {
                    output.close(); // 关闭流
                } catch (IOException e) {
                    HiLog.error(LABEL_LOG,"image release occur exception!");
                }
            }
        }
    }
}
```

上述方法主要是设置了单帧捕获生成图像回调监听器，创建一个读写线程任务，用于保存图片。

15.4.6 声明存储权限

修改配置文件，声明存储图片的权限，代码如下：

```
// 声明权限
"reqPermissions": [
    {
   "name":"ohos.permission.CAMERA"
    },
    {
   "name":"ohos.permission.WRITE_USER_STORAGE"
    }
]
```

同时，在应用启动时显式声明存储图片的权限，代码如下：

```
package com.waylau.hmos.camerakit;

import com.waylau.hmos.camerakit.slice.MainAbilitySlice;
import ohos.aafwk.ability.Ability;
import ohos.aafwk.content.Intent;

import java.util.ArrayList;
import java.util.List;
```

```
public class MainAbility extends Ability {
    @Override
    public void onStart(Intent intent) {
        super.onStart(intent);
        super.setMainRoute(MainAbilitySlice.class.getName());

        // 显式声明需要使用的权限
        requestPermission();
    }

    // 显式声明需要使用的权限
    private void requestPermission() {
        String[] permission = {
                "ohos.permission.CAMERA",
                "ohos.permission.WRITE_USER_STORAGE"};
        List<String> applyPermissions = new ArrayList<>();
        for (String element : permission) {
            if (verifySelfPermission(element) != 0) {
                if (canRequestPermission(element)) {
                    applyPermissions.add(element);
                }
            }
        }
        requestPermissionsFromUser(applyPermissions.toArray(new String[0]),
0);
    }
}
```

15.4.7　运行

运行应用，先单击 Get Camera 按钮，再单击 Single Capture 按钮，界面运行效果如图 15-5 所示，可以看到相机预览和拍照的画面。

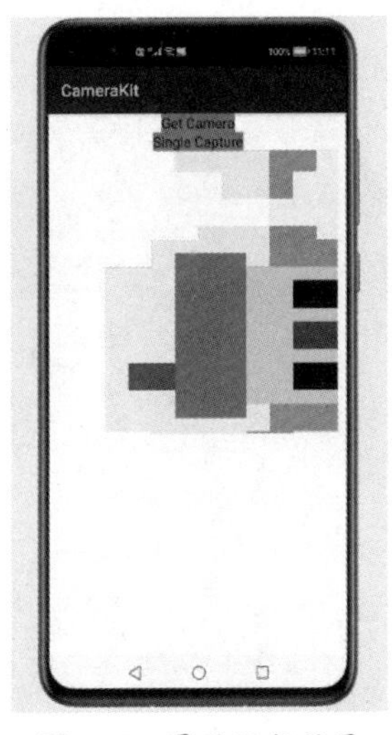

图15-5　界面运行效果

第16章 音频

HarmonyOS 音频模块支持音频业务的开发，提供音频相关的功能。

16.1 音频概述

HarmonyOS 音频模块支持音频业务的开发，提供音频相关的功能，主要包括音频播放、音频采集、音量管理和短音播放等。

1. 基本概念

音频业务的开发主要涉及以下核心概念。

（1）采样：将连续时域上的模拟信号按照一定的时间间隔采样，获取离散时域上离散信号的过程。

（2）采样率：每秒从连续信号中提取并组成离散信号的采样次数，单位用赫兹（Hz）表示。通常人耳能听到频率范围为 20Hz ~ 20kHz 的声音。常用的音频采样频率有 8kHz、11.025kHz、22.05kHz、16kHz、37.8kHz、44.1kHz、48kHz、96kHz、192kHz 等。

（3）声道：声音在录制或播放时在不同空间位置采集或回放的相互独立的音频信号，所以声道数即声音录制时的音源数量或回放时相应的扬声器数量。

（4）音频帧：音频数据是流式的，本身没有明确的一帧帧的概念，在实际应用中，为了音频算法处理 / 传输的方便，一般约定俗成取 2.5ms ~ 60ms 为单位的数据量为一帧音频。该时间称为采样时间，其长度没有特别的标准，是根据编解码器和具体应用的需求来决定的。

（5）PCM（Pulse Code Modulation，脉冲编码调制）：一种将模拟信号数字化的方法是，将时间连续、取值连续的模拟信号转换成时间离散、抽样值离散的数字信号的过程。

（6）短音：以源于应用程序包内的资源或者文件系统里的文件为样本，将其解码成一个 16bit 单声道或者立体声的 PCM 流并加载到内存中，这使得应用程序可以直接用压缩数据流同时摆脱 CPU 加载数据的压力和播放时重解压的延迟。

（7）tone 音：根据特定频率生成的波形，如拨号盘的声音。

（8）系统音：系统预置的短音，如按键音、删除音等。

2. 约束与限制

开发音频业务主要的约束与限制如下。

（1）在使用完 AudioRenderer 音频播放类和 AudioCapturer 音频采集类后，需要调用 release() 方法进行资源释放。

（2）音频采集使用的最终采样率与采样格式取决于输入设备，不同设备支持的格式及采样率范围不同，可以通过 AudioManager 类的 getDevices 接口查询。

（3）在进行音频采集之前，需要申请扬声器权限 ohos.permission.MICROPHONE。

16.2 实战：音频播放

本节演示音频的播放。音频播放的主要工作是将音频数据转码为可听见的音频模拟信号并通过输出设备进行播放，同时对播放任务进行管理。

16.2.1 接口说明

音频播放类 AudioRenderer 的主要接口如下。

- AudioRenderer(AudioRendererInfo audioRendererInfo, PlayMode pm)：构造函数，设置播放相关的音频参数和播放模式，使用默认播放设备。
- AudioRenderer(AudioRendererInfo audioRendererInfo, PlayMode pm, AudioDeviceDescriptor outputDevice)：构造函数，设置播放相关的音频参数、播放模式和播放设备。
- start()：播放音频流。
- write(byte[] data, int offset, int size)：将音频数据以 byte 流写入音频接收器以进行播放。
- write(short[] data, int offset, int size)：将音频数据以 short 流写入音频接收器以进行播放。
- write(float[] data, int offset, int size)：将音频数据以 float 流写入音频接收器以进行播放。
- write(java.nio.ByteBuffer data, int size)：将音频数据以 ByteBuffer 流写入音频接收器以进行播放。
- pause()：暂停播放音频流。
- stop()：停止播放音频流。
- release()：释放播放资源。
- getCurrentDevice()：获取当前工作的音频播放设备。
- setPlaybackSpeed(float speed)：设置播放速度。
- setPlaybackSpeed(AudioRenderer.SpeedPara speedPara)：设置播放速度与音调。
- setVolume(ChannelVolume channelVolume)：设置指定声道上的输出音量。
- setVolume(float vol)：设置所有声道上的输出音量。
- getMinBufferSize(int sampleRate, AudioStreamInfo.EncodingFormat format, AudioStreamInfo.ChannelMask channelMask)：获取 Stream 播放模式所需的 buffer 大小。
- getState()：获取音频播放的状态。
- getRendererSessionId()：获取音频播放的 session ID。
- getSampleRate()：获取采样率。
- getPosition()：获取音频播放的帧数位置。
- setPosition(int position)：设置起始播放帧位置。
- getRendererInfo()：获取音频渲染信息。
- duckVolume()：降低音量并将音频与另一个拥有音频焦点的应用程序混合。
- unduckVolume()：恢复音量。
- getPlaybackSpeed()：获取播放速度和音调参数。
- setSpeed(SpeedPara speedPara)：设置播放速度和音调参数。
- getAudioTime()：获取播放时间戳信息。
- flush()：刷新当前的播放流数据队列。
- getMaxVolume()：获取播放流可设置的最大音量。
- getMinVolume()：获取播放流可设置的最小音量。
- getStreamType()：获取播放流的音频流类型。

16.2.2　创建应用

为了演示音频播放的功能，创建一个名为 AudioRenderer 的 TV 设备类型的应用。在应用界面上，通过单击按钮触发音频的操作。在 rawfile 目录下放置一个 test.wav 音频文件，以备测试。

16.2.3　修改ability_main.xml

修改 ability_main.xml，代码如下：

```
<?xml version="1.0" encoding="utf-8"?>
<DirectionalLayout
    xmlns:ohos="http://schemas.huawei.com/res/ohos"
    ohos:height="match_parent"
    ohos:width="match_parent"
    ohos:orientation="horizontal">

    <Button
        ohos:id="$+id:button_start"
        ohos:height="match_content"
        ohos:width="0"
        ohos:background_element="#F76543"
        ohos:layout_alignment="vertical_center"
        ohos:margin="10vp"
        ohos:padding="10vp"
        ohos:text="Start"
        ohos:text_size="50"
        ohos:weight="1"
        />

    <Button
        ohos:id="$+id:button_pause"
        ohos:height="match_content"
        ohos:width="0"
        ohos:background_element="#F76543"
        ohos:layout_alignment="vertical_center"
        ohos:margin="10vp"
        ohos:padding="10vp"
        ohos:text="Pause"
        ohos:text_size="50"
        ohos:weight="1"
        />

    <Button
        ohos:id="$+id:button_stop"
        ohos:height="match_content"
        ohos:width="0"
        ohos:background_element="#F76543"
        ohos:layout_alignment="vertical_center"
        ohos:margin="10vp"
        ohos:padding="10vp"
        ohos:text="Stop"
        ohos:text_size="50"
        ohos:weight="1"
        />
</DirectionalLayout>
```

界面预览效果如图 16-1 所示。

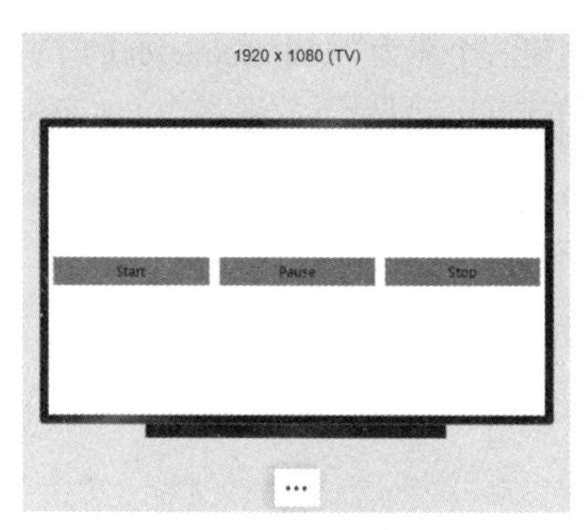

图16-1　界面预览效果

上述代码设置了 Start、Pause、Stop 按钮，以备设置单击事件，触发音频播放相关的操作。

16.2.4　修改MainAbilitySlice

修改 MainAbilitySlice，代码如下：

```
package com.waylau.hmos.audiorenderer.slice;

import com.waylau.hmos.audiorenderer.ResourceTable;
import ohos.aafwk.ability.AbilitySlice;
import ohos.aafwk.content.Intent;
import ohos.agp.components.Button;
import ohos.global.resource.NotExistException;
import ohos.global.resource.RawFileEntry;
import ohos.global.resource.Resource;
import ohos.hiviewdfx.HiLog;
import ohos.hiviewdfx.HiLogLabel;
import ohos.media.audio.AudioRenderer;
import ohos.media.audio.AudioRendererInfo;
import ohos.media.audio.AudioStreamInfo;

import java.io.*;

public class MainAbilitySlice extends AbilitySlice {
    private static final String TAG = MainAbilitySlice.class.getSimpleName();
    private static final HiLogLabel LABEL_LOG =
            new HiLogLabel(HiLog.LOG_App, 0x00001, TAG);

    // 音频播放类
    private AudioRenderer audioRenderer;

    @Override
    public void onStart(Intent intent) {
        super.onStart(intent);
        super.setUIContent(ResourceTable.Layout_ability_main);

        // 初始化 AudioRenderer
        initAudioRenderer();

        // 为按钮设置单击事件回调
```

```
    Button buttonStart =
            (Button) findComponentById(ResourceTable.Id_button_start);
    buttonStart.setClickedListener(listener ->
    {
        try {
            start();
        } catch (IOException | NotExistException e) {
            e.printStackTrace();
        }
    });

    Button buttonPause =
            (Button) findComponentById(ResourceTable.Id_button_pause);
    buttonPause.setClickedListener(listener -> audioRenderer.pause());

    Button buttonStop =
            (Button) findComponentById(ResourceTable.Id_button_stop);
    buttonStop.setClickedListener(listener -> audioRenderer.stop());
}

private void start() throws IOException, NotExistException {
    HiLog.info(LABEL_LOG,"before getFile");

    RawFileEntry rawFileEntry = this.getResourceManager().getRawFileEn
     try("resources/rawfile/test.wav");
    Resource soundInputStream = rawFileEntry.openRawFile();

    int bufSize = audioRenderer.getBufferFrameSize();

    HiLog.info(LABEL_LOG,"bufSize: %{public}s", bufSize);

    if (bufSize <=0) {
        HiLog.info(LABEL_LOG,"bufSize is empty");
        return;
    }

    byte[] buffer = new byte[4096];
    try {
        audioRenderer.start();

        int count = 0;

        // 源文件内容写入目标文件
        while((count = soundInputStream.read(buffer)) >= 0){
            audioRenderer.write(buffer,0,count);

            HiLog.info(LABEL_LOG,"getFile buffer.length: %{public}s,
             state:%{public}s",
                    buffer.length, getState().getValue());
        }

        soundInputStream.close();
    } catch (Exception e) {
        e.printStackTrace();
    }

    HiLog.info(LABEL_LOG,"end getFile");
}
```

```
    @Override
    public void onStop() {
        super.onStop();

        // 关闭、释放资源
        release();
    }

    private void initAudioRenderer() {
        HiLog.info(LABEL_LOG,"before initAudioRenderer");

        AudioStreamInfo audioStreamInfo = new AudioStreamInfo.Builder().
         sampleRate(44100) // 44.1kHz
                .audioStreamFlag(AudioStreamInfo.AudioStreamFlag.AUDIO_
                 STREAM_FLAG_MAY_DUCK) // 混音
                .encodingFormat(AudioStreamInfo.EncodingFormat.ENCODING_PC
                 M_16BIT) // 16-bit PCM
                .channelMask(AudioStreamInfo.ChannelMask.CHANNEL_OUT_STE
                 REO) // 双声道输出
                .streamUsage(AudioStreamInfo.StreamUsage.STREAM_USAGE_ME
                 DIA) // 媒体类音频
                .build();

        AudioRendererInfo audioRendererInfo = new AudioRendererInfo.Build
         er().audioStreamInfo(audioStreamInfo)
                .audioStreamOutputFlag(AudioRendererInfo.
                        AudioStreamOutputFlag.AUDIO_STREAM_OUTPUT_FLAG_DI
                         RECT_PCM) // pcm 格式的输出流
                .bufferSizeInBytes(1024)
                .isOffload(false)
// false 表示分段传输 buffer 并播放，true 表示整个音频流一次性传输到 HAL 层播放
                .build();

        audioRenderer = new AudioRenderer(audioRendererInfo, AudioRenderer.
         PlayMode.MODE_STREAM);
        audioRenderer.setVolume(90f); // 音量

        HiLog.info(LABEL_LOG,"end initAudioRenderer");
    }

    private void release() {
        HiLog.info(LABEL_LOG,"release");

        if (audioRenderer != null) {
            // 关闭、释放资源
            audioRenderer.release();
            audioRenderer = null;
        }
    }

    @Override
    public void onActive() {
        super.onActive();
    }

    @Override
    public void onForeground(Intent intent) {
        super.onForeground(intent);
```

```
    }
}
```

上述代码中：

（1）在 Button 上设置了单击事件。

（2）initAudioRenderer() 方法用于初始化 AudioRenderer 对象。

（3）start() 方法用于读取音频文件，并通过分段方式将字节流写入 audioRenderer。

（4）Pause 和 Stop 按钮事件比较简单

（5）release() 方法用于释放资源。

16.2.5　运行

运行应用，单击 Start 按钮，则控制台输出内容如下：

```
02-10 15:44:19.381 4498-4498/com.waylau.hmos.audiorenderer I 00001/MainA
 bilitySlice: before getFile
02-10 15:44:19.382 4498-4498/com.waylau.hmos.audiorenderer I 00001/MainA
 bilitySlice: bufSize: 2124
02-10 15:44:19.391 4498-4498/com.waylau.hmos.audiorenderer I 00001/MainA
 bilitySlice: getFile buffer.length: 4096, state:2
02-10 15:44:19.499 4498-4498/com.waylau.hmos.audiorenderer I 00001/MainA
 bilitySlice: getFile buffer.length: 4096, state:2
02-10 15:44:22.296 4498-4498/com.waylau.hmos.audiorenderer I 00001/MainA
 bilitySlice: getFile buffer.length: 4096, state:2
02-10 15:44:23.548 4498-4498/com.waylau.hmos.audiorenderer I 00001/MainA
 bilitySlice: getFile buffer.length: 4096, state:2
02-10 15:44:23.548 4498-4498/com.waylau.hmos.audiorenderer I 00001/MainA
 bilitySlice: end getFile
```

16.3　实战：音频采集

本节将演示音频的采集。音频采集的主要工作是通过输入设备将声音采集并转码为音频数据，同时对采集任务进行管理。

16.3.1　接口说明

音频采集类 AudioCapturer 的主要接口如下。

- AudioCapturer(AudioCapturerInfo audioCapturerInfo) throws IllegalArgumentException：构造函数，设置录音相关的音频参数，使用默认录音设备。
- AudioCapturer(AudioCapturerInfo audioCapturerInfo, AudioDeviceDescriptor devInfo) throws IllegalArgumentException：构造函数，设置录音相关的音频参数并指定录音设备。
- getMinBufferSize(int sampleRate, int channelCount, int audioFormat)：获取指定参数条件下所需的最小缓冲区大小。

- addSoundEffect(UUID type, String packageName)：增加录音的音频音效。
- start()：开始录音。
- read(byte[] data, int offset, int size)：读取音频数据。
- read(byte[] data, int offset, int size, boolean isBlocking)：读取音频数据并写入传入的 byte 数组中。
- read(float[] data, int offsetInFloats, int sizeInFloats)：阻塞式读取音频数据并写入传入的 float 数组中。
- read(float[] data, int offsetInFloats, int sizeInFloats, boolean isBlocking)：读取音频数据并写入传入的 float 数组中。
- read(short[] data, int offsetInShorts, int sizeInShorts)：阻塞式读取音频数据并写入传入的 short 数组中。
- read(short[] data, int offsetInShorts, int sizeInShorts, boolean isBlocking)：读取音频数据并写入传入的 short 数组中。
- read(java.nio.ByteBuffer buffer, int sizeInBytes)：阻塞式读取音频数据并写入传入的 ByteBuffer 对象中。
- read(java.nio.ByteBuffer buffer, int sizeInBytes, boolean isBlocking)：读取音频数据并写入传入的 ByteBuffer 对象中。
- stop()：停止录音。
- release()：释放录音资源。
- getSelectedDevice()：获取输入的设备信息。
- getCurrentDevice()：获取当前正在录制音频的设备信息。
- getCapturerSessionId()：获取录音的 session ID。
- getSoundEffects()：获取已经激活的音频音效列表。
- getState()：获取音频采集状态。
- getSampleRate()：获取采样率。
- getAudioInputSource()：获取录音的输入设备信息。
- getBufferFrameCount()：获取以帧为单位的缓冲区大小。
- getChannelCount()：获取音频采集通道数。
- getEncodingFormat()：获取音频采集的音频编码格式。
- getAudioTime(Timestamp timestamp, Timestamp.Timebase timebase)：获取一个即时的捕获时间戳。

16.3.2 创建应用

为了演示音频采集的功能，创建一个名为 AudioCapturer 的 TV 设备类型的应用。在应用界面上，通过单击按钮触发音频采集的操作。

16.3.3 声明扬声器权限

修改配置文件，声明扬声器权限，代码如下：

```
// 声明权限
"reqPermissions": [
```

```
    {
   "name":"ohos.permission.MICROPHONE"
    }
]
```

同时，在应用启动时，显式声明扬声器权限，代码如下：

```
package com.waylau.hmos.audiocapturer;

import com.waylau.hmos.audiocapturer.slice.MainAbilitySlice;
import ohos.aafwk.ability.Ability;
import ohos.aafwk.content.Intent;

import java.util.ArrayList;
import java.util.List;

public class MainAbility extends Ability {
    @Override
    public void onStart(Intent intent) {
        super.onStart(intent);
        super.setMainRoute(MainAbilitySlice.class.getName());

        // 显式声明需要使用的权限
        requestPermission();
    }

    // 显式声明需要使用的权限
    private void requestPermission() {
        String[] permission = {
                "ohos.permission.MICROPHONE"};
        List<String> applyPermissions = new ArrayList<>();
        for (String element : permission) {
            if (verifySelfPermission(element) != 0) {
                if (canRequestPermission(element)) {
                    applyPermissions.add(element);
                }
            }
        }
        requestPermissionsFromUser(applyPermissions.toArray(new String[0]), 0);
    }
}
```

16.3.4　修改ability_main.xml

修改 ability_main.xml，代码如下：

```
<?xml version="1.0" encoding="utf-8"?>
<DirectionalLayout
    xmlns:ohos="http://schemas.huawei.com/res/ohos"
    ohos:height="match_parent"
    ohos:width="match_parent"
    ohos:orientation="horizontal">

    <Button
        ohos:id="$+id:button_start"
        ohos:height="match_content"
        ohos:width="0"
```

```
        ohos:background_element="#F76543"
        ohos:layout_alignment="vertical_center"
        ohos:margin="10vp"
        ohos:padding="10vp"
        ohos:text="Start"
        ohos:text_size="50"
        ohos:weight="1"
        />

    <Button
        ohos:id="$+id:button_stop"
        ohos:height="match_content"
        ohos:width="0"
        ohos:background_element="#F76543"
        ohos:layout_alignment="vertical_center"
        ohos:margin="10vp"
        ohos:padding="10vp"
        ohos:text="Stop"
        ohos:text_size="50"
        ohos:weight="1"
        />
</DirectionalLayout>
```

界面预览效果如图 16-2 所示。

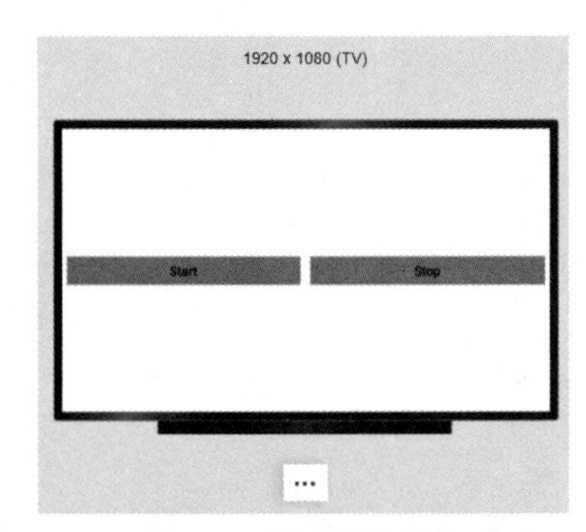

图16-2　界面预览效果

上述代码设置了 Start、Stop 按钮，以备设置单击事件，触发音频采集相关的操作。

16.3.5　修改MainAbilitySlice

修改 MainAbilitySlice，代码如下：

```
package com.waylau.hmos.audiocapturer.slice;

import com.waylau.hmos.audiocapturer.ResourceTable;
import ohos.aafwk.ability.AbilitySlice;
import ohos.aafwk.content.Intent;
import ohos.agp.components.Button;
import ohos.global.resource.NotExistException;
import ohos.hiviewdfx.HiLog;
import ohos.hiviewdfx.HiLogLabel;
import ohos.media.audio.*;
```

```
import java.io.*;

public class MainAbilitySlice extends AbilitySlice {
    private static final String TAG = MainAbilitySlice.class.getSimpleName();
    private static final HiLogLabel LABEL_LOG =
            new HiLogLabel(HiLog.LOG_App, 0x00001, TAG);

    // 音频采集类
    private AudioCapturer audioCapturer;

    @Override
    public void onStart(Intent intent) {
        super.onStart(intent);
        super.setUIContent(ResourceTable.Layout_ability_main);

        // 初始化 AudioCapturer
        initAudioCapturer();

        // 为按钮设置单击事件回调
        Button buttonStart =
                (Button) findComponentById(ResourceTable.Id_button_start);
        buttonStart.setClickedListener(listener ->
        {
            try {
                start();
            } catch (IOException | NotExistException e) {
                e.printStackTrace();
            }
        });

        Button buttonStop =
                (Button) findComponentById(ResourceTable.Id_button_stop);
        buttonStop.setClickedListener(listener -> audioCapturer.stop());
    }

    private void start() throws IOException, NotExistException {
        HiLog.info(LABEL_LOG,"before start");

        audioCapturer.start();

        HiLog.info(LABEL_LOG,"end start");
    }


    @Override
    public void onStop() {
        super.onStop();

        // 关闭、释放资源
        release();
    }

    private void initAudioCapturer() {
        HiLog.info(LABEL_LOG,"before initAudioCapturer");

        AudioStreamInfo audioStreamInfo = new AudioStreamInfo.Builder().
         encodingFormat(
                AudioStreamInfo.EncodingFormat.ENCODING_PCM_16BIT) // 16-bit PCM
                .channelMask(AudioStreamInfo.ChannelMask.CHANNEL_IN_STEREO)
```

```
                // 双声道输入
                .sampleRate(44100) // 44.1kHz
                .build();

        AudioCapturerInfo audioCapturerInfo = new AudioCapturerInfo.Builder()
                .audioStreamInfo(audioStreamInfo)
                .build();

        audioCapturer = new AudioCapturer(audioCapturerInfo);

        HiLog.info(LABEL_LOG,"end initAudioCapturer");
    }

    private void release() {
        HiLog.info(LABEL_LOG,"release");

        if (audioCapturer != null) {
            // 关闭、 释放资源
            audioCapturer.release();
            audioCapturer = null;
        }
    }

    @Override
    public void onActive() {
        super.onActive();
    }

    @Override
    public void onForeground(Intent intent) {
        super.onForeground(intent);
    }
}
```

上述代码中：

（1）在 Button() 上设置了单击事件。

（2）initAudioCapturer() 方法用于初始化 AudioCapturer 对象。

（3）start() 方法用于采集音频。

（4）Stop 按钮事件比较简单，只是单纯执行 audioCapturer 的 stop 方法。

（5）release() 方法用于释放资源。

16.4 实战：短音播放

本节将演示短音的播放。短音播放主要负责管理音频资源的加载与播放、tone 音的生成与播放及系统音播放。

16.4.1 接口说明

短音播放能力分为音频资源、tone 音和系统音三部分，均定义在 SoundPlayer 类。

1. 音频资源的加载与播放类SoundPlayer的主要接口

音频资源的加载与播放类 SoundPlayer 的主要接口如下。

- SoundPlayer(int taskType)：构造函数，仅用于音频资源。
- createSound(String path)：从指定的路径加载音频数据，生成短音资源。
- createSound(Context context, int resourceId)：根据应用程序上下文合音频资源 ID 加载音频数据，生成短音资源。
- createSound(AssetFD assetFD)：从指定的 AssetFD 实例加载音频数据，生成短音资源。
- createSound(java.io.FileDescriptor fd, long offset, long length)：根据文件描述符从文件加载音频数据，生成音频资源。
- createSound(java.lang.String path, AudioRendererInfo rendererInfo)：根据指定路径和播放信息加载音频数据，生成短音资源。
- setOnCreateCompleteListener(SoundPlayer.OnCreateCompleteListener listener)：设置声音创建完成的回调。
- setOnCreateCompleteListener(SoundPlayer.OnCreateCompleteListener listener, boolean isDiscarded)：设置声音创建完成的回调，并根据指定的 isDiscarded 标志位确定是否丢弃队列中的原始回调通知消息。
- deleteSound(int soundID)：删除短音的同时释放短音所占资源。
- pause(int taskID)：根据播放任务 ID 暂停对应的短音播放。
- play(int soundID)：使用默认参数播放短音。
- play(int soundID, SoundPlayerParameters parameters)：使用指定参数播放短音。
- resume(int taskID)：恢复短音播放任务。
- setLoop(int taskID, int loopNum)：设置短音播放任务的循环次数。
- setPlaySpeedRate(int taskID, float speedRate)：设置短音播放任务的播放速度。
- setPriority(int taskID, int priority)：设置短音播放任务的优先级。
- setVolume(int taskID, AudioVolumes audioVolumes)：设置短音播放任务的播放音量。
- setVolume(int taskID, float volume)：设置短音播放任务的所有音频声道的播放音量。
- stop(int taskID)：停止短音播放任务。
- pauseAll()：暂停所有正在播放的任务。
- resumeAll()：恢复虽有已暂停的播放任务。

2. tone音的生成与播放API接口

tone 音的生成与播放 API 接口如下：

- SoundPlayer()：构造函数，仅用于 tone 音。
- createSound(ToneDescriptor.ToneType type, int durationMs)：创建具有音调频率描述和持续时间（ms）的 tone 音。
- createSound(AudioStreamInfo.StreamType streamType, float volume)：根据音量和音频流类型创建 tone 音。
- play(ToneDescriptor.ToneType toneType, int durationMs)：播放指定时长和 tone 音类型的 tone 音。
- pause()：暂停 tone 音播放。
- play()：播放创建好的 tone 音。

- release()：释放 tone 音资源。

3. 系统音的播放API接口

系统音的播放 API 接口如下。

- SoundPlayer(String packageName)：构造函数，仅用于系统音。
- playSound(SoundType type)：播放系统音。
- playSound(SoundType type, float volume)：指定音量播放系统音。

16.4.2 创建应用

为了演示短音播放的功能，创建一个名为 SoundPlayer 的 TV 设备类型的应用。在应用界面上，通过单击按钮触发音频的操作。在 rawfile 目录下放置一个 test.wav 音频文件，以备测试。

16.4.3 修改ability_main.xml

修改 ability_main.xml，代码如下：

```
<?xml version="1.0" encoding="utf-8"?>
<DirectionalLayout
    xmlns:ohos="http://schemas.huawei.com/res/ohos"
    ohos:height="match_parent"
    ohos:width="match_parent"
    ohos:orientation="horizontal">

    <Button
        ohos:id="$+id:button_play"
        ohos:height="match_content"
        ohos:width="0"
        ohos:background_element="#F76543"
        ohos:layout_alignment="vertical_center"
        ohos:margin="10vp"
        ohos:padding="10vp"
        ohos:text="Play"
        ohos:text_size="50"
        ohos:weight="1"
        />

    <Button
        ohos:id="$+id:button_pause"
        ohos:height="match_content"
        ohos:width="0"
        ohos:background_element="#F76543"
        ohos:layout_alignment="vertical_center"
        ohos:margin="10vp"
        ohos:padding="10vp"
        ohos:text="Pause"
        ohos:text_size="50"
        ohos:weight="1"
        />

    <Button
        ohos:id="$+id:button_stop"
        ohos:height="match_content"
        ohos:width="0"
```

```
        ohos:background_element="#F76543"
        ohos:layout_alignment="vertical_center"
        ohos:margin="10vp"
        ohos:padding="10vp"
        ohos:text="Stop"
        ohos:text_size="50"
        ohos:weight="1"
        />
</DirectionalLayout>
```

界面预览效果如图 16-3 所示。

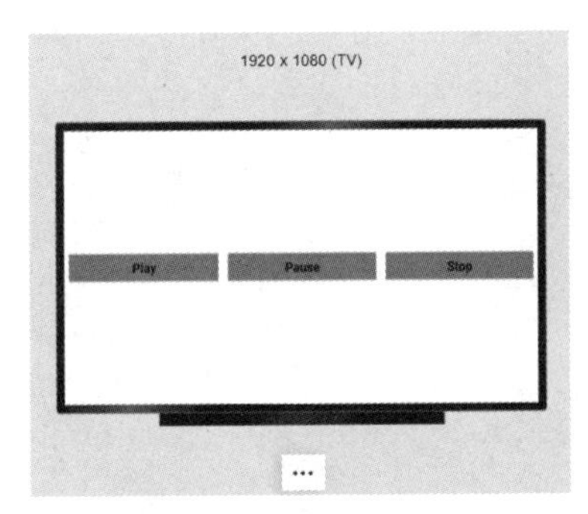

图16-3　界面预览效果

上述代码设置了 Play、Pause、Stop 按钮，以备设置单击事件，触发音频播放相关的操作。

16.4.4　修改MainAbilitySlice

修改 MainAbilitySlice，代码如下：

```
package com.waylau.hmos.soundplayer.slice;

import com.waylau.hmos.soundplayer.ResourceTable;
import ohos.aafwk.ability.AbilitySlice;
import ohos.aafwk.content.Intent;
import ohos.agp.components.Button;
import ohos.global.resource.NotExistException;
import ohos.global.resource.RawFileEntry;
import ohos.global.resource.Resource;
import ohos.hiviewdfx.HiLog;
import ohos.hiviewdfx.HiLogLabel;
import ohos.media.audio.AudioManager;
import ohos.media.audio.AudioRenderer;
import ohos.media.audio.SoundPlayer;

import java.io.IOException;


public class MainAbilitySlice extends AbilitySlice {
    private static final String TAG = MainAbilitySlice.class.getSimpleName();
    private static final HiLogLabel LABEL_LOG =
            new HiLogLabel(HiLog.LOG_App, 0x00001, TAG);

    // 短音播放类
    private SoundPlayer soundPlayer;
```

```
private int soundId;
private SoundPlayer.SoundPlayerParameters parameters;

@Override
public void onStart(Intent intent) {
    super.onStart(intent);
    super.setUIContent(ResourceTable.Layout_ability_main);

    // 初始化 SoundPlayer
    try {
        initSoundPlayer();
    } catch (IOException e) {
        e.printStackTrace();
    }

    // 为按钮设置单击事件回调
    Button buttonPlay =
            (Button) findComponentById(ResourceTable.Id_button_play);
    buttonPlay.setClickedListener(listener -> play());

    Button buttonPause =
            (Button) findComponentById(ResourceTable.Id_button_pause);
    buttonPause.setClickedListener(listener -> soundPlayer.pause());

    Button buttonStop =
            (Button) findComponentById(ResourceTable.Id_button_stop);
    buttonStop.setClickedListener(listener -> soundPlayer.stop(soundId));
}

private void play() {
    HiLog.info(LABEL_LOG,"before play");

    // 短音播放
    soundPlayer.play(soundId, parameters);

    HiLog.info(LABEL_LOG,"end play, soundId:%{public}s", soundId);
}


@Override
public void onStop() {
    super.onStop();

    // 关闭、释放资源
    release();
}

private void initSoundPlayer() throws IOException {
    HiLog.info(LABEL_LOG,"before initSoundPlayer");

    // 实例化 SoundPlayer 对象
    soundPlayer =
        new SoundPlayer(AudioManager.AudioVolumeType.STREAM_MUSIC.
         getValue());

    RawFileEntry rawFileEntry =
        this.getResourceManager().getRawFileEntry("resources/rawfile/
         test.wav");
```

```
        // 指定音频资源加载并创建短音
        soundId = soundPlayer.createSound(rawFileEntry.openRawFileDescriptor());

        // 指定音量、循环次数和播放速度
        parameters = new SoundPlayer.SoundPlayerParameters();
        parameters.setVolumes(new SoundPlayer.AudioVolumes());
        parameters.setLoop(10);
        parameters.setSpeed(1.0f);

        HiLog.info(LABEL_LOG,"end initSoundPlayer");
    }

    private void release() {
        HiLog.info(LABEL_LOG,"release");

        if (soundPlayer != null) {
            // 关闭、释放资源
            soundPlayer.release();
            soundPlayer = null;
        }
    }

    @Override
    public void onActive() {
        super.onActive();
    }

    @Override
    public void onForeground(Intent intent) {
        super.onForeground(intent);
    }
}
```

上述代码中：

（1）在 Button 上设置了单击事件。

（2）initSoundPlayer() 方法用于初始化 SoundPlayer 对象及参数，同时读取音频文件，生成 soundId。

（3）play() 方法用于播放指定 soundId 的音频文件。

（4）pause() 和 stop() 方法比较简单，只是单纯执行 SoundPlayer 的 pause() 和 stop() 方法。

（5）release() 方法用于释放资源。

16.4.5　运行

运行应用，单击 Play 按钮，则控制台输出内容如下：

```
02-10 17:24:31.201 3195-3195/com.waylau.hmos.soundplayer I 00001/MainAbili
 tySlice: before initSoundPlayer
02-10 17:24:31.213 3195-3195/com.waylau.hmos.soundplayer I 00001/MainAbili
 tySlice: end initSoundPlayer
02-10 17:24:46.267 3195-3195/com.waylau.hmos.soundplayer I 00001/MainAbili
 tySlice: before play
02-10 17:25:17.515 3195-3195/com.waylau.hmos.soundplayer I 00001/MainAbili
 tySlice: end play, soundId:1
```

第17章 媒体会话管理

AVSession 是一套媒体播放控制框架，对媒体服务和界面进行解耦，并提供规范的通信接口，使应用可以自由、高效地在不同媒体之间进行切换。

17.1 媒体会话管理概述

AVSession 框架有四个主要的类，分别是 AVBrowser（媒体浏览器）、AVController（媒体控制器）、AVBrowserService（媒体浏览器服务）和 AVSession（媒体会话），控制着整个框架的核心。图 17-1 简单地说明了四个核心媒体框架控制类的关系。

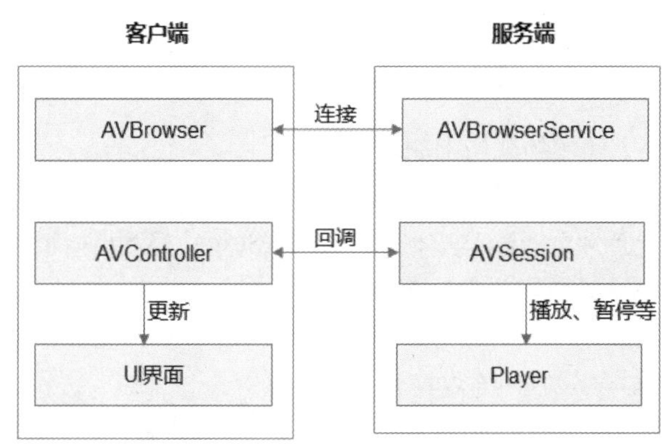

图17-1　AVSession框架四个核心媒体框架控制类的关系

17.1.1 AVSession框架主要的类

1. AVBrowser

AVBrowser 通常在客户端创建，成功连接媒体服务后，通过 AVBrowser 向服务端发送播放控制指令。

其主要流程为调用 connect() 方法向 AVBrowserService 发起连接请求，连接成功后在回调方法 AVConnectionCallback.onConnected 中发起订阅数据请求，并在回调方法 AVSubscriptionCallback.onAVElementListLoaded 中保存请求的媒体播放数据。

2. AVController

AVController 在客户端 AVBrowser 连接服务成功后的回调方法 AVConnectionCallback.onConnected 中创建，用于向 Service 发送播放控制指令，并通过实现 AVControllerCallback 回调来响应服务端媒体状态变化，如曲目信息变更、播放状态变更等，从而完成 UI 刷新。

3. AVBrowserService

AVBrowserService 通常在服务端，通过 AVSession 与 AVBrowser 建立连接，并通过实现 Player 进行媒体播放。其有两个重要的方法如下。

（1）onGetRoot：处理从 AVBrowser 发来的连接请求，通过返回一个有效的 AVBrowserRoot 对象表示连接成功。

（2）onLoadAVElementList：处理从 AVBrowser 发来的数据订阅请求，通过 AVBrowserResult.sendAVElementList(List) 方法返回媒体播放数据。

4. AVSession

AVSession 通常在 AVBrowserService 的 onStart() 方法中创建，通过 setAVToken() 方法设置到 AVBrowserService 中，并通过实现 AVSessionCallback 回调来接收和处理 AVController 发送的播放控制指令，如播放、暂停、跳转至上一曲、跳转至下一曲等。

除了上述四个类，AVSession 框架还有 AVElement（媒体元素）。AVElement 用于将播放列表从 AVBrowserService 传递给 AVBrowser。

17.1.2 约束与限制

AVSession 框架包含以下使用约束与限制。

（1）在使用完 AVSession 类后，需要及时进行资源释放。

（2）调用 AVBrowser 的 subscribeByParentMediaId(String, AVSubscriptionCallback) 之前，需要先执行 unsubscribeByParentMediaId(String)，防止重复订阅。

（3）使用 AVBrowserService 的方法 onLoadAVElementList(String, AVBrowserResult) 的 result 返回数据前，需要执行 detachForRetrieveAsync()。

（4）播放器类需要使用 ohos.media.player.Player，否则无法正常接收按键事件。

17.2 接口说明

AVSession 框架核心类的主要接口如下。

1. AVBrowser的主要接口

AVBrowser 的主要接口如下。

- AVBrowser(Context context, ElementName name, AVConnectionCallback callback, PacMap options)：构造 AVBrowser 实例，用于浏览 AVBrowserService 提供的媒体数据。
- connect()：连接 AVBrowserService。
- disconnect()：与 AVBrowserService 断开连接。
- isConnected()：判断当前是否已经与 AVBrowserService 连接。
- getElementName()：获取 AVBrowserService 的 ohos.bundle.ElementName 实例。
- getRootMediaId()：获取默认媒体 id。
- getOptions()：获取 AVBrowserService 提供的附加数据。
- getAVToken()：获取媒体会话令牌。
- getAVElement(String mediaId, AVElementCallback callback)：输入媒体的 id，查询对应的 ohos.media.common.sessioncore.AVElement 信息，查询结果会通过 callback 返回。
- subscribeByParentMediaId(String parentMediaId, AVSubscriptionCallback callback)：查询指定媒体 id 包含的所有媒体元素信息，并订阅它的媒体信息更新通知。
- subscribeByParentMediaId(String parentMediaId, PacMap options, AVSubscriptionCallback callback)：基于特定于服务的参数查询指定媒体 id 中的媒体元素的信息，并订阅它的媒体信息更

新通知。

- unsubscribeByParentMediaId(String parentMediaId)：取消订阅对应媒体 id 的信息更新通知。
- unsubscribeByParentMediaId(String parentMediaId, AVSubscriptionCallback callback)：取消订阅与指定 callback 相关的媒体 id 的信息更新通知。

2. AVBrowserService的主要接口

AVBrowserService 的主要接口如下。

- onGetRoot(String callerPackageName, int clientUid, PacMap options)：回调方法，用于返回应用程序的媒体内容的根信息，在 AVBrowser.connect() 后进行回调。
- onLoadAVElementList(String parentMediaId, AVBrowserResult result)：回调方法，用于返回应用程序的媒体内容的结果信息 AVBrowserResult，其中包含子节点的 AVElement 列表，在 AVBrowser 的方法 subscribeByParentMediaId 或 notifyAVElementListUpdated 执行后进行回调。
- onLoadAVElement(String mediaId, AVBrowserResult result)：回调方法，用于获取特定的媒体项目 AVElement 结果信息，在 AVBrowser.getAVElement 方法执行后进行回调。
- getAVToken()：获取 AVBrowser 与 AVBrowserService 之间的会话令牌。
- setAVToken(AVToken token)：设置 AVBrowser 与 AVBrowserService 之间的会话令牌。
- getBrowserOptions()：获取 AVBrowser 在连接 AVBrowserService 时设置的服务参数选项。
- getCallerUserInfo()：获取当前发送请求的调用者信息。
- notifyAVElementListUpdated(String parentMediaId)：通知所有已连接的 AVBrowser 当前父节点的子节点已经发生改变。
- notifyAVElementListUpdated(String parentId, PacMap options)：通知所有已连接的 AVBrowser 当前父节点的子节点已经发生改变，可设置服务参数。

3. AVController的主要接口

AVController 的主要接口如下。

- AVController(Context context, AVToken avToken)：构造 AVController 实例，用于应用程序与 AVSession 进行交互，以控制媒体播放。
- setControllerForAbility(Ability ability, AVController controller)：将媒体控制器注册到 ability，以接收按键事件。
- setAVControllerCallback(AVControllerCallback callback)：注册一个回调，以接收来自 AVSession 的变更，如元数据和播放状态变更。
- releaseAVControllerCallback(AVControllerCallback callback)：释放与 AVSession 之间的回调实例。
- getAVQueueElement()：获取播放队列。
- getAVQueueTitle()：获取播放队列的标题。
- getAVPlaybackState()：获取播放状态。
- dispatchAVKeyEvent(KeyEvent keyEvent)：应用分发媒体按键事件给会话，以控制播放。
- sendCustomCommand(String command, PacMap pacMap, GeneralReceiver receiverCb)：应用向 AVSession 发送自定义命令，参考 ohos.media.common.sessioncore.AVSessionCallback.onCommand。
- getAVSessionAbility()：获取启动用户界面的 IntentAgent。
- getAVToken()：获取应用连接到会话的令牌。此令牌用于创建媒体播放控制器。

- adjustAVPlaybackVolume(int direction, int flags)：调节播放音量。
- setAVPlaybackVolume(int value, int flags)：设置播放音量，要求支持绝对音量控制。
- getOptions()：获取与此控制器连接的 AVSession 的附加数据。
- getFlags()：获取 AVSession 的附加标识，标记在 AVSession 中的定义。
- getAVMetadata()：获取媒体资源的元数据 ohos.media.common.AVMetadata。
- getAVPlaybackInfo()：获取播放信息。
- getSessionOwnerPackageName()：获得 AVSession 实例的应用程序的包名称。
- getAVSessionInfo()：获取会话的附加数据。
- getPlayControls()：获取一个 PlayControls 实例，用于控制播放，如控制媒体播放、停止、下一首等。

4. AVSession的主要接口

AVSession 的主要接口如下。

- AVSession(Context context, String tag)：构造 AVSession 实例，用于控制媒体播放。
- AVSession(Context context, String tag, PacMap sessionInfo)：构造带有附加会话信息的 AVSession 实例，用于控制媒体播放。
- setAVSessionCallback(AVSessionCallback callback)：设置回调函数来控制播放器，控制逻辑由应用实现。如果 callback 为 null，则取消控制。
- setAVSessionAbility(IntentAgent ia)：给 AVSession 设置一个 IntentAgent，用来启动用户界面。
- setAVButtonReceiver(IntentAgent ia)：为媒体按键接收器设置一个 IntentAgent，以便应用结束后可以通过媒体按键重新拉起应用。
- enableAVSessionActive(boolean active)：设置是否激活媒体会话。当会话准备接收命令时，将输入参数设置为 true；如果会话停止接收命令，则设置为 false。
- isAVSessionActive()：查询会话是否激活。
- sendAVSessionEvent(String event, PacMap options)：向所有订阅此会话的控制器发送事件。
- release()：释放资源，应用播放完后需调用。
- getAVToken()：获取应用连接到会话的令牌。此令牌用于创建媒体播放控制器。
- getAVController()：获取会话构造时创建的控制器，方便应用使用。
- setAVPlaybackState(AVPlaybackState state)：设置当前播放状态。
- setAVMetadata(AVMetadata avMetadata)：设置媒体资源元数据 ohos.media.common.AVMetadata。
- setAVQueue(List<AVQueueElement> queue)：设置播放队列。
- setAVQueueTitle(CharSequence queueTitle)：设置播放队列的标题，UI 会显示此标题。
- setOptions(PacMap options)：设置此会话关联的附加数据。
- getCurrentControllerInfo()：获取发送当前请求的媒体控制器信息。

5. AVElement的主要接口

AVElement 的主要接口如下。

- AVElement(AVDescription description, int flags)：构造 AVElement 实例。
- getFlags()：获取 flags 的值。
- isScannable()：判断媒体是否可扫描，如媒体有子节点，则可继续扫描获取子节点内容。

- isPlayable()：检查媒体是否可播放。
- getAVDescription()：获取媒体的详细信息。
- getMediaId()：获取媒体的 id。

17.3 实战：AVSession媒体框架客户端

接下来将使用 AVSession 媒体框架创建一个播放器示例。该示例分为创建客户端和创建服务端两部分，本节将演示如何进行 AVSession 媒体框架客户端的开发工作。

17.3.1 创建应用

为了演示 AVSession 媒体框架的功能，创建一个名为 AVSession 的 TV 设备类型的应用。

在应用界面上，通过单击按钮触发音频的操作。

在 rawfile 目录下放置一个 test.wav 音频文件，以备测试。

17.3.2 修改ability_main.xml

修改 ability_main.xml，代码如下：

```
<?xml version="1.0" encoding="utf-8"?>
<DirectionalLayout
    xmlns:ohos="http://schemas.huawei.com/res/ohos"
    ohos:height="match_parent"
    ohos:width="match_parent"
    ohos:orientation="horizontal">

    <Button
        ohos:id="$+id:button_play"
        ohos:height="match_content"
        ohos:width="0"
        ohos:background_element="#F76543"
        ohos:layout_alignment="vertical_center"
        ohos:margin="10vp"
        ohos:padding="10vp"
        ohos:text="Play"
        ohos:text_size="50"
        ohos:weight="1"
        />

    <Button
        ohos:id="$+id:button_pause"
        ohos:height="match_content"
        ohos:width="0"
        ohos:background_element="#F76543"
        ohos:layout_alignment="vertical_center"
        ohos:margin="10vp"
        ohos:padding="10vp"
        ohos:text="Pause"
```

```
        ohos:text_size="50"
        ohos:weight="1"
        />

    <Button
        ohos:id="$+id:button_stop"
        ohos:height="match_content"
        ohos:width="0"
        ohos:background_element="#F76543"
        ohos:layout_alignment="vertical_center"
        ohos:margin="10vp"
        ohos:padding="10vp"
        ohos:text="Stop"
        ohos:text_size="50"
        ohos:weight="1"
        />
</DirectionalLayout>
```

界面预览效果如图 17-2 所示。

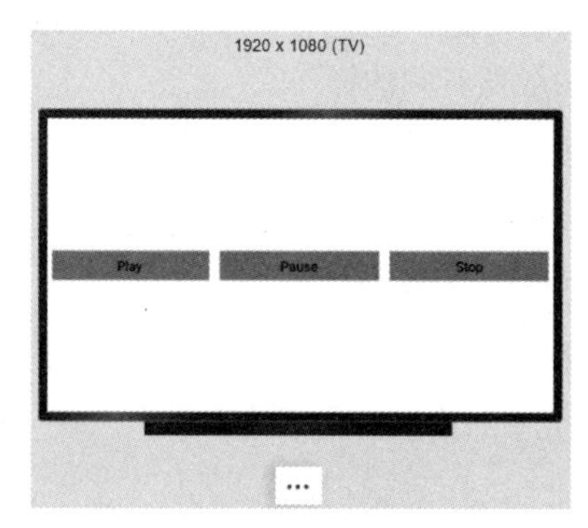

图17-2　界面预览效果

上述代码设置了 Play、Pause、Stop 按钮，以备设置单击事件，触发音频播放相关的操作。

17.3.3　修改MainAbilitySlice

修改 MainAbilitySlice，代码如下：

```
package com.waylau.hmos.avsession.slice;

import com.waylau.hmos.avsession.ResourceTable;
import ohos.aafwk.ability.AbilitySlice;
import ohos.aafwk.content.Intent;
import ohos.agp.components.Button;
import ohos.bundle.ElementName;
import ohos.hiviewdfx.HiLog;
import ohos.hiviewdfx.HiLogLabel;
import ohos.media.common.AVDescription;
import ohos.media.common.AVMetadata;
import ohos.media.common.sessioncore.*;
import ohos.media.image.PixelMap;
import ohos.media.sessioncore.AVBrowser;
import ohos.media.sessioncore.AVController;
```

```
import java.util.List;

public class MainAbilitySlice extends AbilitySlice {
    private static final String TAG = MainAbilitySlice.class.getSimpleName();
    private static final HiLogLabel LABEL_LOG =
            new HiLogLabel(HiLog.LOG_App, 0x00001, TAG);

    // 媒体浏览器
    private AVBrowser avBrowser;
    // 媒体控制器
    private AVController avController;

    private List<AVElement> list;

    @Override
    public void onStart(Intent intent) {
        super.onStart(intent);
        super.setUIContent(ResourceTable.Layout_ability_main);

        initBrowser();

        // 为按钮设置单击事件回调
        Button buttonPlay =
                (Button) findComponentById(ResourceTable.Id_button_play);
        buttonPlay.setClickedListener(listener -> play());

        Button buttonPause =
                (Button) findComponentById(ResourceTable.Id_button_pause);
        buttonPause.setClickedListener(listener -> pause());

        Button buttonStop =
                (Button) findComponentById(ResourceTable.Id_button_stop);
        buttonStop.setClickedListener(listener -> stop());
    }

    private void stop() {
        avController.getPlayControls().stop();
    }

    private void pause() {
        toPlayOrPause();
    }

    private void play() {
        toPlayOrPause();
    }

    public void toPlayOrPause() {
        switch (avController.getAVPlaybackState().getAVPlaybackState()) {
            case AVPlaybackState.PLAYBACK_STATE_NONE: {
                avController.getPlayControls().prepareToPlay();
                avController.getPlayControls().play();
                HiLog.info(LABEL_LOG,"end play");
                break;
            }
            case AVPlaybackState.PLAYBACK_STATE_PLAYING: {
                avController.getPlayControls().pause();
                HiLog.info(LABEL_LOG,"end pause");
                break;
```

```
            }
            case AVPlaybackState.PLAYBACK_STATE_PAUSED: {
                avController.getPlayControls().play();
                HiLog.info(LABEL_LOG,"end play");
                break;
            }
            default: {
                break;
            }
        }
    }

    private void initBrowser() {
        HiLog.info(LABEL_LOG,"before initBrowser");

        // 用于指向媒体浏览器服务的包路径和类名
        ElementName elementName =
                new ElementName("","com.waylau.hmos.avsession","com.waylau.
                hmos.avsession.AVService");
        // connectionCallback 在调用 avBrowser.connect() 方法后进行回调
        avBrowser = new AVBrowser(this, elementName, connectionCallback, null);
        // avBrowser 发送对媒体浏览器服务的连接请求。
        avBrowser.connect();
        // 将媒体控制器注册到 ability，以接收按键事件
        AVController.setControllerForAbility(this.getAbility(), avController);

        HiLog.info(LABEL_LOG,"end initBrowser");
    }

    // 发起连接 （avBrowser.connect） 后的回调方法实现
    private AVConnectionCallback connectionCallback = new AVConnectionCall
     back() {
        @Override
        public void onConnected() {
            // 成功连接媒体浏览器服务时回调该方法，否则回调 onConnectionFailed() 方法
            // 重复订阅会报错， 所以先解除订阅
            avBrowser.unsubscribeByParentMediaId(avBrowser.getRootMediaId());
            // 第二个参数 AVSubscriptionCallback 用于处理订阅信息的回调
            avBrowser.subscribeByParentMediaId(avBrowser.getRootMediaId(),
             avSubscriptionCallback);
            AVToken token = avBrowser.getAVToken();
            avController = new AVController(getContext(), token);
            // AVController 第一个参数为当前类的 context
            // 参数 AVControllerCallback 用于处理服务端播放状态及信息变化时回调
            avController.setAVControllerCallback(avControllerCallback);

            HiLog.info(LABEL_LOG,"end onConnected");
        }

    };

    // 发起订阅信息 (avBrowser.subscribeByParentMediaId) 后的回调方法实现
    private AVSubscriptionCallback avSubscriptionCallback = new AVSubscrip
     tionCallback() {
        @Override
        public void onAVElementListLoaded(String parentId, List<AVElement>
         children) {
            // 订阅成功时回调该方法，parentID 为标识，children 为服务端回传的媒体列表
            super.onAVElementListLoaded(parentId, children);
```

```
            list.addAll(children);

            HiLog.info(LABEL_LOG,"end onAVElementListLoaded, size: %{pub
             lic}s", list.size());
        }
    };

    // 服务对客户端的媒体数据或播放状态变更后的回调
    private AVControllerCallback avControllerCallback = new AVController
     Callback() {
        @Override
        public void onAVMetadataChanged(AVMetadata metadata) {
            // 当服务端调用 avSession.setAVMetadata(avMetadata) 时，此方法会被回调
            super.onAVMetadataChanged(metadata);
            AVDescription description = metadata.getAVDescription();
            String title = description.getTitle().toString();
            PixelMap pixelMap = description.getIcon();

            HiLog.info(LABEL_LOG,"end onAVMetadataChanged, title: %{pub
             lic}s", title);
        }

        @Override
        public void onAVPlaybackStateChanged(AVPlaybackState playbackState)
{
            // 当服务端调用 avSession.setAVPlaybackState(...) 时，此方法会被回调
            super.onAVPlaybackStateChanged(playbackState);
            long position = playbackState.getCurrentPosition();

            HiLog.info(LABEL_LOG,"end onAVMetadataChanged, position:
             %{public}s", position);
        }
    };

    @Override
    public void onActive() {
        super.onActive();
    }

    @Override
    public void onForeground(Intent intent) {
        super.onForeground(intent);
    }
}
```

上述代码中：

（1）在 Button 上设置了单击事件。

（2）initBrowser() 方法用于初始化 AVBrowser 和 AVController 对象。AVBrowser 和 AVController 用于向服务端发送连接请求。

（3）AVConnectionCallback 回调接口中的方法为可选实现，通常需要会在 onConnected() 中订阅媒体数据和创建媒体控制器 AVController。

（4）通常在订阅成功时，在 AVSubscriptionCallback 回调接口 onAVElementListLoaded 中保存服务端回传的媒体列表。

（5）AVControllerCallback 回调接口中的方法均为可选方法，主要用于服务端播放状态及信息

的变化后对客户端的回调，客户端可在这些方法中实现 UI 的刷新。

（6）在 play()、pause() 和 stop() 方法中调用 avController() 方法向服务端发送播放控制指令。

17.4 实战：AVSession媒体框架服务端

本节将演示如何进行 AVSession 媒体框架服务端的开发工作。

17.4.1 创建Service

为了演示 AVSession 媒体框架的服务端功能，创建一个名为 AVService 的服务。AVService 继承自 AVBrowserService，并需要实现 onGetRoot、onLoadAVElementList、onLoadAVElementList 和 onLoadAVElement 四个接口。

17.4.2 修改AVService

修改 AVService，代码如下：

```
package com.waylau.hmos.avsession;

import ohos.aafwk.content.Intent;
import ohos.global.resource.RawFileEntry;
import ohos.media.common.sessioncore.AVBrowserResult;
import ohos.media.common.sessioncore.AVBrowserRoot;
import ohos.media.common.sessioncore.AVPlaybackState;
import ohos.media.common.sessioncore.AVSessionCallback;
import ohos.media.player.Player;
import ohos.media.sessioncore.AVBrowserService;
import ohos.media.sessioncore.AVSession;
import ohos.hiviewdfx.HiLog;
import ohos.hiviewdfx.HiLogLabel;
import ohos.utils.PacMap;

import java.io.IOException;

public class AVService extends AVBrowserService {
    private static final String TAG = AVService.class.getSimpleName();
    private static final HiLogLabel LABEL_LOG =
            new HiLogLabel(HiLog.LOG_App, 0x00001, TAG);

    // 根媒体 ID
    private static final String AV_ROOT_ID ="av_root_id";
    // 媒体会话
    private AVSession avSession;
    // 媒体播放器
    private Player player;

    @Override
    public void onStart(Intent intent) {
        HiLog.info(LABEL_LOG,"AVService::onStart");
```

```
        super.onStart(intent);

        try {
            initPlayer();
        } catch (IOException e) {
            e.printStackTrace();
        }
    }

    @Override
    public AVBrowserRoot onGetRoot(String clientPackageName, int clientUid,
     PacMap rootHints) {
        // 响应客户端 avBrowser.connect() 方法。 若同意连接， 则返回有效的 AVBrowser
        Root 实例，否则返回 null
        return new AVBrowserRoot(AV_ROOT_ID, null);
    }

    @Override
    public void onLoadAVElementList(String parentId, AVBrowserResult result) {
        HiLog.info(LABEL_LOG,"onLoadChildren");
        // 响应客户端 avBrowser.subscribeByParentMediaId(...) 方法。
        // 执行 detachForRetrieveAsync() 方法
        // result.detachForRetrieveAsync();
        // externalAudioItems 缓存媒体文件，请开发者自行实现
        // result.sendAVElementList(externalAudioItems.getAudioItems());
    }

    @Override
    public void onLoadAVElementList(String s, AVBrowserResult avBrowserRes
     ult, PacMap pacMap) {
        // 响应客户端 avBrowser.subscribeByParentMediaId(String, PacMap,
        // AVSubscriptionCallback) 方法
    }

    @Override
    public void onLoadAVElement(String s, AVBrowserResult avBrowserResult)
{
        // 响应客户端 avBrowser.getAVElement(String, AVElementCallback) 方法
    }

    private void initPlayer() throws IOException {
        HiLog.info(LABEL_LOG,"before initPlayer");

        avSession = new AVSession(this,"AVService");
        setAVToken(avSession.getAVToken());
        // 设置 sessioncallback， 用于响应客户端的媒体控制器发起的播放控制指令
        avSession.setAVSessionCallback(avSessionCallback);
        // 设置播放状态初始状态为 AVPlaybackState.PLAYBACK_STATE_NONE
        AVPlaybackState playbackState =
                new AVPlaybackState.Builder()
                        .setAVPlaybackState(AVPlaybackState.PLAYBACK_STATE_
                        NONE, 0, 1.0f).build();
        avSession.setAVPlaybackState(playbackState);
        // 完成播放器的初始化， 如果使用多个 Player， 也可以在执行播放时初始化
        player = new Player(this);

        RawFileEntry rawFileEntry = this.getResourceManager().getRawFileEn
         try("resources/rawfile/test.wav");
        player.setSource(rawFileEntry.openRawFileDescriptor());
```

```
        HiLog.info(LABEL_LOG,"end initPlayer");
    }

    private AVSessionCallback avSessionCallback = new AVSessionCallback() {
        @Override
        public void onPlay() {
            HiLog.info(LABEL_LOG,"before onPlay");

            super.onPlay();
            // 当客户端调用 avController.getPlayControls().play() 时， 该方法会被回调
            // 响应播放请求， 开始播放。
            if (avSession.getAVController().getAVPlaybackState().getAVPlay
             backState() == AVPlaybackState.PLAYBACK_STATE_PAUSED) {
                if (player.play()) {
                    AVPlaybackState playbackState = new AVPlaybackState.
                     Builder().setAVPlaybackState(
                            AVPlaybackState.PLAYBACK_STATE_PLAYING, player.
                             getCurrentTime(),
                            player.getPlaybackSpeed()).build();
                    avSession.setAVPlaybackState(playbackState);
                }
            }

            HiLog.info(LABEL_LOG,"end onPlay");
        }

        @Override
        public void onPause() {
            HiLog.info(LABEL_LOG,"before onPause");

            // 当客户端调用 avController.getPlayControls().pause() 时，该方法会被回调
            // 响应暂停请求，暂停播放
            super.onPause();

            HiLog.info(LABEL_LOG,"end onPause");
        }

        @Override
        public void onStop() {
            HiLog.info(LABEL_LOG,"before onStop");

            // 当客户端调用 avController.getPlayControls().stop() 时，该方法会被回调
            // 响应停止请求，停止播放
            super.onStop();

            HiLog.info(LABEL_LOG,"end onStop");
        }
    };
}
```

上述代码中：

（1）声明了 AVSession 和 Player。

（2）AVSessionCallback 响应客户端的媒体控制器发起的播放控制指令的回调实现。

17.4.3　运行

运行应用，分别单击 Play、Pause 和 Stop 按钮，可以看到控制台输出内容如下：

```
02-10 21:11:39.047 32174-32174/com.waylau.hmos.avsession I 00001/MainAbili
tySlice: end play
02-10 21:11:39.050 32174-32174/com.waylau.hmos.avsession I 00001/AVService:
before onPlay
02-10 21:11:39.053 32174-32174/com.waylau.hmos.avsession I 00001/AVService:
end onPlay
02-10 21:11:47.615 32174-32174/com.waylau.hmos.avsession I 00001/MainAbili
tySlice: end play
02-10 21:11:47.619 32174-32174/com.waylau.hmos.avsession I 00001/AVService:
before onPlay
02-10 21:11:47.621 32174-32174/com.waylau.hmos.avsession I 00001/AVService:
end onPlay
02-10 21:11:50.843 32174-32174/com.waylau.hmos.avsession I 00001/AVService:
before onStop
02-10 21:11:50.844 32174-32174/com.waylau.hmos.avsession I 00001/AVService:
end onStop
```

第18章 媒体数据管理

HarmonyOS 媒体数据管理模块支持多媒体数据管理相关的功能开发。

18.1 媒体数据管理概述

HarmonyOS 媒体数据管理模块支持多媒体数据管理相关的功能开发，常见操作如获取媒体元数据、截取帧数据等。

18.1.1 媒体数据管理基本概念

在进行应用的开发前，开发者应了解以下基本概念。

（1）PixelMap：图像解码后无压缩的位图格式，用于图像显示或者进一步的处理。

（2）媒体元数据：用来描述多媒体数据的数据，如媒体标题、媒体时长等数据信息。

18.1.2 约束与限制

使用媒体数据管理时，相关的约束与限制如下。

（1）如果需要读取用户的存储文件，则需要声明读取用户存储的权限 ohos.permission.READ_USER_STORAGE。

（2）为及时释放 native 资源，建议在媒体数据管理 AVMetadataHelper 对象使用完成后主动调用 release() 方法。

18.2 实战：获取媒体元数据

本节演示如何实现媒体元数据的获取。

18.2.1 接口说明

媒体元数据获取相关类 AVMetadataHelper 的主要接口如下。

- setSource(String path)：读取指定路径的媒体文件，将其设置为媒体源。
- setSource(FileDescriptor fd)：读取指定的媒体文件描述符，设置媒体源。
- setSource(FileDescriptor fd, long offset, long length)：读取指定的媒体文件描述符，读取数据的起始位置的偏移量及数据长度，设置媒体源。
- setSource(String uri, Map<String, String> headers)：读取指定的媒体文件 Uri，设置媒体源。
- setSource(Context context, Uri uri)：读取指定的媒体的 Uri 和上下文，设置媒体源。
- resolveMetadata(int keyCode)：获取媒体元数据中指定 keyCode 对应的值。
- fetchVideoScaledPixelMapByTime(long timeUs, int option, int dstWidth, int dstHeight)：根据视频源中的时间戳、获取选项及图像帧缩放大小获取帧数据。
- fetchVideoPixelMapByTime(long timeUs, int option)：根据视频源中的时间戳和获取选项获取帧数据。

- fetchVideoPixelMapByTime(long timeUs)：根据视频源中的时间戳获取最靠近时间戳的帧的数据。
- fetchVideoPixelMapByTime()：随机获取数据源中某一帧的数据。
- resolveImage()：获取音频源中包含的图像数据，如专辑封面，如果有多个图像，则返回任意一个图像的数据。
- fetchVideoPixelMapByIndex(int frameIndex, PixelMapConfigs configs)：根据指定的图像像素格式选项获取视频源中指定一帧的数据。
- fetchVideoPixelMapByIndex(int frameIndex)：获取视频源中指定一帧的数据。
- fetchVideoPixelMapByIndex(int frameIndex, int numFrames, PixelMapConfigs configs)：根据指定的图像像素格式选项获取视频源中指定的连续多帧的数据。
- fetchVideoPixelMapByIndex(int frameIndex, int numFrames)：获取视频源中指定的连续多帧的数据。
- fetchImagePixelMapByIndex(int imageIndex, PixelMapConfigs configs)：根据指定的图像像素格式选项获取源图像中指定的图像。
- fetchImagePixelMapByIndex(int imageIndex)：获取源图像中指定的图像。
- fetchImagePrimaryPixelMap(PixelMapConfigs configs)：根据指定的图像像素格式选项获取源图像中默认图像。
- fetchImagePrimaryPixelMap()：获取源图像中默认图像。
- release()：释放读取的媒体资源。

18.2.2 创建应用

为了演示 AVMetadataHelper 的功能，创建一个名为 AVMetadataHelper 的 TV 设备类型的应用。在应用界面上，通过单击按钮触发 AVMetadataHelper 的操作。在 rawfile 目录下放置一个 big_buck_bunny.mp4 视频文件，以备测试。

18.2.3 修改ability_main.xml

修改 ability_main.xml，代码如下：

```
<?xml version="1.0" encoding="utf-8"?>
<DirectionalLayout
    xmlns:ohos="http://schemas.huawei.com/res/ohos"
    ohos:height="match_parent"
    ohos:width="match_parent"
    ohos:orientation="vertical">

    <Button
        ohos:id="$+id:button_get"
        ohos:height="40vp"
        ohos:width="match_parent"
        ohos:background_element="#F76543"
        ohos:layout_alignment="horizontal_center"
        ohos:margin="10vp"
        ohos:padding="10vp"
        ohos:text="Get"
        ohos:text_size="50"
```

```
        />

    <Image
        ohos:id="$+id:image"
        ohos:height="match_content"
        ohos:width="match_parent"/>
</DirectionalLayout>
```

界面预览效果如图 18-1 所示。

图18-1　界面预览效果

上述代码中：

（1）设置了 Get 按钮，以备设置单击事件，触发元数据相关的操作。

（2）Image 组件用于展示获取到的帧数据。

18.2.4　修改MainAbilitySlice

修改 MainAbilitySlice，代码如下：

```
package com.waylau.hmos.avmetadatahelper.slice;

import com.waylau.hmos.avmetadatahelper.ResourceTable;
import ohos.aafwk.ability.AbilitySlice;
import ohos.aafwk.content.Intent;
import ohos.agp.components.Button;
import ohos.agp.components.Image;
import ohos.global.resource.RawFileDescriptor;
import ohos.hiviewdfx.HiLog;
import ohos.hiviewdfx.HiLogLabel;
import ohos.media.image.PixelMap;
import ohos.media.photokit.metadata.AVMetadataHelper;

import java.io.IOException;

public class MainAbilitySlice extends AbilitySlice {
    private static final String TAG = MainAbilitySlice.class.getSimpleName();
    private static final HiLogLabel LABEL_LOG =
            new HiLogLabel(HiLog.LOG_App, 0x00001, TAG);

    private AVMetadataHelper avMetadataHelper;

    @Override
```

```
public void onStart(Intent intent) {
    super.onStart(intent);
    super.setUIContent(ResourceTable.Layout_ability_main);

    // 初始化 AVMetadataHelper
    try {
        initAVMetadataHelper();
    } catch (IOException e) {
        e.printStackTrace();
    }

    // 为按钮设置单击事件回调
    Button buttonGet =
            (Button) findComponentById(ResourceTable.Id_button_get);
    buttonGet.setClickedListener(listener -> getInfo());
}

@Override
public void onStop() {
    super.onStop();

    // 关闭、释放资源
    release();
}

private void initAVMetadataHelper() throws IOException {
    HiLog.info(LABEL_LOG,"before initAVMetadataHelper");
    RawFileDescriptor rawFileDescriptor = this.getResourceManager()
            .getRawFileEntry("resources/rawfile/big_buck_bunny.mp4").
             openRawFileDescriptor();

    // 创建媒体数据管理 AVMetadataHelper 对象
    avMetadataHelper = new AVMetadataHelper();

    // 读取指定的媒体文件描述符，读取数据的起始位置的偏移量以及数据长度，设置媒体源
    avMetadataHelper.setSource(rawFileDescriptor.getFileDescriptor(),
            rawFileDescriptor.getStartPosition(), rawFileDescriptor.getFileSize());

    HiLog.info(LABEL_LOG,"end initAVMetadataHelper, fd:%{public}s," +
                    "StartPosition:%{public}s,FileSize:%{public}s,",
            rawFileDescriptor.getFileDescriptor(),
            rawFileDescriptor.getStartPosition(),
            rawFileDescriptor.getFileSize());
}

private void release() {
    HiLog.info(LABEL_LOG,"release");

    if (avMetadataHelper != null) {
        // 关闭、释放资源
        avMetadataHelper.release();
        avMetadataHelper = null;
    }
}

private void getInfo() {
    HiLog.info(LABEL_LOG,"before getInfo");

    // 获取媒体的时长信息
```

```
        String duration = avMetadataHelper.resolveMetadata(AVMetadataHelp
         er.AV_KEY_DURATION);

        // 获取媒体的类型
        String mimetype = avMetadataHelper.resolveMetadata(AVMetadataHelp
         er.AV_KEY_MIMETYPE);

        // 获取媒体的高度
        String videoHeight = avMetadataHelper.resolveMetadata(AVMetadata
         Helper.AV_KEY_VIDEO_HEIGHT);

        // 获取媒体的宽度
        String videoWidth = avMetadataHelper.resolveMetadata(AVMetadata
         Helper.AV_KEY_VIDEO_WIDTH);

        HiLog.info(LABEL_LOG,"resolveMetadata duration: %{public}s, mime
         type: %{public}s, videoHeight: %{public}s, videoWidth: %{public}
         s", duration, mimetype, videoHeight, videoWidth);

        // 随机获取帧数据
        PixelMap pixelMap = avMetadataHelper.fetchVideoPixelMapByTime();

        HiLog.info(LABEL_LOG,"end getInfo, pixelMap: %{public}s", pixelMap);

        // 展示帧数据
        showImage(pixelMap);
    }

    private void showImage(PixelMap pixelMap) {
        Image image =
                (Image) findComponentById(ResourceTable.Id_image);
        image.setPixelMap(pixelMap);
    }

    @Override
    public void onActive() {
        super.onActive();
    }

    @Override
    public void onForeground(Intent intent) {
        super.onForeground(intent);
    }
}
```

上述代码中：

（1）在 Button 上设置了单击事件。

（2）initAVMetadataHelper() 方法用于初始化 AVMetadataHelper 对象。

（3）AVMetadataHelper 对象通过 setSource 方法设置数据源。数据源是预先准备好的 big_buck_bunny.mp4 视频文件。

（4）getInfo() 方法用于获取媒体的元数据信息。其中，resolveMetadata() 方法是通过指定的媒体元数据的 key 获取媒体元数据。上述代码演示了获取媒体的时长信息、媒体的类型、媒体的高度、媒体的宽度等元数据。

（5）fetchVideoPixelMapByTime() 方法用于获取帧数据。上述代码没有指定视频源中的时间戳，故会随机获取帧数据。

（6）showImage() 方法用于将上一步获取到的帧数据以图片形式展示出来。

18.2.5 运行

运行应用，单击 Get 按钮，触发操作的执行。此时，控制台输出内容如下：

```
02-12 10:45:35.430 8657-8657/com.waylau.hmos.avmetadatahelper I 00001/
 MainAbilitySlice: before initAVMetadataHelper
02-12 10:45:35.440 8657-8657/com.waylau.hmos.avmetadatahelper I 00001/
 MainAbilitySlice: end initAVMetadataHelper, fd:java.io.FileDescriptor@
 e828917,StartPosition:9992,FileSize:5510872,
02-12 10:45:38.526 8657-8657/com.waylau.hmos.avmetadatahelper I 00001/
 MainAbilitySlice: before getInfo
02-12 10:45:38.528 8657-8657/com.waylau.hmos.avmetadatahelper I 00001/
 MainAbilitySlice: resolveMetadata duration: 60140, mimetype: video/mp4,
 videoHeight: 360, videoWidth: 640
02-12 10:45:38.637 8657-8657/com.waylau.hmos.avmetadatahelper I 00001/
 MainAbilitySlice: end getInfo, pixelMap: ohos.media.image.PixelMap@541e607
```

界面预览效果如图 18-2 所示。

图18-2 界面预览效果

18.3 实战：媒体存储数据操作

本节演示如何实现媒体存储数据的操作。媒体存储数据是提供了操作媒体图片、视频、音频等元数据的 Uri 链接信息

18.3.1 接口说明

媒体存储相关类 AVStorage 的主要接口如下。

- appendPendingResource(Uri uri)：更新给定的 Uri，用于处理包含待处理标记的媒体项。
- appendRequireOriginalResource(Uri uri)：更新给定的 Uri， 用于调用者获取原始文件内容。
- fetchVolumeName(Uri uri)：获取给定 Uri 所属的卷名。
- fetchExternalVolumeNames(Context context)：获取所有组成 external 的特定卷名的列表。
- fetchMediaResource(Context context, Uri documentUri)：根据文档式的 Uri 获取对应的媒体式的 Uri。

- fetchDocumentResource(Context context, Uri mediaUri)：根据媒体式的 Uri 获取对应的文档式的 Uri。
- fetchVersion(Context context)：获取卷名为 external_primary 的不透明版本信息。
- fetchVersion(Context context, String volumeName)：获取指定卷名的不透明版本信息。
- fetchLoggerResource()：获取用于查询媒体扫描状态的 Uri。
- Audio.convertNameToKey(String name)：将艺术家或者专辑名称转换为可用于分组、排序和搜索的 key。
- Audio.Media.fetchResource(String volumeName)：获取用于处理音频媒体信息的 Uri。
- Audio.Genres.fetchResource(String volumeName)：获取用于处理音频流派信息的 Uri。
- Audio.Genres.fetchResourceForAudioId(String volumeName, int audioId)：获取用户处理音频文件对应的流派信息的 Uri。
- Audio.Genres.Members.fetchResource(String volumeName, long genreId)：获取用于处理音频流派子目录的成员信息的 Uri。
- Audio.Playlists.fetchResource(String volumeName)：获取用于处理音频播放列表信息的 Uri。
- Audio.Playlists.Members.fetchResource(String volumeName, long playlistId)：获取用于处理音频播放列表子目录的成员信息的 Uri。
- Audio.Playlists.Members.updatePlaylistItem(DataAbilityHelper dataAbilityHelper, long playlistId, int oldLocation, int newLocation)：移动播放列表到新位置。
- Audio.Albums.fetchResource(String volumeName)：获取用于处理音频专辑信息的 Uri。
- Audio.Artists.fetchResource(String volumeName)：获取用于处理音频艺术家信息的 Uri。
- Audio.Artists.Albums.fetchResource(String volumeName, long id)：获取用于处理所有专辑出现艺术家的歌曲信息的 Uri。
- Audio.Downloads.fetchResource(String volumeName)：获取用于处理下载条目信息的 Uri。
- Audio.Files.fetchResource(String volumeName)：获取用于处理媒体文件及非媒体文件（文本、HTML、PDF 等）的 Uri。
- Audio.Images.Media.fetchResource(String volumeName)：获取用于处理图像媒体信息的 Uri。
- Audio.Video.Media.fetchResource(String volumeName)：获取用于处理视频媒体信息的 Uri。

18.3.2 创建应用

为了演示 AVStorage 的功能，创建一个名为 AVStorage 的 Phone 设备类型的应用。在应用界面上，通过单击按钮触发 AVStorage 的操作。

18.3.3 声明权限

修改配置文件，声明读取用户存储的权限，代码如下：

```
// 声明权限
"reqPermissions": [
    {
  "name":"ohos.permission.READ_USER_STORAGE"
    }
]
```

同时，在应用启动时，显式声明用户存储权限，代码如下：

```
package com.waylau.hmos.avstorage;

import com.waylau.hmos.avstorage.slice.MainAbilitySlice;
import ohos.aafwk.ability.Ability;
import ohos.aafwk.content.Intent;

import java.util.ArrayList;
import java.util.List;

public class MainAbility extends Ability {
    @Override
    public void onStart(Intent intent) {
        super.onStart(intent);
        super.setMainRoute(MainAbilitySlice.class.getName());

        // 显式声明需要使用的权限
        requestPermission();
    }

    // 显式声明需要使用的权限
    private void requestPermission() {
        String[] permission = {
                "ohos.permission.READ_USER_STORAGE"};
        List<String> applyPermissions = new ArrayList<>();
        for (String element : permission) {
            if (verifySelfPermission(element) != 0) {
                if (canRequestPermission(element)) {
                    applyPermissions.add(element);
                }
            }
        }
        requestPermissionsFromUser(applyPermissions.toArray(new String[0]), 0);
    }
}
```

18.3.4 修改ability_main.xml

修改 ability_main.xml，代码如下：

```
<?xml version="1.0" encoding="utf-8"?>
<DirectionalLayout
    xmlns:ohos="http://schemas.huawei.com/res/ohos"
    ohos:height="match_parent"
    ohos:width="match_parent"
    ohos:orientation="vertical">

    <Button
        ohos:id="$+id:button_get"
        ohos:height="match_content"
        ohos:width="match_content"
        ohos:background_element="#F76543"
        ohos:margin="10vp"
        ohos:padding="10vp"
        ohos:text="Get"
        ohos:text_size="50"
```

```
        />

    <TableLayout
        ohos:id="$+id:layout_table"
        ohos:height="match_parent"
        ohos:width="match_content">

    </TableLayout>

</DirectionalLayout>
```

界面预览效果如图 18-3 所示。

图18-3　界面预览效果

上述代码中：

（1）设置了 Get 按钮，以备设置单击事件，触发元数据相关的操作。

（2）TableLayout 布局用于展示读取到的图片信息。

18.3.5　修改MainAbilitySlice

修改 MainAbilitySlice，代码如下：

```
package com.waylau.hmos.avstorage.slice;

import com.waylau.hmos.avstorage.ResourceTable;
import ohos.aafwk.ability.AbilitySlice;
import ohos.aafwk.ability.DataAbilityHelper;
import ohos.aafwk.ability.DataAbilityRemoteException;
import ohos.aafwk.content.Intent;
import ohos.agp.components.Button;
import ohos.agp.components.Image;
import ohos.agp.components.TableLayout;
import ohos.data.dataability.DataAbilityPredicates;
import ohos.data.resultset.ResultSet;
import ohos.hiviewdfx.HiLog;
import ohos.hiviewdfx.HiLogLabel;
import ohos.media.common.Source;
import ohos.media.image.ImageSource;
```

```
import ohos.media.image.PixelMap;
import ohos.media.photokit.metadata.AVStorage;
import ohos.media.player.Player;
import ohos.utils.net.Uri;

import java.io.FileDescriptor;
import java.io.FileNotFoundException;

public class MainAbilitySlice extends AbilitySlice {
    private static final String TAG = MainAbilitySlice.class.getSimpleName();
    private static final HiLogLabel LABEL_LOG =
            new HiLogLabel(HiLog.LOG_App, 0x00001, TAG);

    private DataAbilityHelper helper;

    private TableLayout tableLayout;

    @Override
    public void onStart(Intent intent) {
        super.onStart(intent);
        super.setUIContent(ResourceTable.Layout_ability_main);

        helper = DataAbilityHelper.creator(this);

        // 为按钮设置单击事件回调
        Button buttonGet =
                (Button) findComponentById(ResourceTable.Id_button_get);
        buttonGet.setClickedListener(listener -> {
            try {
                getInfo();
            } catch (FileNotFoundException e) {
                e.printStackTrace();
            } catch (DataAbilityRemoteException e) {
                e.printStackTrace();
            }
        });

        tableLayout = (TableLayout) findComponentById(ResourceTable.Id_lay
         out_table);
        tableLayout.setColumnCount(4);
    }

    @Override
    public void onStop() {
        super.onStop();

        // 关闭、释放资源
        release();
    }

    private void getInfo() throws FileNotFoundException, DataAbilityRemote
     Exception {
        HiLog.info(LABEL_LOG,"before getInfo");

        // 查询条件为null，即查询所有记录
        ResultSet result =
                helper.query(AVStorage.Images.Media.EXTERNAL_DATA_ABILITY_URI,
                        null, null);
```

```
    if (result == null) {
        HiLog.info(LABEL_LOG,"result is null");
        return;
    }

    while (result.goToNextRow()) {
        // 获取 id 字段的值
        String mediaId = result.getString(result.getColumnIndexForName
         (AVStorage.Images.Media.ID));
        HiLog.info(LABEL_LOG,"mediaId: %{public}s", mediaId);

        showImage(mediaId);
    }


    result.close();

    HiLog.info(LABEL_LOG,"end getInfo");
}

private void showImage(String mediaId) throws DataAbilityRemoteExcep
 tion, FileNotFoundException {
    HiLog.info(LABEL_LOG,"before showImage, mediaId: %{public}s",mediaId);

    PixelMap pixelMap = null;
    ImageSource imageSource = null;
    Image image = new Image(this);
    image.setWidth(250);
    image.setHeight(250);
    image.setMarginsLeftAndRight(10, 10);
    image.setMarginsTopAndBottom(10, 10);
    image.setScaleMode(Image.ScaleMode.CLIP_CENTER);

    Uri uri = Uri.appendEncodedPathToUri(AVStorage.Images.Media.EXTER
     NAL_DATA_ABILITY_URI, mediaId);
    FileDescriptor fd = helper.openFile(uri,"r");
    try {
        imageSource = ImageSource.create(fd, null);
        pixelMap = imageSource.createPixelmap(null);
    } catch (Exception e) {
        e.printStackTrace();
    } finally {
        if (imageSource != null) {
            imageSource.release();
        }
    }

    image.setPixelMap(pixelMap);
    tableLayout.addComponent(image);

    HiLog.info(LABEL_LOG,"end play");
}

private void release() {
    HiLog.info(LABEL_LOG,"release");

    if (helper != null) {
        // 关闭、释放资源
        helper.release();
```

```
            helper = null;
        }
    }

    @Override
    public void onActive() {
        super.onActive();
    }

    @Override
    public void onForeground(Intent intent) {
        super.onForeground(intent);
    }
}
```

上述代码中：

（1）onStart() 方法初始化了 DataAbilityHelper 和 TableLayout。

（2）在 Button 上设置了单击事件。

（3）getInfo() 方法用于查询外部存储器上的图片的 ID。

（4）showImage() 方法用于通过 DataAbilityHelper 查询到对应图片的 ID 的图片资源，并添加到 TableLayout 呈现出来。

18.3.6 运行

初次运行应用，单击 Get 按钮，以触发操作的执行。此时，控制台输出内容如下：

```
02-11 17:14:26.038 14589-14589/com.waylau.hmos.avstorage I 00001/MainAbili
 tySlice: before getInfo
02-11 17:14:26.053 14589-14589/com.waylau.hmos.avstorage I 00001/MainAbili
 tySlice: end getInfo
```

上述日志表明没有获取到任何图片。

进入手机的“相机”应用，连续拍摄若干张照片，相机界面效果如图 18-4 所示。

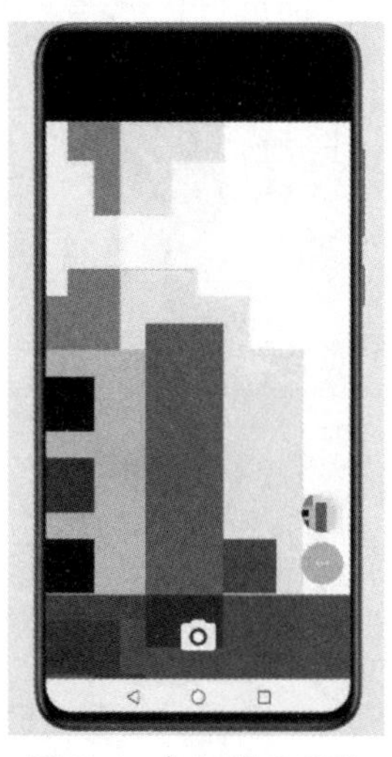

图18-4　相机界面效果

之后，回到 AVStorage 应用，单击 Get 按钮，此时控制台输出内容如下：

```
02-11 17:19:01.647 8039-8039/com.waylau.hmos.avstorage I 00001/MainAbili
 tySlice: before getInfo
02-11 17:19:01.665 8039-8039/com.waylau.hmos.avstorage I 00001/MainAbili
 tySlice: mediaId: 33
02-11 17:19:01.666 8039-8039/com.waylau.hmos.avstorage I 00001/MainAbili
 tySlice: before showImage, mediaId: 33
02-11 17:19:01.715 8039-8039/com.waylau.hmos.avstorage I 00001/MainAbili
 tySlice: end play
02-11 17:19:01.715 8039-8039/com.waylau.hmos.avstorage I 00001/MainAbili
 tySlice: mediaId: 34
02-11 17:19:01.716 8039-8039/com.waylau.hmos.avstorage I 00001/MainAbili
 tySlice: before showImage, mediaId: 34
02-11 17:19:01.740 8039-8039/com.waylau.hmos.avstorage I 00001/MainAbili
 tySlice: end play
02-11 17:19:01.740 8039-8039/com.waylau.hmos.avstorage I 00001/MainAbili
 tySlice: mediaId: 35
02-11 17:19:01.740 8039-8039/com.waylau.hmos.avstorage I 00001/MainAbili
 tySlice: before showImage, mediaId: 35
```

上述日志表明已经读取到了图片的 ID，AVStorage 应用界面效果如图 18-5 所示。

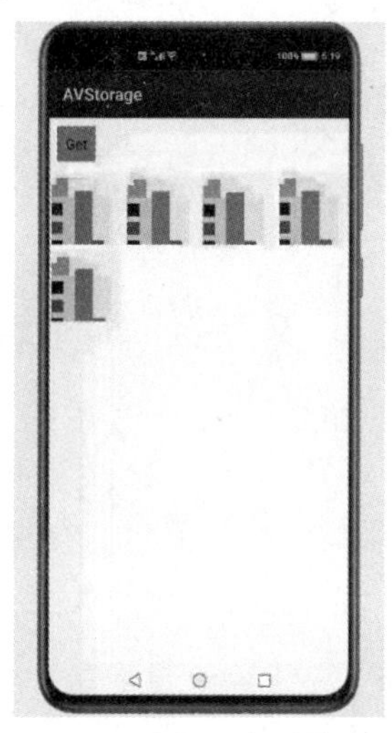

图18-5　AVStorage应用界面效果

18.4 实战：获取视频与图像缩略图

本节演示如何获取视频文件或图像文件的缩略图。

18.4.1 接口说明

视频与图像缩略图获取相关类 AVThumbnailUtils 的主要接口如下。

- createVideoThumbnail(File file, Size size)：创建指定视频中代表性关键帧的缩略图。
- createImageThumbnail(File file, Size size)：创建指定图像的缩略图。

18.4.2 创建应用

为了演示 AVThumbnailUtils 的功能，创建一个名为 AVThumbnailUtils 的 Phone 设备类型的应用。在应用界面上，通过单击按钮触发音频的操作。在 rawfile 目录下放置一个 big_buck_bunny.mp4 视频文件和一个 waylau_616_616.jpeg 图片文件，以备测试。

18.4.3 修改ability_main.xml

修改 ability_main.xml，代码如下：

```
<?xml version="1.0" encoding="utf-8"?>
<DirectionalLayout
    xmlns:ohos="http://schemas.huawei.com/res/ohos"
    ohos:height="match_parent"
    ohos:width="match_parent"
    ohos:orientation="vertical">

    <Button
        ohos:id="$+id:button_image"
        ohos:height="40vp"
        ohos:width="match_parent"
        ohos:background_element="#F76543"
        ohos:margin="10vp"
        ohos:padding="10vp"
        ohos:text="Get Image"
        ohos:text_size="50"
        />

    <Image
        ohos:id="$+id:image_image"
        ohos:height="match_content"
        ohos:width="match_parent"/>

    <Button
        ohos:id="$+id:button_video"
        ohos:height="40vp"
        ohos:width="match_parent"
        ohos:background_element="#F76543"
        ohos:margin="10vp"
        ohos:padding="10vp"
        ohos:text="Get Video"
        ohos:text_size="50"
        />

    <Image
        ohos:id="$+id:image_vedio"
        ohos:height="match_content"
        ohos:width="match_parent"/>
</DirectionalLayout>
```

上述代码中：

（1）设置了 Get Image 和 Get Video 按钮，以备设置单击事件，触发获取图像文件或视频文件的缩略图的操作。

（2）TableLayout 布局用于展示获取到的缩略图。

界面预览效果如图 18-6 所示。

图18-6　界面预览效果

18.4.4　修改MainAbilitySlice

修改 MainAbilitySlice，代码如下：

```
public class MainAbilitySlice extends AbilitySlice {
    private static final String TAG = MainAbilitySlice.class.getSimpleName();
    private static final HiLogLabel LABEL_LOG =
            new HiLogLabel(HiLog.LOG_App, 0x00001, TAG);

    private TableLayout tableLayout;

    @Override
    public void onStart(Intent intent) {
        super.onStart(intent);
        super.setUIContent(ResourceTable.Layout_ability_main);

        // 为按钮设置单击事件回调
        Button buttonGetImage =
                (Button) findComponentById(ResourceTable.Id_button_image);
        buttonGetImage.setClickedListener(listener -> {
            try {
                getImageInfo();
            } catch (IOException e) {
                e.printStackTrace();
            }
        });
```

```
        // 为按钮设置单击事件回调
        Button buttonGetVideo =
                (Button) findComponentById(ResourceTable.Id_button_video);
        buttonGetVideo.setClickedListener(listener -> {
            try {
                getVideoInfo();
            } catch (IOException e) {
                e.printStackTrace();
            }
        });

        tableLayout = (TableLayout) findComponentById(ResourceTable.Id_lay
         out_table);
        tableLayout.setColumnCount(4);
    }
    ...
}
```

上述代码中：

（1）onStart() 方法初始化了 TableLayout。

（2）在 Button 上设置了单击事件。

（3）getImageInfo() 方法用于获取图像文件的缩略图。

（4）getVideoInfo() 方法用于获取视频文件的缩略图。

1. 获取图像文件的缩略图

获取图像文件的缩略图的方法为 getImageInfo()，其代码如下：

```
private void getImageInfo() throws IOException {
    HiLog.info(LABEL_LOG,"before getImageInfo");

    // 获取数据目录
    File dataDir = new File(this.getDataDir().toString());
    if (!dataDir.exists()) {
        dataDir.mkdirs();
    }

    // 构建目标文件
    File targetFile =
    new File(Paths.get(dataDir.toString(),"waylau_616_616.jpeg").toString());

    // 获取源文件
    RawFileEntry rawFileEntry =
            this.getResourceManager().getRawFileEntry("resources/rawfile/
             waylau_616_616.jpeg");
    Resource resource = rawFileEntry.openRawFile();

    // 新建目标文件
    FileOutputStream fos = new FileOutputStream(targetFile);

    byte[] buffer = new byte[4096];
    int count = 0;

    // 源文件内容写入目标文件
    while ((count = resource.read(buffer)) >= 0) {
        fos.write(buffer, 0, count);
    }
```

```
    resource.close();
    fos.close();

    Size size = new Size();
    size.height = 250;
    size.width = 250;

    PixelMap pixelMap = AVThumbnailUtils.createImageThumbnail(targetFile, size);

    // 显示图片
    Image image =
            (Image) findComponentById(ResourceTable.Id_image_image);
    image.setPixelMap(pixelMap);

    HiLog.info(LABEL_LOG,"end getImageInfo");
}
```

上述代码中：

（1）将指定文件写入指定的位置。

（2）通过 AVThumbnailUtils.createImageThumbnail() 方法为指定位置的文件创建图像文件的缩略图。

（3）Size 对象用于设置缩略图的大小。

（4）将缩略图显示在 TableLayout 布局上。

2. 获取视频文件的缩略图

获取视频文件的缩略图的方法为 getVideoInfo，其代码如下：

```
private void getVideoInfo() throws IOException {
    HiLog.info(LABEL_LOG,"before getVideoInfo");

    // 获取数据目录
    File dataDir = new File(this.getDataDir().toString());
    if (!dataDir.exists()) {
        dataDir.mkdirs();
    }

    // 构建目标文件
    File targetFile =
            new File(Paths.get(dataDir.toString(),"big_buck_bunny.mp4").
             toString());

    // 获取源文件
    RawFileEntry rawFileEntry =
            this.getResourceManager().getRawFileEntry("resources/rawfile/
             big_buck_bunny.mp4");
    Resource resource = rawFileEntry.openRawFile();

    // 新建目标文件
    FileOutputStream fos = new FileOutputStream(targetFile);

    byte[] buffer = new byte[4096];
    int count = 0;

    // 源文件内容写入目标文件
    while ((count = resource.read(buffer)) >= 0) {
        fos.write(buffer, 0, count);
```

```
    }

    resource.close();
    fos.close();

    Size size = new Size();
    size.height = 640;
    size.width = 320;

    PixelMap pixelMap = AVThumbnailUtils.createVideoThumbnail(targetFile, size);

    // 显示图片
    Image image =
            (Image) findComponentById(ResourceTable.Id_image_vedio);
    image.setPixelMap(pixelMap);

    HiLog.info(LABEL_LOG,"end getVideoInfo");
}
```

上述代码与 getImageInfo() 方法基本类似：

（1）将指定的文件写入指定的位置。

（2）通过 AVThumbnailUtils.createVideoThumbnail() 方法为指定位置的文件创建视频文件的缩略图。

（3）Size 对象用于设置缩略图的大小。

（4）将缩略图显示在 TableLayout 布局上。

18.4.5 运行

运行应用，单击 Get Image 按钮，以触发操作的执行。此时，界面效果 1 如图 18-7 所示。再单击 Get Video 按钮，此时应用界面效果 2 如图 18-8 所示。

图18-7　界面效果1

图18-8　界面效果2

第19章 安全管理

本章介绍 HarmonyOS 应用的安全管理机制。

19.1 权限基本概念

HarmonyOS 的权限包含以下基本概念。

（1）应用沙盒：系统利用内核保护机制识别和隔离应用资源，可将不同的应用隔离开，保护应用自身和系统免受恶意应用的攻击。默认情况下，应用间不能彼此交互，而且对系统的访问会受到限制。例如，如果应用 A（一个单独的应用）尝试在没有权限的情况下读取应用 B 的数据或者调用系统的能力拨打电话，操作系统会阻止此类行为，因为应用 A 没有被授予相应的权限。

（2）应用权限：由于系统通过沙盒机制管理各个应用，因此在默认规则下，应用只能访问有限的系统资源。但应用为了扩展功能的需要，需要访问自身沙盒之外的系统或其他应用的数据（包括用户个人数据）或能力，系统或应用也必须以明确的方式对外提供接口来共享其数据或能力。为了保证这些数据或能力不会被不当或恶意使用，就需要有一种访问控制机制来保护，这就是应用权限。应用权限是程序访问操作某种对象的许可。权限在应用层面要求明确定义且经用户授权，以便系统化地规范各类应用程序的行为准则与权限许可。

（3）权限保护的对象：可以分为数据和能力。

①数据：包含个人数据（如照片、通讯录、日历、位置等）、设备数据（如设备标识、相机、扬声器等）、应用数据等。

②能力：包括设备能力（如打电话、发短信、联网等）、应用能力（如弹出悬浮框、创建快捷方式等）等。

（4）权限开放范围：一个权限能被哪些应用申请。按可信程度从高到低的顺序，不同权限开放范围对应的应用可分为系统服务、系统应用、系统预置特权应用、同签名应用、系统预置普通应用、持有权限证书的后装应用、其他普通应用，开放范围依次扩大。

（5）敏感权限：涉及访问个人数据（如照片、通讯录、日历、本机号码、短信等）和操作敏感能力（如相机、扬声器、拨打电话、发送短信等）的权限。

（6）应用核心功能：一个应用可能提供了多种功能，其中应用为满足用户的关键需求而提供的功能称为应用核心功能。这是一个相对宽泛的概念，主要用来辅助描述用户权限授权的预期。用户选择安装一个应用，通常是被应用的核心功能所吸引。例如导航类应用，定位导航就是这种应用的核心功能；媒体类应用，播放及媒体资源管理就是核心功能，这些功能所需要的权限，用户在安装时内心已经倾向于授予（否则就不会安装）。与核心功能相对应的是辅助功能，这些功能所需要的权限需要向用户清晰说明目的、场景等信息，由用户授权。有些功能既不属于核心功能，也不是辅助功能，那么这些功能就是多余功能，这些功能所需要的权限通常被用户禁止。

（7）最小必要权限：保障应用某一服务类型正常运行所需要的应用权限的最小集，一旦缺少将导致该类型服务无法实现或无法正常运行。

19.2 权限运作机制

系统所有应用均在应用沙盒内运行。默认情况下，应用只能访问有限的系统资源。这些限制是通过 DAC（Discretionary Access Control，自主访问控制）、MAC（Mandatory Access Control，强制访问控制）及本文描述的应用权限机制等多种不同的形式实现的。因应用需要实现其某些功能而必须访问系统或其他应用的数据或操作某些器件，此时就需要系统或其他应用能提供接口，考虑到安全，就需要对这些接口采用一种限制措施，这就是应用权限的安全机制。

接口的提供涉及其权限的命名和分组、对外开放的范围、被授予的应用及用户的参与和体验。应用权限管理模块的目的就是负责管理由接口提供方（访问客体）、接口使用方（访问主体）、系统（包括云侧和端侧）和用户等共同参与的整个流程，保证受限接口是在约定好的规则下被正常使用，避免接口被滥用而导致用户、应用和设备受损。

19.3 权限约束与限制

HarmonyOS 权限在使用时应考虑如下约束与限制。

- 同一应用自定义权限个数不能超过 1024 个。
- 同一应用申请权限个数不能超过 1024 个。
- 为避免与系统权限名冲突，应用自定义权限名不能以 ohos 开头，且权限名长度不能超过 256 字符。
- 自定义权限授予方式不能为 user_grant。
- 自定义权限开放范围不能为 restricted。

19.4 应用权限列表

HarmonyOS 根据接口所涉数据的敏感程度或所涉能力的安全威胁影响，定义了不同开放范围与授权方式的权限来保护数据。

19.4.1 权限分类

当前权限的开放范围如下。

- all：所有应用可用。
- signature：平台签名应用可用。
- privileged：预制特权应用可用。
- restricted：证书可控应用可用。

应用在使用对应服务的能力或数据时，需要申请对应权限。

- 已在 config.json 文件中声明的非敏感权限会在应用安装时自动授予，该类权限的授权方式为系统授权（system_grant）。
- 敏感权限需要应用动态申请，通过运行时发送弹窗方式请求用户授权，该类权限的授权方式为用户授权（user_grant）。

当应用调用服务时，服务会对应用进行权限检查，如果没有对应权限，则无法使用该服务。当前仅介绍对所有应用开放的 HarmonyOS 的应用权限。

19.4.2 敏感权限

敏感权限需要按照动态申请流程向用户申请。

敏感权限如下。

- ohos.permission.LOCATION：允许应用在前台运行时获取位置信息。如果应用在后台运行时也要获取位置信息，则需要同时申请 ohos.permission.LOCATION_IN_BACKGROUND 权限。
- ohos.permission.LOCATION_IN_BACKGROUND：允许应用在后台运行时获取位置信息，需要同时申请 ohos.permission.LOCATION 权限。
- ohos.permission.CAMERA：允许应用使用相机拍摄照片和录制视频。
- ohos.permission.MICROPHONE：允许应用使用扬声器进行录音。
- ohos.permission.READ_CALENDAR：允许应用读取日历信息。
- ohos.permission.WRITE_CALENDAR：允许应用在设备上添加、移除或修改日历活动。
- ohos.permission.ACTIVITY_MOTION：允许应用读取用户当前的运动状态。
- ohos.permission.READ_HEALTH_DATA：允许应用读取用户的健康数据。
- ohos.permission.DISTRIBUTED_DATASYNC：允许不同设备间的数据交换。
- ohos.permission.DISTRIBUTED_DATA：允许应用使用分布式数据的能力。
- ohos.permission.MEDIA_LOCATION：允许应用访问用户媒体文件中的地理位置信息。
- ohos.permission.READ_MEDIA：允许应用读取用户外部存储中的媒体文件信息。
- ohos.permission.WRITE_MEDIA：允许应用读写用户外部存储中的媒体文件信息。

19.4.3 非敏感权限

非敏感权限不涉及用户的敏感数据或危险操作，仅需在 config.json 中声明，应用安装后即被授权。

非敏感权限如下。

- ohos.permission.GET_NETWORK_INFO：允许应用获取数据网络信息。
- ohos.permission.GET_WIFI_INFO：允许获取 WLAN 信息。
- ohos.permission.USE_BLUETOOTH：允许应用查看蓝牙的配置。
- ohos.permission.DISCOVER_BLUETOOTH：允许应用配置本地蓝牙，并允许其查找远端设备且与之配对连接。
- ohos.permission.SET_NETWORK_INFO：允许应用控制数据网络。
- ohos.permission.SET_WIFI_INFO：允许配置 WLAN 设备。
- ohos.permission.SPREAD_STATUS_BAR：允许应用以缩略图方式呈现在状态栏。
- ohos.permission.INTERNET：允许使用网络 socket。
- ohos.permission.MODIFY_AUDIO_SETTINGS：允许应用程序修改音频设置。
- ohos.permission.RECEIVER_STARTUP_COMPLETED：允许应用接收设备启动完成广播。
- ohos.permission.RUNNING_LOCK：允许申请休眠运行锁，并执行相关操作。
- ohos.permission.ACCESS_BIOMETRIC：允许应用使用生物识别能力进行身份认证。

- ohos.permission.RCV_NFC_TRANSACTION_EVENT：允许应用接收卡模拟交易事件。
- ohos.permission.COMMONEVENT_STICKY：允许发布黏性公共事件的权限。
- ohos.permission.SYSTEM_FLOAT_WINDOW：提供显示悬浮窗的能力。
- ohos.permission.VIBRATE：允许应用程序使用马达。
- ohos.permission.USE_TRUSTCIRCLE_MANAGER：允许调用设备间的认证能力。
- ohos.permission.USE_WHOLE_SCREEN：允许通知携带一个全屏 IntentAgent。
- ohos.permission.SET_WALLPAPER：允许设置静态壁纸。
- ohos.permission.SET_WALLPAPER_DIMENSION：允许设置壁纸尺寸。
- ohos.permission.REARRANGE_MISSIONS：允许调整任务栈。
- ohos.permission.CLEAN_BACKGROUND_PROCESSES：允许根据包名清理相关后台进程。
- ohos.permission.KEEP_BACKGROUND_RUNNING：允许 Service Ability 在后台继续运行。
- ohos.permission.GET_BUNDLE_INFO：查询其他应用的信息。
- ohos.permission.ACCELEROMETER：允许应用程序读取加速度传感器的数据。
- ohos.permission.GYROSCOPE：允许应用程序读取陀螺仪传感器的数据。
- ohos.permission.MULTIMODAL_INTERACTIVE：允许应用订阅语音或手势事件。
- ohos.permission.radio.ACCESS_FM_AM：允许用户获取收音机相关服务。
- ohos.permission.NFC_TAG：允许应用读写 Tag 卡片。
- ohos.permission.NFC_CARD_EMULATION：允许应用实现卡模拟功能。
- ohos.permission.DISTRIBUTED_DEVICE_STATE_CHANGE：允许获取分布式组网内设备的状态变化。
- ohos.permission.GET_DISTRIBUTED_DEVICE_INFO：允许获取分布式组网内的设备列表和设备信息。

19.4.4 受限开放权限

受限开放的权限通常不允许第三方应用申请。如果有特殊场景需要使用，应提供相关申请材料到应用市场申请相应权限证书。如果应用未申请相应的权限证书，却试图在 config.json 文件中声明此类权限，将会导致应用安装失败。另外，由于此类权限涉及用户敏感数据或危险操作，当应用申请到权限证书后，还需按照动态申请权限流程向用户申请授权。

受限开放权限如下。

- ohos.permission.READ_CONTACTS：允许应用读取联系人数据。
- ohos.permission.WRITE_CONTACTS：允许应用添加、移除和更改联系人数据。

19.5 应用权限开发流程

HarmonyOS 支持开发者自定义权限来保护能力或接口，同时开发者也可申请权限来访问受权限保护的对象。

前面几章已经介绍了应用权限的一些使用方式，本节详细总结应用权限的开发流程。

19.5.1 权限申请

开发者需要在 config.json 文件中的 reqPermissions 字段中声明所需要的权限，示例代码如下：

```
{
  "reqPermissions": [
       {
          "name":"ohos.permission.CAMERA",
          "reason":"$string:permreason_camera",
          "usedScene":
           {
              "ability": ["com.mycamera.Ability","com.mycamera.Ability
               Background"],
              "when":"always"
           }
       },{
       ...
       }
    ]
}
```

权限申请格式采用数组格式，可支持同时申请多个权限，权限个数最多不能超过 1024 个。

reqPermissions 权限申请字段说明如表 19-1 所示。

表19-1　reqPermissions权限申请字段说明

键	值说明	类型	取值范围	默认值	规则约束
name	必须，填写需要使用的权限名称	字符串	自定义	无	未填写时，解析失败
reason	可选，当申请的权限为user_grant权限时此字段必填	描述申请权限的原因	字符串	显示文字长度不能超过256字节	空
usedScene	可选，当申请的权限为user_grant权限时此字段必填	描述权限使用的场景和时机，场景类型有ability、when（调用时机）。可配置多个ability	ability：字符串数组；when：字符串	ability：ability的名称；when：inuse（使用时）、always（始终）	ability：空；when：inuse

如果声明使用的权限的 grantMode 是 system_grant，则权限会在应用安装时被自动授予。

如果声明使用的权限的 grantMode 是 user_grant，则必须经用户手动授权（用户在弹框中授权或进入权限设置界面授权）才可使用。用户会看到 reason 字段中填写的理由，决定是否给予授权。

注意：对于授权方式为 user_grant 的权限，每一次执行需要这一权限的操作时，都需要检查自身是否有该权限。当自身具有权限时，才可继续执行，否则应用需要请求用户授予权限。示例参见 19.5.5 小节。

19.5.2 自定义权限

开发者需要在 config.json 文件中的 defPermissions 字段中自定义所需的权限，代码如下：

```
{
  "defPermissions": [
      {
         "name":"com.myability.permission.MYPERMISSION",
         "grantMode":"system_grant",
         "availableScope": ["signature"]
      }, {
      ...
      }
   ]
}
```

权限定义格式采用数组格式，可支持同时定义多个权限，自定义的权限个数最多不能超过 1024 个。

defPermissions 权限定义字段说明如表 19-2 所示。

表19-2　defPermissions权限定义字段说明

键	值说明	类型	取值范围	默认值	规则约束
name	必填，权限名称。为最大可能避免重名，采用反向域公司名+应用名+权限名组合	字符串	自定义	无	第三方应用不允许填写系统存在的权限，否则会安装失败。未填写则解析失败。权限名长度不能超过256个字符
grantMode	必填，权限授予方式	字符串	user_grant：用户授权；system_grant：系统授权	system_grant	若未填值或填写了取值范围以外的值，则自动赋予默认值；不允许第三方应用填写user_grant，如填写后会自动赋予默认值
available Scope	选填，权限限制范围。不填则表示此权限对所有应用开放	字符串数组	signature、privileged、restricted	空	若填写取值范围以外的值，则权限限制范围不生效。由于第三方应用并不在restricted的范围内，很少会出现权限定义者不能访问自身定义的权限的情况，因此不允许第三方应用填写restricted
label	选填，权限的简短描述。若未填写，则由权限名取代。	字符串	自定义	空	需要多语种适配
description	选填，权限的详细描述。若未填写，则由label取代。	字符串	自定义	空	需要多语种适配

权限授予方式字段说明如表 19-3 所示。

表19-3　权限授予方式字段说明

授予方式(grantMode)	说明	自定义权限是否可指定该级别	取值样例
system_grant	在config.json中声明，安装后系统自动授予	是	GET_NETWORK_INFO、GET_WIFI_INFO
user_grant	在config.json声明，并在使用时动态申请，用户授权后才可使用	否，如自定义，则强制修改为system_grant	CAMERA、MICROPHONE

权限限制范围字段说明如表 19-4 所示。

表19-4　权限限制范围字段说明

权限范围(availableScope)	说明	自定义权限是否可指定该级别	取值样例
restricted	需要开发者向华为申请后才能被使用的特殊权限	否	ANSWER_CALL、READ_CALL_LOG、RECEIVE_SMS
signature	权限定义方和使用方的签名一致。需在config.json中声明后，由权限管理模块负责签名校验一致后，方可使用	是	
privileged	预置在系统版本中的特权应用可申请的权限	是	SET_TIME、MANAGE_USER_STORAGE

19.5.3　访问权限控制

1. Ability的访问权限控制

在 config.json 中填写 abilities 到 permissions 字段，表示只有拥有该权限的应用可访问此 Ability。下面的示例表明只有拥有 ohos.permission.CAMERA 权限的应用才可以访问此 ability：

```
"abilities": [
    {
        "name":".MainAbility",
        "description":"$string:description_main_ability",
        "icon":"$media:hiworld.png",
        "label":"HiCamera",
        "launchType":"standard",
        "orientation":"portrait",
        "visible": false,
        "permissions": [
            "ohos.permission.CAMERA"
        ],
    }
]
```

其中，permissions 用以表示此 ability 受哪个权限保护，只有拥有此权限的应用才可访问此 ability。目前仅支持填写一个权限名，若填写多个权限名，则仅第一个权限名有效。

2. Ability接口的访问权限控制

在 Ability 实现中，如需要对特定接口做访问控制，可在服务侧的接口实现中主动通过 verify-CallingPermission、verifyCallingOrSelfPermission 检查访问者是否拥有所需要的权限。示例代码如下：

```
if (verifyCallingPermission("ohos.permission.CAMERA") != IBundleManager.
 PERMISSION_GRANTED) {
    // 调用者无权限，进行错误处理
}
    // 调用者权限校验通过，开始提供服务
```

19.5.4　接口说明

应用权限接口如下。

- verifyPermission(String permissionName, int pid, int uid)：查询指定 PID、UID 的应用是否已被授予某权限。
- verifyCallingPermission(String permissionName)：查询 IPC 跨进程调用的调用方的进程是否已被授予某权限。
- verifySelfPermission(String permissionName)：查询自身进程是否已被授予某权限。
- verifyCallingOrSelfPermission(String permissionName)：当有远端调用时检查远端是否有权限，否则检查自身是否拥有权限。
- canRequestPermission(String permissionName)：向系统权限管理模块查询某权限是否不再弹框授权。
- requestPermissionsFromUser (String[] permissions, int requestCode)：向系统权限管理模块申请权限（接口可支持一次申请多个。若下一步操作涉及多个敏感权限，则可使用该接口，其他情况建议不使用。因为弹框还是按权限组一个个去弹框，耗时比较长。用到哪个权限就去申请哪个）。
- onRequestPermissionsFromUserResult (int requestCode, String[] permissions, int[] grantResults)：调用 requestPermissionsFromUser 后的应答接口。

19.5.5　动态申请权限开发步骤

动态申请权限开发步骤如下。

1. 声明所需要的权限

在 config.json 文件中声明所需要的权限，示例代码如下：

```
{
  "reqPermissions": [
      {
         "name":"ohos.permission.CAMERA",
         "reason":"$string:permreason_camera",
         "usedScene": {
            "ability": ["com.mycamera.Ability","com.mycamera.Ability
             Background"],
            "when":"always"}
```

```
        }, {
            ...
        }
    ]
}
```

2. 检查是否已被授予该权限

继承 Ability，使用 ohos.app.Context.verifySelfPermission 接口查询应用是否已被授予该权限。如果已被授予权限，则可以结束权限申请流程；如果未被授予权限，则继续执行下一步。

3. 查询是否可动态申请

使用 canRequestPermission 查询是否可动态申请。如果不可动态申请，则说明已被用户或系统永久禁止授权，可以结束权限申请流程；如果可动态申请，则继续执行下一步。

4. 动态申请权限

使用 requestPermissionFromUser 动态申请权限，通过回调函数接收授予结果，示例代码如下：

```
if (verifySelfPermission("ohos.permission.CAMERA")
        != IBundleManager.PERMISSION_GRANTED) {
    // 应用未被授予权限
    if (canRequestPermission("ohos.permission.CAMERA")) {
        // 是否可以申请弹框授权（首次申请或者用户未选择禁止且不再提示）
        requestPermissionsFromUser(
                new String[] {"ohos.permission.CAMERA" } , MY_PERMISSIONS_
                 REQUEST_CAMERA);
    } else {
        // 显示应用需要权限的理由，提示用户设置授权
    }
} else {
    // 权限已被授予
}

@Override
public void onRequestPermissionsFromUserResult (int requestCode, String[]
 permissions, int[] grantResults) {
    switch (requestCode) {
        case MY_PERMISSIONS_REQUEST_CAMERA: {
            // 匹配 requestPermissions 的 requestCode
            if (grantResults.length > 0
                && grantResults[0] == IBundleManager.PERMISSION_GRANTED) {
                // 权限被授予
                // 注意：因时间差导致接口权限检查时有无权限
                // 所以对那些因无权限而抛出异常的接口进行异常捕获处理
            } else {
                // 权限被拒绝
            }
            return;
        }
    }
}
```

19.6 生物特征识别认证概述

HarmonyOS 提供生物特征识别认证能力，可应用于设备解锁、支付、应用登录等身份认证场景。

当前生物特征识别能力提供 2D 人脸识别和 3D 人脸识别两种人脸识别能力，设备具备哪种识别能力，取决于设备的硬件能力和技术实现。3D 人脸识别技术的识别率、防伪能力都优于 2D 人脸识别技术，但只有具有 3D 人脸能力（如 3D 结构光、3D TOF 等）的设备才可以使用 3D 人脸识别技术。

生物特征识别认证包含以下基本概念。

（1）生物特征识别（又称生物认证）：计算机与光学、声学、生物传感器和生物统计学原理等高科技手段密切结合，进行个人身份鉴定。

（2）人脸识别：基于人的脸部特征信息进行身份识别的一种生物特征识别技术，用摄像机或摄像头采集含有人脸的图像或视频流，并自动在图像中检测和跟踪人脸，进而对检测到的人脸进行脸部识别，通常也称人像识别、面部识别、人脸认证。

19.7 生物特征识别运作机制

生物特征识别运作机制如下。

（1）人脸识别会在摄像头和 TEE（Trusted Execution Environment，可信执行环境）之间建立安全通道，人脸图像信息通过安全通道传递到 TEE 中，由于人脸图像信息从 REE（Rich Execution Environment）侧无法获取，从而避免了恶意软件从 REE 侧进行攻击。对人脸图像采集、特征提取、活体检测、特征比对等的处理完全在 TEE 中，基于 TrustZone 进行安全隔离，外部的人脸框架只负责人脸的认证发起和处理认证结果等数据，不涉及人脸数据本身。

（2）人脸特征数据通过 TEE 的安全存储区进行存储，采用高强度的密码算法对人脸特征数据进行加密和完整性保护，外部无法获取到加密人脸特征数据的密钥，保证用户的人脸特征数据不会泄露。采集和存储的人脸特征数据不会在用户未授权的情况下被传出 TEE，这意味着用户未授权时，无论是系统应用还是第三方应用都无法获得人脸特征数据，也无法将人脸特征数据传送或备份到任何外部存储介质。

19.8 生物特征识别约束与限制

生物特征识别运作机制包含以下约束与限制。

- 当前所提供的生物特征识别能力只包含人脸识别，且只支持本地认证，不提供认证界面。
- 要求设备上具备摄像器件，且人脸图像像素大于 100 × 100。
- 要求设备上具有 TEE 安全环境，人脸特征信息高强度加密保存在 TEE 中。
- 对于面部特征相似的人、面部特征不断发育的儿童，人脸特征匹配率有所不同。如果对此担忧，可考虑其他认证方式。

19.9 生物特征识别开发流程

当前生物特征识别支持 2D 人脸识别、3D 人脸识别，可应用于设备解锁、应用登录、支付等身份认证场景。

19.9.1 接口说明

BiometricAuthentication 类提供了生物认证的相关方法，包括检测认证能力、认证和取消认证等，用户可以通过人脸等生物特征信息进行认证操作。在执行认证前，需要检查设备是否支持该认证能力，具体指认证类型、安全级别和是否本地认证。如果不支持，则需要考虑使用其他认证能力。

生物特征识别开放能力接口如下。

- getInstance(Ability ability)：获取 BiometricAuthentication 的单例对象。
- checkAuthenticationAvailability(AuthType type, SecureLevel level, boolean isLocalAuth)：检测设备是否具有生物认证能力。
- execAuthenticationAction(AuthType type, SecureLevel level, boolean isLocalAuth,boolean isAppAuthDialog, SystemAuthDialogInfo information)：调用者使用该方法进行生物认证，可以使用自定义的认证界面，也可以使用系统提供的认证界面。当使用系统认证界面时，调用者可以自定义提示语。该方法直到认证结束才返回认证结果。
- getAuthenticationTips()：获取生物认证过程中的提示信息。
- cancelAuthenticationAction()：取消生物认证操作。
- setSecureObjectSignature(Signature sign)：设置需要关联认证结果的 Signature 对象，在进行认证操作后，如果认证成功，则 Signature 对象被授权可以使用。设置前 Signature 对象需要正确初始化，且配置为认证成功才能使用。
- getSecureObjectSignature()：在认证成功后，可通过该方法获取已授权的 Signature 对象。如果未设置过 Signature 对象，则返回 null。
- setSecureObjectCipher(Cipher cipher)：设置需要关联认证结果的 Cipher 对象，在进行认证操作后，如果认证成功，则 Cipher 对象被授权可以使用。设置前 Cipher 对象需要正确初始化，且配置为认证成功才能使用。
- getSecureObjectCipher()：在认证成功后，可通过该方法获取已授权的 Cipher 对象。如果未设置过 Cipher 对象，则返回 null。
- setSecureObjectMac(Mac mac)：设置需要关联认证结果的 Mac 对象，在进行认证操作后，如果认证成功，则 Mac 对象被授权可以使用。设置前 Mac 对象需要正确初始化，且配置为认证成功才能使用。
- getSecureObjectMac()：在认证成功后，可通过该方法获取已授权的 Mac 对象。如果未设置过 Mac 对象，则返回 null。

19.9.2 开发准备

开发生物特征识别应用前应完成以下准备工作。

（1）在应用配置权限文件中增加 ohos.permission.ACCESS_BIOMETRIC 的权限声明。

（2）在使用生物特征识别认证能力的代码文件中导入 ohos.biometrics.authentication.BiometricAuthentication。

19.9.3　开发过程

生物特征识别应用开发过程大致如下。

1. 获取BiometricAuthentication的单例对象

获取 BiometricAuthentication 的单例对象，示例代码如下：

```
BiometricAuthentication  biometricAuthentication =
    BiometricAuthentication.getInstance(MainAbility.mAbility);
```

2. 检测设备是否具有生物认证能力

检测设备是否具有生物认证能力，2D 人脸识别建议使用 SECURE_LEVEL_S2，3D 人脸识别建议使用 SECURE_LEVEL_S3，示例代码如下：

```
int retChkAuthAvb =
    biometricAuthentication.checkAuthenticationAvailability(
        BiometricAuthentication.AuthType.AUTH_TYPE_BIOMETRIC_FACE_ONLY,
        BiometricAuthentication.SecureLevel.SECURE_LEVEL_S2, true);
```

3. 设置关联认证结果（可选）

设置需要关联认证结果的 Signature 对象或 Cipher 对象或 Mac 对象，示例代码如下：

```
// 定义一个 Signature 对象 sign
biometricAuthentication.setSecureObjectSignature(sign);

// 定义一个 Cipher 对象 cipher
biometricAuthentication.setSecureObjectCipher(cipher);

// 定义一个 Mac 对象 mac
biometricAuthentication.setSecureObjectMac(mac);
```

4. 执行认证操作

在新线程中执行认证操作，避免阻塞其他操作，示例代码如下：

```
new Thread(new Runnable() {
    @Override
    public void run() {
        int retExcAuth;
        retExcAuth = biometricAuthentication.execAuthenticationAction(
            BiometricAuthentication.AuthType.AUTH_TYPE_BIOMETRIC_FACE_ONLY,

            BiometricAuthentication.SecureLevel.SECURE_LEVEL_S2, true,
             false, null);
    }
}).start();
```

5. 获得认证过程中的提示信息

获得认证过程中的提示信息，示例代码如下：

```
AuthenticationTips tips = biometricAuthentication.getAuthenticationTips();
```

6. 认证成功后获取结果对象（可选）

认证成功后获取已设置的 Signature 对象或 Cipher 对象或 Mac 对象，示例代码如下：

```
Signature sign = biometricAuthentication.getSecureObjectSignature();
Cipher cipher = biometricAuthentication.getSecureObjectCipher();
Mac mac = biometricAuthentication.getSecureObjectMac();
```

7. 认证过程中取消认证

认证过程中取消认证，示例代码如下：

```
int ret = biometricAuthentication.cancelAuthenticationAction();
```

第20章 二维码

HarmonyOS 为应用提供了丰富的 AI（Artificial Intelligence，人工智能）能力，支持开箱即用。开发者可以灵活、便捷地选择 AI 能力，让应用变得更加智能。

本章介绍的二维码生成功能就是 HarmonyOS 的 AI 能力之一。

20.1 二维码概述

HarmonyOS 支持根据开发者给定的字符串信息和图片尺寸，可以返回相应的二维码图片字节流。调用方可以通过二维码字节流生成二维码图片。

1. 二维码的概念

二维码又称二维条码（2-Dimensional Bar Code），常见的二维码为 QR（Quick Response）Code，是近几年来移动设备上非常流行的一种编码方式，它比传统的条形码（Bar Code）能存储更多的信息，也能表示更多的数据类型。

二维码是用某种特定的几何图形按一定规律在平面（二维方向上）分布的、黑白相间的、记录数据符号信息的图形。二维码在代码编制上巧妙地利用构成计算机内部逻辑基础的“0”“1”比特流的概念，使用若干个与二进制相对应的几何形体来表示文字数值信息，通过图像输入设备或光电扫描设备自动识读，以实现信息自动处理。二维码具有条码技术的一些共性，如每种码制有其特定的字符集、每个字符占有一定的宽度、具有一定的校验功能等，同时还具有对不同行的信息自动识别功能及处理图形旋转变化。

2. 二维码的发展历程

国外对二维码技术的研究始于 20 世纪 80 年代末，在二维码符号表示技术研究方面已研制出多种码制，常见的有 PDF417、QR Code、Code 49、Code 16K、Code One 等。这些二维码的信息密度都比传统的一维码有了较大提高，如 PDF417 的信息密度是一维码 Code 39 的 20 多倍。在二维码标准化研究方面，国际自动识别制造商协会（AIM）、美国标准化协会（American National Standards Institute，ANSI）已完成了 PDF417、QR Code、Code 49、Code 16K、Code One 等码制的符号标准。国际标准技术委员会和国际电工委员会还成立了条码自动识别技术委员会（ISO/IEC/JTC1/SC31），已制定了 QR Code 的国际标准［《自动识别与数据采集技术—条码符号技术规范—QR 码》（ISO/IEC 18004：2000）］，起草了 PDF417、Code 16K、Data Matrix、Maxi Code 等二维码的 ISO/IEC 标准草案。在二维码设备开发研制、生产方面，美国、日本等国的设备制造商生产的识读设备、符号生成设备已广泛应用于各类二维码应用系统。二维码作为一种全新的信息存储、传递和识别技术，自诞生之日起就得到了世界上许多国家的关注。美国、德国、日本等国家不仅已将二维码技术应用于公安、外交、军事等部门对各类证件进行管理，而且也将二维码应用于海关、税务等部门对各类报表和票据进行管理，商业、交通运输等部门对商品及货物运输进行管理，邮政部门对邮政包裹进行管理，工业生产领域对工业生产线的自动化进行管理。

中国对二维码技术的研究始于 1993 年。中国物品编码中心对几种常用的二维码（PDF417、QRCCode、Data Matrix、Maxi Code、Code 49、Code 16K、Code One）的技术规范进行了翻译和跟踪研究。随着中国市场经济的不断完善和信息技术的迅速发展，国内对二维码这一新技术的需求与日俱增。中国物品编码中心在原国家质量技术监督局和国家有关部门的大力支持下，对二维码技术的研究不断深入。在消化国外相关技术资料的基础上，制定了两个二维码的国家标准：《二维条码　网格矩阵码》（SJ/T 11349　2006）和《二维条码　紧密矩阵码》（SJ/T 11350　2006），从而大大促进了中国具有自主知识产权技术的二维码的研发。

2017 年 12 月 25 日，中国人民银行以银发〔2017〕296 号印发《条码支付业务规范（试行）》。该《规范》分总则、条码生成和受理、特约商户管理、风险管理、附则 5 章 50 条，自 2018 年 4 月 1 日起实施。简言之，该《规范》承认了二维码支付地位。

20.2 场景介绍

二维码的主要应用场景如下：信息获取（名片、地图、Wi-Fi 密码、资料）、网站跳转（跳转到微博、手机网站）、广告推送（用户扫码，直接浏览商家推送的视频、音频广告）、手机电商（用户扫码、手机直接购物下单）、防伪溯源（用户扫码即可查看生产地，同时后台可以获取最终消费地）、优惠促销（用户扫码，下载电子优惠券、抽奖）、会员管理（用户手机上获取电子会员信息、VIP 服务）、手机支付（扫描商品二维码，通过银行或第三方支付提供的手机端通道完成支付）、账号登录（扫描二维码，登录各个网站或软件）。

20.3 接口说明

二维码生成服务提供了的 IBarcodeDetector() 接口，常用方法描述如下：

- detect(String barcodeInput, byte[] bitmapOutput, int width, int height)：根据给定的信息和二维码图片尺寸生成二维码图片字节流。
- release()：停止 QR 码生成服务，释放资源。

20.4 实战：生成二维码

本节根据给定的字符串信息，生成相应的二维码图片。

20.4.1 创建应用

为了演示生成二维码的功能，创建一个名为 QuickResponseCode 的 Phone 设备类型的应用。在应用界面上，通过单击按钮触发生成二维码的操作。

20.4.2 修改ability_main.xml

修改 ability_main.xml，代码如下：

```
<?xml version="1.0" encoding="utf-8"?>
<DirectionalLayout
    xmlns:ohos="http://schemas.huawei.com/res/ohos"
    ohos:height="match_parent"
    ohos:width="match_parent"
    ohos:orientation="vertical">

    <Button
        ohos:id="$+id:button_get"
        ohos:height="40vp"
```

```
        ohos:width="match_parent"
        ohos:background_element="#F76543"
        ohos:layout_alignment="horizontal_center"
        ohos:margin="10vp"
        ohos:padding="10vp"
        ohos:text="Get"
        ohos:text_size="50"
        />

    <Image
        ohos:id="$+id:image"
        ohos:height="match_content"
        ohos:width="match_parent"/>
</DirectionalLayout>
```

界面预览效果如图 20-1 所示。

图20-1　界面预览效果

上述代码中：

（1）设置了 Get 按钮，以备设置单击事件，触发元数据相关的操作。

（2）Image 组件用于展示获取到的二维码图片。

20.4.3　修改MainAbilitySlice

修改 MainAbilitySlice，代码如下：

```
package com.waylau.hmos.quickresponsecode.slice;

import com.waylau.hmos.quickresponsecode.ResourceTable;
import ohos.aafwk.ability.AbilitySlice;
import ohos.aafwk.content.Intent;
import ohos.agp.components.Button;
import ohos.agp.components.Image;
import ohos.ai.cv.common.ConnectionCallback;
import ohos.ai.cv.common.VisionManager;
import ohos.ai.cv.qrcode.IBarcodeDetector;
import ohos.hiviewdfx.HiLog;
import ohos.hiviewdfx.HiLogLabel;
import ohos.media.image.ImageSource;
import ohos.media.image.PixelMap;
import ohos.media.image.common.PixelFormat;
```

```
public class MainAbilitySlice extends AbilitySlice {
    private static final String TAG = MainAbilitySlice.class.getSimpleName();
    private static final HiLogLabel LABEL_LOG =
            new HiLogLabel(HiLog.LOG_App, 0x00001, TAG);

    private IBarcodeDetector barcodeDetector;

    private ConnectionCallback connectionCallback = new ConnectionCallback() {
        @Override
        public void onServiceConnect() {
            HiLog.info(LABEL_LOG,"onServiceConnect");
            getInfo();
        }

        @Override
        public void onServiceDisconnect() {
            HiLog.info(LABEL_LOG,"onServiceDisconnect");
        }
    };

    @Override
    public void onStart(Intent intent) {
        super.onStart(intent);
        super.setUIContent(ResourceTable.Layout_ability_main);

        // 为按钮设置单击事件回调
        Button buttonGet =
                (Button) findComponentById(ResourceTable.Id_button_get);
        buttonGet.setClickedListener(listener -> {
            // 建立与能力引擎的连接
            int result = VisionManager.init(this, connectionCallback);

            HiLog.info(LABEL_LOG,"VisionManager init, result: %{public}s",
             result);
        });
    }

    @Override
    public void onStop() {
        super.onStop();

        // 关闭、 释放资源
        release();
    }

    private void release() {
        HiLog.info(LABEL_LOG,"release");

        if (barcodeDetector != null) {
            // 关闭、 释放资源
            barcodeDetector.release();
            barcodeDetector = null;
        }

        // 调用 VisionManager.destroy() 方法，断开与能力引擎的连接
        VisionManager.destroy();
    }

    private void getInfo() {
```

```
        HiLog.info(LABEL_LOG,"before getInfo");

        // 实例化 IBarcodeDetector 接口
        barcodeDetector = VisionManager.getBarcodeDetector(this);

        // 定义码生成图像的尺寸，并根据图像大小分配字节流数组空间
        final int SAMPLE_LENGTH = 500;
        byte[] byteArray = new byte[SAMPLE_LENGTH * SAMPLE_LENGTH * 4];

        // 根据输入的字符串信息生成相应的二维码图片字节流
        int result = barcodeDetector.detect("Welcome to waylau.com",
                byteArray, SAMPLE_LENGTH, SAMPLE_LENGTH);

        // 展示帧数据
        showImage(byteArray);

        HiLog.info(LABEL_LOG,"end getInfo, result: %{public}s", result);
    }

    private void showImage(byte[] byteArray) {
        Image image =
                (Image) findComponentById(ResourceTable.Id_image);

        // 创建图像数据源 ImageSource 对象
        ImageSource imageSource = ImageSource.create(byteArray, this.get
         SourceOptions());

        // 普通解码叠加旋转、缩放、裁剪
        PixelMap pixelMap = imageSource.createPixelmap(this.getDecodingOp
         tions());

        Image imageDecode =
                (Image) findComponentById(ResourceTable.Id_image);

        imageDecode.setPixelMap(pixelMap);


        image.setPixelMap(pixelMap);
    }

    // 设置数据源的格式信息
    private ImageSource.SourceOptions getSourceOptions() {
        ImageSource.SourceOptions sourceOptions = new ImageSource.SourceOp
         tions();
        sourceOptions.formatHint ="image/jpeg";

        return sourceOptions;
    }

    // 设置解码格式
    private ImageSource.DecodingOptions getDecodingOptions() {
        ImageSource.DecodingOptions decodingOpts = new ImageSource.Decodin
         gOptions();
        decodingOpts.desiredPixelFormat= PixelFormat.ARGB_8888;

        return decodingOpts;
    }

    @Override
    public void onActive() {
```

```
        super.onActive();
    }

    @Override
    public void onForeground(Intent intent) {
        super.onForeground(intent);
    }
}
```

上述代码中：

（1）定义了 ConnectionCallback 回调，实现连接能力引擎成功与否后的操作。

（2）在 Button 上设置了单击事件。

（3）调用 VisionManager.init() 方法，将此工程的 context 和 connectionCallback 作为入参，建立与能力引擎的连接。

（4）与能力引擎的连接建立完成之后，会触发 getInfo() 方法。

（5）实例化 IBarcodeDetector 接口。

（6）定义码生成图像的尺寸，并根据图像大小分配字节流数组空间。

（7）调用 IBarcodeDetector 的 detect() 方法，根据输入的字符串信息生成相应的二维码图片字节流。如果返回值为 0，则表明调用成功。

（8）showImage() 方法将二维码图片字节流转换成 PixelMap 并最终在界面上显示出来。

（9）release() 方法用于释放资源。

20.4.4　运行

运行应用，单击 Get 按钮，以触发操作的执行。此时，控制台输出内容如下：

```
02-12 23:53:35.588 20441-20441/com.waylau.hmos.quickresponsecode I 00001/
 MainAbilitySlice: VisionManager init, result: 0
02-12 23:53:35.593 20441-20441/com.waylau.hmos.quickresponsecode I 00001/
 MainAbilitySlice: [3440b1a47f8ca3e, 3cf1be9, 1d391a2] onServiceConnect
02-12 23:53:35.593 20441-20441/com.waylau.hmos.quickresponsecode I 00001/
 MainAbilitySlice: [3440b1a47f8ca3e, 3cf1be9, 1d391a2] before getInfo
02-12 23:53:35.663 20441-20441/com.waylau.hmos.quickresponsecode I 00001/
 MainAbilitySlice: [3440b1a47f8ca3e, 3cf1be9, 1d391a2] end getInfo, result: 0
```

界面效果如图 20-2 所示。

图20-2　界面效果

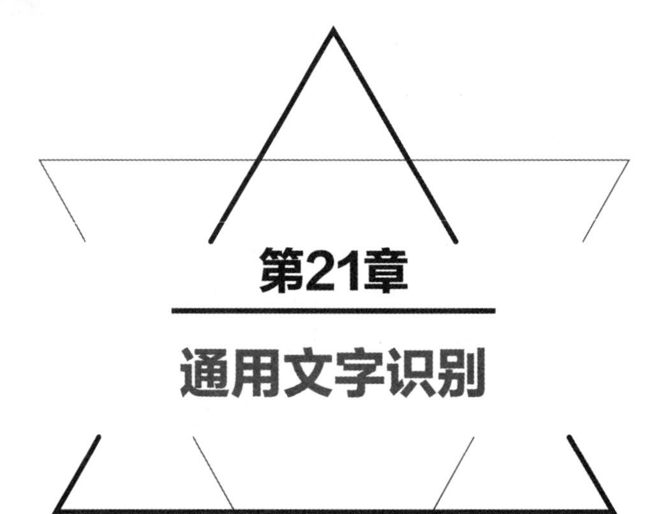

第21章 通用文字识别

本章介绍的通用文字识别功能也是 HarmonyOS 的 AI 能力之一。

21.1 通用文字识别概述

本节介绍通用文字识别的核心技术 OCR（Optical Character Recognition，光学字符识别）。

21.1.1 OCR的概念

OCR 是指电子设备（如扫描仪或数码相机）检查纸上打印的字符，通过检测暗、亮的模式确定其形状，然后用字符识别方法将形状翻译成计算机文字的过程，即针对印刷体字符，采用光学的方式将纸质文档中的文字转换成为黑白点阵的图像文件，并通过识别软件将图像中的文字转换成文本格式，供文字处理软件进一步编辑加工的技术。如何除错或利用辅助信息提高识别正确率是 OCR 最重要的课题，ICR（Intelligent Character Recognition，智能字符识别）的概念也因此而产生。衡量一个 OCR 系统性能好坏的主要指标有拒识率、误识率、识别速度、用户界面的友好性、产品的稳定性、易用性及可行性等。

21.1.2 OCR发展简史

OCR 的概念最早于 1929 年由德国科学家 Tausheck 提出，后来美国科学家 Handel 也提出了利用技术对文字进行识别的想法。最早对印刷体汉字识别进行研究的是 IBM 公司的 Casey 和 Nagy，1966 年他们发表了第一篇关于汉字识别的文章，采用模板匹配法识别了 1000 个印刷体汉字。

早在 20 世纪六七十年代，世界各国就开始对 OCR 进行研究，研究初期多以文字的识别方法研究为主，且识别的文字仅为数字 0 ~ 9。以同样使用方块文字的日本为例，日本于 1960 年左右开始研究 OCR 的基本识别理论，初期以数字为对象，直至 1965 ~ 1970 年才开始有一些简单的产品，如印刷文字的邮政编码识别系统，识别邮件上的邮政编码，帮助邮局进行区域分信的作业。因此，至今邮政编码一直是各国所倡导的地址书写方式。

20 世纪 70 年代初，日本学者开始研究汉字识别，并做了大量的工作。中国在 OCR 技术方面的研究工作起步较晚，在 20 世纪 70 年代才开始对数字、英文字母及符号的识别进行研究，70 年代末开始进行汉字识别的研究，到 1986 年，我国提出“863”高新科技研究计划，汉字识别研究进入一个实质性的阶段，清华大学的丁晓青教授和中科院分别开发研究，相继推出了中文 OCR 产品，现为中国最领先汉字 OCR 技术。早期的 OCR 软件由于识别率及产品化等多方面的因素，未能达到实际要求。同时，由于硬件设备成本高，运行速度慢，也没有达到实用的程度，只有个别部门，如信息部门、新闻出版单位等使用 OCR 软件。进入 20 世纪 90 年代以后，随着平台式扫描仪的广泛应用，以及我国信息自动化和办公自动化的普及，OCR 技术得到了进一步发展，其识别正确率、识别速度可满足广大用户的要求。

目前，随着 AI 技术的成熟，各大厂商相继推出了在线文字识别服务。

21.2 场景介绍

通用文字识别适用于如下场景。

（1）可以进行文档翻拍、街景翻拍等图片来源的文字检测和识别，也可以集成于其他应用中，提供文字检测、识别功能，并根据识别结果提供翻译、搜索等相关服务。

（2）可以处理相机、图库等多种来源的图像数据，提供自动检测文本、识别图像中文本位置及文本内容功能的开放接口。

（3）能在一定程度上支持文本倾斜、拍摄角度倾斜、复杂光照条件及复杂文本背景等场景的文字识别。

21.3 接口说明

通用文字识别提供了 setVisionConfiguration 和 detect 两个函数接口。

21.3.1 setVisionConfiguration接口

调用 ITextDetector 的 setVisionConfiguration() 方法，通过传入的 TextConfiguration 选择需要调用的 OCR 类型，代码如下：

```
void setVisionConfiguration(TextConfiguration textConfiguration);
```

其中，TextConfiguration 的常用设置如下。

- setDetectType()：OCR 引擎类型定义，目前支持 TextDetectType.TYPE_TEXT_DETECT_FOCUS_SHOOT（自然场景 OCR）。
- setLanguage()：识别语种定义，目前支持 TextConfiguration.AUTO（不指定语种，会进行语种检测操作）、TextConfiguration.CHINESE（中文）、TextConfiguration.ENGLISH（英语）、TextConfiguration.SPANISH（西班牙语）、TextConfiguration.PORTUGUESE（葡萄牙语）、TextConfiguration.ITALIAN（意大利语）、TextConfiguration.GERMAN（德语）、TextConfiguration.FRENCH（法语）、TextConfiguration.RUSSIAN（俄语）、TextConfiguration.JAPANESE（日语）、TextConfiguration.KOREAN（韩语），默认值为 TextConfiguration.AUTO。
- setProcessMode()：进程模式定义，目前支持 VisionConfiguration.MODE_IN（同进程调用）和 VisionConfiguration.MODE_OUT（跨进程调用），默认值为 VisionConfiguration.MODE_OUT。

21.3.2 detect接口

调用 ITextDetector 的 detect() 方法，获取识别结果，代码如下：

```
int detect(VisionImage image, Text result, VisionCallback<Text> visionCallBack);
```

其中：

- image 为待 OCR 检测识别的输入图片。
- 如果 visionCallback 为 null，则执行同步调用，结果码由方法返回，检测及识别结果由 result 返回。
- 如果 visionCallback 为有效的回调函数，则该函数为异步调用，函数返回时 result 中的值无效，实际识别结果由回调函数返回。回调函数的使用方法请参见后续的实战示例。
- 同步模式调用成功时，该函数返回结果码 0；异步模式调用请求发送成功时，该函数返回结果码 700。

21.4 实战：通用文字识别示例

本节演示根据给定的图片识别其中的文字。

21.4.1 创建应用

为了演示文字识别功能，创建一个名为 TextDetector 的 Phone 设备类型的应用。在应用界面上，通过单击按钮触发文字识别操作。在 media 目录下放置一个 cloud_native.jpg 图片文件（图 21-1），以备测试。

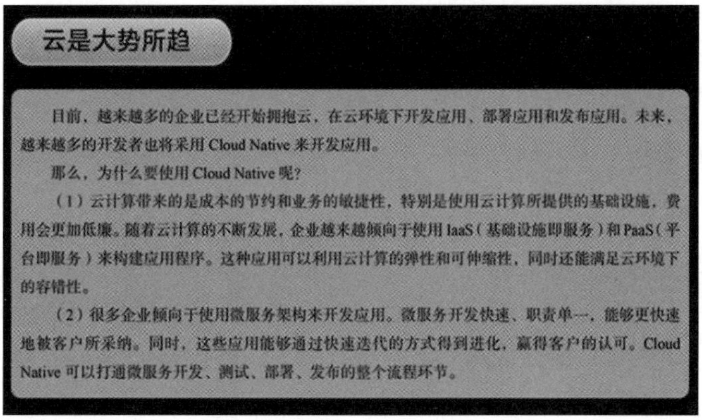

云是大势所趋

目前，越来越多的企业已经开始拥抱云，在云环境下开发应用、部署应用和发布应用。未来，越来越多的开发者也将采用 Cloud Native 来开发应用。

那么，为什么要使用 Cloud Native 呢?

（1）云计算带来的是成本的节约和业务的敏捷性，特别是使用云计算所提供的基础设施，费用会更加低廉。随着云计算的不断发展，企业越来越倾向于使用 IaaS（基础设施即服务）和 PaaS（平台即服务）来构建应用程序。这种应用可以利用云计算的弹性和可伸缩性，同时还能满足云环境下的容错性。

（2）很多企业倾向于使用微服务架构来开发应用。微服务开发快速、职责单一，能够更快速地被客户所采纳。同时，这些应用能够通过快速迭代的方式得到进化，赢得客户的认可。Cloud Native 可以打通微服务开发、测试、部署、发布的整个流程环节。

图21-1　测试图片

图 21-1 所示内容节选自笔者所著的《Cloud Native 分布式架构原理与实践》（北京大学出版社，2019）。

21.4.2 修改ability_main.xml

修改 ability_main.xml，代码如下：

```
<?xml version="1.0" encoding="utf-8"?>
```

```
<DirectionalLayout
    xmlns:ohos="http://schemas.huawei.com/res/ohos"
    ohos:height="match_parent"
    ohos:width="match_parent"
    ohos:orientation="vertical">
    <Button
        ohos:id="$+id:button_get"
        ohos:height="40vp"
        ohos:width="match_parent"
        ohos:background_element="#F76543"
        ohos:layout_alignment="horizontal_center"
        ohos:margin="10vp"
        ohos:padding="10vp"
        ohos:text="Get"
        ohos:text_size="50"
        />

    <Text
        ohos:id="$+id:text"
        ohos:height="match_content"
        ohos:width="match_content"
        ohos:background_element="$graphic:background_ability_main"
        ohos:layout_alignment="horizontal_center"
        ohos:text="$string:HelloWorld"
        ohos:text_size="50"
        ohos:multiple_lines="true"
        />

</DirectionalLayout>
```

界面预览效果如图 21-2 所示。

图21-2　界面预览效果

上述代码中：

（1）设置了 Get 按钮，以备设置单击事件，触发元数据相关的操作。

（2）Text 组件用于展示获取到的文字识别结果。

21.4.3　修改MainAbilitySlice

修改 MainAbilitySlice，代码如下：

```
package com.waylau.hmos.textdetector.slice;

import com.waylau.hmos.textdetector.ResourceTable;
import ohos.aafwk.ability.AbilitySlice;
import ohos.aafwk.content.Intent;
import ohos.agp.components.Button;
import ohos.ai.cv.common.ConnectionCallback;
import ohos.ai.cv.common.VisionImage;
import ohos.ai.cv.common.VisionManager;
import ohos.ai.cv.text.ITextDetector;
import ohos.global.resource.NotExistException;
import ohos.hiviewdfx.HiLog;
import ohos.hiviewdfx.HiLogLabel;
import ohos.media.image.ImageSource;
import ohos.media.image.PixelMap;
import ohos.media.image.common.PixelFormat;

import java.io.IOException;
import java.io.InputStream;


public class MainAbilitySlice extends AbilitySlice {
    private static final String TAG = MainAbilitySlice.class.getSimpleName();
    private static final HiLogLabel LABEL_LOG =
            new HiLogLabel(HiLog.LOG_App, 0x00001, TAG);

    private ITextDetector textDetector;

    private ConnectionCallback connectionCallback = new ConnectionCallback() {
        @Override
        public void onServiceConnect() {
            HiLog.info(LABEL_LOG,"onServiceConnect");
            try {
                getInfo();
            } catch (IOException e) {
                e.printStackTrace();
            } catch (NotExistException e) {
                e.printStackTrace();
            }
        }

        @Override
        public void onServiceDisconnect() {
            HiLog.info(LABEL_LOG,"onServiceDisconnect");
        }
    };

    @Override
    public void onStart(Intent intent) {
        super.onStart(intent);
        super.setUIContent(ResourceTable.Layout_ability_main);

        // 为按钮设置单击事件回调
        Button buttonGet =
                (Button) findComponentById(ResourceTable.Id_button_get);
```

```
        buttonGet.setClickedListener(listener -> {
            // 建立与能力引擎的连接
            int result = VisionManager.init(this, connectionCallback);

            HiLog.info(LABEL_LOG,"VisionManager init, result: %{public}s",
             result);
        });
    }

    @Override
    public void onStop() {
        super.onStop();

        // 关闭、释放资源
        release();
    }

    private void release() {
        HiLog.info(LABEL_LOG,"release");

        if (textDetector != null) {
            // 关闭、释放资源
            textDetector.release();
            textDetector = null;
        }

        // 调用 VisionManager.destroy() 方法，断开与能力引擎的连接
        VisionManager.destroy();
    }

    private void getInfo() throws IOException, NotExistException {
        HiLog.info(LABEL_LOG,"before getInfo");

        // 实例化 IBarcodeDetector 接口
        textDetector = VisionManager.getTextDetector(this);

        // 获取图片流
        InputStream drawableInputStream = getResourceManager().getResource
         (ResourceTable.Media_cloud_native);

        // 创建图像数据源 ImageSource 对象
        ImageSource imageSource = ImageSource.create(drawableInputStream,
         this.getSourceOptions());

        // 普通解码叠加旋转、缩放、裁剪
        PixelMap pixelMap = imageSource.createPixelmap(this.getDecodingOptions());

        VisionImage image = VisionImage.fromPixelMap(pixelMap);

        // 获取文字识别结果
        ohos.ai.cv.text.Text text = new ohos.ai.cv.text.Text();
        int result = textDetector.detect(image, text, null); // 同步

        // 结果展示在 Text 上
        ohos.agp.components.Text textResult =
                (ohos.agp.components.Text) findComponentById(ResourceTable.
                 Id_text);
        textResult.setText(text.getValue());
```

```
        HiLog.info(LABEL_LOG,"end getInfo, result: %{public}s, text: %{pub
         lic}s",
                result, text.getValue());
    }

    // 设置数据源的格式信息
    private ImageSource.SourceOptions getSourceOptions() {
        ImageSource.SourceOptions sourceOptions = new ImageSource.SourceOp
         tions();
        sourceOptions.formatHint ="image/jpeg";

        return sourceOptions;
    }

    // 设置解码格式
    private ImageSource.DecodingOptions getDecodingOptions() {
        ImageSource.DecodingOptions decodingOpts = new ImageSource.Decodin
         gOptions();
        decodingOpts.desiredPixelFormat = PixelFormat.ARGB_8888;

        return decodingOpts;
    }

    @Override
    public void onActive() {
        super.onActive();
    }

    @Override
    public void onForeground(Intent intent) {
        super.onForeground(intent);
    }
}
```

上述代码中：

（1）定义了 ConnectionCallback 回调，实现连接能力引擎成功与否后的操作。

（2）在 Button 上设置了单击事件。

（3）调用 VisionManager.init() 方法，将此工程的 context 和 connectionCallback 作为入参，建立与能力引擎的连接。

（4）与能力引擎的连接建立完成之后，会触发 getInfo() 方法。

（5）实例化 ITextDetector 接口。

（6）获取图片流，并生成 VisionImage 对象。

（7）调用 ITextDetector 的 detect() 方法，根据传入的 VisionImage 对象识别生成文字。

（8）文字最终在界面上显示出来。

（9）release() 方法用于释放资源。

21.4.4 运行

运行应用，单击 Get 按钮，以触发操作的执行。此时，控制台输出内容如下：

```
02-13 08:14:58.034 31749-31749/com.waylau.hmos.textdetector I 00001/MainA
 bilitySlice: VisionManager init, result: 0
```

```
02-13 08:14:58.169 31749-31749/com.waylau.hmos.textdetector I 00001/MainA
 bilitySlice: onServiceConnect
02-13 08:14:58.169 31749-31749/com.waylau.hmos.textdetector I 00001/MainA
 bilitySlice: before getInfo
02-13 08:14:58.320 31749-31749/com.waylau.hmos.textdetector I 00001/MainA
 bilitySlice: end getInfo, result: 0, text: 云环境下开发
02-13 08:14:58.320 31749-31749/com.waylau.hmos.textdetector I 00001/MainA
 bilitySlice: 米来
02-13 08:14:58.320 31749-31749/com.waylau.hmos.textdetector I 00001/MainA
 bilitySlice: Nmiv℃
02-13 08:14:58.320 31749-31749/com.waylau.hmos.textdetector I 00001/MainA
 bilitySlice: 以打通徽务开发
02-13 08:14:58.320 31749-31749/com.waylau.hmos.textdetector I 00001/MainA
 bilitySlice: 部署、发布的整个流程环节口
```

界面效果如图 21-3 所示。

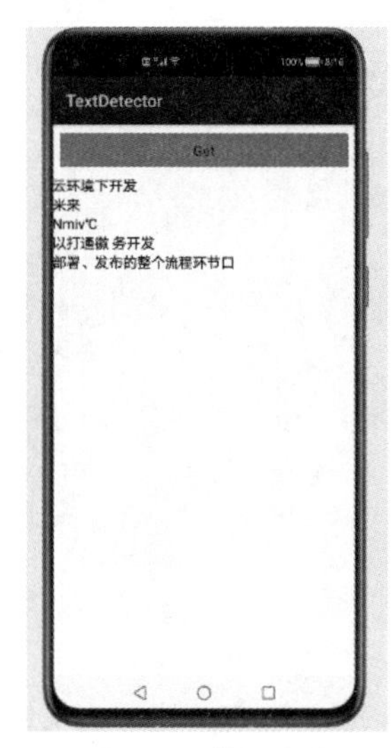

图21-3　界面效果

第22章 蓝牙

HarmonyOS 提供了对传统蓝牙和低功耗蓝牙（Bluetooth Low Energy，BLE）的支持。

22.1 蓝牙概述

蓝牙是短距离无线通信的一种方式，支持蓝牙的两个设备必须配对后才能通信。

HarmonyOS 蓝牙主要分为传统蓝牙和 BLE，其中传统蓝牙指的是蓝牙版本 3.0 以下的蓝牙，BLE 指的是蓝牙版本 4.0 以上的蓝牙。

当前蓝牙的配对方式有两种：蓝牙协议 2.0 以下支持 PIN（Personal Identification Number，个人识别码）配对，蓝牙协议 2.1 以上支持简单配对。

22.1.1 传统蓝牙

HarmonyOS 传统蓝牙提供的功能如下。

（1）传统蓝牙本机管理：打开和关闭蓝牙、设置和获取本机蓝牙名称、扫描和取消扫描周边蓝牙设备、获取本机蓝牙 profile 对其他设备的连接状态、获取本机蓝牙已配对的蓝牙设备列表。

（2）传统蓝牙远端设备操作：查询远端蓝牙设备名称和 MAC 地址、设备类型和配对状态，以及向远端蓝牙设备发起配对。

22.1.2 BLE

BLE 设备交互时会分为不同的角色。

（1）中心设备和外围设备：中心设备负责扫描外围设备，发现广播；外围设备负责发送广播。

（2）GATT（Generic Attribute Profile，通用属性配置文件）服务端与 GATT 客户端：两台设备建立连接后，其中一台作为 GATT 服务端，另一台作为 GATT 客户端。

HarmonyOS BLE 提供的功能如下。

（1）BLE 扫描和广播：根据指定状态获取外围设备、启动或停止 BLE 扫描、广播。

（2）BLE 中心设备与外围设备进行数据交互：BLE 外围设备和中心设备建立 GATT 连接后，中心设备可以查询外围设备支持的各种数据，向外围设备发起数据请求，并向其写入特征值数据。

（3）BLE 外围设备数据管理：BLE 外围设备作为服务端，可以接收来自中心设备（客户端）的 GATT 连接请求，应答来自中心设备的特征值内容读取和写入请求，并向中心设备提供数据。同时，外围设备还可以主动向中心设备发送数据。

22.1.3 约束与限制

使用蓝牙涉及如下约束与限制。

（1）调用蓝牙的打开接口需要 ohos.permission.USE_BLUETOOTH 权限。

（2）调用蓝牙扫描接口需要 ohos.permission.LOCATION 权限和 ohos.permission.DISCOVER_BLUETOOTH 权限。

22.2 实战：传统蓝牙本机管理

传统蓝牙本机管理主要是针对蓝牙本机的基本操作，包括打开和关闭蓝牙、设置和获取本机蓝牙名称、扫描和取消扫描周边蓝牙设备、获取本机蓝牙 profile 对其他设备的连接状态、获取本机蓝牙已配对的蓝牙设备列表。

本节演示如何实现打开蓝牙并扫描周边蓝牙设备。

22.2.1 接口说明

蓝牙本机管理类 BluetoothHost 的主要接口如下。

- getDefaultHost(Context context)：获取 BluetoothHost 实例，管理本机蓝牙操作。
- enableBt()：打开本机蓝牙。
- disableBt()：关闭本机蓝牙。
- setLocalName(String name)：设置本机蓝牙名称。
- getLocalName()：获取本机蓝牙名称。
- getBtState()：获取本机蓝牙状态。
- startBtDiscovery()：发起蓝牙设备扫描。
- cancelBtDiscovery()：取消蓝牙设备扫描。
- isBtDiscovering()：检查蓝牙是否在扫描设备中。
- getProfileConnState(int profile)：获取本机蓝牙 profile 对其他设备的连接状态。
- getPairedDevices()：获取本机蓝牙已配对的蓝牙设备列表。

22.2.2 创建应用

为了演示 BluetoothHost 的功能，创建一个名为 BluetoothHost 的 Phone 设备类型的应用。在应用界面上，通过单击按钮触发 BluetoothHost 的操作。

22.2.3 声明权限

修改配置文件，声明使用蓝牙相关的权限，代码如下：

```
// 声明权限
"reqPermissions": [
    {
   "name":"ohos.permission.USE_BLUETOOTH"
    },
    {
   "name":"ohos.permission.DISCOVER_BLUETOOTH"
    },
    {
   "name":"ohos.permission.LOCATION"
    }
]
```

同时，在应用启动时，显式声明 ohos.permission.LOCATION 权限，代码如下：

```
package com.waylau.hmos.bluetoothhost;

import com.waylau.hmos.bluetoothhost.slice.MainAbilitySlice;
import ohos.aafwk.ability.Ability;
import ohos.aafwk.content.Intent;

import java.util.ArrayList;
import java.util.List;

public class MainAbility extends Ability {
    @Override
    public void onStart(Intent intent) {
        super.onStart(intent);
        super.setMainRoute(MainAbilitySlice.class.getName());

        // 显式声明需要使用的权限
        requestPermission();
    }

    // 显式声明需要使用的权限
    private void requestPermission() {
        String[] permission = {
                "ohos.permission.LOCATION"};
        List<String> applyPermissions = new ArrayList<>();
        for (String element : permission) {
            if (verifySelfPermission(element) != 0) {
                if (canRequestPermission(element)) {
                    applyPermissions.add(element);
                }
            }
        }
        requestPermissionsFromUser(applyPermissions.toArray(new String[0]),
0);
    }
}
```

由于 ohos.permission.USE_BLUETOOTH 和 ohos.permission.DISCOVER_BLUETOOTH 不是敏感权限，因此不需要在 MainAbility 中显式声明。

22.2.4 修改ability_main.xml

修改 ability_main.xml，代码如下：

```
<?xml version="1.0" encoding="utf-8"?>
<DirectionalLayout
    xmlns:ohos="http://schemas.huawei.com/res/ohos"
    ohos:height="match_parent"
    ohos:width="match_parent"
    ohos:orientation="vertical">
    <Button
        ohos:id="$+id:button_get"
        ohos:height="40vp"
        ohos:width="match_parent"
        ohos:background_element="#F76543"
        ohos:layout_alignment="horizontal_center"
        ohos:margin="10vp"
        ohos:padding="10vp"
```

```
        ohos:text="Get"
        ohos:text_size="50"
        />

    <Text
        ohos:id="$+id:text"
        ohos:height="match_content"
        ohos:width="match_content"
        ohos:background_element="$graphic:background_ability_main"
        ohos:layout_alignment="horizontal_center"
        ohos:text="$string:HelloWorld"
        ohos:text_size="50"
        ohos:multiple_lines="true"
        />

</DirectionalLayout>
```

界面预览效果如图 22-1 所示。

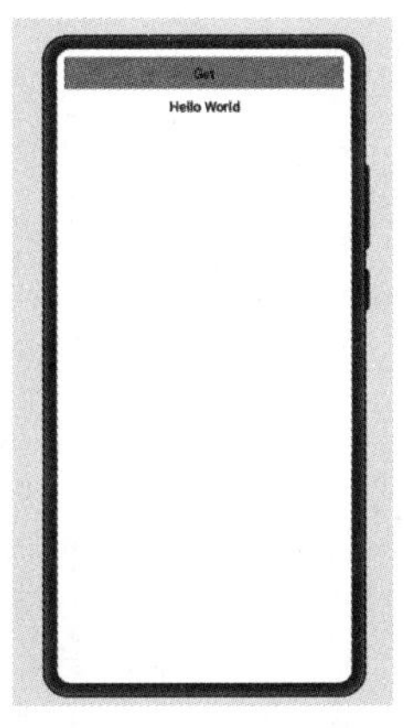

图22-1　界面预览效果

上述代码中：

（1）设置了 Get 按钮，以备设置单击事件，触发蓝牙相关的操作。

（2）Text 组件用于展示读取到的蓝牙信息。

22.2.5　修改MainAbilitySlice

修改 MainAbilitySlice，代码如下：

```
package com.waylau.hmos.bluetoothhost.slice;

import com.waylau.hmos.bluetoothhost.ResourceTable;
import ohos.aafwk.ability.AbilitySlice;
import ohos.aafwk.content.Intent;
import ohos.aafwk.content.IntentParams;
import ohos.agp.components.Button;
import ohos.bluetooth.BluetoothHost;
import ohos.bluetooth.BluetoothRemoteDevice;
import ohos.event.commonevent.*;
import ohos.hiviewdfx.HiLog;
```

```
import ohos.hiviewdfx.HiLogLabel;
import ohos.rpc.RemoteException;
import ohos.utils.zson.ZSONObject;

import java.util.Optional;


public class MainAbilitySlice extends AbilitySlice {
    private static final String TAG = MainAbilitySlice.class.getSimpleName();
    private static final HiLogLabel LABEL_LOG =
            new HiLogLabel(HiLog.LOG_App, 0x00001, TAG);

    private BluetoothHost bluetoothHost;
    private ohos.agp.components.Text textResult;

    @Override
    public void onStart(Intent intent) {
        super.onStart(intent);
        super.setUIContent(ResourceTable.Layout_ability_main);

        // 初始化蓝牙
        initBluetooth();

        // 为按钮设置单击事件回调
        Button buttonGet =
                (Button) findComponentById(ResourceTable.Id_button_get);
        buttonGet.setClickedListener(listener -> getInfo());

        textResult =
                (ohos.agp.components.Text) findComponentById(ResourceTable.
                 Id_text);
    }

    private void initBluetooth() {
        HiLog.info(LABEL_LOG,"before initBluetooth");

        // 获取蓝牙本机管理对象
        bluetoothHost = BluetoothHost.getDefaultHost(this);

        // 调用打开接口
        bluetoothHost.enableBt();

        // 获取本机蓝牙名称
        Optional<String> nameOptional = bluetoothHost.getLocalName();

        // 调用获取蓝牙开关状态接口
        int state = bluetoothHost.getBtState();

        HiLog.info(LABEL_LOG,"end initBluetooth, name: %{public}s, state:
         %{public}s",
                nameOptional.get(), state);
    }

    private void getInfo() {
        HiLog.info(LABEL_LOG,"before getInfo bluetooth name: %{public}s,
         state: %{public}s",
                bluetoothHost.getLocalName().get(), bluetoothHost.getBtState());

        // 注册广播 BluetoothRemoteDevice.EVENT_DEVICE_DISCOVERED
```

```
    MatchingSkills matchingSkills = new MatchingSkills();
    matchingSkills.addEvent(BluetoothRemoteDevice.EVENT_DEVICE_DISCOV
     ERED); // 自定义事件
    CommonEventSubscribeInfo subscribeInfo = new CommonEventSubscribe
     Info(matchingSkills);
    MyCommonEventSubscriber subscriber = new MyCommonEventSubscriber
     (subscribeInfo);

    try {
        CommonEventManager.subscribeCommonEvent(subscriber);
    } catch (RemoteException e) {
        HiLog.info(LABEL_LOG,"subscribeCommonEvent occur exception.");
    }

    // 开始扫描
    bluetoothHost.startBtDiscovery();

    HiLog.info(LABEL_LOG,"end getInfo");
}

// 接收系统广播
class MyCommonEventSubscriber extends CommonEventSubscriber {
    public MyCommonEventSubscriber(CommonEventSubscribeInfo subscribeInfo) {
        super(subscribeInfo);
    }

    @Override
    public void onReceiveEvent(CommonEventData var) {

        Intent info = var.getIntent();
        if (info == null) {
            return;
        }
        // 获取系统广播的 action
        String action = info.getAction();

        // 判断是否为扫描到设备的广播
        if (action == BluetoothRemoteDevice.EVENT_DEVICE_DISCOVERED) {
            IntentParams myParam = info.getParams();
            BluetoothRemoteDevice device =
                    (BluetoothRemoteDevice) myParam.getParam(Blue
                     toothRemoteDevice.REMOTE_DEVICE_PARAM_DEVICE);

            // 结果展示在 Text 上
            String stringResult = ZSONObject.toZSONString(device);
            textResult.append(stringResult);

            HiLog.info(LABEL_LOG,"end getInfo, text: %{public}s",
                    stringResult);
        }
    }
}

@Override
public void onActive() {
    super.onActive();
}

@Override
```

```
    public void onForeground(Intent intent) {
        super.onForeground(intent);
    }
}
```

上述代码中：

（1）initBluetooth() 方法用于初始化蓝牙，包括获取蓝牙本机管理对象、启动蓝牙，并获取蓝牙名称和状态信息。

（2）在 Button 上设置了单击事件。

（3）getInfo() 方法注册广播 BluetoothRemoteDevice.EVENT_DEVICE_DISCOVERED 事件，并启用蓝牙扫描。

（4）接收到事件后，将扫描到的设备信息展示在界面的 Text 上。

22.2.6 运行

初次运行应用，单击 Get 按钮以触发操作的执行。此时，控制台输出内容如下：

```
02-13 12:43:17.843 27333-27333/com.waylau.hmos.bluetoothhost I 00001/MainA
 bilitySlice: before initBluetooth
02-13 12:43:17.854 27333-27333/com.waylau.hmos.bluetoothhost I 00001/MainA
 bilitySlice: end initBluetooth, name: HUAWEI P40, state: 2
02-13 12:43:23.014 27333-27333/com.waylau.hmos.bluetoothhost I 00001/MainA
 bilitySlice: before getInfo bluetooth name: HUAWEI P40, state: 2
02-13 12:43:23.049 27333-27333/com.waylau.hmos.bluetoothhost I 00001/MainA
 bilitySlice: end getInfo
02-13 12:43:23.129 27333-27333/com.waylau.hmos.bluetoothhost I 00001/MainA
 bilitySlice: end getInfo, text: {"aclConnected":false,"aclEncrypted":
 false,"bondedFromLocal":true,"deviceAddr":"B0:55:08:14:9D:7B","deviceAli
 as": {"present":true},"deviceBatteryLevel":-1,"deviceClass":{"present":
 true},"deviceName":{"present":true},"device Type":1,"deviceUuids":[],"mes
 sagePermission":0,"pairState":0,"phone bookPermission":0}
02-13 12:43:23.201 27333-27333/com.waylau.hmos.bluetoothhost I 00001/MainA
 bilitySlice: end getInfo, text: {"aclConnected":false,"aclEncrypted":false,
 "bondedFromLocal":true,"deviceAddr":"20:AB:37:60:31:86","deviceAlias":
 {"present":true},"deviceBatteryLevel":-1,"device Class":{"present":true},
 "deviceName":{"present":true},"deviceType":1,"deviceUuids":[],"messagePermis
 sion":0,"pairState":0,"phone     bookPermission":0}
02-13 12:43:23.241 27333-27333/com.waylau.hmos.bluetoothhost I 00001/MainA
 bilitySlice: end getInfo, text: {"aclConnected":false,"aclEncrypted":
 false,"bondedFromLocal":true,"deviceAddr":"50:04:B8:C1:81:F8","de
 viceAlias":{"present":true},"deviceBatteryLevel":-1,"deviceClass":{"pre
 sent":true},"deviceName":{"present":true},"device Type":1,"deviceUuids":
 [],"messagePermission":0,"pairState":0,"phone bookPermission":0}
02-13 12:43:23.272 27333-27333/com.waylau.hmos.bluetoothhost I 00001/MainA
 bilitySlice: end getInfo, text: {"aclConnected":false,"aclEncrypted":
 false,"bondedFromLocal":true,"deviceAddr":"1C:15:1F:8B:80:0E","de
 viceAlias":{"present":true},"deviceBatteryLevel":-1,"deviceClass":{"pre
 sent":true},"deviceName":{"present":false},"device Type":1,"deviceUuids":
 [],"messagePermission":0,"pairState":0,"phone bookPermission":0}
02-13 12:43:23.310 27333-27333/com.waylau.hmos.bluetoothhost I 00001/MainA
 bilitySlice: end getInfo, text: {"aclConnected":false,"aclEncrypted":
 false,"bondedFromLocal":true,"deviceAddr":"50:04:B8:C1:82:CC","de
 viceAlias":{"present":true},"deviceBatteryLevel":-1,"deviceClass":{"pre
 sent":true},"deviceName":{"present":false},"device Type":1,"deviceUuids":
```

```
[],"messagePermission":0,"pairState":0,"phone bookPermission":0}
02-13 12:43:23.345 27333-27333/com.waylau.hmos.bluetoothhost I 00001/MainA
 bilitySlice: end getInfo, text: {"aclConnected":false,"aclEncrypted":
 false,"bondedFromLocal":true,"deviceAddr":"10:B1:F8:0E:B4:7D","de
 viceAlias":{"present":true},"deviceBatteryLevel":-1,"deviceClass":{"pre
 sent":true},"deviceName":{"present":false},"device Type":1,"deviceUuids":
 [],"messagePermission":0,"pairState":0,"phone bookPermission":0}
02-13 12:43:23.390 27333-27333/com.waylau.hmos.bluetoothhost I 00001/MainA
 bilitySlice: end getInfo, text: {"aclConnected":false,"aclEncrypted":
 false,"bondedFromLocal":true,"deviceAddr":"0C:8F:FF:FD:49:34","de
 viceAlias":{"present":true},"deviceBatteryLevel":-1,"deviceClass":{"pre
 sent":true},"deviceName":{"present":true},"device Type":1,"deviceUuids":
 [],"messagePermission":0,"pairState":0,"phone bookPermission":0}
02-13 12:43:23.425 27333-27333/com.waylau.hmos.bluetoothhost I 00001/MainA
 bilitySlice: end getInfo, text: {"aclConnected":false,"aclEncrypted":
 false,"bondedFromLocal":true,"deviceAddr":"00:15:83:EB:61:F8","de
 viceAlias":{"present":true},"deviceBatteryLevel":-1,"deviceClass":{"pre
 sent":true},"deviceName":{"present":true},"device Type":1,"deviceUuids":
 [],"messagePermission":0,"pairState":0,"phone bookPermission":0}
02-13 12:43:25.144 27333-27333/com.waylau.hmos.bluetoothhost I 00001/MainA
 bilitySlice: end getInfo, text: {"aclConnected":false,"aclEncrypted":
 false,"bondedFromLocal":true,"deviceAddr":"20:17:06:22:02:78","de
 viceAlias":{"present":true},"deviceBatteryLevel":-1,"device Class":{"pre
 sent":true},"deviceName":{"present":false},"device Type":2,"deviceUuids":
 [],"messagePermission":0,"pairState":0,"phone bookPermission":0}
02-13 12:43:25.175 27333-27333/com.waylau.hmos.bluetoothhost I 00001/MainA
 bilitySlice: end getInfo, text: {"aclConnected":false,"aclEncrypted":
 false,"bondedFromLocal":true,"deviceAddr":"43:F1:F2:3B:3B:04","de
 viceAlias":{"present":true},"deviceBatteryLevel":-1,"deviceClass":{"pre
 sent":true},"deviceName":{"present":false},"device Type":2,"deviceUuids":
 [],"messagePermission":0,"pairState":0,"phone bookPermission":0}
02-13 12:43:25.210 27333-27333/com.waylau.hmos.bluetoothhost I 00001/MainA
 bilitySlice: end getInfo, text: {"aclConnected":false,"aclEncrypted":
 false,"bondedFromLocal":true,"deviceAddr":"40:96:54:76:07:BB","de
 viceAlias":{"present":true},"deviceBatteryLevel":-1,"deviceClass":{"pre
 sent":true},"deviceName":{"present":false},"deviceType":2,"deviceUuids":
 [],"messagePermission":0,"pairState":0,"phone bookPermission":0}
```

界面效果如图 22-2 所示。

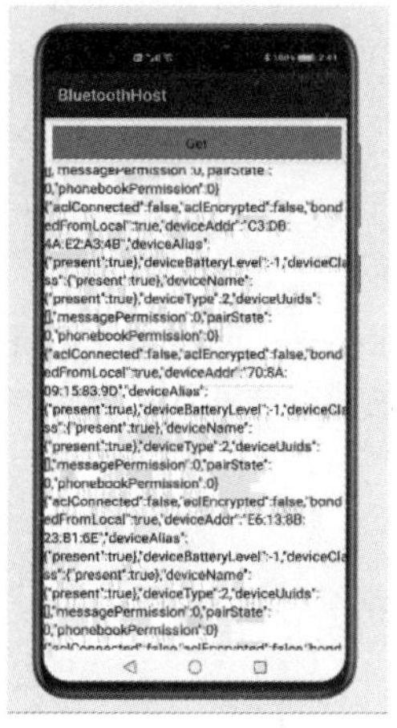

图22-2　界面效果

22.3 实战：传统蓝牙远端设备操作

传统蓝牙远端管理操作主要是针对远端蓝牙设备的基本操作，包括获取远端蓝牙设备地址、类型、名称和配对状态，以及向远端设备发起配对。

本节演示如何实现打开蓝牙、扫描周边蓝牙设备，并向远端设备发起配对。

22.3.1 接口说明

蓝牙远端设备管理类 BluetoothRemoteDevice 的主要接口如下。

- getDeviceAddr()：获取远端蓝牙设备地址。
- getDeviceClass()：获取远端蓝牙设备类型。
- getDeviceName()：获取远端蓝牙设备名称。
- getPairState()：获取远端设备配对状态。
- startPair()：向远端设备发起配对。

22.3.2 创建应用

为了演示 BluetoothRemoteDevice 的功能，创建一个名为 BluetoothRemoteDevice 的 Phone 设备类型的应用。在应用界面上，通过单击按钮触发 BluetoothRemoteDevice 的操作。

22.3.3 声明权限

修改配置文件，声明使用蓝牙相关的权限，代码如下：

```
// 声明权限
"reqPermissions": [
    {
   "name":"ohos.permission.USE_BLUETOOTH"
    },
    {
   "name":"ohos.permission.DISCOVER_BLUETOOTH"
    },
    {
   "name":"ohos.permission.LOCATION"
    }
]
```

同时，在应用启动时，显式声明 ohos.permission.LOCATION 权限，代码如下：

```
package com.waylau.hmos.bluetoothremotedevice;

import com.waylau.hmos.bluetoothremotedevice.slice.MainAbilitySlice;
import ohos.aafwk.ability.Ability;
import ohos.aafwk.content.Intent;

import java.util.ArrayList;
import java.util.List;
```

```
public class MainAbility extends Ability {
    @Override
    public void onStart(Intent intent) {
        super.onStart(intent);
        super.setMainRoute(MainAbilitySlice.class.getName());

        // 显式声明需要使用的权限
        requestPermission();
    }

    // 显式声明需要使用的权限
    private void requestPermission() {
        String[] permission = {
                "ohos.permission.LOCATION"};
        List<String> applyPermissions = new ArrayList<>();
        for (String element : permission) {
            if (verifySelfPermission(element) != 0) {
                if (canRequestPermission(element)) {
                    applyPermissions.add(element);
                }
            }
        }
        requestPermissionsFromUser(applyPermissions.toArray(new String[0]), 0);
    }
}
```

由于 ohos.permission.USE_BLUETOOTH 和 ohos.permission.DISCOVER_BLUETOOTH 不是敏感权限，因此不需要在 MainAbility 中显式声明。

22.3.4　修改ability_main.xml

修改 ability_main.xml，代码如下：

```
<?xml version="1.0" encoding="utf-8"?>
<DirectionalLayout
    xmlns:ohos="http://schemas.huawei.com/res/ohos"
    ohos:height="match_parent"
    ohos:width="match_parent"
    ohos:orientation="vertical">

    <Button
        ohos:id="$+id:button_get"
        ohos:height="40vp"
        ohos:width="match_parent"
        ohos:background_element="#F76543"
        ohos:layout_alignment="horizontal_center"
        ohos:margin="10vp"
        ohos:padding="10vp"
        ohos:text="Get"
        ohos:text_size="50"
        />

    <Button
        ohos:id="$+id:button_pair"
        ohos:height="40vp"
        ohos:width="match_parent"
        ohos:background_element="#F76543"
```

```
        ohos:layout_alignment="horizontal_center"
        ohos:margin="10vp"
        ohos:padding="10vp"
        ohos:text="Pair"
        ohos:text_size="50"
        />

    <Text
        ohos:id="$+id:text"
        ohos:height="match_content"
        ohos:width="match_content"
        ohos:background_element="$graphic:background_ability_main"
        ohos:layout_alignment="horizontal_center"
        ohos:multiple_lines="true"
        ohos:text="$string:HelloWorld"
        ohos:text_size="50"
        />

</DirectionalLayout>
```

上述代码中：

（1）设置了 Get 按钮，以备设置单击事件，触发蓝牙扫描相关的操作。

（2）设置了 Pair 按钮，以备设置单击事件，触发蓝牙配对的操作。

（3）Text 组件用于展示读取到的蓝牙信息。

界面预览效果如图 22-3 所示。

图22-3　界面预览效果

22.3.5　修改MainAbilitySlice

修改 MainAbilitySlice，代码如下：

```
package com.waylau.hmos.bluetoothremotedevice.slice;

import com.waylau.hmos.bluetoothremotedevice.ResourceTable;
import ohos.aafwk.ability.AbilitySlice;
import ohos.aafwk.content.Intent;
import ohos.aafwk.content.IntentParams;
```

```
import ohos.agp.components.Button;
import ohos.agp.components.Text;
import ohos.bluetooth.BluetoothHost;
import ohos.bluetooth.BluetoothRemoteDevice;
import ohos.event.commonevent.*;
import ohos.hiviewdfx.HiLog;
import ohos.hiviewdfx.HiLogLabel;
import ohos.rpc.RemoteException;

import java.util.Optional;


public class MainAbilitySlice extends AbilitySlice {
    private static final String TAG = MainAbilitySlice.class.getSimpleName();
    private static final HiLogLabel LABEL_LOG =
            new HiLogLabel(HiLog.LOG_App, 0x00001, TAG);

    private BluetoothHost bluetoothHost;

    private String selectedDeviceAddr;

    private Text text;

    @Override
    public void onStart(Intent intent) {
        super.onStart(intent);
        super.setUIContent(ResourceTable.Layout_ability_main);

        // 初始化蓝牙
        initBluetooth();

        // 为按钮设置单击事件回调
        Button buttonGet =
                (Button) findComponentById(ResourceTable.Id_button_get);
        buttonGet.setClickedListener(listener -> getInfo());

        Button buttonPair =
                (Button) findComponentById(ResourceTable.Id_button_pair);
        buttonPair.setClickedListener(listener -> pair());

        text =
                (Text) findComponentById(ResourceTable.Id_text);
    }

    private void pair() {
        HiLog.info(LABEL_LOG,"before pair device addr: %{public}s",
                selectedDeviceAddr);

        // 配对
        BluetoothRemoteDevice device = bluetoothHost.getRemoteDev(selected
         DeviceAddr);
        boolean result = device.startPair();

        HiLog.info(LABEL_LOG,"end pair device addr: %{public}s, result:
         %{public}s",
                selectedDeviceAddr, result);
    }

    private void initBluetooth() {
```

```
        HiLog.info(LABEL_LOG,"before initBluetooth");

        // 获取蓝牙本机管理对象
        bluetoothHost = BluetoothHost.getDefaultHost(this);

        // 调用打开接口
        bluetoothHost.enableBt();

        // 获取本机蓝牙名称
        Optional<String> nameOptional = bluetoothHost.getLocalName();

        // 调用获取蓝牙开关状态接口
        int state = bluetoothHost.getBtState();

        HiLog.info(LABEL_LOG,"end initBluetooth, name: %{public}s, state:
         %{public}s",
                nameOptional.get(), state);
    }

    private void getInfo() {
        HiLog.info(LABEL_LOG,"before getInfo bluetooth name: %{public}s,
         state: %{public}s",
                bluetoothHost.getLocalName().get(), bluetoothHost.getBtState());

        // 注册广播 BluetoothRemoteDevice.EVENT_DEVICE_DISCOVERED
        MatchingSkills matchingSkills = new MatchingSkills();
        matchingSkills.addEvent(BluetoothRemoteDevice.EVENT_DEVICE_DISCOV
         ERED); // 自定义事件
        CommonEventSubscribeInfo subscribeInfo = new CommonEventSubscribe
         Info(matchingSkills);
        MyCommonEventSubscriber subscriber = new MyCommonEventSubscriber
         (subscribeInfo);

        try {
            CommonEventManager.subscribeCommonEvent(subscriber);
        } catch (RemoteException e) {
            HiLog.info(LABEL_LOG,"subscribeCommonEvent occur exception.");
        }

        // 开始扫描
        bluetoothHost.startBtDiscovery();

        HiLog.info(LABEL_LOG,"end getInfo");
    }

    // 接收系统广播
    class MyCommonEventSubscriber extends CommonEventSubscriber {
        public MyCommonEventSubscriber(CommonEventSubscribeInfo subscribeInfo) {
            super(subscribeInfo);
        }

        @Override
        public void onReceiveEvent(CommonEventData var) {
            Intent info = var.getIntent();
            if (info == null) {
                return;
            }
            //获取系统广播的 action
            String action = info.getAction();
```

```
            // 判断是否为扫描到设备的广播
            if (action == BluetoothRemoteDevice.EVENT_DEVICE_DISCOVERED) {
                IntentParams myParam = info.getParams();
                BluetoothRemoteDevice device =
                        (BluetoothRemoteDevice) myParam.getParam(Blue
                         toothRemoteDevice.REMOTE_DEVICE_PARAM_DEVICE);

                // 获取远端蓝牙设备地址
                String deviceAddr = device.getDeviceAddr();

                //  获取远端蓝牙设备名称
                Optional<String> deviceNameOptional = device.getDeviceName();
                String deviceName = deviceNameOptional.orElse("");

                // 获取远端设备配对状态
                int pairState = device.getPairState();

                HiLog.info(LABEL_LOG,"Remote Device, deviceAddr: %{public}
                 s, deviceName: %{public}s, pairState: %{public}s",
                        deviceAddr, deviceName, pairState);

                // 0 为可以配对， 选为待配对的对象
                if (pairState == 0) {
                    selectedDeviceAddr = deviceAddr;
                    text.setText(selectedDeviceAddr);
                }
            }
        }
    }

    @Override
    public void onActive() {
        super.onActive();
    }

    @Override
    public void onForeground(Intent intent) {
        super.onForeground(intent);
    }
}
```

上述代码中：

（1）initBluetooth() 方法用于初始化蓝牙，包括获取蓝牙本机管理对象、启动蓝牙，并获取蓝牙名称和状态信息。

（2）在 Button 上设置了单击事件。

（3）getInfo() 方法用于注册广播 BluetoothRemoteDevice.EVENT_DEVICE_DISCOVERED 事件，并启用蓝牙扫描。

（4）接收到事件后，将待配对的蓝牙设备信息展示在界面的 Text 上。

（5）pair() 方法用于针对特定的蓝牙设备进行配对。

22.3.6　运行

初次运行应用，单击 Get 按钮，以触发操作的执行。此时，控制台输出内容如下：

```
02-13 15:21:06.940 28209-28209/com.waylau.hmos.bluetoothremotedevice I
 00001/MainAbilitySlice: before initBluetooth
02-13 15:21:06.952 28209-28209/com.waylau.hmos.bluetoothremotedevice I
 00001/MainAbilitySlice: end initBluetooth, name: HUAWEI P40, state: 2
02-13 15:21:16.332 28209-28209/com.waylau.hmos.bluetoothremotedevice I
 00001/MainAbilitySlice: before getInfo bluetooth name: HUAWEI P40, state: 2
02-13 15:21:16.383 28209-28209/com.waylau.hmos.bluetoothremotedevice I
 00001/MainAbilitySlice: end getInfo
02-13 15:21:16.411 28209-28209/com.waylau.hmos.bluetoothremotedevice I
 00001/MainAbilitySlice: Remote Device, deviceAddr: B0:55:08:14:9D:7B, devi
 ceName: Honor V10, pairState: 0
02-13 15:21:16.426 28209-28209/com.waylau.hmos.bluetoothremotedevice I
 00001/MainAbilitySlice: Remote Device, deviceAddr: 20:AB:37:60:31:86, devi
 ceName:"Administrator"的 iPhone, pairState: 0
02-13 15:21:16.456 28209-28209/com.waylau.hmos.bluetoothremotedevice I
 00001/MainAbilitySlice: Remote Device, deviceAddr: 50:04:B8:C1:81:F8, devi
 ceName: HISI P10 PLUS, pairState: 0
02-13 15:21:16.472 28209-28209/com.waylau.hmos.bluetoothremotedevice I
 00001/MainAbilitySlice: Remote Device, deviceAddr: 1C:15:1F:8B:80:0E, devi
 ceName: , pairState: 0
02-13 15:21:16.506 28209-28209/com.waylau.hmos.bluetoothremotedevice I
 00001/MainAbilitySlice: Remote Device, deviceAddr: 50:04:B8:C1:82:CC, devi
 ceName: , pairState: 0
02-13 15:21:16.516 28209-28209/com.waylau.hmos.bluetoothremotedevice I
 00001/MainAbilitySlice: Remote Device, deviceAddr: 10:B1:F8:0E:B4:7D, devi
 ceName: , pairState: 0
02-13 15:21:16.527 28209-28209/com.waylau.hmos.bluetoothremotedevice I
 00001/MainAbilitySlice: Remote Device, deviceAddr: 0C:8F:FF:FD:49:34, devi
 ceName: LOVER LIAN, pairState: 0
02-13 15:21:16.546 28209-28209/com.waylau.hmos.bluetoothremotedevice I
 00001/MainAbilitySlice: Remote Device, deviceAddr: 00:15:83:EB:61:F8, devi
 ceName: ABC123456-0, pairState: 0
02-13 15:21:16.584 28209-28209/com.waylau.hmos.bluetoothremotedevice I
 00001/MainAbilitySlice: Remote Device, deviceAddr: 0C:8F:FF:75:3F:CF, devi
 ceName: HUAWEI Mate 10 Pro, pairState: 0
02-13 15:21:16.602 28209-28209/com.waylau.hmos.bluetoothremotedevice I
 00001/MainAbilitySlice: Remote Device, deviceAddr: C3:DB:4A:E2:A3:4B, devi
 ceName: MX Anywhere 2S, pairState: 0
02-13 15:21:16.618 28209-28209/com.waylau.hmos.bluetoothremotedevice I
 00001/MainAbilitySlice: Remote Device, deviceAddr: 70:8A:09:15:83:9D, devi
 ceName: honor Band 3-39d, pairState: 0
02-13 15:21:16.626 28209-28209/com.waylau.hmos.bluetoothremotedevice I
 00001/MainAbilitySlice: Remote Device, deviceAddr: E6:13:8B:23:B1:6E, devi
 ceName: MI Band 2, pairState: 0
02-13 15:21:18.479 28209-28209/com.waylau.hmos.bluetoothremotedevice I
 00001/MainAbilitySlice: Remote Device, deviceAddr: 20:17:06:22:02:78, devi
 ceName: , pairState: 0
02-13 15:21:18.487 28209-28209/com.waylau.hmos.bluetoothremotedevice I
 00001/MainAbilitySlice: Remote Device, deviceAddr: 43:F1:F2:3B:3B:04, devi
 ceName: , pairState: 0
02-13 15:21:18.491 28209-28209/com.waylau.hmos.bluetoothremotedevice I
 00001/MainAbilitySlice: Remote Device, deviceAddr: 40:96:54:76:07:BB, devi
 ceName: , pairState: 0
```

此时，界面效果如图 22-4 所示。

图22-4　界面效果

单击 Pair 按钮，以触发配对的操作。此时，控制台输出内容如下：

```
02-13 15:21:46.582 28209-28209/com.waylau.hmos.bluetoothremotedevice I
 00001/MainAbilitySlice: before pair device addr: 40:96:54:76:07:BB
02-13 15:21:46.621 28209-28209/com.waylau.hmos.bluetoothremotedevice I
 00001/MainAbilitySlice: end pair device addr: 40:96:54:76:07:BB, result: true
```

22.4　实战：BLE扫描和广播

通过 BLE 扫描和广播提供的开放能力，可以根据指定状态获取外围设备、启动或停止 BLE 扫描、广播。本节演示如何启动 BLE 扫描、广播。

22.4.1　接口说明

1. BleCentralManager主要接口

BLE 中心设备管理类 BleCentralManager 的主要接口如下。

- startScan(List<BleScanFilter> filters)：进行 BLE 蓝牙扫描，并使用 filters 对结果进行过滤。
- stopScan()：停止 BLE 蓝牙扫描。
- getDevicesByStates(int[] states)：根据状态获取连接的外围设备。
- BleCentralManager(BleCentralManagerCallback callback)：获取中心设备管理对象。

2. BleCentralManagerCallback主要接口

中心设备管理回调类 BleCentralManagerCallback 的主要接口如下。

- scanResultEvent(BleScanResult result)：扫描到 BLE 设备的结果回调。
- scanFailedEvent(int resultCode)：启动扫描失败的回调。

3. BleAdvertiser和BleAdvertiseCallback主要接口

BLE 广播相关的 BleAdvertiser 类和 BleAdvertiseCallback 类的主要接口如下。

- BleAdvertiser(Context context, BleAdvertiseCallback callback)：用于获取广播操作对象。
- startAdvertising(BleAdvertiseSettings settings, BleAdvertiseData advData, BleAdvertiseData scanResponse)：进行 BLE 广播，第一个参数为广播参数，第二个参数为广播数据，第三个参数是扫描和广播数据参数的响应。
- stopAdvertising()：停止 BLE 广播。
- startResultEvent(int result)：广播回调结果。

22.4.2 创建应用

为了演示 BLE 的功能，创建一个名为 BleCentralManager 的 Wearable 设备类型的应用。在应用界面上，通过单击按钮触发 BLE 的操作。

22.4.3 声明权限

修改配置文件，声明使用蓝牙相关的权限，代码如下：

```
// 声明权限
"reqPermissions": [
    {
  "name":"ohos.permission.USE_BLUETOOTH"
    },
    {
  "name":"ohos.permission.DISCOVER_BLUETOOTH"
    },
    {
  "name":"ohos.permission.LOCATION"
    }
]
```

同时，在应用启动时，显式声明 ohos.permission.LOCATION 权限，代码如下：

```
package com.waylau.hmos.blecentralmanager;


import com.waylau.hmos.blecentralmanager.slice.MainAbilitySlice;
import ohos.aafwk.ability.Ability;
import ohos.aafwk.content.Intent;

import java.util.ArrayList;
import java.util.List;

public class MainAbility extends Ability {
    @Override
    public void onStart(Intent intent) {
        super.onStart(intent);
        super.setMainRoute(MainAbilitySlice.class.getName());

        // 显式声明需要使用的权限
        requestPermission();
    }
```

```
    // 显式声明需要使用的权限
    private void requestPermission() {
        String[] permission = {
                "ohos.permission.LOCATION"};
        List<String> applyPermissions = new ArrayList<>();
        for (String element : permission) {
            if (verifySelfPermission(element) != 0) {
                if (canRequestPermission(element)) {
                    applyPermissions.add(element);
                }
            }
        }
        requestPermissionsFromUser(applyPermissions.toArray(new String[0]), 0);
    }
}
```

由于 ohos.permission.USE_BLUETOOTH 和 ohos.permission.DISCOVER_BLUETOOTH 不是敏感权限，因此不需要在 MainAbility 中显式声明。

22.4.4　修改ability_main.xml

修改 ability_main.xml，代码如下：

```
<?xml version="1.0" encoding="utf-8"?>
<DirectionalLayout
    xmlns:ohos="http://schemas.huawei.com/res/ohos"
    ohos:height="match_parent"
    ohos:width="match_parent"
    ohos:orientation="vertical">

    <Button
        ohos:id="$+id:button_scan"
        ohos:height="40vp"
        ohos:width="match_parent"
        ohos:background_element="#F76543"
        ohos:layout_alignment="horizontal_center"
        ohos:margin="10vp"
        ohos:padding="10vp"
        ohos:text="Scan"
        ohos:text_size="50"
        />

    <Button
        ohos:id="$+id:button_advertise"
        ohos:height="40vp"
        ohos:width="match_parent"
        ohos:background_element="#F76543"
        ohos:layout_alignment="horizontal_center"
        ohos:margin="10vp"
        ohos:padding="10vp"
        ohos:text="Advertise"
        ohos:text_size="50"
        />

    <Text
        ohos:id="$+id:text"
```

```
        ohos:height="match_content"
        ohos:width="match_content"
        ohos:background_element="$graphic:background_ability_main"
        ohos:layout_alignment="horizontal_center"
        ohos:multiple_lines="true"
        ohos:text=""
        ohos:text_size="50"
        />
</DirectionalLayout>
```

界面预览效果如图 22-5 所示。

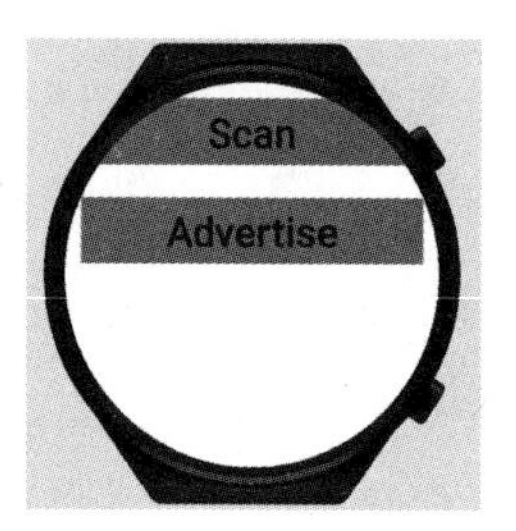

图22-5　界面预览效果

上述代码中：

（1）设置了 Scan 按钮，以备设置单击事件，触发 BLE 扫描相关的操作。

（2）设置了 Advertise 按钮，以备设置单击事件，触发 BLE 广播的操作。

（3）Text 组件用于展示读取到的蓝牙信息。

22.4.5　修改MainAbilitySlice

修改 MainAbilitySlice，代码如下：

```
package com.waylau.hmos.blecentralmanager.slice;

import com.waylau.hmos.blecentralmanager.ResourceTable;
import ohos.aafwk.ability.AbilitySlice;
import ohos.aafwk.content.Intent;
import ohos.agp.components.Button;
import ohos.agp.components.Text;
import ohos.bluetooth.ble.*;
import ohos.hiviewdfx.HiLog;
import ohos.hiviewdfx.HiLogLabel;
import ohos.utils.SequenceUuid;

import java.util.ArrayList;
import java.util.List;
import java.util.Optional;
import java.util.UUID;


public class MainAbilitySlice extends AbilitySlice {
    private static final String TAG = MainAbilitySlice.class.getSimpleName();
    private static final HiLogLabel LABEL_LOG =
            new HiLogLabel(HiLog.LOG_App, 0x00001, TAG);
```

```
private static final UUID SERVER_UUID = UUID.randomUUID();
private static final int[] STATE_ARRAY = {
                BlePeripheralDevice.CONNECTION_PRIORITY_NORMAL,
                BlePeripheralDevice.CONNECTION_PRIORITY_HIGH,
                BlePeripheralDevice.CONNECTION_PRIORITY_LOW};

// 获取中心设备管理对象
private BleCentralManager centralManager;

// 获取 BLE 广播对象
private BleAdvertiser advertiser;
// 创建 BLE 广播参数和数据
private BleAdvertiseData data;
private BleAdvertiseSettings advertiseSettings;

private Text text;

@Override
public void onStart(Intent intent) {
    super.onStart(intent);
    super.setUIContent(ResourceTable.Layout_ability_main);

    // 初始化蓝牙
    initBluetooth();

    // 为按钮设置单击事件回调
    Button buttonGet =
            (Button) findComponentById(ResourceTable.Id_button_scan);
    buttonGet.setClickedListener(listener -> scan());

    Button buttonPair =
            (Button) findComponentById(ResourceTable.Id_button_advertise);
    buttonPair.setClickedListener(listener -> advertise());

    text =
            (Text) findComponentById(ResourceTable.Id_text);
}

private void initBluetooth() {
    HiLog.info(LABEL_LOG,"before initBluetooth");

    // 获取中心设备管理对象
    ScanCallback centralManagerCallback = new ScanCallback();
    centralManager = new BleCentralManager(this, centralManagerCallback);

    // 创建扫描过滤器后开始扫描
    List<BleScanFilter> filters = new ArrayList<>();
    centralManager.startScan(filters);

    // 获取 BLE 广播对象
    advertiser = new BleAdvertiser(this, advertiseCallback);

    // 创建 BLE 广播参数和数据
    data = new BleAdvertiseData.Builder()
            .addServiceUuid(SequenceUuid.uuidFromString(SERVER_UUID.
             toString()))      // 添加服务的 UUID
            .addServiceData(SequenceUuid.uuidFromString(SERVER_UUID.
             toString()), new byte[]{0x11})     // 添加广播数据内容
            .build();
```

```
        advertiseSettings = new BleAdvertiseSettings.Builder()
                .setConnectable(true) // 设置是否可连接广播
                .setInterval(BleAdvertiseSettings.INTERVAL_SLOT_DEFAULT)
        // 设置广播间隔
                .setTxPower(BleAdvertiseSettings.TX_POWER_DEFAULT)
        // 设置广播功率
                .build();

        HiLog.info(LABEL_LOG,"end initBluetooth");
    }

    private void scan() {
        HiLog.info(LABEL_LOG,"before scan");
        List<BlePeripheralDevice> devices = centralManager.getDevicesBy
         States(STATE_ARRAY);

        for (BlePeripheralDevice device : devices) {
            Optional<String> deviceNameOptional = device.getDeviceName();
            String deviceName = deviceNameOptional.orElse("");
            String deviceAddr = device.getDeviceAddr();

            HiLog.info(LABEL_LOG,"scan deviceName: %{public}s, deviceAddr:
             %{public}s",
                    deviceName, deviceAddr);

            text.append(deviceName);
            text.append(deviceAddr);
        }
        HiLog.info(LABEL_LOG,"end scan");
    }

    private void advertise() {
        HiLog.info(LABEL_LOG,"before advertise");

        // 开始广播
        advertiser.startAdvertising(advertiseSettings, data, null);

        HiLog.info(LABEL_LOG,"end advertise");
    }

    // 实现扫描回调
    private class ScanCallback implements BleCentralManagerCallback {
        List<BleScanResult> results = new ArrayList<BleScanResult>();

        @Override
        public void scanResultEvent(BleScanResult var1) {
            HiLog.info(LABEL_LOG,"scanResultEvent");

            // 对扫描结果进行处理
            results.add(var1);
        }

        @Override
        public void scanFailedEvent(int var1) {
            HiLog.info(LABEL_LOG,"Start Scan failed,Code:" + var1);
        }

        @Override
        public void groupScanResultsEvent(List<BleScanResult> list) {
```

```
            HiLog.info(LABEL_LOG,"groupScanResultsEvent");
        }
    }

    // 实现 BLE 广播回调
    private BleAdvertiseCallback advertiseCallback = new BleAdvertiseCallback() {
        @Override
        public void startResultEvent(int result) {
            if (result == BleAdvertiseCallback.RESULT_SUCC) {
                // 开始 BLE 广播成功
                HiLog.info(LABEL_LOG,"startResultEvent success");
            } else {
                // 开始 BLE 广播失败
                HiLog.error(LABEL_LOG,"startResultEvent failed");
            }
        }
    };

    @Override
    public void onActive() {
        super.onActive();
    }

    @Override
    public void onForeground(Intent intent) {
        super.onForeground(intent);
    }
}
```

上述代码中：

（1）initBluetooth() 方法用于初始化，包括初始化中心设备管理对象、BLE 广播对象、创建 BLE 广播参数和数据，并开始扫描。

（2）在 Button 上设置了单击事件。

（3）scan 方法 () 启用 BLE 扫描。

（4）advertise() 方法启动 BLE 广播。

22.4.6 运行

初次运行应用，单击 Scan 按钮，以触发 BLE 扫描操作的执行。此时，控制台输出内容如下：

```
02-13 17:37:15.186 27713-27713/? I 00001/MainAbilitySlice: before initBlue tooth
02-13 17:37:15.195 27713-27713/? I 00001/MainAbilitySlice: end initBluetooth
02-13 17:37:22.438 27713-27713/com.waylau.hmos.blecentralmanager I 00001/
 MainAbilitySlice: before scan
02-13 17:37:22.441 27713-27713/com.waylau.hmos.blecentralmanager I 00001/
 MainAbilitySlice: end scan
02-13 17:37:26.727 27713-27713/com.waylau.hmos.blecentralmanager I 00001/
```

单击 Advertise 按钮，以触发 BLE 广播操作的执行。此时，控制台输出内容如下：

```
MainAbilitySlice: before advertise
02-13 17:37:26.730 27713-27713/com.waylau.hmos.blecentralmanager E 00001/
 MainAbilitySlice: startResultEvent failed
02-13 17:37:26.730 27713-27713/com.waylau.hmos.blecentralmanager I 00001/
 MainAbilitySlice: end advertise
```

第23章 WLAN

HarmonyOS WLAN 服务系统为用户提供 WLAN 基础功能、P2P（peer to peer）功能和 WLAN 消息通知的相应服务，让应用可以通过 WLAN 和其他设备互联互通。

23.1 WLAN概述

WLAN 是通过无线电、红外光信号或者其他技术发送和接收数据的局域网，用户可以通过 WLAN 实现节点之间无物理连接的网络通信。WLAN 常用于用户携带可移动终端的办公、公众环境中。

HarmonyOS WLAN 服务系统为用户提供 WLAN 基础功能、P2P 功能和 WLAN 消息通知的相应服务，让应用可以通过 WLAN 和其他设备互联互通。

23.1.1 WLAN简介

在 WLAN 发明之前，人们要想通过网络进行联络和通信，必须先用物理线缆组建一个电子运行的通路。为了提高效率和速度，后来又发明了光纤。当网络发展到一定规模后，人们又发现，这种有线网络无论组建、拆装还是在原有基础上进行重新布局和改建都非常困难，且成本和代价也非常高，于是 WLAN 组网方式应运而生。

WLAN 起步于 1997 年，当年 6 月，第一个无线局域网标准 IEEE 802.11 正式颁布实施，为技术提供了统一标准，但当时的传输速率只有 1~2Mbit/s。随后，IEEE（Institute of Electrical and Electronics Engineers，电气和电子工程师协会）委员会又开始制定新的 WLAN 标准，分别取名为 IEEE 802.11a 和 IEEE 802.11b。IEEE 802.llb 标准首先于 1999 年 9 月正式颁布，其传输速率为 11Mbit/s。经过改进的 IEEE 802.11a 标准在 2001 年年底才正式颁布，它的传输速率可达到 54Mbit/s，几乎是 IEEE 802. llb 标准的五倍。尽管如此，WLAN 的应用仍未真正开始，因为整个 WLAN 应用环境并不成熟。

WLAN 的真正发展是从 2003 年 3 月 Intel 第一次推出带有 WLAN 无线网卡芯片模块的迅驰处理器开始的。尽管当时的无线网络环境还非常不成熟，但是由于 Intel 的捆绑销售，加上迅驰芯片的高性能、低功耗等非常明显的优点，使得许多无线网络服务商看到了商机，同时 11Mbit/s 的接入速率在一般的小型局域网也可进行一些日常应用，于是各国的无线网络服务商开始在公共场所（如机场、宾馆、咖啡厅等）提供访问热点，实际上就是布置一些无线访问点（Access Point，AP），方便移动商务人士无线上网。

经过了两年多的发展，基于 IEEE 802.llb 标准的无线网络产品和应用已相当成熟，但 11Mbit/s 的接入速率还远远不能满足实际网络的应用需求。

2003 年 6 月，经过两年多的开发和多次改进，一种兼容原来的 IEEE 802. llb 标准，同时也可提供 54 Mbit/s 接入速率的新标准——IEEE 802.11g 在 IEEE 委员会的努力下正式发布。

目前使用最多的是 IEEE 802.11n（第四代）和 IEEE 802.11ac（第五代）标准，它们既可以工作在 2.4 GHz 频段，也可以工作在 5GHz 频段，传输速率可达 600Mbit/s（理论值）。

23.1.2 约束与限制

HarmonyOS WLAN 服务系统提供多个开发场景的指导，涉及多个 API 接口的调用。在调用 API 前，应用需要先申请对应的访问权限。

不同应用场景需要申请的权限也不同，具体涉及的权限包括 ohos.permission.GET_WIFI_INFO、ohos.permission.SET_WIFI_INFO、ohos.permission.LOCATION。

23.2 实战：WLAN基础功能

本节演示如何实现 WLAN 的基础功能，包括如下内容。

（1）获取 WLAN 状态，查询 WLAN 是否打开。

（2）发起扫描并获取扫描结果。

（3）获取连接状态详细信息，包括连接信息、IP 信息等。

（4）获取设备国家码。

（5）获取设备是否支持指定的能力。

23.2.1 接口说明

WLAN 基础功能由 WifiDevice 提供，其接口如下。

- getInstance(Context context)：获取 WLAN 功能管理对象实例，通过该实例调用 WLAN 基本功能 API。
- isWifiActive()：获取当前 WLAN 打开状态，需要 ohos.permission.GET_WIFI_INFO 权限。
- scan()：发起 WLAN 扫描，需要 ohos.permission.SET_WIFI_INFO 和 ohos.permission.LOCATION 权限。
- getScanInfoList()：获取上次扫描结果，需要 ohos.permission.GET_WIFI_INFO 和 ohos.permission.LOCATION 权限。
- isConnected()：获取当前 WLAN 连接状态，需要 ohos.permission.GET_WIFI_INFO 权限。
- getLinkedInfo()：获取当前的 WLAN 连接信息，需要 ohos.permission.GET_WIFI_INFO 权限。
- getIpInfo()：获取当前连接的 WLAN IP 信息，需要 ohos.permission.GET_WIFI_INFO 权限。
- getSignalLevel(int rssi, int band)：通过 RSSI（Received Signal Strength Indication，接收的信号强度指示）与频段计算信号格数。
- getCountryCode()：获取设备国家码，需要 ohos.permission.LOCATION 和 ohos.permission.GET_WIFI_INFO 权限。
- isFeatureSupported(long featureId)：获取设备是否支持指定的特性。需要 ohos.permission.GET_WIFI_INFO 权限。

23.2.2 创建应用

为了演示 WifiDevice 的功能，创建一个名为 WifiDevice 的 Phone 设备类型的应用。在应用界面上，通过单击按钮触发 WifiDevice 的操作。

23.2.3 声明权限

修改配置文件，声明使用 WLAN 的权限，代码如下：

```
// 声明权限
"reqPermissions": [
    {
   "name":"ohos.permission.SET_WIFI_INFO"
    },
```

```
    {
  "name":"ohos.permission.GET_WIFI_INFO"
    },
    {
  "name":"ohos.permission.LOCATION"
    }
]
```

同时，在应用启动时，显式声明 ohos.permission.LOCATION 权限，代码如下：

```
package com.waylau.hmos.wifidevice;

import com.waylau.hmos.wifidevice.slice.MainAbilitySlice;
import ohos.aafwk.ability.Ability;
import ohos.aafwk.content.Intent;

import java.util.ArrayList;
import java.util.List;

public class MainAbility extends Ability {
    @Override
    public void onStart(Intent intent) {
        super.onStart(intent);
        super.setMainRoute(MainAbilitySlice.class.getName());

        // 显式声明需要使用的权限
        requestPermission();
    }

    // 显式声明需要使用的权限
    private void requestPermission() {
        String[] permission = {
                "ohos.permission.LOCATION"};
        List<String> applyPermissions = new ArrayList<>();
        for (String element : permission) {
            if (verifySelfPermission(element) != 0) {
                if (canRequestPermission(element)) {
                    applyPermissions.add(element);
                }
            }
        }
        requestPermissionsFromUser(applyPermissions.toArray(new String[0]), 0);
    }
}
```

由于 ohos.permission.GET_WIFI_INFO 和 ohos.permission.SET_WIFI_INFO 不是敏感权限，因此不需要在 MainAbility 中显式声明。

23.2.4 修改ability_main.xml

修改 ability_main.xml，代码如下：

```
<?xml version="1.0" encoding="utf-8"?>
<DirectionalLayout
    xmlns:ohos="http://schemas.huawei.com/res/ohos"
    ohos:height="match_parent"
    ohos:width="match_parent"
```

```
    ohos:orientation="vertical">
    <Button
        ohos:id="$+id:button_get"
        ohos:height="40vp"
        ohos:width="match_parent"
        ohos:background_element="#F76543"
        ohos:layout_alignment="horizontal_center"
        ohos:margin="10vp"
        ohos:padding="10vp"
        ohos:text="Get"
        ohos:text_size="50"
        />

    <Text
        ohos:id="$+id:text"
        ohos:height="match_content"
        ohos:width="match_content"
        ohos:background_element="$graphic:background_ability_main"
        ohos:layout_alignment="horizontal_center"
        ohos:text=""
        ohos:text_size="50"
        ohos:multiple_lines="true"
        />

</DirectionalLayout>
```

界面预览效果如图 23-1 所示。

图23-1　界面预览效果

上述代码中：

（1）设置了 Get 按钮，以备设置单击事件，触发 WLAN 相关的操作。

（2）Text 组件用于展示读取到的 WLAN 信息。

23.2.5　修改MainAbilitySlice

修改 MainAbilitySlice，代码如下：

```
package com.waylau.hmos.wifidevice.slice;
```

```
import com.waylau.hmos.wifidevice.ResourceTable;
import ohos.aafwk.ability.AbilitySlice;
import ohos.aafwk.content.Intent;
import ohos.agp.components.Button;
import ohos.agp.components.Text;
import ohos.hiviewdfx.HiLog;
import ohos.hiviewdfx.HiLogLabel;
import ohos.wifi.*;

import java.util.List;
import java.util.Optional;


public class MainAbilitySlice extends AbilitySlice {
    private static final String TAG = MainAbilitySlice.class.getSimpleName();
    private static final HiLogLabel LABEL_LOG =
            new HiLogLabel(HiLog.LOG_App, 0x00001, TAG);

    private WifiDevice wifiDevice;
    private ohos.agp.components.Text text;

    @Override
    public void onStart(Intent intent) {
        super.onStart(intent);
        super.setUIContent(ResourceTable.Layout_ability_main);

        // 初始化 WLAN
        initWifiDevice();

        // 为按钮设置单击事件回调
        Button buttonGet =
                (Button) findComponentById(ResourceTable.Id_button_get);
        buttonGet.setClickedListener(listener -> getInfo());

        text = (Text) findComponentById(ResourceTable.Id_text);
    }

    private void initWifiDevice() {
        HiLog.info(LABEL_LOG,"before initWifiDevice");

        // 获取 WLAN 设备
        wifiDevice = WifiDevice.getInstance(this);

        // 调用获取 WLAN 开关状态接口
        // 若 WLAN 打开， 则返回 true， 否则返回 false
        boolean isWifiActive = wifiDevice.isWifiActive();

        HiLog.info(LABEL_LOG,"end initWifiDevice, isWifiActive: %{public}s",
                isWifiActive);
    }

    private void getInfo() {
        HiLog.info(LABEL_LOG,"before getInfo");

        // 调用 WLAN 扫描接口
        boolean isScanSuccess = wifiDevice.scan(); // true
        text.append("isScanSuccess:" + isScanSuccess +"\n");
```

```
HiLog.info(LABEL_LOG,"isScanSuccess: %{public}s", isScanSuccess);

// 调用获取扫描结果
List<WifiScanInfo> scanInfos = wifiDevice.getScanInfoList();

for (WifiScanInfo scanInfo : scanInfos) {
    String ssid = scanInfo.getSsid();
    text.append("ssid:" + ssid +"\n");

    HiLog.info(LABEL_LOG,"ssid: %{public}s", ssid);
}

// 调用 WLAN 连接状态接口，确定当前设备是否连接 WLAN
boolean isConnected = wifiDevice.isConnected();
text.append("isConnected:" + isConnected +"\n");

HiLog.info(LABEL_LOG,"isConnected: %{public}s", isConnected);

if (isConnected) {
    // 获取 WLAN 连接信息
    Optional<WifiLinkedInfo> linkedInfo = wifiDevice.getLinkedInfo();

    // 获取连接信息中的 SSID
    String ssid = linkedInfo.get().getSsid();

    // 获取 WLAN 的 IP 信息
    Optional<IpInfo> ipInfo = wifiDevice.getIpInfo();

    // 获取 IP 信息中的 IP 地址与网关
    int ipAddress = ipInfo.get().getIpAddress();
    int gateway = ipInfo.get().getGateway();
    text.append("ipAddress:" + ipAddress +"; gateway:" + gateway +"\n");

    HiLog.info(LABEL_LOG,"ipAddress: %{public}s, gateway: %{public}s",
            ipAddress, gateway);
}

// 获取当前设备的国家码
String countryCode = wifiDevice.getCountryCode();
text.append("countryCode:" + countryCode +"\n");

HiLog.info(LABEL_LOG,"countryCode: %{public}s", countryCode);

// 获取当前设备是否支持指定的能力
boolean isSupport = wifiDevice.isFeatureSupported(WifiUtils.WIFI_FEA
 TURE_INFRA);
text.append("WIFI_FEATURE_INFRA:" + isSupport +"\n");
HiLog.info(LABEL_LOG,"WIFI_FEATURE_INFRA: %{public}s", isSup port);

isSupport = wifiDevice.isFeatureSupported(WifiUtils.WIFI_FEATURE_IN
 FRA_5G);
text.append("WIFI_FEATURE_INFRA_5G:" + isSupport +"\n");
HiLog.info(LABEL_LOG,"WIFI_FEATURE_INFRA_5G: %{public}s", isSupport);

isSupport = wifiDevice.isFeatureSupported(WifiUtils.WIFI_FEATURE_PAS
 SPOINT);
text.append("WIFI_FEATURE_PASSPOINT:" + isSupport +"\n");
HiLog.info(LABEL_LOG,"WIFI_FEATURE_PASSPOINT: %{public}s", isSupport);
```

```
        isSupport = wifiDevice.isFeatureSupported(WifiUtils.WIFI_FEATURE_P2P);
        text.append("WIFI_FEATURE_P2P:" + isSupport +"\n");
        HiLog.info(LABEL_LOG,"WIFI_FEATURE_P2P: %{public}s", isSupport);

        isSupport = wifiDevice.isFeatureSupported(WifiUtils.WIFI_FEATURE_MO
         BILE_HOTSPOT);
        text.append("WIFI_FEATURE_MOBILE_HOTSPOT:" + isSupport +"\    n");
        HiLog.info(LABEL_LOG,"WIFI_FEATURE_MOBILE_HOTSPOT: %{public}s",
         isSupport);

        isSupport = wifiDevice.isFeatureSupported(WifiUtils.WIFI_FEATURE_AWARE);
        text.append("WIFI_FEATURE_AWARE:" + isSupport +"\n");
        HiLog.info(LABEL_LOG,"WIFI_FEATURE_AWARE: %{public}s", isSup port);

        isSupport = wifiDevice.isFeatureSupported(WifiUtils.WIFI_FEATURE_AP_STA);
        text.append("WIFI_FEATURE_AP_STA:" + isSupport +"\n");
        HiLog.info(LABEL_LOG,"WIFI_FEATURE_AP_STA: %{public}s", isSup port);

        isSupport = wifiDevice.isFeatureSupported(WifiUtils.WIFI_FEATURE_
         WPA3_SAE);
        text.append("WIFI_FEATURE_WPA3_SAE:" + isSupport +"\n");
        HiLog.info(LABEL_LOG,"WIFI_FEATURE_WPA3_SAE: %{public}s", isSupport);

        isSupport = wifiDevice.isFeatureSupported(WifiUtils.WIFI_FEATURE_
         WPA3_SUITE_B);
        text.append("WIFI_FEATURE_WPA3_SUITE_B:" + isSupport +"\n");
        HiLog.info(LABEL_LOG,"WIFI_FEATURE_WPA3_SUITE_B: %{public}s", is
         Support);

        isSupport = wifiDevice.isFeatureSupported(WifiUtils.WIFI_FEATURE_OWE);
        text.append("WIFI_FEATURE_OWE:" + isSupport +"\n");
        HiLog.info(LABEL_LOG,"WIFI_FEATURE_OWE: %{public}s", isSupport);

        HiLog.info(LABEL_LOG,"end getInfo");
    }


    @Override
    public void onActive() {
        super.onActive();
    }

    @Override
    public void onForeground(Intent intent) {
        super.onForeground(intent);
    }
}
```

上述代码中：

（1）initWifiDevice() 方法用于初始化 WLAN 设备 WifiDevice 对象。

（2）在 Button 上设置了单击事件。

（3）getInfo() 方法用于获取 WLAN 的信息。

23.2.6 运行

初次运行应用，单击 Get 按钮，以触发操作的执行。此时，控制台输出内容如下：

```
02-13 19:34:10.543 29309-29309/com.waylau.hmos.wifidevice I 00001/MainAbil
 itySlice: before initWifiDevice
02-13 19:34:10.546 29309-29309/com.waylau.hmos.wifidevice I 00001/MainAbil
 itySlice: end initWifiDevice, isWifiActive: true
02-13 19:34:13.775 29309-29309/com.waylau.hmos.wifidevice I 00001/MainAbil
 itySlice: before getInfo
02-13 19:34:13.785 29309-29309/com.waylau.hmos.wifidevice I 00001/MainAbil
 itySlice: isScanSuccess: true
02-13 19:34:13.789 29309-29309/com.waylau.hmos.wifidevice I 00001/MainAbil
 itySlice: ssid: Chinasoft
02-13 19:34:13.790 29309-29309/com.waylau.hmos.wifidevice I 00001/MainAbil
 itySlice: isConnected: true
02-13 19:34:13.793 29309-29309/com.waylau.hmos.wifidevice I 00001/MainAbil
 itySlice: ipAddress: 33882122, gateway: 17104906
02-13 19:34:13.794 29309-29309/com.waylau.hmos.wifidevice I 00001/MainAbil
 itySlice: countryCode: CN
02-13 19:34:13.796 29309-29309/com.waylau.hmos.wifidevice I 00001/MainAbil
 itySlice: WIFI_FEATURE_INFRA: true
02-13 19:34:13.798 29309-29309/com.waylau.hmos.wifidevice I 00001/MainAbil
 itySlice: WIFI_FEATURE_INFRA_5G: false
02-13 19:34:13.801 29309-29309/com.waylau.hmos.wifidevice I 00001/MainAbil
 itySlice: WIFI_FEATURE_PASSPOINT: false
02-13 19:34:13.802 29309-29309/com.waylau.hmos.wifidevice I 00001/MainAbil
 itySlice: WIFI_FEATURE_P2P: true
02-13 19:34:13.803 29309-29309/com.waylau.hmos.wifidevice I 00001/MainAbil
 itySlice: WIFI_FEATURE_MOBILE_HOTSPOT: true
02-13 19:34:13.804 29309-29309/com.waylau.hmos.wifidevice I 00001/MainAbil
 itySlice: WIFI_FEATURE_AWARE: true
02-13 19:34:13.805 29309-29309/com.waylau.hmos.wifidevice I 00001/MainAbil
 itySlice: WIFI_FEATURE_AP_STA: false
02-13 19:34:13.806 29309-29309/com.waylau.hmos.wifidevice I 00001/MainAbil
 itySlice: WIFI_FEATURE_WPA3_SAE: false
02-13 19:34:13.807 29309-29309/com.waylau.hmos.wifidevice I 00001/MainAbil
 itySlice: WIFI_FEATURE_WPA3_SUITE_B: false
02-13 19:34:13.808 29309-29309/com.waylau.hmos.wifidevice I 00001/MainAbil
 itySlice: WIFI_FEATURE_OWE: false
02-13 19:34:13.808 29309-29309/com.waylau.hmos.wifidevice I 00001/MainAbil
 itySlice: end getInfo
```

界面效果如图 23-2 所示。

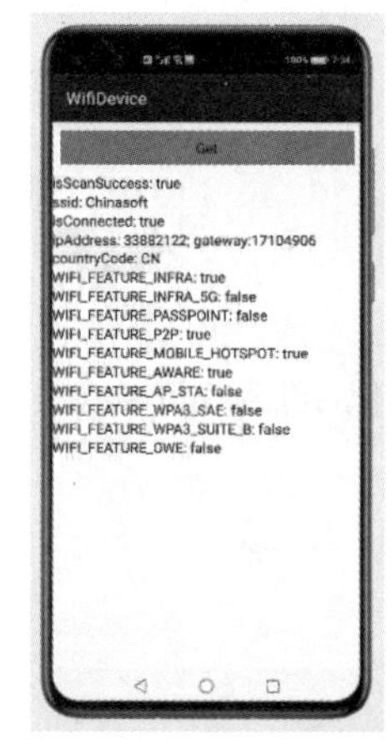

图23-2　界面效果

23.3 实战：配置不信任热点

本节演示如何实现不信任热点的配置。应用可以添加指定的热点，其选网优先级低于已保存热点。如果扫描后判断该热点为最合适热点，则自动连接该热点。

应用或者其他模块可以通过接口完成以下功能。

（1）设置第三方的热点配置。

（2）删除第三方的热点配置。

23.3.1 接口说明

WifiDevice 提供 WLAN 的不信任热点配置功能，其接口如下。

- getInstance(Context context)：获取 WLAN 功能管理对象实例，通过该实例调用不信任热点配置的 API。
- addUntrustedConfig(WifiDeviceConfig config)：添加不信任热点配置，选网优先级低于已保存热点，需要 ohos.permission.SET_WIFI_INFO 权限。
- removeUntrustedConfig(WifiDeviceConfig config)：删除不信任热点配置，需要 ohos.permission.SET_WIFI_INFO 权限。

23.3.2 创建应用

为了演示不信任热点配置功能，创建一个名为 WifiDeviceUntrustedConfig 的 Phone 设备类型的应用。在应用界面上，通过单击按钮触发 WifiDevice 的操作。

23.3.3 声明权限

修改配置文件，声明使用 WLAN 的权限，代码如下：

```
// 声明权限
"reqPermissions": [
    {
   "name":"ohos.permission.SET_WIFI_INFO"
    }
]
```

由于 ohos.permission.SET_WIFI_INFO 不是敏感权限，因此不需要在代码中显式声明。

23.3.4 修改ability_main.xml

修改 ability_main.xml，代码如下：

```
<?xml version="1.0" encoding="utf-8"?>
<DirectionalLayout
    xmlns:ohos="http://schemas.huawei.com/res/ohos"
    ohos:height="match_parent"
    ohos:width="match_parent"
```

```
    ohos:orientation="vertical">

    <Button
        ohos:id="$+id:button_add"
        ohos:height="40vp"
        ohos:width="match_parent"
        ohos:background_element="#F76543"
        ohos:layout_alignment="horizontal_center"
        ohos:margin="10vp"
        ohos:padding="10vp"
        ohos:text="Add"
        ohos:text_size="50"
        />

    <Button
        ohos:id="$+id:button_remove"
        ohos:height="40vp"
        ohos:width="match_parent"
        ohos:background_element="#F76543"
        ohos:layout_alignment="horizontal_center"
        ohos:margin="10vp"
        ohos:padding="10vp"
        ohos:text="Remove"
        ohos:text_size="50"
        />

    <Text
        ohos:id="$+id:text"
        ohos:height="match_content"
        ohos:width="match_content"
        ohos:background_element="$graphic:background_ability_main"
        ohos:layout_alignment="horizontal_center"
        ohos:multiple_lines="true"
        ohos:text=""
        ohos:text_size="50"
        />

</DirectionalLayout>
```

界面预览效果如图 23-3 所示。

图23-3　界面预览效果

上述代码中：

（1）设置了 Add 按钮和 Remove 按钮，以备设置单击事件，触发配置的添加和删除操作。

（2）Text 组件用于展示配置操作的结果。

23.3.5 修改MainAbilitySlice

修改 MainAbilitySlice，代码如下：

```
package com.waylau.hmos.wifideviceuntrustedconfig.slice;

import com.waylau.hmos.wifideviceuntrustedconfig.ResourceTable;
import ohos.aafwk.ability.AbilitySlice;
import ohos.aafwk.content.Intent;
import ohos.agp.components.Button;
import ohos.agp.components.Text;
import ohos.hiviewdfx.HiLog;
import ohos.hiviewdfx.HiLogLabel;
import ohos.wifi.*;

public class MainAbilitySlice extends AbilitySlice {
    private static final String TAG = MainAbilitySlice.class.getSimpleName();
    private static final HiLogLabel LABEL_LOG =
            new HiLogLabel(HiLog.LOG_App, 0x00001, TAG);

    private WifiDevice wifiDevice;
    private WifiDeviceConfig config;
    private Text text;

    @Override
    public void onStart(Intent intent) {
        super.onStart(intent);
        super.setUIContent(ResourceTable.Layout_ability_main);

        // 初始化 WLAN
        initWifiDevice();

        // 为按钮设置单击事件回调
        Button buttonAdd =
                (Button) findComponentById(ResourceTable.Id_button_add);
        buttonAdd.setClickedListener(listener -> addConfig());

        // 为按钮设置单击事件回调
        Button buttonRemove =
                (Button) findComponentById(ResourceTable.Id_button_remove);
        buttonRemove.setClickedListener(listener -> removeConfig());

        text = (Text) findComponentById(ResourceTable.Id_text);
    }

    private void initWifiDevice() {
        HiLog.info(LABEL_LOG,"before initWifiDevice");

        // 初始化热点配置
        config = new WifiDeviceConfig();
        config.setSsid("untrusted-exist");
        config.setPreSharedKey("123456789");
```

```
        config.setHiddenSsid(false);
        config.setSecurityType(WifiSecurity.PSK);

        // 获取 WLAN 设备
        wifiDevice = WifiDevice.getInstance(this);

        HiLog.info(LABEL_LOG,"end initWifiDevice");
    }

    private void addConfig() {
        HiLog.info(LABEL_LOG,"before addConfig");

        boolean isSuccess = wifiDevice.addUntrustedConfig(config);
        text.append("addUntrustedConfig:" + isSuccess +"\n");

        HiLog.info(LABEL_LOG,"end addConfig, isSuccess:%{public}s", isSuccess);
    }

    private void removeConfig() {
        HiLog.info(LABEL_LOG,"before removeConfig");

        boolean isSuccess = wifiDevice.removeUntrustedConfig(config);
        text.append("removeUntrustedConfig:" + isSuccess +"\n");

        HiLog.info(LABEL_LOG,"end removeConfig, isSuccess:%{public}s", isSuccess);
    }

    @Override
    public void onActive() {
        super.onActive();
    }

    @Override
    public void onForeground(Intent intent) {
        super.onForeground(intent);
    }
}
```

上述代码中：

（1）initWifiDevice() 方法用于初始化 WLAN 设备 WifiDevice 对象和热点配置 WifiDeviceConfig 对象。

（2）在 Button 上设置了单击事件。

（3）addConfig() 方法用于新增热点配置。

（4）removeConfig() 方法用于新增删除配置。

（5）Text 用于在界面上展示配置结果。

23.3.6 运行

初次运行应用，分别单击 Add 按钮和 Remove 按钮，以触发操作的执行。此时，控制台输出内容如下：

```
02-13 20:05:16.612 27973-27973/com.waylau.hmos.wifideviceuntrustedconfig I
 00001/MainAbilitySlice: before initWifiDevice
02-13 20:05:16.613 27973-27973/com.waylau.hmos.wifideviceuntrustedconfig I
```

```
 00001/MainAbilitySlice: end initWifiDevice
02-13 20:05:19.324 27973-27973/com.waylau.hmos.wifideviceuntrustedconfig I
 00001/MainAbilitySlice: before addConfig
02-13 20:05:19.340 27973-27973/com.waylau.hmos.wifideviceuntrustedconfig I
 00001/MainAbilitySlice: end addConfig, isSuccess:true
02-13 20:05:20.901 27973-27973/com.waylau.hmos.wifideviceuntrustedconfig I
 00001/MainAbilitySlice: before removeConfig
02-13 20:05:20.918 27973-27973/com.waylau.hmos.wifideviceuntrustedconfig I
 00001/MainAbilitySlice: end removeConfig, isSuccess:true
```

界面效果如图 23-4 所示。

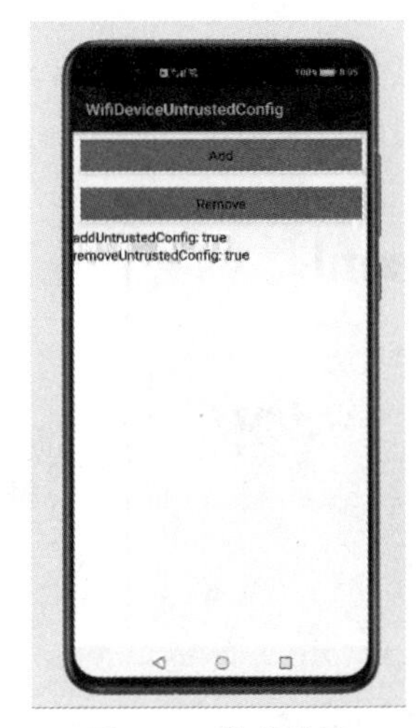

图23-4　界面效果

23.4 实战：WLAN消息通知

本节演示如何实现接收 WLAN 消息通知的功能。WLAN 消息通知（Notification）是 HarmonyOS 内部或者与应用之间跨进程通信的机制，注册者在注册消息通知后，一旦符合条件的消息被发出，注册者即可接收到该消息并获取消息中附带的信息。

23.4.1 接口说明

WLAN 消息通知的相关广播事件如下。

- WLAN 状态：usual.event.wifi.POWER_STATE。
- WLAN 扫描：usual.event.wifi.SCAN_FINISHED。
- WLAN RSSI 变化：usual.event.wifi.RSSI_VALUE。
- WLAN 连接状态：usual.event.wifi.CONN_STATE。
- Hotspot 状态：usual.event.wifi.HOTSPOT_STATE。

- Hotspot 连接状态：usual.event.wifi.WIFI_HS_STA_JOIN、usual.event.wifi.WIFI_HS_STA_LEAVE。
- P2P 状态：usual.event.wifi.p2p.STATE_CHANGE。
- P2P 连接状态：usual.event.wifi.p2p.CONN_STATE_CHANGE。
- P2P 设备列表变化：usual.event.wifi.p2p.DEVICES_CHANGE。
- P2P 搜索状态变化：usual.event.wifi.p2p.PEER_DISCOVERY_STATE_CHANGE。
- P2P 当前设备变化：usual.event.wifi.p2p.CURRENT_DEVICE_CHANGE。

23.4.2 创建应用

为了演示 WLAN 消息通知的功能，创建一个名为 WifiEventSubscriber 的 Phone 设备类型的应用。在应用界面上，通过单击按钮触发消息的订阅操作。

23.4.3 修改ability_main.xml

修改 ability_main.xml，代码如下：

```
<?xml version="1.0" encoding="utf-8"?>
<DirectionalLayout
    xmlns:ohos="http://schemas.huawei.com/res/ohos"
    ohos:height="match_parent"
    ohos:width="match_parent"
    ohos:orientation="vertical">

    <Button
        ohos:id="$+id:button_subscribe"
        ohos:height="40vp"
        ohos:width="match_parent"
        ohos:background_element="#F76543"
        ohos:layout_alignment="horizontal_center"
        ohos:margin="10vp"
        ohos:padding="10vp"
        ohos:text="Subscribe"
        ohos:text_size="50"
        />

    <Text
        ohos:id="$+id:text"
        ohos:height="match_content"
        ohos:width="match_content"
        ohos:background_element="$graphic:background_ability_main"
        ohos:layout_alignment="horizontal_center"
        ohos:multiple_lines="true"
        ohos:text=""
        ohos:text_size="50"
        />

</DirectionalLayout>
```

界面预览效果如图 23-5 所示。

图23-5　界面预览效果

上述代码中：

（1）设置了 Subscribe 按钮，以备设置单击事件，触发订阅操作。

（2）Text 组件用于展示配置操作的结果。

23.4.4　修改MainAbilitySlice

修改 MainAbilitySlice，代码如下：

```
package com.waylau.hmos.wifieventsubscriber.slice;

import com.waylau.hmos.wifieventsubscriber.ResourceTable;
import ohos.aafwk.ability.AbilitySlice;
import ohos.aafwk.content.Intent;
import ohos.aafwk.content.IntentParams;
import ohos.agp.components.Button;
import ohos.agp.components.Text;
import ohos.event.commonevent.*;
import ohos.hiviewdfx.HiLog;
import ohos.hiviewdfx.HiLogLabel;
import ohos.rpc.RemoteException;
import ohos.wifi.*;

public class MainAbilitySlice extends AbilitySlice {
    private static final String TAG = MainAbilitySlice.class.getSimpleName();
    private static final HiLogLabel LABEL_LOG =
            new HiLogLabel(HiLog.LOG_App, 0x00001, TAG);

    private WifiDevice wifiDevice;
    private WifiDeviceConfig config;
    private Text text;

    @Override
    public void onStart(Intent intent) {
        super.onStart(intent);
        super.setUIContent(ResourceTable.Layout_ability_main);

        // 为按钮设置单击事件回调
        Button buttonSubscribe =
```

```
            (Button) findComponentById(ResourceTable.Id_button_subscribe);
        buttonSubscribe.setClickedListener(listener -> subscribe());

        text = (Text) findComponentById(ResourceTable.Id_text);
    }

    private void subscribe() {
        HiLog.info(LABEL_LOG,"before subscribe");

        // 注册消息
        MatchingSkills match = new MatchingSkills();

        // 增加获取 WLAN 状态变化消息
        match.addEvent(WifiEvents.EVENT_ACTIVE_STATE);
        CommonEventSubscribeInfo subscribeInfo = new CommonEventSubscribe
         Info(match);
        subscribeInfo.setPriority(100);
        WifiEventSubscriber subscriber = new WifiEventSubscriber(subscribeInfo);

        try {
            CommonEventManager.subscribeCommonEvent(subscriber);
        } catch (RemoteException e) {
            HiLog.warn(LABEL_LOG,"subscribe in wifi events failed!");
        }

        HiLog.info(LABEL_LOG,"end subscribe");
    }

    // 构建消息接收者 / 注册者
    private class WifiEventSubscriber extends CommonEventSubscriber {
        WifiEventSubscriber(CommonEventSubscribeInfo info) {
            super(info);
        }

        @Override
        public void onReceiveEvent(CommonEventData commonEventData) {
            if (WifiEvents.EVENT_ACTIVE_STATE.equals(commonEventData.getIn
             tent().getAction())) {
                // 获取附带参数
                IntentParams params = commonEventData.getIntent().getParams();
                if (params == null) {
                    return;
                }

                // WLAN 状态
                int wifiState = (int) params.getParam(WifiEvents.PARAM_AC
                 TIVE_STATE);

                if (wifiState == WifiEvents.STATE_ACTIVE) {
                    // 处理 WLAN 被打开消息
                    HiLog.info(LABEL_LOG,"Receive WifiEvents.STATE_ACTIVE
                     %{public}d", wifiState);
                    text.append("Receive WifiEvents.STATE_ACTIVE\n");
                } else if (wifiState == WifiEvents.STATE_INACTIVE) {
                    // 处理 WLAN 被关闭消息
                    HiLog.info(LABEL_LOG,"Receive WifiEvents.STATE_INACTIVE
                     %{public}d", wifiState);
                    text.append("Receive WifiEvents.STATE_INACTIVE\n");
                } else {
```

```
                    // 处理 WLAN 异常状态
                    HiLog.info(LABEL_LOG,"Unknown wifi state");
                    text.append("Receive Unknown wifi state\n");
                }
            }
        }
    }

    @Override
    public void onActive() {
        super.onActive();
    }

    @Override
    public void onForeground(Intent intent) {
        super.onForeground(intent);
    }
}
```

上述代码中：

（1）在 Button 上设置了单击事件。

（2）subscribe() 方法用于订阅事件 WifiEvents.EVENT_ACTIVE_STATE。

（3）WLAN 被打开或者被关闭时，将会接收到事件通知。

23.4.5　运行

运行应用，单击 Subscribe 按钮，以触发订阅事件。此时，控制台输出内容如下：

```
02-13 21:53:36.195 9749-9749/com.waylau.hmos.wifieventsubscriber I 00001/
 MainAbilitySlice: before subscribe
02-13 21:53:36.216 9749-9749/com.waylau.hmos.wifieventsubscriber I 00001/
 MainAbilitySlice: end subscribe
02-13 21:53:36.221 9749-9749/com.waylau.hmos.wifieventsubscriber I 00001/
 MainAbilitySlice: Receive WifiEvents.STATE_ACTIVE 1
```

此时分别执行一次关闭、开启手机 WLAN 功能（图 23-6）操作，以触发事件。

图23-6　界面效果

可以看到控制台输出内容如下：

```
02-13 21:54:06.270 9749-9749/com.waylau.hmos.wifieventsubscriber I 00001/
 MainAbilitySlice: Unknown wifi state
02-13 21:54:06.590 9749-9749/com.waylau.hmos.wifieventsubscriber I 00001/
 MainAbilitySlice: Receive WifiEvents.STATE_INACTIVE 0
02-13 21:54:09.042 9749-9749/com.waylau.hmos.wifieventsubscriber I 00001/
 MainAbilitySlice: Unknown wifi state
02-13 21:54:09.233 9749-9749/com.waylau.hmos.wifieventsubscriber I 00001/
 MainAbilitySlice: Receive WifiEvents.STATE_ACTIVE 1
```

第24章 网络管理

HarmonyOS 提供了网络管理模块，以支持多场景的网络管理。

24.1 网络管理概述

HarmonyOS 提供了网络管理模块，以支持多场景的网络管理。

24.1.1 支持的场景

HarmonyOS 网络管理模块主要提供以下功能。

（1）数据连接管理：网卡绑定、打开 URL、数据链路参数查询。

（2）数据网络管理：指定数据网络传输、获取数据网络状态变更、数据网络状态查询。

（3）流量统计：获取蜂窝网络、所有网卡、指定应用或指定网卡的数据流量统计值。

（4）HTTP 缓存：有效管理 HTTP 缓存，减少数据流量。

（5）创建本地套接字：实现本机不同进程间的通信，目前只支持流式套接字。

24.1.2 约束与限制

使用网络管理模块的相关功能时，需要请求相应的权限。

（1）ohos.permission.GET_NETWORK_INFO：获取网络连接信息。

（2）ohos.permission.SET_NETWORK_INFO：修改网络连接状态。

（3）ohos.permission.INTERNET：允许程序打开网络套接字，进行网络连接。

另外，请求网络的操作不应该放在主线程中，需要另外新启一个线程进行操作。

24.2 实战：使用当前网络打开一个URL链接

本节演示如何打开一个 URL 链接。

24.2.1 接口说明

应用使用当前网络打开一个 URL 链接，主要涉及 NetManager 和 NetHandle 两个类。

1. NetManager

NetManager 的主要接口如下。

- getInstance(Context context)：获取网络管理的实例对象。
- hasDefaultNet()：查询当前是否有默认可用的数据网络。
- getDefaultNet()：获取当前默认的数据网络句柄。
- addDefaultNetStatusCallback(NetStatusCallback callback)：获取当前默认的数据网络状态变化。
- setAppNet(NetHandle netHandle)：应用绑定该数据网络。

2. NetHandle

NetHandle 的主要接口有 openConnection(URL url, Proxy proxy)，表示使用该网络打开一个 URL 链接。

24.2.2　创建应用

为了演示打开一个 URL 链接，创建一个名为 NetManagerHandleURL 的 Phone 设备类型的应用。在应用界面上，通过单击按钮触发打开一个 URL 链接的操作。

24.2.3　声明权限

修改配置文件，声明使用网络的权限，代码如下：

```
// 声明权限
"reqPermissions": [
    {
   "name":"ohos.permission.GET_NETWORK_INFO"
    },
    {
   "name":"ohos.permission.SET_NETWORK_INFO"
    },
    {
   "name":"ohos.permission.INTERNET"
    }
]
```

由于上述权限不是敏感权限，因此不需要在代码中显式声明。

24.2.4　修改ability_main.xml

修改 ability_main.xml，代码如下：

```
<?xml version="1.0" encoding="utf-8"?>
<DirectionalLayout
    xmlns:ohos="http://schemas.huawei.com/res/ohos"
    ohos:height="match_parent"
    ohos:width="match_parent"
    ohos:orientation="vertical">

    <Button
        ohos:id="$+id:button_open"
        ohos:height="40vp"
        ohos:width="match_parent"
        ohos:background_element="#F76543"
        ohos:layout_alignment="horizontal_center"
        ohos:margin="10vp"
        ohos:padding="10vp"
        ohos:text="Open"
        ohos:text_size="50"
        />

    <Image
        ohos:id="$+id:image"
        ohos:height="match_content"
        ohos:width="match_parent"/>

</DirectionalLayout>
```

界面预览效果如图 24-1 所示。

图24-1 界面预览效果

上述代码中：

（1）设置了“Open”按钮，以备设置单击事件，触发打开链接的相关操作。

（2）Image 组件用于展示读取的图片信息。

24.2.5 修改MainAbilitySlice

修改 MainAbilitySlice，代码如下：

```
package com.waylau.hmos.netmanagerhandleurl.slice;

import com.waylau.hmos.netmanagerhandleurl.ResourceTable;
import ohos.aafwk.ability.AbilitySlice;
import ohos.aafwk.content.Intent;
import ohos.agp.components.Button;
import ohos.agp.components.Image;
import ohos.app.dispatcher.TaskDispatcher;
import ohos.app.dispatcher.task.TaskPriority;
import ohos.hiviewdfx.HiLog;
import ohos.hiviewdfx.HiLogLabel;
import ohos.media.image.ImageSource;
import ohos.media.image.PixelMap;
import ohos.media.image.common.PixelFormat;
import ohos.net.*;

import java.io.InputStream;
import java.net.*;

public class MainAbilitySlice extends AbilitySlice {
    private static final String TAG = MainAbilitySlice.class.getSimpleName();
    private static final HiLogLabel LABEL_LOG =
            new HiLogLabel(HiLog.LOG_App, 0x00001, TAG);

    private TaskDispatcher dispatcher;
    private Image image;
```

```
@Override
public void onStart(Intent intent) {
    super.onStart(intent);
    super.setUIContent(ResourceTable.Layout_ability_main);

    // 为按钮设置单击事件回调
    Button buttonOpen =
            (Button) findComponentById(ResourceTable.Id_button_open);
    buttonOpen.setClickedListener(listener -> open());

    image =
            (Image) findComponentById(ResourceTable.Id_image);

    dispatcher = getGlobalTaskDispatcher(TaskPriority.DEFAULT);
}

private void open() {
    HiLog.info(LABEL_LOG,"before open");

    // 启动线程任务
    dispatcher.syncDispatch(() -> {
        NetManager netManager = NetManager.getInstance(getContext());

        if (!netManager.hasDefaultNet()) {
            return;
        }
        NetHandle netHandle = netManager.getDefaultNet();

        // 可以获取网络状态的变化
        netManager.addDefaultNetStatusCallback(callback);

        // 通过 openConnection 获取 URLConnection
        HttpURLConnection connection = null;
        try {
            String urlString ="https://waylau.com/images/waylau_181_ 181.jpg";
            URL url = new URL(urlString);

            URLConnection urlConnection = netHandle.openConnection(url,
                    java.net.Proxy.NO_PROXY);
            if (urlConnection instanceof HttpURLConnection) {
                connection = (HttpURLConnection) urlConnection;
            }
            connection.setRequestMethod("GET");
            connection.setReadTimeout(10000);
            connection.setConnectTimeout(10000);
            connection.connect();

            // 之后可进行 URL 的其他操作
            int code = connection.getResponseCode();
            HiLog.info(LABEL_LOG,"ResponseCode : %{public}s", code);

            if (code == HttpURLConnection.HTTP_OK) {
                // 得到服务器返回的图片流对象并在界面显示出来
                InputStream inputStream = urlConnection.getInputStream();
                ImageSource imageSource = ImageSource.create(input
                 Stream, new ImageSource.SourceOptions());
                ImageSource.DecodingOptions decodingOptions = new Imag
                 eSource.DecodingOptions();
                decodingOptions.desiredPixelFormat = PixelFormat.ARGB_8888;
```

```
                    PixelMap pixelMap = imageSource.createPixelmap(decodingOptions);

                    image.setPixelMap(pixelMap);
                    pixelMap.release();
                }
            } catch (Exception e) {
                e.printStackTrace();
            } finally {
                connection.disconnect();
                HiLog.info(LABEL_LOG,"connection disconnect");
            }
        });

        HiLog.info(LABEL_LOG,"end open");
    }

    private NetStatusCallback callback = new NetStatusCallback() {
        public void onAvailable(NetHandle handle) {
            HiLog.info(LABEL_LOG,"onAvailable");
        }

        public void onBlockedStatusChanged(NetHandle handle, boolean blocked) {
            HiLog.info(LABEL_LOG,"onBlockedStatusChanged");
        }

        public void onLosing(NetHandle handle, long maxMsToLive) {
            HiLog.info(LABEL_LOG,"onLosing");
        }

        public void onLost(NetHandle handle) {
            HiLog.info(LABEL_LOG,"onLosing");
        }

        public void onUnavailable() {
            HiLog.info(LABEL_LOG,"onUnavailable");
        }

        public void onCapabilitiesChanged(NetHandle handle, NetCapabilities
         networkCapabilities) {
            HiLog.info(LABEL_LOG,"onCapabilitiesChanged");
        }

        public void onConnectionPropertiesChanged(NetHandle handle, Connec
         tionProperties connectionProperties) {
            HiLog.info(LABEL_LOG,"onConnectionPropertiesChanged");
        }
    };

    @Override
    public void onActive() {
        super.onActive();
    }

    @Override
    public void onForeground(Intent intent) {
        super.onForeground(intent);
    }
}
```

上述代码中：

（1）onStart() 方法中初始化了任务分发器 TaskDispatcher。

（2）在 Button 上设置了单击事件。

（3）open() 方法用于执行打开链接的操作。

（4）调用 NetManager.getInstance(Context) 获取网络管理的实例对象。

（5）调用 NetManager.getDefaultNet() 方法获取默认的数据网络。

（6）调用 NetHandle.openConnection() 方法打开一个 URL。

（7）通过 URL 链接实例访问网站。

（8）得到服务器返回的图片流对象并在界面显示出来。

（9）网络操作为避免阻塞主线程，因此放置到了一个线程任务中执行。

24.2.6 运行

运行应用，单击 Open 按钮，以触发操作的执行。此时，控制台输出内容如下：

```
02-14 10:29:35.982 10071-10071/com.waylau.hmos.netmanagerhandleurl I 00001/
 MainAbilitySlice: before open
02-14 10:29:36.004 10071-12307/com.waylau.hmos.netmanagerhandleurl I 00001/
 MainAbilitySlice: onAvailable
02-14 10:29:36.004 10071-12307/com.waylau.hmos.netmanagerhandleurl I 00001/
 MainAbilitySlice: onCapabilitiesChanged
02-14 10:29:36.004 10071-12307/com.waylau.hmos.netmanagerhandleurl I 00001/
 MainAbilitySlice: onConnectionPropertiesChanged
02-14 10:29:38.210 10071-12306/com.waylau.hmos.netmanagerhandleurl I 00001/
 MainAbilitySlice: ResponseCode： 200
02-14 10:29:38.372 10071-12306/com.waylau.hmos.netmanagerhandleurl I 00001/
 MainAbilitySlice: connection disconnect
02-14 10:29:38.372 10071-10071/com.waylau.hmos.netmanagerhandleurl I 00001/
 MainAbilitySlice: end open
```

界面效果如图 24-2 所示。

图24-2　界面效果

24.3 实战：使用当前网络进行Socket数据传输

本节演示如何实现 Socket 数据传输。

24.3.1 接口说明

应用使用当前网络进行 Socket 数据传输，主要涉及 NetManager 和 NetHandle 两个类。

1. NetManager

NetManager 的主要接口如下。

- getByName(String host)：解析主机名，获取其 IP 地址。
- bindSocket(Socket socket)：绑定 Socket 到该数据网络。

2. NetHandle

NetHandle 的主要接口有 bindSocket(DatagramSocket socket)，表示绑定 DatagramSocket 到该数据网络。

24.3.2 创建应用

为了演示进行 Socket 数据传输的功能，创建一个名为 NetManagerHandleSocket 的 Phone 设备类型的应用。在应用界面上，通过单击按钮触发进行 Socket 数据传输的操作。

24.3.3 声明权限

修改配置文件，声明使用网络的权限，代码如下：

```
// 声明权限
"reqPermissions": [
    {
   "name":"ohos.permission.GET_NETWORK_INFO"
    },
    {
   "name":"ohos.permission.SET_NETWORK_INFO"
    },
    {
   "name":"ohos.permission.INTERNET"
    }
]
```

由于上述权限不是敏感权限，因此不需要在代码中显式声明。

24.3.4 修改ability_main.xml

修改 ability_main.xml，代码如下：

```
<?xml version="1.0" encoding="utf-8"?>
<DirectionalLayout
    xmlns:ohos="http://schemas.huawei.com/res/ohos"
```

```
    ohos:height="match_parent"
    ohos:width="match_parent"
    ohos:orientation="vertical">

    <Button
        ohos:id="$+id:button_start"
        ohos:height="40vp"
        ohos:width="match_parent"
        ohos:background_element="#F76543"
        ohos:layout_alignment="horizontal_center"
        ohos:margin="10vp"
        ohos:padding="10vp"
        ohos:text="Start Server"
        ohos:text_size="50"
        />

    <Button
        ohos:id="$+id:button_open"
        ohos:height="40vp"
        ohos:width="match_parent"
        ohos:background_element="#F76543"
        ohos:layout_alignment="horizontal_center"
        ohos:margin="10vp"
        ohos:padding="10vp"
        ohos:text="Open"
        ohos:text_size="50"
        />

</DirectionalLayout>
```

上述代码设置了 Start Server 和 Open 按钮，以备设置单击事件，触发 Socket 数据传输相关的操作。界面预览效果如图 24-3 所示。

图24-3　界面预览效果

24.3.5　修改MainAbilitySlice

修改 MainAbilitySlice，代码如下：

```
package com.waylau.hmos.netmanagerhandlesocket.slice;
```

```
import com.waylau.hmos.netmanagerhandlesocket.ResourceTable;
import ohos.aafwk.ability.AbilitySlice;
import ohos.aafwk.content.Intent;
import ohos.agp.components.Button;
import ohos.agp.components.Text;
import ohos.app.dispatcher.TaskDispatcher;
import ohos.app.dispatcher.task.TaskPriority;
import ohos.hiviewdfx.HiLog;
import ohos.hiviewdfx.HiLogLabel;
import ohos.net.*;

import java.net.*;

public class MainAbilitySlice extends AbilitySlice {
    private static final String TAG = MainAbilitySlice.class.getSimpleName();
    private static final HiLogLabel LABEL_LOG =
            new HiLogLabel(HiLog.LOG_App, 0x00001, TAG);

    private final static String HOST ="127.0.0.1";
    private final static int PORT = 8551;

    private TaskDispatcher dispatcher;

    @Override
    public void onStart(Intent intent) {
        super.onStart(intent);
        super.setUIContent(ResourceTable.Layout_ability_main);

        // 为按钮设置单击事件回调
        Button buttonStart =
                (Button) findComponentById(ResourceTable.Id_button_start);
        buttonStart.setClickedListener(listener -> initServer());

        Button buttonOpen =
                (Button) findComponentById(ResourceTable.Id_button_open);
        buttonOpen.setClickedListener(listener -> open());

        dispatcher = getGlobalTaskDispatcher(TaskPriority.DEFAULT);
    }

    private void open() {
        HiLog.info(LABEL_LOG,"before open");

        // 启动线程任务
        dispatcher.syncDispatch(() -> {
            NetManager netManager = NetManager.getInstance(null);

            if (!netManager.hasDefaultNet()) {
                HiLog.error(LABEL_LOG,"netManager.hasDefaultNet() failed");
                return;
            }

            NetHandle netHandle = netManager.getDefaultNet();

            // 通过 Socket 绑定进行数据传输
            DatagramSocket socket = null;
            try {
                // 绑定到 Socket
```

```
                InetAddress address = netHandle.getByName(HOST);
                socket = new DatagramSocket();
                netHandle.bindSocket(socket);

                // 发送数据
                String data ="Welcome to waylau.com";
                DatagramPacket request = new DatagramPacket(data.getBytes
                 ("utf-8"), data.length(), address, PORT);
                socket.send(request);

                // 显示到界面
                HiLog.info(LABEL_LOG,"send data:" + data);
            } catch (Exception e) {
                HiLog.error(LABEL_LOG,"send IOException:" + e.toString());
            } finally {
                if (null != socket) {
                    socket.close();
                }
            }
        });

        HiLog.info(LABEL_LOG,"end open");
    }

    private void initServer() {
        HiLog.info(LABEL_LOG,"before initServer");

        // 启动线程任务
        dispatcher.asyncDispatch(() -> {
            NetManager netManager = NetManager.getInstance(null);

            if (!netManager.hasDefaultNet()) {
                HiLog.error(LABEL_LOG,"netManager.hasDefaultNet() failed");
                return;
            }

            NetHandle netHandle = netManager.getDefaultNet();

            // 通过 Socket 绑定进行数据传输
            DatagramSocket socket = null;
            try {
                // 绑定到 Socket
                InetAddress address = netHandle.getByName(HOST);
                socket = new DatagramSocket(PORT, address);
                netHandle.bindSocket(socket);
                HiLog.info(LABEL_LOG,"wait for receive data");

                // 接收数据
                byte[] buffer = new byte[1024];
                DatagramPacket response = new DatagramPacket(buffer, buffer.
                 length);
                socket.receive(response);
                int len = response.getLength();
                String data = new String(buffer,"utf-8").substring(0, len);

                // 显示到界面
                HiLog.info(LABEL_LOG,"receive data:" + data);
            } catch (Exception e) {
                HiLog.error(LABEL_LOG,"send IOException:" + e.toString());
```

```
            } finally {
                if (null != socket) {
                    socket.close();
                }
            }
        });

        HiLog.info(LABEL_LOG,"end initServer");
    }

    private NetStatusCallback callback = new NetStatusCallback() {
        public void onAvailable(NetHandle handle) {
            HiLog.info(LABEL_LOG,"onAvailable");
        }

        public void onBlockedStatusChanged(NetHandle handle, boolean blocked) {
            HiLog.info(LABEL_LOG,"onBlockedStatusChanged");
        }

        public void onLosing(NetHandle handle, long maxMsToLive) {
            HiLog.info(LABEL_LOG,"onLosing");
        }

        public void onLost(NetHandle handle) {
            HiLog.info(LABEL_LOG,"onLosing");
        }

        public void onUnavailable() {
            HiLog.info(LABEL_LOG,"onUnavailable");
        }

        public void onCapabilitiesChanged(NetHandle handle, NetCapabilities
         networkCapabilities) {
            HiLog.info(LABEL_LOG,"onCapabilitiesChanged");
        }

        public void onConnectionPropertiesChanged(NetHandle handle, Connec
         tionProperties connectionProperties) {
            HiLog.info(LABEL_LOG,"onConnectionPropertiesChanged");
        }
    };

    @Override
    public void onActive() {
        super.onActive();
    }

    @Override
    public void onForeground(Intent intent) {
        super.onForeground(intent);
    }
}
```

上述代码中：

- onStart() 方法中初始化了任务分发器 TaskDispatcher。
- 在 Button 上设置了单击事件。
- initServer() 方法用于启动 Socket 服务端。

- open() 方法用于发送 Socket 数据。
- 网络操作比较耗时，为了避免阻塞主线程，需要将 Socket 的操作都放置到独立的线程任务里面去执行。

24.3.6 运行

运行应用，单击 Start Server 按钮，以触发启动 Socket 服务端的操作执行。此时，控制台输出内容如下：

```
02-14 12:52:32.488 8310-8310/com.waylau.hmos.netmanagerhandlesocket I
 00001/MainAbilitySlice: before initServer
02-14 12:52:32.489 8310-8310/com.waylau.hmos.netmanagerhandlesocket I
 00001/MainAbilitySlice: end initServer
02-14 12:52:32.495 8310-11247/com.waylau.hmos.netmanagerhandlesocket I
 00001/MainAbilitySlice: wait for receive data
```

单击 Open 按钮，以触发发送 Socket 数据的操作执行。此时，控制台输出内容如下：

```
02-14 12:52:37.827 8310-8310/com.waylau.hmos.netmanagerhandlesocket I
 00001/MainAbilitySlice: before open
02-14 12:52:37.833 8310-11677/com.waylau.hmos.netmanagerhandlesocket I
 00001/MainAbilitySlice: send data: Welcome to waylau.com
02-14 12:52:37.837 8310-8310/com.waylau.hmos.netmanagerhandlesocket I
 00001/MainAbilitySlice: end open
02-14 12:52:37.837 8310-11247/com.waylau.hmos.netmanagerhandlesocket I
 00001/MainAbilitySlice: receive data: Welcome to waylau.com
```

24.4 实战：流量统计

应用通过调用 API 接口，可以获取蜂窝网络、所有网卡、指定应用或指定网卡的数据流量统计值。本节演示如何实现数据流量统计。

24.4.1 接口说明

应用进行流量统计，所使用的接口主要由 DataFlowStatistics 提供。DataFlowStatistics 的主要接口如下。

- getCellularRxBytes()：获取蜂窝数据网络的下行流量。
- getCellularTxBytes()：获取蜂窝数据网络的上行流量。
- getAllRxBytes()：获取所有网卡的下行流量。
- getAllTxBytes()：获取所有网卡的上行流量。
- getUidRxBytes(int uid)：获取指定 UID 的下行流量。
- getUidTxBytes(int uid)：获取指定 UID 的上行流量。
- getIfaceRxBytes(String nic)：获取指定网卡的下行流量。
- getIfaceTxBytes(String nic)：获取指定网卡的上行流量。

24.4.2 创建应用

为了演示数据流量统计功能，创建一个名为 DataFlowStatistics 的 Phone 设备类型的应用。在应用界面上，通过单击按钮触发数据流量统计的操作。

24.4.3 声明权限

修改配置文件，声明使用网络的权限，代码如下：

```
// 声明权限
"reqPermissions": [
    {
   "name":"ohos.permission.GET_NETWORK_INFO"
    },
    {
   "name":"ohos.permission.SET_NETWORK_INFO"
    },
    {
   "name":"ohos.permission.INTERNET"
    }
]
```

由于上述权限不是敏感权限，因此不需要在代码中显式声明。

24.4.4 修改ability_main.xml

修改 ability_main.xml 代码如下：

```
<?xml version="1.0" encoding="utf-8"?>
<DirectionalLayout
    xmlns:ohos="http://schemas.huawei.com/res/ohos"
    ohos:height="match_parent"
    ohos:width="match_parent"
    ohos:orientation="vertical">

    <Button
        ohos:id="$+id:button_open"
        ohos:height="40vp"
        ohos:width="match_parent"
        ohos:background_element="#F76543"
        ohos:layout_alignment="horizontal_center"
        ohos:margin="10vp"
        ohos:padding="10vp"
        ohos:text="Open"
        ohos:text_size="50"
        />

    <Image
        ohos:id="$+id:image"
        ohos:height="match_content"
        ohos:width="match_parent"/>

</DirectionalLayout>
```

界面预览效果如图 24-4 所示。

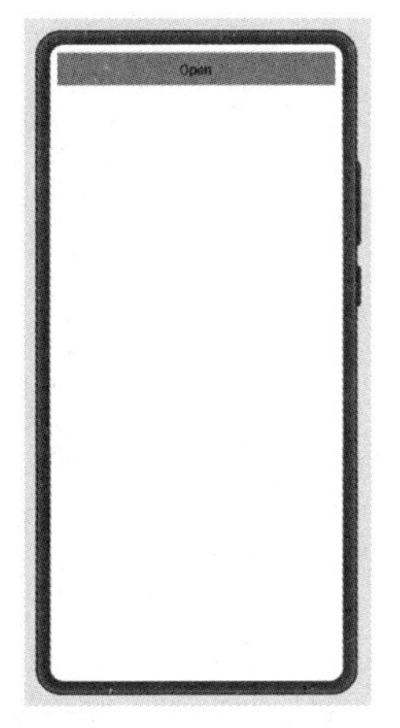

图24-4　界面预览效果

上述代码中：

（1）设置了 Open 按钮，以备设置单击事件，触发打开链接的相关操作。

（2）Image 组件用于展示读取的图片信息。

24.4.5　修改MainAbilitySlice

修改 MainAbilitySlice，代码如下：

```
package com.waylau.hmos.dataflowstatistics.slice;


import com.waylau.hmos.dataflowstatistics.ResourceTable;
import ohos.aafwk.ability.AbilitySlice;
import ohos.aafwk.content.Intent;
import ohos.agp.components.Button;
import ohos.agp.components.Image;
import ohos.app.dispatcher.TaskDispatcher;
import ohos.app.dispatcher.task.TaskPriority;
import ohos.hiviewdfx.HiLog;
import ohos.hiviewdfx.HiLogLabel;
import ohos.media.image.ImageSource;
import ohos.media.image.PixelMap;
import ohos.media.image.common.PixelFormat;
import ohos.net.*;

import java.io.InputStream;
import java.net.*;
import java.util.concurrent.atomic.AtomicLong;

public class MainAbilitySlice extends AbilitySlice {
    private static final String TAG = MainAbilitySlice.class.getSimpleName();
    private static final HiLogLabel LABEL_LOG =
            new HiLogLabel(HiLog.LOG_App, 0x00001, TAG);

    private TaskDispatcher dispatcher;
    private Image image;

    @Override
```

```
public void onStart(Intent intent) {
    super.onStart(intent);
    super.setUIContent(ResourceTable.Layout_ability_main);

    // 为按钮设置单击事件回调
    Button buttonOpen =
            (Button) findComponentById(ResourceTable.Id_button_open);
    buttonOpen.setClickedListener(listener -> open());

    image =
            (Image) findComponentById(ResourceTable.Id_image);

    dispatcher = getGlobalTaskDispatcher(TaskPriority.DEFAULT);
}

private void open() {
    HiLog.info(LABEL_LOG,"before open");

    // 获取所有网卡的下行流量
    AtomicLong rx = new AtomicLong(DataFlowStatistics.getAllRxBytes());

    // 获取所有网卡的上行流量
    AtomicLong tx = new AtomicLong(DataFlowStatistics.getAllTxBytes());

    // 启动线程任务
    dispatcher.syncDispatch(() -> {
        NetManager netManager = NetManager.getInstance(getContext());

        if (!netManager.hasDefaultNet()) {
            return;
        }
        NetHandle netHandle = netManager.getDefaultNet();

        // 可以获取网络状态的变化
        netManager.addDefaultNetStatusCallback(callback);

        // 通过 openConnection 获取 URLConnection
        HttpURLConnection connection = null;
        try {
            String urlString ="https://waylau.com/images/waylau_181_181.jpg";
            URL url = new URL(urlString);

            URLConnection urlConnection = netHandle.openConnection(url,
                    java.net.Proxy.NO_PROXY);
            if (urlConnection instanceof HttpURLConnection) {
                connection = (HttpURLConnection) urlConnection;
            }
            connection.setRequestMethod("GET");
            connection.setReadTimeout(10000);
            connection.setConnectTimeout(10000);
            connection.connect();

            // 之后可进行 URL 的其他操作
            int code = connection.getResponseCode();
            HiLog.info(LABEL_LOG,"ResponseCode： %{public}s", code);

            if (code == HttpURLConnection.HTTP_OK) {
                // 得到服务器返回的图片流对象并在界面显示出来
                InputStream inputStream = urlConnection.getInputStream();
```

```
                ImageSource imageSource = ImageSource.create(input
                 Stream, new ImageSource.SourceOptions());
                ImageSource.DecodingOptions decodingOptions = new Imag
                 eSource.DecodingOptions();
                decodingOptions.desiredPixelFormat = PixelFormat.
                 ARGB_8888;
                PixelMap pixelMap = imageSource.createPixelmap(decodin
                 gOptions);

                image.setPixelMap(pixelMap);
                pixelMap.release();
            }
        } catch (Exception e) {
            e.printStackTrace();
        } finally {
            connection.disconnect();

            // 获取所有网卡的下行流量
            rx.set(DataFlowStatistics.getAllRxBytes() - rx.get());

            // 获取所有网卡的上行流量
            tx.set(DataFlowStatistics.getAllTxBytes() - tx.get());

            HiLog.info(LABEL_LOG,"connection disconnect, rx: %{public}
             s, tx: %{public}s",
                    rx.get(), tx.get());
        }
    });

    HiLog.info(LABEL_LOG,"end open");
}

private NetStatusCallback callback = new NetStatusCallback() {
    public void onAvailable(NetHandle handle) {
        HiLog.info(LABEL_LOG,"onAvailable");
    }

    public void onBlockedStatusChanged(NetHandle handle, boolean
     blocked) {
        HiLog.info(LABEL_LOG,"onBlockedStatusChanged");
    }

    public void onLosing(NetHandle handle, long maxMsToLive) {
        HiLog.info(LABEL_LOG,"onLosing");
    }

    public void onLost(NetHandle handle) {
        HiLog.info(LABEL_LOG,"onLosing");
    }

    public void onUnavailable() {
        HiLog.info(LABEL_LOG,"onUnavailable");
    }

    public void onCapabilitiesChanged(NetHandle handle, NetCapabilities
     networkCapabilities) {
        HiLog.info(LABEL_LOG,"onCapabilitiesChanged");
    }
```

```
        public void onConnectionPropertiesChanged(NetHandle handle, Connec
         tionProperties connectionProperties) {
            HiLog.info(LABEL_LOG,"onConnectionPropertiesChanged");
        }
    };

    @Override
    public void onActive() {
        super.onActive();
    }

    @Override
    public void onForeground(Intent intent) {
        super.onForeground(intent);
    }
}
```

上述代码与 NetManagerHandleURL 应用的代码基本一致，只是多了获取所有网卡的上行和下行流量的逻辑。

24.4.6 运行

运行应用，单击 Open 按钮，以触发操作的执行。此时，控制台输出内容如下：

```
02-14 15:47:34.545 9634-9634/com.waylau.hmos.dataflowstatistics I 00001/
 MainAbilitySlice: before open
02-14 15:47:34.600 9634-10327/com.waylau.hmos.dataflowstatistics I 00001/
 MainAbilitySlice: onAvailable
02-14 15:47:34.600 9634-10327/com.waylau.hmos.dataflowstatistics I 00001/
 MainAbilitySlice: onCapabilitiesChanged
02-14 15:47:34.600 9634-10327/com.waylau.hmos.dataflowstatistics I 00001/
 MainAbilitySlice: onConnectionPropertiesChanged
02-14 15:47:36.404 9634-10325/com.waylau.hmos.dataflowstatistics I 00001/
 MainAbilitySlice: ResponseCode： 200
02-14 15:47:36.418 9634-10325/com.waylau.hmos.dataflowstatistics I 00001/
 MainAbilitySlice: connection disconnect, rx: 1144951, tx: 1123654
02-14 15:47:36.419 9634-9634/com.waylau.hmos.dataflowstatistics I 00001/
 MainAbilitySlice: end open
```

界面效果如图 24-5 所示。

图24-5　界面效果

第25章

电话服务

HarmonyOS 电话服务系统提供了一系列的 API，用于获取无线蜂窝网络和 SIM 卡相关的一些信息。

25.1 电话服务概述

HarmonyOS 电话服务系统提供了一系列的 API，用于获取无线蜂窝网络和 SIM 卡相关的一些信息。这些 API 主要集中在 RadioInfoManager 和 SimInfoManager 类中。

25.1.1 主要API

电话服务系统主要由 RadioInfoManager 和 SimInfoManager 中的 API 构成。

应用可以通过调用 RadioInfoManager 中的 API 获取当前注册网络名称、网络服务状态及信号强度等信息，而 SimInfoManager 中的 API 主要用来获取 SIM 卡的相关信息。

25.1.2 约束与限制

注册获取 SIM 卡状态接口仅针对有 SIM 卡在位场景生效，若用户拔出 SIM 卡，则接收不到回调事件。应用可通过调用 hasSimCard 接口确定当前卡槽是否有卡在位。

25.2 实战：获取当前蜂窝网络信号信息

本节演示如何获取当前蜂窝网络信号信息。

应用通常需要获取用户所在蜂窝网络下的信号信息，以便获取当前驻网质量。开发者可以通过本业务，获取到用户指定 SIM 卡当前所在网络下的信号信息。

25.2.1 接口说明

RadioInfoManager 类中提供了获取当前网络信号信息列表的方法，其主要接口如下。

- getInstance(Context context)：获取网络管理对象。
- getSignalInfoList(int slotId)：获取当前注册蜂窝网络信号强度信息。

25.2.2 创建应用

为了演示获取当前蜂窝网络信号信息的功能，创建一个名为 RadioInfoManager 的 Phone 设备类型的应用。在应用界面上，通过单击按钮触发获取当前蜂窝网络信号信息的操作。

25.2.3 修改ability_main.xml

修改 ability_main.xml，代码如下：

```
<?xml version="1.0" encoding="utf-8"?>
<DirectionalLayout
```

```
    xmlns:ohos="http://schemas.huawei.com/res/ohos"
    ohos:height="match_parent"
    ohos:width="match_parent"
    ohos:orientation="vertical">
    <Button
        ohos:id="$+id:button_get"
        ohos:height="40vp"
        ohos:width="match_parent"
        ohos:background_element="#F76543"
        ohos:layout_alignment="horizontal_center"
        ohos:margin="10vp"
        ohos:padding="10vp"
        ohos:text="Get"
        ohos:text_size="50"
        />

    <Text
        ohos:id="$+id:text"
        ohos:height="match_content"
        ohos:width="match_content"
        ohos:background_element="$graphic:background_ability_main"
        ohos:layout_alignment="horizontal_center"
        ohos:text=""
        ohos:text_size="50"
        ohos:multiple_lines="true"
        />

</DirectionalLayout>
```

上述代码中：

（1）设置了 Get 按钮，以备设置单击事件，触发获取当前蜂窝网络信号信息的相关操作。

（2）Text 组件用于展示获取到的信息的结果。

界面预览效果如图 25-1 所示。

图25-1　界面预览效果

25.2.4 修改MainAbilitySlice

修改 MainAbilitySlice，代码如下：

```
package com.waylau.hmos.radioinfomanager.slice;

import com.waylau.hmos.radioinfomanager.ResourceTable;
import ohos.aafwk.ability.AbilitySlice;
import ohos.aafwk.content.Intent;
import ohos.agp.components.Button;
import ohos.agp.components.Text;
import ohos.hiviewdfx.HiLog;
import ohos.hiviewdfx.HiLogLabel;
import ohos.telephony.LteSignalInformation;
import ohos.telephony.RadioInfoManager;
import ohos.telephony.SignalInformation;

import java.util.List;


public class MainAbilitySlice extends AbilitySlice {
    private static final String TAG = MainAbilitySlice.class.getSimpleName();
    private static final HiLogLabel LABEL_LOG =
            new HiLogLabel(HiLog.LOG_App, 0x00001, TAG);

    private Text text;

    @Override
    public void onStart(Intent intent) {
        super.onStart(intent);
        super.setUIContent(ResourceTable.Layout_ability_main);

        // 为按钮设置单击事件回调
        Button buttonGet =
                (Button) findComponentById(ResourceTable.Id_button_get);
        buttonGet.setClickedListener(listener -> getInfo());

        text = (Text) findComponentById(ResourceTable.Id_text);
    }


    private void getInfo() {
        HiLog.info(LABEL_LOG,"before getInfo");

        // 获取 RadioInfoManager 对象
        RadioInfoManager radioInfoManager = RadioInfoManager.getInstance(
         this.getContext());

        // 获取信号信息
        int slotId = 0; // 卡槽 1
        List<SignalInformation> signalList = radioInfoManager.getSignalIn
         foList(slotId);

        HiLog.info(LABEL_LOG,"signalList size: %{public}s", signalList.
         size());

        // 检查信号信息列表大小
        if (signalList.size() == 0) {
```

```
            return;
        }

        // 依次遍历 list，获取当前驻网 networkType 对应的信号信息
        LteSignalInformation lteSignal;
        for (SignalInformation signal : signalList) {
            int signalNetworkType = signal.getNetworkType();
            int signalLevel = signal.getSignalLevel();

            HiLog.info(LABEL_LOG,"signalNetworkType: %{public}s, signal
             Level: %{public}s",
                    signalNetworkType, signalLevel);
            text.append("signalNetworkType:" + signalNetworkType
                    +", signalLevel:" + signalLevel +"\n");
        }

        HiLog.info(LABEL_LOG,"end getInfo");
    }


    @Override
    public void onActive() {
        super.onActive();
    }

    @Override
    public void onForeground(Intent intent) {
        super.onForeground(intent);
    }
}
```

上述代码中：

（1）在 Button 上设置了单击事件。

（2）getInfo() 方法用于执行获取当前蜂窝网络信号信息的相关操作。

（3）调用 RadioInfoManager 的 getInstance 接口，获取 RadioInfoManager 实例。

（4）调用 getSignalInfoList(slotId) 方法，返回所有 SignalInformation 列表。

（5）遍历 SignalInformation 列表，获取当前驻网 networkType 对应的信号信息。

（6）Text 组件用于将结果信息展示在界面上。

25.2.5 运行

运行应用，单击 Get 按钮，以触发操作的执行。此时，控制台输出内容如下：

```
02-14 16:15:34.938 23454-23454/com.waylau.hmos.radioinfomanager I 00001/
 MainAbilitySlice: before getInfo
02-14 16:15:34.941 23454-23454/com.waylau.hmos.radioinfomanager I 00001/
 MainAbilitySlice: signalList size: 1
02-14 16:15:34.942 23454-23454/com.waylau.hmos.radioinfomanager I 00001/
 MainAbilitySlice: signalNetworkType: 6, signalLevel: 5
02-14 16:15:34.942 23454-23454/com.waylau.hmos.radioinfomanager I 00001/
 MainAbilitySlice: end getInfo
```

界面效果如图 25-2 所示。

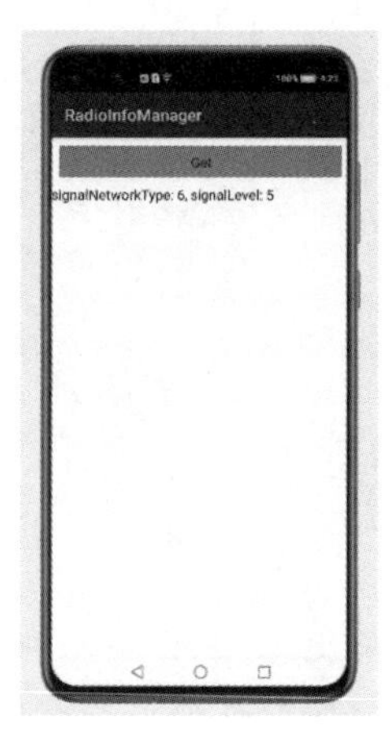

图25-2　界面效果

从上述结果可以看出，电话信号 Level 是 5；NetworkType 是 6，是指 NR（New Radio，新空口）网络。NR 基于 OFDM（Orthogonal Frequency Division Multiplexing，正交频分复用技术）的全新空口设计的全球性 5G 标准，也是下一代非常重要的蜂窝移动技术基础，5G 技术将实现超低时延、高可靠性。

NetworkType 值的含义定义在 TelephonyConstants 类中，源码如下：

```
public final class TelephonyConstants {
    public static final int CALL_STATE_IDLE = 0;
    public static final int CALL_STATE_OFFHOOK = 2;
    public static final int CALL_STATE_RINGING = 1;
    public static final int CALL_STATE_UNKNOWN = -1;
    public static final int CT_NATIONAL_ROAMING_CARD = 41;
    public static final int CU_DUAL_MODE_CARD = 42;
    public static final int DEFAULT_SLOT_ID = 0;
    public static final int DUAL_MODE_CG_CARD = 40;
    public static final int DUAL_MODE_TELECOM_LTE_CARD = 43;
    public static final int DUAL_MODE_UG_CARD = 50;
    public static final int INVALID_SLOT_ID = -1;
    public static final int MAX_SIM_COUNT_DUAL = 2;
    public static final int MAX_SIM_COUNT_SINGLE = 1;
    public static final int MAX_SIM_COUNT_TRIPLE = 3;
    public static final int NETWORK_SELECTION_AUTOMATIC = 0;
    public static final int NETWORK_SELECTION_MANUAL = 1;
    public static final int NETWORK_SELECTION_UNKNOWN = -1;
    public static final int NETWORK_TYPE_CDMA = 2;
    public static final int NETWORK_TYPE_GSM = 1;
    public static final int NETWORK_TYPE_LTE = 5;
    public static final int NETWORK_TYPE_NR = 6;
    public static final int NETWORK_TYPE_TDSCDMA = 4;
    public static final int NETWORK_TYPE_UNKNOWN = 0;
    public static final int NETWORK_TYPE_WCDMA = 3;
    public static final int NR_OPTION_NSA_AND_SA = 3;
    public static final int NR_OPTION_NSA_ONLY = 1;
    public static final int NR_OPTION_SA_ONLY = 2;
    public static final int NR_OPTION_UNKNOWN = 0;
    public static final int RADIO_TECHNOLOGY_1XRTT = 2;
```

```
    public static final int RADIO_TECHNOLOGY_EHRPD = 8;
    public static final int RADIO_TECHNOLOGY_EVDO = 7;
    public static final int RADIO_TECHNOLOGY_GSM = 1;
    public static final int RADIO_TECHNOLOGY_HSPA = 4;
    public static final int RADIO_TECHNOLOGY_HSPAP = 5;
    public static final int RADIO_TECHNOLOGY_IWLAN = 11;
    public static final int RADIO_TECHNOLOGY_LTE = 9;
    public static final int RADIO_TECHNOLOGY_LTE_CA = 10;
    public static final int RADIO_TECHNOLOGY_NR = 12;
    public static final int RADIO_TECHNOLOGY_TD_SCDMA = 6;
    public static final int RADIO_TECHNOLOGY_UNKNOWN = 0;
    public static final int RADIO_TECHNOLOGY_WCDMA = 3;
    public static final int RESULT_ERROR = -1;
    public static final int SIM_STATE_LOADED = 5;
    public static final int SIM_STATE_LOCKED = 2;
    public static final int SIM_STATE_NOT_PRESENT = 1;
    public static final int SIM_STATE_NOT_READY = 3;
    public static final int SIM_STATE_READY = 4;
    public static final int SIM_STATE_UNKNOWN = 0;
    public static final int SINGLE_MODE_RUIM_CARD = 30;
    public static final int SINGLE_MODE_SIM_CARD = 10;
    public static final int SINGLE_MODE_USIM_CARD = 20;
    public static final int SLOT_ID_0 = 0;
    public static final int SLOT_ID_1 = 1;
    public static final int SLOT_ID_2 = 2;
    public static final int UNKNOWN_CARD = -1;

    public TelephonyConstants() {
        throw new RuntimeException("Stub!");
    }
}
```

25.3 实战：观察蜂窝网络状态变化

本节演示如何观察蜂窝网络状态变化。应用可以通过观察蜂窝网络状态变化接收最新蜂窝网络服务状态信息、信号信息等。

25.3.1 接口说明

应用使用当前网络观察蜂窝网络状态变化，主要涉及 RadioStateObserver 和 RadioInfoManager 两个类。

RadioStateObserver 类中提供了观察蜂窝网络状态变化的方法，为了能够实时观察蜂窝网络状态变化，应用必须包含 ohos.permission.GET_NETWORK_INFO 权限。

需要使用 RadioInfoManager 的如下接口将继承 RadioStateObserver 类的对象注册到系统服务。

- addObserver：添加观察，可以观察 OBSERVE_MASK_NETWORK_STATE（观察蜂窝网络驻网状态信息）和 OBSERVE_MASK_SIGNAL_INFO（观察蜂窝网络信号信息）。
- removeObserver：停止观察所有状态的变化。

25.3.2 创建应用

为了演示观察蜂窝网络状态变化的功能，创建一个名为 RadioStateObserver 的 Phone 设备类型的应用。在应用界面上，通过单击按钮触发观察蜂窝网络状态变化的操作。

25.3.3 声明权限

修改配置文件，声明使用网络的权限，代码如下：

```
// 声明权限
"reqPermissions": [
    {
   "name":"ohos.permission.GET_NETWORK_INFO"
    }
]
```

由于上述权限不是敏感权限，因此不需要在代码中显式声明。

25.3.4 修改ability_main.xml

修改 ability_main.xml，代码如下：

```
<?xml version="1.0" encoding="utf-8"?>
<DirectionalLayout
    xmlns:ohos="http://schemas.huawei.com/res/ohos"
    ohos:height="match_parent"
    ohos:width="match_parent"
    ohos:orientation="vertical">
    <Button
        ohos:id="$+id:button_add"
        ohos:height="40vp"
        ohos:width="match_parent"
        ohos:background_element="#F76543"
        ohos:layout_alignment="horizontal_center"
        ohos:margin="10vp"
        ohos:padding="10vp"
        ohos:text="Add"
        ohos:text_size="50"
        />

    <Button
        ohos:id="$+id:button_remove"
        ohos:height="40vp"
        ohos:width="match_parent"
        ohos:background_element="#F76543"
        ohos:layout_alignment="horizontal_center"
        ohos:margin="10vp"
        ohos:padding="10vp"
        ohos:text="Remove"
        ohos:text_size="50"
        />

    <Text
        ohos:id="$+id:text"
        ohos:height="match_content"
```

```
        ohos:width="match_content"
        ohos:background_element="$graphic:background_ability_main"
        ohos:layout_alignment="horizontal_center"
        ohos:text=""
        ohos:text_size="50"
        ohos:multiple_lines="true"
        />

</DirectionalLayout>
```

界面预览效果如图 25-3 所示。

图25-3　界面预览效果

上述代码中：

（1）设置了 Add 按钮和 Remove 按钮，以备设置单击事件，触发获取当前蜂窝网络信号信息的相关操作。

（2）Text 组件用于展示获取到的信息的结果。

25.3.5　修改MainAbilitySlice

修改 MainAbilitySlice，代码如下：

```
package com.waylau.hmos.radiostateobserver.slice;

import com.waylau.hmos.radiostateobserver.ResourceTable;
import ohos.aafwk.ability.AbilitySlice;
import ohos.aafwk.content.Intent;
import ohos.agp.components.Button;
import ohos.agp.components.Text;
import ohos.eventhandler.EventRunner;
import ohos.hiviewdfx.HiLog;
import ohos.hiviewdfx.HiLogLabel;
import ohos.telephony.*;
import ohos.utils.zson.ZSONObject;

import java.util.List;
```

```
public class MainAbilitySlice extends AbilitySlice {
    private static final String TAG = MainAbilitySlice.class.getSimpleName();
    private static final HiLogLabel LABEL_LOG =
            new HiLogLabel(HiLog.LOG_App, 0x00001, TAG);

    private Text text;

    private RadioInfoManager radioInfoManager;
    private MyRadioStateObserver observer;

    @Override
    public void onStart(Intent intent) {
        super.onStart(intent);
        super.setUIContent(ResourceTable.Layout_ability_main);

        // 为按钮设置单击事件回调
        Button buttonAdd =
                (Button) findComponentById(ResourceTable.Id_button_add);
        buttonAdd.setClickedListener(listener -> add());

        Button buttonRemove =
                (Button) findComponentById(ResourceTable.Id_button_remove);
        buttonRemove.setClickedListener(listener -> remove());

        text = (Text) findComponentById(ResourceTable.Id_text);

        // 获取 RadioInfoManager 对象
        radioInfoManager = RadioInfoManager.getInstance(this.getContext());
    }

    private void remove() {
        HiLog.info(LABEL_LOG,"before remove");

        // 停止观察
        radioInfoManager.removeObserver(observer);

        text.append("remove observer\n");

        HiLog.info(LABEL_LOG,"end remove");
    }


    private void add() {
        HiLog.info(LABEL_LOG,"before add");

        // 执行回调的 runner
        EventRunner runner = EventRunner.create();

        // 创建 MyRadioStateObserver 的对象
        int slotId = 0; // 卡槽 1
        observer = new MyRadioStateObserver(slotId, runner);

        // 添加回调，以 NETWORK_STATE 和 SIGNAL_INFO 为例
        radioInfoManager.addObserver(observer, RadioStateObserver.OBSERVE_
         MASK_NETWORK_STATE | RadioStateObserver.OBSERVE_MASK_SIGNAL_INFO);

        text.append("add observer\n");

        HiLog.info(LABEL_LOG,"end add");
```

```
    }

    // 创建继承 RadioStateObserver 的类 MyRadioStateObserver
    private class MyRadioStateObserver extends RadioStateObserver {
        // 构造方法， 在当前线程的 runner 中执行回调，slotId 需要传入要观察的卡槽 ID （0 或 1）
        MyRadioStateObserver(int slotId) {
            super(slotId);
        }

        // 构造方法，在执行 runner 中执行回调
        MyRadioStateObserver(int slotId, EventRunner runner) {
            super(slotId, runner);
        }

        // 网络注册状态变化的回调方法
        @Override
        public void onNetworkStateUpdated(NetworkState state) {
            String stateString = ZSONObject.toZSONString(state.getNsaState());
            HiLog.info(LABEL_LOG,"onNetworkStateUpdated, state: %{public}s",
                    stateString);
        }

        // 信号信息变化的回调方法
        @Override
        public void onSignalInfoUpdated(List<SignalInformation> signalInfos) {
            HiLog.info(LABEL_LOG,"onSignalInfoUpdated");

            for (SignalInformation signal : signalInfos) {
                int signalNetworkType = signal.getNetworkType();
                int signalLevel = signal.getSignalLevel();

                HiLog.info(LABEL_LOG,"signalNetworkType: %{public}s, sig
                 nalLevel: %{public}s",
                        signalNetworkType, signalLevel);
            }
        }
    }

    @Override
    public void onActive() {
        super.onActive();
    }

    @Override
    public void onForeground(Intent intent) {
        super.onForeground(intent);
    }
}
```

上述代码中：

（1）onStart() 方法中初始化了 RadioInfoManager 对象。

（2）在 Button 上设置了单击事件。

（3）add() 方法添加了事件监听，用于启动 Socket 服务端。其中，实例化了 MyRadioStateObserver 的对象，作为监听器。MyRadioStateObserver 继承自 RadioStateObserver 类。

（4）remove() 方法用于移除监听器。

25.3.6 运行

运行应用，单击 Add 按钮，以触发监听事件的操作执行。此时，控制台输出内容如下：

```
02-14 17:07:52.318 6203-6203/com.waylau.hmos.radiostateobserver I 00001/
 MainAbilitySlice: before add
02-14 17:07:52.326 6203-6203/com.waylau.hmos.radiostateobserver I 00001/
 MainAbilitySlice: end add
02-14 17:07:52.334 6203-22870/com.waylau.hmos.radiostateobserver I 00001/
 MainAbilitySlice: onNetworkStateUpdated, state: 1
02-14 17:07:52.336 6203-22870/com.waylau.hmos.radiostateobserver I 00001/
 MainAbilitySlice: onSignalInfoUpdated
02-14 17:07:52.336 6203-22870/com.waylau.hmos.radiostateobserver I 00001/
 MainAbilitySlice: signalNetworkType: 6, signalLevel: 5
```

通过上述日志可以看出，当前 NetworkType 是 6，状态是 1，信号 Level 是 5。界面效果 1 如图 25-4 所示。

手动单击设置手机网络，将 5G 网络关闭，以模拟网络的变化，界面效果 2 如图 25-5 所示。

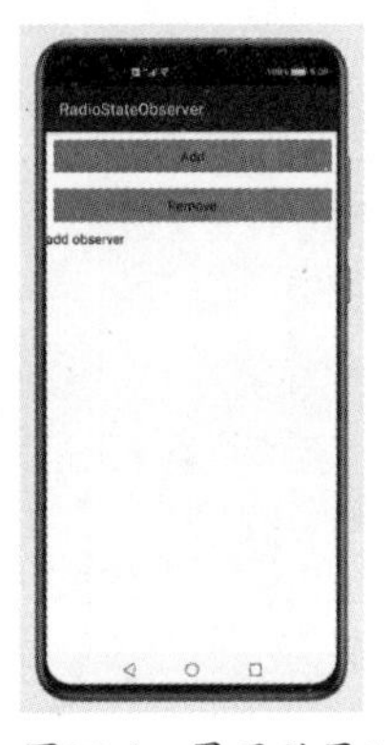

图25-4　界面效果1

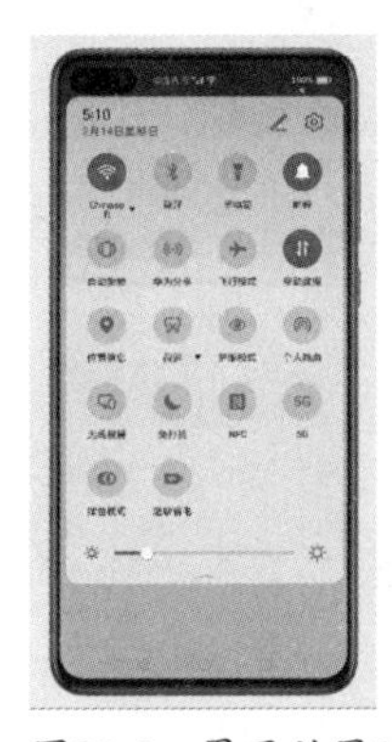

图25-5　界面效果2

此时，控制台输出内容如下：

```
02-14 17:10:49.661 6203-22870/com.waylau.hmos.radiostateobserver I 00001/
 MainAbilitySlice: onSignalInfoUpdated
02-14 17:10:49.661 6203-22870/com.waylau.hmos.radiostateobserver I 00001/
 MainAbilitySlice: signalNetworkType: 5, signalLevel: 5
02-14 17:10:49.765 6203-22870/com.waylau.hmos.radiostateobserver I 00001/
 MainAbilitySlice: onNetworkStateUpdated, state: 1
02-14 17:10:50.049 6203-22870/com.waylau.hmos.radiostateobserver I 00001/
 MainAbilitySlice: onNetworkStateUpdated, state: 1
02-14 17:10:50.073 6203-22870/com.waylau.hmos.radiostateobserver I 00001/
 MainAbilitySlice: onSignalInfoUpdated
02-14 17:10:50.073 6203-22870/com.waylau.hmos.radiostateobserver I 00001/
 MainAbilitySlice: signalNetworkType: 5, signalLevel: 5
```

通过上述日志可以看出，应用已经能够观察到网络的变化。当前 NetworkType 是 5，状态是 1，信号 Level 是 5。

从上一节的内容可以获知，NetworkType 为 5 表示是 LTE 网络。

再次将 5G 网络打开，以模拟网络的变化，界面效果 3 如图 25-6 所示。

图25-6　界面效果3

此时，控制台输出内容如下：

```
02-14 17:14:02.221 6203-22870/com.waylau.hmos.radiostateobserver I 00001/
 MainAbilitySlice: onNetworkStateUpdated, state: 1
02-14 17:14:02.277 6203-22870/com.waylau.hmos.radiostateobserver I 00001/
 MainAbilitySlice: onSignalInfoUpdated
02-14 17:14:02.278 6203-22870/com.waylau.hmos.radiostateobserver I 00001/
 MainAbilitySlice: signalNetworkType: 6, signalLevel: 5
02-14 17:14:02.620 6203-22870/com.waylau.hmos.radiostateobserver I 00001/
 MainAbilitySlice: onNetworkStateUpdated, state: 1
02-14 17:14:02.640 6203-22870/com.waylau.hmos.radiostateobserver I 00001/
 MainAbilitySlice: onSignalInfoUpdated
02-14 17:14:02.640 6203-22870/com.waylau.hmos.radiostateobserver I 00001/
 MainAbilitySlice: signalNetworkType: 6, signalLevel: 5
```

通过上述日志可以看出，应用又观察到了网络的变化。当前 NetworkType 是 6，状态是 1，信号 Level 是 5。

单击 Remove 按钮，以触发移除监听事件的操作执行。此时，控制台输出内容如下：

```
02-14 17:18:25.187 6203-6203/com.waylau.hmos.radiostateobserver I 00001/
 MainAbilitySlice: before remove
02-14 17:18:25.196 6203-6203/com.waylau.hmos.radiostateobserver I 00001/
 MainAbilitySlice: end remove
```

界面效果 4 如图 25-7 所示。

图25-7　界面效果4

此时，将 5G 网络关闭或者打开已经不会再监听到任何事件，证明事件监听器已经移除完成。

第26章 设备管理

HarmonyOS 设备是底层硬件的一种设备抽象概念。HarmonyOS 提供了一系列 API，以针对不同的设备进行管理。

26.1 设备管理概述

HarmonyOS 设备是对底层硬件的一种设备抽象概念。HarmonyOS 提供了一系列 API，以针对不同的设备进行管理，这些设备如下。

- 传感器分为六大类，即运动类传感器、环境类传感器、方向类传感器、光线类传感器、健康类传感器、其他类传感器（如霍尔传感器）。
- 控制类小器件：设备上的 LED 灯和振动器。其中，LED 灯主要用于指示（如充电状态）、闪烁功能（如三色灯）等；振动器主要用于闹钟、开关机振动、来电振动等场景。
- 位置：用于确定用户设备在哪里，系统使用位置坐标标示设备的位置，并用多种定位技术提供服务，如 GNSS（Global Navigation Satellite System，全球导航卫星系统）定位、基站定位、WLAN/ 蓝牙定位（基站定位、WLAN/ 蓝牙定位后续统称网络定位技术）。通过这些定位技术，无论用户设备在室内或是户外，其都可以被准确地确定位置。
- 设置：应用程序可以对系统各类设置项进行查询。例如，第三方应用提前注册飞行模式设置项的回调，当用户通过系统设置修改终端的飞行模式状态时，第三方应用会检测到此设置项发生变化并进行适配。如检测到飞行模式开启，将进入离线状态；检测到飞行模式关闭，其将重新获取在线数据。

26.1.1 传感器

HarmonyOS 传感器包含如下四个模块：Sensor API、Sensor Framework、Sensor Service 和 HD_IDL 层。图 26-1 展示了 HarmonyOS 传感器的架构。

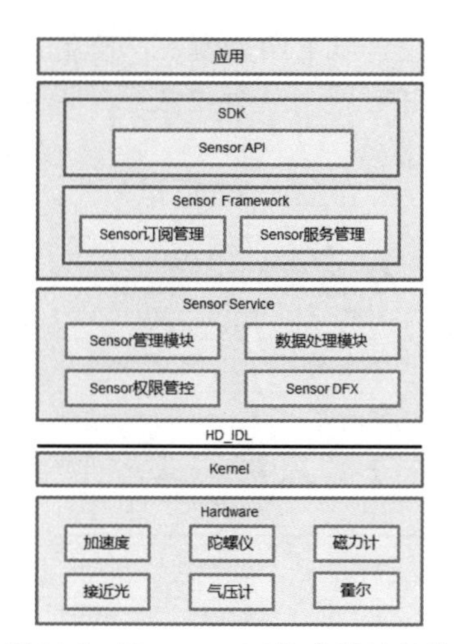

图26-1 HarmonyOS传感器的架构

1. 传感器的架构

- Sensor API：提供传感器的基础 API，主要包含查询传感器的列表、订阅 / 取消传感器的数据、执行控制命令等，简化应用开发。
- Sensor Framework：主要实现传感器的订阅管理，数据通道的创建、销毁、订阅与取消订阅，以及与 SensorService 的通信。

- Sensor Service：主要实现 HD_IDL 层数据接收、解析、分发，前后台的策略管控，对该设备 Sensor 的管理，Sensor 权限管控等。
- HD_IDL 层：对不同的 FIFO、频率进行策略选择，以及对不同设备进行适配。

2. 约束与限制

针对某些传感器，开发者需要请求相应的权限，才能获取到相应传感器的数据。表 26-1 展示了传感器权限列表。

表26-1　传感器权限列表

传感器	权限名	敏感级别	权限描述
加速度传感器、加速度未校准传感器、线性加速度传感器	ohos.permission.ACCELEROMETER	system_grant	允许订阅Motion组对应的加速度传感器的数据
陀螺仪传感器、陀螺仪未校准传感器	ohos.permission.GYROSCOPE	system_grant	允许订阅Motion组对应的陀螺仪传感器的数据
计步器	ohos.permission.ACTIVITY_MOTION	user_grant	允许订阅运动状态
心率	ohos.permission.READ_HEALTH_DATA	user_grant	允许读取健康数据

传感器数据订阅和取消订阅接口成对调用，当不再需要订阅传感器数据时，开发者需要调用取消订阅接口进行资源释放。

26.1.2　控制类小器件

HarmonyOS 控制类小器件主要包含以下四个模块：控制类小器件 API、控制类小器件 Framework、控制类小器件 Service 和 HD_IDL 层。图 26-2 展示了 HarmonyOS 控制类小器件的架构。

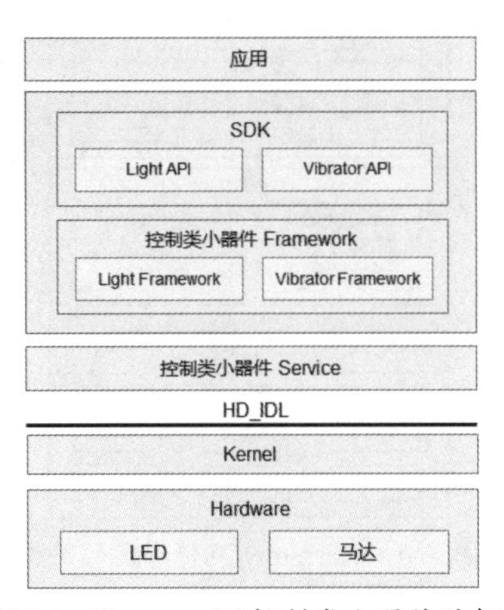

图26-2　HarmonyOS控制类小器件的架构

1. 控制类小器件的架构

- 控制类小器件 API：提供灯和振动器基础的 API，主要包含灯的列表查询、打开灯、关闭灯等接口，振动器的列表查询、振动器的振动器效果查询、触发 / 关闭振动器等接口。

- 控制类小器件 Framework：主要实现灯和振动器的框架层管理，实现与控制类小器件 Service 的通信。
- 控制类小器件 Service：实现灯和振动器的服务管理。
- HD_IDL 层：对不同设备进行适配。

2. 约束与限制

使用控制类小器件时需要注意以下约束与限制。

（1）在调用 Light API 时，应先通过 getLightIdList 接口查询设备支持的灯的 ID 列表，以免调用打开接口异常。

（2）在调用 Vibrator API 时，应先通过 getVibratorIdList 接口查询设备支持的振动器的 ID 列表，以免调用振动接口异常。

（3）在使用振动器时，开发者需要配置请求振动器的权限 ohos.permission.VIBRATE，才能控制振动器振动。

26.1.3　位置

移动终端设备已经深入人们日常生活的方方面面，如查看所在城市的天气、新闻轶事、出行打车、旅行导航、运动记录等。这些习以为常的活动都离不开定位用户终端设备的位置。

当用户处于这些丰富的使用场景中时，系统的位置能力可以提供实时准确的位置数据。对于开发者，设计基于位置体验的服务，也可以使应用的使用体验更贴近每个用户。

当应用在实现基于设备位置的功能时，如驾车导航、记录运动轨迹等，可以调用该模块的 API 接口，完成位置信息的获取。

1. 基本概念

位置能力包含以下基本概念。

（1）坐标：系统以 1984 年世界大地坐标系统为参考，使用经度、纬度数据描述地球上的一个位置。

（2）GNSS 定位：GNSS 是指全球导航卫星系统，包含 GPS、GLONASS、北斗、Galileo 等。通过导航卫星、设备芯片提供的定位算法，来确定设备准确位置。定位过程具体使用哪些定位系统取决于用户设备的硬件能力。

（3）基站定位：根据设备当前驻网基站和相邻基站的位置估算设备当前位置。此定位方式的定位结果精度相对较低，并且需要设备可以访问蜂窝网络。

（4）WLAN、蓝牙定位：根据设备可搜索到的周围 WLAN、蓝牙设备位置估算设备当前位置。此定位方式的定位结果精度依赖设备周围可见的固定 WLAN、蓝牙设备的分布，当密度较高时，精度与基站定位方式相较更高，同时也需要设备可以访问网络。

2. 运作机制

位置能力作为系统为应用提供的一种基础服务，需要应用在所使用的业务场景向系统主动发起请求，并在业务场景结束时主动结束此请求。在此过程中，系统会将实时的定位结果上报给应用。

3. 约束与限制

使用位置时需要注意以下约束与限制。

（1）使用设备的位置能力，需要用户进行确认并主动开启位置开关。如果位置开关没有开启，则系统不会向任何应用提供位置服务。

（2）设备位置信息属于用户敏感数据，所以即使用户已经开启位置开关，应用在获取设备位置前仍需向用户申请位置访问权限。在得到用户确认允许后，系统才会向应用提供位置服务。

26.2 实战：传感器示例

本节演示如何获取方向传感器的数据。

HarmonyOS 传感器提供的功能有查询传感器的列表、订阅 / 取消订阅传感器数据、查询传感器的最小采样时间间隔、执行控制命令。

26.2.1 接口说明

订阅方向类别的传感器 CategoryOrientationAgent 的主要接口如下。

- getAllSensors()：获取属于方向类别的传感器列表。
- getAllSensors(int)：获取属于方向类别中特定类型的传感器列表。
- getSingleSensor(int)：查询方向类别中特定类型的默认 sensor（如果存在多个，则返回第一个）。
- setSensorDataCallback(ICategoryOrientationDataCallback, CategoryOrientation, long)：以设定的采样间隔订阅给定传感器的数据。
- setSensorDataCallback(ICategoryOrientationDataCallback, CategoryOrientation, long, long)：以设定的采样间隔和时延订阅给定传感器的数据。
- releaseSensorDataCallback(ICategoryOrientationDataCallback, CategoryOrientation)：取消订阅指定传感器的数据。
- releaseSensorDataCallback(ICategoryOrientationDataCallback)：取消订阅的所有传感器数据。

26.2.2 创建应用

为了演示获取方向传感器的数据的功能，创建一个名为 CategoryOrientationAgent 的 Phone 设备类型的应用。在应用界面上，通过单击按钮触发获取方向传感器的数据的操作。

26.2.3 修改ability_main.xml

修改 ability_main.xml 代码如下：

```
<?xml version="1.0" encoding="utf-8"?>
<DirectionalLayout
    xmlns:ohos="http://schemas.huawei.com/res/ohos"
    ohos:height="match_parent"
    ohos:width="match_parent"
    ohos:orientation="vertical">
```

```
    <Button
        ohos:id="$+id:button_add"
        ohos:height="40vp"
        ohos:width="match_parent"
        ohos:background_element="#F76543"
        ohos:layout_alignment="horizontal_center"
        ohos:margin="10vp"
        ohos:padding="10vp"
        ohos:text="Add"
        ohos:text_size="50"
        />

    <Button
        ohos:id="$+id:button_remove"
        ohos:height="40vp"
        ohos:width="match_parent"
        ohos:background_element="#F76543"
        ohos:layout_alignment="horizontal_center"
        ohos:margin="10vp"
        ohos:padding="10vp"
        ohos:text="Remove"
        ohos:text_size="50"
        />

</DirectionalLayout>
```

上述代码设置了 Add 按钮和 Remove 按钮，以备设置单击事件，触发获取方向传感器数据的相关操作。

界面预览效果如图 26-3 所示。

图26-3　界面预览效果

26.2.4　修改MainAbilitySlice

修改 MainAbilitySlice，代码如下：

```
package com.waylau.hmos.categoryorientationagent.slice;
```

```
import com.waylau.hmos.categoryorientationagent.ResourceTable;
import ohos.aafwk.ability.AbilitySlice;
import ohos.aafwk.content.Intent;
import ohos.agp.components.Button;
import ohos.hiviewdfx.HiLog;
import ohos.hiviewdfx.HiLogLabel;
import ohos.sensor.agent.CategoryOrientationAgent;
import ohos.sensor.bean.CategoryOrientation;
import ohos.sensor.data.CategoryOrientationData;
import ohos.sensor.listener.ICategoryOrientationDataCallback;
import ohos.utils.zson.ZSONObject;

public class MainAbilitySlice extends AbilitySlice {
    private static final String TAG = MainAbilitySlice.class.getSimpleName();
    private static final HiLogLabel LABEL_LOG =
            new HiLogLabel(HiLog.LOG_App, 0x00001, TAG);
    private static final int MATRIX_LENGTH = 9;
    private static final long INTERVAL = 100000000L;

    private ICategoryOrientationDataCallback orientationDataCallback;

    private CategoryOrientationAgent categoryOrientationAgent;

    private CategoryOrientation orientationSensor;

    @Override
    public void onStart(Intent intent) {
        super.onStart(intent);
        super.setUIContent(ResourceTable.Layout_ability_main);

        // 初始化对象
        initData();

        // 为按钮设置单击事件回调
        Button buttonAdd =
                (Button) findComponentById(ResourceTable.Id_button_add);
        buttonAdd.setClickedListener(listener -> add());

        Button buttonRemove =
                (Button) findComponentById(ResourceTable.Id_button_remove);
        buttonRemove.setClickedListener(listener -> remove());
    }

    private void initData() {
        orientationDataCallback = new ICategoryOrientationDataCallback() {
            @Override
            public void onSensorDataModified(CategoryOrientationData cate
             goryOrientationData) {
                // 对接收的 categoryOrientationData 传感器数据对象进行解析和使用
                //获取传感器的维度信息
                int dim = categoryOrientationData.getSensorDataDim();

                // 获取方向类传感器的第一维数据
                float degree = categoryOrientationData.getValues()[0];

                // 根据旋转矢量传感器的数据获得旋转矩阵
                float[] rotationMatrix = new float[MATRIX_LENGTH];
                CategoryOrientationData.getDeviceRotationMatrix(rotationMatrix,
                        categoryOrientationData.values);
```

```
            // 根据计算出来的旋转矩阵获取设备的方向
            float[] rotationAngle = new float[MATRIX_LENGTH];
            float[] rotationAngleResult =
                    CategoryOrientationData.getDeviceOrientation(rota
                     tionMatrix, rotationAngle);

            HiLog.info(LABEL_LOG,"dim:%{public}s, degree: %{public}s," +
                               "rotationMatrix: %{public}s, rotationAngle:
                                %{public}s", dim, degree, ZSONObject.toZSON
                                 String(rotationMatrix),ZSONObject.toZSON
                                 String(rotationAngleResult));
        }

        @Override
        public void onAccuracyDataModified(CategoryOrientation category
         Orientation, int i) {
            // 使用变化的精度
            HiLog.info(LABEL_LOG,"onAccuracyDataModified");
        }

        @Override
        public void onCommandCompleted(CategoryOrientation categoryOri
         entation) {
            // 传感器执行命令回调
            HiLog.info(LABEL_LOG,"onCommandCompleted");
        }
    };

    categoryOrientationAgent = new CategoryOrientationAgent();
}

private void remove() {
    HiLog.info(LABEL_LOG,"before remove");

    if (orientationSensor != null) {
        // 取消订阅传感器数据
        categoryOrientationAgent.releaseSensorDataCallback(
                orientationDataCallback, orientationSensor);
    }

    HiLog.info(LABEL_LOG,"end remove");
}


private void add() {
    HiLog.info(LABEL_LOG,"before add");

    // 获取传感器对象， 并订阅传感器数据
    orientationSensor = categoryOrientationAgent.getSingleSensor(
            CategoryOrientation.SENSOR_TYPE_ORIENTATION);
    if (orientationSensor != null) {
        categoryOrientationAgent.setSensorDataCallback(
                orientationDataCallback, orientationSensor, INTERVAL);
    }

    HiLog.info(LABEL_LOG,"end add");
}
```

```
    @Override
    public void onActive() {
        super.onActive();
    }

    @Override
    public void onForeground(Intent intent) {
        super.onForeground(intent);
    }
}
```

上述代码中：

（1）在 Button 上设置了单击事件。

（2）initData() 方法用于初始化 ICategoryOrientationDataCallback 和 CategoryOrientationAgent 对象。

（3）add() 方法用于订阅传感器数据。

（4）remove() 方法用于取消订阅传感器数据。

26.2.5 运行

运行应用，单击 Add 按钮，以触发订阅传感器数据的操作执行。此时，控制台输出内容如下：

```
02-14 17:58:18.660 4782-4782/com.waylau.hmos.categoryorientationagent I
 00001/MainAbilitySlice: before add
02-14 17:58:18.707 4782-4782/com.waylau.hmos.categoryorientationagent I
 00001/MainAbilitySlice: end add
02-14 17:58:18.775 4782-5986/com.waylau.hmos.categoryorientationagent I
 00001/MainAbilitySlice: dim:3, degree: 304.9, rotationMatrix: [-14.3298,-
 195.13599,-1676.95,-195.13599,-185942.14,1.76,-1676.95,1.76,-185927.22],
 rotationAngle: [-3.1405432,-9.465305E-6,3.1325736,0.0,0.0,0.0,0.0,0.0,0.0]
02-14 17:58:19.364 4782-5986/com.waylau.hmos.categoryorientationagent I
 00001/MainAbilitySlice: dim:3, degree: 304.77, rotationMatrix: [-15.023399,-
 207.24359,-1712.8073,-207.24359,-185784.3,1.9108,-1712.8073,1.9108,-185768.73],
 rotationAngle: [-3.1404772,-1.0285039E-5,3.1323729,0.0,0.0,0.0,0.0,0.0,0.0]
02-14 17:58:19.956 4782-5986/com.waylau.hmos.categoryorientationagent I
 00001/MainAbilitySlice: dim:3, degree: 304.9, rotationMatrix: [-14.3298,-
 195.13599,-1676.95,-195.13599,-185942.14,1.76,-1676.95,1.76,-185927.22],
 rotationAngle: [-3.1405432,-9.465305E-6,3.1325736,0.0,0.0,0.0,0.0,0.0,0.0]
02-14 17:58:20.552 4782-5986/com.waylau.hmos.categoryorientationagent I
 00001/MainAbilitySlice: dim:3, degree: 304.77, rotationMatrix: [-15.023399,-
 207.24359,-1712.8073,-207.24359,-185784.3,1.9108,-1712.8073,1.9108,-185768.73],
 rotationAngle: [-3.1404772,-1.0285039E-5,3.1323729,0.0,0.0,0.0,0.0,0.0,0.0]
02-14 17:58:21.144 4782-5986/com.waylau.hmos.categoryorientationagent I
 00001/MainAbilitySlice: dim:3, degree: 304.9, rotationMatrix: [-14.3298,-
 195.13599,-1676.95,-195.13599,-185942.14,1.76,-1676.95,1.76,-185927.22],
 rotationAngle: [-3.1405432,-9.465305E-6,3.1325736,0.0,0.0,0.0,0.0,0.0,0.0]
02-14 17:58:21.732 4782-5986/com.waylau.hmos.categoryorientationagent I
 00001/MainAbilitySlice: dim:3, degree: 304.77, rotationMatrix: [-15.023399,-
 207.24359,-1712.8073,-207.24359,-185784.3,1.9108,-1712.8073,1.9108,-185768.73],
 rotationAngle: [-3.1404772,-1.0285039E-5,3.1323729,0.0,0.0,0.0,0.0,0.0,0.0]
02-14 17:58:22.328 4782-5986/com.waylau.hmos.categoryorientationagent I
 00001/MainAbilitySlice: dim:3, degree: 304.9, rotationMatrix: [-14.3298,-
 195.13599,-1676.95,-195.13599,-185942.14,1.76,-1676.95,1.76,-185927.22],
 rotationAngle: [-3.1405432,-9.465305E-6,3.1325736,0.0,0.0,0.0,0.0,0.0,0.0]
02-14 17:58:22.924 4782-5986/com.waylau.hmos.categoryorientationagent I
 00001/MainAbilitySlice: dim:3, degree: 304.77, rotationMatrix: [-15.023399,-
```

```
207.24359,-1712.8073,-207.24359,-185784.3,1.9108,-1712.8073,1.9108,-185768.73],
 rotationAngle: [-3.1404772,-1.0285039E-5,3.1323729,0.0,0.0,0.0,0.0,0.0,0.0]
02-14 17:58:23.520 4782-5986/com.waylau.hmos.categoryorientationagent I
 00001/MainAbilitySlice: dim:3, degree: 304.9, rotationMatrix: [-14.3298,-
195.13599,-1676.95,-195.13599,-185942.14,1.76,-1676.95,1.76,-185927.22],
 rotationAngle: [-3.1405432,-9.465305E-6,3.1325736,0.0,0.0,0.0,0.0,0.0,0.0]
02-14 17:58:24.116 4782-5986/com.waylau.hmos.categoryorientationagent I
 00001/MainAbilitySlice: dim:3, degree: 304.77, rotationMatrix: [-15.023399,-
207.24359,-1712.8073,-207.24359,-185784.3,1.9108,-1712.8073,1.9108,-185768.
73], rotationAngle: [-3.1404772,-1.0285039E-5,3.1323729,0.0,0.0,0.0,0.0,0.
0,0.0]
```

从上述日志可以看到，订阅的数据以规定的频率发送过来。

单击 Remove 按钮，以触发取消订阅传感器数据的操作执行。此时，控制台输出内容如下：

```
02-14 17:58:26.640 4782-4782/com.waylau.hmos.categoryorientationagent I
 00001/MainAbilitySlice: before remove
02-14 17:58:26.643 4782-4782/com.waylau.hmos.categoryorientationagent I
 00001/MainAbilitySlice: end remove
```

26.3 实战：Light示例

本节演示如何使用 Light 模块。当设备需要设置不同的闪烁效果时，可以调用 Light 模块，如 LED 灯能够设置灯颜色、灯亮和灯灭时长等闪烁效果。

26.3.1 接口说明

灯模块主要提供的功能有查询设备上灯的列表、查询某个灯设备支持的效果、打开和关闭灯设备。LightAgent 类开放能力的主要接口如下。

- getLightIdList()：获取硬件设备上的灯列表。
- isSupport(int)：根据指定灯 ID 查询硬件设备是否有该灯。
- isEffectSupport(int, String)：查询指定的灯是否支持指定的闪烁效果。
- turnOn(int, String)：对指定的灯创建指定效果的一次性闪烁。
- turnOn(int, LightEffect)：对指定的灯创建自定义效果的一次性闪烁。
- turnOn(String)：对指定的灯创建指定效果的一次性闪烁。
- turnOn(LightEffect)：对指定的灯创建自定义效果的一次性闪烁。
- turnOff()：关闭灯。

26.3.2 创建应用

为了演示使用 Light 模块的功能，创建一个名为 LightAgent 的 Phone 设备类型的应用。在应用界面上，通过单击按钮触发使用 Light 模块的操作。

26.3.3 修改ability_main.xml

修改 ability_main.xml，代码如下：

```
<?xml version="1.0" encoding="utf-8"?>
<DirectionalLayout
    xmlns:ohos="http://schemas.huawei.com/res/ohos"
    ohos:height="match_parent"
    ohos:width="match_parent"
    ohos:orientation="vertical">

    <Button
        ohos:id="$+id:button_on"
        ohos:height="40vp"
        ohos:width="match_parent"
        ohos:background_element="#F76543"
        ohos:layout_alignment="horizontal_center"
        ohos:margin="10vp"
        ohos:padding="10vp"
        ohos:text="On"
        ohos:text_size="50"
        />

    <Button
        ohos:id="$+id:button_off"
        ohos:height="40vp"
        ohos:width="match_parent"
        ohos:background_element="#F76543"
        ohos:layout_alignment="horizontal_center"
        ohos:margin="10vp"
        ohos:padding="10vp"
        ohos:text="Off"
        ohos:text_size="50"
        />

</DirectionalLayout>
```

上述代码中设置了 On 按钮和 Off 按钮，以备设置单击事件，触发使用 Light 模块的相关操作。界面预览效果如图 26-4 所示。

图26-4 界面预览效果

26.3.4 修改MainAbilitySlice

修改 MainAbilitySlice，代码如下：

```
package com.waylau.hmos.lightagent.slice;

import com.waylau.hmos.lightagent.ResourceTable;
import ohos.aafwk.ability.AbilitySlice;
import ohos.aafwk.content.Intent;
import ohos.agp.components.Button;
import ohos.hiviewdfx.HiLog;
import ohos.hiviewdfx.HiLogLabel;
import ohos.light.agent.LightAgent;
import ohos.light.bean.LightBrightness;
import ohos.light.bean.LightEffect;

import java.util.List;

public class MainAbilitySlice extends AbilitySlice {
    private static final String TAG = MainAbilitySlice.class.getSimpleName();
    private static final HiLogLabel LABEL_LOG =
            new HiLogLabel(HiLog.LOG_App, 0x00001, TAG);

    private LightAgent lightAgent;
    private List<Integer> isEffectSupportLightIdList;

    @Override
    public void onStart(Intent intent) {
        super.onStart(intent);
        super.setUIContent(ResourceTable.Layout_ability_main);

        // 初始化对象
        initData();

        // 为按钮设置单击事件回调
        Button buttonAdd =
                (Button) findComponentById(ResourceTable.Id_button_on);
        buttonAdd.setClickedListener(listener -> on());

        Button buttonRemove =
                (Button) findComponentById(ResourceTable.Id_button_off);
        buttonRemove.setClickedListener(listener -> off());
    }

    private void initData() {
        HiLog.info(LABEL_LOG,"before initData");

        lightAgent = new LightAgent();

        // 查询硬件设备上的灯列表
        isEffectSupportLightIdList = lightAgent.getLightIdList();
        if (isEffectSupportLightIdList.isEmpty()) {
            HiLog.info(LABEL_LOG,"lightIdList is empty");
        }

        HiLog.info(LABEL_LOG,"end initData, size: %{public}s",
                isEffectSupportLightIdList.size());
    }
```

```
    private void off() {
        HiLog.info(LABEL_LOG,"before off");

        for (Integer lightId : isEffectSupportLightIdList) {
            // 关灯
            boolean turnOffResult = lightAgent.turnOff(lightId);

            HiLog.info(LABEL_LOG,"%{public}s turnOffResult : %{public}s",
                    lightId, turnOffResult);
        }

        HiLog.info(LABEL_LOG,"end off");
    }


    private void on() {
        HiLog.info(LABEL_LOG,"before on");

        for (Integer lightId : isEffectSupportLightIdList) {
            // 创建自定义效果的一次性闪烁
            LightBrightness lightBrightness =
                new LightBrightness(255, 255, 255);
            LightEffect lightEffect =
                new LightEffect(lightBrightness, 1000, 1000);

            // 开灯
            boolean turnOnResult = lightAgent.turnOn(lightId, lightEffect);

            HiLog.info(LABEL_LOG,"%{public}s turnOnResult: %{public}s",
                    lightId, turnOnResult);
        }

        HiLog.info(LABEL_LOG,"end on");
    }

    @Override
    public void onActive() {
        super.onActive();
    }

    @Override
    public void onForeground(Intent intent) {
        super.onForeground(intent);
    }
}
```

上述代码中：

（1）在 Button 上设置了单击事件。

（2）initData() 方法用于初始化硬件设备上的灯列表。

（3）on() 方法用于打开灯列表上所有的灯。

（4）off() 方法用于关闭灯列表上所有的灯。

（5）通过 LightBrightness 和 LightEffect 可以创建自定义效果的一次性闪烁。

26.3.5 运行

运行应用后，控制台输出内容如下：

```
02-14 20:07:33.780 22603-22603/com.waylau.hmos.lightagent I 00001/MainAbil
 itySlice: before initData
02-14 20:07:33.805 22603-22603/com.waylau.hmos.lightagent I 00001/MainAbil
 itySlice: end initData, size: 1
```

单击 On 按钮，以触发打开灯的操作执行。此时，控制台输出内容如下：

```
02-14 20:08:05.508 22603-22603/com.waylau.hmos.lightagent I 00001/MainAbil
 itySlice: before on
02-14 20:08:05.522 22603-22603/com.waylau.hmos.lightagent I 00001/MainAbil
 itySlice: 0 turnOnResult: true
02-14 20:08:05.522 22603-22603/com.waylau.hmos.lightagent I 00001/MainAbil
 itySlice: end on
```

从上述日志可以看到，第 0 号灯已经打开。

单击 Off 按钮，以触发关闭灯的操作执行。此时，控制台输出内容如下：

```
02-14 20:08:51.508 22603-22603/com.waylau.hmos.lightagent I 00001/MainAbil
itySlice: before off
02-14 20:08:51.511 22603-22603/com.waylau.hmos.lightagent I 00001/MainAbil
itySlice: 0 turnOffResult : true
02-14 20:08:51.511 22603-22603/com.waylau.hmos.lightagent I 00001/MainAbil
itySlice: end off
```

从上述日志可以看到，第 0 号灯已经关闭。

26.4 实战：获取设备的位置

开发者可以调用 HarmonyOS 位置相关接口，获取设备实时位置，或者最近的历史位置。本节演示如何获取设备的位置。

对于位置敏感的应用业务，建议获取设备实时位置信息；如果不需要设备实时位置信息，并且希望尽可能地节省耗电，开发者可以考虑获取最近的历史位置。

26.4.1 接口说明

获取设备的位置信息要使用的接口如下。

- Locator(Context context)：创建 Locator 实例对象。
- RequestParam(int scenario)：根据定位场景类型创建定位请求的 RequestParam 对象。
- onLocationReport(Location location)：获取定位结果。
- startLocating(RequestParam request, LocatorCallback callback)：向系统发起定位请求。
- requestOnce(RequestParam request, LocatorCallback callback)：向系统发起单次定位请求。
- stopLocating(LocatorCallback callback)：结束定位。

- getCachedLocation()：获取系统缓存的位置信息。

26.4.2 创建应用

为了演示获取设备的位置的功能，创建一个名为 Locator 的 Phone 设备类型的应用。在应用界面上，通过单击按钮触发获取设备的位置的操作。

26.4.3 声明权限

修改配置文件，声明使用网络的权限，代码如下：

```
// 声明权限
"reqPermissions": [
    {
   "name":"ohos.permission.LOCATION"
    }
]
```

由于上述权限是敏感权限，因此需要在代码中显式声明，代码如下：

```
package com.waylau.hmos.locator;

import com.waylau.hmos.locator.slice.MainAbilitySlice;
import ohos.aafwk.ability.Ability;
import ohos.aafwk.content.Intent;

import java.util.ArrayList;
import java.util.List;

public class MainAbility extends Ability {
    @Override
    public void onStart(Intent intent) {
        super.onStart(intent);
        super.setMainRoute(MainAbilitySlice.class.getName());

        // 显式声明需要使用的权限
        requestPermission();
    }

    // 显式声明需要使用的权限
    private void requestPermission() {
        String[] permission = {
                "ohos.permission.LOCATION"};
        List<String> applyPermissions = new ArrayList<>();
        for (String element : permission) {
            if (verifySelfPermission(element) != 0) {
                if (canRequestPermission(element)) {
                    applyPermissions.add(element);
                }
            }
        }
        requestPermissionsFromUser(applyPermissions.toArray(new String[0]), 0);
    }
}
```

26.4.4　修改ability_main.xml

修改 ability_main.xml，代码如下：

```
<?xml version="1.0" encoding="utf-8"?>
<DirectionalLayout
    xmlns:ohos="http://schemas.huawei.com/res/ohos"
    ohos:height="match_parent"
    ohos:width="match_parent"
    ohos:orientation="vertical">

    <Button
        ohos:id="$+id:button_on"
        ohos:height="40vp"
        ohos:width="match_parent"
        ohos:background_element="#F76543"
        ohos:layout_alignment="horizontal_center"
        ohos:margin="10vp"
        ohos:padding="10vp"
        ohos:text="On"
        ohos:text_size="50"
        />

    <Button
        ohos:id="$+id:button_off"
        ohos:height="40vp"
        ohos:width="match_parent"
        ohos:background_element="#F76543"
        ohos:layout_alignment="horizontal_center"
        ohos:margin="10vp"
        ohos:padding="10vp"
        ohos:text="Off"
        ohos:text_size="50"
        />

</DirectionalLayout>
```

上述代码中设置了 On 按钮和 Off 按钮，以备设置单击事件，触发使用位置的相关的操作。界面预览效果如图 26-5 所示。

图26-5　界面预览效果

26.4.5 修改MainAbilitySlice

修改 MainAbilitySlice，代码如下：

```
package com.waylau.hmos.locator.slice;

import com.waylau.hmos.locator.ResourceTable;
import ohos.aafwk.ability.AbilitySlice;
import ohos.aafwk.content.Intent;
import ohos.agp.components.Button;
import ohos.hiviewdfx.HiLog;
import ohos.hiviewdfx.HiLogLabel;
import ohos.location.Location;
import ohos.location.Locator;
import ohos.location.LocatorCallback;
import ohos.location.RequestParam;
import ohos.utils.zson.ZSONObject;

public class MainAbilitySlice extends AbilitySlice {
    private static final String TAG = MainAbilitySlice.class.getSimpleName();
    private static final HiLogLabel LABEL_LOG =
            new HiLogLabel(HiLog.LOG_App, 0x00001, TAG);

    private Locator locator;
    private MyLocatorCallback locatorCallback;

    @Override
    public void onStart(Intent intent) {
        super.onStart(intent);
        super.setUIContent(ResourceTable.Layout_ability_main);

        // 初始化对象
        initData();

        // 为按钮设置单击事件回调
        Button buttonOn =
                (Button) findComponentById(ResourceTable.Id_button_on);
        buttonOn.setClickedListener(listener -> on());

        Button buttonOff =
                (Button) findComponentById(ResourceTable.Id_button_off);
        buttonOff.setClickedListener(listener -> off());
    }

    private void initData() {
        HiLog.info(LABEL_LOG,"before initData");

        locator = new Locator(this.getContext());

        HiLog.info(LABEL_LOG,"end initData");
    }

    private void off() {
        HiLog.info(LABEL_LOG,"before off");

        locator.stopLocating(locatorCallback);

        HiLog.info(LABEL_LOG,"end off");
```

```
    }

    private void on() {
        HiLog.info(LABEL_LOG,"before on");

        locatorCallback = new MyLocatorCallback();

        // 定位精度优先策略
        RequestParam requestParam =
                new RequestParam(RequestParam.PRIORITY_ACCURACY, 0, 0);

        locator.startLocating(requestParam, locatorCallback);

        HiLog.info(LABEL_LOG,"end on");
    }

    private class MyLocatorCallback implements LocatorCallback {
        @Override
        public void onLocationReport(Location location) {
            HiLog.info(LABEL_LOG,"onLocationReport, location: %{public}s",
                    ZSONObject.toZSONString(location));
        }

        @Override
        public void onStatusChanged(int type) {
            HiLog.info(LABEL_LOG,"onStatusChanged, type: %{public}s", type);
        }

        @Override
        public void onErrorReport(int type) {
            HiLog.info(LABEL_LOG,"onErrorReport, type: %{public}s",  type);
        }
    }

    @Override
    public void onActive() {
        super.onActive();
    }

    @Override
    public void onForeground(Intent intent) {
        super.onForeground(intent);
    }
}
```

上述代码中：

- 在 Button 上设置了单击事件。
- initData() 方法用于初始化 Locator 对象。
- on() 方法用于启动定位。
- off() 方法用于关闭定位。
- 实例化 LocatorCallback 对象，用于向系统提供位置上报的途径。系统在定位成功确定设备的实时位置结果时，会通过 onLocationReport 接口上报给应用。应用程序可以在 onLocationReport 接口的实现中完成自己的业务逻辑。

26.4.6 运行

初次运行应用，单击 On 按钮，以触发操作的执行。此时，控制台输出内容如下：

```
02-14 22:18:03.572 29978-29978/com.waylau.hmos.locator I 00001/MainAbili
 tySlice: before initData
02-14 22:18:03.609 29978-29978/com.waylau.hmos.locator I 00001/MainAbili
 tySlice: end initData
02-14 22:18:22.653 29978-29978/com.waylau.hmos.locator I 00001/MainAbili
 tySlice: before on
02-14 22:18:22.656 29978-15077/com.waylau.hmos.locator I 00001/MainAbili
 tySlice: onErrorReport, type: 257
02-14 22:18:23.876 29978-29978/com.waylau.hmos.locator I 00001/MainAbili
 tySlice: end on
```

从上述日志可以看出，并未获取到位置信息，这是因为位置信息服务并未开启。按图 26-6 所示方式开启位置信息服务。

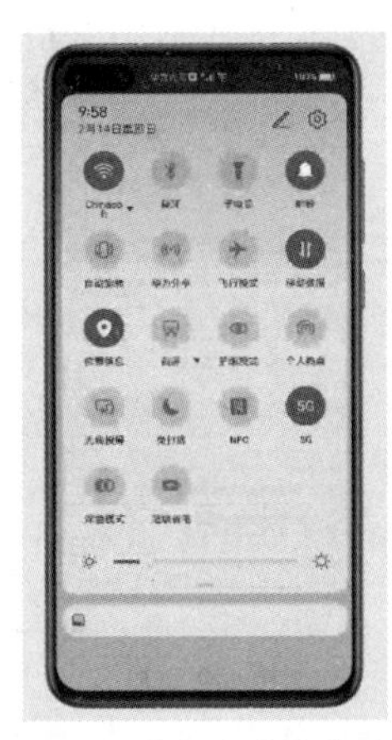

图26-6　开启位置信息服务

再次单击 On 按钮，以触发操作的执行。此时，控制台输出内容如下：

```
02-14 22:18:23.882 29978-15077/com.waylau.hmos.locator I 00001/MainAbili
 tySlice: onStatusChanged, type: 2
02-14 22:18:36.083 29978-15077/com.waylau.hmos.locator I 00001/MainAbili
 tySlice: onLocationReport, location: {"accuracy":10,"altitude":51,"direc
 tion":0,"latitude":30.495864,"longitude":114.535703,"speed": 0,"timeSince
 Boot":22964904123500,"timeStamp":1489717530000}
02-14 22:18:41.566 29978-15077/com.waylau.hmos.locator I 00001/MainAbili
 tySlice: onLocationReport, location: {"accuracy":10,"altitude":51,"direc
 tion":0,"latitude":30.495864,"longitude":114.535703,"speed": 0,"timeSince
 Boot":22970390523580,"timeStamp":1489717535000}
02-14 22:18:42.416 29978-15077/com.waylau.hmos.locator I 00001/MainAbili
 tySlice: onLocationReport, location: {"accuracy":10,"altitude":51,"direc
 tion":0,"latitude":30.495864,"longitude":114.535703,"speed": 0,"timeSince
 Boot":22971291623680,"timeStamp":1489717536000}
02-14 22:18:43.422 29978-15077/com.waylau.hmos.locator I 00001/MainAbili
 tySlice: onLocationReport, location: {"accuracy":10,"altitude":51,"direc
 tion":0,"latitude":30.495864,"longitude":114.535703,"speed": 0,"timeSince
 Boot":22972294828940,"timeStamp":1489717537000}
02-14 22:18:54.423 29978-15077/com.waylau.hmos.locator I 00001/MainAbili
 tySlice: onLocationReport, location: {"accuracy":10,"altitude":51,"direc
```

```
tion":0,"latitude":30.495864,"longitude":114.535703,"speed": 0,"timeSince
Boot":22983298966500,"timeStamp":1489717548000}
```

从上述日志可以看出，已经能够成功获取到位置信息。

单击 Off 按钮，以关闭位置服务。此时，控制台输出内容如下：

```
02-14 22:19:01.411 29978-29978/com.waylau.hmos.locator I 00001/MainAbili
 tySlice: before off
02-14 22:19:01.430 29978-29978/com.waylau.hmos.locator I 00001/MainAbili
 tySlice: end off
02-14 22:19:01.456 29978-15077/com.waylau.hmos.locator I 00001/MainAbili
 tySlice: onStatusChanged, type: 3
```

26.5 实战：（逆）地理编码转化

本节演示如何使用（逆）地理编码转化。

使用坐标描述一个位置虽然非常准确，但是并不直观，面向用户表达并不友好。

HarmonyOS 向开发者提供了地理编码转化能力（将坐标转化为地理编码信息）及逆地理编码转化能力（将地理描述转化为具体坐标）。其中，地理编码包含多个属性来描述位置，包括国家、行政区划、街道、门牌号、地址描述等，这样的信息更便于用户理解。

26.5.1 接口说明

GeoConvert 用于坐标和地理编码信息的相互转化，所使用的接口如下。

- GeoConvert()：创建 GeoConvert 实例对象。
- GeoConvert(Locale locale)：根据自定义参数创建 GeoConvert 实例对象。
- getAddressFromLocation(double latitude, double longitude, int maxItems)：根据指定的经纬度坐标获取地理位置信息。
- getAddressFromLocationName(String description, int maxItems)：根据地理位置信息获取相匹配的包含坐标数据的地址列表。
- getAddressFromLocationName(String description, double minLatitude, double minLongitude, double maxLatitude, double maxLongitude, int maxItems)：根据指定的位置信息和地理区域获取相匹配的包含坐标数据的地址列表。

26.5.2 创建应用

为了演示使用（逆）地理编码转化的功能，创建一个名为 GeoConvert 的 Phone 设备类型的应用。在应用界面上，通过单击按钮触发使用（逆）地理编码转化的操作。

26.5.3 修改ability_main.xml

修改 ability_main.xml，代码如下：

```
<?xml version="1.0" encoding="utf-8"?>
<DirectionalLayout
    xmlns:ohos="http://schemas.huawei.com/res/ohos"
    ohos:height="match_parent"
    ohos:width="match_parent"
    ohos:orientation="vertical">

    <Button
        ohos:id="$+id:button_get"
        ohos:height="40vp"
        ohos:width="match_parent"
        ohos:background_element="#F76543"
        ohos:layout_alignment="horizontal_center"
        ohos:margin="10vp"
        ohos:padding="10vp"
        ohos:text="Get"
        ohos:text_size="50"
        />

    <Text
        ohos:id="$+id:text"
        ohos:height="match_content"
        ohos:width="match_content"
        ohos:background_element="$graphic:background_ability_main"
        ohos:layout_alignment="horizontal_center"
        ohos:multiple_lines="true"
        ohos:text=""
        ohos:text_size="50"
        />

</DirectionalLayout>
```

上述代码中设置了 Get 按钮，以备设置单击事件，触发使用（逆）地理编码转化的相关操作。界面预览效果如图 26-7 所示。

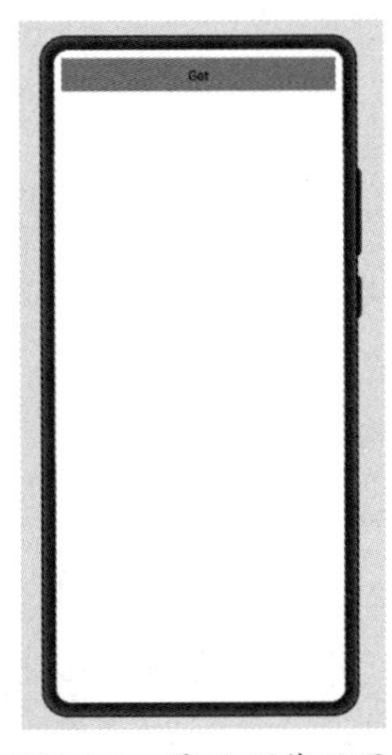

图26-7　界面预览效果

26.5.4　修改MainAbilitySlice

修改 MainAbilitySlice，代码如下：

```
package com.waylau.hmos.geoconvert.slice;

import com.waylau.hmos.geoconvert.ResourceTable;
import ohos.aafwk.ability.AbilitySlice;
import ohos.aafwk.content.Intent;
import ohos.agp.components.Button;
import ohos.agp.components.Text;
import ohos.hiviewdfx.HiLog;
import ohos.hiviewdfx.HiLogLabel;
import ohos.location.*;
import ohos.utils.zson.ZSONObject;

import java.io.IOException;
import java.util.List;


public class MainAbilitySlice extends AbilitySlice {
    private static final String TAG = MainAbilitySlice.class.getSimpleName();
    private static final HiLogLabel LABEL_LOG =
            new HiLogLabel(HiLog.LOG_App, 0x00001, TAG);

    private Text text;

    @Override
    public void onStart(Intent intent) {
        super.onStart(intent);
        super.setUIContent(ResourceTable.Layout_ability_main);


        // 为按钮设置单击事件回调
        Button buttonOn =
                (Button) findComponentById(ResourceTable.Id_button_get);
        buttonOn.setClickedListener(listener -> {
            try {
                getInfo();
            } catch (IOException e) {
                e.printStackTrace();
            }
        });

        text = (Text) findComponentById(ResourceTable.Id_text);
    }

    private void getInfo() throws IOException {
        HiLog.info(LABEL_LOG,"before getInfo");

        // 实例化 GeoConvert 对象
        // 所有与（逆）地理编码转化能力相关的功能 API 都是通过 GeoConvert 提供的
        GeoConvert geoConvert = new GeoConvert();

        // 坐标转化地理位置信息
        int maxItems = 3;
        double latitude = 23.048062D;
        double longitude = 114.211902D;
        List<GeoAddress> addressList = geoConvert.getAddressFromLoca
```

```
        tion(latitude, longitude, maxItems);

        // 显示地理位置信息
        showAddress(addressList);

        // 位置描述转化坐标
        addressList = geoConvert.getAddressFromLocationName("华为", maxItems);

        // 显示地理位置信息
        showAddress(addressList);

        HiLog.info(LABEL_LOG,"end getInfo");
    }

    private void showAddress(List<GeoAddress> addressList) {
        HiLog.info(LABEL_LOG,"showAddress");

        for (GeoAddress address : addressList) {
            String addressInfo = ZSONObject.toZSONString(address);

            text.append(addressInfo +"\n");

            HiLog.info(LABEL_LOG,"addressInfo:%{public}s", addressInfo);
        }
    }

    @Override
    public void onActive() {
        super.onActive();
    }

    @Override
    public void onForeground(Intent intent) {
        super.onForeground(intent);
    }
}
```

上述代码中：

（1）在 Button 上设置了单击事件。

（2）getInfo() 方法实例化 GeoConvert 对象，并执行坐标转化地理位置信息和位置描述转化坐标等操作。

（3）showAddress() 方法用于在界面上显示获取到的地理位置信息。

26.5.5 运行

运行应用，单击 Get 按钮，以触发（逆）地理编码转化的操作执行。此时，控制台输出内容如下：

```
02-14 23:01:23.043 19665-19665/com.waylau.hmos.geoconvert I 00001/MainAbil
 itySlice: before get
02-14 23:01:23.051 19665-19665/com.waylau.hmos.geoconvert I 00001/MainAbil
 itySlice: showAddress
02-14 23:01:23.059 19665-19665/com.waylau.hmos.geoconvert I 00001/MainAbil
 itySlice: addressInfo:{"administrativeArea":"广东省","countryCode":" CN",
 "countryName":"中国","descriptionsSize":0,"latitude":      23.048069,"locale":
 "zh_CN","locality":"惠州市","longitude":    114.211912,"placeName":"潼湖镇西
```

```
湖 ","subLocality":" 惠城区 "}
02-14 23:01:31.326 19665-19665/com.waylau.hmos.geoconvert I 00001/MainAbil
 itySlice: showAddress
02-14 23:01:31.327 19665-19665/com.waylau.hmos.geoconvert I 00001/MainAbil
 itySlice: addressInfo:{"administrativeArea":" 广东省 ","countryCode":"CN",
 "countryName":" 中国 ","descriptionsSize":0,"latitude":      22.547246,"locale":
 "zh_CN","locality":" 深圳市 ","longitude":    114.082036,"placeName":" 华为 ",
 "subLocality":" 福田区 "}
02-14 23:01:31.327 19665-19665/com.waylau.hmos.geoconvert I 00001/MainAbil
 itySlice: end get
```

界面也能正常显示获取到的地理位置信息，如图 26-8 所示。

图26-8　界面效果

第27章

数据管理

HarmonyOS 的数据管理，是基于分布式软总线，实现了应用程序数据和用户数据的分布式管理。

27.1 数据管理概述

在全场景新时代，每个人拥有的设备越来越多，单一设备的数据往往无法满足用户的诉求，数据在设备间的流转变得越来越频繁。以一组照片数据在手机、平板、智慧屏和 PC 之间相互浏览和编辑为例，需要考虑到照片数据在多设备间是怎么存储、怎么共享和怎么访问的。

HarmonyOS 数据管理是基于分布式软总线的能力，实现了应用程序数据和用户数据的分布式管理。用户数据不再与单一物理设备绑定，业务逻辑与数据存储分离，跨设备的数据处理如同本地数据处理一样方便快捷，让开发者能够轻松实现全场景、多设备下的数据存储、共享和访问，为打造一致、流畅的用户体验创造了基础条件。

HarmonyOS 分布式数据管理对开发者提供分布式数据库、分布式文件系统和分布式检索能力，开发者在多设备上开发应用时，对数据的操作、共享、检索可以和使用本地数据一样处理，为开发者提供便捷、高效和安全的数据管理能力，大大降低了应用开发者实现数据分布式访问的门槛。同时，由于在系统层面实现了这样的功能，因此可以结合系统资源调度，大大提升跨设备数据远程访问和检索性能，让更多的开发者可以快速上手，实现流畅分布式应用。

HarmonyOS 分布式数据管理的典型应用场景如下。

（1）协同办公场景：将手机上的文档投屏到智慧屏，在智慧屏上对文档执行翻页、缩放、涂鸦等操作，文档的最新状态可以在手机上同步显示。

（2）家庭出游场景：一家人出游时，妈妈用手机拍了很多照片。通过家庭照片共享，爸爸可以在自己的手机上浏览、收藏和保存这些照片，家中的爷爷奶奶也可以通过智慧屏浏览这些照片。

HarmonyOS 支持多样数据管理方式，包括关系型数据库（Relational Database，RDB）、对象关系映射（Object Relational Mapping，ORM）数据库、轻量级偏好数据库、分布式数据服务、分布式文件服务、融合搜索、数据存储管理。

27.2 关系型数据库

关系型数据库是一种基于关系模型来管理数据的数据库。HarmonyOS 关系型数据库基于 SQLite 组件提供了一套完整的对本地数据库进行管理的机制，对外提供了一系列的增、删、改、查接口，也可以直接运行用户输入的 SQL 语句来满足复杂的场景需要。HarmonyOS 提供的关系型数据库功能更加完善，查询效率更高。

27.2.1 基本概念

使用关系型数据库时，主要涉及以下概念。

（1）关系型数据库：创建在关系模型基础上的数据库，以行和列的形式存储数据。

（2）谓词：数据库中用来代表数据实体的性质、特征或者数据实体之间关系的词项，主要用来定义数据库的操作条件。

（3）结果集：用户查询之后的结果集合，可以对数据进行访问。结果集提供了灵活的数据访问方式，可以非常方便地获取到用户想要的数据。

（4）SQLite 数据库：一款轻型的数据库，是遵守 ACID（Atomic、Consistency、Isolation、Durability，原子性、一致性、隔离性、持久性）的关系型数据库管理系统，为开源项目。

27.2.2 运作机制

HarmonyOS 关系型数据库对外提供通用的操作接口，底层使用 SQLite 作为持久化存储引擎，支持 SQLite 具有的所有数据库特性，包括但不限于事务、索引、视图、触发器、外键、参数化查询和预编译 SQL 语句。

图 27-1 展示了关系型数据库运作机制架构图。

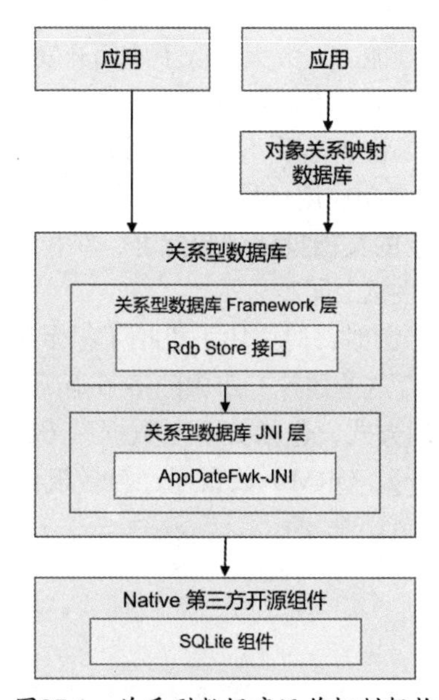

图27-1　关系型数据库运作机制架构

27.2.3 默认配置

HarmonyOS 关系型数据库的默认配置如下。

（1）如果不指定数据库的日志模式，那么系统默认日志方式是 WAL（Write Ahead Log，预写日志）模式。

（2）如果不指定数据库的落盘模式，那么系统默认落盘方式是 FULL（就是英文 full 的大写）模式。

（3）HarmonyOS 数据库使用的共享内存默认大小是 2MB。

27.2.4 约束与限制

HarmonyOS 关系型数据库的约束与限制如下。

（1）数据库中连接池的最大数量是四个，用以管理用户的读写操作。

为保证数据的准确性，数据库同一时间只能支持一个写操作。

27.2.5　接口说明

HarmonyOS 关系型数据库的接口如下。

1. 数据库的创建和删除

关系型数据库提供了数据库创建方式及对应的删除接口，涉及的 API 如下。

- StoreConfig.Builder 的 builder()：对数据库进行配置，包括设置数据库名、存储模式、日志模式、同步模式、是否为只读及对数据库加密。
- RdbOpenCallback 的 onCreate(RdbStore store)：数据库创建时被回调，开发者可以在该方法中初始化表结构，并添加一些应用使用到的初始化数据。
- RdbOpenCallback 的 onUpgrade(RdbStore store, int currentVersion, int targetVersion)：数据库升级时被回调。
- DatabaseHelper 的 getRdbStore(StoreConfig config, int version, RdbOpenCallback openCallback, ResultSetHook resultSetHook)：根据配置创建或打开数据库。
- DatabaseHelper 的 deleteRdbStore(String name)：删除指定的数据库。

2. 数据库的加密

关系型数据库提供了数据库加密能力，创建数据库时传入指定密钥，创建加密数据库，后续打开加密数据库时需要传入正确密钥。其涉及的 API 为 StoreConfig.Builder 的 setEncryptKey(byte[] encryptKey)，用于为数据库配置类设置数据库加密密钥，创建或打开数据库时传入包含数据库加密密钥的配置类，即可创建或打开加密数据库。

3. 数据库的增删改查

关系型数据库提供了本地数据增删改查操作的能力，相关 RdbStore 的 API 如下。

- insert(String table, ValuesBucket initialValues)：向数据库插入数据。
- update(ValuesBucket values, AbsRdbPredicates predicates)：更新数据库表中符合谓词指定条件的数据。
- delete(AbsRdbPredicates predicates)：删除数据。
- query(AbsRdbPredicates predicates, String[] columns)：查询数据。
- querySql(String sql, String[] sqlArgs)：执行原生的用于查询操作的 SQL 语句。

4. 数据库谓词的使用

关系型数据库提供了用于设置数据库操作条件的谓词 AbsRdbPredicates，其中包括两个实现子类 RdbPredicates 和 RawRdbPredicates。

（1）RdbPredicates：开发者无须编写复杂的 SQL 语句，仅通过调用该类中条件相关的方法，如 equalTo、notEqualTo、groupBy、orderByAsc、beginsWith 等，就可自动完成 SQL 语句拼接，方便用户聚焦业务操作。

RdbPredicates 包含的 API 如下。

- equalTo(String field, String value)：设置谓词条件，满足 filed 字段与 value 值相等。
- notEqualTo(String field, String value)：设置谓词条件，满足 filed 字段与 value 值不相等。

- beginsWith(String field, String value)：设置谓词条件，满足 field 字段以 value 值开头。
- between(String field, int low, int high)：设置谓词条件，满足 field 字段在最小值 low 和最大值 high 之间。
- orderByAsc(String field)：设置谓词条件，根据 field 字段升序排列。

（2）RawRdbPredicates：可满足复杂 SQL 语句的场景，支持开发者自己设置 where 条件子句和 whereArgs 参数，不支持 equalTo 等条件接口的使用。

RawRdbPredicates 包含的 API 如下。

- setWhereClause(String whereClause)：设置 where 条件子句。
- setWhereArgs(List<String> whereArgs)：设置 whereArgs 参数，该值表示 where 子句中占位符的值。

5. 查询结果集的使用

关系型数据库提供了查询返回的结果集 ResultSet，其指向查询结果中的一行数据，供用户对查询结果进行遍历和访问。ReusltSet 的对外 API 如下。

- goTo(int offset)：从结果集当前位置移动指定偏移量。
- goToRow(int position)：将结果集移动到指定位置。
- goToNextRow()：将结果集向后移动一行。
- goToPreviousRow()：将结果集向前移动一行。
- isStarted()：判断结果集是否被移动过。
- isEnded()：判断结果集当前位置是否在最后一行之后。
- isAtFirstRow()：判断结果集当前位置是否在第一行。
- isAtLastRow()：判断结果集当前位置是否在最后一行。
- getRowCount()：获取当前结果集中的记录条数。
- getColumnCount()：获取结果集中的列数。
- getString(int columnIndex)：获取当前行指定索列的值，以 String 类型返回。
- getBlob(int columnIndex)：获取当前行指定列的值，以字节数组形式返回。
- getDouble(int columnIndex)：获取当前行指定列的值，以 double 类型返回。

6. 事务

关系型数据库提供了事务机制，用来保证用户操作的原子性。对单条数据进行数据库操作时无须开启事务；插入大量数据时，开启事务可以保证数据的准确性。如果中途操作失败，会执行回滚操作。

RdbStore 事务 API 如下。

- beginTransaction()：开启事务。
- markAsCommit()：设置事务的标记为成功。
- endTransaction()：结束事务。

7. 事务和结果集观察者

关系型数据库提供了事务和结果集观察者能力，当对应的事件被触发时，观察者会收到通知。其涉及的 API 如下。

- RdbStore 的 beginTransactionWithObserver(TransactionObserver transactionObserver)：开启事务，

并观察事务的启动、提交和回滚。

- ResultSet 的 registerObserver(DataObserver observer)：注册结果集的观察者。
- unregisterObserver(DataObserver observer)：注销结果集的观察者。

8. 数据库的备份和恢复

用户可以将当前数据库的数据进行保存备份，还可以在需要时进行数据恢复。

RdbStore 提供的数据库备份和恢复 API 如下。

- restore(String srcName)：数据库恢复接口，从指定的非加密数据库文件中恢复数据。
- restore(String srcName, byte[] srcEncryptKey, byte[] destEncryptKey)：数据库恢复接口，从指定的数据库文件（加密和非加密均可）中恢复数据。
- backup(String destName)：数据库备份接口，备份出的数据库文件是非加密的。
- backup(String destName, byte[] destEncryptKey)：数据库备份接口，此方法经常用在备份加密数据库场景。

27.2.6　开发过程

HarmonyOS 关系型数据库的开发过程总结如下。

1. 创建数据库

（1）配置数据库相关信息，包括数据库的名称、存储模式、是否为只读模式等。

（2）初始化数据库表结构和相关数据。

（3）创建数据库。

示例代码如下：

```
StoreConfig config = StoreConfig.newDefaultConfig("RdbStoreTest.db");
private static final RdbOpenCallback callback = new RdbOpenCallback() {
    @Override
    public void onCreate(RdbStore store) {
        store.executeSql("CREATE TABLE IF NOT EXISTS test"
            +"(id INTEGER PRIMARY KEY AUTOINCREMENT, name TEXT NOT NULL,"
            +"age INTEGER, salary REAL, blobType BLOB)");
    }
    @Override
    public void onUpgrade(RdbStore store, int oldVersion, int newVersion) {
    }
};


DatabaseHelper helper = new DatabaseHelper(context);
RdbStore store = helper.getRdbStore(config, 1, callback, null);
```

2. 插入数据

（1）构造要插入的数据，以 ValuesBucket 形式存储。

（2）调用关系型数据库提供的插入接口。

示例代码如下：

```
ValuesBucket values = new ValuesBucket();
values.putInteger("id", 1);
values.putString("name","zhangsan");
```

```
values.putInteger("age", 18);
values.putDouble("salary", 100.5);
values.putByteArray("blobType", new byte[] {1, 2, 3});
long id = store.insert("test", values);
```

3. 查询数据

（1）构造用于查询的谓词对象，设置查询条件。

（2）指定查询返回的数据列。

（3）调用查询接口查询数据。

（4）调用结果集接口，遍历返回结果。

示例代码如下：

```
String[] columns = new String[] {"id","name","age","salary"};
RdbPredicates rdbPredicates =
    new RdbPredicates("test").equalTo("age", 25).orderByAsc("salary");
ResultSet resultSet = store.query(rdbPredicates, columns);
resultSet.goToNextRow();
```

有关关系型数据库的详细开发示例可以参见 5.11 节相关内容。

27.3 对象关系映射数据库

HarmonyOS 对象关系映射数据库是一款基于 SQLite 的数据库框架，屏蔽了底层 SQLite 数据库的 SQL 操作，针对实体和关系提供了增删改查等一系列的面向对象接口。应用开发者不必再去编写复杂的 SQL 语句，以操作对象的形式来操作数据库，在提升效率的同时也能聚焦于业务开发。

HarmonyOS 对象关系映射数据库建立在 HarmonyOS 关系型数据库的基础之上，所以对象关系映射数据库的一些约束与限制、默认配置可参考关系型数据库的约束与限制、默认配置。

27.3.1 基本概念

使用对象关系映射数据库时，主要涉及以下概念。

（1）对象关系映射数据库的三个主要组件。

- 数据库：被开发者用 @Database 注解，且继承了 OrmDatabase 的类，对应关系型数据库。
- 实体对象：被开发者用 @Entity 注解，且继承了 OrmObject 的类，对应关系型数据库中的表。
- 对象数据操作接口：包括数据库操作的入口 OrmContext 类和谓词接口（OrmPredicate）等。

（2）谓词：数据库中用来代表数据实体的性质、特征或者数据实体之间关系的词项，主要用来定义数据库的操作条件。对象关系映射数据库将 SQLite 数据库中的谓词封装成了接口方法供开发者调用。开发者通过对象数据操作接口，可以访问到应用持久化的关系型数据。

（3）对象关系映射数据库：通过将实例对象映射到关系上，实现使用操作实例对象的语法操作关系型数据库。它是在 SQLite 数据库的基础上提供的一个抽象层。

（4）SQLite 数据库：一款轻型的数据库，是遵守 ACID 的关系型数据库管理系统。

27.3.2 运作机制

对象关系映射数据库操作是基于关系型数据库操作接口完成的，实际是在关系型数据库操作的基础上又实现了对象关系映射等特性。因此，对象关系映射数据库和关系型数据库一样，都使用SQLite 作为持久化引擎，底层使用的是同一套数据库连接池和数据库连接机制。

使用对象关系映射数据库的开发者需要先配置实体模型与关系映射文件。应用数据管理框架提供的类生成工具会解析这些文件，生成数据库帮助类，这样应用数据管理框架就能在运行时，根据开发者的配置创建好数据库，并在存储过程中自动完成对象关系映射。开发者再通过对象数据操作接口，如 OrmContext 接口和谓词接口等操作持久化数据库。

对象数据操作接口提供一组基于对象映射的数据操作接口，实现了基于 SQL 的关系模型数据到对象的映射，让用户不需要再和复杂的 SQL 语句打交道，而只需简单地操作实体对象的属性和方法。对象数据操作接口支持对象的增删改查操作，同时支持事务操作等。

图 27-2 展示了对象关系映射数据库运作机制架构。

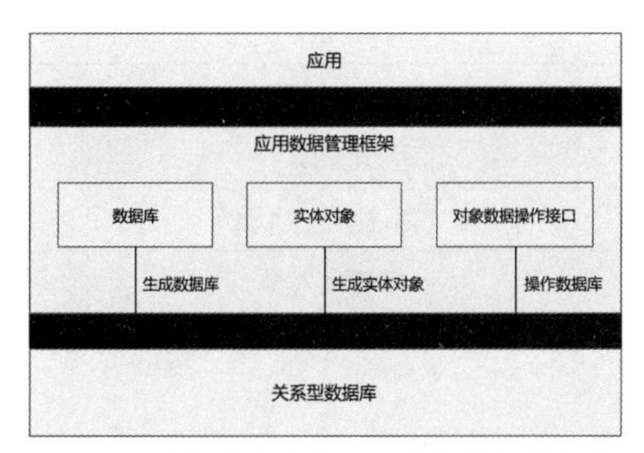

图27-2 对象关系映射数据库运作机制架构

27.3.3 实体对象属性支持的类型

开发者建立实体对象类时，对象属性的类型可以在表 27-1 中选择，不支持使用自定义类型。

表27-1 实体对象属性支持的类型

类型名称	描述	初始值
Integer	封装整型	null
int	整型	0
Long	封装长整型	null
long	长整型	0L
Double	封装双精度浮点型	null
double	双精度浮点型	0
Float	封装单精度浮点型	null
float	单精度浮点型	0
Short	封装短整型	null

（续表）

类型名称	描述	初始值
short	短整型	0
String	字符串型	null
Boolean	封装布尔型	null
boolean	布尔型	0
Byte	封装字节型	null
byte	字节型	0
Character	封装字符型	null
char	字符型	‘ ’
Date	日期类	null
Time	时间类	null
Timestamp	时间戳类	null
Calendar	日历类	null
Blob	二进制大对象	null
Clob	字符大对象	null

27.3.4 接口说明

对象关系映射数据库目前可以支持数据库和表的创建、数据库的加密、对象数据的增删改查、对象数据的变化观察者设置、数据库的升降级、数据库的备份和回复接口等功能。

1. 数据库和表的创建

（1）创建数据库。开发者需要定义一个表示数据库的类，继承 OrmDatabase，再通过 @Database 注解内的 entities 属性指定哪些数据模型类属于该数据库。其属性如下。

- version：数据库版本号。
- entities：数据库内包含的表。

（2）创建数据表。开发者可通过创建一个继承了 OrmObject 并用 @Entity 注解的类获取数据库实体对象，即表的对象。其属性如下。

- tableName：表名。
- primaryKeys：主键名。一个表里只能有一个主键，一个主键可以由多个字段组成。
- foreignKeys：外键列表。
- indices：索引列表。

其主要涉及如下注解。

- @Database：被 @Database 注解且继承了 OrmDatabase 的类对应数据库类。
- @Entity：被 @Entity 注解且继承了 OrmObject 的类对应数据表类。
- @Column：被 @Column 注解的变量对应数据表的字段。

- @PrimaryKey：被 @PrimaryKey 注解的变量对应数据表的主键。
- @ForeignKey：被 @ForeignKey 注解的变量对应数据表的外键。
- @Index：被 @Index 注解的内容对应数据表索引的属性。

2. 数据库的加密

对象关系映射数据库提供了数据库加密能力，创建数据库时传入指定密钥，创建加密数据库，后续打开加密数据库时需要传入正确密钥。

OrmConfig.Builder 传入密钥接口为 setEncryptKey(byte[] encryptKey)，用于为数据库配置类设置数据库加密密钥，创建或打开数据库时传入包含数据库加密密钥的配置类，即可创建或打开加密数据库。

3. 对象数据的增删改查

通过对象数据操作接口，开发者可以对对象数据进行增删改查操作。

OrmContext 对象数据操作接口如下。

- insert(T object)：添加方法。
- update(T object)：更新方法。
- query(OrmPredicates predicates)：查询方法。
- delete(T object)：删除方法。
- where(Class<T> clz)：设置谓词方法。

4. 对象数据的变化观察者设置

通过使用对象数据操作接口，开发者可以在某些数据上设置观察者，接收数据变化的通知。

OrmContext 数据变化观察者接口如下。

- registerStoreObserver(String alias, OrmObjectObserver observer)：注册数据库变化回调。
- registerContextObserver(OrmContext watchedContext, OrmObjectObserver observer)：注册上下文变化回调。
- registerEntityObserver(String entityName, OrmObjectObserver observer)：注册数据库实体变化回调。
- registerObjectObserver(OrmObject ormObject, OrmObjectObserver observer)：注册对象变化回调。

5. 数据库的升降级

通过调用数据库升降级接口，开发者可以将数据库切换到不同的版本。

OrmMigration 数据库升降级接口为 onMigrate(int beginVersion, int endVersion)，用于数据库版本升降级。

6. 数据库备份与恢复接口

开发者可以将当前数据库的数据进行备份，在必要时进行数据恢复。

OrmContext 数据库备份与恢复接口如下。

- backup(String destPath)：数据库备份接口。
- restore(String srcPath)：数据库恢复备份接口。

27.4 实战：使用对象关系映射数据库

5.11 节演示了如何通过 DataAbilityHelper 类来访问关系型数据库数据，本节将演示如何访问对象关系映射数据库。

创建一个名为 DataAbilityHelperAccessORM 的 Phone 设备类型应用，作为演示示例。

27.4.1 修改build.gradle

修改 build.gradle，添加 compileOptions 相关的配置，否则无法识别对象关系映射数据库相关的注解。

完整的 build.gradle 文件如下：

```
apply plugin:'com.huawei.ohos.hap'
ohos {
    compileSdkVersion 3
    defaultConfig {
        compatibleSdkVersion 3
    }

    // 添加 compileOptions 相关的配置
    compileOptions {
        annotationEnabled true
    }
}

dependencies {
    implementation fileTree(dir:'libs', include: ['*.jar','*.har'])
    testCompile'junit:junit:4.12'
}
```

27.4.2 新增User

新增 User 类，用于表示用户实体，代码如下：

```
package com.waylau.hmos.dataabilityhelperaccessorm;

import ohos.data.orm.OrmObject;
import ohos.data.orm.annotation.Entity;
import ohos.data.orm.annotation.Index;
import ohos.data.orm.annotation.PrimaryKey;

@Entity(tableName ="user",
        indices = {@Index(value = {"userName"}, name ="name_index", unique
= true)})
public class User extends OrmObject {
    // 此处将 userId 设为自增主键。注意：只有在数据类型为包装类型时，自增主键才能生效
    @PrimaryKey(autoGenerate = true)
    private Integer userId;
    private String userName;
    private int age;

    public Integer getUserId() {
```

```
        return userId;
    }

    public void setUserId(Integer userId) {
        this.userId = userId;
    }

    public String getUserName() {
        return userName;
    }

    public void setUserName(String userName) {
        this.userName = userName;
    }

    public int getAge() {
        return age;
    }

    public void setAge(int age) {
        this.age = age;
    }
}
```

上述代码中：

（1）构造了数据表，即创建了数据库实体类并配置了对应的属性（如对应表的主键等）。数据表必须与其所在的数据库在同一个模块中。

（2）上述代码定义了一个实体类 User.java，对应数据库内的表名为“user”。其中 indices 是用于设置索引，上述例子为“userName” 这个字段建立的索引“name_index”，并且这个索引值是唯一的。

27.4.3　新增UserStore

新增 UserStore 类，用于表示数据库，代码如下：

```
package com.waylau.hmos.dataabilityhelperaccessorm;

import ohos.data.orm.OrmDatabase;
import ohos.data.orm.annotation.Database;


@Database(entities = {User.class}, version = 1)
public abstract class UserStore extends OrmDatabase {
}
```

上述代码定义了类 UserStore.java，包含的实体是“User”类，版本号为“1”。数据库类的 getVersion() 方法和 getHelper() 方法不需要实现，直接将数据库类设为虚类即可。

27.4.4　创建DataAbility

在 DevEco Studio 中创建了一个名为 UserDataAbility 的 Data。UserDataAbility 初始化时代码如下：

```
package com.waylau.hmos.dataabilityhelperaccessorm;

import ohos.aafwk.ability.Ability;
import ohos.aafwk.content.Intent;
import ohos.data.resultset.ResultSet;
import ohos.data.rdb.ValuesBucket;
import ohos.data.dataability.DataAbilityPredicates;
import ohos.hiviewdfx.HiLog;
import ohos.hiviewdfx.HiLogLabel;
import ohos.utils.net.Uri;
import ohos.utils.PacMap;

import java.io.FileDescriptor;

public class UserDataAbility extends Ability {
    private static final HiLogLabel LABEL_LOG = new HiLogLabel(3, 0xD001100,"Demo");

    @Override
    public void onStart(Intent intent) {
        super.onStart(intent);
        HiLog.info(LABEL_LOG,"UserDataAbility onStart");
    }

    @Override
    public ResultSet query(Uri uri, String[] columns, DataAbilityPredicates
 predicates) {
        return null;
    }

    @Override
    public int insert(Uri uri, ValuesBucket value) {
        HiLog.info(LABEL_LOG,"UserDataAbility insert");
        return 999;
    }

    @Override
    public int delete(Uri uri, DataAbilityPredicates predicates) {
        return 0;
    }

    @Override
    public int update(Uri uri, ValuesBucket value, DataAbilityPredicates
 predicates) {
        return 0;
    }

    @Override
    public FileDescriptor openFile(Uri uri, String mode) {
        return null;
    }

    @Override
    public String[] getFileTypes(Uri uri, String mimeTypeFilter) {
        return new String[0];
    }

    @Override
    public PacMap call(String method, String arg, PacMap extras) {
        return null;
```

```
    }

    @Override
    public String getType(Uri uri) {
        return null;
    }
}
```

UserDataAbility 自动在配置文件中添加了相应的配置，内容如下：

```
"abilities": [
    {
   "skills": [
        {
       "entities": [
           "entity.system.home"
        ],
       "actions": [
           "action.system.home"
        ]
        }
    ],
   "orientation":"unspecified",
   "name":"com.waylau.hmos.dataabilityhelperaccessorm.MainAbility",
   "icon":"$media:icon",
   "description":"$string:mainability_description",
   "label":"DataAbilityHelperAccessORM",
   "type":"page",
   "launchType":"standard"
    },
    // 新增 UserDataAbility 配置
    {
   "permissions": [
       "com.waylau.hmos.dataabilityhelperaccessorm.DataAbilityShellProvid
 er.PROVIDER"
    ],
   "name":"com.waylau.hmos.dataabilityhelperaccessorm.UserDataAbility",
   "icon":"$media:icon",
   "description":"$string:userdataability_description",
   "type":"data",
   "uri":"dataability://com.waylau.hmos.dataabilityhelperaccessorm.UserDa
 taAbility"
    }
]
```

从上述配置可以看出：

（1）type 类型设置为 data。

（2）uri 为对外提供的访问路径，全局唯一。

（3）permissions 为访问该 Data Ability 时需要申请的访问权限。

27.4.5　初始化数据库

修改 UserDataAbility，代码如下：

```
public class UserDataAbility extends Ability {
    private static final String TAG = UserDataAbility.class.getSimpleName();
```

```
    private static final HiLogLabel LABEL_LOG =
            new HiLogLabel(HiLog.LOG_App, 0x00001, TAG);

    private static final String DATABASE_NAME ="RdbStoreTest.db";
    private static final String DATABASE_NAME_ALIAS = TAG;

    private DatabaseHelper manager;
    private OrmContext ormContext = null;

    @Override
    public void onStart(Intent intent) {
        super.onStart(intent);
        HiLog.info(LABEL_LOG,"UserDataAbility onStart");

        // 初始化 DatabaseHelper 和 OrmContext
        manager = new DatabaseHelper(this);
        ormContext = manager.getOrmContext(DATABASE_NAME_ALIAS, DATABASE_
NAME, UserStore.class);
    }

    @Override
    public void onStop() {
        super.onStop();
        HiLog.info(LABEL_LOG,"UserDataAbility onStop");

        // 删除数据库
        manager.deleteRdbStore(DATABASE_NAME);
    }
    ...
```

在上述代码中：

（1）在 onStart() 方法中初始化了一个名为 RdbStoreTest.db 的数据库。

（2）实例化了 DatabaseHelper 和 OrmContext 对象。

（3）重写 onStop() 方法，以删除数据库

27.4.6　新增queryAll()方法

在 UserDataAbility 中新增 queryAll() 方法，代码如下：

```
public List<User> queryAll() {
    OrmPredicates predicates = ormContext.where(User.class);
    List<User> users = ormContext.query(predicates);
    users.forEach(user -> {
        HiLog.info(LABEL_LOG,"query user: %{public}s", user);
    });

    return users;
}
```

上述代码中，将会查询数据库中的所有用户数据。

27.4.7　新增insert()方法

在 UserDataAbility 中新增 insert() 方法，代码如下：

```
public int insert(User user) {
    HiLog.info(LABEL_LOG,"before insert");

    // 插入数据库
    ormContext.insert(user);
    boolean isSuccessed = ormContext.flush();

    // 获取 UserId
    int userId = user.getUserId();

    HiLog.info(LABEL_LOG,"end insert: %{public}s, isSuccessed: %{public}s",
            userId, isSuccessed);
    return userId;
}
```

上述代码中，将在数据库中插入用户信息。

27.4.8　新增update()方法

在 UserDataAbility 中新增 update() 方法，代码如下：

```
public int update(User user) {
    HiLog.info(LABEL_LOG,"before update");

    ormContext.update(user);

    boolean isSuccessed = ormContext.flush();

    HiLog.info(LABEL_LOG,"end update, isSuccessed: %{public}s",
            isSuccessed);
    return 1;
}
```

上述代码中，将会更新指定的用户信息。

27.4.9　新增deleteAll()方法

在 UserDataAbility 中新增 deleteAll() 方法，代码如下：

```
public int deleteAll() {
    HiLog.info(LABEL_LOG,"before delete");
    OrmPredicates predicates = ormContext.where(User.class);
    List<User> users = ormContext.query(predicates);

    users.forEach(user -> {
        boolean isSuccessed = ormContext.delete(user);
        HiLog.info(LABEL_LOG,"delete user: %{public}s, isSuccessed: %{public}s",
                user.getUserId(), isSuccessed);
    });

    boolean isSuccessed = ormContext.flush();

    HiLog.info(LABEL_LOG,"end delete, isSuccessed: %{public}s",
            isSuccessed);

    return users.size();
```

```
}
```

上述代码中，将会删除所有用户信息。

27.4.10 修改ability_main.xml

修改 ability_main.xml，代码如下：

```
<?xml version="1.0" encoding="utf-8"?>
<DirectionalLayout
    xmlns:ohos="http://schemas.huawei.com/res/ohos"
    ohos:height="match_parent"
    ohos:width="match_parent"
    ohos:orientation="vertical">

    <DirectionalLayout
        ohos:height="60vp"
        ohos:width="match_parent"
        ohos:orientation="horizontal">
        <Button
            ohos:id="$+id:button_query"
            ohos:height="40vp"
            ohos:width="0vp"
            ohos:background_element="#F76543"
            ohos:layout_alignment="horizontal_center"
            ohos:margin="10vp"
            ohos:padding="10vp"
            ohos:text="Query"
            ohos:text_size="44"
            ohos:weight="1"
            />

        <Button
            ohos:id="$+id:button_insert"
            ohos:height="40vp"
            ohos:width="0vp"
            ohos:background_element="#F76543"
            ohos:layout_alignment="horizontal_center"
            ohos:margin="10vp"
            ohos:padding="10vp"
            ohos:text="Insert"
            ohos:text_size="44"
            ohos:weight="1"
            />

        <Button
            ohos:id="$+id:button_update"
            ohos:height="40vp"
            ohos:width="0vp"
            ohos:background_element="#F76543"
            ohos:layout_alignment="horizontal_center"
            ohos:margin="10vp"
            ohos:padding="10vp"
            ohos:text="Update"
            ohos:text_size="44"
            ohos:weight="1"
            />
```

```
        <Button
            ohos:id="$+id:button_delete"
            ohos:height="40vp"
            ohos:width="0vp"
            ohos:background_element="#F76543"
            ohos:layout_alignment="horizontal_center"
            ohos:margin="10vp"
            ohos:padding="10vp"
            ohos:text="Delete"
            ohos:text_size="44"
            ohos:weight="1"
            />
    </DirectionalLayout>

    <Text
        ohos:id="$+id:text"
        ohos:height="match_content"
        ohos:width="match_content"
        ohos:background_element="$graphic:background_ability_main"
        ohos:multiple_lines="true"
        ohos:text=""
        ohos:text_size="50"
        />

</DirectionalLayout>
```

上述代码中：

（1）设置了四个按钮，用于触发操作数据库的相关操作。

（2）Text 组件用于展示查询到的用户信息。

界面预览效果如图 27-3 所示。

图27-3　界面预览效果

27.4.11　修改MainAbilitySlice

修改 MainAbilitySlice，代码如下：

```
package com.waylau.hmos.dataabilityhelperaccessorm.slice;

import com.waylau.hmos.dataabilityhelperaccessorm.ResourceTable;
import com.waylau.hmos.dataabilityhelperaccessorm.User;
import com.waylau.hmos.dataabilityhelperaccessorm.UserDataAbility;
import ohos.aafwk.ability.AbilitySlice;
import ohos.aafwk.content.Intent;
import ohos.agp.components.Button;
import ohos.agp.components.Text;
import ohos.hiviewdfx.HiLog;
import ohos.hiviewdfx.HiLogLabel;
import ohos.utils.zson.ZSONObject;

import java.util.List;
import java.util.Random;

public class MainAbilitySlice extends AbilitySlice {
    private static final String TAG = MainAbilitySlice.class.getSimpleName();
    private static final HiLogLabel LABEL_LOG =
            new HiLogLabel(HiLog.LOG_App, 0x00001, TAG);

    private UserDataAbility userDataAbility = new UserDataAbility();

    private Text text;

    @Override
    public void onStart(Intent intent) {
        super.onStart(intent);
        super.setUIContent(ResourceTable.Layout_ability_main);

        userDataAbility.onStart(intent);

        // 添加单击事件来触发访问数据
        Button buttonQuery = (Button) findComponentById(ResourceTable.Id_
         button_query);
        buttonQuery.setClickedListener(listener -> this.doQuery());

        Button buttonInsert = (Button) findComponentById(ResourceTable.Id_
         button_insert);
        buttonInsert.setClickedListener(listener -> this.doInsert());

        Button buttonUpdate = (Button) findComponentById(ResourceTable.Id_
         button_update);
        buttonUpdate.setClickedListener(listener -> this.doUpdate());

        Button buttonDelete = (Button) findComponentById(ResourceTable.Id_
         button_delete);
        buttonDelete.setClickedListener(listener -> this.doDelete());

        text = (Text) findComponentById(ResourceTable.Id_text);
    }

    @Override
    public void onStop() {
        super.onStop();
        userDataAbility.onStop();
    }

    private void doQuery() {
```

```
        // 查询所有用户
        List<User> users = userDataAbility.queryAll();

        // 用户的信息显示在界面
        text.setText(ZSONObject.toZSONString(users) +"\n");
    }

    private void doInsert() {
        // 生成随机数据
        Random random = new Random();
        int age = random.nextInt();
        String name ="n" + System.currentTimeMillis();

        // 生成用户
        User user = new User();
        user.setUserName(name);
        user.setAge(age);

        // 插入用户
        userDataAbility.insert(user);
    }

    private void doUpdate() {
        // 查询所有用户
        List<User> users = userDataAbility.queryAll();

        // 更新所有用户
        users.forEach(user -> {
            user.setAge(43);
            userDataAbility.update(user);
        });
    }

    private void doDelete() {
        // 删除所有用户
        userDataAbility.deleteAll();
    }

    @Override
    public void onActive() {
        super.onActive();
    }

    @Override
    public void onForeground(Intent intent) {
        super.onForeground(intent);
    }
}
```

在上述方法中：

（1）初始化了 UserDataAbility，并通过 UserDataAbility 实现用户的查询、插入、更新、删除操作。

（2）Text 组件用于展示查询到的用户信息。

27.4.12 运行

运行应用，单击三次 Insert 按钮，以触发插入用户操作，可以看到控制台输出内容如下：

```
02-15 13:28:29.253 19890-19890/com.waylau.hmos.dataabilityhelperaccessorm I
 00001/UserDataAbility: before insert
02-15 13:28:29.269 19890-19890/com.waylau.hmos.dataabilityhelperaccessorm I
 00001/UserDataAbility: end insert: 1, isSuccessed: true
02-15 13:28:29.673 19890-19890/com.waylau.hmos.dataabilityhelperaccessorm I
 00001/UserDataAbility: before insert
02-15 13:28:29.676 19890-19890/com.waylau.hmos.dataabilityhelperaccessorm I
 00001/UserDataAbility: end insert: 2, isSuccessed: true
02-15 13:28:30.042 19890-19890/com.waylau.hmos.dataabilityhelperaccessorm I
 00001/UserDataAbility: before insert
02-15 13:28:30.045 19890-19890/com.waylau.hmos.dataabilityhelperaccessorm I
 00001/UserDataAbility: end insert: 3, isSuccessed: true
```

此时，单击 Query 按钮，以触发查询用户操作，可以看到控制台输出内容如下：

```
02-15 13:29:30.355 19890-19890/com.waylau.hmos.dataabilityhelperaccessorm I
 00001/UserDataAbility: query user: com.waylau.hmos.dataabilityhelperacces
 sorm.User@52c68dca
02-15 13:29:30.356 19890-19890/com.waylau.hmos.dataabilityhelperaccessorm I
 00001/UserDataAbility: query user: com.waylau.hmos.dataabilityhelperacces
 sorm.User@52c68dea
02-15 13:29:30.356 19890-19890/com.waylau.hmos.dataabilityhelperaccessorm I
 00001/UserDataAbility: query user: com.waylau.hmos.dataabilityhelperacces
 sorm.User@52c68e0a
```

界面效果 1 如图 27-4 所示。

图27-4　界面效果1

此时，单击 Update 按钮，以触发更新用户操作，可以看到控制台输出内容如下：

```
02-15 13:30:51.934 19890-19890/com.waylau.hmos.dataabilityhelperaccessorm I
 00001/UserDataAbility: before update
02-15 13:30:51.940 19890-19890/com.waylau.hmos.dataabilityhelperaccessorm I
 00001/UserDataAbility: end update, isSuccessed: true
02-15 13:30:51.940 19890-19890/com.waylau.hmos.dataabilityhelperaccessorm I
 00001/UserDataAbility: before update
02-15 13:30:51.943 19890-19890/com.waylau.hmos.dataabilityhelperaccessorm I
```

```
 00001/UserDataAbility: end update, isSuccessed: true
02-15 13:30:51.943 19890-19890/com.waylau.hmos.dataabilityhelperaccessorm I
 00001/UserDataAbility: before update
02-15 13:30:51.944 19890-19890/com.waylau.hmos.dataabilityhelperaccessorm I
 00001/UserDataAbility: end update, isSuccessed: true
```

单击 Query 按钮，界面效果 2 如图 27-5 所示，可以看到 age 已经被更新为 43。

此时，单击 Delete 按钮，以触发删除用户操作，可以看到控制台输出内容如下：

```
02-15 13:33:01.119 19890-19890/com.waylau.hmos.dataabilityhelperaccessorm I
 00001/UserDataAbility: before delete
02-15 13:33:01.120 19890-19890/com.waylau.hmos.dataabilityhelperaccessorm I
 00001/UserDataAbility: delete user: 1, isSuccessed:  true
02-15 13:33:01.120 19890-19890/com.waylau.hmos.dataabilityhelperaccessorm I
 00001/UserDataAbility: delete user: 2, isSuccessed:  true
02-15 13:33:01.120 19890-19890/com.waylau.hmos.dataabilityhelperaccessorm I
 00001/UserDataAbility: delete user: 3, isSuccessed:  true
02-15 13:33:01.125 19890-19890/com.waylau.hmos.dataabilityhelperaccessorm I
 00001/UserDataAbility: end delete, isSuccessed: true
```

单击 Query 按钮，界面效果 3 如图 27-6 所示，可以看到用户信息已经被删除。

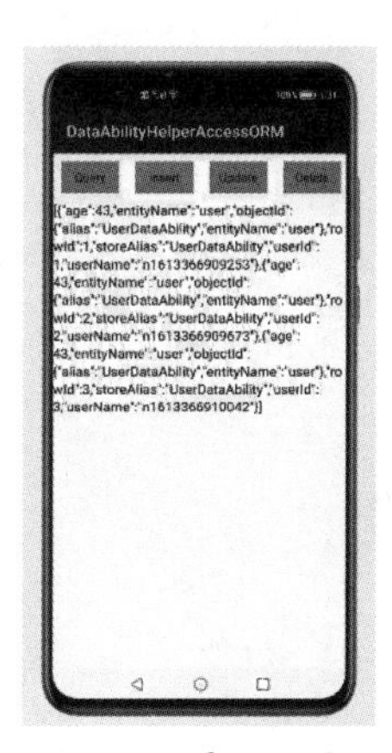

图27-5　界面效果2

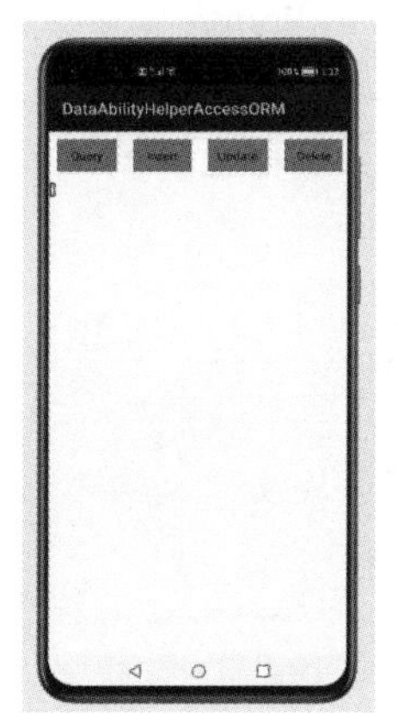

图27-6　界面效果3

27.5　轻量级偏好数据库

轻量级偏好数据库主要提供轻量级 Key-Value 操作，支持本地应用存储少量数据，数据存储在本地文件中，同时也加载在内存中，所以访问速度更快，效率更高。轻量级偏好数据库属于非关系型数据库，不宜存储大量数据，经常用于操作键值对形式数据的场景。

27.5.1　基本概念

轻量级偏好数据库主要涉及以下概念。

（1）Key-Value 数据库：一种以键值对存储数据的数据库，类似于 Java 中的 Map。Key 是关键字，Value 是值。常见的 Key-Value 数据库产品有 Redis、Berkley DB 等。

（2）非关系型数据库：区别于关系数据库，不保证遵循 ACID 特性，不采用关系模型组织数据，数据之间无关系，扩展性好。除了上面几款 Key-Value 数据库产品外，还有 Cassandra、MongoDB、HBase 等。

（3）偏好数据：用户经常访问和使用的数据。

有关 Key-Value 数据库、非关系型数据库更多的内容可以详见笔者所著的《分布式系统常用技术及案例分析》（电子工业出版社，2017）。

27.5.2 运作机制

HarmonyOS 提供偏好型数据库的操作类，应用通过这些操作类完成数据库操作。

（1）借助 DatabaseHelper 的 API，应用可以将指定文件的内容加载到 Preferences 实例，每个文件最多有一个 Preferences 实例，系统会通过静态容器将该实例存储在内存中，直到应用主动从内存中移除该实例或者删除该文件。

（2）获取到文件对应的 Preferences 实例后，应用可以借助 Preferences 的 API 从 Preferences 实例中读取数据或者将数据写入 Preferences 实例，通过 flush 或者 flushSync 将 Preferences 实例持久化。

图 27-7 所示是轻量级偏好数据库的架构。

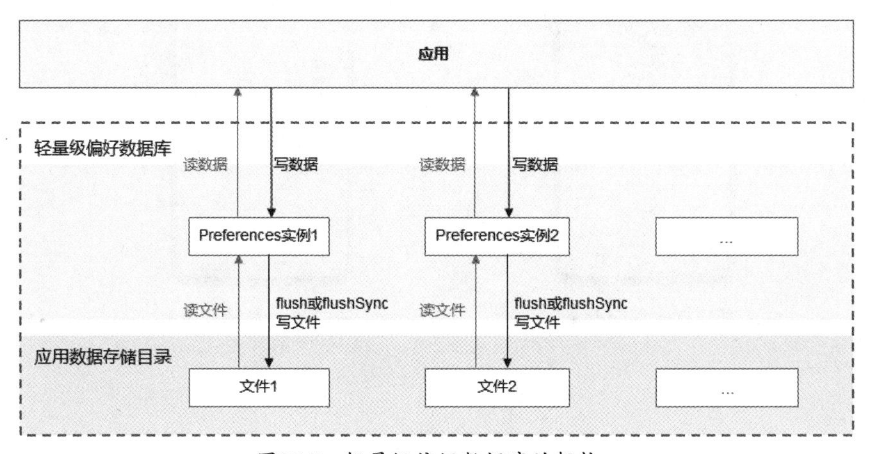

图27-7　轻量级偏好数据库的架构

27.5.3 约束与限制

使用偏好型数据库时，需要注意以下约束与限制。

（1）Key 键为 String 类型，要求非空且长度不超过 80 个字符。

（2）如果 Value 值为 String 类型，则可以为空但是长度不超过 8192 个字符。

（3）存储的数据量应该是轻量级的，建议存储的数据不超过一万条，否则会在内存方面产生较大的开销。

（4）轻量级偏好数据库主要用于保存应用的一些常用配置，并不适合频繁改变数据的场景。

27.5.4　接口说明

轻量级偏好数据库向本地应用提供了操作偏好型数据库的 API，支持本地应用读写少量数据及观察数据变化。其数据存储形式为键值对，键的类型为字符串型，值的存储数据类型包括整型、字符串型、布尔型、浮点型、长整型、字符串型、Set 集合。

1. 创建数据库

通过数据库操作的辅助类可以获取到要操作的 Preferences 实例，用于进行数据库的操作。

DatabaseHelper 轻量级偏好数据库创建接口为 getPreferences(String name)，其功能是获取文件对应的 Preferences 单实例，用于数据操作。

2. 查询数据

通过调用 Get 系列的方法，可以查询不同类型的数据。

Preferences 轻量级偏好数据库查询接口如下。

- getInt(String key, int defValue)：获取键对应的 int 类型的值。
- getFloat(String key, float defValue)：获取键对应的 float 类型的值。

3. 插入数据

通过 Put 系列的方法可以修改 Preferences 实例中的数据，通过 flush 或者 flushSync 可以将 Preferences 实例持久化。

Preferences 轻量级偏好数据库插入接口如下。

- putInt(String key, int value)：设置 Preferences 实例中键对应的 int 类型的值。
- putString(String key, String value)：设置 Preferences 实例中键对应的 String 类型的值。
- flush()：将 Preferences 实例异步写入文件。
- flushSync()：将 Preferences 实例同步写入文件。

4. 观察数据变化

轻量级偏好数据库还提供了一系列的接口变化回调，用于观察数据的变化。开发者可以通过重写 onChange() 方法定义观察者的行为。

Preferences 轻量级偏好数据库接口如下。

- registerObserver(PreferencesObserver preferencesObserver)：注册观察者，用于观察数据变化。
- unRegisterObserver(PreferencesObserver preferencesObserver)：注销观察者。
- onChange(Preferences preferences, String key)：观察者的回调方法，任意数据变化都会回调该方法。

5. 删除数据文件

DatabaseHelper 轻量级偏好数据库删除接口如下。

- deletePreferences(String name)：删除文件和文件对应的 Preferences 单实例。
- removePreferencesFromCache(String name)：删除文件对应的 Preferences 单实例。

6. 移动数据库文件

DatabaseHelper 轻量级偏好数据库移动接口为 movePreferences(Context sourceContext, String sourceName, String targetName)，用于移动数据库文件。

27.6 实战：使用轻量级偏好数据库

本节将演示如何使用轻量级偏好数据库。

创建一个名为 Preferences 的 Phone 设备类型的应用，作为演示示例。

27.6.1 修改ability_main.xml

修改 ability_main.xml，代码如下：

```
<?xml version="1.0" encoding="utf-8"?>
<DirectionalLayout
    xmlns:ohos="http://schemas.huawei.com/res/ohos"
    ohos:height="match_parent"
    ohos:width="match_parent"
    ohos:orientation="vertical">

    <DirectionalLayout
        ohos:height="60vp"
        ohos:width="match_parent"
        ohos:orientation="horizontal">
        <Button
            ohos:id="$+id:button_query"
            ohos:height="40vp"
            ohos:width="0vp"
            ohos:background_element="#F76543"
            ohos:layout_alignment="horizontal_center"
            ohos:margin="10vp"
            ohos:padding="10vp"
            ohos:text="Query"
            ohos:text_size="44"
            ohos:weight="1"
            />

        <Button
            ohos:id="$+id:button_insert"
            ohos:height="40vp"
            ohos:width="0vp"
            ohos:background_element="#F76543"
            ohos:layout_alignment="horizontal_center"
            ohos:margin="10vp"
            ohos:padding="10vp"
            ohos:text="Insert"
            ohos:text_size="44"
            ohos:weight="1"
            />

        <Button
            ohos:id="$+id:button_update"
            ohos:height="40vp"
            ohos:width="0vp"
            ohos:background_element="#F76543"
            ohos:layout_alignment="horizontal_center"
            ohos:margin="10vp"
            ohos:padding="10vp"
            ohos:text="Update"
            ohos:text_size="44"
```

```
            ohos:weight="1"
            />

        <Button
            ohos:id="$+id:button_delete"
            ohos:height="40vp"
            ohos:width="0vp"
            ohos:background_element="#F76543"
            ohos:layout_alignment="horizontal_center"
            ohos:margin="10vp"
            ohos:padding="10vp"
            ohos:text="Delete"
            ohos:text_size="44"
            ohos:weight="1"
            />
    </DirectionalLayout>

    <Text
        ohos:id="$+id:text"
        ohos:height="match_content"
        ohos:width="match_content"
        ohos:background_element="$graphic:background_ability_main"
        ohos:multiple_lines="true"
        ohos:text=""
        ohos:text_size="50"
        />

</DirectionalLayout>
```

上述代码中：

（1）设置了四个按钮，用于触发操作数据库的相关操作。

（2）Text 组件用于展示查询到的数据信息。

界面预览效果如图 27-8 所示。

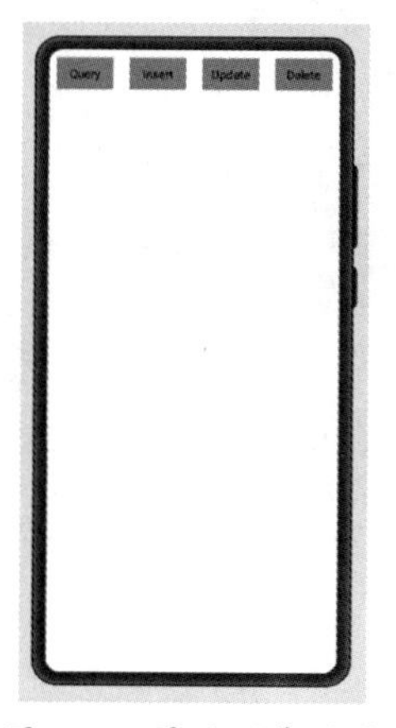

图27-8　界面预览效果

27.6.2　修改MainAbilitySlice

修改 MainAbilitySlice，代码如下：

```
package com.waylau.hmos.preferences.slice;

import com.waylau.hmos.preferences.ResourceTable;
import ohos.aafwk.ability.AbilitySlice;
import ohos.aafwk.content.Intent;
import ohos.agp.components.Button;
import ohos.agp.components.Text;
import ohos.data.DatabaseHelper;
import ohos.data.preferences.Preferences;
import ohos.hiviewdfx.HiLog;
import ohos.hiviewdfx.HiLogLabel;

public class MainAbilitySlice extends AbilitySlice {
    private static final String TAG = MainAbilitySlice.class.getSimpleName();
    private static final HiLogLabel LABEL_LOG =
            new HiLogLabel(HiLog.LOG_App, 0x00001, TAG);

    private static final String PREFERENCES_FILE ="preferences-file";
    private static final String PREFERENCES_KEY ="preferences-key";

    private DatabaseHelper databaseHelper;
    private Preferences preferences;
    private Preferences.PreferencesObserver observer;
    private Text text;

    @Override
    public void onStart(Intent intent) {
        super.onStart(intent);
        super.setUIContent(ResourceTable.Layout_ability_main);

        // 初始化数据
        initData();

        // 添加单击事件触发访问数据
        Button buttonQuery = (Button) findComponentById(ResourceTable.Id_button_query);
        buttonQuery.setClickedListener(listener -> this.doQuery());

        Button buttonInsert = (Button) findComponentById(ResourceTable.Id_
         button_insert);
        buttonInsert.setClickedListener(listener -> this.doInsert());

        Button buttonUpdate = (Button) findComponentById(ResourceTable.Id_
         button_update);
        buttonUpdate.setClickedListener(listener -> this.doUpdate());

        Button buttonDelete = (Button) findComponentById(ResourceTable.Id_
         button_delete);
        buttonDelete.setClickedListener(listener -> this.doDelete());

        text = (Text) findComponentById(ResourceTable.Id_text);
    }

    private void initData() {
        HiLog.info(LABEL_LOG,"before initData");

        databaseHelper = new DatabaseHelper(this.getContext());

        // fileName 表示文件名，其取值不能为空，也不能包含路径，
        // 默认存储目录可以通过 context.getPreferencesDir() 获取
```

```
        preferences = databaseHelper.getPreferences(PREFERENCES_FILE);

        // 观察者
        observer = new MyPreferencesObserver();

        HiLog.info(LABEL_LOG,"end initData");
    }

    @Override
    public void onStop() {
        super.onStop();

        // 从内存中移除指定文件对应的 Preferences 单实例
        // 删除指定文件及其备份文件、损坏文件
        boolean result = databaseHelper.deletePreferences(PREFERENCES_FILE);
    }

    private void doQuery() {
        HiLog.info(LABEL_LOG,"before doQuery");

        // 查询
        String result = preferences.getString(PREFERENCES_KEY,"");

        // 查询的信息显示在界面
        text.setText(result +"\n");

        HiLog.info(LABEL_LOG,"end doQuery, result: %{public}s", result);
    }

    private void doInsert() {
        HiLog.info(LABEL_LOG,"before doInsert");

        // 生成随机数据
        String data ="d" + System.currentTimeMillis();

        // 将数据写入 Preferences 实例
        preferences.putString(PREFERENCES_KEY, data);

        // 注册观察者
        preferences.registerObserver(observer);

        // 通过 flush 或者 flushSync 将 Preferences 实例持久化
        preferences.flush(); // 异步
        // preferences.flushSync(); // 同步

        HiLog.info(LABEL_LOG,"end doInsert, data: %{public}s", data);
    }

    private void doUpdate() {
        HiLog.info(LABEL_LOG,"before doUpdate");

        // 更新就是重新做一次插入
        doInsert();

        HiLog.info(LABEL_LOG,"end doUpdate");
    }

    private void doDelete() {
        HiLog.info(LABEL_LOG,"before doDelete");
```

```
        // 删除
        preferences.delete(PREFERENCES_KEY);

        HiLog.info(LABEL_LOG,"end doDelete");
    }

    private class MyPreferencesObserver implements Preferences.PreferencesObserver {

        @Override
        public void onChange(Preferences preferences, String key) {
            HiLog.info(LABEL_LOG,"onChange, key: %{public}s", key);
        }
    }

    @Override
    public void onActive() {
        super.onActive();
    }

    @Override
    public void onForeground(Intent intent) {
        super.onForeground(intent);
    }
}
```

上述方法中：

（1）initData 方法初始化了 DatabaseHelper、Preferences 和 PreferencesObserver 对象。

（2）通过 Preferences 对象实现数据的查询、插入、更新、删除操作。

（3）onStop() 方法从内存中移除指定文件对应的 Preferences 单实例，并删除指定文件及其备份文件、损坏文件。

（4）Text 组件用于展示查询到的数据信息。

27.6.3 运行

运行应用，单击 Query 按钮，以触发查询操作，可以看到控制台输出内容如下：

```
02-15 16:31:05.641 29080-29080/com.waylau.hmos.preferences I 00001/MainA
 bilitySlice: before doQuery
02-15 16:31:05.642 29080-29080/com.waylau.hmos.preferences I 00001/MainA
 bilitySlice: end doQuery, result:
```

从上述日志可以看出，并没有查到任何数据，界面效果 1 如图 27-9 所示。

此时，单击 Insert 按钮，以触发插入操作，可以看到控制台输出内容如下：

```
02-15 16:32:58.167 29080-29080/com.waylau.hmos.preferences I 00001/MainA
 bilitySlice: before doInsert
02-15 16:32:58.168 29080-29080/com.waylau.hmos.preferences I 00001/MainA
 bilitySlice: onChange, key: preferences-key
02-15 16:32:58.168 29080-29080/com.waylau.hmos.preferences I 00001/MainA
 bilitySlice: end doInsert, data: d1613377978167
```

此时，再次单击 Query 按钮，就能查到刚插入的数据，界面效果 2 如图 27-10 所示。

图27-9 界面效果1

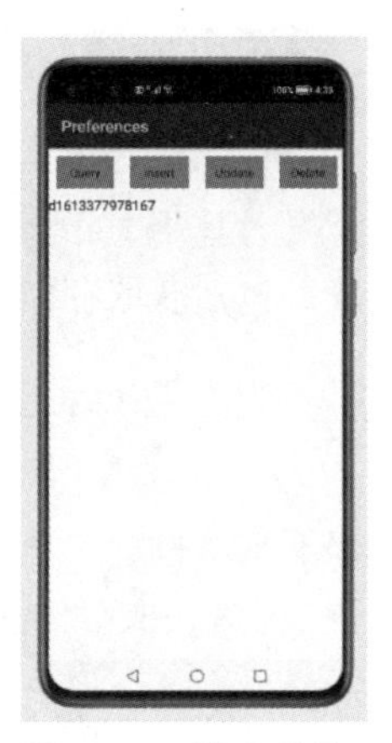

图27-10 界面效果2

单击 Update 按钮，以触发更新操作，可以看到控制台输出内容如下：

```
02-15 16:34:23.407 29080-29080/com.waylau.hmos.preferences I 00001/MainA
 bilitySlice: before doUpdate
02-15 16:34:23.407 29080-29080/com.waylau.hmos.preferences I 00001/MainA
 bilitySlice: before doInsert
02-15 16:34:23.408 29080-29080/com.waylau.hmos.preferences I 00001/MainA
 bilitySlice: onChange, key: preferences-key
02-15 16:34:23.408 29080-29080/com.waylau.hmos.preferences I 00001/MainA
 bilitySlice: end doInsert, data: d1613378063407
02-15 16:34:23.408 29080-29080/com.waylau.hmos.preferences I 00001/MainA
 bilitySlice: end doUpdate
```

此时，单击 Query 按钮，就能查到刚更新的数据，界面效果 3 如图 27-11 所示。

单击 Delete 按钮，以触发删除操作，可以看到控制台输出内容如下：

```
02-15 16:35:56.404 29080-29080/com.waylau.hmos.preferences I 00001/MainA
 bilitySlice: before doDelete
02-15 16:35:56.404 29080-29080/com.waylau.hmos.preferences I 00001/MainA
 bilitySlice: end doDelete
```

此时，单击 Query 按钮，界面效果 4 如图 27-12 所示，可以看到信息已经被删除。

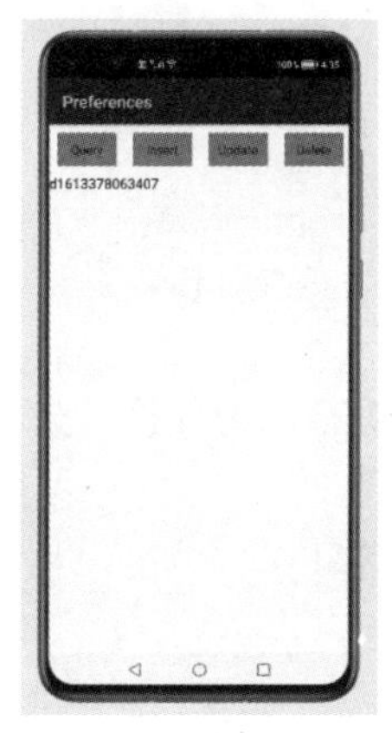

图27-11 界面效果3

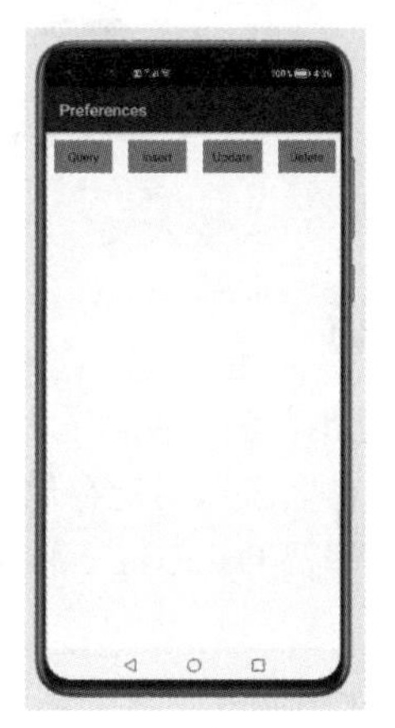

图27-12 界面效果4

27.7 数据存储管理

数据存储管理指导开发者基于 HarmonyOS 进行存储设备（包含本地存储、SD 卡、U 盘等）的数据存储管理能力的开发，包括获取存储设备列表、获取存储设备视图等。

27.7.1 基本概念

数据存储管理涉及以下基本概念。

（1）数据存储管理：包括获取存储设备列表和存储设备视图，同时也可以按照条件获取对应的存储设备视图信息。

（2）设备存储视图：提供了存储设备的抽象及访问存储设备自身信息的接口。

27.7.2 运作机制

用统一的视图结构可以表示各种存储设备，该视图结构的内部属性会因为设备的不同而不同。每个存储设备可以抽象成两部分，一部分是存储设备自身信息区域，一部分是用来真正存放数据的区域。图 27-13 展示了存储设备视图。

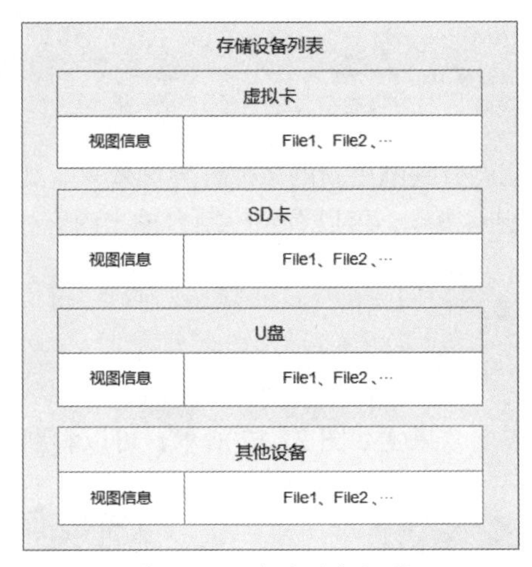

图27-13　存储设备视图

27.7.3 接口说明

为了给用户展示存储设备信息，开发者可以使用数据存储管理接口获取存储设备视图信息，也可以根据用户提供的文件名获取对应存储设备的视图信息。

数据存储管理主要涉及 DataUsage 和 Volume 相关的接口。

1. DataUsage

DataUsage 相关的接口如下。

- getVolumes()：获取当前用户可用的设备列表视图。

- getVolume(File file)：获取存储该文件的存储设备视图。
- getVolume(Context context, Uri uri)：获取该 URI 对应文件所在的存储设备视图。
- getDiskMountedStatus()：获取默认存储设备的挂载状态。
- getDiskMountedStatus(File path)：获取存储该文件设备的挂载状态。
- isDiskPluggable()：默认存储设备是否为可插拔设备。
- isDiskPluggable(File path)：存储该文件的设备是否为可插拔设备。
- isDiskEmulated()：默认存储设备是否为虚拟设备。
- isDiskEmulated(File path)：存储该文件的设备是否为虚拟设备。

2. Volume

Volume 相关的接口如下。

- isEmulated()：该设备是否是虚拟存储设备。
- isPluggable()：该设备是否支持插拔。
- getDescription()：获取设备描述信息。
- getState()：获取设备挂载状态。
- getVolUuid()：获取设备唯一标识符。

27.8 实战：使用数据存储管理

本节将演示如何使用数据存储管理。

创建一个名为 DataUsage 的 Phone 设备类型应用，作为演示示例。

27.8.1 修改ability_main.xml

修改 ability_main.xml，代码如下：

```
<?xml version="1.0" encoding="utf-8"?>
<DirectionalLayout
    xmlns:ohos="http://schemas.huawei.com/res/ohos"
    ohos:height="match_parent"
    ohos:width="match_parent"
    ohos:orientation="vertical">

    <Button
        ohos:id="$+id:button_query"
        ohos:height="40vp"
        ohos:width="match_parent"
        ohos:background_element="#F76543"
        ohos:layout_alignment="horizontal_center"
        ohos:margin="10vp"
        ohos:padding="10vp"
        ohos:text="Query"
        ohos:text_size="50"
        />
```

```
    <Text
        ohos:id="$+id:text"
        ohos:height="match_content"
        ohos:width="match_content"
        ohos:background_element="$graphic:background_ability_main"
        ohos:multiple_lines="true"
        ohos:text=""
        ohos:text_size="50"
        />

</DirectionalLayout>
```

上述代码中：

（1）设置了 Query 按钮，以备设置单击事件，触发查询数据的相关操作。

（2）Text 组件用于展示查询到的数据信息。

界面预览效果如图 27-14 所示。

图27-14　界面预览效果

27.8.2　修改MainAbilitySlice

修改 MainAbilitySlice，代码如下：

```
package com.waylau.hmos.datausage.slice;

import com.waylau.hmos.datausage.ResourceTable;
import ohos.aafwk.ability.AbilitySlice;
import ohos.aafwk.content.Intent;
import ohos.agp.components.Button;
import ohos.agp.components.Text;
import ohos.data.usage.DataUsage;
import ohos.data.usage.MountState;
import ohos.data.usage.Volume;
import ohos.hiviewdfx.HiLog;
import ohos.hiviewdfx.HiLogLabel;
import ohos.utils.zson.ZSONObject;
```

```
import java.util.List;
import java.util.Optional;

public class MainAbilitySlice extends AbilitySlice {
    private static final String TAG = MainAbilitySlice.class.getSimpleName();
    private static final HiLogLabel LABEL_LOG =
            new HiLogLabel(HiLog.LOG_App, 0x00001, TAG);

    private Text text;

    @Override
    public void onStart(Intent intent) {
        super.onStart(intent);
        super.setUIContent(ResourceTable.Layout_ability_main);

        // 添加单击事件来触发访问数据
        Button buttonQuery = (Button) findComponentById(ResourceTable.Id_
         button_query);
        buttonQuery.setClickedListener(listener -> this.doQuery());

        text = (Text) findComponentById(ResourceTable.Id_text);
    }

    private void doQuery() {
        HiLog.info(LABEL_LOG,"before doQuery");

        // 查询
        // 获取默认存储设备挂载状态
        MountState status = DataUsage.getDiskMountedStatus();
        String statusString = ZSONObject.toZSONString(status);
        text.append("MountState:" + statusString +"\n");

        // 默认存储设备是否为可插拔设备
        boolean isDiskPluggable = DataUsage.isDiskPluggable();
        text.append("isDiskPluggable:" + isDiskPluggable +"\n");

        // 默认存储设备是否为虚拟设备
        boolean isDiskEmulated = DataUsage.isDiskEmulated();
        text.append("isDiskEmulated:" + isDiskEmulated +"\n");

        // 获取存储设备列表
        Optional<List<Volume>> listOptional = DataUsage.getVolumes();
        if (listOptional.isPresent()) {
            text.append("Volume:\n");

            listOptional.get().forEach(volume -> {
                // 查询 Volume 的信息
                String volUuid = volume.getVolUuid();
                String description = volume.getDescription();
                boolean isEmulated = volume.isEmulated();
                boolean isPluggable = volume.isPluggable();

                String volumeString = ZSONObject.toZSONString(volume);
                text.append(volumeString +"\n");

                HiLog.info(LABEL_LOG,"volUuid: %{public}s, description:
                 %{public}s," + "isEmulated: %{public}s, isPluggable: %{pub
                 lic}s",volUuid, description, isEmulated, isPluggable);
```

```
            });
        }

        HiLog.info(LABEL_LOG,"end doQuery");
    }

    @Override
    public void onActive() {
        super.onActive();
    }

    @Override
    public void onForeground(Intent intent) {
        super.onForeground(intent);
    }
}
```

上述代码中：

（1）doQuery() 方法通过 DataUsage 对象查询默认存储设备的信息，包括挂载状态、是否为可插拔设备、是否为虚拟设备等。

（2）DataUsage.getVolumes() 方法可以获得所有的存储设备列表。遍历该列表，则可以查询每个 Volume 的信息。

（3）Text 组件用于展示查询到的数据信息。

27.8.3 运行

运行应用，单击 Query 按钮，以触发查询操作，可以看到控制台输出内容如下：

```
02-15 17:42:46.873 21732-21732/com.waylau.hmos.datausage I 00001/MainAbili
 tySlice: before doQuery
02-15 17:42:46.889 21732-21732/com.waylau.hmos.datausage I 00001/MainAbili
 tySlice: volUuid: , description: 内部存储 , isEmulated: true, isPluggable: false
02-15 17:42:46.889 21732-21732/com.waylau.hmos.datausage I 00001/MainAbili
 tySlice: end doQuery
```

从上述日志可以看出，已经查到了设备的信息，界面效果如图 27-15 所示。

图27-15　界面效果

第28章

综合案例1：车机应用

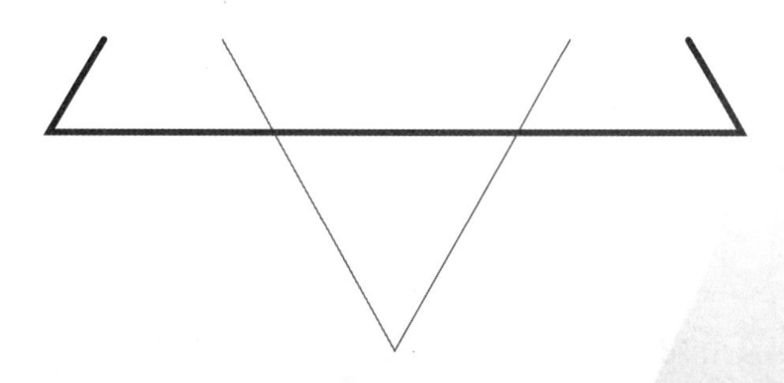

本章将演示一个完整的车机应用——电子相册。

28.1 案例概述

本章演示的是一个完整的车机应用——电子相册。相比于传统的静止图片，电子相册具有自动播放、能实现一定的动画效果等特色。

车机应用与其他设备类型不同，在驾驶模式下，应用不允许执行影响驾驶安全的所有操作，如播放视频、弹框等。因此，电子相册非常适合车机应用。

电子相册最终效果如图 28-1 所示。

图28-1　电子相册最终效果

电子相册将实现以下功能。

（1）获取本地图片资源。

（2）自动连续播放图片资源。

（3）图片在播放时呈现动画效果。

（4）每张图片播放的动画效果都不同。

28.2 代码实现

本节演示如何在 Car 设备上实现电子相册功能。

28.2.1 技术重点

实现电子相册涉及的技术重点包括电子相册布局、读取本地文件资源、使用动画、全屏显示、任务分发器。

28.2.2 创建应用

为了演示电子相册的功能，创建一个名为 ElectronicAlbum 的 Car 设备类型的应用。在应用界面上不需要设置任何按钮，应用将会在启动后自动播放图片。

为演示本应用，事先在 media 目录下放置一张名为 waylau_616_616.png 的图片资源，以及在 rawfile 目录下放置待播放的照片，如图 28-2 所示。

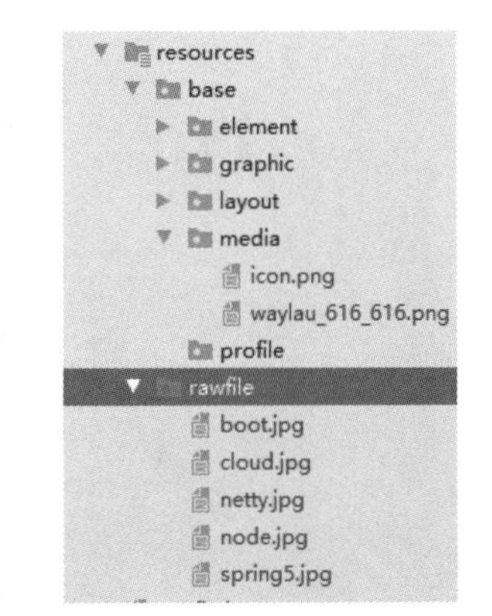

图28-2　图片资源放置位置

28.2.3　设置布局

修改 ability_main.xml，代码如下：

```
<?xml version="1.0" encoding="utf-8"?>
<DirectionalLayout
    xmlns:ohos="http://schemas.huawei.com/res/ohos"
    ohos:height="match_parent"
    ohos:width="match_parent"
    ohos:orientation="vertical">

    <Image
        ohos:id="$+id:image"
        ohos:width="match_content"
        ohos:height="match_content"
        ohos:layout_alignment="center"
        ohos:image_src="$media:waylau_616_616"/>

</DirectionalLayout>
```

上述代码只设置了 Image 组件，用于放置待播放图片。

界面预览效果如图 28-3 所示。

图28-3　界面预览效果

28.2.4　设置全屏

运行应用，查看界面的实际效果，如图 28-4 所示。

图28-4　界面效果

可以发现，界面上方 ElectronicAlbum 字样的应用名称一栏占据了非常大的空间，极度影响美观。如果能去掉应用名称一栏，即可全屏显示。

修改配置文件，在 module 属性中增加 metaData 属性，代码如下：

```
"module": {
   "package":"com.waylau.hmos.electronicalbum",
   "name":".MyApplication",
   "deviceType": [
       "car"
    ],
```

```
   "distro": {
       "deliveryWithInstall": true,
       "moduleName":"entry",
       "moduleType":"entry"
   },
   "abilities": [
       {
       "skills": [
           {
           "entities": [
               "entity.system.home"
           ],
           "actions": [
               "action.system.home"
           ]
           }
       ],
       "orientation":"landscape",
       "name":"com.waylau.hmos.electronicalbum.MainAbility",
       "icon":"$media:icon",
       "description":"$string:mainability_description",
       "label":"ElectronicAlbum",
       "type":"page",
       "launchType":"standard"
       }
   ],
   // 增加 metaData 属性
   "metaData":{
       "customizeData":[
       {
           "name":"hwc-theme",
           "value":"androidhwext:style/Theme.Emui.NoTitleBar",
           "extra":""
       }
       ]
   }
}
```

再次运行应用，界面全屏效果如图 28-5 所示。

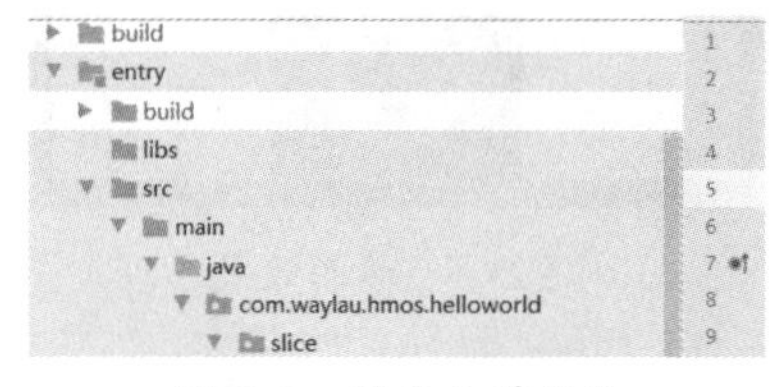

图28-5　界面全屏效果

28.2.5　应用的主体逻辑

修改 MainAbilitySlice 内容，以实现电子相册的主体逻辑，代码如下：

```
import ohos.agp.animation.AnimatorProperty;
import ohos.agp.components.Image;
```

```
import ohos.app.dispatcher.TaskDispatcher;

public class MainAbilitySlice extends AbilitySlice {
    private static final String TAG = MainAbilitySlice.class.getSimpleName();
    private static final HiLogLabel LABEL_LOG =
            new HiLogLabel(HiLog.LOG_App, 0x00001, TAG);

    private Image image;
    private List<String> imageList; // 图片列表
    private AnimatorProperty animator;
    private TaskDispatcher dispatcher;

    @Override
    public void onStart(Intent intent) {
        super.onStart(intent);
        super.setUIContent(ResourceTable.Layout_ability_main);

        // 初始化组件
        image = (Image) findComponentById(ResourceTable.Id_image);
        dispatcher = getUITaskDispatcher();
        animator = image.createAnimatorProperty();

        // 初始化数据
        initData();

        // 启动动画
        startMove();
    }

    @Override
    public void onStop() {
        super.onStop();

        // 释放资源
        if (animator != null) {
            animator.release();
            animator = null;
        }
    }

    ...
```

上述代码中：

（1）onStart() 方法初始化了 Image、TaskDispatcher 和 AnimatorProperty。

（2）initData() 方法用于初始化图片数据。

（3）startMove() 方法用于启动动画。

（4）onStop() 方法用于释放资源。

28.2.6　初始化图片数据

初始化图片数据的方法为 initData()，其代码如下：

```
private void initData() {
    HiLog.info(LABEL_LOG,"before initData");

    imageList = new ArrayList<>(
```

```
            Arrays.asList(
                    "node.jpg",
                    "netty.jpg",
                    "spring5.jpg",
                    "cloud.jpg",
                    "boot.jpg"));

    int size = imageList.size();

    HiLog.info(LABEL_LOG,"end initData, imageList size: %{public}s", size);
}
```

上述列表存储了待播放的图片名称和文件名称。

28.2.7 启动动画

启动动画的方法为 startMove()，其代码如下：

```
private void startMove() {
    final int[] currentIndex = {0};

    // 延迟 1s，再刷新进度
    Runnable runnable = new Runnable() {
        @Override
        public void run() {
            HiLog.info(LABEL_LOG,"before run");

            currentIndex[0]++;

            // 取模
            currentIndex[0] = Math.floorMod(currentIndex[0], imageList.size());

            updateImage(imageList.get(currentIndex[0]));

            int random = new Random().nextInt(10);
            HiLog.info(LABEL_LOG,"random: %{public}s", random);

            animator.moveFromX(5 * random)
                    .moveToX(200 * random)
                    .rotate(36 * random)
                    .alpha(random)
                    .setDuration(250 * random)
                    .setDelay(50 * random)
                    .setLoopedCount(1);

            if (animator.isRunning()) {
                animator.stop();
            }
            animator.start();

            dispatcher.delayDispatch(this, 4500);

            HiLog.info(LABEL_LOG,"end run");
        }
    };

    dispatcher.asyncDispatch(runnable);
}
```

上述代码中：

（1）主体通过 dispatcher 来定时分发线程任务。

（2）在线程任务中，通过 updateImage() 方法依次将 imageList 中的图片更新到 Image 组件中。

（3）在线程任务中，再次通过 dispatcher 分发新的线程任务，从而实现任务的重复执行。

（4）设置 animator，以使 Image 组件呈现出动画效果。其中，random 是一个随机数，这样每张图片的动画效果都会不一样的。AnimatorProperty 的方法如下。

- moveFromX：设置动画的起点位置。
- moveToX：设置动画的终点位置。
- rotate：设置旋转角度。
- alpha：设置透明度。
- setDuration：设置持续时间。
- setDelay：设置延迟时间。
- setLoopedCount：设置重复次数。

updateImage() 方法的实现如下：

```
// 更新图片
private void updateImage(String fileName) {
    HiLog.info(LABEL_LOG,"before setPixelMap, fileName: %{public}s", fileName);

    try {
        RawFileEntry rawFileEntry = getResourceManager()
                .getRawFileEntry("resources/rawfile/" + fileName);
        // 获取数据目录
        File dataDir = new File(this.getDataDir().toString());
        if (!dataDir.exists()) {
            dataDir.mkdirs();
        }

        // 构建目标文件
        File targetFile = new File(Paths.get(dataDir.toString(), fileName).
         toString());

        // 获取源文件
        Resource resource = rawFileEntry.openRawFile();

        // 新建目标文件
        FileOutputStream fos = new FileOutputStream(targetFile);

        byte[] buffer = new byte[4096];
        int count = 0;

        // 源文件内容写入目标文件
        while ((count = ((Resource) resource).read(buffer)) >= 0) {
            fos.write(buffer, 0, count);
        }

        resource.close();
        fos.close();


        // 获取目标文件 FileDescriptor
        FileInputStream fileIs = new FileInputStream(targetFile);
        FileDescriptor fd = fileIs.getFD();
```

```
        // 创建图像数据源 ImageSource 对象
        ImageSource imageSource = ImageSource.create(fd, getSourceOptions());

        // 普通解码叠加旋转、 缩放、 裁剪
        PixelMap pixelMap = imageSource.createPixelmap(getDecodingOptions());
        image.setPixelMap(pixelMap);

        HiLog.info(LABEL_LOG,"end setPixelMap, fileName: %{public}s", fileName);
    } catch (IOException e) {
        e.printStackTrace();
    }
}

// 设置解码格式
private ImageSource.DecodingOptions getDecodingOptions() {
    ImageSource.DecodingOptions decodingOpts = new ImageSource.DecodingOptions();
    return decodingOpts;
}

// 设置数据源的格式信息
private ImageSource.SourceOptions getSourceOptions() {
    ImageSource.SourceOptions sourceOptions = new ImageSource.SourceOptions();
    sourceOptions.formatHint ="image/jpeg";

    return sourceOptions;
}
```

上述代码是根据指定图片名称，将图片展示到 Image 组件上。

注意：第 18 章中介绍了可以通过媒体存储相关类 AVStorage 来获取本地磁盘中的照片文件。由于在 Car 远程设备模拟器中无法事先将照片资源存储到设备模拟器的本地磁盘，因此本示例的图片资源放置在 rawfile 目录下，随应用一起加载。

28.3 应用运行

运行应用，界面效果如图 28-6 和图 28-7 所示，可以看到不同的图片有着不同的动画效果。

图28-6　界面效果1

图28-7　界面效果2

此时，控制台的日志输出内容如下：

```
02-17 13:03:14.681 21836-21836/com.waylau.hmos.electronicalbum I 00001/
 MainAbilitySlice: before run
02-17 13:03:14.682 21836-21836/com.waylau.hmos.electronicalbum I 00001/
```

```
MainAbilitySlice: before setPixelMap, fileName: spring5.jpg
02-17 13:03:14.936 21836-21836/com.waylau.hmos.electronicalbum I 00001/
MainAbilitySlice: end setPixelMap, fileName: spring5.jpg
02-17 13:03:14.936 21836-21836/com.waylau.hmos.electronicalbum I 00001/
MainAbilitySlice: random: 2
02-17 13:03:14.936 21836-21836/com.waylau.hmos.electronicalbum I 00001/
MainAbilitySlice: end run
02-17 13:03:19.438 21836-21836/com.waylau.hmos.electronicalbum I 00001/
MainAbilitySlice: before run
02-17 13:03:19.439 21836-21836/com.waylau.hmos.electronicalbum I 00001/
MainAbilitySlice: before setPixelMap, fileName: cloud.jpg
02-17 13:03:19.489 21836-21836/com.waylau.hmos.electronicalbum I 00001/
MainAbilitySlice: end setPixelMap, fileName: cloud.jpg
02-17 13:03:19.490 21836-21836/com.waylau.hmos.electronicalbum I 00001/
MainAbilitySlice: random: 2
02-17 13:03:19.490 21836-21836/com.waylau.hmos.electronicalbum I 00001/
MainAbilitySlice: end run
02-17 13:03:23.993 21836-21836/com.waylau.hmos.electronicalbum I 00001/
MainAbilitySlice: before run
02-17 13:03:23.993 21836-21836/com.waylau.hmos.electronicalbum I 00001/
MainAbilitySlice: before setPixelMap, fileName: boot.jpg
02-17 13:03:24.012 21836-21836/com.waylau.hmos.electronicalbum I 00001/
MainAbilitySlice: end setPixelMap, fileName: boot.jpg
02-17 13:03:24.013 21836-21836/com.waylau.hmos.electronicalbum I 00001/
MainAbilitySlice: random: 0
02-17 13:03:24.013 21836-21836/com.waylau.hmos.electronicalbum I 00001/
MainAbilitySlice: end run
02-17 13:03:28.513 21836-21836/com.waylau.hmos.electronicalbum I 00001/
MainAbilitySlice: before run
02-17 13:03:28.514 21836-21836/com.waylau.hmos.electronicalbum I 00001/
MainAbilitySlice: before setPixelMap, fileName: node.jpg
02-17 13:03:28.525 21836-21836/com.waylau.hmos.electronicalbum I 00001/
MainAbilitySlice: end setPixelMap, fileName: node.jpg
02-17 13:03:28.525 21836-21836/com.waylau.hmos.electronicalbum I 00001/
MainAbilitySlice: random: 1
02-17 13:03:28.525 21836-21836/com.waylau.hmos.electronicalbum I 00001/
MainAbilitySlice: end run
02-17 13:03:33.029 21836-21836/com.waylau.hmos.electronicalbum I 00001/
MainAbilitySlice: before run
02-17 13:03:33.030 21836-21836/com.waylau.hmos.electronicalbum I 00001/
MainAbilitySlice: before setPixelMap, fileName: netty.jpg
02-17 13:03:33.058 21836-21836/com.waylau.hmos.electronicalbum I 00001/
MainAbilitySlice: end setPixelMap, fileName: netty.jpg
02-17 13:03:33.058 21836-21836/com.waylau.hmos.electronicalbum I 00001/
MainAbilitySlice: random: 5
02-17 13:03:33.058 21836-21836/com.waylau.hmos.electronicalbum I 00001/
MainAbilitySlice: end run
02-17 13:03:37.559 21836-21836/com.waylau.hmos.electronicalbum I 00001/
MainAbilitySlice: before run
02-17 13:03:37.559 21836-21836/com.waylau.hmos.electronicalbum I 00001/
MainAbilitySlice: before setPixelMap, fileName: spring5.jpg
02-17 13:03:37.881 21836-21836/com.waylau.hmos.electronicalbum I 00001/
MainAbilitySlice: end setPixelMap, fileName: spring5.jpg
02-17 13:03:37.881 21836-21836/com.waylau.hmos.electronicalbum I 00001/
MainAbilitySlice: random: 0
02-17 13:03:37.882 21836-21836/com.waylau.hmos.electronicalbum I 00001/
MainAbilitySlice: end run
```

第29章

综合案例2：智能穿戴应用

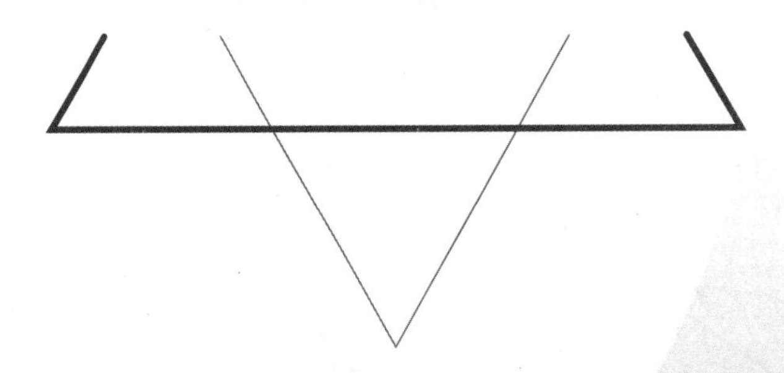

本章将演示一个完整的智能穿戴应用——数字华容道游戏。

29.1 案例概述

本章演示一个完整的智能穿戴应用——数字华容道游戏。魔术方块、法国的钻石棋、中国的华容道被誉为“智力游戏界的三个不可思议”。

29.1.1 传统华容道游戏

华容道游戏来源于三国故事。曹操兵败赤壁后又中了诸葛亮设下的计谋，被迫落入华容道，最后被关羽放走。图 29-1 展示了传统华容道游戏实物图。

图29-1　传统华容道游戏实物图

按照“曹瞒兵败走华容，正与关公狭路逢。只为当初恩义重，放开金锁走蛟龙”这一故事情节，传统华容道游戏的游戏规则如下。

（1）通过移动各个棋子，帮助曹操从初始位置移动到棋盘最下方中部，从出口逃走。

（2）不允许跨越棋子，还要设法用最少的步数把曹操移动到出口。

29.1.2 数字华容道游戏

数字华容道游戏玩法与传统华容道游戏类似，只是将人物棋子改为数字棋子，玩家只需将数字按顺序排列即可，比较考验玩家的大脑和手速。图 29-2 展示了数字华容道游戏实物图。

数字华容道游戏的目的是用最少的步数、最短的时间，将棋盘上的数字棋子按照从左到右、从上到下的顺序重新排列整齐。图 29-3 展示了数字华容道游戏完成时的画面。

图29-2　数字华容道游戏实物图

图29-3　数字华容道游戏完成时的画面

本章所要演示开发的是数字华容道游戏，将实现以下功能。

（1）数字华容道游戏界面比较简单，看起来很清爽。

（2）操作简单。

（3）可以设置不同的等级。

（4）能够在手表上运行该游戏。

29.2 代码实现

本节演示如何在 Lite Wearable 设备上实现数字华容道游戏。

为了演示数字华容道游戏的功能，创建一个名为 KlotskiJs 的 Lite Wearable 设备类型的应用。

29.2.1 技术重点

实现数字华容道游戏涉及的技术重点包括：数字华容道游戏布局、画布的使用、stack 的使用、定时器的使用。

29.2.2 整体布局

数字华容道游戏的布局代码定义在 index.hml 中，代码如下：

```
<div class="container">
    <stack class="stack">
        <!--canvas 为游戏主界面 -->
        <canvas class="canvas" ref="canvas" onswipe="swipeGrids"></canvas>
        <!--tip-container 为提示界面 -->
        <div class="tip-container" show="{{isShowTip}}">
            <text class="success-text">
                Success!
            </text>
            <text class="cost-time">
                Cost： {{timeSeconds}}
            </text>
        </div>
    </stack>
    <input type="button" value="Restart" class="button" onclick="restart"/>
</div>
```

在上述代码可以看出，该游戏主要是分为两个界面：游戏主界面和提示界面，这两个界面放置到了 stack 布局中。 默认情况下，只显示游戏主界面，而提示界面是隐藏状态。提示界面又分为两部分，上面是“Success!”，下面用于展示耗时情况。

29.2.3 整体样式

数字华容道游戏样式代码定义在 index.css 中，代码如下：

```
.container {
    flex-direction: column;
    justify-content: center;
    align-items: center;
    width: 450px;
    height: 450px;
}

.stack {
    width: 305px;
    height: 305px;
    margin-top: 40px;
```

```
}

.canvas {
    width: 305px;
    height: 305px;
    background-color: #FFFFFF;
}

.tip-container {
    width: 305px;
    height: 305px;
    flex-direction: column;
    justify-content: center;
    align-items: center;
    background-color: #008000;
}

.success-text {
    font-size: 38px;
    color: black;
}

.cost-time {
    font-size: 30px;
    text-align: center;
    width: 300px;
    height: 40px;
    margin-top: 10px;
}

.button {
    width: 150px;
    height: 40px;
    background-color: blue;
    font-size: 30px;
    margin-top: 10px;
}
```

提示界面效果如图 29-4 所示。

图29-4　提示界面效果

29.2.4　游戏核心逻辑

游戏核心逻辑定义在 index.js 中。

1. 变量和常量

变量和常量的定义代码如下：

```
var grids; // 网格
var context; // canvas 上下文
var timer; // 定时器
const SIDELEN = 70; // 网格边长
const MARGIN = 5; // 网格间距
const ORIGINAL_GRIDS = [[1, 2, 3, 4],
                        [5, 6, 7, 8],
                        [9, 10, 11, 12],
                        [13, 14, 15, 0]];
const DIRECTIONS = ["left","up","right","down"]; // 方向
const ORIGINAL_TIME ='0.0'; // 初始时间
```

各定义如注释所述，这里不再赘述。其中，ORIGINAL_GRIDS 是一个二维数组，用来定义游戏网格内的数字。

2. 生命周期

Lite Wearable 应用生命周期主要有两个：应用创建时调用的 onCreate 和应用销毁时触发的 onDestroy，这两个生命周期方法定义在 app.js 中，一般不需要更改。app.js 代码如下：

```
export default {
    onCreate() {
        console.info("Application onCreate");
    },
    onDestroy() {
        console.info("Application onDestroy");
    }
};
```

一个应用中可能会有多个页面，一个页面一般包括 onInit、onReady、onShow 和 onDestroy 等在页面创建、显示和销毁时会触发调用的事件。

- onInit：表示页面的数据已经准备好，可以使用 js 文件中的 data 数据。
- onReady：表示页面已经编译完成，可以将界面显示给用户。
- onShow：JS UI 只支持应用同时运行并展示一个页面，当打开一个页面时，上一个页面就被销毁。当一个页面显示时，会调用 onShow。
- onHide：页面消失时被调用。
- onDestroy：页面销毁时被调用。

本案例中主要用到如下生命周期。

- onInit() 方法：初始化 grids 和 timer 的数据。
- onReady() 方法：获取 canvas 的上下文。
- onShow() 方法：初始化网格、绘制网格，并启动定时器。

代码如下：

```
export default {
    data: {
        timeSeconds: ORIGINAL_TIME,
        isShowTip: false
    },
    onInit() {
```

```
        grids =  JSON.parse(JSON.stringify(ORIGINAL_GRIDS)); // 深拷贝
        timer = null;
    },
    onReady() {
        context = this.$refs.canvas.getContext('2d');
    },
    onShow() {
        // 初始化网格
        this.initGrids();

        // 绘制网格
        this.drawGrids();

        // 启动定时器
        timer = setInterval(this.costTime, 100);
    },
    ...
};
```

需要注意的是，grids 的数据来源于 ORIGINAL_GRIDS，但不能直接通过 "=" 进行赋值，如下：

```
grids =  ORIGINAL_GRIDS; // 浅拷贝
```

上述方式虽然在初始化时能够将 grids 的值赋上，但由于其本质是一种浅拷贝，后续程序修改 grids 时会同时修改 ORIGINAL_GRIDS 的值，这显然是错误的。因此，本案例采用的是一种深拷贝的方式。

3. 初始化网格

初始化网格的方法为 initGrids()，其代码如下：

```
initGrids() {
    // 弄乱网格
    for (let i = 0; i < 100; i++) {
        let randomIndex = Math.floor(Math.random() * 4);
        let direction = DIRECTIONS[randomIndex];
        this.updateGrids(direction);
    }
},
updateGrids(direction) {
    let x;
    let y;
    for (let row = 0; row < 4; row++) {
        for (let column = 0; column < 4; column++) {
            if (grids[row][column] == 0) {
                x = row;
                y = column;
                break;
            }
        }
    }
    let temp;
    if (this.isShowTip == false) {
        if (direction =='left'&& (y + 1) < 4) {
            temp = grids[x][y + 1];
            grids[x][y + 1] = grids[x][y];
            grids[x][y] = temp;
        } else if (direction =='right'&& (y - 1) > -1) {
            temp = grids[x][y - 1];
```

```
            grids[x][y - 1] = grids[x][y];
            grids[x][y] = temp;
        } else if (direction =='up'&& (x + 1) < 4) {
            temp = grids[x + 1][y];
            grids[x + 1][y] = grids[x][y];
            grids[x][y] = temp;
        } else if (direction =='down'&& (x - 1) > -1) {
            temp = grids[x - 1][y];
            grids[x - 1][y] = grids[x][y];
            grids[x][y] = temp;
        }
    }
}
```

上述代码中，grids 在 ORIGINAL_GRIDS 数据的基础上进行了重新编排，打乱了原来的数据位置。每次编码都会随机从 DIRECTIONS 数组中取一个方向值，而后按照该方向值移动网格的位置。

4. 绘制网格

绘制网格的方法为 drawGrids()，其代码如下：

```
drawGrids() {
    for (let row = 0; row < 4; row++) {
        for (let column = 0; column < 4; column++) {
            let gridStr = grids[row][column].toString();

            context.fillStyle ="#BBB509";

            let leftTopX = column * (MARGIN + SIDELEN) + MARGIN;
            let leftTopY = row * (MARGIN + SIDELEN) + MARGIN;

            context.fillRect(leftTopX, leftTopY, SIDELEN, SIDELEN);

            // 非 0 网格的特殊处理
            if (gridStr !="0") {
                context.fillStyle ="#0000FF";
                context.font ="30px";

                let offsetX = (4 - gridStr.length) * (SIDELEN / 8);
                let offsetY = (SIDELEN - 30) / 2;

                context.fillText(gridStr, leftTopX + offsetX, leftTopY + offsetY);
            }
        }
    }
}
```

上述代码按照 4 行 4 列的方式通过 canvas 上下文绘制网格图像，每个网格的边长和间距都定义在了 MARGIN 和 SIDELEN 常量中。

针对非 0 网格需要做特殊处理。非 0 网格和 0 网格的区别在于，非 0 网格还需要显示网格数字。

5. 启动定时器

通过 setInterval() 方法启动定时器，并定时执行 costTime() 方法，代码如下：

```
// 启动定时器
timer = setInterval(this.costTime, 100);
...
```

```
costTime() {
    this.timeSeconds = (Math.floor(parseFloat(this.timeSeconds) * 10 + 1) / 10);
    if (this.timeSeconds % 1 == 0) {
        this.timeSeconds = this.timeSeconds +".0";
    }
}
```

上述代码每隔 0.1s（100ms）执行一次 costTime() 方法，costTime() 方法实现了 0.1s 的递增。

6. 网格滑动事件处理

滑动网格会触发 onswipe 事件，事件处理定义在 swipeGrids 方法中，代码如下：

```
swipeGrids(event) {
    // 按滑动的方向更新网格
    this.updateGrids(event.direction);

    // 绘制网格

    if (this.isSuccess()) {
        clearInterval(timer);
        this.isShowTip = true;
    }
},
isSuccess() {
    ...
}
```

上述代码按滑动的方向更新网格并重新绘制网格；同时，会根据 isSuccess() 方法判断游戏是否成功。如果成功，则清理定时器，并将 isShowTip 设置为 true，以显示提示界面。

7. 游戏完成判断

根据 isSuccess() 方法判断游戏是否成功。isSuccess() 方法实现如下：

```
isSuccess() {
    // 判断 grids 与 ORIGINAL_GRIDS 是否相等，相等则游戏完成
    for (let row = 0; row < 4; row++) {
        for (let column = 0; column < 4; column++) {
            if (grids[row][column] != ORIGINAL_GRIDS[row][column]) {
                return false;
            }
        }
    }
    return true;
}
```

8. 重新开始游戏

Restart 按钮会触发重新开始游戏的 restart() 方法。restart() 方法实现如下：

```
restart() {
    this.timeSeconds = ORIGINAL_TIME;
    this.isShowTip = false;

    this.onShow();
}
```

上述代码将 timeSeconds 和 isShowTip 设置为初始值，而后执行 onShow() 方法。

29.3 应用运行

初次启动应用，将会出现图 29-5 所示的游戏界面。滑动网格以进行游戏，当游戏完成后，会出现图 29-6 所示的提示界面。

图29-5 第一次进入游戏时的界面

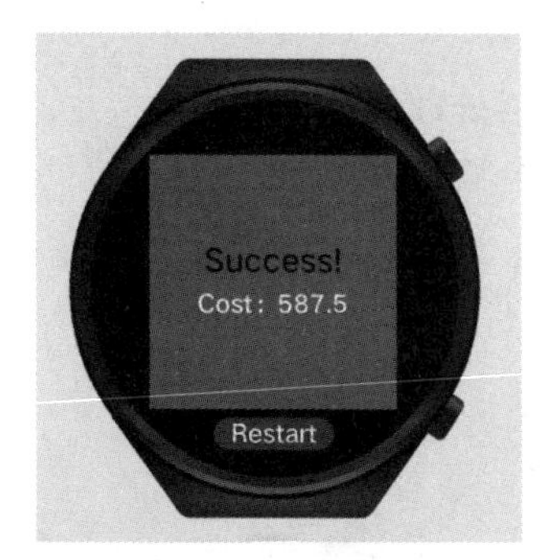

图29-6 提示界面

此时，游戏完成并统计游戏耗时情况。可以单击 Restart 按钮重新开始游戏。

第30章

综合案例3：智慧屏应用

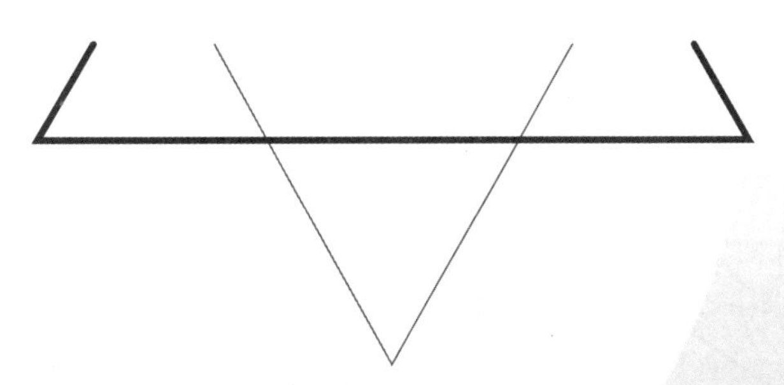

本章将演示一个完整的智慧屏应用——视频播放器。

30.1 案例概述

第 13 章中已经初步介绍了视频处理的相关 API。本章将会演示如何实现一款具有完整视频播放功能的智慧屏应用——视频播放器。

本章所要演示开发的视频播放器将实现以下功能。

（1）获取并展示视频列表。

（2）从视频列表中选择视频进行播放。

（3）展示播放进度。

（4）全屏播放。

（5）视频可以暂停。

（6）支持播放上一个或者下一个视频。

30.2 代码实现

本节演示如何在 TV 设备上实现视频播放器功能。

30.2.1 技术重点

实现视频播放器涉及的技术重点包括视频播放器布局、读取本地文件资源、Player 类的使用、Slider 组件的使用、全屏显示、任务分发器。

30.2.2 创建应用

为了演示视频播放器功能，创建一个名为 VideoPlayer 的 TV 设备类型的应用。

为演示本应用，事先在 rawfile 目录下放置待播放的视频资源，如图 30-1 所示。

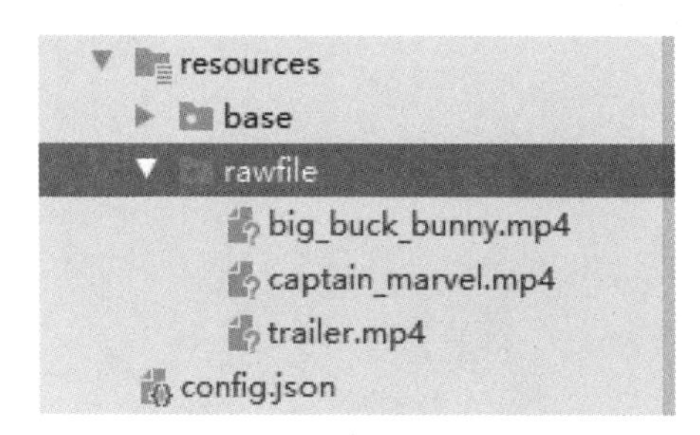

图30-1　视频资源放置位置

30.2.3 设置布局

修改 ability_main.xml，代码如下：

```
<?xml version="1.0" encoding="utf-8"?>
<DirectionalLayout
    xmlns:ohos="http://schemas.huawei.com/res/ohos"
    ohos:height="match_parent"
    ohos:width="match_parent"
    ohos:background_element="#000">

    <DirectionalLayout
        ohos:id="$+id:layout_player"
        ohos:height="400vp"
        ohos:width="match_parent"
        ohos:layout_alignment="top">
    </DirectionalLayout>

    <DirectionalLayout
        ohos:id="$+id:layout_menu"
        ohos:height="140vp"
        ohos:width="match_parent"
        ohos:layout_alignment="bottom"
        ohos:orientation="vertical">

        <Text
            ohos:id="$+id:text_current_name"
            ohos:height="24vp"
            ohos:width="match_parent"
            ohos:text="Big BuckBunny"
            ohos:text_color="#FFFFFF"
            ohos:text_size="24vp"/>

        <Slider
            ohos:id="$+id:player_progress"
            ohos:height="50vp"
            ohos:width="match_parent"
            ohos:max="100"
            ohos:min="0"
            ohos:padding="10vp"
            ohos:progress_element="#f00"/>

        <DirectionalLayout
            ohos:height="60vp"
            ohos:width="match_parent"
            ohos:orientation="horizontal"
            >

            <Button
                ohos:id="$+id:button_previous"
                ohos:height="40vp"
                ohos:width="0vp"
                ohos:background_element="#F76543"
                ohos:layout_alignment="horizontal_center"
                ohos:margin="10vp"
                ohos:padding="10vp"
                ohos:text="Previous"
                ohos:text_size="44"
```

```
            ohos:weight="1"
            />

        <Button
            ohos:id="$+id:button_play_pause"
            ohos:height="40vp"
            ohos:width="0vp"
            ohos:background_element="#F76543"
            ohos:layout_alignment="horizontal_center"
            ohos:margin="10vp"
            ohos:padding="10vp"
            ohos:text="Play"
            ohos:text_size="44"
            ohos:weight="1"
            />

        <Button
            ohos:id="$+id:button_next"
            ohos:height="40vp"
            ohos:width="0vp"
            ohos:background_element="#F76543"
            ohos:layout_alignment="horizontal_center"
            ohos:margin="10vp"
            ohos:padding="10vp"
            ohos:text="Next"
            ohos:text_size="44"
            ohos:weight="1"
            />
    </DirectionalLayout>
  </DirectionalLayout>
</DirectionalLayout>
```

界面预览效果如图 30-2 所示。

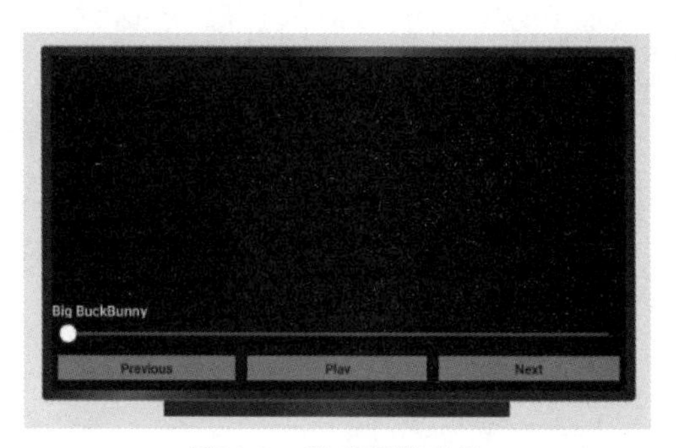

图30-2　界面预览效果

图 30-2 所示布局中，上方为播放区，下方为菜单区。菜单区又分为三部分，最上面显示视频的名称，中间是视频的播放进度条，最下面是操作按钮。

30.2.4　设置全屏

运行应用，查看界面的实际效果，如图 30-3 所示。

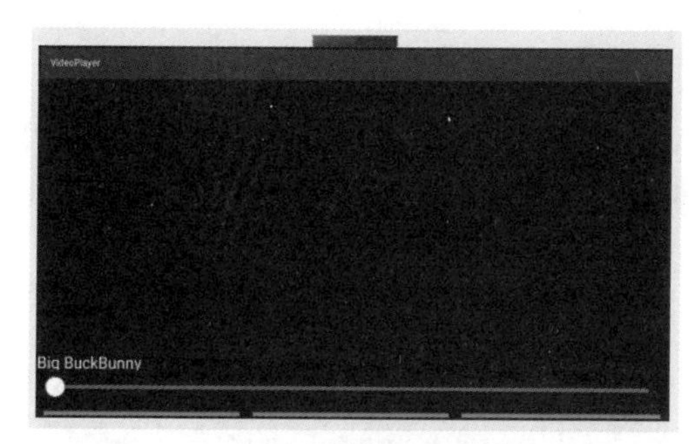

图30-3　界面实际效果

可以发现，界面上方 VideoPlayer 字样的应用名称一栏占据了非常大的空间，极度影响美观。因此，需要删除应用名称一栏。

修改配置文件，在 module 属性中增加 metaData 属性，代码如下：

```
"module": {
   "package":"com.waylau.hmos.videoplayer",
   "name":".MyApplication",
   "deviceType": [
       "tv"
    ],
   "distro": {
       "deliveryWithInstall": true,
       "moduleName":"entry",
       "moduleType":"entry"
    },
   "abilities": [
        {
       "skills": [
            {
           "entities": [
               "entity.system.home"
            ],
           "actions": [
               "action.system.home"
            ]
            }
        ],
       "orientation":"landscape",
       "name":"com.waylau.hmos.videoplayer.MainAbility",
       "icon":"$media:icon",
       "description":"$string:mainability_description",
       "label":"VideoPlayer",
       "type":"page",
       "launchType":"standard"
        }
    ],
    // 增加 metaData 属性
   "metaData":{
       "customizeData":[
        {
           "name":"hwc-theme",
           "value":"androidhwext:style/Theme.Emui.NoTitleBar",
           "extra":""
        }
```

```
        ]
    }
}
```

再次运行应用，界面全屏效果如图 30-4 所示。

图30-4　界面全屏效果

30.2.5 应用的主体逻辑

修改 MainAbilitySlice 内容，以实现视频播放器的主体逻辑，代码如下：

```
package com.waylau.hmos.videoplayer.slice;

import com.waylau.hmos.videoplayer.Video;
import com.waylau.hmos.videoplayer.PlayerStateEnum;
import com.waylau.hmos.videoplayer.ResourceTable;
import ohos.aafwk.ability.AbilitySlice;
import ohos.aafwk.content.Intent;
import ohos.agp.components.*;
import ohos.agp.components.surfaceprovider.SurfaceProvider;
import ohos.agp.graphics.Surface;
import ohos.agp.graphics.SurfaceOps;
import ohos.app.dispatcher.TaskDispatcher;
import ohos.global.resource.RawFileDescriptor;

import ohos.hiviewdfx.HiLog;
import ohos.hiviewdfx.HiLogLabel;
import ohos.media.common.Source;
import ohos.media.player.Player;

import java.io.IOException;
import java.util.ArrayList;
import java.util.Arrays;
import java.util.List;

public class MainAbilitySlice extends AbilitySlice {
    private static final String TAG = MainAbilitySlice.class.getSimpleName();
    private static final HiLogLabel LABEL_LOG =
            new HiLogLabel(HiLog.LOG_App, 0x00001, TAG);

    private Text currentName; // 当前视频名称
    private int currentIndex = 0; // 当前视频索引
    private Slider playerProgress;
    private List<Video> videoList; // 视频列表
```

```
    private SurfaceProvider surfaceProvider;
    private Player player;
    private DirectionalLayout playerLayout;
    private TaskDispatcher dispatcher;
    private Surface surface;
    private Button buttonQuery;
    private Button buttonPlayPause;
    private Button buttonNext;
    private PlayerStateEnum playerState = PlayerStateEnum.STOP;

    @Override
    public void onStart(Intent intent) {
        super.onStart(intent);
        super.setUIContent(ResourceTable.Layout_ability_main);

        // 添加单击事件来触发访问数据
        buttonQuery = (Button) findComponentById(ResourceTable.Id_button_
         previous);
        buttonQuery.setClickedListener(listener -> {
            try {
                this.doPrevious();
            } catch (IOException e) {
                e.printStackTrace();
            }
        });

        buttonPlayPause = (Button) findComponentById(ResourceTable.Id_but
         ton_play_pause);
        buttonPlayPause.setClickedListener(listener -> {
            try {
                this.doPlayPause();
            } catch (IOException e) {
                e.printStackTrace();
            }
        });

        buttonNext = (Button) findComponentById(ResourceTable.Id_button_next);
        buttonNext.setClickedListener(listener -> {
            try {
                this.doNext();
            } catch (IOException e) {
                e.printStackTrace();
            }
        });

        currentName = (Text) findComponentById(ResourceTable.Id_text_current_
         name);

        // 跑马灯效果
        currentName.setTruncationMode(Text.TruncationMode.AUTO_SCROLLING);
        currentName.setAutoScrollingCount(Text.AUTO_SCROLLING_FOREVER);
        currentName.startAutoScrolling();

        playerProgress = (Slider) findComponentById(ResourceTable.Id_player_
         progress);

        playerLayout = (DirectionalLayout) findComponentById(ResourceTable.
         Id_layout_player);
```

```
        player = new Player(this);

        dispatcher = getUITaskDispatcher();

        // 初始化 SurfaceProvider
        initSurfaceProvider();

        // 初始化视频列表
        initData();
    }

    @Override
    public void onStop() {
        super.onStop();

        // 关闭、释放资源
        release();
    }

    private void release() {
        HiLog.info(LABEL_LOG,"release");

        if (player != null) {
            player.stop();
            player.release();
            player = null;
        }
    }

    private void initSurfaceProvider() {
        HiLog.info(LABEL_LOG,"before initSurfaceProvider");

        surfaceProvider = new SurfaceProvider(this);
        surfaceProvider.getSurfaceOps().get().addCallback(new VideoSurface
         Callback());
        surfaceProvider.pinToZTop(true);
        surfaceProvider.setWidth(ComponentContainer.LayoutConfig.MATCH_CONTENT);
        surfaceProvider.setHeight(ComponentContainer.LayoutConfig.MATCH_PARENT);
        surfaceProvider.setTop(0);

        playerLayout.addComponent(surfaceProvider);

        HiLog.info(LABEL_LOG,"end initSurfaceProvider");
    }

    ...
```

上述代码中：

（1）onStart() 方法初始化了 Button、Player、SurfaceProvider、DirectionalLayout、Surface 等组件和布局。

（2）initData() 方法用于初始化视频数据列表。

（3）onStop 执行 release() 方法，用于关闭、释放资源。

（4）currentName 用于显示视频的名称，并设置了跑马灯效果。

PlayerStateEnum 是枚举类，用于表示播放器的状态，代码如下：

```
package com.waylau.hmos.videoplayer;
```

```
public enum PlayerStateEnum {
    PLAY,
    PAUSE,
    STOP
}
```

VideoSurfaceCallback 是回调类，代码如下：

```
private class VideoSurfaceCallback implements SurfaceOps.Callback {
    @Override
    public void surfaceCreated(SurfaceOps surfaceOps) {
        if (surfaceProvider.getSurfaceOps().isPresent()) {
            surface = surfaceProvider.getSurfaceOps().get().getSurface();
        }

        HiLog.info(LABEL_LOG,"surfaceCreated");
    }

    @Override
    public void surfaceChanged(SurfaceOps surfaceOps, int i, int i1, int i2) {
        HiLog.info(LABEL_LOG,"surfaceChanged, %{public}s, %{public}s,
         %{public}s",
                i, i1, i2);
    }

    @Override
    public void surfaceDestroyed(SurfaceOps surfaceOps) {
        HiLog.info(LABEL_LOG,"surfaceDestroyed");
    }
}
```

30.2.6　初始化视频数据

初始化视频数据的方法为 initData()，其代码如下：

```
private void initData() {
    HiLog.info(LABEL_LOG,"before initData");

    Video video1 = new Video("Trailer","trailer.mp4");
    Video video2 = new Video("Captain Marvel","captain_marvel.mp4");
    Video video3 = new Video("Big BuckBunny","big_buck_bunny.mp4");

    videoList = new ArrayList<>(
            Arrays.asList(
                    video1,
                    video2,
                    video3));

    int size = videoList.size();

    HiLog.info(LABEL_LOG,"end initData, size: %{public}s", size);
}
```

上述列表存储了待播放的视频名称和文件名称。

其中，Video 类代码如下：

```
package com.waylau.hmos.videoplayer;

public class Video {

    private String name;
    private String filePath;

    public Video(String name, String filePath) {
        this.name = name;
        this.filePath = filePath;
    }

    public String getName() {
        return name;
    }

    public void setName(String name) {
        this.name = name;
    }

    public String getFilePath() {
        return filePath;
    }

    public void setFilePath(String filePath) {
        this.filePath = filePath;
    }
}
```

30.2.7 播放、暂停视频

播放、暂停视频的方法为 doPlayPause()，其代码如下：

```
private void doPlayPause() throws IOException {
    Video video = videoList.get(currentIndex);

    currentName.setText(video.getName());

    if (playerState == PlayerStateEnum.PLAY) {
        HiLog.info(LABEL_LOG,"before pause");
        player.pause();
        playerState = PlayerStateEnum.PAUSE;
        buttonPlayPause.setText("Play");
        HiLog.info(LABEL_LOG,"end pause");
    } else if (playerState == PlayerStateEnum.PAUSE) {
        player.play();
        playerState = PlayerStateEnum.PLAY;
        buttonPlayPause.setText("Pause");
    } else {
        start(video.getFilePath());
        playerState = PlayerStateEnum.PLAY;
        buttonPlayPause.setText("Pause");
    }
}
```

上述代码中：

（1）主体通过 playerState 判断当前的播放状态。

（2）如果当前是播放中状态（PlayerStateEnum.PLAY），则执行 player 的 pause() 方法。

（3）如果当前是暂停状态（PlayerStateEnum.PAUSE），则执行 player 的 play() 方法。

（4）其他状态则通过 start() 方法重新加载视频文件进行播放。

start() 方法如下：

```
private void start(String fileName) throws IOException {
    HiLog.info(LABEL_LOG,"before start: %{public}s", fileName);

    RawFileDescriptor filDescriptor = getResourceManager()
            .getRawFileEntry("resources/rawfile/" + fileName).openRawFile
Descriptor();

    Source source = new Source(filDescriptor.getFileDescriptor(),
            filDescriptor.getStartPosition(), filDescriptor.getFileSize());

    player.setSource(source);
    player.setVideoSurface(surface);
    player.setPlayerCallback(new PlayerCallback());
    player.prepare();
    player.play();

    HiLog.info(LABEL_LOG,"end start");
}
```

start() 方法根据指定视频名称将视频源设置到 player 上。

其中，player.setPlayerCallback() 方法用来设置回调 PlayerCallback。PlayerCallback 代码如下：

```
private class PlayerCallback implements Player.IPlayerCallback {
    @Override
    public void onPrepared() {
        HiLog.info(LABEL_LOG,"onPrepared");

        // 延迟 1s，再刷新进度
        Runnable runnable = new Runnable() {
            @Override
            public void run() {
                HiLog.info(LABEL_LOG,"before playerProgress");

                int progressValue = player.getCurrentTime() * 100 / player.
                 getDuration();
                playerProgress.setProgressValue(progressValue);

                HiLog.info(LABEL_LOG,"playerProgress: %{public}s", pro
                 gressValue);

                dispatcher.delayDispatch(this, 200);
            }
        };

        dispatcher.asyncDispatch(runnable);
    }

    @Override
    public void onMessage(int i, int i1) {
```

```
        HiLog.info(LABEL_LOG,"onMessage");
    }

    @Override
    public void onError(int i, int i1) {
        HiLog.info(LABEL_LOG,"onError, i: %{public}s, i1: %{public}s", i, i1);
    }

    @Override
    public void onResolutionChanged(int i, int i1) {
        HiLog.info(LABEL_LOG,"onResolutionChanged");
    }

    @Override
    public void onPlayBackComplete() {
        HiLog.info(LABEL_LOG,"onPlayBackComplete");
    }

    @Override
    public void onRewindToComplete() {
        HiLog.info(LABEL_LOG,"onRewindToComplete");
    }

    @Override
    public void onBufferingChange(int i) {
        HiLog.info(LABEL_LOG,"onBufferingChange");
    }

    @Override
    public void onNewTimedMetaData(Player.MediaTimedMetaData mediaTimed
     MetaData) {
        HiLog.info(LABEL_LOG,"onNewTimedMetaData");
    }

    @Override
    public void onMediaTimeIncontinuity(Player.MediaTimeInfo mediaTimeInfo)
{
        HiLog.info(LABEL_LOG,"onMediaTimeIncontinuity");
    }
}
```

注意：第 18 章介绍了可以通过媒体存储相关类 AVStorage 来获取本地磁盘中的视频文件。由于在 Car 远程设备模拟器中无法事先将视频资源存储到设备模拟器的本地磁盘，因此本示例的视频资源放置在 rawfile 目录下，随应用一起加载。

30.3 应用运行

初次启动应用，单击 Play 按钮，将会出现图 30-5 所示的播放器界面。单击 Pause 按钮，将会暂停播放器的播放，出现图 30-6 所示的播放器界面。

图30-5 播放器的播放界面

图30-6 播放器的暂停界面

单击 Next 按钮，将会播放下一个视频，出现图 30-7 所示的播放器界面。

单击 Previous 按钮，将会播放上一个视频，出现图 30-8 所示的播放器界面。

图30-7 播放下一个视频

图30-8 播放上一个视频

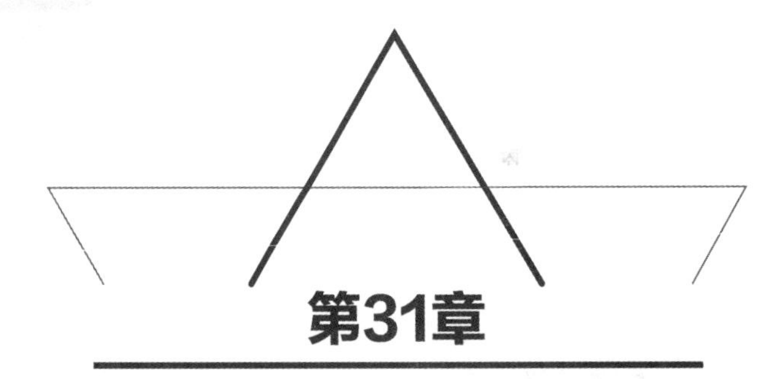

第31章

综合案例4：手机应用

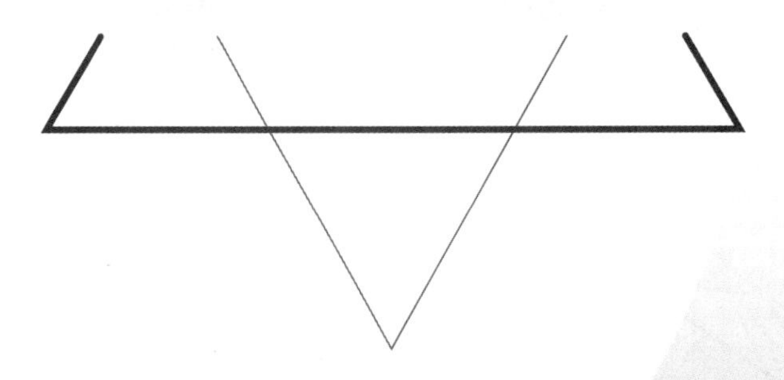

本章将演示如何创建一个完整的手机应用——俄罗斯方块游戏。

31.1 案例概述

本章演示的是一个完整的手机应用——俄罗斯方块游戏。

31.1.1 俄罗斯方块游戏概述

俄罗斯方块游戏随处可见，绝大多数的视频游戏机和计算机操作系统，以及图形计算器、小号手机便携式媒体播放器、掌上电脑、网络音乐播放器中都有该游戏，甚至还可以在某些非媒体产品，如示波器、建筑物上玩。图 31-1 所示是某大楼实现的俄罗斯方块游戏。

图31-1　某大楼实现的俄罗斯方块游戏

31.1.2 俄罗斯方块游戏规则

当俄罗斯方块游戏开启后，由小方格组成的不同形状的方块陆续从屏幕上方落下来，玩家通过调整方块的位置和方向，使它们在屏幕底部拼出完整的一条或几条。这些完整的横条会随即消失，给新落下来的方块腾出空间，与此同时，玩家得到分数奖励。没有被消除的方块不断堆积起来，一旦堆到屏幕顶端，玩家便告输，游戏结束。

本章实现的俄罗斯方块游戏，玩家可以做如下操作：向左移动方块、向右移动方块、以 90° 为单位旋转方块、重启游戏。

31.2 代码实现

本节演示如何在手机上实现俄罗斯方块游戏功能。

为了演示俄罗斯方块游戏的功能，创建一个名为 Tetris 的 Phone 设备类型的应用。

31.2.1 技术重点

实现俄罗斯方块游戏涉及的技术重点包括俄罗斯方块游戏布局、Canvas 类的使用、全屏显示、任务分发器。

31.2.2 设置布局

修改 ability_main.xml，代码如下：

```
<?xml version="1.0" encoding="utf-8"?>
<DirectionalLayout
    xmlns:ohos="http://schemas.huawei.com/res/ohos"
    ohos:height="match_parent"
    ohos:width="match_parent"
    ohos:background_element="#000"
    ohos:orientation="vertical">

    <DirectionalLayout
        ohos:id="$+id:layout_tip"
        ohos:height="60vp"
        ohos:width="match_parent"
        ohos:layout_alignment="top"
        ohos:orientation="horizontal"
        ohos:margin="10vp"
        ohos:padding="10vp"
        >

        <Text
            ohos:id="$+id:text_score_label"
            ohos:height="match_parent"
            ohos:width="80vp"
            ohos:text_color="#FFFFFF"
            ohos:text_size="24vp"
            ohos:text="Score:"/>

        <Text
            ohos:id="$+id:text_score_value"
            ohos:height="match_parent"
            ohos:width="100vp"
            ohos:text_color="#FFFFFF"
            ohos:text_size="24vp"
            ohos:text="0"/>
        <Text
            ohos:id="$+id:text_gameover"
            ohos:height="match_parent"
            ohos:width="match_content"
            ohos:text_color="#FFFFFF"
            ohos:text_size="24vp"
            ohos:text="Start!"/>
    </DirectionalLayout>

    <DirectionalLayout
        ohos:id="$+id:layout_game"
        ohos:height="534vp"
        ohos:width="match_parent"
        ohos:orientation="vertical"
        ohos:background_element="#696969"
        >

    </DirectionalLayout>

    <DirectionalLayout
        ohos:id="$+id:layout_menu"
        ohos:height="60vp"
```

```
        ohos:width="match_parent"
        ohos:layout_alignment="bottom"
        ohos:orientation="horizontal"
        >

        <Button
            ohos:id="$+id:button_left"
            ohos:height="40vp"
            ohos:width="0vp"
            ohos:background_element="#87CEFA"
            ohos:layout_alignment="horizontal_center"
            ohos:margin="10vp"
            ohos:padding="10vp"
            ohos:text=" ← "
            ohos:text_size="44"
            ohos:weight="1"
            />

        <Button
            ohos:id="$+id:button_right"
            ohos:height="40vp"
            ohos:width="0vp"
            ohos:background_element="#87CEFA"
            ohos:layout_alignment="horizontal_center"
            ohos:margin="10vp"
            ohos:padding="10vp"
            ohos:text=" → "
            ohos:text_size="44"
            ohos:weight="1"
            />

        <Button
            ohos:id="$+id:button_shift"
            ohos:height="40vp"
            ohos:width="0vp"
            ohos:background_element="#87CEFA"
            ohos:layout_alignment="horizontal_center"
            ohos:margin="10vp"
            ohos:padding="10vp"
            ohos:text=" ∽ "
            ohos:text_size="44"
            ohos:weight="1"
            />
        <Button
            ohos:id="$+id:button_restart"
            ohos:height="40vp"
            ohos:width="0vp"
            ohos:background_element="#87CEFA"
            ohos:layout_alignment="horizontal_center"
            ohos:margin="10vp"
            ohos:padding="10vp"
            ohos:text="R"
            ohos:text_size="44"
            ohos:weight="1"
            />
    </DirectionalLayout>


</DirectionalLayout>
```

界面预览效果如图 31-2 所示。

图31-2　界面预览效果

图 31-2 所示布局大体分为三部分：上方为提示区，提示当前得分和游戏状态；中部为游戏画面区；下方为菜单区，从左至右分别代表“左移”“右移”“转换”“重置”四个功能按钮。

31.2.3　设置全屏

运行应用，查看界面的实际效果，如图 31-3 所示。

图31-3　界面效果

可以发现，界面上方 Tetris 字样的应用名称一栏占据了非常大的空间，极度影响美观，且导致下方菜单区显示不全。因此，需要删除应用名称一栏。

修改配置文件，在 module 属性中增加 metaData 属性，代码如下：

```
"module": {
   "package":"com.waylau.hmos.tetris",
   "name":".MyApplication",
   "deviceType": [
     "phone"
```

```
  ],
  "distro": {
    "deliveryWithInstall": true,
    "moduleName":"entry",
    "moduleType":"entry"
  },
  "abilities": [
    {
      "skills": [
        {
          "entities": [
            "entity.system.home"
          ],
          "actions": [
            "action.system.home"
          ]
        }
      ],
      "orientation":"unspecified",
      "name":"com.waylau.hmos.tetris.MainAbility",
      "icon":"$media:icon",
      "description":"$string:mainability_description",
      "label":"Tetris",
      "type":"page",
      "launchType":"standard"
    }
  ],
  // 增加 metaData 属性
  "metaData":{
    "customizeData":[
      {
        "name":"hwc-theme",
        "value":"androidhwext:style/Theme.Emui.NoTitleBar",
        "extra":""
      }
    ]
  }
}
```

再次运行应用，界面全屏效果如图 31-4 所示。

图31-4　界面全屏效果

31.2.4 应用的主体逻辑

修改 MainAbilitySlice 内容，以实现俄罗斯方块游戏的主体逻辑，代码如下：

```
package com.waylau.hmos.tetris.slice;

import com.waylau.hmos.tetris.Grid;
import com.waylau.hmos.tetris.ResourceTable;
import ohos.aafwk.ability.AbilitySlice;
import ohos.aafwk.content.Intent;
import ohos.agp.components.*;
import ohos.agp.render.Canvas;
import ohos.agp.render.Paint;
import ohos.agp.utils.Color;
import ohos.agp.utils.RectFloat;
import ohos.app.dispatcher.TaskDispatcher;
import ohos.hiviewdfx.HiLog;
import ohos.hiviewdfx.HiLogLabel;

public class MainAbilitySlice extends AbilitySlice {
    private static final String TAG = MainAbilitySlice.class.getSimpleName();
    private static final HiLogLabel LABEL_LOG =
            new HiLogLabel(HiLog.LOG_App, 0x00001, TAG);

    private static final int LENGTH = 100;// 方格的边长
    private static final int MARGIN = 2;// 方格的间距
    private static final int GRID_NUMBER = 4;// 方块所占方格的数量，固定为 4

    private DirectionalLayout layoutGame;// 布局
    private Text textScoreValue;
    private Text textGameover;

    private int[][] grids;// 描绘方格颜色的二维数组
    private int currentRow;// 向下移动的行数
    private int currentColumn;// 向左右移动的列数，减 1 表示左移，加 1 表示右移
    private String tipValue ="Start!";
    private TaskDispatcher taskDispatcher;
    private Grid currentGrid;
    private boolean isRunning;
    private int scoreValue = 0;

    @Override
    public void onStart(Intent intent) {
        super.onStart(intent);
        super.setUIContent(ResourceTable.Layout_ability_main);

        // 初始化布局
        layoutGame =
                (DirectionalLayout) findComponentById(ResourceTable.Id_lay
                 out_game);

        // 初始化组件
        Button buttonLeft =
                (Button) findComponentById(ResourceTable.Id_button_left);
        buttonLeft.setClickedListener(listener -> goLeft(grids));

        Button buttonRight =
                (Button) findComponentById(ResourceTable.Id_button_right);
        buttonRight.setClickedListener(listener -> goRight(grids));
```

```
        Button buttonShift =
                (Button) findComponentById(ResourceTable.Id_button_shift);
        buttonShift.setClickedListener(listener -> shiftGrids(grids));

        Button buttonRestart =
                (Button) findComponentById(ResourceTable.Id_button_restart);
        buttonRestart.setClickedListener(listener -> {
            initialize();
            startGame();
        });

        textScoreValue =
                (Text) findComponentById(ResourceTable.Id_text_score_value);
        textGameover =
                (Text) findComponentById(ResourceTable.Id_text_gameover);

        // 初始化游戏
        initialize();

        // 启动游戏
        startGame();
    }

    ...
```

上述代码中：

（1）onStart() 方法初始化了 DirectionalLayout、Button、Text 等组件和布局。

（2）initialize() 方法用于初始化游戏的状态和数据。

（3）startGame() 方法用于启动游戏。

Grid 是方格类，用于表示游戏中的方格，代码如下：

```
package com.waylau.hmos.tetris;

public class Grid {

    private int[][] currentGrids;// 当前方块的形态
    private int rowNumber;// 方块的总行数
    private int columnNumber;// 方块的总列数
    private int currentGridColor;// 当前方格的颜色
    private int columnStart;// 方块的第一个方格所在二维数组的列数

    private Grid(int[][] currentGrids, int rowNumber, int columnNumber,
                 int currentGridColor, int columnStart) {
        this.currentGrids = currentGrids;
        this.rowNumber = rowNumber;
        this.columnNumber = columnNumber;
        this.currentGridColor = currentGridColor;
        this.columnStart = columnStart;
    }

    ...
```

Grid 各字段含义详见注释。

31.2.5 初始化游戏

初始化游戏的方法为 initialize()，其代码如下：

```
private void initialize() {
    // 初始化变量
    scoreValue = 0;
    tipValue ="Start!";
    isRunning = false;
    taskDispatcher = null;

    // 显示提示
    showTip();

    // 初始化网格
    // 15*10 的二维数组
    // 数组元素都是 0
    grids = new int[15][10];
    for (int row = 0; row < 15; row++) {
        for (int column = 0; column < 10; column++) {
            grids[row][column] = 0;
        }
    }

    // 创建网格数据
    createGrids(grids);

    // 绘制网格
    drawGrids(grids);
}
```

上述代码中：

（1）初始化了变量，显示提示。

（2）初始化了网格，该网格本质上是一个 15 × 10 的二维数组，数组元素值都是 0。

（3）同时调用 createGrids() 和 drawGrids() 方法，在界面上绘制网格。

showTip() 方法代码如下：

```
private void showTip() {
    textScoreValue.setText(scoreValue +"");
    textGameover.setText(tipValue);
}
```

31.2.6 创建网格数据

创建网格数据的方法为 createGrids()，其代码如下：

```
private void createGrids(int[][] grids) {
    currentColumn = 0;
    currentRow = 0;

    // 当有任一行全部填满颜色方块时，消去该行
    eliminateGrids(grids);

    // 判断游戏是否完成
    // 完成就停止定时器，并提示结束文本
```

```
    // 未完成就生成新的颜色方块
    if (isGameOver(grids)) {
        tipValue ="Game Over!";
        isRunning = false;
        taskDispatcher = null;
        showTip();
    } else {
        // 随机生成一个颜色方块
        currentGrid = Grid.generateRandomGrid();
        int[][] currentGrids = currentGrid.getCurrentGrids();
        int currentGridColor = currentGrid.getCurrentGridColor();

        // 将颜色方块对应的 Grids 添加到二维数组中
        for (int row = 0; row < GRID_NUMBER; row++) {
            grids[currentGrids[row][0] + currentRow][currentGrids[row][1] +
             currentColumn] = currentGridColor;
        }
    }
}
```

上述代码中：

（1）判断是否有任一行全部填满颜色方块，如果有则执行 eliminateGrids() 方法消去该行。

（2）调用 isGameOver() 方法，判断游戏是否完成：完成就停止定时器，并提示结束文本；未完成就生成新的颜色方块，初始化网格。

（3）Grid.generateRandomGrid() 用来生成随机的方块。

isGameOver() 方法代码如下：

```
private boolean isGameOver(int[][] grids) {
    // 如果新生成的颜色方块覆盖原有的颜色方块，则游戏结束
    if (currentGrid != null) {
        int[][] currentGrids = currentGrid.getCurrentGrids();

        for (int row = 0; row < GRID_NUMBER; row++) {
            if (grids[currentGrids[row][0] + currentRow][currentGrids[row]
             [1] + currentColumn] != 0) {
                return true;
            }
        }
    }

    return false;
}
```

eliminateGrids() 方法代码如下：

```
private void eliminateGrids(int[][] grids) {
    boolean k;
    for (int row = 14; row >= 0; row--) {
        k = true;

        // 判断是否有任一行全部填满颜色方块
        for (int column = 0; column < 10; column++) {
            if (grids[row][column] == 0) {
                k = false;
            }
        }
```

```
            //消去全部填满颜色方块的行
            if (k) {
                // 加分
                this.scoreValue++;
                this.showTip();

                // 所有方格向下移动一格
                for (int i = row - 1; i >= 0; i--) {
                    for (int j = 0; j < 10; j++) {
                        grids[i + 1][j] = grids[i][j];
                    }
                }
                for (int n = 0; n < 10; n++) {
                    grids[0][n] = 0;
                }
            }
        }

    drawGrids(grids);
}
```

eliminateGrids() 方法内部先判断是否有任一行全部填满颜色方块，有则消去全部填满颜色方块的行，同时得分 scoreValue 加 1，并且所有方格向下移动一格。

Grid.generateRandomGrid() 方法代码如下：

```
package com.waylau.hmos.tetris;

public class Grid {
    private static final int[][] RedGrids1 =
            {{0, 3}, {0, 4}, {1, 4}, {1, 5}};// 红色方块形态 1
    private static final int[][] RedGrids2 =
            {{0, 5}, {1, 5}, {1, 4}, {2, 4}};// 红色方块形态 2
    private static final int[][] GreenGrids1 =
            {{0, 5}, {0, 4}, {1, 4}, {1, 3}};// 绿色方块形态 1
    private static final int[][] GreenGrids2 =
            {{0, 4}, {1, 4}, {1, 5}, {2, 5}};// 绿色方块形态 2
    private static final int[][] CyanGrids1 =
            {{0, 4}, {1, 4}, {2, 4}, {3, 4}};// 蓝绿色方块形态 1
    private static final int[][] CyanGrids2 =
            {{0, 3}, {0, 4}, {0, 5}, {0, 6}};// 蓝绿色方块形态 2
    private static final int[][] MagentaGrids1 =
            {{0, 4}, {1, 3}, {1, 4}, {1, 5}};// 品红色方块形态 1
    private static final int[][] MagentaGrids2 =
            {{0, 4}, {1, 4}, {1, 5}, {2, 4}};// 品红色方块形态 2
    private static final int[][] MagentaGrids3 =
            {{0, 3}, {0, 4}, {0, 5}, {1, 4}};// 品红色方块形态 3
    private static final int[][] MagentaGrids4 =
            {{0, 5}, {1, 5}, {1, 4}, {2, 5}};// 品红色方块形态 4
    private static final int[][] BlueGrids1 =
            {{0, 3}, {1, 3}, {1, 4}, {1, 5}};// 蓝色方块形态 1
    private static final int[][] BlueGrids2 =
            {{0, 5}, {0, 4}, {1, 4}, {2, 4}};// 蓝色方块形态 2
    private static final int[][] BlueGrids3 =
            {{0, 3}, {0, 4}, {0, 5}, {1, 5}};// 蓝色方块形态 3
    private static final int[][] BlueGrids4 =
            {{0, 5}, {1, 5}, {2, 5}, {2, 4}};// 蓝色方块形态 4
    private static final int[][] WhiteGrids1 =
            {{0, 5}, {1, 5}, {1, 4}, {1, 3}};// 白色方块形态 1
```

```
private static final int[][] WhiteGrids2 =
        {{0, 4}, {1, 4}, {2, 4}, {2, 5}};// 白色方块形态 2
private static final int[][] WhiteGrids3 =
        {{0, 5}, {0, 4}, {0, 3}, {1, 3}};// 白色方块形态 3
private static final int[][] WhiteGrids4 =
        {{0, 4}, {0, 5}, {1, 5}, {2, 5}};// 白色方块形态 4
private static final int[][] YellowGrids =
        {{0, 4}, {0, 5}, {1, 5}, {1, 4}};// 黄色方块形态 1

public static Grid generateRandomGrid() {
    // 随机生成一个颜色方块
    double random = Math.random();
    if (random >= 0 && random < 0.2) {
        if (random >= 0 && random < 0.1)
            return createRedGrids1();
        else
            return createRedGrids2();
    } else if (random >= 0.2 && random < 0.4) {
        if (random >= 0.2 && random < 0.3)
            return createGreenGrids1();
        else
            return createGreenGrids2();
    } else if (random >= 0.4 && random < 0.45) {
        if (random >= 0.4 && random < 0.43)
            return createCyanGrids1();
        else
            return createCyanGrids2();
    } else if (random >= 0.45 && random < 0.6) {
        if (random >= 0.45 && random < 0.48)
            return createMagentaGrids1();
        else if (random >= 0.48 && random < 0.52)
            return createMagentaGrids2();
        else if (random >= 0.52 && random < 0.56)
            return createMagentaGrids3();
        else
            return createMagentaGrids4();
    } else if (random >= 0.6 && random < 0.75) {
        if (random >= 0.6 && random < 0.63)
            return createBlueGrids1();
        else if (random >= 0.63 && random < 0.67)
            return createBlueGrids2();
        else if (random >= 0.67 && random < 0.71)
            return createBlueGrids3();
        else
            return createBlueGrids4();
    } else if (random >= 0.75 && random < 0.9) {
        if (random >= 0.75 && random < 0.78)
            return createWhiteGrids1();
        else if (random >= 0.78 && random < 0.82)
            return createWhiteGrids2();
        else if (random >= 0.82 && random < 0.86)
            return createWhiteGrids3();
        else
            return createWhiteGrids4();
    } else {
        return createYellowGrids();
    }
}
```

```
// 以下为各种颜色各种形状的方块
private static Grid createRedGrids1() {
    return new Grid(RedGrids1, 2, 3, 1, 3);
}

private static Grid createRedGrids2() {
    return new Grid(RedGrids2, 3, 2, 1, 4);
}

private static Grid createGreenGrids1() {
    return new Grid(GreenGrids1, 2, 3, 2, 3);
}

private static Grid createGreenGrids2() {
    return new Grid(GreenGrids2, 3, 2, 2, 4);
}

private static Grid createCyanGrids1() {
    return new Grid(CyanGrids1, 4, 1, 3, 4);
}

private static Grid createCyanGrids2() {
    return new Grid(CyanGrids2, 1, 4, 3, 3);
}

private static Grid createMagentaGrids1() {
    return new Grid(MagentaGrids1, 2, 3, 4, 3);
}

private static Grid createMagentaGrids2() {
    return new Grid(MagentaGrids2, 3, 2, 4, 4);
}

private static Grid createMagentaGrids3() {
    return new Grid(MagentaGrids3, 2, 3, 4, 3);
}

private static Grid createMagentaGrids4() {
    return new Grid(MagentaGrids4, 3, 2, 4, 4);
}

private static Grid createBlueGrids1() {
    return new Grid(BlueGrids1, 2, 3, 5, 3);
}

private static Grid createBlueGrids2() {
    return new Grid(BlueGrids2, 3, 2, 5, 4);
}

private static Grid createBlueGrids3() {
    return new Grid(BlueGrids3, 2, 3, 5, 3);
}

private static Grid createBlueGrids4() {
    return new Grid(BlueGrids4, 3, 2, 5, 4);
}

private static Grid createWhiteGrids1() {
    return new Grid(WhiteGrids1, 2, 3, 6, 3);
```

```
    }

    private static Grid createWhiteGrids2() {
        return new Grid(WhiteGrids2, 3, 2, 6, 4);
    }

    private static Grid createWhiteGrids3() {
        return new Grid(WhiteGrids3, 2, 3, 6, 3);
    }

    private static Grid createWhiteGrids4() {
        return new Grid(WhiteGrids4, 3, 2, 6, 4);
    }

    private static Grid createYellowGrids() {
        return new Grid(YellowGrids, 2, 2, 7, 4);
    }

    ...
}
```

31.2.7 绘制网格

绘制网格的方法为 drawGrids()，其代码如下：

```
private void drawGrids(int[][] grids) {
    Component.DrawTask task = new Component.DrawTask() {
        @Override
        public void onDraw(Component component, Canvas canvas) {
            Paint paint = new Paint();

            for (int row = 0; row < 15; row++) {
                for (int column = 0; column < 10; column++) {
                    // grids 的值表示不同的颜色
                    int grideValue = grids[row][column];
                    Color color = null;

                    switch (grideValue) {
                        case 0:
                            color = Color.GRAY;
                            break;
                        case 1:
                            color = Color.RED;
                            break;
                        case 2:
                            color = Color.GREEN;
                            break;
                        case 3:
                            color = Color.CYAN;
                            break;
                        case 4:
                            color = Color.MAGENTA;
                            break;
                        case 5:
                            color = Color.BLUE;
                            break;
                        case 6:
```

```
                        color = Color.WHITE;
                        break;
                    case 7:
                        color = Color.YELLOW;
                        break;
                    default:
                        break;
                }

                paint.setColor(color);

                RectFloat rectFloat =
                        new RectFloat(30 + column * (LENGTH + MARGIN),
                                40 + row * (LENGTH + MARGIN),
                                30 + LENGTH + column * (LENGTH + MARGIN),
                                40 + LENGTH + row * (LENGTH + MARGIN));

                // 绘制方格
                canvas.drawRect(rectFloat, paint);
            }
        }
    }
    };

    layoutGame.addDrawTask(task);
}
```

上述代码中：

（1）通过 Component.DrawTask() 方法自定义游戏界面组件。

（2）Canvas 类用于绘制画面。

（3）游戏界面组件最终添加到 layoutGame 布局上。

31.2.8　启动游戏

startGame() 方法用于启动游戏，代码如下：

```
private void startGame() {
    // 设置游戏状态
    isRunning = true;

    // 派发任务
    taskDispatcher = getUITaskDispatcher();
    taskDispatcher.asyncDispatch(new GameTask());
}
```

上述代码中：

（1）设置游戏状态 isRunning 为 true。

（2）通过 getUITaskDispatcher() 方法获取任务分发器。

（3）任务分发器来执行 GameTask。

GameTask 类代码如下：

```
private class GameTask implements Runnable {

    @Override
```

```
    public void run() {
        HiLog.info(LABEL_LOG,"before GameTask run");

        int[][] currentGrids = currentGrid.getCurrentGrids();
        int currentGridColor = currentGrid.getCurrentGridColor();
        int rowNumber = currentGrid.getRowNumber();

        // 如果方块能下移则下移，否则重新随机生成新的方块
        if (couldDown(currentGrids, rowNumber)) {
            // 将原来的颜色方块清除
            for (int row = 0; row < GRID_NUMBER; row++) {
                grids[currentGrids[row][0] + currentRow][currentGrids[row]
                 [1] + currentColumn] = 0;
            }

            currentRow++;

            // 重新绘制颜色方块
            for (int row = 0; row < GRID_NUMBER; row++) {
                grids[currentGrids[row][0] + currentRow][currentGrids[row]
                 [1] + currentColumn] = currentGridColor;
            }
        } else {
            createGrids(grids);
        }

        drawGrids(grids);

        if (isRunning) {
            taskDispatcher.delayDispatch(this, 750);
        }

        HiLog.info(LABEL_LOG,"end GameTask run");
    }
}
```

上述代码中：

（1）先判断方块能否下移，如果能则执行下移，否则重新随机生成新的方块。

（2）通过 isRunning 判断游戏是否还在执行，如果是则执行分发新任务，从而实现任务的定时执行。

couldDown() 方法代码如下：

```
private boolean couldDown(int[][] currentGrids, int rowNumber) {
    boolean k;

    // 如果方块向下移动到下边界，则返回 false
    if (currentRow + rowNumber == 15) {
        return false;
    }

    // 当下边缘方块再下一格为空时则可以下移
    for (int row = 0; row < GRID_NUMBER; row++) {
        k = true;
        for (int i = 0; i < GRID_NUMBER; i++) {
            if (currentGrids[row][0] + 1 == currentGrids[i][0]
                    && currentGrids[row][1] == currentGrids[i][1]) {
    // 找出非下边缘方块
```

```
                k = false;
            }
        }

        // 当任一下边缘方块再下一格不为空时返回 false
        if (k) {
            if (grids[currentGrids[row][0] + currentRow + 1][currentGrids
             [row][1] + currentColumn] != 0)
                return false;
        }
    }

    return true;
}
```

31.2.9 左移操作

goLeft() 方法用于响应“左移”按钮操作，代码如下：

```
private void goLeft(int[][] grids) {
    int currentGridColor = currentGrid.getCurrentGridColor();
    int[][] currentGrids = currentGrid.getCurrentGrids();
    int columnStart = currentGrid.getColumnStart();

    // 当方块能向左移动时则左移
    if (couldLeft(currentGrids, columnStart)) {
        // 将原来的颜色方块清除
        for (int row = 0; row < GRID_NUMBER; row++) {
            grids[currentGrids[row][0] + currentRow][currentGrids[row][1] +
             currentColumn] = 0;
        }

        currentColumn--;

        // 重新绘制颜色方块
        for (int row = 0; row < GRID_NUMBER; row++) {
            grids[currentGrids[row][0] + currentRow][currentGrids[row][1] +
             currentColumn] = currentGridColor;
        }
    }

    drawGrids(grids);
}
```

上述代码中：

（1）先判断方块能否向左移动，如果能则执行左移。

（2）左移实际逻辑是将原来的颜色方块清除，而后重新绘制颜色方块。

couldLeft() 方法代码如下：

```
private boolean couldLeft(int[][] currentGrids, int columnStart) {
    boolean k;

    // 如果方块向左移动到左边界，则返回 false
    if (currentColumn + columnStart == 0) {
        return false;
    }
```

```
    // 当左边缘方块再左一格为空时则可以左移
    for (int column = 0; column < GRID_NUMBER; column++) {
        k = true;
        for (int j = 0; j < GRID_NUMBER; j++) {
            // 找出非左边缘方块
            if (currentGrids[column][0] == currentGrids[j][0]
                    && currentGrids[column][1] - 1 == currentGrids[j][1]) {
                k = false;
            }
        }

        // 当任一左边缘方块再左一格不为空时返回 false
        if (k) {
            if (grids[currentGrids[column][0] + currentRow][currentGrids
              [column][1] + currentColumn - 1] != 0)
                return false;
        }
    }

    return true;
}
```

31.2.10　右移操作

goRight() 方法用于响应“右移”按钮操作，代码如下：

```
private void goRight(int[][] grids) {
    int currentGridColor = currentGrid.getCurrentGridColor();
    int[][] currentGrids = currentGrid.getCurrentGrids();
    int columnNumber = currentGrid.getColumnNumber();
    int columnStart = currentGrid.getColumnStart();

    // 当方块能向右移动时则右移
    if (couldRight(currentGrids, columnNumber, columnStart)) {
        // 将原来的颜色方块清除
        for (int row = 0; row < GRID_NUMBER; row++) {
            grids[currentGrids[row][0] + currentRow][currentGrids[row][1] +
             currentColumn] = 0;
        }

        currentColumn++;

        // 重新绘制颜色方块
        for (int row = 0; row < GRID_NUMBER; row++) {
            grids[currentGrids[row][0] + currentRow][currentGrids[row][1] +
             currentColumn] = currentGridColor;
        }
    }

    drawGrids(grids);
}
```

上述代码中：

（1）先判断方块能否向右移动，如果能则执行右移。

（2）右移实际逻辑是将原来的颜色方块清除，而后重新绘制颜色方块。

couldRight() 方法代码如下：

```
private boolean couldRight(int[][] currentGrids, int columnNumber, int
columnStart) {
    boolean k;

    // 如果方块向右移动到右边界，则返回 false
    if (currentColumn + columnNumber + columnStart == 10) {
        return false;
    }

    // 当右边缘方块再右一格为空时则可以右移
    for (int column = 0; column < GRID_NUMBER; column++) {
        k = true;
        for (int j = 0; j < GRID_NUMBER; j++) {
            // 找出非右边缘方块
            if (currentGrids[column][0] == currentGrids[j][0]
                    && currentGrids[column][1] + 1 == currentGrids[j][1]) {
                k = false;
            }
        }

        // 当任一右边缘方块再右一格不为空时返回 false
        if (k) {
            if (grids[currentGrids[column][0] + currentRow][currentGrids
             [column][1] + currentColumn + 1] != 0)
                return false;
        }
    }

    return true;
}
```

31.2.11 转换操作

shiftGrids() 方法用于响应“转换”按钮操作，代码如下：

```
private void shiftGrids(int[][] grids) {
    int[][] currentGrids = currentGrid.getCurrentGrids();
    int columnNumber = currentGrid.getColumnNumber();
    int columnStart = currentGrid.getColumnStart();

    // 将原来的颜色方块清除
    for (int row = 0; row < GRID_NUMBER; row++) {
        grids[currentGrids[row][0] + currentRow][currentGrids[row][1] +
         currentColumn] = 0;
    }

    if (columnNumber == 2 && currentColumn + columnStart == 0) {
        currentColumn++;
    }

    // 根据 Grids 的颜色值调用改变方块形状的 chang+Color+Grids 函数
    currentGrid = Grid.shiftGrid(currentGrid);
    int currentGridColor = currentGrid.getCurrentGridColor();
    currentGrids = currentGrid.getCurrentGrids();
```

```
    // 重新绘制颜色方块
    for (int row = 0; row < GRID_NUMBER; row++) {
        grids[currentGrids[row][0] + currentRow][currentGrids[row][1] +
         currentColumn] = currentGridColor;
    }

    drawGrids(grids);
}
```

上述代码中：

（1）转换的实际逻辑是将原来的颜色方块清除，而后重新绘制颜色方块。

（2）新的颜色方块通过 Grid.shiftGrid() 方法获得。

Grid.shiftGrid() 方法代码如下：

```
public static Grid shiftGrid(Grid grid) {
    int currentGridColor = grid.getCurrentGridColor();
    int[][] currentGrids = grid.getCurrentGrids();

    // 根据 Grids 的颜色值调用改变方块形状的 chang+Color+Grids 函数
    if (currentGridColor == 1) {
        return changRedGrids(currentGrids);
    } else if (currentGridColor == 2) {
        return changeGreenGrids(currentGrids);
    } else if (currentGridColor == 3) {
        return changeCyanGrids(currentGrids);
    } else if (currentGridColor == 4) {
        return changeMagentaGrids(currentGrids);
    } else if (currentGridColor == 5) {
        return changeBlueGrids(currentGrids);
    } else if (currentGridColor == 6) {
        return changeWhiteGrids(currentGrids);
    } else {
        return null;
    }
}

private static Grid changRedGrids(int[][] currentGrids) {
    if (currentGrids == RedGrids1) {
        return createRedGrids2();
    } else if (currentGrids == RedGrids2) {
        return createRedGrids1();
    } else {
        return null;
    }
}

private static Grid changeGreenGrids(int[][] currentGrids) {
    if (currentGrids == GreenGrids1) {
        return createGreenGrids2();
    } else if (currentGrids == GreenGrids2) {
        return createGreenGrids1();
    } else {
        return null;
    }
}

private static Grid changeCyanGrids(int[][] currentGrids) {
    if (currentGrids == CyanGrids1) {
```

```
        return createCyanGrids2();
    } else if (currentGrids == CyanGrids2) {
        return createCyanGrids1();
    } else {
        return null;
    }
}

private static Grid changeMagentaGrids(int[][] currentGrids) {
    if (currentGrids == MagentaGrids1) {
        return createMagentaGrids2();
    } else if (currentGrids == MagentaGrids2) {
        return createMagentaGrids3();
    } else if (currentGrids == MagentaGrids3) {
        return createMagentaGrids4();
    } else if (currentGrids == MagentaGrids4) {
        return createMagentaGrids1();
    } else {
        return null;
    }
}

private static Grid changeBlueGrids(int[][] currentGrids) {
    if (currentGrids == BlueGrids1) {
        return createBlueGrids2();
    } else if (currentGrids == BlueGrids2) {
        return createBlueGrids3();
    } else if (currentGrids == BlueGrids3) {
        return createBlueGrids4();
    } else if (currentGrids == BlueGrids4) {
        return createBlueGrids1();
    } else {
        return null;
    }
}

private static Grid changeWhiteGrids(int[][] currentGrids) {
    if (currentGrids == WhiteGrids1) {
        return createWhiteGrids2();
    } else if (currentGrids == WhiteGrids2) {
        return createWhiteGrids3();
    } else if (currentGrids == WhiteGrids3) {
        return createWhiteGrids4();
    } else if (currentGrids == WhiteGrids4) {
        return createWhiteGrids1();
    } else {
        return null;
    }
}
```

31.2.12 重置操作

“重置”按钮操作执行的代码如下：

```
Button buttonRestart =
            (Button) findComponentById(ResourceTable.Id_button_restart);
buttonRestart.setClickedListener(listener -> {
```

```
    initialize();
    startGame();
});
```

上述操作的本质是再次执行 initialize() 和 startGame() 方法。

31.3 应用运行

初次启动应用，则可以直接进行游戏，游戏界面效果 1 如图 31-5 所示。当游戏结束时，会提示“Game Over!”字样，并统计得分，界面效果 2 如图 31-6 所示。

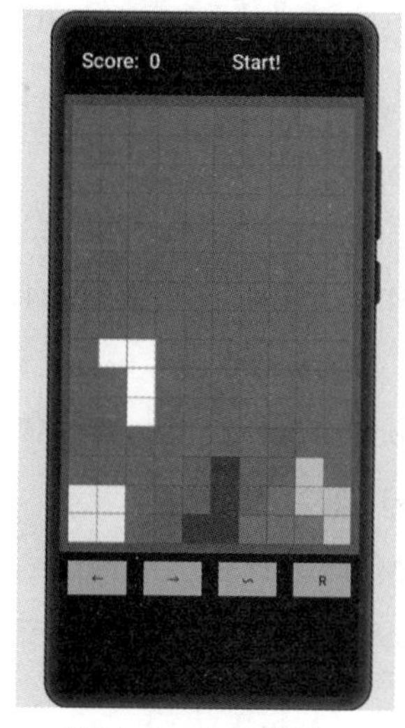

图31-5　界面效果1

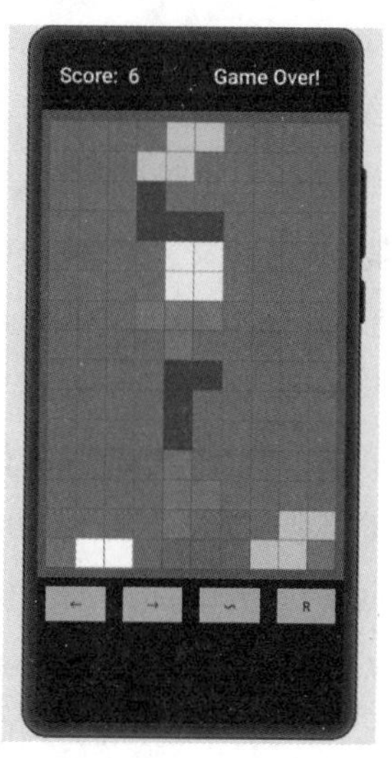

图31-6　界面效果2

单击“重置”按钮，可以重新开始游戏。

参考文献

[1] HarmonyOS 文档 [EB/OL]. https://developer.harmonyos.com/cn/docs/documentation/doc-guides/harmonyos-features-0000000000011907，2021-01-01/2021-04-24.

[2] 柳伟卫 . Node.js 企业级应用开发实战 [M]. 北京：北京大学出版社，2020.

[3] 柳伟卫 . 跟老卫学 HarmonyOS 开发 [EB/OL].https://github.com/waylau/harmonyos-tutorial，2020-12-13/2021-04-24.

[4] HarmonyOS 应用开发系列课（进阶篇）[EB/OL].https://developer.huaweiuniversity.com/courses/course-v1:HuaweiX+CBGHWDCN103+Self-paced，2021-01-10/2021-01-10.

[5] 柳伟卫 . 分布式系统常用技术及案例分析 [M]. 北京：电子工业出版社，2017.

[6] 柳伟卫 . Java 核心编程 [M]. 北京：清华大学出版社，2020.

[7] 柳伟卫 . Netty 原理解析与开发实战 [M]. 北京：北京大学出版社，2020.

[8] 二维码 [EB/OL].https://baike.baidu.com/item/%E4%BA%8C%E7%BB%B4%E7%A0%81，2021-02-10/2021-02-10.

[9] 光学字符识别 [EB/OL].https://baike.baidu.com/item/%E5%85%89%E5%AD%A6%E5%AD%97%E7%AC%A6%E8%AF%86%E5%88%AB，2021-02-10/2021-02-10.

[10] 柳伟卫 . Cloud Native 分布式架构原理与实践 [M]. 北京：北京大学出版社，2019.

[11] 无线局域网 [EB/OL].https://baike.baidu.com/item/%E6%97%A0%E7%BA%BF%E5%B1%80%E5%9F%9F%E7%BD%91，2021-02-10/2021-02-10.